江苏降水阈值查询手册

刘　梅　陈圣劼　康志明
王啸华　吕润清　吴海英　编著

气象出版社
China Meteorological Press

内容简介

本书以江苏73个国家基本气象站逐日降水资料为基础，研制列出逐站单日降水和逐旬降水历史最大值以及99%分位、95%分位和50%分位参考值，并制图显示逐旬降水不同级别阈值，旨在为地方天气预报人员、气候预测人员、决策服务人员和相关部门提供降水极值判断、服务决策基础信息。全书共分为10章，第1章为江苏降水、资料及其处理方法、站点分组说明等概述，第2章至第8章为分组站点日雨量阈值，第9章为旬雨量阈值，第10章为旬雨量阈值分布图。

本书可作为基层气象台站从事预报、预测、服务人员的参考书，也可供地方水利等相关部门参考。

图书在版编目(CIP)数据

江苏降水阈值查询手册 / 刘梅等编著. — 北京 ：气象出版社，2021.3

ISBN 978-7-5029-7403-9

Ⅰ.①江… Ⅱ.①刘… Ⅲ.①降水-阈值-江苏-手册 Ⅳ.①P426-62

中国版本图书馆 CIP 数据核字(2021)第 044971 号

江苏降水阈值查询手册

Jiangsu Jiangshui Yuzhi Chaxun Shouce

出版发行： 气象出版社

地　　址： 北京市海淀区中关村南大街 46 号　　**邮政编码：** 100081

电　　话： 010-68407112(总编室)　010-68408042(发行部)

网　　址： http://www.qxcbs.com　　**E-mail：** qxcbs@cma.gov.cn

责任编辑： 黄海燕　　**终　　审：** 吴晓鹏

责任校对： 张硕杰　　**责任技编：** 赵相宁

封面设计： 地大彩印设计中心

印　　刷： 北京建宏印刷有限公司

开　　本： 787 mm×1092 mm　1/16　　**印　　张：** 19.25

字　　数： 493 千字

版　　次： 2021 年 3 月第 1 版　　**印　　次：** 2021 年 3 月第 1 次印刷

定　　价： 160.00 元

前　言

江苏地处中纬度地区，南北跨度较大，受多类天气系统影响，降水复杂，是我国多降水省份，暴雨、短时强降水等灾害天气时有发生，梅雨期持续强降水更是本省降水特色，台风有时也会给江苏带来灾难性的强降水，强降水引发的灾害几乎每年都会给当地民众生活、社会经济造成一定影响和损失。因此，如何做好强降水的精准预报和精细服务始终是天气预报业务中的重点工作。

近年来，随着社会和人民生活高质量发展，对天气预报和服务的需求逐渐走向多元化、精细化、深入化，不仅要了解未来天气、了解其原因和影响，还要和历史天气进行对比分析，从而做出更加科学合理的应对措施。因此，在积极做好预报研发工作的同时，同步推进对历史资料的研判分析，并积极应用到气象服务中也是我们的拓展方向。本书就是基于多年降水资料在这一领域的尝试和初步成果。

本工作的开展最初从2018年开始，由首席预报员刘梅牵头组织，成员主要包括陈圣劼、康志明、王啸华、吕润清、吴海英、金小霞、顾荣直、杨梦兮等。

特别感谢上海市气象局漆梁波首席对本书给予的指导和帮助。感谢曹璐同志在图形制作过程中给予的帮助。

鉴于作者水平所限，加上时间仓促，书中难免存在谬误之处，恳请读者批评指正。

编著者

2021年1月

目　录

前言

第 1 章　概述 …… (1)

　1.1　江苏降水概况 …… (1)

　1.2　资料及其处理方法 …… (2)

　1.3　站点分组说明 …… (2)

第 2 章　第一组(徐州和宿迁)站点雨量阈值 …… (4)

第 3 章　第二组(南京和扬州)站点雨量阈值 …… (41)

第 4 章　第三组(连云港和镇江)站点雨量阈值 …… (78)

第 5 章　第四组(盐城)站点雨量阈值 …… (115)

第 6 章　第五组(南通和无锡)站点雨量阈值 …… (152)

第 7 章　第六组(淮安和泰州)站点雨量阈值 …… (189)

第 8 章　第七组(苏州和常州)站点雨量阈值 …… (226)

第 9 章　各组站点旬雨量阈值 …… (263)

第 10 章　逐旬日雨量阈值分布图 …… (289)

　10.1　逐旬日雨量(mm)最大值分布图 …… (289)

　10.2　逐旬日雨量(mm)95％分位值分布图 …… (295)

　10.3　结论 …… (301)

参考文献 …… (302)

第1章 概 述

1.1 江苏降水概况

江苏位于亚洲大陆东岸中纬度地带，处在亚热带和暖温带的气候过渡区。淮河以北地区属暖温带湿润、半湿润季风气候，以南地区属亚热带湿润季风气候。江苏地势平坦，河湖众多，水系复杂，东临黄海，海洋对江苏的气候有着显著影响。在太阳辐射、大气环流、海洋、地理位置、地貌特征综合影响下，江苏呈现出四季分明、季风显著、雨热同季、雨量充沛、降水集中、梅雨明显、气象灾害多发等气候特点。

江苏天气兼受西风带、副热带和热带辐合带等天气系统影响，每年江淮气旋、台风、冷涡等均给江苏造成明显降水，全省年降水量平均为 709.9～1294.4 mm，降水分布南多北少，沿海多于内陆，年降水量最多的地区在江苏省最南部的宜溧山区，最少的地区在西北部的丰县。与同纬度地区相比，江苏雨水充沛，南北差异不大，年际变化小。降水量的季节差异较大，降水期主要集中在每年 6—7 月梅雨期，每次过程降水量分布具有一定的区域差异。江苏是暴雨、强对流等灾害性天气多发地，6—7 月年平均暴雨日数为 2.4～4 d，空间分布特点是：苏北多于苏南，徐州市东部、宿迁市、连云港市、盐城市北部及里下河地区最多，苏南东部及淮北西北部为全省最少(濮梅娟 等，2017)。有些年份由于梅雨期明显偏长，梅雨量偏多，暴雨日数也出现明显增多，1991 年、2020 年是江苏典型的超强、超长梅雨年，全省各站暴雨日数都明显增多，最多 1991 年全省平均暴雨日数为 6.1 d，淮河以南大部分地区暴雨日数为 5～13 d。降水引起的灾害一年四季均有发生，春季主要有低温阴雨，夏季有强对流、暴雨、洪涝，秋季有台风和连阴雨，冬季有连阴雨和降雪。灾害的发生对农、林、牧、渔、交通、水利、工业各方面都有较大影响。江苏经济发达，人口稠密，城镇密集，气象灾害发生所造成的经济损失往往比较严重。做好气象预报和相关服务是防灾减灾工作的关键。

随着江苏经济社会的快速发展，人民生活质量大幅度提高，公众趋利避害意识不断增强，各行各业对天气预报的准确率和服务的精细化要求越来越高，服务及宣传的方式、手段、内容也越来越多样化，在精准预报、精密监测的基础上，要满足精细多样服务需求，须做好各地要素气候变化特征资料的细化整理和分析，服务于社会。为此，针对江苏各站多年降水资料开展相关统计，整理了各站历史逐日、逐旬最大降水量和不同分位值降水量。各地预报决策服务人员根据需求可以对预报的降水过程、实况降水在历史中的位置和可能造成影响做出快速准确判断，为预报服务人员提供参考和技术支撑，提高气象服务能力，满足各类服务需求。

1.2 资料及其处理方法

本书列出了江苏 73 个国家基本气象站单日降水(20—20 时,24 h)和逐旬历史最大值(Max)、99%分位、95%分位和 50%分位参考值(单位:mm)。

资料:江苏 73 个国家基本气象站 1961—2015 年共 55 a 的日降水量资料(20—20 时,单位:mm)。

方法:

(1)逐日极端降水处理:以单站的 1 月 1 日为例,假定取 1961—2015 年每年的 1 月 1 日,以及以 1 月 1 日为中心的前后 14 d 的日降水量资料(12 月 18 日至 1 月 15 日,共 29 d),55 a 共 1595 d;将这 1595 d 的日降水量资料中,除去非有效降水量(24 h<0.1 mm)的日数后,按日降水量大小由低至高排列,取其中最大值作为该站历史上 1 月 1 日对应的日降水量最大值,再取其中排在第 99%和第 95%的对应日降水量(即排位占总排位的百分比),分别对应 99%分位值和 95%分位值。对其他日期进行同样操作,365 d 里每天得到一个最大值、一个 99%分位值、一个 95%分位值和一个 50%分位值。

(2)分位值的计算方法:第一步,将 n 个变量值从小到大排列,$X(j)$表示此数列中第 j 个数。第二步,计算指数,设$(n-1)P\ \%=j+g$,P 值是用于衡量数据项位置的量度,提供了某一数据项在最小值与最大值之间相对位置的信息。一组数据从小到大排序,处于 $P\%$位置的值称第 P 百分位数。第 P 百分位数所对应的值,表明至少有 $P\%$的数据项小于或等于这个值,至少有$(100-P)\%$的数据项大于或等于这个值。j 为整数部分,g 为小数部分。第三步,当 $g=0$ 时,$P\%=X(j+1)$;当 g 不等于 0 时,$P\%=(1-g)\cdot X(j+1)+g\cdot X(j+2)$,按照此方法对数据进行处理(Plummer et al.,1999;罗梦森 等,2013)。

(3)每一旬的最大值和分位值计算方法同上,数据分别为 1 月 1—10 日、1 月 11—20 日、1 月 21—31 日、2 月 1—10 日、2 月 11—20 日、2 月 21—28 日或 21—29 日、3 月 1—10 日、3 月 11—20 日、3 月 21—31 日、4 月 1—10 日、4 月 11—20 日、4 月 21—30 日、5 月 1—10 日、5 月 11—20 日、5 月 21—31 日、6 月 1—10 日、6 月 11—20 日、6 月 21—30 日、7 月 1—10 日、7 月 11—20 日、7 月 21—31 日、8 月 1—10 日、8 月 11—20 日、8 月 21—31 日、9 月 1—10 日、9 月 11—20 日、9 月 21—30 日、10 月 1—10 日、10 月 11—20 日、10 月 21—31 日、11 月 1—10 日、11 月 11—20 日、11 月 21—30 日、12 月 1—10 日、12 月 11—20 日、12 月 21—31 日。

1.3 站点分组说明

为了方便查询和显示,将全省 73 个站点分为 7 组,具体分组(站号和站名)情况如下。

(1)第一组(徐州和宿迁)11 站

58027	58012	58013	58026	58028	58035	58130	58131	58038	58132	58135
徐州	丰县	沛县	邳州	铜山	新沂	睢宁	宿迁	沭阳	泗阳	泗洪

(2)第二组(南京和扬州)11站

58238	58235	58237	58333	58340	58339	58245	58148	58241	58242	58244
南京	六合	浦口	江宁	溧水	高淳	扬州	宝应	高邮	仪征	江都

(3)第三组(连云港和镇江)11站

58044	58036	58040	58041	58046	58047	58048	58252	58247	58341	58344
连云港	东海	赣榆	西连岛	燕尾港	灌云	灌南	镇江	扬中	丹阳	句容

(4)第四组(盐城)8站

58154	58045	58049	58143	58146	58150	58158	58251
盐城	响水	滨海	阜宁	建湖	射阳	大丰	东台

(5)第五组(南通和无锡)11站

58259	58254	58255	58264	58265	58268	58269	58360	58354	58346	58351
南通	海安	如皋	如东	吕泗	通州	启东	海门	无锡	宜兴	江阴

(6)第六组(淮安和泰州)11站

58141	58138	58139	58140	58145	58147	58246	58250	58243	58249	58257
淮安	盱眙	洪泽	涟水	楚州	金湖	泰州	姜堰	兴化	泰兴	靖江

(7)第七组(苏州和常州)10站

58349	58352	58353	58356	58358	58359	58377	58343	58342	58345
苏州	常熟	张家港	昆山	东山	吴江	太仓	常州	金坛	溧阳

第2章　第一组(徐州和宿迁)站点雨量阈值

日期（月/日）	项目	站点										
		58027	58012	58013	58026	58028	58035	58130	58131	58038	58132	58135
		徐州	丰县	沛县	邳州	铜山	新沂	睢宁	宿迁	沭阳	泗阳	泗洪
1/1	Max	27.9	32.0	37.3	28.7	21.6	26.7	24.3	34.0	28.5	36.3	32.9
	99%	22.1	18.7	19.1	23.9	19.6	21.5	21.7	25.3	23.1	26.5	24.5
	95%	13.7	12.0	13.5	16.4	13.1	13.8	14.8	14.6	16.4	15.5	13.4
	50%	2.2	1.8	1.7	1.6	1.6	1.8	1.8	1.7	1.7	1.9	1.6
1/2	Max	27.9	32.0	37.3	28.7	21.6	26.7	24.3	34.0	28.5	36.3	32.9
	99%	22.1	18.6	19.1	23.8	21.6	21.5	21.7	25.3	23.1	26.5	24.6
	95%	13.7	12.0	13.5	16.3	16.4	13.8	14.8	14.6	16.4	15.5	13.6
	50%	2.2	1.8	1.7	1.6	1.6	1.7	1.8	1.7	1.7	1.9	1.6
1/3	Max	27.9	32.0	37.3	28.7	21.6	26.7	24.3	34.0	28.5	36.3	32.9
	99%	22.3	18.7	19.1	23.9	19.6	21.5	21.7	25.4	23.1	26.6	24.7
	95%	13.7	12.0	13.5	16.4	13.1	13.8	14.3	14.7	15.8	15.6	13.7
	50%	1.9	1.8	1.6	1.6	1.6	1.7	1.7	1.6	1.7	1.8	1.6
1/4	Max	27.9	32.0	37.3	28.7	21.6	26.7	24.3	34.0	28.5	36.3	32.9
	99%	22.3	18.5	19.1	23.8	19.6	21.5	21.7	25.3	23.1	26.6	24.7
	95%	14.3	12.2	13.5	16.3	13.2	14.1	14.7	15.2	16.0	16.6	13.7
	50%	1.8	1.7	1.6	1.6	1.6	1.8	1.7	1.8	1.7	1.9	1.6
1/5	Max	27.9	32.0	37.3	28.7	21.6	26.7	24.3	34.0	28.5	36.3	32.9
	99%	22.1	18.3	19.0	23.8	21.6	22.9	21.7	25.3	23.1	26.7	24.7
	95%	14.1	12.1	13.6	16.3	16.5	15.1	14.7	15.7	16.4	17.2	14.4
	50%	1.9	1.8	1.6	1.6	1.6	1.7	1.6	1.7	1.6	1.8	1.5
1/6	Max	27.9	32.0	37.3	28.7	21.6	26.7	24.3	34.0	28.5	36.3	32.9
	99%	22.1	18.4	19.0	23.8	21.6	21.4	21.7	25.3	25.7	26.6	24.7
	95%	14.1	12.2	13.7	16.3	16.5	14.9	14.8	16.2	17.4	17.9	14.6
	50%	1.8	1.6	1.5	1.7	1.6	1.8	1.6	1.8	1.7	1.8	1.5
1/7	Max	27.9	32.0	37.3	28.7	21.6	26.7	24.3	34.0	28.5	36.3	32.9
	99%	22.2	18.5	19.1	23.8	21.6	21.5	21.7	25.4	25.7	26.8	24.8
	95%	14.1	12.2	13.7	16.4	16.4	14.9	15.0	16.4	17.2	16.7	14.1
	50%	1.8	1.5	1.4	1.7	1.6	1.7	1.6	1.8	1.8	1.8	1.5
1/8	Max	27.9	32.0	37.3	28.7	21.6	26.7	24.3	28.3	28.5	36.3	32.9
	99%	22.2	18.5	19.1	23.9	21.5	21.5	21.7	24.5	23.9	25.0	23.0
	95%	14.2	12.2	13.7	16.5	16.4	15.0	14.8	15.8	16.8	16.5	13.7
	50%	1.8	1.5	1.3	1.7	1.6	1.7	1.6	1.8	1.8	1.8	1.5

续表

日期（月/日）	项目	站点										
		58027	58012	58013	58026	58028	58035	58130	58131	58038	58132	58135
		徐州	丰县	沛县	邳州	铜山	新沂	睢宁	宿迁	沭阳	泗阳	泗洪
1/9	Max	27.9	32.0	37.3	28.7	21.6	26.7	24.3	28.3	28.5	36.3	32.9
	99%	22.4	23.5	19.1	21.4	20.5	21.6	21.7	24.5	24.1	25.2	23.0
	95%	15.2	12.4	13.5	15.9	15.7	15.0	15.2	16.0	17.0	16.6	14.3
	50%	1.8	1.6	1.4	1.7	1.6	1.7	1.6	1.8	1.9	1.7	1.5
1/10	Max	27.9	32.0	37.3	28.7	21.6	26.7	24.3	28.3	28.5	36.3	32.9
	99%	19.4	23.7	19.1	21.5	19.7	21.7	21.8	24.5	24.4	25.3	23.1
	95%	14.8	12.6	13.4	16.0	14.0	14.0	14.8	15.5	15.9	15.8	13.6
	50%	1.8	1.6	1.4	1.6	1.6	1.7	1.6	1.8	1.9	1.7	1.5
1/11	Max	27.9	32.0	37.3	28.7	21.6	26.7	24.3	28.3	28.5	36.3	32.9
	99%	22.5	23.6	19.1	21.4	19.6	21.7	21.7	24.5	24.3	25.2	23.1
	95%	15.3	12.5	13.5	16.0	13.8	15.1	15.2	15.6	17.1	15.7	13.5
	50%	2.1	1.6	1.5	1.7	1.7	1.8	1.6	1.8	2.0	1.8	1.5
1/12	Max	27.9	32.0	37.3	28.7	21.6	26.7	24.3	28.3	28.5	36.3	32.9
	99%	22.4	23.3	19.1	21.0	19.6	21.6	21.7	24.5	24.1	25.2	23.0
	95%	15.2	12.3	13.7	15.0	13.2	15.0	15.1	15.9	17.0	15.6	14.4
	50%	1.8	1.6	1.5	1.7	1.5	1.9	1.6	1.8	2.1	1.7	1.5
1/13	Max	27.9	32.0	37.3	28.7	21.6	26.7	24.3	28.3	28.5	36.3	32.9
	99%	22.3	23.1	19.0	21.9	21.6	21.6	21.7	24.5	23.9	25.1	23.0
	95%	15.1	13.1	13.7	15.9	16.6	15.0	15.0	15.9	16.8	16.6	14.6
	50%	2.0	1.6	1.5	1.7	1.5	1.8	1.6	1.8	2.1	1.8	1.5
1/14	Max	29.2	32.0	37.3	28.7	31.2	26.7	24.3	28.3	28.5	36.3	32.9
	99%	28.8	23.1	19.0	24.0	21.7	21.6	21.7	24.5	26.0	25.8	23.0
	95%	15.8	13.1	13.4	14.8	16.6	14.4	15.4	16.6	16.6	16.4	16.2
	50%	2.2	2.0	1.7	1.7	1.6	1.9	1.6	1.9	2.1	1.7	1.5
1/15	Max	29.2	32.0	37.3	28.7	31.2	26.7	24.3	28.3	28.5	36.3	32.9
	99%	28.8	23.1	19.0	27.9	21.7	21.5	21.7	24.5	25.9	25.8	23.0
	95%	15.8	13.1	13.4	16.0	16.6	14.3	15.0	16.5	16.3	16.4	16.2
	50%	2.1	1.9	1.6	1.7	1.3	1.9	1.6	1.8	2.2	1.8	1.5
1/16	Max	29.2	32.0	37.3	28.7	31.2	26.7	24.3	28.3	28.5	36.3	32.9
	99%	28.8	23.1	19.1	27.7	21.7	20.0	20.5	24.5	25.8	25.8	23.0
	95%	15.1	13.1	13.4	14.6	16.6	13.3	14.7	15.8	15.7	16.2	16.2
	50%	2.2	2.0	1.6	1.8	1.3	2.0	1.6	1.9	2.2	1.8	1.4
1/17	Max	29.2	32.0	37.3	28.7	31.2	26.7	24.3	27.5	28.5	36.3	32.9
	99%	28.8	23.1	19.1	21.0	20.7	20.0	20.5	23.3	25.9	25.8	23.1
	95%	14.8	13.1	13.4	12.7	15.9	13.0	14.5	15.6	15.6	15.8	14.4
	50%	2.2	2.1	1.5	1.8	1.3	2.0	1.6	1.9	2.2	1.9	1.5
1/18	Max	29.2	32.0	37.3	28.7	31.2	26.7	24.3	27.5	28.5	36.3	32.9
	99%	28.9	23.3	19.1	21.0	20.7	20.0	20.6	23.3	25.9	25.8	23.1
	95%	14.8	12.2	13.4	12.8	15.8	13.0	14.5	15.6	15.8	15.8	14.8
	50%	2.2	2.0	1.5	1.8	1.4	2.1	1.6	1.9	2.2	1.9	1.5

续表

日期（月/日）	项目	站点										
		58027	58012	58013	58026	58028	58035	58130	58131	58038	58132	58135
		徐州	丰县	沛县	邳州	铜山	新沂	睢宁	宿迁	沭阳	泗阳	泗洪
1/19	Max	29.2	32.0	37.3	28.7	31.2	26.7	24.3	27.5	28.5	36.3	32.9
	99%	28.9	23.3	19.1	21.0	20.9	20.0	20.6	23.3	26.0	25.8	23.1
	95%	14.8	12.3	13.4	12.8	16.0	13.0	14.5	15.6	15.8	15.8	15.0
	50%	2.2	2.1	1.6	2.0	1.5	2.0	1.6	1.9	2.1	1.9	1.5
1/20	Max	29.2	32.0	37.3	28.7	31.2	26.7	24.3	27.5	28.5	36.3	32.9
	99%	28.9	23.6	19.1	21.1	21.0	20.0	20.6	22.4	23.5	25.4	23.1
	95%	15.3	12.3	13.1	13.0	16.1	13.0	14.8	16.0	15.8	15.8	14.5
	50%	2.3	2.1	1.7	2.1	1.6	2.2	1.8	2.0	2.3	1.9	1.6
1/21	Max	29.2	32.0	37.3	27.9	31.2	22.9	24.3	24.6	27.7	36.3	32.9
	99%	22.6	22.3	17.4	19.8	21.3	18.4	19.7	21.7	22.2	24.2	22.3
	95%	14.7	11.8	13.0	12.5	16.3	12.7	14.3	14.5	15.6	15.4	14.2
	50%	2.2	2.0	1.5	1.8	1.4	2.0	1.7	1.8	2.2	1.9	1.6
1/22	Max	29.2	32.0	37.3	27.9	31.2	22.9	24.3	24.6	27.7	36.3	32.9
	99%	19.6	22.8	16.9	18.9	21.5	18.5	19.7	21.7	22.3	24.3	22.4
	95%	13.6	11.6	12.5	12.2	15.3	12.5	13.9	14.5	15.7	15.7	14.4
	50%	2.1	1.9	1.5	1.8	1.2	2.0	1.8	1.9	2.2	1.9	1.6
1/23	Max	29.2	32.0	37.3	27.9	31.2	22.9	24.3	24.6	27.7	36.3	32.9
	99%	19.7	22.9	17.0	19.0	21.6	18.5	19.7	21.7	22.3	24.3	22.4
	95%	13.4	11.6	12.5	12.3	15.4	12.5	14.1	14.5	15.5	15.9	14.6
	50%	2.1	2.1	1.5	2.0	1.2	2.1	1.8	1.8	2.3	1.9	1.6
1/24	Max	29.2	32.0	37.3	27.9	31.2	22.9	29.3	27.2	30.5	36.3	34.0
	99%	19.8	23.1	17.1	19.0	21.6	18.5	20.8	22.4	23.8	25.6	21.0
	95%	14.3	12.1	12.9	12.6	15.6	12.9	14.4	15.2	15.7	15.8	14.5
	50%	1.9	2.1	1.5	2.0	1.3	1.9	1.8	1.8	2.2	1.9	1.6
1/25	Max	29.2	32.0	37.3	27.9	31.2	22.9	29.3	27.2	30.5	36.3	34.0
	99%	19.8	22.4	14.6	16.9	21.8	18.5	19.7	21.8	23.8	25.6	20.4
	95%	13.5	11.6	12.3	12.3	11.7	12.5	14.2	14.6	15.6	15.6	14.3
	50%	1.9	2.0	1.5	1.9	1.3	2.0	1.8	1.9	2.4	1.9	1.6
1/26	Max	29.2	25.4	14.7	27.9	31.2	21.4	29.3	27.2	30.5	36.3	34.0
	99%	17.7	13.9	13.9	16.2	19.0	18.2	19.8	21.8	23.9	25.6	19.8
	95%	13.0	11.3	11.7	11.7	11.6	12.4	13.4	13.6	15.1	15.6	14.3
	50%	1.8	1.8	1.4	2.0	1.2	2.0	1.8	1.8	2.5	1.9	1.7
1/27	Max	29.2	25.4	14.7	27.9	31.2	21.4	29.3	27.2	30.5	36.3	34.0
	99%	17.8	13.9	13.9	16.2	19.4	18.2	19.8	21.9	24.1	25.7	19.9
	95%	13.2	11.0	11.8	11.8	11.6	12.4	13.4	13.7	15.1	15.9	14.4
	50%	2.0	2.0	1.5	2.2	1.3	2.2	1.8	1.8	2.5	1.9	1.7
1/28	Max	29.2	25.4	14.7	27.9	31.2	22.7	32.6	27.2	30.5	34.4	34.0
	99%	16.0	13.9	13.6	16.2	21.5	18.2	19.8	21.9	23.0	25.1	19.6
	95%	12.3	11.0	11.4	12.0	12.0	12.4	13.4	13.8	15.2	16.2	15.2
	50%	1.9	2.1	1.5	2.1	1.2	2.2	1.8	1.8	2.5	1.9	1.7

续表

日期（月/日）	项目	站点										
		58027	58012	58013	58026	58028	58035	58130	58131	58038	58132	58135
		徐州	丰县	沛县	邳州	铜山	新沂	睢宁	宿迁	沭阳	泗阳	泗洪
1/29	Max	29.2	25.4	14.7	27.9	31.2	22.7	32.6	27.2	30.5	34.4	34.0
	99%	16.2	13.9	13.5	16.2	21.8	18.2	19.9	22.0	23.2	24.4	19.6
	95%	12.5	11.0	11.2	12.0	12.1	12.7	13.2	14.1	15.3	15.9	14.2
	50%	1.9	2.1	1.5	2.2	1.2	2.4	1.8	1.8	2.5	1.9	1.7
1/30	Max	29.2	25.4	14.7	27.9	31.2	22.7	32.6	27.2	30.5	34.4	34.0
	99%	17.7	13.9	13.6	16.2	22.1	18.2	19.9	22.0	23.1	25.2	19.7
	95%	13.2	11.2	11.8	12.0	12.2	12.8	13.4	14.5	15.3	16.3	14.7
	50%	1.9	2.1	1.5	2.3	1.2	2.7	1.9	2.0	2.8	2.1	1.8
1/31	Max	29.2	25.4	14.7	27.9	31.2	22.7	32.6	27.2	30.5	34.4	34.0
	99%	17.7	13.9	13.6	16.2	22.3	18.2	20.0	22.0	23.5	21.7	19.7
	95%	12.9	11.3	11.8	11.7	11.8	12.5	13.4	13.7	15.1	15.8	14.7
	50%	1.9	2.1	1.4	2.2	1.2	2.4	1.9	1.9	2.5	2.1	1.8
2/1	Max	29.2	25.4	16.8	27.9	31.2	25.5	32.6	27.2	30.5	34.4	34.0
	99%	21.8	14.6	14.1	20.4	22.6	19.0	20.8	24.2	27.0	24.5	20.0
	95%	13.7	11.5	12.8	12.4	12.5	13.1	13.4	14.8	15.4	16.4	16.0
	50%	2.0	2.2	1.5	2.3	1.2	2.7	1.9	2.0	2.6	2.1	1.9
2/2	Max	29.2	25.4	16.8	30.6	31.2	27.4	36.2	29.0	30.5	34.4	34.0
	99%	26.5	14.2	14.8	21.6	23.3	21.4	28.5	26.2	27.2	24.6	20.6
	95%	13.8	11.5	12.7	12.6	12.8	13.2	13.5	15.1	15.5	15.8	15.4
	50%	2.0	2.1	1.5	2.3	1.2	2.7	1.9	2.0	2.7	2.1	2.0
2/3	Max	29.2	25.4	16.8	30.6	31.2	27.4	36.2	29.0	30.5	34.4	34.0
	99%	26.6	14.7	16.3	21.7	23.6	21.6	28.5	22.2	27.2	21.4	20.6
	95%	13.8	11.7	12.9	14.3	14.7	13.5	14.2	14.2	15.5	15.6	15.6
	50%	2.1	2.1	1.7	2.3	1.3	2.7	2.1	2.0	2.8	2.2	2.1
2/4	Max	29.2	25.4	16.8	30.6	31.2	27.4	36.2	29.0	30.5	34.4	34.0
	99%	26.6	15.4	16.3	21.7	23.8	21.6	28.9	22.4	25.0	21.9	20.1
	95%	13.8	12.6	13.1	13.0	14.9	13.4	14.3	14.0	14.9	15.5	15.2
	50%	2.1	2.1	1.8	2.3	1.4	2.7	2.2	2.0	2.8	2.1	2.1
2/5	Max	29.2	25.4	16.8	30.6	31.2	27.4	36.2	29.0	30.5	34.4	34.0
	99%	26.6	15.5	16.3	21.8	24.1	21.6	20.9	22.4	26.6	21.7	20.1
	95%	13.8	11.5	13.1	13.3	13.5	13.5	14.1	14.0	15.1	15.7	15.8
	50%	2.1	2.2	1.9	2.4	1.4	2.7	2.2	2.0	2.8	2.3	2.1
2/6	Max	29.2	25.4	16.8	30.6	31.2	27.4	36.2	29.0	30.5	34.4	34.0
	99%	26.6	15.5	16.3	21.8	24.3	22.7	20.1	22.5	26.5	21.6	20.1
	95%	14.1	11.6	12.8	13.9	13.7	13.8	14.1	14.3	15.5	15.9	15.8
	50%	2.0	2.1	1.9	2.4	1.3	2.7	2.1	2.0	2.9	2.2	2.1
2/7	Max	29.2	33.9	34.0	30.6	31.2	27.4	36.2	29.0	30.5	34.4	34.0
	99%	26.6	19.2	17.1	25.8	24.2	24.2	20.1	22.6	26.6	21.7	20.1
	95%	14.6	12.7	13.5	14.3	15.4	14.9	14.1	14.7	15.5	16.0	15.7
	50%	2.1	2.2	2.0	2.4	1.5	2.7	2.2	2.0	2.9	2.3	2.1

续表

日期（月/日）	项目	站点										
		58027	58012	58013	58026	58028	58035	58130	58131	58038	58132	58135
		徐州	丰县	沛县	邳州	铜山	新沂	睢宁	宿迁	沭阳	泗阳	泗洪
2/8	Max	29.2	33.9	34.0	30.6	31.2	27.4	36.2	39.6	30.5	34.4	34.0
	99%	26.6	19.2	17.1	26.0	24.4	24.3	20.8	24.8	26.6	22.0	20.1
	95%	14.6	13.3	13.6	14.4	15.6	15.1	14.4	14.4	15.8	16.1	15.9
	50%	2.0	2.1	1.9	2.3	1.4	2.6	2.3	2.0	2.9	2.5	2.1
2/9	Max	29.2	33.9	34.0	30.6	31.2	27.4	36.2	39.6	30.5	34.4	34.0
	99%	26.6	19.3	17.1	26.4	24.8	25.4	21.3	26.5	26.7	23.5	24.3
	95%	14.8	13.6	13.8	14.6	16.0	15.5	14.9	14.9	15.9	16.2	16.2
	50%	2.0	2.1	1.9	2.3	1.5	2.6	2.2	2.0	2.9	2.3	2.1
2/10	Max	29.2	33.9	34.0	30.6	31.2	27.4	36.2	39.6	30.5	34.4	34.0
	99%	26.7	19.4	17.2	27.0	27.1	25.4	23.6	26.6	26.8	25.5	26.4
	95%	15.3	13.7	13.5	14.5	16.7	15.2	14.9	15.6	16.0	16.4	16.1
	50%	2.0	2.1	1.9	2.2	1.5	2.5	2.0	1.9	2.8	2.2	2.1
2/11	Max	29.2	33.9	34.0	30.6	31.2	27.4	36.2	39.6	30.5	34.4	34.0
	99%	26.7	19.6	17.2	27.4	27.1	25.5	23.8	26.7	25.6	25.6	26.5
	95%	15.3	13.6	13.5	14.6	15.1	15.4	15.0	14.8	15.9	16.2	16.0
	50%	2.0	2.1	1.9	2.2	1.5	2.4	2.0	1.9	2.8	2.1	2.1
2/12	Max	26.7	33.9	34.0	30.6	27.2	27.4	36.2	39.6	30.5	34.4	34.0
	99%	24.4	22.5	18.6	23.6	19.8	25.4	23.8	26.7	25.6	24.2	26.5
	95%	15.1	13.6	13.7	14.5	14.9	15.2	14.8	14.3	15.9	15.6	15.8
	50%	1.9	2.0	1.6	2.1	1.4	2.2	1.9	1.8	2.5	2.1	2.0
2/13	Max	26.7	33.9	34.0	30.6	27.2	27.4	36.2	39.6	30.5	34.4	34.0
	99%	24.4	22.6	18.6	23.7	19.8	25.5	23.8	26.7	25.7	24.3	26.5
	95%	15.1	13.6	13.7	14.6	14.9	15.5	15.0	14.5	15.9	16.2	16.0
	50%	1.9	2.0	1.7	2.1	1.4	2.2	1.9	1.8	2.5	2.1	2.1
2/14	Max	26.7	33.9	34.0	30.6	27.2	27.4	36.2	39.6	30.5	34.4	42.9
	99%	21.2	22.9	18.7	23.8	19.8	23.2	24.9	26.8	25.8	25.7	25.5
	95%	14.2	13.6	13.6	14.6	14.2	15.2	14.9	15.1	15.9	15.3	15.7
	50%	1.9	2.0	1.9	2.1	1.3	2.1	1.9	1.8	2.5	2.1	2.1
2/15	Max	26.7	36.8	34.0	30.6	27.2	29.2	36.2	39.6	31.4	34.4	42.9
	99%	22.8	29.6	26.8	22.5	25.2	25.1	27.4	26.9	26.7	25.8	26.5
	95%	15.2	14.2	13.8	14.7	15.0	16.1	15.6	15.8	16.3	16.2	16.0
	50%	1.9	2.0	1.9	2.1	1.4	2.0	2.1	1.8	2.5	2.1	2.1
2/16	Max	26.7	36.8	34.0	30.6	27.2	29.2	36.2	39.6	31.4	34.4	42.9
	99%	23.0	29.9	27.8	22.6	25.6	25.1	27.7	26.9	26.7	25.8	26.6
	95%	15.1	14.1	14.2	14.7	14.5	15.6	16.1	16.2	16.0	16.1	15.9
	50%	1.9	2.0	2.0	2.1	1.4	1.9	2.1	1.8	2.5	2.1	2.1
2/17	Max	26.7	45.5	34.0	30.6	27.2	29.2	36.2	39.6	31.4	34.4	56.1
	99%	23.1	33.1	31.1	24.4	25.5	25.1	27.8	27.0	26.7	25.9	26.7
	95%	15.1	14.3	14.9	15.9	14.8	15.6	16.1	16.6	15.9	16.1	16.1
	50%	1.9	2.0	2.0	2.1	1.4	2.2	2.1	1.9	2.5	2.1	2.1

续表

日期(月/日)	项目	站点										
		58027	58012	58013	58026	58028	58035	58130	58131	58038	58132	58135
		徐州	丰县	沛县	邳州	铜山	新沂	睢宁	宿迁	沭阳	泗阳	泗洪
2/18	Max	26.7	45.5	34.0	30.6	27.2	37.8	51.7	39.6	31.4	34.4	56.1
	99%	23.1	33.2	31.2	27.9	25.6	25.6	29.2	28.6	28.0	28.0	27.4
	95%	15.1	14.6	15.2	17.3	14.8	16.7	16.2	16.7	16.1	16.4	16.5
	50%	1.9	2.0	1.9	2.1	1.4	2.2	2.0	1.8	2.5	2.1	2.1
2/19	Max	26.7	45.5	34.0	30.6	27.2	37.8	51.7	39.6	31.4	34.4	56.1
	99%	24.5	34.2	31.8	27.9	25.4	25.6	29.2	28.6	28.0	28.0	27.4
	95%	15.2	14.9	16.0	17.6	16.4	17.0	16.2	16.7	16.1	16.4	16.5
	50%	2.0	2.1	2.0	2.2	1.4	2.4	2.1	2.0	2.7	2.3	2.3
2/20	Max	43.6	45.5	38.3	40.0	41.0	43.5	51.7	58.2	52.9	47.1	56.1
	99%	24.9	34.2	33.4	29.2	27.1	27.7	31.4	29.3	30.0	28.2	30.7
	95%	15.7	15.1	16.4	19.1	16.7	17.0	16.9	18.1	16.9	16.8	18.2
	50%	2.2	2.1	2.0	2.3	1.6	2.6	2.2	2.1	2.7	2.4	2.3
2/21	Max	43.6	45.5	38.3	40.0	41.0	43.5	51.7	58.2	52.9	64.5	63.3
	99%	24.9	34.2	33.4	29.2	27.1	27.8	31.5	29.3	30.7	29.7	35.7
	95%	16.6	15.2	16.6	19.7	16.5	17.5	17.2	17.7	18.2	17.3	18.3
	50%	2.3	2.1	2.0	2.3	1.6	2.4	2.3	2.0	2.7	2.4	2.3
2/22	Max	43.6	45.5	38.3	40.0	41.0	43.5	51.7	58.2	52.9	64.5	63.3
	99%	24.9	34.2	33.4	29.2	27.1	27.7	31.3	29.3	30.2	29.6	32.2
	95%	17.6	15.2	16.6	18.8	16.7	17.0	17.1	18.1	17.1	17.4	18.3
	50%	2.3	2.2	2.1	2.3	1.7	2.5	2.3	2.1	2.7	2.5	2.4
2/23	Max	43.6	45.5	38.3	40.0	41.0	43.5	51.7	58.2	52.9	64.5	63.3
	99%	26.0	34.2	33.5	29.2	27.2	27.8	34.1	29.3	30.3	28.2	36.7
	95%	18.6	16.6	16.8	19.0	16.8	17.7	17.7	18.1	18.9	17.5	18.4
	50%	2.4	2.2	2.3	2.4	1.6	2.5	2.3	2.1	2.7	2.5	2.5
2/24	Max	43.6	45.5	38.3	40.0	41.0	43.5	51.7	58.2	52.9	64.5	63.3
	99%	26.0	34.2	33.4	29.2	27.2	29.0	34.5	29.7	31.2	31.5	37.5
	95%	18.5	16.6	16.8	19.8	16.8	18.4	18.0	19.1	19.2	17.9	19.8
	50%	2.3	2.3	2.3	2.3	1.6	2.4	2.2	2.1	2.5	2.4	2.4
2/25	Max	43.6	45.5	38.3	40.0	41.0	43.5	51.7	58.2	52.9	64.5	63.3
	99%	25.9	34.2	33.3	29.2	27.2	29.0	34.5	29.7	31.2	29.7	37.5
	95%	18.4	16.5	16.8	19.2	16.8	18.5	18.1	19.1	19.2	17.5	18.4
	50%	2.3	2.2	2.1	2.1	1.4	2.2	2.1	1.9	2.5	2.3	2.4
2/26	Max	43.6	45.5	38.3	40.0	41.0	43.5	51.7	58.2	52.9	64.5	63.3
	99%	25.9	34.2	33.2	29.2	27.1	29.0	34.5	29.7	31.2	29.7	37.5
	95%	18.4	16.5	16.8	18.9	16.5	18.3	17.7	18.8	19.0	16.9	18.3
	50%	2.3	2.1	2.1	2.1	1.4	2.2	2.1	2.0	2.5	2.2	2.3
2/27	Max	43.6	45.5	38.3	40.0	41.0	43.5	51.7	58.2	52.9	64.5	63.3
	99%	25.9	34.2	33.2	29.2	27.2	29.0	34.5	29.7	31.2	29.7	37.5
	95%	18.4	16.5	16.8	18.9	16.5	18.3	17.7	18.7	18.9	16.9	18.4
	50%	2.3	2.0	2.2	2.0	1.4	2.0	2.0	1.9	2.4	2.2	2.3

续表

日期（月/日）	项目	站点										
		58027	58012	58013	58026	58028	58035	58130	58131	58038	58132	58135
		徐州	丰县	沛县	邳州	铜山	新沂	睢宁	宿迁	沭阳	泗阳	泗洪
2/28	Max	43.6	45.5	38.3	40.0	41.0	43.5	68.8	66.3	63.5	64.5	63.3
	99%	26.4	34.2	33.3	29.3	34.1	32.2	35.8	37.4	32.4	29.8	37.5
	95%	18.8	17.2	17.1	19.8	16.5	19.2	18.3	19.4	19.8	18.1	19.6
	50%	2.3	2.0	2.1	2.0	1.4	2.0	2.0	2.0	2.4	2.1	2.4
2/29	Max	43.6	45.5	38.3	40.0	41.0	43.5	68.8	66.3	63.5	64.5	63.3
	99%	26.4	33.8	33.0	29.2	33.7	32.0	35.5	35.6	32.1	32.2	37.2
	95%	19.0	16.5	17.3	20.4	16.4	20.0	19.0	21.1	20.2	18.6	19.9
	50%	2.4	2.0	2.3	2.2	1.6	2.1	2.0	2.1	2.7	2.2	2.5
3/1	Max	43.6	45.5	38.3	40.0	41.0	43.5	68.8	66.3	63.5	64.5	63.3
	99%	26.4	34.2	33.3	29.3	34.2	32.3	35.8	37.8	32.5	29.9	37.6
	95%	18.9	16.7	17.1	19.8	16.6	19.5	18.3	18.9	19.8	18.3	20.0
	50%	2.4	2.0	2.3	2.1	1.6	2.0	2.1	2.1	2.7	2.2	2.5
3/2	Max	43.6	45.5	38.3	40.0	41.0	43.5	68.8	66.3	63.5	64.5	63.3
	99%	26.1	34.2	33.3	29.3	34.0	32.2	35.8	37.5	33.6	29.8	37.5
	95%	18.1	17.2	17.1	19.1	15.5	19.4	18.3	19.4	19.8	18.1	19.7
	50%	2.3	2.0	2.3	2.0	1.6	2.0	2.1	2.1	2.7	2.2	2.5
3/3	Max	43.6	45.5	38.3	40.0	41.0	43.5	68.8	66.3	63.5	64.5	63.3
	99%	24.9	34.2	33.2	29.2	33.8	32.2	34.5	37.1	33.6	29.7	37.5
	95%	17.5	17.2	17.6	18.8	14.8	18.5	17.9	19.0	19.6	17.9	19.9
	50%	2.4	2.0	2.3	2.3	1.6	2.0	2.3	2.1	2.7	2.2	2.5
3/4	Max	43.6	45.5	38.3	40.0	41.0	43.5	68.8	66.3	63.5	64.5	63.3
	99%	24.8	34.2	33.3	29.2	33.8	32.3	36.7	36.9	33.6	29.7	37.4
	95%	18.9	17.2	17.7	18.4	14.8	18.6	18.3	19.0	19.6	17.9	20.1
	50%	2.3	2.0	2.3	2.3	1.6	2.0	2.2	2.1	2.5	2.1	2.5
3/5	Max	43.6	45.5	38.3	40.0	41.0	43.5	68.8	66.3	63.5	64.5	63.3
	99%	24.8	34.2	33.2	29.2	33.7	32.3	36.8	36.9	33.6	29.7	37.4
	95%	19.8	16.7	17.6	18.8	14.8	19.6	18.8	19.3	19.8	18.4	20.1
	50%	2.4	2.0	2.3	2.3	1.8	2.0	2.2	2.2	2.6	2.2	2.5
3/6	Max	43.6	45.5	38.3	40.0	41.0	43.5	68.8	66.3	63.5	64.5	63.3
	99%	24.8	34.2	33.3	29.2	33.5	32.4	36.9	37.1	33.6	29.8	37.5
	95%	19.7	16.7	17.7	18.8	14.8	18.4	19.4	20.7	19.7	18.0	20.1
	50%	2.5	2.0	2.3	2.3	1.8	2.0	2.4	2.2	2.6	2.3	2.6
3/7	Max	43.6	45.5	38.3	40.0	41.0	43.5	68.8	66.3	63.5	64.5	63.3
	99%	24.8	34.2	33.3	29.2	33.3	32.4	36.9	37.5	33.6	29.8	37.4
	95%	19.1	16.7	17.7	18.7	16.2	18.3	20.0	21.6	19.8	18.5	20.6
	50%	2.6	2.1	2.4	2.4	1.9	2.1	2.6	2.3	2.7	2.4	2.6
3/8	Max	43.6	45.5	38.3	40.0	41.0	43.5	68.8	66.3	63.5	64.5	63.3
	99%	27.0	34.1	31.8	29.3	33.1	33.7	39.2	39.6	35.6	31.6	40.1
	95%	18.7	16.2	15.2	18.7	16.5	18.3	20.8	22.3	19.8	19.1	20.9
	50%	2.6	2.1	2.4	2.4	1.7	2.0	2.5	2.3	2.5	2.2	2.6

续表

日期(月/日)	项目	站点										
		58027	58012	58013	58026	58028	58035	58130	58131	58038	58132	58135
		徐州	丰县	沛县	邳州	铜山	新沂	睢宁	宿迁	沭阳	泗阳	泗洪
3/9	Max	43.6	45.5	38.3	40.0	41.0	43.5	68.8	66.3	63.5	64.5	63.3
	99%	27.0	34.2	31.8	29.3	32.9	33.7	39.1	37.6	35.6	31.6	40.0
	95%	18.7	16.2	15.2	18.6	16.2	17.7	21.3	21.8	19.5	19.0	21.2
	50%	2.6	2.2	2.6	2.5	1.9	2.2	2.5	2.2	2.5	2.2	2.6
3/10	Max	43.6	45.5	38.3	40.0	41.0	43.5	68.8	66.3	63.5	64.5	63.3
	99%	26.8	34.2	31.7	29.3	32.7	33.7	39.1	37.3	35.6	31.6	40.0
	95%	18.0	16.2	15.2	18.2	15.9	17.4	20.2	21.5	19.0	18.8	20.9
	50%	2.7	2.2	2.5	2.6	1.8	2.2	2.5	2.2	2.5	2.2	2.7
3/11	Max	43.6	45.5	38.3	40.0	41.0	43.5	68.8	66.3	63.5	64.5	63.3
	99%	26.6	34.2	31.8	29.3	32.2	33.7	39.1	37.1	35.6	29.8	39.9
	95%	17.3	16.2	15.2	17.9	14.8	17.1	20.0	20.3	18.7	18.6	20.6
	50%	2.7	2.1	2.4	2.6	1.9	2.1	2.5	2.2	2.5	2.3	2.7
3/12	Max	43.6	45.5	38.3	40.0	41.0	43.5	68.8	66.3	63.5	64.5	63.3
	99%	26.6	34.1	31.8	29.3	32.2	33.7	39.1	36.7	35.6	30.2	39.8
	95%	17.9	16.4	15.7	18.1	14.8	17.4	20.2	21.4	19.5	19.0	21.1
	50%	2.8	2.1	2.4	2.6	2.2	2.2	2.7	2.4	2.5	2.4	2.7
3/13	Max	43.6	45.5	38.3	40.0	41.0	43.5	68.8	66.3	63.5	64.5	63.3
	99%	26.6	34.1	31.8	29.3	32.1	33.7	38.9	36.6	35.6	32.3	39.7
	95%	17.8	16.4	15.5	18.3	15.3	17.4	20.2	21.7	20.4	19.2	21.8
	50%	2.8	2.2	2.5	2.7	2.6	2.2	2.7	2.5	2.7	2.4	2.7
3/14	Max	43.6	45.5	38.3	40.0	41.0	43.5	68.8	66.3	63.5	64.5	63.3
	99%	26.8	34.1	31.8	29.3	32.5	33.7	39.0	36.7	35.6	44.3	39.6
	95%	18.0	16.4	15.5	18.1	15.8	17.4	20.2	21.3	20.3	19.5	21.4
	50%	2.8	2.1	2.4	2.6	2.4	2.1	2.6	2.5	2.5	2.4	2.7
3/15	Max	43.6	45.5	38.3	40.0	41.0	43.5	68.8	66.3	63.5	64.5	63.3
	99%	32.2	33.7	30.7	29.3	33.1	33.6	38.9	35.9	35.5	42.5	37.2
	95%	18.4	16.4	18.2	18.2	17.1	19.6	20.1	21.6	20.1	19.3	22.0
	50%	2.9	2.2	2.4	2.6	3.0	2.2	2.6	2.5	2.7	2.5	2.7
3/16	Max	43.6	45.5	38.3	40.0	41.0	43.5	68.8	66.3	63.5	64.5	63.3
	99%	32.6	33.7	30.6	29.3	33.0	33.6	38.9	35.3	35.5	41.7	37.1
	95%	18.2	16.0	17.0	18.4	16.1	19.0	19.6	21.4	19.5	19.5	21.9
	50%	2.8	2.1	2.3	2.7	2.9	2.2	2.4	2.6	2.8	2.4	2.7
3/17	Max	43.6	48.2	39.2	40.0	41.0	43.5	74.1	66.3	63.5	64.5	63.3
	99%	34.2	34.1	32.9	29.2	32.7	33.5	44.9	40.0	35.4	40.8	37.0
	95%	20.9	16.5	16.7	18.6	15.6	19.7	21.3	21.7	20.2	20.2	21.3
	50%	2.9	2.2	2.3	2.7	3.0	2.3	2.7	3.0	2.8	2.5	2.7
3/18	Max	43.6	48.2	39.2	40.0	41.0	43.5	74.1	66.3	63.5	64.5	63.3
	99%	34.2	33.7	32.2	27.9	32.8	33.5	44.9	40.0	35.4	40.8	36.0
	95%	19.5	16.0	15.4	18.3	14.5	19.8	21.3	21.3	19.5	20.2	21.0
	50%	3.0	2.1	2.3	2.8	3.0	2.2	2.7	3.1	2.9	2.6	2.8

续表

日期（月/日）	项目	站点										
		58027	58012	58013	58026	58028	58035	58130	58131	58038	58132	58135
		徐州	丰县	沛县	邳州	铜山	新沂	睢宁	宿迁	沭阳	泗阳	泗洪
3/19	Max	43.6	48.2	39.2	40.0	41.0	43.5	74.1	66.3	63.5	89.5	63.3
	99%	34.3	33.7	32.3	27.6	32.6	32.2	45.1	49.5	44.0	46.5	36.1
	95%	19.6	16.4	15.2	18.3	15.5	19.8	22.0	21.9	19.5	20.3	20.7
	50%	2.9	2.1	2.1	2.7	2.9	2.2	2.7	2.9	2.8	2.5	2.7
3/20	Max	43.6	48.2	39.2	40.0	41.0	43.5	74.1	66.3	63.5	89.5	63.3
	99%	34.3	32.1	27.8	27.6	32.9	32.2	45.5	49.6	44.0	46.6	36.1
	95%	18.8	16.6	15.2	18.4	14.5	19.9	20.4	21.9	19.6	19.6	20.7
	50%	2.8	2.1	2.0	2.7	2.4	2.1	2.5	2.5	2.7	2.4	2.7
3/21	Max	40.7	48.2	51.0	35.4	35.0	35.2	74.1	66.3	63.5	89.5	63.3
	99%	33.4	28.3	27.8	27.3	27.2	29.2	38.9	42.9	38.8	41.8	35.5
	95%	18.8	16.7	15.4	17.8	13.9	18.0	20.4	22.0	18.8	19.1	20.1
	50%	2.6	2.0	1.9	2.6	2.4	2.0	2.4	2.3	2.5	2.3	2.6
3/22	Max	40.7	48.2	51.0	35.4	35.0	60.2	74.1	66.3	63.5	89.5	52.6
	99%	32.2	28.3	27.8	27.6	31.5	32.2	41.9	43.1	41.5	31.6	33.2
	95%	18.8	17.1	15.2	18.0	17.4	19.2	21.8	22.5	19.6	19.3	20.2
	50%	2.6	2.0	1.9	2.7	2.5	2.0	2.5	2.4	2.5	2.5	2.6
3/23	Max	40.7	48.2	51.0	35.4	35.0	60.2	74.1	66.3	63.5	89.5	52.6
	99%	32.6	28.4	27.9	28.5	32.2	32.3	42.1	43.4	41.6	31.7	33.3
	95%	18.8	17.5	15.3	18.2	18.7	19.7	22.4	22.5	20.9	19.5	20.2
	50%	2.6	2.0	1.8	2.7	2.5	2.1	2.4	2.4	2.5	2.4	2.6
3/24	Max	40.7	48.2	51.0	57.2	35.0	63.8	74.1	66.3	63.5	89.5	52.6
	99%	32.3	25.6	36.8	33.5	32.2	34.5	50.4	43.4	43.6	32.6	27.6
	95%	20.0	17.7	15.3	19.7	20.3	21.6	22.3	22.5	22.2	20.0	20.2
	50%	2.6	2.0	1.8	2.7	2.5	2.1	2.4	2.3	2.5	2.4	2.6
3/25	Max	40.7	48.2	51.0	57.2	35.0	63.8	74.1	66.3	63.5	89.5	52.6
	99%	32.3	25.7	37.2	33.6	32.2	34.6	50.9	43.1	41.7	31.7	26.8
	95%	20.8	17.7	17.5	18.1	20.3	21.0	21.9	22.3	21.2	19.6	20.3
	50%	2.5	1.9	1.8	2.6	2.5	2.0	2.3	2.3	2.4	2.5	2.6
3/26	Max	40.7	48.2	51.0	57.2	35.0	63.8	74.1	66.3	63.5	89.5	52.6
	99%	32.3	28.8	25.6	33.6	32.3	34.6	51.5	43.3	41.9	31.7	26.8
	95%	22.1	18.1	18.0	18.3	20.4	21.3	22.1	20.3	21.6	20.1	20.6
	50%	2.6	2.0	1.8	2.7	2.5	2.0	2.2	2.3	2.4	2.6	2.6
3/27	Max	40.7	48.2	51.0	57.2	35.0	63.8	74.1	66.3	63.5	89.5	52.6
	99%	32.4	29.0	25.8	33.6	32.4	34.7	52.5	43.6	41.9	31.8	26.8
	95%	22.6	18.1	18.1	19.2	20.6	21.5	20.8	20.6	21.7	20.4	20.3
	50%	2.6	2.0	1.9	2.7	2.7	2.1	2.2	2.2	2.4	2.5	2.6
3/28	Max	40.7	48.2	51.0	57.2	35.0	63.8	74.1	66.3	63.5	89.5	52.6
	99%	33.5	29.1	26.0	34.1	32.4	34.7	52.9	44.0	42.1	29.2	28.1
	95%	21.2	18.2	18.6	20.9	19.3	21.7	22.4	21.8	21.2	20.3	20.8
	50%	2.6	2.1	1.9	2.8	2.8	2.2	2.5	2.3	2.4	2.6	2.6

续表

日期（月/日）	项目	站点										
		58027	58012	58013	58026	58028	58035	58130	58131	58038	58132	58135
		徐州	丰县	沛县	邳州	铜山	新沂	睢宁	宿迁	沭阳	泗阳	泗洪
3/29	Max	40.7	48.2	51.0	57.2	33.0	63.8	74.1	58.7	57.0	89.5	52.6
	99%	32.5	29.2	23.9	33.6	29.4	33.1	42.8	38.3	38.6	31.9	28.1
	95%	21.2	18.6	18.3	18.3	19.3	21.6	22.2	21.1	19.6	20.8	20.7
	50%	2.6	2.1	1.9	2.8	3.1	2.2	2.4	2.4	2.4	2.6	2.5
3/30	Max	40.7	48.2	51.0	57.2	33.0	63.8	74.1	58.7	57.0	89.5	52.6
	99%	32.4	29.1	23.7	33.6	29.5	32.8	42.7	38.0	38.4	31.8	27.9
	95%	22.1	18.5	18.3	19.7	19.6	21.6	22.0	21.0	20.9	20.8	20.4
	50%	2.6	2.1	1.9	2.8	2.9	2.2	2.3	2.4	2.4	2.6	2.5
3/31	Max	43.7	48.2	51.0	61.7	56.3	63.8	74.1	63.4	57.0	89.5	52.6
	99%	33.5	32.0	29.1	34.0	32.8	37.0	52.5	50.9	43.7	42.4	31.3
	95%	23.2	19.2	18.8	21.8	21.3	21.7	23.7	21.5	22.0	21.9	20.8
	50%	2.6	2.1	1.9	2.8	2.7	2.2	2.2	2.3	2.3	2.5	2.5
4/1	Max	43.7	48.2	51.0	61.7	56.3	63.8	74.1	63.4	57.0	89.5	52.6
	99%	33.8	32.1	29.1	34.1	36.2	37.0	53.1	51.0	43.6	42.3	31.3
	95%	23.2	19.4	18.9	21.9	22.2	21.7	23.7	22.2	21.8	21.9	20.8
	50%	2.5	2.1	2.0	2.7	2.7	2.1	2.2	2.3	2.4	2.5	2.5
4/2	Max	43.7	48.2	51.0	61.7	56.3	63.8	74.1	63.4	57.0	89.5	52.6
	99%	33.8	32.0	29.1	34.2	36.2	38.5	57.5	51.0	46.3	41.8	30.4
	95%	22.5	19.3	18.8	22.5	22.2	21.9	23.7	22.4	22.3	22.3	21.2
	50%	2.6	2.1	2.0	2.6	2.7	2.1	2.2	2.2	2.4	2.6	2.5
4/3	Max	43.7	53.9	51.0	61.7	56.3	63.8	74.1	63.4	57.0	89.5	52.6
	99%	33.9	29.3	29.1	34.2	36.4	38.5	57.6	51.2	46.3	42.0	30.4
	95%	21.7	18.7	18.9	22.5	22.5	21.9	23.7	22.5	21.5	22.6	21.2
	50%	2.4	2.1	2.0	2.6	2.6	1.9	2.2	2.2	2.4	2.7	2.5
4/4	Max	43.7	55.3	51.0	61.7	56.3	63.8	74.1	63.4	57.0	89.5	52.6
	99%	33.9	32.7	30.7	34.3	36.4	38.5	57.6	51.1	46.4	42.0	30.4
	95%	22.8	19.5	19.2	21.9	22.5	22.3	24.3	22.5	23.2	22.6	21.8
	50%	2.2	2.1	2.0	2.4	2.6	1.8	2.2	2.3	2.4	2.6	2.5
4/5	Max	43.7	55.3	51.0	61.7	56.3	63.8	74.1	63.4	57.0	89.5	52.6
	99%	34.1	33.0	31.0	34.2	29.8	38.5	57.6	51.3	46.3	42.1	31.3
	95%	23.3	20.1	20.9	22.3	21.5	22.9	24.8	22.7	23.4	22.4	22.2
	50%	2.4	2.1	2.0	2.5	2.6	1.9	2.2	2.3	2.5	2.6	2.5
4/6	Max	43.7	55.3	51.0	61.7	56.3	63.8	105.5	127.1	143.1	89.5	87.8
	99%	34.1	37.7	32.4	34.8	29.9	42.0	65.3	57.4	50.9	45.2	36.5
	95%	23.9	21.8	22.5	23.0	22.6	24.1	26.3	23.7	23.6	22.7	22.8
	50%	2.4	2.1	2.0	2.5	2.4	2.0	2.2	2.3	2.6	2.8	2.5
4/7	Max	43.7	55.3	51.0	61.7	56.3	63.8	105.5	127.1	143.1	89.5	87.8
	99%	39.0	43.4	37.7	44.6	33.2	49.6	65.5	57.5	50.8	46.7	36.9
	95%	24.9	22.2	22.7	25.2	23.7	24.9	26.5	25.4	25.1	23.4	23.2
	50%	2.4	2.1	2.0	2.5	2.3	2.0	2.2	2.3	2.7	3.0	2.4

续表

日期（月/日）	项目	站点										
		58027	58012	58013	58026	58028	58035	58130	58131	58038	58132	58135
		徐州	丰县	沛县	邳州	铜山	新沂	睢宁	宿迁	沭阳	泗阳	泗洪
4/8	Max	43.7	55.3	51.0	61.7	56.3	63.8	105.5	127.1	143.1	89.5	87.8
	99%	39.1	43.4	38.5	46.2	33.4	50.4	65.6	57.8	51.0	46.7	38.3
	95%	24.9	22.2	22.7	26.2	26.0	25.4	29.4	28.2	26.3	25.3	23.0
	50%	2.2	2.1	2.0	2.3	2.1	1.8	2.2	2.2	2.7	2.9	2.3
4/9	Max	61.9	55.3	51.0	63.4	64.1	63.8	105.5	127.1	143.1	89.5	87.8
	99%	41.0	44.5	39.3	56.4	39.0	50.7	65.7	57.8	51.0	46.8	40.1
	95%	25.7	26.1	23.7	26.5	26.5	26.3	30.5	28.4	27.5	26.0	23.5
	50%	2.4	2.3	2.2	2.3	2.4	1.8	2.2	2.3	2.7	2.9	2.3
4/10	Max	61.9	55.3	51.0	63.4	64.1	89.9	105.5	127.1	143.1	89.5	87.8
	99%	41.1	44.6	39.3	57.5	40.1	56.5	58.0	58.0	51.3	44.0	40.2
	95%	27.3	23.6	24.0	27.6	26.2	27.0	30.4	28.5	27.9	25.2	23.6
	50%	2.4	2.3	2.3	2.3	2.3	1.9	2.2	2.3	2.7	2.9	2.3
4/11	Max	105.6	80.4	79.0	107.7	99.0	89.9	105.5	127.1	143.1	89.5	87.8
	99%	42.7	47.0	40.7	58.2	53.2	59.7	60.3	58.5	52.7	44.1	42.4
	95%	30.6	26.4	28.1	28.7	27.6	28.1	30.9	33.8	27.5	25.9	24.6
	50%	2.4	2.3	2.3	2.3	2.3	2.0	2.2	2.3	2.7	2.9	2.4
4/12	Max	105.6	80.4	79.0	107.7	99.0	89.9	105.5	127.1	143.1	89.5	87.8
	99%	42.8	47.1	40.8	58.2	53.2	59.9	60.3	58.6	52.8	44.2	42.4
	95%	30.1	26.5	27.7	28.7	27.6	28.5	30.9	34.0	28.1	26.5	24.7
	50%	2.3	2.3	2.3	2.3	2.4	2.0	2.2	2.2	2.7	3.0	2.4
4/13	Max	105.6	80.4	79.0	107.7	99.0	89.9	105.5	127.1	143.1	89.5	87.8
	99%	42.9	47.2	40.8	58.3	53.2	60.1	60.3	53.6	52.9	44.2	42.4
	95%	28.3	26.2	26.0	27.7	27.0	28.6	30.9	28.8	28.2	26.7	24.7
	50%	2.2	2.3	2.3	2.3	2.3	1.9	2.2	2.2	2.6	2.8	2.4
4/14	Max	105.6	80.4	79.0	107.7	99.0	93.6	105.5	127.1	143.1	89.5	87.8
	99%	43.1	47.4	40.8	58.3	53.4	57.7	61.8	54.8	53.1	44.3	42.5
	95%	30.5	26.4	27.9	30.0	28.5	28.5	30.6	33.4	29.6	27.0	24.1
	50%	2.3	2.3	2.3	2.3	2.3	1.9	2.2	2.3	2.6	2.9	2.4
4/15	Max	105.6	80.4	79.0	107.7	99.0	93.6	105.5	127.1	143.1	89.5	87.8
	99%	43.3	46.4	40.9	57.2	53.5	58.0	60.4	54.7	53.2	44.4	42.5
	95%	27.2	26.5	28.1	28.4	28.8	28.6	30.6	28.4	30.9	26.9	24.3
	50%	2.2	2.3	2.3	2.3	2.2	1.9	2.2	2.2	2.6	2.8	2.4
4/16	Max	105.6	80.4	79.0	107.7	99.0	93.6	105.5	127.1	143.1	89.5	87.8
	99%	43.7	49.0	43.8	57.6	59.0	61.0	62.4	59.4	51.4	45.9	42.9
	95%	28.4	30.4	28.8	29.0	28.9	28.4	30.9	29.7	31.6	27.9	25.5
	50%	2.2	2.3	2.3	2.2	2.2	1.8	2.2	2.1	2.4	2.6	2.3
4/17	Max	105.6	80.4	79.0	107.7	99.0	93.6	105.5	127.1	143.1	59.1	87.8
	99%	43.7	49.2	44.1	57.7	59.7	61.2	62.7	55.9	48.6	44.6	42.9
	95%	28.6	29.4	28.2	31.5	28.2	29.2	30.4	28.4	31.6	27.6	26.0
	50%	2.2	2.3	2.4	2.3	2.2	1.9	2.2	2.2	2.6	2.7	2.4

续表

日期（月/日）	项目	站点										
		58027	58012	58013	58026	58028	58035	58130	58131	58038	58132	58135
		徐州	丰县	沛县	邳州	铜山	新沂	睢宁	宿迁	沭阳	泗阳	泗洪
4/18	Max	105.6	80.4	79.0	107.7	99.0	93.6	105.5	127.1	143.1	59.1	87.8
	99%	43.7	49.3	44.0	57.7	59.9	61.2	62.6	56.1	48.6	44.6	42.9
	95%	29.6	27.5	29.2	31.3	28.8	29.2	30.5	28.4	31.7	26.9	24.9
	50%	2.3	2.3	2.6	2.2	2.2	1.9	2.2	2.2	2.6	2.8	2.5
4/19	Max	105.6	80.4	79.0	107.7	99.0	93.6	105.5	127.1	143.1	59.1	87.8
	99%	47.6	53.8	57.6	62.0	63.7	63.9	62.9	56.8	50.6	44.7	44.7
	95%	31.0	31.1	29.0	32.5	29.8	32.1	30.4	28.3	32.9	27.3	25.9
	50%	2.3	2.4	2.7	2.3	2.1	2.0	2.2	2.4	2.6	2.8	2.5
4/20	Max	105.6	80.4	79.0	107.7	99.0	93.6	105.5	127.1	143.1	68.2	87.8
	99%	55.2	53.8	57.1	62.0	63.7	63.9	62.9	57.3	51.7	46.1	46.0
	95%	32.6	31.2	29.2	32.5	32.6	33.8	29.3	29.2	33.0	28.4	26.1
	50%	2.2	2.4	2.7	2.2	2.1	1.9	2.2	2.2	2.6	2.8	2.5
4/21	Max	105.6	80.6	79.0	107.7	99.0	93.6	105.5	127.1	143.1	68.2	87.8
	99%	55.1	54.8	56.5	62.1	63.6	63.9	62.9	57.1	51.8	46.1	46.0
	95%	33.4	31.3	29.7	32.1	32.2	33.9	29.3	28.9	32.7	28.4	26.1
	50%	2.3	2.4	2.8	2.2	2.0	1.8	2.2	2.4	2.6	2.8	2.5
4/22	Max	105.6	80.6	79.0	107.7	99.0	93.6	105.5	144.2	143.1	68.2	87.8
	99%	54.8	56.3	56.1	62.1	63.6	60.0	64.4	62.2	53.7	47.2	46.0
	95%	33.2	32.6	29.7	29.7	31.9	30.6	30.4	33.1	32.9	28.8	27.4
	50%	2.4	2.4	2.9	2.2	2.1	1.9	2.2	2.5	2.6	2.8	2.5
4/23	Max	105.6	80.6	79.0	107.7	99.0	93.6	105.5	144.2	143.1	68.2	87.8
	99%	56.0	56.4	57.1	64.6	63.6	60.0	64.5	62.1	53.8	47.2	46.0
	95%	33.7	34.9	29.8	31.0	31.9	34.0	29.8	35.6	32.7	28.9	27.5
	50%	2.6	2.4	2.8	2.3	2.2	2.0	2.2	2.5	2.6	2.8	2.5
4/24	Max	105.6	80.6	79.0	107.7	99.0	93.6	105.5	144.2	143.1	68.2	87.8
	99%	56.0	56.4	57.1	64.5	63.6	60.0	64.3	62.1	53.7	47.2	46.0
	95%	33.7	34.9	29.8	31.0	31.9	34.0	30.5	35.4	32.7	28.9	27.3
	50%	2.5	2.4	2.8	2.3	2.2	2.0	2.3	2.5	2.6	2.8	2.5
4/25	Max	105.6	80.6	79.0	107.7	99.0	93.6	105.5	144.2	143.1	68.2	87.8
	99%	56.0	56.4	57.4	64.5	63.6	60.1	64.2	62.1	53.8	47.2	46.0
	95%	34.0	34.9	29.3	32.1	33.5	34.5	32.5	36.1	32.9	28.6	27.7
	50%	2.5	2.4	2.8	2.3	2.1	2.0	2.3	2.5	2.6	2.9	2.5
4/26	Max	105.6	80.6	79.0	107.7	99.0	93.6	105.5	144.2	143.1	75.2	87.8
	99%	60.7	56.4	59.2	64.3	63.6	67.7	65.1	62.1	56.6	55.1	46.0
	95%	34.2	35.3	30.8	32.9	34.3	34.6	37.5	37.5	34.3	29.7	28.0
	50%	2.5	2.4	2.8	2.3	2.0	2.0	2.4	2.8	2.7	3.0	2.7
4/27	Max	105.6	80.6	79.0	107.7	99.0	93.6	105.5	144.2	143.1	75.2	87.8
	99%	60.8	56.4	59.0	64.1	63.6	67.2	64.8	62.2	56.5	55.1	46.0
	95%	34.2	35.8	31.7	32.8	34.3	34.8	37.8	37.6	35.2	29.7	28.5
	50%	2.6	2.4	2.8	2.3	1.8	2.0	2.4	2.6	2.9	3.0	2.7

续表

日期(月/日)	项目	站点										
		58027	58012	58013	58026	58028	58035	58130	58131	58038	58132	58135
		徐州	丰县	沛县	邳州	铜山	新沂	睢宁	宿迁	沭阳	泗阳	泗洪
4/28	Max	117.6	80.6	79.0	107.7	111.9	93.6	105.5	144.2	143.1	75.2	87.8
	99%	56.2	59.1	61.5	64.4	78.8	67.9	65.4	62.3	56.8	55.5	46.0
	95%	34.1	35.4	33.6	32.5	34.7	35.4	36.6	36.0	35.6	29.8	32.5
	50%	2.7	2.5	2.8	2.3	1.9	2.0	2.4	2.6	2.9	3.2	3.0
4/29	Max	117.6	80.6	79.0	107.7	111.9	93.6	105.5	144.2	143.1	75.2	87.8
	99%	61.0	59.3	62.0	64.6	78.3	68.8	65.7	59.6	65.0	55.9	46.0
	95%	34.1	35.7	33.7	32.6	34.6	35.2	36.9	35.9	33.8	29.3	30.3
	50%	2.7	2.4	2.8	2.5	2.1	2.0	2.5	2.6	2.9	3.3	3.1
4/30	Max	117.6	80.6	79.0	107.7	111.9	93.6	105.5	144.2	143.1	75.2	87.8
	99%	61.1	61.9	63.3	64.7	78.3	69.1	65.9	59.7	66.0	59.1	47.1
	95%	34.3	36.5	33.7	33.2	34.2	35.5	37.8	35.9	35.4	29.7	31.0
	50%	2.7	2.5	2.8	2.5	2.1	2.1	2.4	2.6	2.7	3.1	3.0
5/1	Max	117.6	80.6	79.0	107.7	111.9	93.6	105.5	144.2	143.1	75.2	87.8
	99%	62.4	63.0	65.7	69.6	78.6	74.7	68.3	65.0	71.1	60.9	47.2
	95%	34.8	37.0	33.9	33.3	34.3	35.5	37.8	36.0	35.6	30.5	31.3
	50%	2.7	2.4	2.8	2.5	1.8	2.1	2.4	2.6	2.6	3.0	3.0
5/2	Max	117.6	80.6	79.0	107.7	111.9	93.6	105.5	144.2	143.1	75.2	87.8
	99%	76.1	62.9	65.6	69.3	76.2	74.6	68.0	64.7	71.0	60.8	52.6
	95%	38.8	36.8	37.0	37.0	35.1	35.9	37.9	35.9	36.2	31.9	34.7
	50%	2.7	2.5	2.8	2.6	1.9	2.1	2.3	2.5	2.6	2.9	2.8
5/3	Max	117.6	80.6	79.0	107.7	111.9	93.6	105.5	144.2	143.1	75.2	87.8
	99%	85.0	63.8	65.6	75.1	86.9	74.6	68.0	68.0	71.0	61.2	54.8
	95%	39.2	37.4	38.7	38.7	36.8	37.6	38.2	36.1	36.2	33.0	35.5
	50%	2.8	2.8	2.9	2.6	2.0	2.2	2.3	2.5	2.6	2.8	2.7
5/4	Max	117.6	80.6	79.0	107.7	111.9	93.6	105.5	144.2	143.1	75.2	87.8
	99%	85.1	63.8	65.6	75.3	87.3	74.6	68.0	68.0	71.0	61.2	54.8
	95%	39.4	37.3	38.5	36.7	37.1	37.6	37.9	35.9	37.3	33.8	35.0
	50%	2.8	2.6	2.8	2.6	1.9	2.1	2.3	2.5	2.6	2.8	2.7
5/5	Max	117.6	80.6	79.0	107.7	111.9	93.6	92.1	144.2	84.9	75.2	85.6
	99%	84.6	63.8	65.5	75.0	86.9	74.4	61.7	61.9	65.1	61.2	52.1
	95%	39.4	38.9	39.1	38.5	36.8	38.5	37.9	35.2	35.4	30.5	34.4
	50%	2.7	2.4	2.8	2.4	1.9	2.1	2.2	2.3	2.5	2.9	2.7
5/6	Max	117.6	80.6	79.0	107.7	111.9	93.6	92.1	144.2	84.9	75.2	85.6
	99%	83.7	63.7	65.4	74.6	86.2	74.2	61.6	61.8	64.4	61.1	51.7
	95%	38.3	37.7	37.6	36.3	37.8	37.0	35.2	35.1	34.0	30.7	31.5
	50%	2.8	2.4	2.7	2.5	2.0	2.1	2.2	2.4	2.5	2.8	2.6
5/7	Max	117.6	80.6	79.0	107.7	111.9	93.6	92.1	144.2	84.9	75.2	85.6
	99%	83.6	63.7	65.4	74.2	85.7	74.2	61.6	61.8	64.2	61.1	51.3
	95%	38.2	37.5	39.0	36.1	37.5	36.6	33.9	33.1	32.9	30.1	29.2
	50%	2.7	2.4	2.6	2.6	2.0	2.1	2.2	2.5	2.5	2.8	2.6

续表

日期(月/日)	项目	站点										
		58027	58012	58013	58026	58028	58035	58130	58131	58038	58132	58135
		徐州	丰县	沛县	邳州	铜山	新沂	睢宁	宿迁	沭阳	泗阳	泗洪
5/8	Max	127.9	80.6	79.0	107.7	111.9	93.6	92.1	144.2	84.9	75.2	85.6
	99%	94.1	63.7	65.3	80.5	94.7	76.1	63.2	61.7	70.7	61.1	51.2
	95%	38.3	37.7	41.2	36.9	37.3	35.8	34.0	33.1	34.8	29.4	28.0
	50%	2.6	2.2	2.6	2.6	1.8	2.1	2.2	2.4	2.5	2.8	2.7
5/9	Max	127.9	80.6	79.0	107.7	111.9	93.6	92.1	144.2	84.9	75.2	85.6
	99%	93.5	63.7	65.4	80.5	94.5	74.0	63.0	61.7	70.6	61.1	51.0
	95%	39.3	37.7	41.3	36.5	39.0	38.5	36.3	33.1	34.7	29.3	29.1
	50%	2.7	2.2	2.6	2.5	1.8	2.0	2.2	2.4	2.5	2.9	2.7
5/10	Max	127.9	80.6	70.6	98.5	111.9	93.6	107.9	144.2	84.9	114.7	107.7
	99%	83.5	63.2	62.5	79.7	84.9	69.8	67.0	63.9	72.9	63.3	54.4
	95%	34.7	36.6	33.7	35.5	36.9	34.6	35.9	33.1	35.6	30.2	29.0
	50%	2.7	2.1	2.5	2.5	1.8	2.0	2.5	2.5	2.6	2.9	2.9
5/11	Max	127.9	80.6	70.6	98.5	111.9	93.6	107.9	144.2	84.9	114.7	107.7
	99%	83.8	63.2	62.5	79.9	84.8	74.6	69.7	67.9	72.9	63.5	55.3
	95%	34.8	37.1	33.8	35.9	38.7	35.6	38.0	33.3	35.6	32.1	29.4
	50%	2.8	2.1	2.6	2.6	1.8	2.2	2.5	2.7	2.6	2.9	3.1
5/12	Max	127.9	83.8	80.5	98.5	111.9	93.6	107.9	144.2	84.9	114.7	107.7
	99%	84.8	63.7	63.8	80.5	84.3	74.5	69.7	67.9	72.9	63.5	55.3
	95%	39.3	37.8	41.5	37.0	41.8	39.2	38.2	34.2	36.3	33.3	30.4
	50%	2.8	2.1	2.6	2.8	1.8	2.2	2.5	2.7	2.6	2.9	3.1
5/13	Max	127.9	83.8	80.5	98.5	111.9	86.1	107.9	144.2	84.9	114.7	107.7
	99%	84.7	63.7	63.8	80.5	84.1	69.4	68.8	63.7	72.8	63.2	56.2
	95%	37.6	36.8	40.8	36.9	46.4	39.0	38.0	33.2	35.7	31.5	30.0
	50%	2.7	2.1	2.4	2.8	1.8	2.1	2.5	2.7	2.6	3.0	3.1
5/14	Max	127.9	83.8	80.5	98.5	111.9	86.1	107.9	144.2	99.3	114.7	107.7
	99%	84.7	63.7	63.8	80.5	84.4	69.3	68.8	69.2	75.0	63.1	56.3
	95%	37.6	36.9	40.8	39.3	41.8	39.5	38.0	35.2	36.9	33.0	34.7
	50%	2.7	2.1	2.5	2.6	1.8	2.2	2.7	2.8	2.6	3.1	3.1
5/15	Max	127.9	83.8	80.5	98.5	111.9	86.1	229.7	201.8	110.9	175.0	107.7
	99%	84.6	63.7	63.8	79.8	84.6	73.8	68.8	76.8	77.3	66.4	56.3
	95%	37.0	36.4	37.7	38.8	41.8	39.9	38.0	35.6	36.7	34.5	34.7
	50%	2.9	2.1	2.4	2.7	1.8	2.3	2.6	2.8	2.7	3.3	3.2
5/16	Max	127.9	83.8	80.5	98.5	111.9	86.1	229.7	201.8	110.9	175.0	107.7
	99%	84.5	63.7	63.7	79.5	83.9	73.8	68.8	76.0	77.3	66.2	56.2
	95%	39.7	36.3	39.6	37.8	45.9	39.3	38.0	35.5	33.9	34.2	34.7
	50%	3.0	2.1	2.4	2.7	1.9	2.3	2.7	2.8	2.7	3.1	3.1
5/17	Max	127.9	83.8	80.5	98.5	111.9	86.1	229.7	201.8	110.9	175.0	107.7
	99%	84.5	63.7	63.7	79.3	83.2	73.7	68.8	74.8	77.2	66.0	56.2
	95%	35.9	36.3	39.6	37.2	44.0	39.2	37.9	35.3	36.3	33.8	35.5
	50%	3.0	2.1	2.4	3.0	1.9	2.5	2.7	2.8	2.9	3.1	3.0

续表

日期（月/日）	项目	站点										
		58027	58012	58013	58026	58028	58035	58130	58131	58038	58132	58135
		徐州	丰县	沛县	邳州	铜山	新沂	睢宁	宿迁	沭阳	泗阳	泗洪
5/18	Max	127.9	83.8	80.5	91.8	111.9	86.1	229.7	201.8	110.9	175.0	107.8
	99%	84.4	63.7	60.7	71.6	74.9	73.7	68.7	99.3	77.1	69.2	57.4
	95%	42.7	33.6	37.6	41.8	43.4	40.5	37.9	35.8	37.4	34.9	35.7
	50%	3.5	2.0	2.4	3.0	1.9	2.6	2.7	2.8	2.9	3.1	3.0
5/19	Max	127.9	83.8	80.5	91.8	111.9	86.1	229.7	201.8	110.9	175.0	107.8
	99%	84.4	63.7	60.6	71.5	75.0	68.8	68.7	99.0	73.1	66.6	55.7
	95%	42.7	33.0	37.2	41.7	43.7	39.9	37.9	34.7	35.9	34.2	34.9
	50%	3.5	2.1	2.4	3.0	1.9	2.3	2.6	2.8	2.8	3.1	3.0
5/20	Max	127.9	83.8	80.5	91.8	111.9	86.1	229.7	201.8	110.9	175.0	136.2
	99%	84.4	63.2	60.6	71.3	74.9	75.5	69.6	98.7	72.5	66.2	61.0
	95%	42.7	31.9	37.2	40.7	43.4	40.8	38.0	35.5	36.7	35.0	35.6
	50%	3.5	2.1	2.3	3.0	1.9	2.4	2.6	2.7	2.8	3.0	3.0
5/21	Max	127.9	83.8	80.5	91.8	111.9	86.1	229.7	201.8	110.9	175.0	136.2
	99%	84.3	63.7	60.5	71.1	74.8	75.4	68.7	91.0	69.9	74.0	74.5
	95%	42.9	33.3	38.4	41.2	43.2	40.8	36.9	35.2	36.7	35.3	35.6
	50%	3.2	2.2	2.2	2.9	1.9	2.4	2.6	2.8	2.8	3.0	2.9
5/22	Max	127.9	83.8	80.5	91.8	111.9	86.1	229.7	201.8	110.9	175.0	136.2
	99%	84.2	63.6	60.3	70.3	74.8	75.3	69.6	90.8	78.9	73.9	73.9
	95%	42.7	31.4	36.4	41.9	43.2	40.0	37.9	35.4	38.1	35.7	35.5
	50%	3.2	2.1	2.3	2.9	1.8	2.5	2.6	2.7	2.8	3.1	3.0
5/23	Max	127.9	83.8	80.5	91.8	111.9	86.1	229.7	201.8	110.9	175.0	136.2
	99%	84.2	64.6	60.4	70.2	74.7	75.3	70.1	91.0	78.7	80.0	73.3
	95%	42.7	32.0	36.5	41.7	42.9	40.0	38.2	35.4	38.0	39.0	35.7
	50%	3.1	2.2	2.2	2.9	1.9	2.4	2.6	2.7	2.8	3.0	3.0
5/24	Max	127.9	83.8	80.5	183.4	111.9	265.7	229.7	201.8	284.7	175.0	136.2
	99%	84.2	64.6	62.4	77.1	83.1	78.3	70.1	91.2	83.5	79.9	73.4
	95%	42.9	33.7	38.3	42.9	43.2	39.9	37.9	35.4	38.6	38.8	35.5
	50%	3.1	2.2	2.3	3.0	2.4	2.6	2.6	2.7	2.8	3.1	3.1
5/25	Max	127.9	83.8	80.5	183.4	111.9	265.7	229.7	201.8	284.7	175.0	136.2
	99%	84.2	64.6	64.3	77.1	83.3	78.3	68.7	91.6	83.4	79.8	74.7
	95%	42.7	33.0	38.3	42.9	43.4	38.8	34.2	35.5	38.4	37.0	34.8
	50%	3.6	2.3	2.3	3.0	2.8	2.4	2.6	2.7	2.8	3.1	2.8
5/26	Max	127.9	83.8	80.5	183.4	111.9	265.7	229.7	201.8	284.7	175.0	136.2
	99%	84.1	64.5	64.3	77.1	83.6	78.4	68.8	91.6	83.6	79.9	75.3
	95%	42.7	33.5	38.6	42.9	44.0	37.7	34.3	35.5	38.6	38.8	35.3
	50%	3.6	2.3	2.3	3.1	2.8	2.5	2.5	2.8	2.6	3.1	2.8
5/27	Max	127.9	83.8	80.5	183.4	110.2	265.7	229.7	201.8	284.7	175.0	136.2
	99%	79.8	64.5	64.1	77.0	75.1	78.2	68.7	91.6	83.4	79.7	74.4
	95%	38.6	34.2	39.7	41.9	41.8	34.9	34.2	35.5	38.4	39.9	31.1
	50%	3.5	2.3	2.3	3.1	2.8	2.5	2.6	2.7	2.6	3.0	2.6

续表

日期(月/日)	项目	站点										
		58027	58012	58013	58026	58028	58035	58130	58131	58038	58132	58135
		徐州	丰县	沛县	邳州	铜山	新沂	睢宁	宿迁	沭阳	泗阳	泗洪
5/28	Max	127.9	83.8	80.5	183.4	110.2	265.7	229.7	201.8	284.7	175.0	136.2
	99%	79.7	64.4	64.0	76.7	74.6	78.0	80.6	96.3	90.8	79.5	74.7
	95%	42.7	34.0	39.6	42.6	41.8	40.6	36.6	36.3	38.9	41.1	32.9
	50%	3.1	2.3	2.3	3.3	2.8	2.7	2.6	2.8	2.7	3.1	2.3
5/29	Max	127.9	83.8	84.1	183.4	110.2	265.7	229.7	201.8	284.7	175.0	136.2
	99%	84.0	64.3	67.2	84.2	74.7	77.9	80.6	98.2	90.6	79.1	78.9
	95%	43.0	33.8	39.6	44.1	42.9	40.8	36.6	35.4	39.2	41.8	35.5
	50%	3.5	2.3	2.3	3.4	2.7	2.7	2.7	2.9	2.9	3.3	2.4
5/30	Max	127.9	83.8	84.1	183.4	110.2	265.7	229.7	201.8	284.7	175.0	136.2
	99%	79.6	64.3	63.9	77.0	74.7	75.1	80.7	98.2	90.7	79.2	79.1
	95%	43.0	33.0	38.8	42.9	42.9	40.8	36.1	35.2	39.3	41.0	35.8
	50%	3.7	2.3	2.2	3.4	3.1	2.9	2.7	3.1	3.0	3.3	2.5
5/31	Max	127.9	83.8	84.1	183.4	110.2	265.7	229.7	201.8	284.7	175.0	136.2
	99%	80.1	64.4	64.2	77.5	75.4	75.2	70.3	98.3	91.0	79.9	85.8
	95%	42.6	34.1	39.0	40.5	41.1	40.6	32.4	34.8	38.9	40.1	34.4
	50%	3.7	2.3	2.2	3.4	3.1	3.1	2.7	3.3	3.2	3.3	2.5
6/1	Max	127.9	83.8	84.1	183.4	110.2	265.7	229.7	201.8	284.7	175.0	136.2
	99%	80.4	57.7	61.5	70.8	69.0	75.3	70.7	98.4	91.6	73.0	80.6
	95%	42.7	33.3	38.4	40.6	39.9	40.0	32.1	34.1	39.0	40.4	31.0
	50%	3.3	2.2	2.2	3.3	2.8	2.9	2.8	3.5	3.2	3.6	2.5
6/2	Max	127.9	83.8	84.1	183.4	110.2	265.7	229.7	201.8	284.7	175.0	136.2
	99%	80.5	59.0	67.2	70.6	68.9	75.2	70.8	98.4	91.3	80.1	80.3
	95%	42.7	34.1	40.0	40.5	39.8	39.9	32.8	33.9	38.5	41.8	31.0
	50%	3.5	2.2	2.3	3.5	3.2	3.0	2.8	3.6	3.2	3.6	2.6
6/3	Max	127.9	83.8	84.1	183.4	110.2	265.7	229.7	201.8	284.7	175.0	136.2
	99%	80.5	59.3	67.2	70.7	68.9	75.3	78.3	98.3	91.2	73.0	89.5
	95%	42.7	31.9	39.7	40.5	39.8	40.0	34.2	33.5	38.4	42.0	31.0
	50%	3.5	2.3	2.3	3.7	3.1	3.0	2.8	3.6	3.2	3.6	2.7
6/4	Max	127.9	83.8	84.1	183.4	110.2	265.7	229.7	201.8	284.7	175.0	136.2
	99%	80.9	59.5	67.2	71.2	69.2	75.4	78.4	98.5	83.8	73.7	89.9
	95%	42.7	33.0	39.7	40.8	40.0	40.3	37.8	35.9	37.9	42.9	37.0
	50%	3.6	2.5	2.5	3.8	3.4	3.0	2.8	3.7	3.3	3.6	2.9
6/5	Max	127.9	83.8	84.1	183.4	110.2	265.7	229.7	201.8	284.7	175.0	136.2
	99%	84.9	60.4	67.4	84.8	80.3	75.5	80.9	96.8	81.7	84.9	90.0
	95%	45.4	36.5	39.9	43.1	42.1	40.9	40.8	38.7	38.8	46.9	37.2
	50%	3.9	2.6	2.7	3.9	3.7	3.4	2.9	3.7	3.5	3.9	3.1
6/6	Max	94.4	83.8	84.1	183.4	102.0	265.7	229.7	201.8	284.7	175.0	136.2
	99%	83.3	60.3	74.6	90.9	76.3	73.9	80.9	96.9	81.8	85.4	90.2
	95%	46.8	36.5	39.9	43.0	42.6	42.7	41.4	38.8	39.0	47.0	37.2
	50%	4.0	2.7	2.7	3.9	3.6	3.4	2.8	3.7	3.4	4.0	3.1

续表

日期(月/日)	项目	站点										
		58027	58012	58013	58026	58028	58035	58130	58131	58038	58132	58135
		徐州	丰县	沛县	邳州	铜山	新沂	睢宁	宿迁	沭阳	泗阳	泗洪
6/7	Max	94.4	83.8	84.1	183.4	102.0	265.7	229.7	201.8	284.7	175.0	136.2
	99%	83.3	60.9	75.5	91.0	76.2	66.0	80.9	97.0	81.8	91.2	90.7
	95%	47.1	36.6	40.3	42.2	40.6	40.7	40.1	38.9	38.5	47.0	38.4
	50%	4.3	2.7	2.7	3.8	3.8	3.4	2.8	3.7	3.6	4.1	3.2
6/8	Max	131.0	89.5	84.1	183.4	102.0	265.7	229.7	201.8	284.7	175.0	136.2
	99%	84.9	67.2	81.2	91.8	76.1	74.0	81.0	94.4	78.5	81.6	83.9
	95%	51.1	40.5	40.7	42.3	42.0	41.5	40.8	38.6	38.1	46.3	37.4
	50%	4.1	2.8	2.8	3.9	3.6	3.4	2.8	3.6	3.4	4.0	3.1
6/9	Max	131.0	89.5	84.1	183.4	102.0	265.7	229.7	201.8	284.7	175.0	136.2
	99%	85.1	71.1	81.3	91.2	76.4	74.0	80.0	88.3	78.7	81.7	91.7
	95%	55.5	38.5	40.7	44.5	42.1	42.0	44.0	39.7	39.1	47.1	37.4
	50%	4.2	2.9	2.7	4.0	3.5	3.4	2.8	3.7	3.5	4.2	3.1
6/10	Max	131.0	89.5	84.1	183.4	102.0	265.7	229.7	201.8	284.7	175.0	183.8
	99%	85.2	67.5	78.2	91.3	76.7	74.1	81.4	95.5	83.8	92.4	96.6
	95%	52.1	39.9	40.7	48.1	43.4	41.0	47.6	44.1	38.8	48.4	37.7
	50%	4.5	2.9	2.8	4.5	3.5	3.5	2.9	3.8	3.7	4.3	3.2
6/11	Max	131.0	98.6	104.4	183.4	102.0	265.7	229.7	201.8	284.7	175.0	183.8
	99%	85.3	71.3	82.5	76.9	76.8	75.0	81.4	95.5	93.9	94.4	104.0
	95%	53.1	42.5	44.9	48.6	43.0	44.0	48.5	45.2	41.2	49.8	38.5
	50%	4.8	3.0	3.0	4.5	3.8	3.7	3.4	3.8	4.4	4.3	3.2
6/12	Max	131.0	135.2	104.4	183.4	102.0	265.7	229.7	201.8	284.7	175.0	183.8
	99%	85.4	87.5	82.4	77.2	77.0	75.0	81.4	89.0	85.0	100.2	104.2
	95%	59.2	44.0	46.5	48.7	43.5	44.2	49.5	47.9	40.2	50.2	38.3
	50%	4.8	3.0	3.1	4.5	3.7	3.7	3.5	3.9	4.5	4.4	3.4
6/13	Max	131.0	135.2	104.4	183.4	102.0	265.7	140.0	140.1	284.7	137.5	183.8
	99%	85.5	87.9	82.5	77.6	74.1	75.1	81.4	85.5	79.3	91.1	104.6
	95%	60.1	46.5	49.3	48.9	43.5	44.4	49.5	46.8	40.7	51.2	39.4
	50%	4.8	3.1	3.2	4.6	3.7	3.6	3.5	3.9	4.1	4.5	3.5
6/14	Max	131.0	135.2	104.4	183.4	102.0	265.7	140.0	140.1	284.7	137.5	183.8
	99%	85.6	88.0	82.5	78.7	85.4	75.2	84.8	85.6	79.6	91.6	93.8
	95%	60.8	46.7	51.6	51.9	43.8	43.9	56.2	48.4	39.9	51.2	38.7
	50%	4.8	3.2	3.5	4.4	3.4	3.6	3.5	3.9	4.0	4.6	3.7
6/15	Max	131.0	174.3	155.7	183.4	102.0	265.7	140.0	140.1	284.7	137.5	183.8
	99%	85.7	105.1	84.1	89.0	85.7	76.5	88.9	91.4	83.8	92.6	94.2
	95%	62.8	47.1	52.6	53.6	51.3	47.2	59.7	50.7	44.6	51.5	42.1
	50%	4.8	3.4	3.5	4.7	3.5	3.7	3.7	4.0	4.4	4.9	4.0
6/16	Max	131.0	174.3	155.7	183.4	102.0	265.7	140.0	140.1	284.7	149.4	183.8
	99%	85.7	105.2	84.1	92.7	85.6	76.6	94.8	96.2	87.7	93.4	94.6
	95%	61.8	48.2	52.7	55.9	49.7	44.4	59.0	51.0	45.0	51.7	43.3
	50%	4.8	3.4	3.5	4.8	3.4	3.6	3.7	4.0	4.4	4.7	4.0

续表

日期(月/日)	项目	站点										
		58027	58012	58013	58026	58028	58035	58130	58131	58038	58132	58135
		徐州	丰县	沛县	邳州	铜山	新沂	睢宁	宿迁	沭阳	泗阳	泗洪
6/17	Max	131.0	174.3	155.7	183.4	102.0	265.7	140.0	140.1	284.7	149.4	183.8
	99%	85.8	105.8	83.7	93.2	85.9	83.1	103.9	97.3	91.2	106.0	103.4
	95%	61.1	52.4	53.3	56.0	58.9	45.9	60.2	50.7	50.9	54.0	53.4
	50%	4.9	3.7	3.6	5.2	4.0	3.8	3.8	4.1	4.6	4.9	4.0
6/18	Max	148.0	174.3	155.7	183.4	229.5	265.7	143.6	140.1	284.7	149.4	183.8
	99%	88.0	90.1	84.5	96.5	95.4	86.0	104.5	98.4	104.3	98.0	101.0
	95%	62.6	53.2	58.0	57.0	60.4	47.3	60.3	52.4	51.3	55.8	54.7
	50%	5.0	3.6	3.8	5.3	3.8	3.6	3.8	4.1	4.6	4.9	4.0
6/19	Max	148.0	267.9	241.5	183.4	229.5	265.7	143.6	140.1	284.7	149.4	185.5
	99%	92.4	99.8	91.9	96.8	95.8	86.1	105.8	96.8	105.7	99.0	105.0
	95%	62.2	53.6	59.2	56.8	60.4	49.0	61.7	55.1	51.9	58.6	65.0
	50%	4.8	3.8	3.7	5.1	3.4	3.7	3.9	4.1	4.6	5.0	4.2
6/20	Max	148.0	267.9	241.5	183.4	229.5	265.7	143.6	140.1	284.7	149.4	185.5
	99%	92.9	101.1	92.8	115.4	96.6	85.5	110.8	96.9	94.5	100.8	107.2
	95%	63.4	51.9	58.0	59.7	60.3	52.3	63.1	59.1	53.6	62.8	72.4
	50%	4.8	3.7	3.8	5.2	3.4	3.8	4.1	4.2	4.8	5.2	4.3
6/21	Max	148.0	267.9	241.5	183.4	229.5	265.7	143.6	140.1	284.7	179.7	185.5
	99%	93.9	102.1	93.3	118.3	96.8	85.6	120.4	97.7	96.7	107.0	107.6
	95%	63.1	49.4	58.1	60.2	60.4	56.1	69.0	59.1	54.4	63.5	73.3
	50%	4.9	3.5	4.0	5.2	3.4	3.9	4.3	4.3	4.8	5.2	4.3
6/22	Max	148.0	267.9	241.5	310.2	229.5	176.5	143.6	140.1	128.3	179.7	185.5
	99%	94.1	102.7	94.1	119.9	89.5	87.0	120.5	97.8	97.1	107.1	107.7
	95%	63.4	52.0	58.0	61.4	59.5	59.4	69.3	59.2	54.6	64.8	74.1
	50%	5.0	3.5	3.9	5.1	3.4	3.9	4.1	4.1	4.9	5.3	4.3
6/23	Max	148.0	267.9	241.5	310.2	229.5	176.5	143.6	140.1	128.3	179.7	185.5
	99%	96.6	103.5	95.1	97.7	99.5	87.3	120.6	97.8	97.9	107.1	107.7
	95%	63.1	49.7	57.1	60.6	60.4	59.6	69.5	59.2	55.0	65.5	74.1
	50%	5.0	3.4	3.8	5.2	3.3	3.9	4.4	4.4	5.0	5.3	4.5
6/24	Max	148.0	267.9	241.5	310.2	229.5	176.5	143.6	140.1	128.3	179.7	185.5
	99%	99.0	104.2	96.1	102.0	100.2	97.6	120.8	97.8	98.7	107.1	107.8
	95%	63.7	52.0	53.4	62.2	60.3	61.0	70.5	61.5	56.2	65.2	74.8
	50%	5.1	3.5	3.9	5.2	3.3	4.0	4.6	4.6	5.1	5.2	4.5
6/25	Max	148.0	267.9	241.5	310.2	229.5	176.5	143.6	140.1	128.3	179.7	185.5
	99%	97.0	106.9	97.1	120.3	100.9	103.1	121.2	97.9	99.9	107.2	104.8
	95%	65.4	53.8	57.2	64.7	65.2	61.1	71.0	65.3	57.0	66.3	74.9
	50%	5.4	3.6	4.2	5.2	3.6	4.0	4.7	4.8	5.4	5.3	5.0
6/26	Max	148.0	267.9	241.5	310.2	229.5	176.5	143.6	140.1	128.3	179.7	185.5
	99%	97.5	98.8	99.1	122.1	90.7	120.2	121.9	98.9	109.3	107.3	104.8
	95%	65.4	53.8	56.0	64.2	62.8	61.7	71.0	62.4	57.1	66.1	75.9
	50%	5.2	3.8	4.2	5.0	3.9	4.5	4.6	4.8	5.2	5.2	5.0

续表

日期（月/日）	项目	站点										
		58027	58012	58013	58026	58028	58035	58130	58131	58038	58132	58135
		徐州	丰县	沛县	邳州	铜山	新沂	睢宁	宿迁	沭阳	泗阳	泗洪
6/27	Max	148.0	267.9	241.5	310.2	229.5	176.5	143.6	140.1	128.3	179.7	185.5
	99%	100.9	104.3	84.2	122.5	90.8	122.6	122.3	109.3	109.8	98.0	104.9
	95%	68.6	55.1	55.3	64.6	65.0	62.6	71.8	66.6	57.7	64.4	73.8
	50%	5.2	3.9	4.4	5.0	4.0	4.3	4.6	4.9	5.3	5.3	5.0
6/28	Max	148.0	267.9	241.5	310.2	229.5	176.5	143.6	140.1	128.3	179.7	185.5
	99%	101.5	104.6	93.0	122.8	90.8	125.2	118.3	110.1	106.1	98.7	106.0
	95%	65.0	54.9	55.3	63.9	65.1	61.4	71.1	62.7	59.5	65.3	74.8
	50%	5.1	4.0	4.5	5.0	4.3	4.3	4.6	4.8	5.3	5.3	5.0
6/29	Max	151.3	267.9	241.5	310.2	229.5	176.5	143.6	140.1	128.3	179.7	185.5
	99%	110.5	104.7	93.8	123.0	90.8	127.5	118.4	118.6	106.3	98.9	106.1
	95%	65.3	55.1	56.2	64.5	65.1	62.3	72.8	66.3	59.7	66.7	74.5
	50%	5.2	3.9	4.5	5.1	4.4	4.6	4.8	4.8	5.2	5.4	5.1
6/30	Max	151.3	267.9	241.5	310.2	229.5	176.5	143.6	140.1	128.3	179.7	185.5
	99%	111.9	104.9	95.0	123.3	90.9	108.6	118.5	104.2	106.7	97.5	106.5
	95%	64.9	54.6	55.5	64.8	62.6	63.1	71.4	65.6	63.3	65.2	73.3
	50%	5.5	4.2	4.6	5.2	4.6	4.9	5.1	5.1	5.5	5.5	5.1
7/1	Max	151.3	267.9	241.5	310.2	229.5	176.5	143.6	140.1	128.3	179.7	185.5
	99%	113.8	105.3	102.7	123.8	94.1	111.9	118.6	111.5	108.8	97.6	106.8
	95%	66.7	54.6	56.5	66.7	65.0	65.0	76.1	72.1	64.4	65.6	73.4
	50%	5.6	4.2	4.6	5.2	4.8	4.9	5.3	5.4	5.7	5.6	5.1
7/2	Max	151.3	267.9	241.5	310.2	229.5	176.5	143.6	140.1	128.3	179.7	185.5
	99%	105.7	105.6	103.4	120.2	94.8	114.6	118.7	119.5	110.7	97.6	107.0
	95%	65.4	63.1	57.5	66.6	65.0	65.6	76.1	72.1	64.9	65.3	72.5
	50%	5.6	4.2	4.7	5.3	4.9	5.2	5.5	5.7	5.6	5.7	5.2
7/3	Max	315.4	267.9	241.5	310.2	229.5	176.5	143.6	140.1	128.3	179.7	185.5
	99%	106.7	116.0	104.2	120.3	99.2	116.4	118.8	119.5	110.8	97.7	107.4
	95%	73.5	65.6	59.0	66.7	65.2	66.5	77.2	72.1	66.3	66.5	72.3
	50%	5.6	4.2	4.7	5.2	4.8	5.2	5.4	5.4	5.5	6.0	5.2
7/4	Max	315.4	267.9	241.5	310.2	229.5	176.5	146.2	135.8	128.3	189.6	198.1
	99%	106.9	116.9	104.3	120.4	93.6	121.9	121.1	119.5	110.8	119.3	118.0
	95%	73.1	65.7	58.0	68.9	65.1	69.6	76.2	73.3	69.1	66.6	72.0
	50%	5.6	4.2	4.9	5.2	4.8	5.2	5.5	5.6	5.5	6.0	5.3
7/5	Max	315.4	267.9	241.5	310.2	229.5	176.5	146.2	253.9	128.3	189.6	198.1
	99%	108.5	106.2	99.7	123.8	99.3	123.3	121.5	119.9	110.9	122.4	110.4
	95%	72.3	65.6	56.6	69.4	65.0	69.5	78.0	73.2	68.5	69.1	73.2
	50%	5.7	4.4	5.1	5.5	5.0	5.3	5.9	6.2	5.9	6.5	5.6
7/6	Max	315.4	267.9	241.5	310.2	229.5	176.5	146.2	253.9	139.7	189.6	198.1
	99%	110.2	108.6	100.0	123.9	105.4	127.3	121.8	120.0	111.5	131.1	116.0
	95%	73.0	65.8	57.2	72.0	65.1	70.5	77.4	74.7	70.8	68.5	74.8
	50%	5.8	4.7	5.2	5.9	5.3	5.7	6.2	6.4	6.0	6.6	5.8

续表

日期(月/日)	项目	站点										
		58027	58012	58013	58026	58028	58035	58130	58131	58038	58132	58135
		徐州	丰县	沛县	邳州	铜山	新沂	睢宁	宿迁	沭阳	泗阳	泗洪
7/7	Max	315.4	267.9	241.5	310.2	229.5	176.5	146.2	253.9	139.7	189.6	198.1
	99%	121.1	109.0	100.1	124.3	110.8	127.5	122.0	120.9	111.6	131.6	116.2
	95%	73.5	65.7	56.6	71.9	67.4	71.3	77.8	73.6	72.4	69.9	76.4
	50%	5.9	4.7	5.2	5.9	5.3	6.1	6.9	6.7	6.3	7.0	6.2
7/8	Max	315.4	267.9	241.5	310.2	313.9	176.5	208.3	253.9	139.7	189.6	198.1
	99%	126.1	109.1	100.2	125.5	116.4	125.6	119.1	121.9	111.6	110.0	116.5
	95%	73.4	63.6	57.5	75.1	67.7	70.1	77.5	73.5	73.8	68.2	74.8
	50%	6.0	4.4	5.5	5.9	5.5	6.1	6.5	6.7	6.5	6.8	6.2
7/9	Max	315.4	267.9	241.5	310.2	313.9	176.5	208.3	253.9	139.7	189.6	198.1
	99%	126.2	110.2	100.4	126.0	116.5	125.6	122.5	121.8	110.3	126.4	111.7
	95%	74.3	65.7	57.9	76.4	66.7	70.7	77.4	73.9	69.2	69.1	73.3
	50%	6.2	4.7	6.2	5.9	5.5	6.1	6.5	6.7	6.5	7.0	6.5
7/10	Max	315.4	267.9	241.5	310.2	313.9	176.5	208.3	253.9	139.7	189.6	198.1
	99%	126.5	111.6	97.5	126.1	117.5	125.8	119.5	122.0	110.3	107.5	108.7
	95%	73.9	63.9	56.6	76.7	75.1	71.2	76.8	73.8	68.9	68.1	72.8
	50%	6.4	4.7	6.4	5.9	5.9	6.2	6.5	6.8	6.5	7.0	6.7
7/11	Max	315.4	267.9	241.5	310.2	313.9	176.5	208.3	253.9	139.7	189.6	198.1
	99%	126.6	106.7	97.9	126.1	118.0	125.8	119.7	120.2	110.6	111.7	112.1
	95%	74.6	63.0	56.6	78.9	71.6	71.7	78.5	73.4	73.3	69.6	74.4
	50%	6.6	5.0	6.5	6.1	6.1	6.4	7.0	7.0	6.7	7.0	7.0
7/12	Max	315.4	267.9	241.5	310.2	313.9	176.5	208.3	253.9	139.7	189.6	198.1
	99%	115.7	106.7	98.1	124.6	118.7	126.0	120.1	121.3	110.7	112.4	112.5
	95%	72.8	62.1	56.6	77.3	73.5	71.1	76.6	73.7	72.0	69.9	73.2
	50%	6.5	5.0	6.5	6.0	6.0	6.3	6.8	6.9	6.7	6.9	6.9
7/13	Max	315.4	267.9	241.5	310.2	313.9	176.5	208.3	253.9	139.7	189.6	198.1
	99%	116.1	106.7	98.2	124.6	119.0	126.0	120.2	121.3	110.7	114.1	112.6
	95%	72.2	59.6	56.5	77.3	72.4	71.4	73.0	73.8	72.0	69.6	73.2
	50%	6.3	4.8	6.6	6.2	5.9	6.5	7.0	6.9	6.9	6.6	6.8
7/14	Max	315.4	267.9	241.5	310.2	313.9	176.5	208.3	253.9	139.7	189.6	198.1
	99%	116.5	103.1	86.4	124.0	109.4	119.7	121.3	123.8	110.7	113.9	112.5
	95%	68.7	56.0	54.3	74.6	68.5	69.7	76.4	73.0	72.6	69.6	73.2
	50%	6.3	4.8	6.5	6.1	5.9	6.4	7.0	6.8	6.6	6.5	6.8
7/15	Max	315.4	267.9	241.5	310.2	313.9	176.5	208.3	253.9	139.7	189.6	198.1
	99%	116.4	103.1	86.3	124.0	109.6	119.9	120.6	121.4	110.7	109.1	108.6
	95%	68.4	56.1	55.2	75.0	69.7	70.8	73.0	72.2	71.1	68.3	71.1
	50%	6.3	4.8	6.6	6.1	5.9	6.6	6.9	6.8	6.5	6.5	6.8
7/16	Max	315.4	267.9	241.5	310.2	313.9	176.5	208.3	253.9	139.7	189.6	198.1
	99%	116.4	103.2	86.7	124.0	109.7	119.4	120.4	121.4	110.4	111.3	105.8
	95%	68.4	58.6	54.3	74.7	67.4	70.6	74.6	73.0	68.7	68.1	63.9
	50%	6.3	4.8	6.4	6.0	5.6	6.6	7.2	6.9	6.5	6.5	6.7

续表

日期（月/日）	项目	站点										
		58027	58012	58013	58026	58028	58035	58130	58131	58038	58132	58135
		徐州	丰县	沛县	邳州	铜山	新沂	睢宁	宿迁	沭阳	泗阳	泗洪
7/17	Max	315.4	267.9	241.5	310.2	313.9	176.5	208.3	253.9	139.7	189.6	198.1
	99%	107.6	103.3	75.8	124.0	108.9	112.1	114.2	121.2	108.7	109.1	105.7
	95%	72.5	60.8	52.1	74.4	66.6	68.4	71.2	72.1	67.2	66.8	62.1
	50%	6.3	4.9	6.4	5.9	5.6	6.8	7.2	6.9	6.6	6.4	6.7
7/18	Max	315.4	202.0	119.9	310.2	313.9	176.5	208.3	253.9	139.7	189.6	198.1
	99%	105.8	101.9	75.8	124.0	108.9	112.4	114.1	121.3	108.8	109.0	96.6
	95%	72.5	59.7	53.1	74.5	67.3	65.7	67.9	70.1	66.3	67.1	59.7
	50%	6.6	4.7	6.6	5.9	5.9	7.0	7.1	6.9	6.5	6.4	6.2
7/19	Max	315.4	202.0	119.9	310.2	313.9	176.5	208.3	253.9	139.7	189.6	198.1
	99%	105.8	101.8	76.8	123.9	108.8	109.2	109.6	121.3	108.7	109.0	94.5
	95%	70.0	59.6	55.4	74.1	66.5	65.7	69.4	66.8	66.6	67.7	56.5
	50%	6.7	4.9	6.5	5.9	6.0	7.0	7.1	6.9	6.4	6.4	6.2
7/20	Max	315.4	202.0	119.9	310.2	313.9	176.5	208.3	253.9	142.2	189.6	198.1
	99%	105.8	101.8	76.8	123.9	108.8	109.1	108.3	121.2	110.6	108.9	90.2
	95%	65.5	63.3	56.0	74.5	66.5	65.7	66.5	67.4	67.8	67.1	53.7
	50%	6.7	5.2	6.6	6.0	6.1	7.0	7.2	7.0	6.7	6.4	6.4
7/21	Max	315.4	202.0	119.9	196.2	313.9	173.1	208.3	253.9	142.2	189.6	198.1
	99%	105.8	101.8	77.5	123.8	108.8	106.6	109.4	122.6	110.7	108.9	94.6
	95%	63.7	62.4	56.5	74.5	67.1	65.6	65.6	68.5	68.4	67.4	53.6
	50%	6.7	5.8	6.8	6.2	6.1	7.1	7.0	7.3	6.6	6.2	6.3
7/22	Max	315.4	202.0	199.0	196.2	313.9	173.1	208.3	253.9	199.0	189.6	198.1
	99%	103.9	103.3	90.3	124.0	108.8	109.1	109.4	130.7	113.0	109.9	94.8
	95%	63.7	65.1	57.7	72.6	66.5	65.6	64.6	71.2	70.2	68.1	53.6
	50%	6.7	6.0	7.1	6.0	6.2	7.0	7.0	6.9	6.5	6.2	6.2
7/23	Max	315.4	202.0	199.0	196.2	313.9	173.1	208.3	253.9	199.0	189.6	198.1
	99%	104.0	106.0	89.0	124.0	108.8	109.2	108.3	130.8	113.2	110.3	95.2
	95%	63.4	65.7	57.9	70.6	66.5	65.3	64.5	68.7	69.4	67.6	53.5
	50%	6.5	5.9	6.9	6.2	6.3	7.0	6.9	6.8	6.4	6.1	6.1
7/24	Max	315.4	202.0	199.0	166.6	313.9	170.5	208.3	253.9	199.0	189.6	198.1
	99%	103.9	103.2	95.3	124.0	112.1	106.9	109.1	130.7	113.3	110.0	95.0
	95%	61.0	65.0	57.6	66.8	65.7	63.9	64.4	67.2	71.1	67.2	52.5
	50%	6.5	5.9	6.8	6.5	6.1	7.0	7.0	6.8	6.2	5.9	5.9
7/25	Max	315.4	202.0	199.0	166.6	313.9	170.5	208.3	253.9	199.0	189.6	198.1
	99%	106.1	105.2	99.0	123.1	112.1	105.3	113.0	130.4	110.7	109.9	94.5
	95%	62.1	65.2	58.3	70.0	65.3	64.1	65.0	66.5	71.5	65.7	52.0
	50%	6.5	5.9	6.6	6.5	6.1	6.6	7.1	6.9	6.6	5.8	6.1
7/26	Max	315.4	202.0	340.7	166.6	313.9	170.5	208.3	253.9	199.0	189.6	198.1
	99%	106.0	104.0	103.1	122.9	111.9	105.3	107.7	133.6	110.6	126.4	109.8
	95%	60.2	63.6	58.2	69.5	61.6	62.8	63.3	66.2	70.8	67.2	52.8
	50%	6.5	5.3	6.2	6.5	6.1	6.6	7.1	6.5	6.3	5.6	6.1

续表

日期(月/日)	项目	58027 徐州	58012 丰县	58013 沛县	58026 邳州	58028 铜山	58035 新沂	58130 睢宁	58131 宿迁	58038 沭阳	58132 泗阳	58135 泗洪
7/27	Max	315.4	202.0	340.7	166.6	313.9	170.5	208.3	253.9	199.0	189.6	198.1
	99%	106.0	103.7	97.8	125.8	111.7	105.3	107.2	133.6	110.6	125.9	99.5
	95%	61.3	64.5	59.1	71.6	61.4	64.2	64.4	66.6	71.1	66.2	52.0
	50%	6.6	5.8	6.4	6.8	6.1	7.0	7.2	6.9	6.2	5.8	6.2
7/28	Max	315.4	202.0	340.7	166.6	313.9	170.5	208.3	253.9	199.0	189.6	198.1
	99%	106.0	103.9	97.7	125.7	115.4	102.5	106.7	133.3	108.5	125.7	99.4
	95%	60.8	63.5	58.9	72.0	62.0	60.9	64.3	67.0	71.2	64.1	51.4
	50%	6.6	5.3	6.4	6.6	6.1	7.0	7.2	6.7	6.2	5.8	6.1
7/29	Max	315.4	202.0	340.7	166.6	313.9	170.5	208.3	253.9	199.0	189.6	198.1
	99%	105.9	104.0	100.6	125.6	115.4	105.3	107.4	132.9	108.3	125.1	107.8
	95%	59.9	64.5	59.5	69.8	62.5	60.7	65.8	73.0	70.2	67.0	53.5
	50%	6.6	5.3	6.5	6.7	6.1	6.9	7.1	6.6	6.2	5.5	6.2
7/30	Max	315.4	202.0	340.7	172.0	313.9	172.5	233.5	253.9	199.0	189.6	207.5
	99%	101.9	103.6	96.7	125.9	114.8	105.6	111.4	145.7	110.8	125.0	112.6
	95%	58.0	62.5	58.5	71.5	66.6	60.5	65.0	66.6	66.7	65.0	53.3
	50%	6.5	5.4	6.6	6.9	6.1	7.0	7.0	6.7	6.2	5.5	6.1
7/31	Max	315.4	202.0	340.7	172.0	313.9	172.5	233.5	253.9	199.0	189.6	207.5
	99%	101.5	103.2	96.2	125.9	114.6	110.1	119.5	148.1	118.1	124.4	112.3
	95%	58.2	62.7	57.6	71.3	66.5	63.3	63.7	66.1	66.3	65.8	52.6
	50%	6.5	5.4	6.5	6.8	5.7	7.0	6.5	6.4	6.1	5.5	6.1
8/1	Max	315.4	202.0	340.7	172.0	313.9	172.5	233.5	253.9	199.0	189.6	207.5
	99%	101.7	103.4	97.4	125.9	114.7	110.2	120.2	148.2	118.2	124.1	112.3
	95%	57.1	59.3	57.6	70.1	67.3	63.6	64.0	66.2	68.7	68.1	53.0
	50%	6.3	5.3	6.5	6.6	5.7	6.6	6.5	6.3	6.2	5.5	6.1
8/2	Max	225.5	202.0	340.7	172.0	313.9	172.5	233.5	253.9	199.0	189.6	207.5
	99%	95.3	93.5	97.3	125.9	114.8	110.1	119.1	148.0	117.9	123.7	112.0
	95%	56.3	55.2	56.9	67.2	66.6	63.2	63.0	66.1	68.4	67.0	54.4
	50%	6.3	5.3	6.4	6.8	5.8	7.0	6.5	6.2	6.3	5.5	6.0
8/3	Max	225.5	202.0	340.7	172.0	313.9	172.5	233.5	253.9	199.0	163.1	207.5
	99%	95.2	100.0	100.4	125.9	114.9	108.0	108.5	147.5	117.3	113.9	105.2
	95%	55.0	54.7	57.6	64.8	66.1	61.7	62.4	62.6	64.7	65.6	53.3
	50%	6.0	5.4	6.4	6.7	5.8	6.8	6.2	6.0	6.2	5.4	5.8
8/4	Max	225.5	202.0	340.7	172.0	313.9	172.5	233.5	243.7	199.0	163.1	207.5
	99%	94.6	99.9	104.4	123.8	114.9	107.8	108.4	138.2	117.1	113.1	96.7
	95%	55.6	54.5	57.7	62.0	62.9	61.3	58.6	60.6	65.9	63.4	48.7
	50%	6.0	5.3	6.1	6.8	5.9	6.5	5.8	5.7	5.8	5.2	5.5
8/5	Max	225.5	202.0	340.7	172.0	313.9	172.5	233.5	243.7	199.0	163.1	207.5
	99%	90.8	91.9	107.6	122.1	107.6	105.0	107.8	137.7	108.9	109.2	87.5
	95%	54.3	52.8	58.4	59.4	62.2	59.9	62.2	58.5	65.9	63.2	49.4
	50%	5.7	5.0	5.8	6.5	5.4	6.3	5.5	5.4	5.7	5.0	5.3

续表

日期(月/日)	项目	58027 徐州	58012 丰县	58013 沛县	58026 邳州	58028 铜山	58035 新沂	58130 睢宁	58131 宿迁	58038 沭阳	58132 泗阳	58135 泗洪
8/6	Max	225.5	202.0	340.7	172.0	313.9	172.5	233.5	243.7	199.0	163.1	207.5
	99%	82.1	101.2	107.2	114.7	103.3	104.9	97.0	126.1	109.2	106.7	87.2
	95%	53.0	53.4	57.6	59.6	59.7	59.1	57.9	57.1	64.6	62.1	46.4
	50%	5.6	5.0	5.8	6.2	5.3	5.9	5.0	5.0	5.4	4.4	5.1
8/7	Max	107.7	202.0	340.7	172.0	116.2	172.5	233.5	243.7	199.0	163.1	207.5
	99%	85.3	102.3	111.5	111.0	102.0	104.8	95.2	119.3	108.2	106.4	85.6
	95%	53.8	62.4	58.2	58.1	60.8	59.3	57.9	56.3	65.9	60.3	46.6
	50%	5.6	5.3	5.8	6.0	5.3	5.8	5.2	5.0	5.3	4.4	4.9
8/8	Max	107.7	202.0	340.7	172.0	116.2	172.5	233.5	243.7	199.0	163.1	207.5
	99%	86.8	101.7	111.0	102.9	94.8	102.8	94.8	119.3	108.3	106.5	85.1
	95%	52.9	61.3	57.6	57.9	58.9	59.2	57.3	51.9	65.9	59.3	46.3
	50%	5.2	5.1	5.8	5.9	5.4	5.8	4.8	4.8	5.3	4.3	4.6
8/9	Max	107.7	202.0	340.7	172.0	116.2	172.5	233.5	243.7	199.0	163.1	207.5
	99%	85.9	101.4	110.4	102.0	80.4	102.5	105.0	119.0	107.6	106.3	84.2
	95%	51.1	61.8	57.6	57.3	57.8	59.4	56.6	51.9	65.4	58.9	46.0
	50%	5.1	5.0	5.6	5.9	5.0	5.7	4.7	4.7	5.0	4.2	4.4
8/10	Max	180.0	161.2	340.7	172.0	116.2	172.5	233.5	243.7	199.0	163.1	207.5
	99%	85.5	94.4	110.5	107.5	86.2	99.3	121.5	122.1	106.7	101.2	94.3
	95%	51.2	61.2	58.8	56.6	61.0	57.8	56.5	52.9	62.1	54.7	46.2
	50%	5.0	4.9	5.5	5.9	4.9	5.7	4.2	4.7	4.9	4.2	4.4
8/11	Max	180.0	161.2	340.7	172.0	116.2	172.5	233.5	243.7	199.0	163.1	207.5
	99%	85.2	94.7	110.4	107.3	85.3	99.2	120.4	133.6	105.9	99.3	110.1
	95%	48.7	61.4	60.3	57.2	60.9	58.7	55.2	55.5	64.3	54.5	46.3
	50%	4.8	4.8	5.6	5.9	5.0	5.8	4.3	4.8	5.0	4.1	4.3
8/12	Max	180.0	161.2	340.7	172.0	116.2	172.5	233.5	243.7	199.0	163.1	207.5
	99%	85.1	94.3	110.4	107.0	84.4	98.9	123.9	132.6	106.1	99.1	109.3
	95%	50.0	63.6	62.2	57.5	61.1	59.4	56.7	55.1	63.2	54.1	46.4
	50%	5.0	5.0	5.6	5.9	5.0	5.7	4.3	4.7	5.1	4.1	4.4
8/13	Max	180.0	161.2	340.7	172.0	116.2	172.5	233.5	243.7	199.0	163.1	207.5
	99%	78.7	93.5	109.9	106.5	83.6	94.3	117.7	125.7	105.5	105.7	106.7
	95%	49.3	65.0	63.0	59.6	59.6	59.3	50.0	55.5	62.7	54.3	46.3
	50%	5.0	5.0	5.7	5.9	4.9	5.7	4.7	5.1	5.3	4.2	4.2
8/14	Max	180.0	161.2	340.7	172.0	116.2	172.5	233.5	243.7	199.0	163.1	207.5
	99%	78.1	93.0	109.9	106.0	102.7	101.3	116.8	124.9	104.7	105.6	107.2
	95%	50.4	64.9	61.8	58.5	60.8	59.4	49.8	56.5	62.0	54.2	46.3
	50%	5.0	4.9	5.5	5.7	4.7	5.5	4.4	4.8	5.1	4.2	4.2
8/15	Max	180.0	161.2	340.7	172.0	116.2	172.5	233.5	243.7	199.0	163.1	207.5
	99%	77.9	97.0	109.8	106.1	102.4	101.4	123.8	124.8	104.8	103.7	111.7
	95%	51.0	63.9	64.5	58.6	60.4	59.5	49.8	57.8	61.8	54.8	47.1
	50%	5.0	4.8	5.5	5.8	4.7	5.8	4.3	5.1	5.5	4.2	4.3

续表

日期(月/日)	项目	站点										
		58027	58012	58013	58026	58028	58035	58130	58131	58038	58132	58135
		徐州	丰县	沛县	邳州	铜山	新沂	睢宁	宿迁	沭阳	泗阳	泗洪
8/16	Max	180.0	161.2	340.7	172.0	116.2	172.5	233.5	243.7	199.0	163.1	207.5
	99%	77.7	97.0	108.1	105.8	102.1	101.2	123.8	124.2	113.4	103.6	111.7
	95%	49.2	64.9	64.5	58.3	55.9	59.7	55.8	60.7	63.4	54.3	47.4
	50%	4.9	4.8	5.5	5.6	4.5	5.5	4.3	5.2	5.3	4.2	4.2
8/17	Max	180.0	161.2	340.7	172.0	116.2	172.5	233.5	243.7	199.0	163.1	207.5
	99%	77.7	97.1	108.0	105.9	102.1	100.9	123.8	124.1	104.2	105.5	111.7
	95%	49.1	64.9	62.9	59.9	55.6	57.7	56.1	63.5	65.4	54.2	46.4
	50%	4.8	4.6	5.5	5.5	4.4	5.5	4.1	5.0	5.1	4.2	4.2
8/18	Max	180.0	161.2	340.7	172.0	144.3	172.5	233.5	243.7	199.0	163.1	207.5
	99%	92.7	97.2	110.1	106.1	103.6	101.2	123.9	123.6	100.4	103.9	111.7
	95%	50.9	65.0	64.7	62.2	59.0	57.2	57.5	59.9	61.3	54.2	46.5
	50%	5.0	4.6	5.3	5.5	4.4	5.4	4.3	5.2	5.1	4.3	4.2
8/19	Max	180.0	161.2	340.7	172.0	144.3	172.5	233.5	243.7	199.0	163.1	207.5
	99%	92.5	96.9	109.6	102.0	103.5	98.2	116.4	118.0	92.7	98.9	111.7
	95%	50.6	64.0	60.8	58.3	54.5	56.6	56.9	60.2	60.9	53.6	47.1
	50%	4.9	4.6	5.4	5.3	4.2	5.3	4.1	5.1	5.1	4.3	4.2
8/20	Max	180.0	161.2	340.7	172.0	144.3	172.5	233.5	243.7	150.0	154.8	207.5
	99%	95.9	92.9	107.9	100.7	103.5	97.9	115.1	118.0	91.7	97.8	124.2
	95%	50.4	62.7	60.2	60.8	57.3	58.2	59.9	63.5	61.1	51.6	49.6
	50%	4.8	4.6	5.5	5.3	4.3	5.1	4.0	4.8	5.0	4.3	4.1
8/21	Max	180.0	108.4	340.7	172.0	144.3	172.5	233.5	243.7	150.0	154.8	207.5
	99%	95.2	92.7	107.9	100.7	103.5	97.9	115.3	118.0	99.8	97.9	123.6
	95%	50.9	59.6	60.3	62.3	57.1	59.9	57.1	59.7	61.3	53.6	50.3
	50%	5.0	4.5	5.4	5.2	4.2	5.0	3.9	4.8	4.9	4.3	4.1
8/22	Max	180.0	108.4	340.7	172.0	144.3	172.5	233.5	243.7	150.0	154.8	207.5
	99%	92.0	92.5	107.8	98.6	101.5	97.3	113.0	117.8	110.8	97.4	123.2
	95%	49.4	56.7	58.8	58.3	50.1	60.9	53.8	58.7	61.1	52.2	49.7
	50%	4.8	4.5	5.4	5.0	4.0	5.0	4.0	4.8	5.0	4.4	4.2
8/23	Max	180.0	108.4	340.7	172.0	144.3	172.5	233.5	243.7	150.0	154.8	207.5
	99%	94.1	89.5	111.0	97.9	101.3	94.2	110.8	117.7	109.7	96.9	122.6
	95%	48.6	56.8	59.6	61.2	55.8	59.8	52.2	59.7	60.5	53.0	50.6
	50%	4.7	4.5	5.4	4.7	3.9	4.6	3.9	4.6	4.7	4.4	3.8
8/24	Max	180.0	108.4	200.8	172.0	144.3	172.5	233.5	243.7	150.0	154.8	207.5
	99%	94.2	89.5	110.9	98.0	101.4	94.2	111.7	117.8	109.6	97.1	122.6
	95%	49.4	54.1	59.4	57.9	56.0	60.0	56.3	60.9	61.2	53.6	50.6
	50%	4.7	4.5	5.5	4.6	4.1	4.4	4.0	4.7	4.8	4.4	3.7
8/25	Max	180.0	108.4	200.8	172.0	144.3	172.5	233.5	243.7	150.0	154.8	207.5
	99%	100.3	89.4	111.0	98.6	113.7	94.2	111.9	121.8	116.9	103.0	122.8
	95%	49.8	54.0	58.6	57.9	58.7	60.8	57.1	62.4	61.4	53.6	52.5
	50%	4.7	4.3	5.2	4.4	4.0	4.4	4.0	4.8	4.9	4.5	3.8

续表

日期（月/日）	项目	站点										
		58027	58012	58013	58026	58028	58035	58130	58131	58038	58132	58135
		徐州	丰县	沛县	邳州	铜山	新沂	睢宁	宿迁	沭阳	泗阳	泗洪
8/26	Max	180.0	108.4	200.8	172.0	144.3	172.5	233.5	243.7	150.0	154.8	207.5
	99%	94.6	95.5	110.9	98.6	101.8	94.2	112.2	121.5	121.0	103.0	122.7
	95%	49.9	57.6	58.6	55.5	56.7	60.9	53.0	60.2	61.4	53.9	52.3
	50%	4.7	4.3	5.1	4.5	3.9	4.3	4.0	5.0	4.9	4.5	3.6
8/27	Max	180.0	108.4	200.8	172.0	144.3	172.5	233.5	243.7	150.0	154.8	207.5
	99%	94.7	92.0	110.9	98.6	101.5	93.1	111.5	120.3	120.9	97.0	115.6
	95%	49.0	53.1	57.6	55.1	55.1	60.4	50.9	59.6	58.8	53.1	49.6
	50%	4.7	4.3	4.7	4.4	4.1	4.2	4.0	4.8	4.7	4.5	3.6
8/28	Max	180.0	108.4	200.8	102.0	144.3	104.5	208.9	190.9	150.0	154.8	164.4
	99%	94.5	91.8	110.8	95.8	101.5	89.1	95.5	113.7	118.0	96.7	111.4
	95%	48.3	53.0	57.6	52.6	48.8	57.5	50.9	58.9	55.0	53.6	47.1
	50%	4.7	4.2	4.7	4.2	3.9	4.1	4.0	4.5	4.6	4.5	3.5
8/29	Max	180.0	108.4	200.8	102.0	144.3	104.5	173.9	190.9	150.0	154.8	164.4
	99%	94.2	91.8	110.7	95.5	101.2	88.7	86.3	110.8	118.2	96.8	111.4
	95%	48.1	52.5	57.5	53.2	55.7	57.8	50.4	58.5	54.2	52.7	46.7
	50%	4.7	4.2	4.6	4.2	3.9	4.1	4.0	4.7	4.6	4.5	3.7
8/30	Max	180.0	108.4	200.8	102.0	144.3	104.5	173.9	190.9	161.7	154.8	164.4
	99%	102.3	91.5	110.5	95.4	101.2	88.1	93.8	113.1	122.8	96.7	111.4
	95%	48.4	53.3	57.6	53.9	54.6	58.6	50.6	59.9	54.2	51.6	46.4
	50%	4.7	4.2	4.6	4.1	3.9	4.1	3.9	4.5	4.3	4.5	3.6
8/31	Max	180.0	108.4	200.8	102.0	144.3	100.3	173.9	190.9	161.7	154.8	164.4
	99%	102.2	91.5	108.4	95.3	95.0	85.0	105.8	113.0	122.8	96.5	111.4
	95%	48.2	53.3	56.0	52.9	48.0	56.9	50.6	60.0	54.9	51.6	46.9
	50%	4.7	4.1	4.5	4.0	3.6	3.9	3.8	4.5	4.2	4.4	3.5
9/1	Max	180.0	108.4	200.8	102.0	144.3	100.3	173.9	190.9	161.7	154.8	164.4
	99%	102.0	88.2	106.6	95.1	94.9	85.0	93.3	112.7	122.7	92.2	100.0
	95%	47.9	53.1	56.8	54.2	47.6	57.4	51.0	59.9	54.9	51.5	46.4
	50%	4.7	4.0	4.5	3.9	3.6	3.9	3.8	4.4	4.1	4.5	3.7
9/2	Max	180.0	108.4	200.8	102.0	144.3	100.3	173.9	190.9	161.7	154.8	164.4
	99%	101.9	87.7	106.4	94.8	94.8	84.3	91.5	112.5	122.6	91.9	99.6
	95%	47.6	53.4	57.5	53.9	48.4	55.9	50.4	59.9	54.6	52.9	46.6
	50%	4.6	4.2	4.5	3.9	3.6	4.1	3.8	4.5	4.1	4.6	3.5
9/3	Max	180.0	108.4	200.8	102.0	144.3	100.3	173.9	190.9	161.7	154.8	164.4
	99%	101.7	87.6	106.2	97.8	94.8	82.9	105.0	126.7	122.4	91.6	97.5
	95%	46.6	53.3	56.5	52.6	48.3	56.5	50.3	60.0	54.8	52.0	46.5
	50%	4.8	4.3	4.7	3.9	3.6	4.2	3.8	4.5	3.9	4.6	3.4
9/4	Max	180.0	108.4	200.8	102.0	144.3	100.3	173.9	190.9	161.7	154.8	164.4
	99%	101.6	87.9	106.2	97.7	94.7	82.8	108.1	125.9	122.3	87.4	95.4
	95%	46.5	52.8	56.6	52.5	48.2	56.2	50.5	60.0	51.5	51.7	47.5
	50%	4.8	4.2	4.7	3.9	3.6	4.1	3.9	4.5	4.0	4.6	3.4

续表

日期(月/日)	项目	站点										
		58027	58012	58013	58026	58028	58035	58130	58131	58038	58132	58135
		徐州	丰县	沛县	邳州	铜山	新沂	睢宁	宿迁	沭阳	泗阳	泗洪
9/5	Max	180.0	97.1	200.8	102.0	144.3	100.3	173.9	190.9	161.7	154.8	164.4
	99%	101.7	81.5	98.5	94.3	94.8	82.8	107.1	126.2	122.3	87.4	95.0
	95%	43.7	49.7	54.8	51.8	47.1	52.9	50.5	59.9	52.5	53.0	47.9
	50%	4.8	4.1	4.7	4.1	3.6	4.2	3.9	4.4	4.0	4.6	3.4
9/6	Max	180.0	97.1	200.8	102.0	144.3	100.3	173.9	190.9	161.7	154.8	164.4
	99%	101.6	78.5	92.8	94.0	94.8	84.2	105.6	125.4	122.2	87.1	93.4
	95%	45.9	49.6	55.7	52.3	47.1	52.4	51.4	59.9	55.5	52.2	48.2
	50%	4.9	4.0	4.7	4.2	3.6	4.2	4.1	4.4	3.6	4.6	3.5
9/7	Max	180.0	97.1	200.8	102.0	144.3	100.3	173.9	190.9	161.7	154.8	164.4
	99%	101.5	78.5	92.4	93.7	94.8	85.5	104.6	125.0	122.0	90.7	92.7
	95%	45.6	50.2	55.6	51.6	45.1	49.8	51.2	59.9	55.2	53.2	47.6
	50%	4.7	3.9	4.5	4.2	3.6	4.2	3.9	4.3	3.6	4.5	3.3
9/8	Max	133.2	97.1	200.8	102.0	144.3	100.3	173.9	190.9	161.7	154.8	164.4
	99%	91.0	78.2	85.2	92.9	90.7	85.4	83.4	115.8	128.1	90.5	91.8
	95%	42.6	50.4	53.7	50.7	38.3	47.4	51.7	59.9	55.0	51.7	47.4
	50%	4.2	3.6	4.3	3.9	3.4	3.9	3.8	4.0	3.3	4.3	3.3
9/9	Max	133.2	97.1	200.8	102.0	144.3	100.3	173.9	190.9	161.7	154.8	164.4
	99%	89.6	77.9	85.2	91.8	90.5	85.3	89.5	115.9	128.0	90.5	91.6
	95%	42.9	49.8	54.9	49.9	39.7	51.4	52.6	59.5	55.4	51.7	47.9
	50%	4.5	3.6	4.3	3.7	3.4	3.8	3.8	3.9	3.2	4.3	3.2
9/10	Max	133.2	97.1	200.8	102.0	144.3	100.3	173.9	190.9	161.7	154.8	164.4
	99%	88.9	71.1	85.2	91.6	90.7	85.3	84.3	115.8	131.7	93.7	117.6
	95%	42.2	48.4	53.2	47.7	40.1	51.6	54.2	59.9	61.3	53.2	47.8
	50%	4.2	3.5	3.9	3.4	3.4	3.9	3.8	3.8	3.2	4.3	3.2
9/11	Max	133.2	97.1	200.8	102.0	144.3	100.3	173.9	190.9	161.7	154.8	164.4
	99%	87.5	69.8	81.0	91.4	90.7	85.3	84.3	112.7	131.5	93.7	117.0
	95%	41.5	47.3	52.0	49.3	40.1	50.8	54.1	58.8	57.7	53.6	47.8
	50%	4.2	3.5	3.9	3.4	3.3	3.7	3.6	3.6	3.1	4.2	3.2
9/12	Max	133.2	97.1	200.8	102.0	144.3	100.3	173.9	190.9	161.7	154.8	164.4
	99%	88.0	69.8	80.8	91.4	90.6	85.3	84.3	112.8	131.4	93.4	115.4
	95%	41.8	47.3	51.9	49.3	39.9	50.9	53.9	58.8	55.2	53.5	46.8
	50%	3.9	3.5	4.1	3.3	3.3	3.7	3.8	3.6	3.0	4.2	3.2
9/13	Max	133.2	97.1	200.8	102.0	144.3	100.3	117.1	190.9	161.7	154.8	148.8
	99%	86.0	65.0	71.8	84.1	90.1	85.3	83.0	111.9	130.9	93.0	83.9
	95%	39.3	44.9	49.7	42.7	43.8	47.4	51.8	58.0	55.7	49.2	45.9
	50%	3.6	3.2	3.8	3.0	3.3	3.4	3.6	3.4	2.7	3.9	3.2
9/14	Max	133.2	97.1	200.8	102.0	144.3	100.3	128.7	190.9	161.7	154.8	148.8
	99%	86.6	64.5	67.9	84.2	90.3	84.7	84.2	111.9	129.0	93.0	83.9
	95%	37.7	40.2	43.1	42.8	43.8	47.4	51.8	56.9	53.3	48.3	46.4
	50%	3.8	3.5	3.7	3.0	3.3	3.4	3.7	3.4	2.7	3.9	3.3

续表

日期（月/日）	项目	站点										
		58027	58012	58013	58026	58028	58035	58130	58131	58038	58132	58135
		徐州	丰县	沛县	邳州	铜山	新沂	睢宁	宿迁	沭阳	泗阳	泗洪
9/15	Max	133.2	112.9	200.8	102.0	144.3	100.3	128.7	190.9	161.7	132.9	148.8
	99%	94.6	65.0	71.4	79.1	92.7	84.7	84.2	111.9	129.2	92.8	90.3
	95%	39.2	41.5	46.4	40.9	44.7	47.4	50.5	53.8	47.5	49.1	46.3
	50%	3.5	3.5	3.7	3.0	3.4	3.1	3.6	3.4	2.6	3.9	3.3
9/16	Max	116.8	112.9	111.0	100.2	129.4	100.3	128.7	190.9	161.7	132.9	148.8
	99%	79.8	63.4	66.7	74.2	88.6	84.7	83.1	111.8	128.5	89.5	89.6
	95%	35.5	40.0	39.2	39.2	41.5	43.9	48.9	50.1	47.0	47.8	45.0
	50%	3.5	3.5	3.6	2.9	3.4	3.0	3.3	3.3	2.6	3.9	3.3
9/17	Max	116.8	112.9	111.0	100.2	129.4	100.3	128.7	190.9	161.7	132.9	138.5
	99%	79.7	63.3	66.7	73.9	88.4	84.7	82.9	111.8	127.8	88.6	79.5
	95%	35.4	35.8	36.1	38.9	40.4	44.9	48.9	51.1	47.7	47.3	43.0
	50%	3.5	3.3	3.5	3.2	3.5	3.2	3.6	3.3	2.6	3.9	3.3
9/18	Max	116.8	112.9	111.0	100.2	129.4	90.9	128.7	190.9	161.7	132.9	138.5
	99%	69.8	63.3	66.4	71.6	75.4	84.4	82.9	98.2	123.0	81.5	72.5
	95%	36.0	34.1	35.2	38.1	38.1	41.2	47.1	49.9	46.6	49.1	42.4
	50%	3.6	3.3	3.4	3.2	3.4	3.2	3.6	3.3	2.7	3.9	3.3
9/19	Max	116.8	112.9	111.0	100.2	129.4	90.9	128.7	190.9	161.7	132.9	138.5
	99%	69.6	60.5	65.2	71.3	75.1	82.6	82.8	97.7	112.0	77.7	69.8
	95%	34.3	33.7	33.9	37.8	36.7	40.9	45.2	47.3	41.5	48.0	40.9
	50%	3.5	3.2	3.3	3.2	3.4	3.0	3.3	3.3	2.7	3.8	3.4
9/20	Max	116.8	112.9	111.0	100.2	129.4	90.9	128.7	190.9	161.7	132.9	138.5
	99%	69.9	60.6	65.3	71.5	76.6	82.6	83.0	98.0	112.3	77.8	69.8
	95%	35.4	33.8	35.1	38.1	38.1	40.9	45.5	48.0	40.0	45.3	40.2
	50%	3.5	3.1	3.2	3.2	3.4	2.9	3.2	3.2	2.7	3.8	3.3
9/21	Max	116.8	112.9	97.2	100.2	129.4	90.9	128.7	190.9	161.7	132.9	138.5
	99%	69.5	56.5	58.1	70.8	72.1	82.5	82.9	97.6	112.5	77.8	70.0
	95%	35.3	30.6	33.6	38.4	36.7	39.8	45.3	47.1	40.1	44.0	39.3
	50%	3.5	3.2	3.3	3.1	3.4	2.9	3.2	3.1	2.7	3.7	3.2
9/22	Max	116.8	112.9	97.2	100.2	129.4	90.9	128.7	190.9	161.7	132.9	138.5
	99%	79.1	56.2	66.3	70.3	52.8	82.3	80.7	96.9	111.2	77.5	69.8
	95%	33.7	30.1	33.2	38.1	35.9	39.4	45.0	40.3	41.2	44.7	37.9
	50%	3.5	3.3	3.2	3.2	3.3	3.1	3.2	3.2	2.7	3.8	3.2
9/23	Max	93.3	112.9	97.2	87.0	91.3	90.9	128.7	155.7	161.7	132.9	138.5
	99%	68.1	62.9	66.3	62.8	49.9	78.2	80.0	78.6	102.7	74.0	67.6
	95%	33.2	30.4	31.9	36.9	34.9	38.9	43.4	39.8	39.0	38.8	37.1
	50%	3.5	3.2	3.1	3.2	3.3	3.0	3.2	3.0	2.6	3.5	3.0
9/24	Max	93.3	112.9	97.2	87.0	91.3	90.9	128.7	155.7	161.7	132.9	138.5
	99%	67.4	62.7	66.1	75.8	45.5	77.4	79.1	76.0	83.6	73.6	67.5
	95%	32.9	30.2	31.9	37.3	31.8	38.9	42.7	37.2	38.6	39.4	38.0
	50%	3.5	3.2	3.0	3.1	3.3	2.9	3.2	3.0	2.6	3.5	3.1

续表

日期(月/日)	项目	站点										
		58027	58012	58013	58026	58028	58035	58130	58131	58038	58132	58135
		徐州	丰县	沛县	邳州	铜山	新沂	睢宁	宿迁	沭阳	泗阳	泗洪
9/25	Max	93.3	112.9	97.2	87.0	91.3	90.9	128.7	155.7	161.7	132.9	138.5
	99%	66.6	62.4	66.0	75.0	45.2	81.1	84.4	103.5	81.2	73.2	67.4
	95%	33.0	32.9	32.4	37.9	32.0	39.1	42.1	37.3	35.6	38.0	37.5
	50%	3.5	3.3	3.3	3.1	3.2	3.0	3.1	3.0	2.6	3.5	3.1
9/26	Max	93.3	112.9	97.2	87.0	91.3	90.9	128.7	155.7	161.7	132.9	138.5
	99%	66.3	62.3	65.9	74.2	45.3	80.9	90.8	102.8	103.7	79.6	67.3
	95%	33.4	32.1	31.9	35.5	32.0	38.1	41.7	37.3	37.9	38.2	40.6
	50%	3.5	3.2	3.3	3.4	3.2	2.9	3.2	3.0	2.6	3.5	3.2
9/27	Max	93.3	112.9	97.2	87.0	91.3	90.9	128.7	155.7	161.7	132.9	138.5
	99%	66.2	62.1	66.0	73.8	45.2	80.7	90.4	102.2	103.6	79.2	67.2
	95%	33.4	30.6	31.7	36.6	32.0	35.0	40.7	37.1	34.5	37.6	40.6
	50%	3.5	3.3	3.2	3.4	3.2	2.9	3.2	3.0	2.6	3.5	3.0
9/28	Max	93.3	112.9	97.2	87.0	91.3	90.9	128.7	113.1	143.0	132.9	138.5
	99%	66.2	62.2	66.0	66.3	42.8	76.2	83.4	74.9	79.5	78.6	67.2
	95%	32.9	31.7	31.9	33.1	31.7	28.7	38.2	34.8	31.7	35.7	39.7
	50%	3.5	3.4	3.1	3.6	3.2	2.9	3.2	3.0	2.6	3.5	3.2
9/29	Max	93.3	112.9	97.2	87.0	91.3	90.9	128.7	113.1	143.0	132.9	138.5
	99%	60.9	62.0	65.9	62.0	42.7	69.0	76.0	73.3	79.7	78.5	67.1
	95%	32.9	32.7	31.7	31.0	32.2	27.7	37.9	32.3	31.0	33.9	37.0
	50%	3.4	3.2	3.1	3.7	3.2	2.8	3.0	2.9	2.5	3.4	3.2
9/30	Max	93.3	112.9	115.5	89.7	91.3	99.6	128.7	113.1	143.0	132.9	138.5
	99%	60.9	63.8	66.1	65.7	44.7	78.9	75.5	74.2	79.7	78.1	73.1
	95%	33.3	29.4	29.9	32.1	32.2	29.0	37.6	29.6	31.0	35.2	37.2
	50%	3.4	3.2	3.0	3.6	3.2	2.9	3.1	2.9	2.5	3.4	3.0
10/1	Max	93.3	112.9	115.5	89.7	91.3	99.6	128.7	113.1	143.0	132.9	138.5
	99%	61.0	63.8	63.5	65.3	42.7	79.1	75.5	74.1	79.6	78.0	72.7
	95%	32.3	29.3	29.0	30.4	31.9	26.8	35.4	29.5	30.9	33.7	35.0
	50%	3.4	3.1	2.9	3.4	3.0	2.7	3.0	2.9	2.4	3.4	3.2
10/2	Max	93.3	112.9	115.5	89.7	91.3	99.6	128.7	113.1	143.0	132.9	138.5
	99%	61.0	63.8	63.5	65.3	42.8	78.7	76.3	74.0	79.3	74.9	72.4
	95%	31.7	29.4	29.0	31.5	31.0	28.7	37.3	30.6	31.0	33.5	37.0
	50%	3.3	3.1	2.8	3.3	3.0	2.6	3.0	2.9	2.4	3.3	3.0
10/3	Max	93.3	112.9	115.5	89.7	91.3	99.6	128.7	113.1	143.0	132.9	138.5
	99%	60.9	61.6	63.1	65.0	42.8	78.2	75.9	73.8	79.0	73.8	72.1
	95%	29.9	28.7	30.2	30.9	31.0	27.5	31.5	27.2	31.0	30.1	33.4
	50%	3.2	3.0	2.7	3.1	3.0	2.6	2.9	2.8	2.3	3.2	3.0
10/4	Max	93.3	112.9	115.5	89.7	91.3	99.6	128.7	113.1	143.0	132.9	138.5
	99%	60.7	61.4	62.4	64.6	44.2	78.0	75.6	73.6	79.0	59.5	67.6
	95%	27.2	29.3	30.4	30.7	31.0	27.0	30.9	28.4	30.0	29.5	32.6
	50%	3.2	3.1	2.8	3.0	2.9	2.4	2.8	2.6	2.2	3.2	3.0

续表

日期（月/日）	项目	站点										
		58027	58012	58013	58026	58028	58035	58130	58131	58038	58132	58135
		徐州	丰县	沛县	邳州	铜山	新沂	睢宁	宿迁	沭阳	泗阳	泗洪
10/5	Max	93.3	112.9	115.5	89.7	91.3	99.6	128.7	113.1	143.0	132.9	138.5
	99%	54.7	54.8	51.1	51.6	44.2	67.5	75.6	69.8	66.4	59.4	67.2
	95%	26.2	26.3	25.5	28.7	30.7	25.0	29.2	26.6	28.9	29.2	31.6
	50%	3.1	3.0	2.7	2.9	2.8	2.2	2.7	2.6	2.2	3.1	3.0
10/6	Max	93.3	112.9	115.5	89.7	91.3	99.6	128.7	113.1	143.0	132.9	138.5
	99%	54.9	54.7	51.0	54.8	44.2	67.6	75.6	69.8	66.4	59.3	67.2
	95%	26.2	26.8	24.1	28.5	31.0	25.6	29.6	26.6	28.9	29.4	30.5
	50%	3.1	3.0	2.7	2.6	2.9	2.1	2.7	2.6	2.2	3.2	3.0
10/7	Max	93.3	112.9	115.5	89.7	91.3	99.6	128.7	113.1	143.0	132.9	138.5
	99%	55.0	54.7	51.1	55.0	44.1	68.0	75.5	69.9	66.4	70.4	67.2
	95%	26.3	26.8	24.2	28.6	31.0	27.1	30.3	27.0	28.9	29.8	31.8
	50%	3.2	3.2	2.9	3.0	3.0	2.4	2.9	2.9	2.3	3.3	3.2
10/8	Max	93.3	112.9	115.5	89.7	91.3	99.6	128.7	111.6	143.0	132.9	138.5
	99%	51.1	52.3	46.4	49.5	42.8	64.4	68.7	65.9	63.2	68.9	64.7
	95%	26.0	26.6	25.0	28.5	27.0	26.1	30.7	26.6	28.6	29.3	29.1
	50%	3.1	3.0	2.8	2.9	2.9	2.3	2.9	2.9	2.3	3.2	3.2
10/9	Max	93.3	112.9	115.5	89.7	91.3	99.6	128.7	104.0	124.4	132.9	92.8
	99%	51.0	52.1	45.9	47.7	42.7	50.4	54.6	59.5	48.0	49.7	51.5
	95%	26.1	26.4	23.7	27.6	27.0	25.0	29.1	26.0	27.7	27.9	28.4
	50%	3.2	3.2	2.9	2.9	2.5	2.2	2.8	2.8	2.3	3.1	3.1
10/10	Max	93.3	112.9	115.5	89.7	91.3	99.6	128.7	104.0	124.4	132.9	92.8
	99%	51.0	52.0	45.4	47.7	42.6	50.1	54.3	59.5	48.0	49.5	51.4
	95%	26.1	25.4	23.0	27.4	27.0	25.1	28.8	25.9	27.2	27.3	28.0
	50%	3.2	3.2	3.0	3.0	2.9	2.2	2.7	2.6	2.3	3.2	3.2
10/11	Max	93.3	112.9	115.5	89.7	91.3	99.6	128.7	104.0	124.4	132.9	92.8
	99%	51.0	51.8	45.1	47.7	42.6	50.1	54.1	59.4	49.8	49.8	51.4
	95%	26.1	26.1	23.9	27.9	27.0	25.6	28.7	26.2	25.8	26.4	28.0
	50%	3.1	3.2	3.0	2.8	3.0	2.1	2.6	2.6	2.4	3.1	3.0
10/12	Max	93.3	112.9	115.5	89.7	91.3	99.6	128.7	104.0	124.4	132.9	92.8
	99%	51.0	51.7	45.0	48.0	42.6	50.1	54.0	59.4	49.8	52.6	51.4
	95%	26.1	26.0	24.8	28.2	27.0	25.7	28.7	26.2	27.2	25.4	26.9
	50%	3.2	3.4	3.2	2.9	3.0	2.1	2.7	2.6	2.5	3.1	3.1
10/13	Max	93.3	112.9	115.5	89.7	91.3	99.6	78.4	104.0	124.4	132.9	92.8
	99%	51.0	51.4	44.4	47.9	42.6	47.8	47.3	52.3	49.5	52.5	49.6
	95%	25.7	23.4	23.9	28.4	26.9	25.0	28.6	26.2	25.4	25.3	26.6
	50%	3.0	3.2	3.0	2.8	2.9	2.1	2.5	2.4	2.4	2.6	2.8
10/14	Max	83.5	67.8	115.5	89.7	72.6	99.6	70.5	71.6	77.4	76.8	67.7
	99%	47.0	45.4	43.8	47.6	40.0	43.7	43.8	47.0	47.9	46.3	43.9
	95%	25.6	22.3	23.1	27.5	26.9	25.1	25.9	26.0	26.2	23.9	25.8
	50%	3.1	3.0	2.9	2.8	2.9	2.1	2.5	2.5	2.5	2.6	2.8

续表

日期(月/日)	项目	站点										
		58027	58012	58013	58026	58028	58035	58130	58131	58038	58132	58135
		徐州	丰县	沛县	邳州	铜山	新沂	睢宁	宿迁	沭阳	泗阳	泗洪
10/15	Max	83.5	67.8	115.5	89.7	72.6	99.6	70.5	71.6	77.4	76.8	67.7
	99%	44.4	54.3	50.1	47.6	45.1	43.6	43.7	46.8	47.9	46.0	43.8
	95%	25.3	21.8	22.8	25.8	27.0	23.5	23.4	25.4	25.1	24.1	25.3
	50%	3.0	2.9	2.8	2.6	2.9	2.0	2.4	2.3	2.3	2.5	2.7
10/16	Max	83.5	67.8	115.5	89.7	72.6	99.6	70.5	71.6	77.4	76.8	67.7
	99%	44.3	54.1	49.6	47.6	45.1	43.5	43.6	46.6	47.7	45.9	43.7
	95%	25.5	21.6	22.3	25.2	27.0	23.0	23.2	24.9	23.8	24.1	25.4
	50%	2.6	2.7	2.7	2.5	2.9	2.0	2.3	2.2	2.2	2.3	2.7
10/17	Max	83.5	67.8	115.5	89.7	72.6	99.6	70.5	71.6	77.4	76.8	67.7
	99%	42.9	54.0	49.6	48.5	45.0	43.4	35.3	36.7	45.3	38.7	42.7
	95%	25.2	22.6	23.0	26.0	26.7	22.8	22.3	24.8	22.4	23.9	25.3
	50%	2.5	2.5	2.6	2.5	2.8	2.0	2.3	2.2	2.2	2.3	2.7
10/18	Max	83.5	67.8	115.5	89.7	72.6	99.6	70.5	71.6	77.4	76.8	67.7
	99%	42.8	53.8	49.5	48.4	44.9	37.4	35.0	36.1	45.0	38.5	42.6
	95%	25.3	25.2	23.1	25.5	26.6	23.2	22.4	24.3	22.3	24.1	26.2
	50%	2.5	2.5	2.7	2.6	2.9	2.1	2.4	2.2	2.4	2.3	2.7
10/19	Max	83.5	67.8	115.5	89.7	72.6	99.6	70.5	71.6	77.4	76.8	67.7
	99%	50.7	53.7	49.3	48.4	44.8	37.1	34.6	35.5	44.9	38.1	42.5
	95%	25.3	24.9	24.2	25.0	22.5	23.0	22.2	24.3	22.9	24.0	26.0
	50%	2.5	2.5	2.7	2.6	3.0	2.1	2.5	2.3	2.3	2.2	2.7
10/20	Max	83.5	67.8	115.5	89.7	72.6	99.6	70.5	71.6	77.4	76.8	67.7
	99%	50.6	53.7	49.4	48.5	44.8	37.1	34.4	35.0	44.7	37.7	42.2
	95%	24.2	24.6	24.3	25.0	22.5	23.0	22.1	23.2	23.5	25.1	25.8
	50%	2.5	2.5	2.5	2.5	3.0	2.1	2.5	2.3	2.3	2.3	2.7
10/21	Max	83.5	67.8	115.5	89.7	72.6	99.6	70.5	71.6	77.4	76.8	67.7
	99%	50.5	53.8	49.5	48.5	44.9	37.5	34.6	35.5	44.8	38.0	42.4
	95%	24.1	25.0	21.7	25.1	22.8	22.9	22.3	23.5	22.5	23.7	25.3
	50%	2.5	2.3	2.3	2.5	2.9	2.0	2.5	2.3	2.2	2.1	2.7
10/22	Max	83.5	67.8	115.5	89.7	72.6	99.6	70.5	71.6	77.4	76.8	67.7
	99%	42.8	53.8	49.6	47.6	44.9	43.4	34.9	35.7	45.0	38.0	42.5
	95%	21.7	23.0	21.3	24.9	22.0	19.6	22.4	24.3	25.2	23.6	25.3
	50%	2.5	2.3	2.3	2.5	2.9	2.1	2.5	2.4	2.3	2.4	2.8
10/23	Max	83.5	67.8	115.5	89.7	72.6	99.6	70.5	71.6	77.4	76.8	67.7
	99%	42.8	54.0	49.8	47.7	45.0	43.5	35.3	36.1	45.0	44.9	42.7
	95%	21.7	23.6	22.6	25.0	22.0	23.4	21.9	24.3	25.3	23.8	25.3
	50%	2.5	2.3	2.3	2.5	2.5	2.1	2.5	2.3	2.4	2.4	2.8
10/24	Max	83.5	67.8	115.5	89.7	72.6	99.6	70.5	71.6	77.4	76.8	67.7
	99%	41.9	46.1	45.9	47.7	44.4	43.6	35.7	36.9	45.3	45.6	45.7
	95%	21.6	21.2	21.4	24.9	21.5	22.5	22.2	23.1	25.7	24.7	25.1
	50%	2.5	2.3	2.3	2.5	2.5	2.1	2.5	2.3	2.4	2.4	2.7

续表

日期（月/日）	项目	站点										
		58027	58012	58013	58026	58028	58035	58130	58131	58038	58132	58135
		徐州	丰县	沛县	邳州	铜山	新沂	睢宁	宿迁	沭阳	泗阳	泗洪
10/25	Max	83.5	67.8	115.5	89.7	72.6	99.6	70.5	71.6	77.4	76.8	67.7
	99%	42.0	46.5	44.0	47.8	44.4	43.7	36.2	37.7	45.5	46.1	45.7
	95%	21.6	21.2	21.2	23.3	20.1	21.1	21.9	21.8	23.5	23.6	23.0
	50%	2.5	2.3	2.3	2.5	2.4	2.1	2.5	2.3	2.2	2.4	2.7
10/26	Max	83.5	67.8	115.5	89.7	72.6	99.6	70.5	71.6	77.4	76.8	67.7
	99%	42.0	38.0	43.8	47.8	44.6	43.7	36.5	38.1	45.6	46.6	42.5
	95%	21.7	20.2	20.0	24.8	21.1	23.7	21.6	22.7	25.3	23.7	23.1
	50%	2.4	2.1	2.3	2.5	2.5	2.2	2.5	2.3	2.4	2.5	2.8
10/27	Max	83.5	67.8	115.5	89.7	72.6	99.6	70.5	71.6	77.4	76.8	67.7
	99%	42.0	38.0	44.0	47.8	44.6	43.6	36.3	37.5	45.4	46.4	42.4
	95%	21.7	18.9	19.9	19.8	20.2	21.0	21.8	21.4	24.6	23.7	23.3
	50%	2.3	2.1	2.3	2.5	2.2	2.2	2.5	2.4	2.4	2.4	2.7
10/28	Max	83.5	67.8	115.5	89.7	72.6	99.6	70.5	71.6	77.4	76.8	67.7
	99%	41.9	31.1	44.0	47.8	44.0	43.7	35.9	37.1	45.1	45.9	42.2
	95%	20.4	17.8	17.5	18.9	19.7	21.1	21.4	21.3	24.0	23.9	23.3
	50%	2.4	2.1	2.2	2.4	2.2	2.1	2.7	2.5	2.5	2.5	2.8
10/29	Max	83.5	46.7	46.0	76.1	45.3	52.4	70.5	63.8	77.4	76.8	67.7
	99%	35.4	28.8	43.7	46.3	34.8	39.0	32.5	32.9	45.0	46.3	36.4
	95%	20.4	17.8	17.5	19.6	18.9	23.5	20.2	21.7	23.9	23.7	23.3
	50%	2.5	2.1	2.3	2.6	2.4	2.2	2.8	2.6	2.5	2.6	2.9
10/30	Max	83.5	46.7	46.0	76.1	45.3	52.4	70.5	63.8	77.4	76.8	67.7
	99%	35.2	35.7	43.7	46.3	34.3	38.9	32.5	32.8	45.0	46.0	36.3
	95%	21.2	18.9	17.5	19.4	19.7	21.0	20.0	22.2	24.9	23.6	23.3
	50%	2.4	2.1	2.3	2.6	2.3	2.2	2.9	2.6	2.6	2.8	2.8
10/31	Max	83.5	46.7	46.0	76.1	45.3	52.4	57.9	56.2	77.4	76.8	67.7
	99%	35.2	35.6	43.7	46.4	33.3	36.4	30.7	31.9	40.6	44.6	32.5
	95%	19.4	18.5	17.2	18.0	19.4	19.4	19.1	21.3	22.5	23.6	22.9
	50%	2.4	2.1	2.3	2.3	2.2	2.2	2.9	2.6	2.5	3.0	2.8
11/1	Max	83.5	46.7	46.0	76.1	45.3	52.4	57.9	56.2	77.4	76.8	67.7
	99%	35.3	35.6	43.6	46.3	33.2	36.4	30.7	31.9	40.4	44.2	32.5
	95%	19.4	18.5	17.2	17.9	19.3	19.4	19.1	21.6	23.0	23.9	22.7
	50%	2.3	2.0	2.3	2.4	2.1	2.2	2.9	2.6	2.6	3.1	2.9
11/2	Max	83.5	46.7	46.0	76.1	36.1	52.1	40.1	45.5	77.4	76.8	58.0
	99%	29.0	28.7	41.8	33.0	24.3	34.1	29.7	31.8	35.7	37.6	31.6
	95%	18.9	17.8	16.9	18.0	18.5	19.1	18.9	20.6	22.4	23.2	22.0
	50%	2.5	2.0	2.3	2.5	2.1	2.2	3.0	2.6	2.7	3.1	3.0
11/3	Max	83.5	46.7	46.0	76.1	36.1	52.1	40.1	45.5	77.4	76.8	58.0
	99%	29.1	31.0	41.8	32.7	24.3	34.1	29.7	31.8	35.7	37.6	31.6
	95%	19.1	18.0	16.9	18.0	18.5	19.1	18.9	20.6	22.4	23.2	22.1
	50%	2.4	1.9	2.0	2.4	2.1	2.1	2.9	2.6	2.7	3.1	2.8

续表

日期(月/日)	项目	站点										
		58027	58012	58013	58026	58028	58035	58130	58131	58038	58132	58135
		徐州	丰县	沛县	邳州	铜山	新沂	睢宁	宿迁	沭阳	泗阳	泗洪
11/4	Max	83.5	46.7	46.0	76.1	36.1	52.1	40.1	45.5	77.4	76.8	58.0
	99%	27.8	30.9	41.8	28.3	24.3	30.9	29.5	31.8	35.5	37.5	31.6
	95%	18.4	17.7	16.4	18.3	18.4	19.1	18.6	20.5	23.8	23.9	22.8
	50%	2.3	1.9	2.0	2.5	2.0	2.1	2.9	2.6	2.6	3.1	2.8
11/5	Max	83.5	68.8	61.8	76.1	46.8	52.1	33.8	34.6	77.4	52.7	46.3
	99%	29.0	35.6	43.7	31.1	32.4	34.1	28.0	31.7	30.4	35.9	30.3
	95%	18.5	18.8	18.0	18.7	17.8	19.2	18.7	21.3	24.9	23.6	23.0
	50%	2.2	1.9	2.0	2.5	2.0	2.0	2.9	2.6	2.6	3.0	2.7
11/6	Max	83.5	68.8	61.8	76.1	46.8	52.1	31.9	34.6	77.4	52.7	46.3
	99%	28.8	35.6	43.7	38.6	32.3	34.1	27.7	29.2	30.5	35.9	31.6
	95%	19.0	18.9	18.4	18.7	17.7	19.1	18.7	21.3	23.0	23.7	22.9
	50%	2.3	1.9	2.0	2.5	2.0	2.1	2.8	2.5	2.6	3.0	2.7
11/7	Max	83.5	68.8	61.8	76.1	46.8	52.1	31.9	34.6	77.4	52.7	46.3
	99%	28.6	35.4	43.7	38.3	31.8	34.0	27.7	29.1	30.3	35.9	31.6
	95%	18.9	18.7	18.0	18.6	17.5	19.4	18.7	21.3	24.0	24.3	22.8
	50%	2.2	1.9	2.0	2.5	2.1	2.0	2.9	2.6	2.6	3.0	2.7
11/8	Max	83.5	68.8	61.8	76.1	46.8	52.1	31.9	34.6	77.4	52.7	46.3
	99%	28.5	35.4	43.7	38.3	31.5	33.9	27.6	28.9	30.1	35.9	31.6
	95%	18.2	18.7	18.0	18.9	18.5	19.4	18.7	21.3	23.9	24.4	22.7
	50%	2.2	1.9	2.0	2.4	2.1	2.0	2.9	2.6	2.7	3.0	2.6
11/9	Max	83.5	68.8	61.8	76.1	46.8	52.1	31.9	31.8	47.7	52.7	46.3
	99%	41.7	35.4	43.7	29.7	31.0	33.8	27.6	28.4	29.4	35.9	31.6
	95%	21.0	18.9	18.4	18.6	17.3	19.3	18.6	21.2	23.4	24.4	21.6
	50%	2.4	1.9	2.0	2.5	2.0	2.0	2.9	2.6	2.8	3.0	2.5
11/10	Max	83.5	68.8	61.8	76.1	46.8	52.1	31.9	34.8	39.3	51.8	46.3
	99%	34.7	46.2	43.7	27.8	31.1	33.8	28.5	28.9	29.0	34.5	32.5
	95%	21.1	18.9	18.1	18.6	17.3	19.4	18.7	21.2	23.4	24.4	22.7
	50%	2.2	1.8	2.0	2.5	2.0	2.0	2.9	2.6	2.8	3.1	2.5
11/11	Max	83.5	68.8	61.8	76.1	46.8	52.1	31.9	34.8	39.3	51.8	46.3
	99%	41.6	46.2	43.7	27.8	30.8	33.8	28.5	28.9	29.0	34.5	32.5
	95%	22.8	19.9	18.4	18.6	17.1	19.4	18.7	21.2	23.4	24.4	22.7
	50%	2.4	1.9	2.0	2.5	2.0	2.0	2.9	2.6	2.8	3.1	2.6
11/12	Max	51.2	68.8	61.8	76.1	46.8	52.1	31.9	34.8	39.3	51.8	46.3
	99%	34.5	45.4	41.4	27.8	23.9	33.9	28.5	29.0	29.1	34.5	32.6
	95%	20.7	18.7	17.9	18.1	16.2	19.4	18.7	21.2	23.6	24.4	22.9
	50%	2.5	1.8	1.9	2.5	2.0	1.9	2.9	2.6	2.5	3.1	2.5
11/13	Max	51.2	68.8	61.8	76.1	46.8	52.1	31.9	34.8	39.3	51.8	46.3
	99%	34.6	46.2	41.5	27.8	26.5	33.9	28.5	29.0	29.1	34.4	32.6
	95%	22.6	18.8	18.0	18.9	17.1	19.7	19.0	21.2	23.6	24.3	22.9
	50%	2.5	1.8	2.0	2.6	2.0	2.0	2.9	2.7	2.7	3.3	2.6

续表

日期（月/日）	项目	站点										
		58027	58012	58013	58026	58028	58035	58130	58131	58038	58132	58135
		徐州	丰县	沛县	邳州	铜山	新沂	睢宁	宿迁	沭阳	泗阳	泗洪
11/14	Max	51.2	68.8	61.8	76.1	46.8	52.1	31.9	37.5	39.3	51.8	46.3
	99%	30.6	45.9	41.7	27.8	26.4	34.8	28.9	31.7	29.4	35.9	32.5
	95%	21.4	18.8	18.0	19.1	17.3	21.0	19.6	21.3	24.0	24.4	23.3
	50%	2.5	1.9	2.0	2.6	2.0	2.3	3.1	3.0	2.9	3.6	2.7
11/15	Max	51.2	68.8	61.8	76.1	46.8	52.1	31.9	37.5	39.3	51.8	46.3
	99%	30.5	35.1	31.1	27.0	26.3	34.6	27.6	28.9	29.5	34.3	32.6
	95%	21.3	18.7	17.7	19.0	17.3	19.5	18.9	21.2	23.9	24.8	23.3
	50%	2.5	1.8	2.0	2.6	2.0	2.2	2.9	2.9	2.8	3.5	2.6
11/16	Max	51.2	68.8	61.8	76.1	46.8	52.1	31.9	37.5	39.3	51.8	46.3
	99%	30.3	34.8	30.9	36.9	25.0	34.5	27.5	28.7	29.5	34.2	32.8
	95%	20.2	18.4	16.8	19.5	17.0	19.1	20.3	21.1	23.9	24.7	22.6
	50%	2.5	1.8	2.0	2.6	2.0	2.0	2.9	2.8	2.8	3.5	2.6
11/17	Max	51.2	68.8	61.8	76.1	46.8	52.1	31.9	37.5	39.3	51.8	46.3
	99%	30.2	34.6	30.6	36.2	24.8	34.4	27.4	31.8	29.4	34.1	32.8
	95%	21.4	18.6	17.0	19.4	17.1	19.8	19.8	21.3	23.8	24.6	22.3
	50%	2.5	1.8	2.0	2.6	1.9	2.0	2.9	2.8	2.9	3.6	2.6
11/18	Max	51.2	68.8	61.8	76.1	46.8	52.1	31.9	37.5	39.3	51.8	46.3
	99%	30.1	34.5	30.4	35.8	24.5	34.2	27.4	31.8	34.5	34.0	32.7
	95%	22.4	18.8	18.0	19.4	17.1	19.6	18.9	21.3	24.9	24.6	23.1
	50%	2.5	1.8	2.0	2.6	1.8	1.9	2.9	2.7	2.9	3.5	2.5
11/19	Max	51.2	68.8	61.8	76.1	46.8	52.1	31.9	37.5	39.3	51.8	46.3
	99%	30.0	34.3	30.1	35.2	24.2	34.0	27.3	31.8	34.1	33.9	32.7
	95%	22.3	18.7	18.4	20.6	17.0	20.0	18.8	21.4	24.4	24.5	23.3
	50%	2.5	1.9	2.0	2.6	1.8	2.0	2.8	2.7	3.0	3.5	2.5
11/20	Max	51.2	68.8	61.8	55.4	46.8	42.7	31.9	37.5	39.3	51.8	46.3
	99%	29.6	34.1	29.8	27.5	24.1	36.3	28.6	31.3	33.8	39.6	32.5
	95%	21.0	18.1	17.5	20.0	16.7	21.1	20.1	21.1	21.9	25.0	22.2
	50%	2.5	1.9	2.0	2.5	1.7	1.8	2.7	2.6	2.4	3.2	2.3
11/21	Max	51.2	68.8	61.8	55.4	46.8	42.7	31.9	37.5	37.3	41.6	46.3
	99%	29.7	33.5	26.0	27.5	23.9	36.2	28.6	31.1	30.2	35.6	32.5
	95%	19.7	17.6	16.7	19.9	17.1	18.3	19.5	21.3	21.8	24.4	22.9
	50%	2.4	1.9	2.0	2.5	1.7	1.9	2.7	2.6	3.0	3.2	2.3
11/22	Max	51.2	68.8	61.8	55.4	46.8	42.7	31.9	37.5	37.3	41.6	41.2
	99%	29.5	33.1	26.0	27.5	23.8	36.1	28.6	30.9	30.1	33.8	30.7
	95%	19.2	18.1	16.7	19.7	17.0	17.2	18.3	21.0	21.4	23.4	21.4
	50%	2.3	1.9	2.0	2.4	1.7	1.9	2.6	2.6	2.7	3.2	2.3
11/23	Max	51.2	68.8	61.8	55.4	46.8	42.7	31.9	37.5	37.3	41.6	41.2
	99%	29.2	32.5	26.0	27.4	23.4	35.8	28.6	30.7	30.1	33.8	30.6
	95%	22.2	17.4	16.8	20.5	16.4	20.7	18.5	20.6	21.7	24.3	20.9
	50%	2.5	2.0	2.1	2.6	1.7	2.0	2.7	2.7	3.0	3.1	2.3

续表

日期(月/日)	项目	站点										
		58027	58012	58013	58026	58028	58035	58130	58131	58038	58132	58135
		徐州	丰县	沛县	邳州	铜山	新沂	睢宁	宿迁	沭阳	泗阳	泗洪
11/24	Max	51.2	68.8	61.8	55.4	46.8	42.7	29.9	37.5	37.3	41.6	41.2
	99%	29.0	32.0	26.0	27.3	22.2	33.5	28.1	28.4	28.9	33.8	32.3
	95%	19.4	18.1	17.4	19.9	15.0	18.1	19.5	21.3	20.7	24.0	20.4
	50%	2.5	2.0	2.2	2.6	1.7	1.8	2.6	2.6	2.9	3.0	2.2
11/25	Max	51.2	68.8	61.8	55.4	46.8	42.7	29.9	37.5	37.3	41.6	41.2
	99%	28.7	31.6	26.0	27.3	22.1	33.5	28.1	28.4	28.9	33.8	32.3
	95%	20.5	17.9	17.3	19.8	15.2	18.1	19.2	21.2	20.7	23.1	18.6
	50%	2.5	2.0	2.2	2.3	1.7	1.8	2.5	2.5	2.9	2.8	2.2
11/26	Max	51.2	68.8	61.8	55.4	46.8	42.7	29.9	37.5	37.3	41.6	41.2
	99%	28.7	31.6	26.0	27.3	22.0	33.5	28.1	28.4	28.9	33.8	30.5
	95%	20.5	17.9	17.3	19.7	15.1	17.9	19.2	21.2	20.7	23.1	18.5
	50%	2.6	2.0	2.2	2.4	1.7	1.9	2.3	2.5	2.5	2.7	2.1
11/27	Max	51.2	68.8	61.8	55.4	46.8	42.7	29.9	37.5	37.3	41.6	41.2
	99%	27.6	31.3	27.4	27.3	46.6	32.9	28.1	28.3	28.4	32.8	33.4
	95%	18.8	17.4	17.2	18.9	17.0	17.2	17.7	20.1	20.6	20.1	18.5
	50%	2.4	1.9	2.2	2.2	1.7	1.7	2.1	2.0	2.2	2.2	1.8
11/28	Max	51.2	68.8	61.8	55.4	46.8	42.7	29.9	37.5	37.3	41.6	41.2
	99%	27.6	31.3	27.4	27.2	46.6	32.8	28.0	28.3	28.4	32.7	33.3
	95%	18.6	16.9	16.8	19.4	17.0	17.2	18.2	20.1	20.6	20.0	18.4
	50%	2.2	1.7	2.0	2.2	1.7	1.6	2.0	1.9	2.0	2.1	1.8
11/29	Max	51.2	68.8	61.8	55.4	46.8	42.7	29.9	37.5	37.3	41.6	41.2
	99%	27.5	31.4	27.4	27.2	22.0	32.7	28.0	28.3	28.3	32.8	33.3
	95%	18.7	17.4	17.2	19.3	14.8	17.4	20.6	19.1	19.7	19.9	18.4
	50%	2.5	1.7	2.1	2.3	1.7	1.8	2.1	2.0	2.1	2.1	1.8
11/30	Max	51.2	68.8	61.8	55.4	46.8	42.7	29.9	37.5	37.3	41.6	41.2
	99%	27.2	31.0	27.2	27.2	27.7	32.7	28.0	28.3	28.2	32.8	33.3
	95%	18.7	17.5	17.1	19.2	15.1	18.4	20.6	19.0	18.5	19.9	18.4
	50%	2.7	1.8	2.2	2.4	1.7	1.8	2.1	2.0	2.2	2.1	1.8
12/1	Max	51.2	68.8	61.8	55.4	46.8	42.7	29.9	37.5	37.3	41.6	41.2
	99%	26.8	30.6	26.8	27.2	46.4	32.3	27.9	28.3	28.0	32.6	33.3
	95%	18.8	17.6	18.0	18.8	16.9	17.3	20.3	19.0	17.2	19.7	18.2
	50%	2.6	1.8	2.2	2.3	1.7	1.8	2.1	2.0	2.1	1.9	1.7
12/2	Max	51.2	68.8	61.8	55.4	46.8	42.7	29.9	37.5	37.3	41.6	41.2
	99%	26.7	30.5	26.7	27.1	46.2	32.3	27.9	28.3	28.0	32.6	33.3
	95%	19.9	17.6	17.9	19.5	16.8	17.3	20.3	19.0	17.6	19.7	18.3
	50%	2.7	2.1	2.2	2.3	2.0	1.8	2.1	2.0	2.0	1.9	1.7
12/3	Max	51.2	68.8	61.8	55.4	46.8	42.7	29.9	37.5	37.3	41.6	41.2
	99%	26.5	30.3	26.7	27.1	46.0	32.2	27.9	28.3	28.0	32.6	33.3
	95%	19.5	17.5	17.9	20.3	16.7	17.3	20.1	18.9	17.2	19.4	18.0
	50%	2.7	2.1	2.2	2.2	2.0	1.8	2.1	2.0	2.0	1.9	1.7

续表

日期（月/日）	项目	站点										
		58027	58012	58013	58026	58028	58035	58130	58131	58038	58132	58135
		徐州	丰县	沛县	邳州	铜山	新沂	睢宁	宿迁	沭阳	泗阳	泗洪
12/4	Max	31.9	63.0	31.7	37.3	27.7	36.4	29.9	37.5	37.3	41.6	41.2
	99%	24.4	28.0	25.9	26.0	27.5	27.3	27.8	26.1	24.5	30.1	33.2
	95%	18.5	15.3	16.3	18.1	15.0	16.9	18.2	18.4	15.8	19.3	17.8
	50%	2.7	1.9	1.9	2.1	2.0	1.8	2.0	2.0	2.0	1.8	1.7
12/5	Max	31.9	63.0	31.7	27.7	27.7	33.9	29.9	37.5	37.3	41.6	41.2
	99%	24.4	29.9	22.7	25.7	27.4	23.9	25.7	23.6	24.4	30.0	31.9
	95%	18.2	15.2	15.6	16.9	14.2	15.6	17.1	17.5	15.4	16.9	17.5
	50%	2.8	2.0	1.9	2.2	2.0	1.8	2.1	1.9	2.0	1.9	1.7
12/6	Max	31.9	63.0	31.7	27.7	27.7	33.9	29.9	37.5	37.3	41.6	41.2
	99%	24.4	20.5	22.8	25.7	27.5	24.0	25.8	23.7	24.4	30.1	32.0
	95%	18.3	14.9	15.8	17.3	14.4	15.7	17.1	17.6	15.4	17.0	17.4
	50%	2.7	2.0	1.9	2.1	1.7	1.8	2.1	1.8	1.9	1.8	1.7
12/7	Max	31.9	63.0	31.7	27.7	27.7	33.9	29.9	37.5	37.3	41.6	41.2
	99%	24.5	20.8	22.9	25.7	18.9	24.0	25.9	23.8	24.5	30.1	32.1
	95%	18.4	14.9	15.9	16.2	13.1	15.2	16.5	14.2	15.5	16.7	17.0
	50%	2.7	2.0	1.9	2.1	1.7	1.8	2.1	1.7	1.9	1.8	1.7
12/8	Max	31.9	63.0	31.7	27.7	27.7	33.9	29.9	37.5	37.3	41.6	41.2
	99%	23.9	18.7	22.8	25.7	19.0	23.9	25.9	23.7	24.5	30.1	32.0
	95%	16.8	13.9	14.4	15.6	13.1	14.6	15.6	14.2	15.2	15.8	15.9
	50%	2.7	2.0	1.9	2.0	1.7	1.8	2.1	1.7	1.9	1.8	1.7
12/9	Max	31.9	35.5	31.7	27.0	27.7	33.9	29.9	37.5	37.3	41.6	36.1
	99%	23.3	29.7	22.7	25.0	19.1	21.6	24.0	23.0	22.5	26.6	29.7
	95%	15.2	13.8	13.1	15.0	13.1	14.5	16.4	14.2	15.0	15.5	14.0
	50%	2.7	2.3	2.0	2.1	1.7	1.9	2.0	1.7	1.8	1.7	1.7
12/10	Max	31.9	35.5	31.2	27.0	27.7	33.9	29.9	37.5	37.3	41.6	36.1
	99%	22.8	18.2	18.6	25.0	19.1	21.5	24.0	23.7	24.3	30.0	29.5
	95%	15.0	12.5	12.5	15.0	13.1	14.5	16.3	16.5	14.8	15.4	14.3
	50%	2.7	2.1	1.9	2.0	1.7	1.9	2.0	1.6	1.8	1.7	1.7
12/11	Max	31.9	35.5	31.2	27.0	27.7	33.9	29.9	37.5	37.3	41.6	36.1
	99%	22.7	18.2	22.5	25.0	19.0	21.3	23.9	23.6	24.2	29.9	29.2
	95%	14.3	12.3	12.6	15.0	13.1	14.7	15.9	15.4	14.6	15.3	14.2
	50%	2.7	2.1	1.9	2.1	1.7	1.9	2.0	1.6	1.8	1.7	1.7
12/12	Max	31.9	35.5	31.2	25.8	18.9	33.9	29.9	37.5	37.3	41.6	36.1
	99%	23.7	18.1	25.8	24.9	18.8	19.5	23.1	23.5	24.1	29.7	28.8
	95%	14.0	12.0	14.0	15.0	13.1	14.4	15.6	14.0	15.0	15.6	13.8
	50%	2.7	2.0	1.9	1.9	1.7	1.8	1.9	1.6	1.7	1.7	1.7
12/13	Max	31.9	35.5	31.2	24.9	15.1	23.2	27.3	34.0	30.4	36.1	36.1
	99%	23.7	18.1	25.8	18.8	15.1	18.6	21.7	23.0	22.2	26.0	25.8
	95%	13.0	11.8	13.9	13.6	13.0	14.2	14.8	13.8	14.0	15.3	12.6
	50%	2.5	1.8	1.8	1.6	1.6	1.6	1.6	1.5	1.6	1.6	1.6

续表

日期（月/日）	项目	站点										
		58027	58012	58013	58026	58028	58035	58130	58131	58038	58132	58135
		徐州	丰县	沛县	邳州	铜山	新沂	睢宁	宿迁	沭阳	泗阳	泗洪
12/14	Max	23.8	18.2	31.2	24.9	15.1	23.2	27.3	34.0	25.3	36.1	32.3
	99%	20.6	17.7	22.4	18.9	13.1	18.6	21.1	22.0	20.0	21.5	25.4
	95%	12.4	11.7	12.1	13.2	12.4	13.8	14.4	13.6	13.6	15.1	12.4
	50%	2.4	1.8	1.8	1.6	1.7	1.6	1.6	1.5	1.6	1.6	1.6
12/15	Max	20.6	17.8	31.2	21.9	15.1	23.2	27.3	34.0	25.3	36.1	25.8
	99%	20.1	17.0	22.5	18.4	13.2	18.6	21.1	19.7	20.1	19.8	24.9
	95%	12.4	11.6	11.7	12.8	12.5	13.4	12.8	13.2	12.8	14.7	11.7
	50%	2.4	1.8	1.8	1.6	1.7	1.7	1.6	1.5	1.5	1.6	1.6
12/16	Max	20.6	17.8	31.2	21.9	15.1	23.2	27.3	34.0	25.3	36.1	25.8
	99%	17.0	17.2	17.4	18.4	13.3	18.7	21.1	20.0	21.5	19.8	24.9
	95%	12.3	11.7	11.8	13.9	12.7	13.5	14.5	14.0	13.8	14.8	12.4
	50%	2.4	1.8	1.8	1.6	1.7	1.7	1.6	1.5	1.5	1.6	1.6
12/17	Max	20.6	17.8	31.2	21.9	15.1	23.2	27.3	34.0	25.3	36.1	25.8
	99%	17.0	17.2	17.4	18.4	13.3	18.7	21.1	20.0	21.5	19.9	24.9
	95%	12.4	11.7	11.8	13.9	12.7	13.5	14.8	14.0	13.9	14.8	12.4
	50%	2.4	1.9	1.8	1.8	1.7	1.8	1.7	1.6	1.6	1.7	1.6
12/18	Max	20.1	17.8	31.2	24.0	19.6	25.1	27.3	34.0	25.3	36.1	25.8
	99%	16.3	16.5	17.4	18.4	14.7	18.7	21.1	19.9	20.3	19.6	24.9
	95%	12.4	11.7	12.1	13.9	13.0	13.5	14.8	13.7	13.9	14.5	12.4
	50%	2.4	2.0	1.8	1.7	1.7	1.7	1.7	1.6	1.5	1.7	1.6
12/19	Max	20.1	17.8	31.2	24.0	21.6	25.1	27.3	34.0	25.3	36.1	25.8
	99%	17.0	16.5	18.4	18.4	15.8	18.7	21.1	21.4	21.7	21.3	24.9
	95%	12.5	11.7	12.3	14.2	13.1	13.9	15.3	14.0	14.2	14.8	12.4
	50%	2.4	1.9	1.9	1.7	1.7	1.7	1.7	1.6	1.6	1.7	1.6
12/20	Max	20.1	17.8	31.2	24.0	21.6	25.1	27.3	34.0	25.3	36.1	25.8
	99%	19.1	16.4	18.4	18.4	15.9	18.7	21.1	21.4	21.7	21.3	24.9
	95%	12.9	11.0	11.6	14.1	13.1	13.5	14.7	14.0	13.8	14.4	12.4
	50%	2.4	1.8	1.8	1.7	1.7	1.6	1.6	1.5	1.5	1.7	1.5
12/21	Max	20.1	17.8	31.2	24.0	21.6	25.1	27.3	34.0	25.3	36.1	25.8
	99%	19.0	16.3	18.4	21.4	15.9	18.7	21.1	21.4	21.7	21.2	24.9
	95%	12.8	11.7	11.5	15.0	13.1	13.8	14.7	14.0	13.6	14.3	12.3
	50%	2.1	1.7	1.7	1.5	1.7	1.6	1.6	1.5	1.6	1.6	1.5
12/22	Max	20.1	17.8	31.2	24.0	21.6	25.1	22.0	34.0	27.2	36.1	25.7
	99%	19.0	16.1	18.0	21.4	15.9	17.7	20.7	22.6	21.6	21.0	21.9
	95%	12.8	11.5	11.0	14.6	13.1	13.4	12.3	12.9	12.7	14.8	12.0
	50%	2.1	1.6	1.6	1.5	1.7	1.5	1.6	1.4	1.4	1.6	1.4
12/23	Max	27.9	19.8	31.2	28.7	21.6	26.7	23.1	34.0	28.5	36.1	28.9
	99%	20.1	17.5	19.1	24.0	15.9	19.0	20.3	25.5	23.1	24.1	24.0
	95%	13.0	11.9	11.4	14.6	13.0	13.2	12.3	12.9	13.0	15.2	12.3
	50%	2.1	1.6	1.7	1.5	1.7	1.5	1.6	1.5	1.5	1.6	1.4

续表

日期（月/日）	项目	站点										
		58027	58012	58013	58026	58028	58035	58130	58131	58038	58132	58135
		徐州	丰县	沛县	邳州	铜山	新沂	睢宁	宿迁	沭阳	泗阳	泗洪
12/24	Max	27.9	19.8	31.2	28.7	21.6	26.7	23.1	34.0	28.5	36.1	28.9
	99%	20.0	17.5	19.1	23.8	17.7	19.0	20.2	25.3	22.9	24.0	23.9
	95%	13.0	12.0	11.2	14.7	12.9	13.7	13.0	13.2	14.0	15.3	12.7
	50%	2.1	1.6	1.6	1.5	1.7	1.6	1.6	1.5	1.6	1.7	1.5
12/25	Max	27.9	19.8	31.2	28.7	21.6	26.7	23.1	34.0	28.5	36.1	28.9
	99%	20.0	17.5	19.1	23.8	17.7	19.0	20.2	25.2	22.9	23.9	23.7
	95%	13.2	11.9	12.4	14.6	12.9	13.6	13.3	13.5	14.0	15.3	12.6
	50%	2.1	1.6	1.6	1.5	1.7	1.6	1.6	1.5	1.6	1.7	1.5
12/26	Max	27.9	19.8	19.1	28.7	21.6	26.7	23.1	34.0	28.5	36.1	28.9
	99%	20.0	17.5	18.8	23.8	17.7	18.9	20.2	25.2	22.9	23.9	23.7
	95%	13.2	12.0	12.1	14.6	13.1	13.6	13.3	13.5	14.0	15.3	12.6
	50%	2.2	1.6	1.6	1.6	1.7	1.7	1.6	1.5	1.6	1.7	1.5
12/27	Max	27.9	19.8	19.1	28.7	21.6	26.7	23.1	34.0	28.5	36.1	28.9
	99%	20.0	17.5	18.8	23.9	17.8	19.0	21.3	25.3	22.9	24.4	23.9
	95%	13.5	12.0	12.1	15.7	13.1	13.9	13.7	14.3	14.4	15.6	13.2
	50%	2.2	1.8	1.7	1.6	1.7	1.7	1.6	1.6	1.6	1.7	1.5
12/28	Max	27.9	32.0	37.3	28.7	21.6	26.7	23.1	34.0	28.5	36.1	28.9
	99%	22.3	18.8	19.1	23.8	19.7	19.4	21.3	25.2	22.9	24.4	22.9
	95%	13.7	12.2	12.4	15.6	13.1	13.9	14.7	14.6	16.3	15.8	13.5
	50%	2.1	1.8	1.6	1.6	1.7	1.7	1.6	1.6	1.7	1.7	1.5
12/29	Max	27.9	32.0	37.3	28.7	21.6	26.7	23.1	34.0	28.5	36.1	28.9
	99%	22.3	18.8	19.1	23.9	19.7	19.5	21.3	25.2	22.9	24.4	22.9
	95%	13.7	12.2	12.4	15.8	13.1	13.9	14.7	14.6	16.3	15.8	13.5
	50%	2.1	1.8	1.6	1.6	1.6	1.6	1.6	1.6	1.7	1.8	1.5
12/30	Max	27.9	32.0	37.3	28.7	21.6	26.7	24.3	34.0	28.5	36.3	32.9
	99%	22.4	18.8	19.1	24.0	19.7	21.7	21.7	25.3	23.1	26.6	24.7
	95%	14.5	12.3	12.6	16.5	13.1	14.6	15.3	15.2	15.8	16.3	13.5
	50%	2.2	1.7	1.6	1.6	1.7	1.7	1.7	1.7	1.7	1.8	1.5
12/31	Max	27.9	32.0	37.3	28.7	21.6	26.7	24.3	34.0	28.5	36.3	32.9
	99%	22.3	18.8	19.1	23.9	19.7	21.6	21.7	25.2	23.0	26.5	24.6
	95%	14.3	12.3	12.6	16.5	13.1	13.9	15.2	15.6	17.1	16.1	13.7
	50%	2.2	1.7	1.6	1.6	1.7	1.7	1.8	1.7	1.8	1.8	1.5

第3章　第二组(南京和扬州)站点雨量阈值

日期(月/日)	项目	站点										
		58238	58235	58237	58333	58340	58339	58245	58148	58241	58242	58244
		南京	六合	浦口	江宁	溧水	高淳	扬州	宝应	高邮	仪征	江都
1/1	Max	32.5	35.4	37.8	29.0	50.4	40.7	39.8	32.2	35.5	43.1	41.1
	99%	26.5	24.0	28.3	25.7	29.1	24.0	28.0	27.2	27.3	25.9	25.5
	95%	16.9	16.0	19.2	16.8	17.4	17.4	19.9	17.0	16.8	20.0	17.8
	50%	2.4	2.3	2.3	2.4	2.7	2.7	2.5	2.4	2.7	2.4	2.5
1/2	Max	32.5	35.4	37.8	29.0	50.4	40.7	39.8	32.2	35.5	43.1	41.1
	99%	26.5	24.0	28.4	25.7	29.1	24.1	28.0	27.2	27.3	26.0	25.6
	95%	16.7	16.5	18.2	17.3	17.2	17.3	20.3	17.9	16.5	19.3	18.3
	50%	2.4	2.2	2.3	2.4	2.8	2.8	2.5	2.4	2.6	2.3	2.4
1/3	Max	32.5	35.4	37.8	29.0	50.4	40.7	39.8	32.2	35.5	43.1	41.1
	99%	26.5	24.0	28.5	25.7	29.1	24.1	28.0	27.3	27.5	26.5	27.6
	95%	17.0	17.9	19.7	17.3	17.4	17.3	20.1	16.7	17.0	20.2	18.4
	50%	2.4	2.3	2.3	2.4	2.8	2.9	2.5	2.4	2.6	2.4	2.4
1/4	Max	32.7	35.4	37.8	34.9	50.4	40.7	39.8	32.2	35.5	43.1	41.1
	99%	26.7	24.9	28.6	26.4	33.3	26.7	28.1	27.4	25.1	28.0	28.4
	95%	17.4	17.0	20.2	17.5	18.3	17.6	20.4	17.3	17.2	20.6	18.5
	50%	2.5	2.3	2.4	2.5	2.8	2.9	2.6	2.4	2.6	2.5	2.5
1/5	Max	32.7	39.9	37.8	34.9	50.4	40.7	42.8	32.2	35.5	44.7	45.4
	99%	28.7	28.7	29.5	27.2	33.5	31.8	29.1	27.4	28.0	29.0	28.6
	95%	18.4	19.2	20.4	18.0	19.0	18.7	20.7	17.9	19.3	20.7	18.9
	50%	2.5	2.3	2.4	2.5	2.7	2.9	2.6	2.4	2.7	2.5	2.5
1/6	Max	32.7	39.9	37.8	34.9	50.4	40.7	42.8	32.2	35.5	44.7	45.4
	99%	28.6	28.7	29.5	27.2	33.4	26.7	29.1	27.4	28.0	29.0	28.6
	95%	17.3	18.1	19.8	17.3	18.3	18.6	20.4	17.3	19.3	20.2	18.4
	50%	2.5	2.3	2.3	2.5	2.6	2.9	2.5	2.4	2.6	2.4	2.5
1/7	Max	32.7	39.9	37.8	34.9	50.4	40.7	42.8	32.2	35.5	44.7	45.4
	99%	29.0	29.0	29.5	27.2	31.4	33.1	29.2	27.4	26.0	29.0	28.6
	95%	17.5	17.0	20.2	17.4	17.9	18.4	20.5	17.5	17.3	20.2	18.5
	50%	2.5	2.3	2.4	2.5	2.6	2.9	2.6	2.4	2.7	2.6	2.5
1/8	Max	32.7	39.9	37.8	34.9	50.4	40.7	42.8	29.0	35.5	44.7	45.4
	99%	29.4	25.1	29.6	27.3	31.6	33.6	28.2	25.8	25.4	28.1	28.4
	95%	17.0	16.6	18.9	17.4	18.2	18.6	19.7	17.0	17.0	19.3	18.4
	50%	2.5	2.3	2.4	2.5	2.6	2.9	2.5	2.4	2.7	2.6	2.6

续表

日期（月/日）	项目	站点										
		58238	58235	58237	58333	58340	58339	58245	58148	58241	58242	58244
		南京	六合	浦口	江宁	溧水	高淳	扬州	宝应	高邮	仪征	江都
1/9	Max	32.7	39.9	37.8	34.9	50.4	40.7	42.8	29.0	35.5	44.7	45.4
	99%	29.8	25.2	29.6	27.4	31.8	34.1	28.3	25.9	25.6	28.2	28.4
	95%	16.9	16.4	19.5	17.1	17.8	19.0	20.1	16.8	17.2	19.6	18.2
	50%	2.5	2.3	2.4	2.6	2.8	2.9	2.5	2.4	2.7	2.6	2.6
1/10	Max	32.7	39.9	37.8	34.9	50.4	40.7	42.8	29.0	35.5	44.7	45.4
	99%	30.0	25.4	29.6	27.4	31.9	34.4	28.3	26.0	25.7	28.2	28.4
	95%	16.9	16.1	18.3	17.1	18.1	18.5	19.5	16.9	16.6	18.9	18.3
	50%	2.5	2.3	2.5	2.7	2.7	2.9	2.5	2.4	2.7	2.6	2.6
1/11	Max	32.7	39.9	37.8	34.9	50.4	40.7	42.8	29.0	35.5	44.7	45.4
	99%	30.3	25.5	29.7	27.5	32.0	34.5	28.3	26.0	25.8	28.3	28.4
	95%	17.0	16.3	18.4	17.4	18.7	18.8	19.5	16.9	16.8	19.0	18.4
	50%	2.2	2.3	2.4	2.6	2.7	2.9	2.4	2.5	2.6	2.4	2.5
1/12	Max	32.7	39.9	37.8	34.9	50.4	40.7	42.8	29.0	35.5	44.7	45.4
	99%	30.3	25.5	29.7	27.5	32.1	34.5	28.3	26.0	25.8	28.3	28.4
	95%	17.0	16.3	18.4	17.4	19.0	18.8	19.2	17.0	17.0	19.0	18.4
	50%	2.3	2.3	2.4	2.6	2.8	2.9	2.5	2.4	2.6	2.5	2.5
1/13	Max	32.7	39.9	37.8	34.9	50.4	40.7	42.8	30.4	35.5	44.7	45.4
	99%	30.4	25.5	29.7	27.5	32.1	34.9	28.3	27.9	27.7	28.4	28.4
	95%	17.0	15.9	18.2	17.3	19.0	18.9	18.8	17.6	18.1	18.8	17.6
	50%	2.3	2.3	2.4	2.6	2.7	2.9	2.5	2.4	2.6	2.5	2.5
1/14	Max	32.7	39.9	37.8	34.9	50.4	40.7	42.8	30.4	35.5	44.7	45.4
	99%	30.4	25.6	29.7	27.5	32.2	35.0	28.3	27.9	27.7	28.4	28.4
	95%	17.0	15.8	17.6	17.1	19.6	19.2	18.9	17.9	17.1	18.8	17.6
	50%	2.5	2.3	2.4	2.7	2.8	3.0	2.5	2.4	2.5	2.5	2.5
1/15	Max	32.7	39.9	37.8	34.9	50.4	39.7	42.8	30.4	35.5	44.7	45.4
	99%	23.5	25.6	22.3	26.9	30.2	29.6	28.3	27.9	27.7	27.3	28.4
	95%	16.8	15.2	16.9	16.9	18.7	18.1	18.7	17.9	16.9	17.2	17.6
	50%	2.6	2.4	2.6	2.8	2.8	3.0	2.5	2.4	2.5	2.6	2.5
1/16	Max	32.7	39.9	37.8	34.9	50.4	39.7	42.8	30.4	35.5	44.7	45.4
	99%	22.2	25.8	21.8	26.9	30.3	30.5	28.3	28.0	27.8	27.4	28.5
	95%	16.7	15.7	16.7	16.7	18.9	18.6	18.2	17.8	16.9	17.2	17.6
	50%	2.5	2.4	2.5	2.8	2.8	2.9	2.6	2.3	2.5	2.7	2.4
1/17	Max	32.7	39.9	37.8	34.9	50.4	39.7	42.8	30.4	35.5	44.7	45.4
	99%	22.5	25.9	21.8	27.0	30.5	24.7	28.4	24.7	27.8	27.5	28.5
	95%	16.9	15.8	17.0	17.0	18.7	18.5	18.4	16.5	16.7	17.8	17.5
	50%	2.5	2.5	2.5	2.8	2.8	2.9	2.6	2.4	2.5	2.7	2.4
1/18	Max	32.7	39.9	37.8	34.9	50.4	39.7	42.8	30.4	35.5	44.7	45.4
	99%	22.4	25.9	21.8	27.0	30.5	25.0	28.4	24.7	27.8	27.4	28.5
	95%	16.9	15.8	17.2	16.9	18.9	18.8	18.4	16.8	16.9	17.7	17.6
	50%	2.6	2.5	2.6	2.8	2.8	2.9	2.7	2.4	2.5	2.8	2.5

续表

日期（月/日）	项目	站点										
		58238	58235	58237	58333	58340	58339	58245	58148	58241	58242	58244
		南京	六合	浦口	江宁	溧水	高淳	扬州	宝应	高邮	仪征	江都
1/19	Max	32.7	39.9	37.8	34.9	50.4	39.7	42.8	30.4	35.5	44.7	45.4
	99%	22.4	25.9	21.8	27.0	30.5	24.9	28.4	24.7	27.8	27.4	28.5
	95%	16.8	15.7	17.0	16.9	18.7	18.5	18.2	16.8	16.9	17.3	17.6
	50%	2.6	2.5	2.6	2.8	2.8	2.9	2.7	2.4	2.5	2.7	2.5
1/20	Max	32.7	39.9	37.8	34.9	50.4	39.7	42.8	30.4	35.5	44.7	45.4
	99%	25.7	25.9	23.0	27.1	30.5	29.7	28.4	24.2	27.8	27.5	28.5
	95%	17.0	15.7	17.5	17.3	19.6	18.8	18.2	17.5	16.9	17.7	17.6
	50%	2.7	2.6	2.7	3.0	2.9	2.9	2.8	2.4	2.7	2.8	2.5
1/21	Max	32.7	39.9	36.2	34.9	50.4	39.7	42.8	30.4	33.8	44.7	45.4
	99%	25.5	24.1	22.4	26.1	30.5	29.7	26.8	22.3	21.1	26.8	27.2
	95%	16.8	15.4	16.6	16.7	18.7	18.2	17.8	16.8	16.6	17.0	17.0
	50%	2.6	2.5	2.7	3.0	2.9	2.9	2.7	2.4	2.6	2.7	2.5
1/22	Max	32.7	39.9	36.2	34.9	50.4	39.7	42.8	30.4	33.8	44.7	45.4
	99%	25.5	24.0	22.4	26.1	30.6	29.7	24.3	22.7	23.6	26.8	27.3
	95%	16.7	15.2	16.9	16.8	18.8	18.6	17.8	16.6	16.6	17.3	17.5
	50%	2.6	2.5	2.7	3.1	3.1	2.9	2.7	2.4	2.7	2.8	2.5
1/23	Max	32.7	39.9	36.2	34.9	50.4	39.7	42.8	30.4	33.8	44.7	45.4
	99%	25.5	24.0	23.4	26.1	30.7	29.8	27.0	22.7	23.7	26.9	27.2
	95%	16.7	15.6	17.0	16.5	19.0	19.0	18.2	16.6	16.6	17.9	17.4
	50%	2.6	2.6	2.7	3.0	2.9	3.0	2.7	2.4	2.6	2.8	2.6
1/24	Max	32.7	39.9	36.2	34.9	50.4	39.7	42.8	34.1	33.8	44.7	45.4
	99%	25.5	24.0	23.5	26.2	30.9	29.8	24.4	23.7	24.0	24.0	23.8
	95%	16.8	15.9	17.1	16.5	18.9	18.4	18.2	17.0	16.9	17.4	17.2
	50%	2.5	2.5	2.7	2.8	2.9	2.9	2.6	2.3	2.5	2.7	2.5
1/25	Max	32.7	39.9	36.2	34.9	50.4	39.7	42.8	34.1	33.8	44.7	45.4
	99%	25.5	24.0	23.6	26.2	29.1	27.3	23.8	23.7	21.2	23.3	23.6
	95%	16.8	15.7	17.2	16.5	18.7	18.5	17.9	16.7	16.6	18.2	16.7
	50%	2.6	2.5	2.7	2.8	2.9	2.9	2.6	2.3	2.5	2.7	2.4
1/26	Max	33.9	39.9	36.2	34.9	39.4	39.7	42.8	34.1	33.8	44.7	45.4
	99%	25.9	22.5	22.4	26.2	27.6	27.4	23.9	22.3	21.7	23.1	23.7
	95%	16.8	15.5	16.9	15.8	17.6	18.2	17.8	16.4	16.6	16.7	16.4
	50%	2.6	2.7	2.7	2.9	2.9	2.9	2.6	2.4	2.5	2.7	2.4
1/27	Max	33.9	39.9	36.2	34.9	39.4	39.7	42.8	34.1	47.5	44.7	45.4
	99%	25.9	24.0	23.8	26.2	27.6	27.4	25.9	22.8	24.6	23.1	25.0
	95%	16.8	16.0	17.2	15.8	17.8	18.5	17.8	16.4	16.5	17.0	16.9
	50%	2.6	2.6	2.7	2.8	2.9	2.9	2.6	2.4	2.5	2.7	2.4
1/28	Max	36.4	39.9	36.2	34.9	82.6	39.7	42.8	34.1	47.5	44.7	45.4
	99%	26.8	24.1	25.3	26.2	27.9	30.0	26.0	23.4	24.8	23.5	25.3
	95%	16.6	15.7	16.5	15.6	18.3	18.6	17.8	16.4	16.6	17.1	17.0
	50%	2.6	2.6	2.7	2.8	2.9	2.9	2.6	2.4	2.3	2.6	2.3

续表

日期（月/日）	项目	站点										
		58238	58235	58237	58333	58340	58339	58245	58148	58241	58242	58244
		南京	六合	浦口	江宁	溧水	高淳	扬州	宝应	高邮	仪征	江都
1/29	Max	36.4	39.9	36.2	34.9	82.6	39.7	42.8	34.1	47.5	44.7	45.4
	99%	26.8	24.1	25.2	26.2	27.9	30.0	26.0	23.5	25.1	23.5	25.4
	95%	16.7	15.8	16.9	16.0	18.3	18.3	17.8	16.2	16.5	17.1	16.7
	50%	2.7	2.6	2.6	2.8	2.9	2.9	2.5	2.3	2.3	2.7	2.3
1/30	Max	36.4	39.9	36.2	34.9	82.6	39.7	42.8	34.1	47.5	44.7	45.4
	99%	26.8	24.1	25.3	26.2	27.9	29.9	26.0	23.5	29.2	23.5	25.4
	95%	16.6	15.8	16.8	15.6	18.3	18.1	18.0	16.6	16.6	17.4	17.1
	50%	2.6	2.5	2.6	2.8	2.8	2.9	2.5	2.3	2.2	2.7	2.3
1/31	Max	36.4	39.9	36.2	34.9	82.6	39.7	42.8	34.1	47.5	44.7	45.4
	99%	26.8	24.2	25.3	26.2	27.9	30.0	26.1	23.7	24.8	23.7	25.7
	95%	16.8	15.2	16.6	15.6	18.5	18.7	17.2	16.4	16.5	16.9	16.6
	50%	2.8	2.7	2.6	2.9	2.9	2.9	2.6	2.3	2.4	2.7	2.3
2/1	Max	36.4	39.9	36.2	34.9	82.6	39.7	42.8	34.1	47.5	44.7	45.4
	99%	26.9	23.0	25.4	26.2	27.3	30.2	25.0	23.8	24.8	23.3	24.0
	95%	16.8	15.8	16.7	15.6	17.6	18.2	17.9	16.8	16.6	16.8	16.7
	50%	2.9	2.8	2.7	3.0	2.9	2.8	2.7	2.4	2.6	2.8	2.4
2/2	Max	36.4	39.9	36.2	33.1	82.6	38.2	42.8	34.1	47.5	44.7	45.4
	99%	26.2	23.0	25.4	25.8	25.8	27.3	24.4	25.4	25.4	23.3	24.0
	95%	16.8	15.8	16.7	15.7	17.3	18.1	17.9	16.8	16.5	16.8	16.7
	50%	2.8	2.8	2.8	3.0	2.9	2.8	2.7	2.4	2.6	2.8	2.4
2/3	Max	36.4	33.1	30.0	33.1	82.6	38.2	32.3	34.1	47.5	28.9	34.1
	99%	25.1	22.3	25.1	24.8	25.3	27.5	24.1	25.4	24.9	23.0	23.6
	95%	16.9	16.1	16.7	16.2	17.5	18.0	17.8	16.3	16.6	17.5	16.7
	50%	2.8	2.8	2.8	3.0	2.9	2.9	2.7	2.5	2.5	2.8	2.6
2/4	Max	36.4	33.1	30.0	33.1	82.6	38.2	32.3	34.1	47.5	28.9	34.1
	99%	25.3	23.4	25.1	22.0	26.2	27.8	24.5	25.6	24.9	23.1	24.2
	95%	16.9	16.4	16.7	16.2	17.6	18.0	17.8	16.0	16.6	17.0	17.0
	50%	2.9	2.8	2.8	3.0	2.9	2.9	2.7	2.4	2.6	2.9	2.8
2/5	Max	36.4	33.1	30.0	33.1	82.6	38.2	32.3	34.1	47.5	28.9	34.1
	99%	25.3	23.5	25.1	22.0	25.4	26.8	24.5	25.6	24.9	23.1	24.2
	95%	16.9	16.5	16.7	16.0	17.9	18.0	18.0	16.3	16.7	17.0	17.2
	50%	3.0	2.8	3.0	3.0	2.9	3.0	2.7	2.4	2.6	2.8	2.8
2/6	Max	36.4	33.1	35.4	33.1	82.6	38.2	32.3	34.1	47.5	31.5	34.1
	99%	26.3	24.5	25.6	22.0	25.4	27.1	25.2	26.4	24.9	23.4	25.1
	95%	17.1	16.9	16.7	16.2	18.1	18.0	18.1	16.5	16.9	17.4	17.2
	50%	2.9	2.8	2.8	3.0	2.9	2.8	2.7	2.4	2.6	2.7	2.6
2/7	Max	36.4	33.1	35.4	33.1	82.6	38.2	32.3	34.1	47.5	35.6	34.1
	99%	27.0	24.8	26.3	22.4	25.4	27.1	25.7	26.4	24.9	23.9	25.1
	95%	17.7	17.2	17.6	16.4	18.5	18.0	18.2	16.5	17.3	17.7	17.7
	50%	3.0	2.8	3.0	3.1	2.9	2.9	2.7	2.4	2.5	2.7	2.6

续表

日期(月/日)	项目	站点										
		58238	58235	58237	58333	58340	58339	58245	58148	58241	58242	58244
		南京	六合	浦口	江宁	溧水	高淳	扬州	宝应	高邮	仪征	江都
2/8	Max	36.4	33.1	35.4	33.1	82.6	52.7	32.3	34.1	47.5	35.6	34.1
	99%	30.1	24.8	26.3	26.0	26.3	29.3	25.7	26.4	25.0	23.9	25.2
	95%	18.4	16.6	17.5	17.4	19.2	18.1	18.1	16.6	17.8	17.1	17.2
	50%	3.0	2.8	3.0	3.0	2.9	3.0	2.7	2.4	2.5	2.7	2.6
2/9	Max	36.4	33.1	35.4	33.1	82.6	52.7	32.3	34.1	47.5	35.6	34.1
	99%	30.3	24.8	26.3	26.1	26.5	29.5	25.7	26.5	25.0	23.9	25.2
	95%	18.6	17.0	17.8	17.6	19.2	18.0	18.2	16.7	17.7	17.2	18.1
	50%	3.1	2.9	3.0	3.0	2.9	3.0	2.8	2.5	2.5	2.9	2.8
2/10	Max	36.4	33.1	35.4	33.1	82.6	52.7	32.3	34.1	47.5	35.6	34.1
	99%	30.6	24.8	26.4	26.1	27.0	29.6	25.8	25.7	25.6	23.9	25.3
	95%	19.4	17.3	18.1	18.1	19.6	18.1	18.2	16.8	17.8	17.8	18.1
	50%	3.1	2.9	3.0	3.0	2.9	3.0	2.7	2.5	2.5	2.8	2.7
2/11	Max	36.4	33.1	35.4	33.1	82.6	52.7	32.3	34.1	47.5	35.6	34.1
	99%	26.6	24.8	25.6	26.1	27.7	28.5	25.8	24.4	25.0	24.4	25.4
	95%	19.5	17.2	18.2	18.4	19.4	18.0	18.2	16.3	16.8	17.6	18.0
	50%	3.1	2.9	3.0	3.0	3.1	3.1	2.7	2.4	2.5	2.8	2.7
2/12	Max	36.4	33.1	35.4	33.1	82.6	52.7	32.3	34.1	47.5	35.6	34.1
	99%	26.6	24.8	25.6	26.1	27.7	29.7	25.8	24.4	25.1	24.4	25.4
	95%	19.5	17.2	18.1	18.4	19.5	18.9	18.2	16.1	16.6	17.7	18.0
	50%	3.1	2.9	3.1	3.0	3.1	3.1	2.7	2.3	2.5	2.9	2.8
2/13	Max	36.4	33.1	35.4	33.1	82.6	52.7	32.3	34.1	47.5	35.6	34.1
	99%	26.6	24.8	25.6	26.1	27.7	29.7	25.8	24.4	25.0	24.4	25.4
	95%	19.5	17.2	18.6	18.4	19.5	19.6	18.2	16.1	16.5	17.7	18.0
	50%	3.1	2.8	3.0	2.9	3.0	3.0	2.6	2.4	2.5	2.7	2.7
2/14	Max	36.4	33.1	35.4	33.1	82.6	52.7	32.3	34.1	47.5	35.6	34.1
	99%	26.6	24.8	25.6	26.1	27.9	29.9	25.8	24.4	25.1	24.5	25.4
	95%	19.6	17.3	19.3	18.3	19.6	20.3	18.2	15.9	16.4	17.8	17.5
	50%	3.1	2.9	3.0	3.0	3.1	3.2	2.7	2.4	2.5	2.7	2.8
2/15	Max	36.4	33.1	35.4	33.1	82.6	52.7	32.3	34.1	47.5	35.6	34.1
	99%	26.7	24.8	25.6	26.2	27.9	30.3	24.8	24.5	25.1	23.7	24.7
	95%	19.4	17.4	19.3	18.3	19.6	19.8	17.9	16.0	16.4	17.4	17.9
	50%	3.1	3.1	3.2	3.0	3.2	3.4	2.7	2.5	2.5	3.0	2.9
2/16	Max	36.4	33.1	35.4	33.1	82.6	52.7	32.3	34.1	47.5	35.6	34.1
	99%	26.7	24.2	25.9	26.2	27.9	30.4	25.6	24.5	25.1	24.1	24.7
	95%	19.6	17.4	19.3	18.4	19.6	20.4	18.2	16.1	16.2	17.8	18.0
	50%	3.0	3.1	3.1	3.0	3.1	3.3	2.7	2.4	2.5	3.0	2.9
2/17	Max	36.4	33.1	35.4	33.1	82.6	52.7	32.3	73.3	47.5	35.6	34.1
	99%	26.8	24.3	26.0	26.2	27.6	30.6	25.7	25.1	25.8	24.1	24.8
	95%	19.6	17.8	19.3	18.4	19.6	20.6	18.2	16.2	16.3	17.7	18.4
	50%	2.9	3.0	3.1	2.9	3.0	3.2	2.7	2.4	2.5	2.9	2.9

续表

日期（月/日）	项目	站点										
		58238	58235	58237	58333	58340	58339	58245	58148	58241	58242	58244
		南京	六合	浦口	江宁	溧水	高淳	扬州	宝应	高邮	仪征	江都
2/18	Max	36.4	49.8	35.4	33.1	82.6	52.7	37.5	73.3	47.5	35.6	34.1
	99%	29.0	25.2	27.4	26.0	25.8	29.7	26.8	25.2	27.0	25.4	25.8
	95%	19.6	17.8	19.7	18.4	19.6	21.2	18.7	16.5	16.8	17.9	18.5
	50%	3.0	3.0	3.1	2.9	3.1	3.4	2.7	2.4	2.4	2.9	2.9
2/19	Max	36.4	49.8	35.4	33.1	82.6	52.7	37.5	73.3	47.5	35.6	34.1
	99%	30.0	25.2	28.3	27.1	26.6	30.8	26.9	25.2	25.2	25.5	25.8
	95%	19.6	18.0	20.2	18.8	19.6	21.9	18.7	16.3	16.3	18.4	18.5
	50%	3.0	3.1	3.2	2.9	3.0	3.3	2.9	2.4	2.5	3.1	3.0
2/20	Max	36.4	49.8	35.4	33.1	82.6	52.7	37.5	73.3	47.5	35.6	34.9
	99%	30.0	26.7	28.6	27.1	27.9	30.8	29.3	27.7	27.0	25.5	26.4
	95%	19.6	18.0	20.6	18.9	19.6	21.7	19.0	16.7	17.8	18.7	18.8
	50%	3.0	3.2	3.2	2.9	2.9	3.2	2.9	2.5	2.5	3.2	3.1
2/21	Max	36.4	49.8	35.4	33.1	82.6	52.7	38.5	73.3	47.5	35.6	48.0
	99%	30.0	29.1	28.6	27.1	28.0	30.9	31.3	31.1	27.0	26.8	28.0
	95%	19.6	18.1	20.7	18.9	19.6	21.4	19.1	16.9	17.8	18.7	18.8
	50%	3.0	3.2	3.2	2.9	3.0	3.3	2.9	2.5	2.5	3.2	3.1
2/22	Max	36.4	49.8	44.8	33.1	82.6	52.7	38.5	73.3	47.5	35.6	48.0
	99%	30.7	29.2	29.5	28.6	28.0	31.1	31.3	27.6	25.9	27.8	28.7
	95%	19.7	18.1	20.7	19.3	19.6	21.5	18.9	17.0	17.1	18.7	19.0
	50%	3.0	3.2	3.2	3.0	3.2	3.5	3.0	2.6	2.6	3.2	3.1
2/23	Max	36.4	49.8	44.8	35.1	82.6	52.7	38.5	73.3	47.5	35.6	48.0
	99%	30.8	31.4	30.2	28.7	29.2	31.2	32.2	31.2	29.4	29.3	30.2
	95%	20.4	18.2	21.0	20.0	19.9	21.5	19.7	17.7	19.0	18.5	19.7
	50%	3.0	3.2	3.2	3.0	3.2	3.7	2.9	2.6	2.8	3.2	3.1
2/24	Max	36.4	49.8	60.1	35.1	82.6	59.6	38.5	73.3	47.5	35.6	48.0
	99%	30.8	31.4	31.0	27.3	29.2	35.0	32.2	33.3	30.5	29.3	30.1
	95%	20.4	18.5	21.7	19.6	20.4	21.8	19.3	18.1	18.9	18.7	19.6
	50%	3.0	3.1	3.1	2.9	3.2	3.6	2.9	2.6	2.6	3.1	3.1
2/25	Max	36.4	49.8	60.1	35.1	82.6	59.6	38.5	73.3	47.1	35.6	48.0
	99%	30.8	31.2	31.4	27.5	29.3	35.5	32.1	31.4	29.4	29.4	29.7
	95%	20.4	18.5	20.9	19.9	19.6	22.0	19.7	17.7	18.3	18.7	19.3
	50%	3.0	3.2	3.2	3.0	3.2	3.6	3.0	2.6	2.8	3.2	3.2
2/26	Max	39.3	53.9	60.1	35.1	40.6	59.6	38.5	73.3	47.1	40.7	48.0
	99%	30.8	31.6	32.0	27.5	28.2	31.4	31.4	31.5	29.4	30.7	28.2
	95%	20.4	18.5	20.9	20.1	19.5	21.9	19.7	17.7	18.3	18.7	19.7
	50%	3.0	3.2	3.2	3.0	3.2	3.6	3.0	2.5	2.8	3.2	3.2
2/27	Max	39.3	53.9	60.1	35.1	40.6	59.6	38.5	73.3	47.1	40.7	48.0
	99%	30.8	31.6	32.0	27.6	28.3	31.5	31.4	31.5	29.4	30.8	28.2
	95%	20.4	18.5	21.0	20.1	19.4	21.9	19.8	18.4	19.1	18.7	19.8
	50%	3.0	3.2	3.2	3.0	3.2	3.7	3.1	2.5	2.8	3.2	3.2

续表

日期(月/日)	项目	站点										
		58238	58235	58237	58333	58340	58339	58245	58148	58241	58242	58244
		南京	六合	浦口	江宁	溧水	高淳	扬州	宝应	高邮	仪征	江都
2/28	Max	39.3	53.9	60.1	35.1	40.6	59.6	38.5	73.3	47.1	40.7	48.0
	99%	31.4	31.6	32.0	28.8	29.4	31.7	31.4	33.2	29.2	33.2	28.2
	95%	20.8	18.5	21.9	20.1	19.9	22.1	19.5	19.7	19.3	18.7	19.4
	50%	3.0	3.2	3.2	3.0	3.2	3.6	3.2	2.6	2.8	3.3	3.3
2/29	Max	39.3	53.9	60.1	35.1	40.6	59.6	38.5	73.3	47.1	40.7	48.0
	99%	31.2	31.5	31.9	30.6	29.2	31.1	31.2	33.1	31.5	32.5	28.1
	95%	20.8	19.0	22.0	21.2	20.0	21.9	20.9	20.1	19.7	18.8	20.0
	50%	3.0	3.2	3.2	2.9	3.2	3.7	3.2	2.6	2.9	3.2	3.3
3/1	Max	39.3	53.9	60.1	35.1	40.6	59.6	38.5	73.3	47.1	40.7	48.0
	99%	31.4	31.6	32.0	28.8	29.4	31.6	31.4	33.2	29.2	33.2	28.2
	95%	21.0	18.7	22.4	21.1	20.5	22.0	19.5	19.7	19.4	20.0	19.9
	50%	3.0	3.2	3.2	3.1	3.2	3.7	3.2	2.7	2.9	3.3	3.3
3/2	Max	39.3	53.9	60.1	35.1	40.6	59.6	38.5	73.3	47.1	40.7	48.0
	99%	31.4	31.6	32.0	28.8	30.3	36.2	31.4	33.2	29.1	33.0	28.2
	95%	21.0	18.5	22.3	21.1	21.3	22.3	19.5	19.6	19.3	19.2	19.3
	50%	3.0	3.2	3.2	2.9	3.2	3.8	3.2	2.7	2.9	3.3	3.3
3/3	Max	39.3	53.9	60.1	35.1	40.6	59.6	38.5	73.3	47.1	40.7	49.9
	99%	31.5	32.1	32.0	28.8	31.4	35.8	32.6	33.2	29.1	34.1	32.3
	95%	21.8	18.8	23.0	21.6	21.4	22.5	19.6	19.0	18.8	20.2	19.7
	50%	3.0	3.2	3.2	2.9	3.3	3.8	3.2	2.9	3.0	3.3	3.3
3/4	Max	64.3	53.9	60.1	35.1	40.6	59.6	38.5	73.3	47.1	40.7	49.9
	99%	32.1	32.6	32.2	28.8	32.5	35.6	34.1	33.2	29.1	34.1	33.5
	95%	21.9	18.9	23.0	21.5	21.8	22.9	19.6	19.5	18.8	20.4	20.0
	50%	3.0	3.2	3.2	3.0	3.3	3.7	3.1	2.7	3.0	3.3	3.3
3/5	Max	64.3	53.9	60.1	54.0	50.2	59.6	39.4	73.3	47.1	40.7	49.9
	99%	33.5	34.9	32.5	30.7	34.0	38.3	35.9	33.1	29.0	34.1	34.8
	95%	22.7	19.2	23.0	21.7	22.4	23.1	20.0	19.7	19.8	21.6	20.0
	50%	3.1	3.2	3.4	3.0	3.3	3.7	3.2	3.0	3.0	3.3	3.3
3/6	Max	64.3	53.9	60.1	54.0	50.2	59.6	39.4	73.3	47.1	40.7	49.9
	99%	33.6	34.9	32.5	31.2	34.0	38.5	35.9	33.2	29.2	34.1	34.8
	95%	22.8	19.1	23.1	21.8	22.7	22.5	20.1	19.9	19.4	21.7	19.9
	50%	3.3	3.3	3.5	3.0	3.3	3.7	3.4	3.0	3.0	3.3	3.3
3/7	Max	64.3	53.9	60.1	54.0	50.2	59.6	42.1	73.3	47.1	40.7	49.9
	99%	33.7	38.9	32.2	30.7	34.7	41.6	36.4	35.0	31.4	34.8	35.6
	95%	23.0	20.8	23.8	21.9	23.3	23.1	21.0	20.3	20.3	21.8	20.2
	50%	3.3	3.2	3.5	3.2	3.4	3.8	3.5	3.0	3.0	3.3	3.3
3/8	Max	64.3	64.1	60.1	54.0	50.2	59.6	52.6	73.3	48.6	57.2	56.7
	99%	33.8	45.1	34.0	30.7	34.7	41.8	36.8	36.3	31.9	36.2	36.4
	95%	23.1	20.9	24.0	21.9	22.9	23.4	21.0	20.3	20.4	22.5	20.7
	50%	3.0	3.2	3.4	2.9	3.4	3.8	3.4	3.0	3.1	3.3	3.3

续表

日期(月/日)	项目	站点										
		58238	58235	58237	58333	58340	58339	58245	58148	58241	58242	58244
		南京	六合	浦口	江宁	溧水	高淳	扬州	宝应	高邮	仪征	江都
3/9	Max	64.3	64.1	60.1	54.0	50.2	59.6	52.6	73.3	48.6	57.2	56.7
	99%	33.8	45.2	35.8	31.2	35.3	36.7	36.8	36.3	32.9	36.2	36.4
	95%	23.0	22.0	24.0	21.7	23.0	23.0	21.3	20.7	21.0	22.9	21.2
	50%	3.0	3.2	3.4	3.0	3.5	3.8	3.4	3.0	3.2	3.3	3.2
3/10	Max	64.3	64.1	60.1	54.0	50.2	59.6	52.6	73.3	48.6	57.2	56.7
	99%	36.1	45.1	40.7	31.2	35.2	39.3	36.8	36.3	32.9	36.2	36.4
	95%	23.4	21.9	24.5	22.0	23.3	23.4	22.8	20.4	20.7	23.3	21.6
	50%	3.2	3.2	3.4	3.0	3.5	4.0	3.2	3.0	3.2	3.3	3.2
3/11	Max	64.3	64.1	60.1	54.0	50.2	59.6	52.6	73.3	48.6	57.2	56.7
	99%	36.1	45.1	40.5	31.5	36.1	41.7	36.8	36.3	32.9	36.1	36.4
	95%	23.7	22.0	25.0	21.9	21.8	23.4	23.3	20.4	20.4	23.9	21.6
	50%	3.4	3.2	3.5	3.0	3.8	4.0	3.5	3.1	3.3	3.3	3.3
3/12	Max	64.3	64.1	60.1	54.0	50.2	59.6	52.6	73.3	48.6	57.2	56.7
	99%	36.0	44.7	41.0	31.5	36.0	41.6	36.8	36.3	32.7	36.8	36.3
	95%	23.8	22.4	25.3	22.0	23.4	23.7	23.7	21.5	20.9	24.4	22.9
	50%	3.3	3.2	3.6	3.3	3.8	4.1	3.5	3.1	3.4	3.3	3.3
3/13	Max	64.3	64.1	60.1	54.0	54.5	60.9	52.6	73.3	48.6	57.2	56.7
	99%	36.0	44.4	41.0	31.5	38.2	42.5	36.8	36.3	38.2	36.8	36.3
	95%	23.7	23.0	25.3	22.0	23.5	23.5	24.4	21.6	22.0	24.4	23.2
	50%	3.0	3.2	3.5	3.2	3.8	4.0	3.5	3.2	3.4	3.3	3.4
3/14	Max	64.3	64.1	60.1	54.0	54.5	60.9	52.6	73.3	48.6	57.2	56.7
	99%	36.0	44.6	41.0	31.6	38.2	42.5	36.8	36.3	38.2	36.8	36.3
	95%	23.8	23.5	25.6	22.0	23.6	23.5	25.1	21.6	22.1	25.5	23.5
	50%	3.1	3.3	3.6	3.3	3.8	4.0	3.5	3.1	3.5	3.3	3.4
3/15	Max	64.3	64.1	60.1	54.0	54.5	60.9	52.6	73.3	48.6	57.2	56.7
	99%	36.1	44.2	40.9	33.0	35.9	43.6	36.8	36.2	38.1	36.8	36.3
	95%	25.0	24.6	27.0	23.2	23.7	23.5	25.8	22.3	23.0	26.6	24.2
	50%	3.4	3.3	3.6	3.4	4.0	3.9	3.7	3.1	3.6	3.3	3.5
3/16	Max	64.3	64.1	60.1	54.0	54.5	60.9	52.6	73.3	48.6	57.2	56.7
	99%	36.1	44.2	40.7	32.8	35.8	43.5	36.8	36.2	37.9	36.8	36.3
	95%	25.8	24.6	28.0	23.6	23.6	23.7	25.8	22.2	22.7	26.5	24.2
	50%	3.4	3.2	3.5	3.3	4.0	4.0	3.5	3.0	3.5	3.3	3.3
3/17	Max	64.3	64.1	60.1	54.0	57.8	60.9	52.6	73.3	48.6	57.2	56.7
	99%	36.1	43.6	40.4	35.0	37.2	43.9	36.7	36.2	37.7	36.8	36.3
	95%	26.0	24.7	27.8	23.8	24.8	23.9	26.1	22.4	23.4	26.6	24.3
	50%	3.4	3.2	3.4	3.2	4.0	4.0	3.5	3.1	3.6	3.3	3.4
3/18	Max	70.5	64.1	60.1	54.0	57.8	60.9	52.6	68.3	48.6	57.2	56.7
	99%	36.9	46.8	43.6	35.7	40.8	44.5	37.0	34.5	38.1	37.7	36.4
	95%	27.1	26.8	28.7	24.4	25.9	24.6	26.6	22.4	24.1	27.1	25.2
	50%	3.6	3.4	3.7	3.6	4.1	4.1	3.7	3.2	3.7	3.5	3.5

续表

日期(月/日)	项目	站点										
		58238	58235	58237	58333	58340	58339	58245	58148	58241	58242	58244
		南京	六合	浦口	江宁	溧水	高淳	扬州	宝应	高邮	仪征	江都
3/19	Max	70.5	64.1	60.1	54.0	57.8	60.9	52.6	68.3	48.6	57.2	56.7
	99%	36.9	45.1	43.6	41.2	40.5	44.5	36.7	34.4	36.6	37.7	36.4
	95%	27.1	25.9	28.1	26.0	25.9	24.2	26.2	21.5	24.3	26.7	24.8
	50%	3.5	3.3	3.6	3.5	4.1	4.0	3.7	3.1	3.6	3.3	3.5
3/20	Max	70.5	64.1	60.1	54.0	57.8	60.9	52.6	68.3	48.6	57.2	56.7
	99%	36.9	45.1	43.6	36.6	44.1	44.5	36.7	34.4	36.4	37.7	36.4
	95%	27.0	26.4	28.7	24.6	25.9	24.0	26.2	21.4	24.3	26.9	24.8
	50%	3.5	3.3	3.6	3.5	4.2	4.2	3.7	3.1	3.6	3.5	3.5
3/21	Max	70.5	64.1	60.1	54.0	57.8	60.9	52.6	68.3	48.6	57.2	56.7
	99%	38.2	45.1	43.6	36.7	44.0	44.5	36.7	34.3	38.0	37.7	36.4
	95%	27.1	26.4	27.7	25.0	25.9	24.1	26.2	20.5	24.5	26.9	24.8
	50%	3.5	3.2	3.5	3.5	4.2	4.2	3.7	3.1	3.4	3.3	3.5
3/22	Max	70.5	64.1	60.1	54.0	57.8	60.9	52.6	50.8	48.6	57.2	56.7
	99%	38.1	46.7	43.6	41.2	44.1	44.4	36.0	33.1	38.0	37.7	36.3
	95%	27.1	26.5	29.0	25.5	26.0	24.4	26.2	20.6	24.5	27.0	24.8
	50%	3.5	3.3	3.6	3.5	4.4	4.3	3.7	3.1	3.5	3.5	3.5
3/23	Max	70.5	64.1	60.1	54.0	57.8	60.9	52.6	50.8	59.6	57.2	56.7
	99%	38.1	46.7	42.5	41.2	42.5	44.4	36.1	34.4	39.0	37.7	36.3
	95%	27.1	26.5	28.7	25.6	26.0	24.7	26.5	20.7	25.3	27.0	24.8
	50%	3.6	3.4	3.6	3.5	4.4	4.4	3.7	3.0	3.5	3.5	3.5
3/24	Max	70.5	64.1	60.1	54.0	57.8	60.9	52.6	76.9	59.6	57.2	56.7
	99%	38.1	46.7	42.5	41.2	42.6	44.4	35.9	34.3	39.0	37.7	35.0
	95%	26.9	26.1	27.8	25.1	26.0	24.7	25.8	20.6	25.0	26.7	24.5
	50%	3.6	3.4	3.6	3.5	4.3	4.4	3.7	3.0	3.5	3.4	3.5
3/25	Max	70.5	64.1	55.7	54.0	57.8	73.3	52.6	76.9	59.6	57.2	56.7
	99%	39.8	46.8	41.2	41.2	44.0	44.5	35.9	33.1	39.1	38.0	35.1
	95%	27.1	25.8	28.5	25.4	26.3	24.8	26.4	20.1	24.2	27.0	24.2
	50%	3.6	3.3	3.6	3.5	4.2	4.4	3.6	3.0	3.3	3.3	3.2
3/26	Max	70.5	64.1	55.7	54.0	57.8	73.3	52.6	76.9	59.6	57.2	56.7
	99%	39.8	46.8	41.3	41.2	44.0	45.5	35.9	33.1	39.1	38.0	35.2
	95%	27.1	26.8	28.0	25.4	27.1	25.2	26.4	20.3	24.2	27.1	24.2
	50%	3.5	3.3	3.4	3.3	4.2	4.4	3.5	2.9	3.2	3.3	3.0
3/27	Max	70.5	64.1	55.7	54.0	57.8	73.3	52.6	76.9	59.6	57.2	56.7
	99%	38.8	45.4	41.3	41.2	44.0	47.0	35.9	34.5	39.1	37.7	35.2
	95%	27.0	25.6	26.9	25.1	27.6	26.3	26.1	20.4	24.5	26.6	24.3
	50%	3.5	3.2	3.3	3.2	4.1	4.4	3.5	3.0	3.2	3.3	3.0
3/28	Max	70.5	64.1	55.7	54.0	57.8	73.3	52.6	76.9	59.6	57.2	56.7
	99%	39.0	45.4	41.4	41.2	44.0	47.1	35.9	34.6	39.1	37.7	35.2
	95%	26.9	25.6	27.8	25.5	27.8	25.9	25.7	21.7	24.3	26.6	24.3
	50%	3.5	3.2	3.2	3.1	4.0	4.3	3.4	3.0	3.2	3.2	3.0

续表

日期（月/日）	项目	站点										
		58238	58235	58237	58333	58340	58339	58245	58148	58241	58242	58244
		南京	六合	浦口	江宁	溧水	高淳	扬州	宝应	高邮	仪征	江都
3/29	Max	70.5	64.1	55.7	54.0	73.8	73.3	52.6	76.9	59.6	57.2	56.7
	99%	39.0	45.4	41.4	41.2	44.2	47.1	36.2	34.5	39.1	38.0	35.2
	95%	27.0	25.6	27.2	25.5	27.8	25.9	26.5	20.0	24.1	26.5	24.4
	50%	3.4	3.2	3.1	3.0	3.9	4.3	3.4	3.0	3.0	3.2	3.0
3/30	Max	70.5	64.1	55.7	54.0	73.8	73.3	52.6	76.9	59.6	57.2	56.7
	99%	38.9	45.2	41.4	41.2	44.2	47.1	36.1	34.4	39.1	38.0	35.2
	95%	27.1	26.2	26.5	25.4	27.8	25.5	26.6	21.1	24.0	27.0	24.4
	50%	3.3	3.2	3.1	3.0	3.8	4.1	3.4	2.8	3.0	3.2	3.0
3/31	Max	70.5	64.1	55.7	54.0	73.8	73.3	52.6	76.9	59.6	57.2	56.7
	99%	38.8	46.2	41.5	41.2	44.2	47.1	37.1	34.4	42.9	38.0	36.4
	95%	27.1	26.7	27.2	25.4	27.2	25.5	26.7	21.9	24.5	27.0	24.8
	50%	3.3	3.2	3.0	2.9	3.8	4.0	3.4	2.6	2.8	3.2	2.9
4/1	Max	70.5	67.8	72.5	54.0	83.5	73.3	52.6	76.9	59.6	64.2	56.7
	99%	39.1	46.2	42.8	41.2	45.1	47.1	39.3	34.4	42.9	38.7	34.7
	95%	27.1	26.7	27.2	25.7	26.7	25.4	26.7	22.0	24.5	26.8	24.6
	50%	3.1	3.2	3.0	2.9	3.7	3.9	3.3	2.5	2.7	3.2	3.0
4/2	Max	70.5	67.8	72.5	54.0	83.5	73.3	52.6	76.9	59.6	64.2	56.7
	99%	38.9	46.2	42.7	41.2	45.8	49.3	39.5	35.9	45.5	39.0	34.4
	95%	27.1	26.5	27.7	26.3	26.7	25.4	26.6	22.1	25.3	26.5	24.8
	50%	3.1	3.2	3.0	2.7	3.6	3.9	3.3	2.5	2.6	3.2	3.0
4/3	Max	70.5	67.8	72.5	51.8	105.0	101.7	58.4	76.9	59.6	64.2	62.1
	99%	44.1	46.7	43.8	41.4	46.2	54.0	42.4	39.3	45.5	39.3	34.4
	95%	27.6	27.0	28.7	28.1	27.1	26.3	27.4	22.4	26.2	27.6	25.2
	50%	3.0	3.2	3.0	2.9	3.7	4.0	3.3	2.5	2.6	3.2	3.0
4/4	Max	70.5	67.8	72.5	51.8	105.0	101.7	58.4	76.9	59.6	64.2	62.1
	99%	45.6	47.4	44.8	41.4	46.0	53.9	45.3	38.8	45.4	39.8	36.7
	95%	27.9	27.5	29.0	28.1	27.6	27.8	27.6	22.3	27.2	28.2	26.4
	50%	3.0	3.1	2.8	3.0	3.7	4.0	3.3	2.6	2.8	3.2	3.0
4/5	Max	70.5	71.4	72.5	51.8	105.0	101.7	58.4	76.9	59.6	64.2	62.1
	99%	46.1	47.4	44.8	43.6	54.5	53.9	47.3	38.5	46.9	43.6	42.0
	95%	28.6	27.9	29.2	29.5	27.7	27.1	27.9	22.1	27.9	29.3	27.4
	50%	3.3	3.2	3.0	3.0	3.9	4.0	3.4	2.6	2.9	3.3	3.0
4/6	Max	70.5	71.4	72.5	51.8	105.0	101.7	58.4	76.9	59.6	64.2	62.1
	99%	46.2	46.7	44.8	41.8	45.8	53.9	45.2	40.7	45.8	43.6	36.6
	95%	28.7	27.4	29.0	28.1	27.6	27.5	27.7	22.3	27.9	28.1	27.0
	50%	3.4	3.3	3.0	3.1	3.9	4.0	3.5	2.7	2.9	3.6	3.2
4/7	Max	70.5	71.4	72.5	51.8	105.0	101.7	58.4	76.9	59.6	64.2	62.1
	99%	46.1	46.7	44.8	43.6	48.3	53.9	45.2	41.0	45.8	43.6	36.6
	95%	29.2	27.0	29.0	28.1	26.9	27.8	27.6	22.6	27.9	28.0	26.0
	50%	3.4	3.2	3.0	3.0	3.8	4.3	3.5	2.8	3.0	3.4	3.2

续表

日期（月/日）	项目	站点										
		58238	58235	58237	58333	58340	58339	58245	58148	58241	58242	58244
		南京	六合	浦口	江宁	溧水	高淳	扬州	宝应	高邮	仪征	江都
4/8	Max	70.5	71.4	72.5	73.9	105.0	101.7	58.4	102.1	66.5	64.2	62.1
	99%	46.1	46.7	43.2	44.3	48.4	53.9	49.4	53.0	46.9	43.6	36.6
	95%	28.6	27.6	29.1	28.2	26.9	28.6	27.7	22.7	28.3	28.0	26.0
	50%	3.4	3.2	3.2	3.0	3.7	4.0	3.6	2.7	3.1	3.5	3.3
4/9	Max	70.5	71.4	72.5	73.9	105.0	101.7	58.4	102.1	66.5	64.2	62.1
	99%	46.1	46.7	43.2	44.3	48.3	53.9	49.4	53.1	46.9	43.6	36.6
	95%	28.6	27.6	29.0	28.2	26.9	28.4	27.7	24.1	28.4	27.2	26.0
	50%	3.4	3.1	3.1	3.0	3.6	4.0	3.5	2.7	3.0	3.4	3.2
4/10	Max	70.5	71.4	72.5	73.9	105.0	101.7	58.4	102.1	66.5	64.2	62.1
	99%	46.5	46.8	46.2	44.8	48.6	53.9	47.4	53.1	47.0	43.6	42.2
	95%	29.2	27.0	29.0	29.0	27.6	28.5	27.6	24.1	28.2	27.4	26.0
	50%	3.4	3.2	3.1	3.0	3.5	4.0	3.5	2.7	3.0	3.5	3.2
4/11	Max	70.5	71.4	72.5	73.9	105.0	101.7	58.4	102.1	66.5	64.2	62.1
	99%	46.6	46.8	46.4	44.8	45.5	53.9	47.5	54.0	47.1	43.6	42.4
	95%	28.8	27.0	29.1	28.3	27.3	28.4	27.7	23.1	27.9	27.7	25.9
	50%	3.5	3.2	3.1	3.1	3.6	4.0	3.6	2.8	3.1	3.6	3.0
4/12	Max	70.5	71.4	72.5	73.9	105.0	101.7	58.4	102.1	66.5	64.2	62.1
	99%	46.6	46.8	46.4	44.8	45.4	53.8	47.5	54.0	47.1	43.7	42.4
	95%	28.8	27.0	29.2	28.3	27.7	29.1	27.7	23.9	28.1	27.8	25.9
	50%	3.5	3.2	3.2	3.1	3.6	4.3	3.7	2.8	3.1	3.7	3.2
4/13	Max	70.5	71.4	72.5	73.9	105.0	101.7	58.4	102.1	66.5	64.2	62.1
	99%	46.6	46.8	46.3	44.8	45.4	53.8	47.4	53.3	47.0	43.6	42.3
	95%	28.2	26.7	28.8	27.8	27.9	29.6	27.6	24.0	27.9	26.7	26.0
	50%	3.3	3.0	3.0	3.0	3.5	4.0	3.5	2.9	3.0	3.4	3.0
4/14	Max	70.5	71.4	72.5	73.9	105.0	101.7	58.4	102.1	66.5	64.2	62.1
	99%	46.8	47.5	49.1	44.4	48.6	60.6	47.4	53.8	47.0	43.6	44.3
	95%	29.5	27.0	29.1	27.8	28.9	30.4	27.9	24.2	27.9	28.2	26.6
	50%	3.4	3.2	3.2	3.1	3.5	4.1	3.6	3.1	3.1	3.6	3.2
4/15	Max	70.5	71.4	72.5	73.9	105.0	101.7	58.4	102.1	66.5	64.2	81.8
	99%	46.8	47.7	49.5	44.5	48.7	61.7	47.6	55.1	47.4	44.2	45.6
	95%	28.8	27.0	29.0	28.0	28.8	30.4	28.0	24.6	28.2	28.4	26.8
	50%	3.4	3.2	3.2	3.1	3.6	4.1	3.6	3.0	3.1	3.6	3.0
4/16	Max	51.8	71.4	72.5	73.9	105.0	101.7	58.4	102.1	66.5	64.2	81.8
	99%	46.6	47.7	46.3	43.7	52.2	63.4	46.9	55.6	46.1	43.8	44.5
	95%	29.7	27.0	29.0	28.1	28.8	30.4	27.9	24.5	27.0	28.4	26.8
	50%	3.4	3.1	3.2	3.1	3.6	4.0	3.5	2.8	3.0	3.5	3.0
4/17	Max	51.8	71.4	72.5	73.9	105.0	101.7	58.4	102.1	66.5	64.2	81.8
	99%	46.6	47.8	46.3	43.8	52.7	70.4	47.8	56.3	46.2	43.8	45.3
	95%	29.6	27.0	29.1	27.8	28.9	30.6	28.3	25.3	27.8	28.4	26.8
	50%	3.4	3.2	3.3	3.2	3.6	4.1	3.5	3.0	3.1	3.6	3.0

续表

日期（月/日）	项目	站点										
		58238	58235	58237	58333	58340	58339	58245	58148	58241	58242	58244
		南京	六合	浦口	江宁	溧水	高淳	扬州	宝应	高邮	仪征	江都
4/18	Max	51.8	71.4	72.5	73.9	105.0	101.7	58.4	102.1	66.5	64.2	81.8
	99%	46.6	47.9	46.7	43.8	53.2	70.9	47.9	56.6	46.3	43.8	45.3
	95%	28.9	27.0	29.2	27.9	28.8	30.6	28.1	25.4	27.9	28.4	28.2
	50%	3.5	3.2	3.3	3.2	3.7	4.3	3.5	3.1	3.2	3.6	3.0
4/19	Max	63.9	71.4	74.6	73.9	105.0	101.7	58.4	102.1	66.5	64.2	81.8
	99%	46.9	48.2	51.5	49.3	55.5	71.1	48.0	57.6	46.4	44.2	45.3
	95%	29.7	27.0	29.9	28.4	30.3	31.9	28.8	25.2	27.0	29.0	28.4
	50%	3.6	3.2	3.4	3.2	3.8	4.5	3.5	3.1	3.2	3.5	3.1
4/20	Max	63.9	71.4	74.6	73.9	105.0	101.7	58.4	102.1	66.5	64.2	81.8
	99%	50.5	47.9	49.1	51.2	60.1	73.3	49.1	60.3	45.3	44.6	45.3
	95%	30.2	27.1	29.8	29.5	30.7	32.2	29.6	26.0	27.8	30.0	27.7
	50%	3.4	3.2	3.3	3.2	3.6	4.4	3.4	3.1	3.1	3.4	3.0
4/21	Max	63.9	71.4	74.6	73.9	105.0	101.7	58.4	102.1	66.5	64.2	81.8
	99%	50.5	51.6	49.1	51.2	59.8	73.3	49.1	60.3	43.4	44.6	45.3
	95%	30.2	27.1	29.8	28.5	30.6	32.3	29.5	25.6	27.1	30.1	28.8
	50%	3.4	3.2	3.3	3.2	3.7	4.5	3.4	3.0	3.1	3.4	3.0
4/22	Max	63.9	71.4	74.6	73.9	105.0	101.7	58.4	102.1	66.5	64.2	81.8
	99%	50.5	51.6	49.0	51.2	59.7	73.2	49.1	58.6	43.5	44.6	45.3
	95%	30.6	27.1	29.7	29.8	30.6	32.2	29.8	26.1	27.9	30.2	29.7
	50%	3.4	3.2	3.3	3.2	3.7	4.3	3.5	3.1	3.0	3.4	3.0
4/23	Max	63.9	71.4	74.6	73.9	105.0	101.7	58.4	102.1	66.5	64.2	81.8
	99%	50.2	51.4	51.4	51.4	58.8	70.6	49.1	58.2	43.4	44.6	45.3
	95%	30.5	27.7	30.4	30.4	30.7	32.1	29.8	26.5	28.0	30.1	29.4
	50%	3.4	3.1	3.4	3.2	3.9	4.6	3.5	3.1	3.1	3.5	3.1
4/24	Max	63.9	71.4	74.6	73.9	105.0	116.0	61.6	102.1	66.5	64.2	81.8
	99%	50.1	55.2	53.7	51.4	62.2	74.5	51.3	60.3	43.3	46.0	45.9
	95%	30.7	28.9	31.3	31.5	30.7	32.3	31.2	27.0	28.2	30.2	29.9
	50%	3.5	3.1	3.5	3.2	3.9	4.5	3.5	3.1	3.2	3.6	3.2
4/25	Max	63.9	71.4	74.6	73.9	105.0	116.0	61.6	102.1	81.5	64.2	81.8
	99%	50.2	56.4	53.7	51.4	62.2	74.5	51.4	58.5	45.3	46.0	45.9
	95%	30.8	30.1	31.4	31.7	30.7	32.6	31.4	27.2	28.4	30.3	29.9
	50%	3.5	3.3	3.6	3.5	3.9	4.4	3.5	3.1	3.2	3.7	3.4
4/26	Max	98.0	71.4	77.5	73.9	105.0	116.0	61.6	102.1	81.5	64.2	81.8
	99%	51.0	58.3	57.0	51.6	62.2	76.7	53.6	58.5	47.3	49.7	49.4
	95%	32.3	31.1	32.2	32.9	30.8	34.5	32.7	28.6	29.5	32.5	30.2
	50%	3.7	3.4	3.8	3.8	4.1	4.7	3.8	3.2	3.3	3.8	3.8
4/27	Max	98.0	87.2	77.5	73.9	105.0	116.0	72.2	102.1	81.5	64.2	81.8
	99%	51.0	59.5	60.4	51.8	62.1	76.7	55.8	58.6	49.7	49.7	54.1
	95%	32.6	33.0	32.3	32.9	30.8	35.9	33.2	30.0	29.6	32.5	31.8
	50%	3.8	3.5	3.8	3.8	4.2	4.6	3.7	3.2	3.4	3.8	3.8

续表

日期(月/日)	项目	站点										
		58238	58235	58237	58333	58340	58339	58245	58148	58241	58242	58244
		南京	六合	浦口	江宁	溧水	高淳	扬州	宝应	高邮	仪征	江都
4/28	Max	98.0	87.2	85.1	74.0	105.0	116.0	72.2	102.1	81.5	64.2	81.8
	99%	51.6	59.5	62.7	52.5	62.2	76.7	55.9	59.2	53.6	49.7	54.1
	95%	34.9	33.1	35.1	34.0	31.5	38.7	34.4	32.1	32.6	32.6	32.3
	50%	3.8	3.5	4.0	3.9	4.1	4.7	3.9	3.3	3.5	4.0	3.9
4/29	Max	98.0	87.2	85.1	74.0	105.0	116.0	72.2	102.1	81.5	64.2	81.8
	99%	52.0	59.6	62.8	54.5	63.6	83.6	56.4	49.5	53.7	49.8	54.4
	95%	35.4	32.9	35.2	34.2	32.2	38.8	32.8	31.6	32.0	33.3	32.5
	50%	3.9	3.5	4.1	4.0	4.3	4.9	3.9	3.3	3.5	3.9	3.8
4/30	Max	98.0	87.2	85.1	74.0	105.0	116.0	72.2	102.1	81.5	63.7	81.8
	99%	52.0	58.7	61.2	55.7	62.3	83.6	56.5	51.8	53.8	48.7	54.6
	95%	35.4	32.9	35.3	34.3	32.3	39.4	32.7	32.6	33.9	33.5	32.3
	50%	3.9	3.5	4.1	3.9	4.3	5.0	3.9	3.3	3.5	3.8	3.8
5/1	Max	98.0	87.2	85.1	74.0	105.0	116.0	72.2	102.1	81.5	63.7	81.8
	99%	52.0	58.8	61.2	55.9	59.3	84.2	56.7	52.0	53.9	48.7	54.7
	95%	35.2	32.9	35.6	33.8	32.4	39.8	32.7	32.0	33.2	32.0	32.2
	50%	3.9	3.5	3.9	4.0	4.3	4.9	4.0	3.3	3.5	3.8	3.8
5/2	Max	98.0	87.2	85.1	74.0	104.6	116.0	72.2	102.1	81.5	63.7	81.8
	99%	52.0	59.6	61.2	55.6	59.1	77.3	53.9	52.0	53.8	49.8	50.4
	95%	34.4	31.2	35.4	31.8	32.3	39.5	32.3	33.1	33.1	32.5	32.0
	50%	3.9	3.3	3.8	3.8	4.1	4.7	3.9	3.3	3.5	3.7	3.6
5/3	Max	98.0	87.2	85.1	74.0	104.6	116.0	72.2	102.1	81.5	59.2	81.8
	99%	51.8	58.6	61.2	55.5	62.2	77.3	53.9	52.1	53.9	48.6	45.3
	95%	32.9	33.0	35.2	30.9	33.4	39.8	31.2	33.1	32.4	32.1	31.9
	50%	3.9	3.2	3.9	3.7	3.9	4.6	3.7	3.3	3.4	3.6	3.4
5/4	Max	98.0	87.2	85.1	74.0	104.6	116.0	72.2	102.1	81.5	59.2	81.8
	99%	51.8	55.5	61.2	55.4	62.2	77.2	52.4	56.6	53.9	47.9	46.6
	95%	34.1	32.5	33.4	31.5	32.5	39.9	30.0	34.4	31.4	30.2	30.7
	50%	3.8	3.0	3.6	3.7	3.9	4.3	3.5	3.3	3.3	3.5	3.4
5/5	Max	140.5	87.2	132.1	145.0	104.6	116.0	72.8	102.1	81.5	121.7	81.8
	99%	56.5	55.2	67.6	58.5	63.5	77.2	56.2	52.7	53.7	50.5	51.6
	95%	35.2	33.0	35.6	33.0	34.1	40.4	30.0	33.3	30.9	30.3	31.5
	50%	3.8	3.2	3.7	3.8	3.9	4.3	3.4	3.3	3.3	3.5	3.5
5/6	Max	140.5	87.2	132.1	145.0	104.6	116.0	72.8	102.1	81.5	121.7	81.8
	99%	59.5	57.9	66.9	58.3	63.4	77.1	57.7	59.5	53.6	52.5	57.7
	95%	35.1	34.1	35.6	33.5	34.0	40.4	31.7	33.7	32.5	31.0	32.0
	50%	3.8	3.3	3.7	3.9	3.8	4.2	3.2	3.1	3.2	3.5	3.2
5/7	Max	140.5	87.2	132.1	145.0	104.6	116.0	72.8	86.5	81.5	121.7	81.8
	99%	59.3	57.6	66.6	55.0	63.2	77.1	57.7	52.5	49.0	52.3	57.2
	95%	35.8	34.7	36.7	34.3	34.3	40.5	32.3	32.6	30.0	32.7	33.5
	50%	3.9	3.4	3.9	3.9	3.8	4.1	3.2	3.3	3.2	3.5	3.3

续表

日期（月/日）	项目	站点										
		58238	58235	58237	58333	58340	58339	58245	58148	58241	58242	58244
		南京	六合	浦口	江宁	溧水	高淳	扬州	宝应	高邮	仪征	江都
5/8	Max	140.5	87.2	132.1	145.0	104.6	116.0	72.8	86.5	81.5	121.7	81.8
	99%	59.2	57.5	66.3	55.0	63.1	77.1	57.7	52.4	48.8	52.3	57.0
	95%	36.5	35.1	36.5	33.4	34.2	40.3	32.2	33.2	30.6	32.7	33.4
	50%	4.0	3.5	4.0	4.0	3.9	4.2	3.4	3.3	3.2	3.5	3.4
5/9	Max	140.5	87.2	132.1	145.0	104.6	116.0	72.8	86.5	81.5	121.7	81.8
	99%	58.8	57.4	66.1	61.2	63.1	77.0	57.7	52.4	48.5	52.1	56.6
	95%	35.5	35.0	35.7	33.0	34.1	40.5	30.1	33.2	31.8	30.5	32.1
	50%	4.0	3.3	3.6	3.8	3.7	4.0	3.2	3.2	3.2	3.5	3.4
5/10	Max	140.5	87.2	132.1	145.0	104.6	116.0	72.8	86.5	99.1	121.7	81.8
	99%	58.6	57.2	65.8	61.1	62.9	77.0	57.7	52.4	53.3	52.0	56.4
	95%	35.4	34.8	35.7	33.0	34.0	40.2	31.9	36.5	32.5	32.5	32.2
	50%	4.0	3.4	4.1	3.7	3.8	4.0	3.4	3.3	3.2	3.5	3.6
5/11	Max	140.5	87.2	132.1	145.0	104.6	116.0	72.8	86.5	99.1	121.7	81.8
	99%	58.6	57.2	65.8	60.9	62.9	77.7	57.7	52.4	53.3	51.8	56.1
	95%	35.6	35.2	35.7	35.0	34.0	40.1	31.7	36.6	32.5	32.8	32.7
	50%	3.9	3.3	4.1	3.8	3.7	4.0	3.2	3.2	3.1	3.5	3.5
5/12	Max	140.5	87.2	132.1	145.0	104.6	116.0	72.8	86.5	99.1	121.7	81.8
	99%	58.3	57.2	65.6	60.8	68.6	77.7	57.7	52.4	53.3	51.7	56.2
	95%	37.2	35.2	35.6	35.5	34.3	40.4	32.4	35.6	32.6	33.2	33.5
	50%	4.0	3.3	4.1	4.0	3.8	4.0	3.4	3.1	3.2	3.5	3.8
5/13	Max	140.5	87.2	132.1	145.0	104.6	116.0	72.8	86.5	99.1	121.7	81.8
	99%	58.1	53.5	65.5	60.6	68.2	75.5	57.7	52.4	53.3	51.6	49.8
	95%	36.3	34.7	35.8	35.3	33.7	39.8	32.4	36.6	33.2	31.8	33.4
	50%	3.8	3.2	3.5	3.7	3.7	3.9	3.1	3.1	3.0	3.4	3.5
5/14	Max	140.5	87.2	132.1	145.0	104.6	116.0	72.8	86.5	99.1	121.7	79.0
	99%	61.3	57.0	65.1	60.4	68.3	75.4	57.7	52.4	55.0	54.3	47.5
	95%	36.2	35.4	36.8	35.1	33.8	39.8	31.2	37.2	32.8	31.1	32.5
	50%	4.0	3.3	3.7	3.7	3.7	3.9	3.2	3.3	3.0	3.5	3.7
5/15	Max	140.5	87.2	132.1	145.0	104.6	116.0	72.8	86.5	99.1	122.1	79.0
	99%	61.3	56.9	64.9	60.3	67.6	76.9	58.0	52.3	57.2	56.1	49.4
	95%	35.4	35.0	36.8	35.8	31.6	39.7	31.0	37.2	33.0	30.6	32.4
	50%	4.0	3.3	3.5	3.6	3.6	3.9	3.2	3.3	3.2	3.4	3.5
5/16	Max	140.5	87.2	132.1	145.0	104.6	116.0	72.8	86.5	99.1	122.1	79.0
	99%	61.3	56.9	64.9	61.3	67.0	75.2	57.9	52.3	57.2	56.1	49.2
	95%	36.0	35.0	37.1	36.2	33.5	39.6	30.5	37.0	33.0	30.6	32.1
	50%	3.7	3.2	3.4	3.4	3.7	3.8	3.1	3.2	3.0	3.3	3.4
5/17	Max	140.5	87.2	132.1	145.0	104.6	116.0	72.8	86.5	99.1	122.1	79.0
	99%	61.1	56.7	64.4	61.3	66.4	75.0	57.9	52.2	63.9	55.8	57.9
	95%	36.3	34.8	36.8	36.6	33.3	39.8	30.6	37.0	33.3	31.2	32.2
	50%	3.4	3.2	3.4	3.2	3.5	3.7	2.9	3.1	2.8	3.2	3.2

续表

日期(月/日)	项目	站点										
		58238	58235	58237	58333	58340	58339	58245	58148	58241	58242	58244
		南京	六合	浦口	江宁	溧水	高淳	扬州	宝应	高邮	仪征	江都
5/18	Max	140.5	87.2	132.1	145.0	104.6	116.0	72.8	108.9	99.1	122.1	79.0
	99%	60.6	56.7	58.6	59.9	66.4	74.9	57.9	67.6	63.8	55.7	57.8
	95%	35.6	34.8	36.0	36.0	31.7	39.8	31.3	37.7	36.1	30.9	32.1
	50%	3.5	3.2	3.4	3.2	3.3	3.6	2.9	3.1	3.1	3.2	3.4
5/19	Max	140.5	87.2	171.4	145.0	104.6	116.0	72.8	108.9	99.1	122.1	115.3
	99%	62.5	56.7	70.3	61.3	66.8	75.4	58.4	54.6	63.6	60.1	61.3
	95%	35.5	34.8	36.8	35.8	31.6	39.8	32.2	37.5	34.7	31.0	32.2
	50%	3.7	3.2	3.5	3.2	3.2	3.5	3.0	3.0	3.2	3.2	3.6
5/20	Max	140.5	105.0	171.4	145.0	104.6	116.0	72.8	108.9	115.7	122.1	115.3
	99%	73.8	66.1	69.4	61.3	66.7	75.2	59.4	66.8	65.0	59.7	61.5
	95%	36.0	38.1	36.9	36.4	33.5	40.4	35.3	37.6	36.7	33.3	35.7
	50%	3.6	3.2	3.5	3.2	2.9	3.4	3.1	3.0	3.2	3.3	3.6
5/21	Max	140.5	105.0	171.4	145.0	104.6	116.0	72.8	108.9	115.7	122.1	115.3
	99%	73.6	66.1	69.3	61.3	66.6	75.1	59.1	66.2	64.9	59.6	61.5
	95%	36.4	38.0	37.5	37.1	32.8	40.6	35.2	37.3	36.9	33.2	35.7
	50%	3.5	3.3	3.6	3.2	3.0	3.6	3.2	3.0	3.3	3.2	3.8
5/22	Max	140.5	105.0	171.4	145.0	104.6	116.0	72.8	108.9	115.7	122.1	115.3
	99%	73.1	66.0	84.8	61.3	66.5	77.9	60.6	65.3	64.9	64.9	61.4
	95%	36.2	38.2	38.9	36.8	33.6	42.1	35.7	37.2	38.9	34.1	35.3
	50%	3.6	3.4	3.6	3.2	2.9	3.6	3.3	3.0	3.5	3.2	3.8
5/23	Max	140.5	105.0	171.4	145.0	104.6	92.3	72.8	108.9	115.7	122.1	115.3
	99%	72.7	65.9	84.3	61.3	66.4	74.9	59.4	54.0	64.8	64.9	61.4
	95%	36.1	38.1	38.7	36.7	33.4	40.3	35.2	37.5	38.2	33.6	32.9
	50%	3.6	3.4	3.6	3.2	3.0	3.5	3.1	3.0	3.4	3.1	3.4
5/24	Max	140.5	105.0	171.4	145.0	104.6	92.3	72.8	108.9	115.7	122.1	115.3
	99%	72.3	65.8	83.8	61.3	68.5	75.8	59.3	59.3	62.1	64.8	61.3
	95%	39.4	38.1	39.0	37.1	37.1	43.9	37.0	37.5	36.9	34.8	34.8
	50%	3.7	3.6	4.0	3.4	2.8	3.5	3.2	3.5	3.5	3.2	3.4
5/25	Max	140.5	105.0	171.4	145.0	104.6	92.3	72.8	108.9	115.7	122.1	115.3
	99%	72.6	69.9	84.4	61.3	68.5	74.9	59.3	70.4	57.2	64.8	59.3
	95%	38.2	38.3	39.7	37.4	40.6	44.0	36.1	39.8	33.9	34.9	34.3
	50%	3.6	3.6	3.7	3.2	2.8	3.5	3.1	3.5	3.6	3.1	3.4
5/26	Max	140.5	105.0	171.4	145.0	104.6	92.3	72.8	108.9	115.7	122.1	115.3
	99%	72.5	63.9	84.4	61.3	67.5	74.8	57.8	70.8	56.7	64.8	55.4
	95%	39.7	38.2	39.1	37.1	40.8	45.3	34.8	37.8	36.3	36.4	33.3
	50%	4.0	3.7	4.2	3.5	2.9	3.7	3.1	3.5	3.8	3.2	3.4
5/27	Max	140.5	105.0	171.4	145.0	104.6	99.0	72.8	108.9	115.7	122.1	115.3
	99%	72.6	64.1	78.2	60.3	67.6	75.8	58.8	70.7	56.3	64.9	59.4
	95%	39.7	40.2	39.3	37.4	40.8	46.0	35.4	37.1	36.2	36.3	35.1
	50%	4.0	3.4	3.8	3.7	3.5	3.7	3.1	3.3	3.8	3.1	3.4

续表

日期（月/日）	项目	站点										
		58238	58235	58237	58333	58340	58339	58245	58148	58241	58242	58244
		南京	六合	浦口	江宁	溧水	高淳	扬州	宝应	高邮	仪征	江都
5/28	Max	140.5	105.0	171.4	145.0	91.4	99.0	72.8	108.9	115.7	122.1	115.3
	99%	81.5	63.9	77.6	61.3	66.4	73.8	58.8	70.1	61.3	64.8	59.2
	95%	39.7	40.5	38.7	37.7	39.2	44.5	37.8	39.5	36.9	36.6	36.5
	50%	4.0	3.3	3.7	3.7	3.0	3.6	3.0	3.5	3.9	3.1	3.5
5/29	Max	140.5	105.0	171.4	145.0	91.4	99.0	72.8	108.9	115.7	122.1	115.3
	99%	80.9	63.6	77.0	60.1	66.3	73.5	58.8	75.0	67.5	64.8	59.1
	95%	39.7	40.8	38.7	37.6	40.4	44.1	38.0	39.9	39.5	38.3	37.9
	50%	4.1	3.4	3.7	3.8	3.1	3.5	3.3	3.7	4.1	3.2	3.8
5/30	Max	140.5	105.0	171.4	145.0	187.5	202.1	72.8	108.9	115.7	122.1	115.3
	99%	86.2	63.5	83.6	86.9	68.4	75.6	58.8	75.0	67.4	64.8	59.0
	95%	40.6	42.3	39.7	38.7	39.8	45.1	38.0	39.9	39.5	39.0	38.2
	50%	4.3	3.6	4.1	4.0	3.3	3.6	3.3	3.6	4.1	3.2	3.9
5/31	Max	140.5	105.0	171.4	145.0	187.5	202.1	77.5	108.9	115.7	122.1	115.3
	99%	88.9	69.8	97.6	94.0	68.9	77.1	59.3	74.9	70.6	68.2	61.0
	95%	42.6	41.0	40.5	40.8	39.6	45.9	38.1	39.9	40.9	39.0	38.4
	50%	4.3	3.8	4.2	4.0	3.7	3.7	3.1	3.7	4.2	3.2	3.6
6/1	Max	140.5	105.0	171.4	145.0	187.5	202.1	77.5	108.9	115.7	122.1	115.3
	99%	89.0	70.0	98.6	94.2	68.7	77.0	60.7	75.1	70.6	71.9	61.2
	95%	43.8	42.9	40.9	41.6	40.8	45.0	38.5	40.1	42.4	38.5	38.8
	50%	4.0	3.9	4.2	4.0	3.7	3.7	3.6	3.6	4.5	3.3	3.8
6/2	Max	140.5	123.8	171.4	145.0	187.5	218.1	116.0	108.9	115.7	122.1	115.3
	99%	110.7	75.1	128.4	105.0	75.2	83.8	62.0	71.4	70.6	82.8	64.6
	95%	46.3	44.3	44.6	46.4	42.0	48.9	40.8	39.6	43.3	40.9	41.4
	50%	4.1	3.9	4.2	4.0	3.8	4.0	3.8	3.8	4.6	3.4	3.9
6/3	Max	135.0	123.8	171.4	144.9	187.5	218.1	116.0	108.9	115.7	122.1	115.3
	99%	95.6	77.3	110.1	94.0	72.8	84.0	60.7	75.5	73.2	73.7	63.7
	95%	45.9	45.3	43.0	41.6	41.9	47.6	40.7	39.9	47.1	40.9	40.7
	50%	4.0	3.8	4.2	4.0	3.8	4.0	3.8	3.7	4.8	3.4	3.9
6/4	Max	135.0	123.8	171.4	144.9	187.5	218.1	116.0	108.9	115.7	122.1	115.3
	99%	95.8	77.4	110.7	94.8	75.2	90.2	60.2	75.5	73.5	71.9	61.8
	95%	46.9	47.3	44.7	43.2	42.9	46.3	40.7	39.9	47.5	40.2	40.6
	50%	4.0	3.9	4.2	4.0	4.0	4.0	3.9	3.7	4.9	3.5	4.2
6/5	Max	135.0	123.8	171.4	144.9	187.5	218.1	116.0	132.0	115.7	122.1	115.3
	99%	95.9	77.6	111.7	95.4	75.4	96.0	60.4	75.5	73.9	72.2	62.0
	95%	46.0	44.9	44.6	43.3	45.8	49.4	40.3	40.3	50.9	39.3	39.4
	50%	4.0	3.8	4.0	4.0	3.9	4.3	3.9	3.8	4.9	3.6	4.3
6/6	Max	135.0	123.8	171.4	144.9	187.5	218.1	116.0	132.0	115.7	122.1	115.3
	99%	112.8	82.6	101.4	99.9	75.5	96.3	60.7	75.8	74.2	82.5	65.3
	95%	48.1	47.7	44.6	46.4	46.6	49.7	40.5	40.1	51.6	41.0	40.2
	50%	4.2	3.8	4.0	4.1	4.0	4.4	3.8	3.8	4.9	3.7	4.3

续表

日期(月/日)	项目	站点										
		58238	58235	58237	58333	58340	58339	58245	58148	58241	58242	58244
		南京	六合	浦口	江宁	溧水	高淳	扬州	宝应	高邮	仪征	江都
6/7	Max	172.5	204.3	171.4	195.2	187.5	218.1	148.8	132.0	115.7	219.9	154.6
	99%	96.4	103.7	113.5	105.2	86.2	109.7	77.0	76.1	78.4	83.3	83.1
	95%	51.8	49.9	55.0	52.1	48.8	51.5	43.9	40.5	51.9	41.3	43.5
	50%	4.4	4.0	4.2	4.3	4.2	4.8	3.9	3.9	5.3	3.9	4.6
6/8	Max	172.5	204.3	171.4	195.2	187.5	218.1	148.8	132.0	115.7	219.9	154.6
	99%	97.1	83.3	113.6	105.2	86.4	110.7	64.1	76.2	75.3	83.5	83.4
	95%	55.3	49.5	57.0	55.3	52.4	51.2	43.6	40.7	52.2	43.9	43.3
	50%	4.3	4.0	4.0	4.3	4.3	4.7	3.9	3.8	5.0	3.8	4.3
6/9	Max	172.5	204.3	171.4	195.2	187.5	218.1	148.8	132.0	115.7	219.9	154.6
	99%	97.1	83.6	114.3	105.3	86.8	112.4	64.7	76.5	75.6	83.9	83.7
	95%	56.6	50.0	56.3	55.4	52.8	51.5	44.6	42.6	51.7	44.2	43.7
	50%	4.5	4.1	4.2	4.8	4.1	4.4	3.9	3.9	5.2	3.9	4.3
6/10	Max	172.5	204.3	171.4	195.2	187.5	218.1	151.2	132.0	115.7	259.6	167.0
	99%	115.4	104.2	126.5	107.6	87.4	99.0	81.0	76.9	79.2	101.3	81.6
	95%	60.5	51.7	62.9	56.5	56.7	52.8	46.5	47.4	53.2	47.1	46.5
	50%	4.8	4.2	4.4	5.1	4.1	4.7	3.9	4.2	5.2	3.9	4.5
6/11	Max	172.5	204.3	171.4	195.2	187.5	218.1	181.7	132.0	115.7	259.6	167.0
	99%	121.5	104.3	127.6	108.0	87.9	99.1	104.5	91.2	76.4	108.7	91.7
	95%	64.2	52.6	63.8	58.0	58.3	54.4	51.9	49.3	52.8	47.8	51.3
	50%	5.1	4.3	4.8	5.1	4.5	5.0	4.4	4.0	5.1	4.0	4.9
6/12	Max	172.5	204.3	171.4	195.2	187.5	218.1	181.7	132.0	115.7	259.6	167.0
	99%	122.2	104.4	128.2	108.7	97.0	103.3	104.5	91.6	76.6	108.8	92.2
	95%	65.0	51.8	63.9	60.3	59.7	56.2	52.9	49.5	53.1	47.9	51.7
	50%	5.2	4.3	5.0	5.2	5.0	5.1	4.5	4.3	5.4	4.1	5.0
6/13	Max	204.1	204.3	171.4	195.2	187.5	218.1	181.7	132.0	115.7	259.6	167.0
	99%	131.0	106.5	136.5	108.8	105.5	104.2	109.9	92.0	77.0	109.7	104.9
	95%	63.3	53.5	64.6	61.2	61.2	59.6	53.4	50.1	51.7	51.8	52.3
	50%	5.3	4.3	5.0	5.3	5.4	5.4	4.6	4.6	5.4	4.3	5.2
6/14	Max	204.1	204.3	171.4	195.2	187.5	218.1	181.7	132.0	115.7	259.6	167.0
	99%	131.1	106.7	136.9	110.1	105.5	107.1	115.0	84.9	77.2	110.3	108.5
	95%	65.7	55.3	64.7	60.1	62.3	59.7	56.3	49.8	53.0	53.1	52.8
	50%	5.7	4.9	5.2	5.6	5.4	5.5	5.0	4.6	5.7	4.9	5.4
6/15	Max	204.1	204.3	171.4	195.2	187.5	218.1	181.7	132.0	146.0	259.6	167.0
	99%	131.4	114.5	138.1	117.4	103.2	115.7	115.2	87.7	93.8	111.3	109.4
	95%	70.2	56.3	64.6	65.4	61.9	63.7	57.0	53.1	56.0	53.5	56.3
	50%	5.9	5.0	5.4	6.0	5.7	5.5	5.0	5.0	5.7	5.0	5.4
6/16	Max	204.1	204.3	171.4	195.2	187.5	218.1	181.7	132.1	170.7	259.6	167.0
	99%	131.6	115.1	138.6	117.7	105.4	116.4	115.3	92.5	96.9	112.1	110.0
	95%	69.2	58.9	65.2	66.1	64.0	64.1	57.7	55.6	58.9	53.8	55.5
	50%	5.8	5.0	5.1	5.6	5.7	5.5	5.0	5.2	5.6	5.0	5.4

续表

日期（月/日）	项目	站点										
		58238	58235	58237	58333	58340	58339	58245	58148	58241	58242	58244
		南京	六合	浦口	江宁	溧水	高淳	扬州	宝应	高邮	仪征	江都
6/17	Max	204.1	204.3	171.4	195.2	187.5	218.1	181.7	191.5	170.7	259.6	167.0
	99%	125.6	116.0	104.5	110.6	105.6	116.4	115.6	100.5	105.1	112.6	110.7
	95%	69.8	59.5	64.0	64.2	63.5	64.1	58.2	63.8	62.1	53.5	59.7
	50%	5.9	5.0	5.1	6.1	5.9	5.5	4.9	5.6	5.7	5.1	5.3
6/18	Max	204.1	204.3	171.4	195.2	187.5	218.1	181.7	191.5	170.7	259.6	167.0
	99%	126.8	117.3	105.1	111.1	105.7	120.9	115.9	95.9	97.8	113.5	111.4
	95%	70.3	59.0	64.3	67.0	63.3	65.2	57.8	63.1	60.0	52.9	57.2
	50%	6.3	5.0	5.2	6.1	5.8	5.5	4.9	5.7	5.7	5.2	5.3
6/19	Max	204.1	204.3	237.1	195.2	187.5	218.1	214.2	191.5	170.7	259.6	239.7
	99%	130.2	122.8	114.2	114.9	105.8	121.0	125.6	115.0	106.5	114.0	126.8
	95%	73.1	60.4	65.4	68.0	63.9	65.4	61.5	64.7	63.6	53.5	60.8
	50%	6.6	5.1	5.5	6.3	6.2	5.5	5.0	5.7	6.1	5.5	5.6
6/20	Max	204.1	204.3	237.1	195.2	187.5	218.1	214.2	191.5	170.7	259.6	239.7
	99%	115.5	109.8	116.5	115.2	106.4	112.7	117.0	118.2	119.8	114.6	106.1
	95%	71.7	60.4	64.9	67.9	66.3	67.0	61.5	65.1	64.2	55.7	60.8
	50%	6.6	5.5	5.7	6.5	6.5	5.6	5.1	6.1	6.3	5.8	5.6
6/21	Max	207.2	240.1	301.4	195.2	187.5	218.1	249.0	191.5	170.7	274.6	239.7
	99%	129.7	119.6	127.6	117.2	111.4	114.8	124.3	121.0	116.1	124.8	115.7
	95%	74.2	61.4	66.4	68.3	70.0	69.2	62.3	65.1	66.1	60.8	63.2
	50%	6.8	5.6	5.8	6.6	6.8	5.8	5.2	6.1	6.5	6.2	6.1
6/22	Max	207.2	240.1	301.4	195.2	187.5	218.1	249.0	191.5	170.7	274.6	239.7
	99%	129.8	120.1	141.4	117.2	119.2	121.3	124.5	122.4	116.5	126.6	117.2
	95%	74.6	61.7	66.9	69.9	70.7	69.8	61.8	66.4	68.9	61.5	65.4
	50%	6.6	5.5	5.7	6.4	6.8	6.0	5.2	6.2	6.3	6.1	6.3
6/23	Max	207.2	240.1	301.4	195.2	187.5	218.1	249.0	191.5	170.7	274.6	239.7
	99%	131.1	120.3	144.6	122.5	119.4	121.3	124.7	123.7	116.7	137.5	130.1
	95%	77.7	62.3	68.2	74.8	71.0	68.7	62.8	67.0	70.3	63.2	66.0
	50%	6.7	5.6	5.7	6.6	6.5	6.0	5.5	6.2	6.3	6.4	6.3
6/24	Max	207.2	240.1	301.4	195.2	187.5	218.1	249.0	191.5	170.7	274.6	239.7
	99%	131.1	120.3	144.7	127.4	119.4	121.3	124.7	123.2	116.7	137.5	130.0
	95%	78.6	62.8	69.1	76.9	71.0	75.5	63.3	66.8	71.6	65.2	67.6
	50%	6.7	5.5	6.0	7.1	6.5	6.0	5.5	6.3	6.0	6.3	6.1
6/25	Max	207.2	240.1	301.4	195.2	187.5	218.1	249.0	191.5	170.7	274.6	239.7
	99%	131.1	120.5	148.4	127.5	119.4	121.3	124.8	108.9	127.0	138.4	130.0
	95%	80.1	64.6	71.3	78.0	71.0	72.3	65.2	68.1	75.1	69.6	68.5
	50%	6.7	5.7	6.0	7.0	6.2	5.9	5.5	6.8	6.2	6.3	5.9
6/26	Max	207.2	240.1	301.4	195.2	187.5	218.1	249.0	191.5	170.7	274.6	239.7
	99%	132.9	121.0	148.4	139.4	122.9	121.3	124.9	111.8	128.7	138.6	130.6
	95%	78.2	65.8	73.1	77.4	71.2	67.9	64.2	69.4	74.7	70.9	68.4
	50%	6.6	6.0	6.1	6.7	6.5	6.0	5.6	6.4	6.2	6.3	5.8

续表

日期(月/日)	项目	站点										
		58238	58235	58237	58333	58340	58339	58245	58148	58241	58242	58244
		南京	六合	浦口	江宁	溧水	高淳	扬州	宝应	高邮	仪征	江都
6/27	Max	207.2	240.1	301.4	195.2	187.5	218.1	249.0	191.5	170.7	274.6	239.7
	99%	133.0	121.8	148.5	152.0	123.0	121.3	126.6	114.5	130.6	138.8	132.0
	95%	81.5	67.9	73.7	79.1	72.6	68.3	67.5	69.2	75.5	72.4	68.3
	50%	6.6	5.8	6.2	6.6	6.7	6.0	5.6	6.1	6.2	6.3	5.7
6/28	Max	207.2	240.1	301.4	195.2	160.2	218.1	249.0	191.5	211.6	274.6	239.7
	99%	133.0	123.8	158.3	152.6	107.0	115.8	136.6	116.4	138.8	139.0	142.4
	95%	79.6	72.8	77.7	78.1	68.8	67.0	68.7	68.7	76.3	72.8	68.7
	50%	6.5	6.0	6.0	6.6	6.7	6.0	5.7	6.2	6.4	6.2	5.7
6/29	Max	207.2	240.1	301.4	195.2	160.2	218.1	249.0	191.5	211.6	274.6	239.7
	99%	132.2	118.0	147.6	149.3	113.7	119.5	137.1	117.9	139.1	139.0	143.1
	95%	78.8	66.1	73.9	75.5	67.7	66.8	68.8	67.2	76.4	72.1	68.3
	50%	6.3	5.7	6.0	6.4	6.7	6.0	5.8	6.2	6.8	6.2	5.8
6/30	Max	207.2	240.1	301.4	195.2	160.2	218.1	249.0	191.5	211.6	274.6	239.7
	99%	132.2	118.2	147.7	151.2	113.8	119.5	138.2	119.8	139.4	139.1	143.8
	95%	77.8	66.3	76.9	76.8	70.4	67.1	69.0	69.6	76.1	72.7	69.1
	50%	6.6	6.0	6.2	6.3	6.7	6.0	6.0	6.6	6.9	6.3	6.3
7/1	Max	207.2	240.1	301.4	195.2	160.2	175.1	249.0	191.5	211.6	274.6	239.7
	99%	132.7	113.6	139.9	156.4	117.6	119.5	125.8	121.2	139.5	137.3	131.2
	95%	75.2	66.0	75.4	76.9	67.8	66.8	66.8	68.9	76.3	70.9	67.9
	50%	6.7	5.9	6.2	6.5	6.7	6.0	6.0	6.3	6.8	6.2	5.8
7/2	Max	207.2	240.1	301.4	195.2	160.2	175.1	249.0	191.5	211.6	274.6	239.7
	99%	132.7	113.8	140.1	156.5	117.7	119.3	125.8	122.1	124.0	137.3	131.3
	95%	74.7	66.0	75.9	76.9	66.8	67.6	67.1	70.1	74.0	68.5	68.1
	50%	6.7	5.9	6.2	6.5	6.5	5.7	6.0	6.6	6.6	6.2	5.8
7/3	Max	207.2	240.1	301.4	195.2	160.2	175.1	249.0	191.5	211.6	274.6	239.7
	99%	132.9	114.3	140.7	156.5	117.9	119.3	125.9	108.4	125.3	137.4	131.5
	95%	74.7	66.3	73.4	77.0	65.4	67.5	66.4	70.2	74.4	70.7	66.9
	50%	6.8	6.0	6.3	6.6	6.5	5.8	6.1	7.0	6.7	6.3	5.7
7/4	Max	207.2	240.1	301.4	195.2	160.2	175.1	249.0	191.5	211.6	274.6	239.7
	99%	133.0	114.4	141.1	154.6	117.8	115.6	126.0	108.2	126.4	137.4	131.5
	95%	76.3	67.4	76.3	76.7	65.1	66.7	66.0	72.1	73.2	70.7	67.2
	50%	6.8	6.0	6.3	6.6	6.8	5.7	6.1	6.9	6.9	6.4	5.8
7/5	Max	207.2	240.1	301.4	195.2	160.2	175.1	249.0	191.5	211.6	274.6	239.7
	99%	135.0	118.4	147.9	156.5	117.7	115.4	127.5	108.2	127.4	137.4	131.5
	95%	76.5	67.4	76.5	77.0	66.7	66.9	66.0	72.3	73.5	65.4	68.0
	50%	6.8	6.1	6.3	6.5	6.8	5.8	6.4	6.8	6.8	6.4	5.8
7/6	Max	207.2	240.1	301.4	183.4	160.2	175.1	249.0	191.5	211.6	274.6	239.7
	99%	133.0	114.5	141.7	156.5	113.9	115.2	127.8	108.3	128.4	135.5	129.7
	95%	76.6	64.4	74.5	78.0	63.9	65.3	66.2	72.0	73.2	66.0	66.8
	50%	6.7	6.1	6.4	6.6	6.7	5.8	6.3	6.7	6.8	6.3	5.6

续表

日期(月/日)	项目	站点										
		58238	58235	58237	58333	58340	58339	58245	58148	58241	58242	58244
		南京	六合	浦口	江宁	溧水	高淳	扬州	宝应	高邮	仪征	江都
7/7	Max	207.2	240.1	301.4	183.4	160.2	175.1	249.0	191.5	211.6	274.6	239.7
	99%	133.0	114.5	141.8	154.6	113.9	115.0	132.5	108.3	129.0	135.4	129.5
	95%	74.7	64.4	74.7	77.0	64.8	66.1	67.1	72.1	73.9	67.9	68.4
	50%	6.8	6.2	6.4	6.5	6.7	5.8	6.3	7.0	6.9	6.3	5.6
7/8	Max	207.2	240.1	301.4	183.4	160.2	175.1	249.0	191.5	211.6	274.6	239.7
	99%	134.9	114.6	141.3	156.5	113.4	114.5	132.5	108.3	136.3	135.4	129.5
	95%	76.2	67.6	73.9	78.0	64.1	66.3	68.2	72.5	76.4	67.9	68.9
	50%	6.7	6.1	6.3	6.3	7.2	6.0	6.6	7.3	6.9	6.3	5.8
7/9	Max	207.2	240.1	301.4	183.4	160.2	175.1	249.0	191.5	211.6	274.6	239.7
	99%	134.3	109.6	129.7	156.2	120.8	127.3	127.5	111.7	136.2	122.0	116.5
	95%	74.6	65.9	72.9	76.7	63.9	66.6	66.0	72.5	76.0	63.9	67.2
	50%	6.6	6.0	6.3	6.1	6.8	6.0	6.6	7.2	6.8	6.3	6.0
7/10	Max	207.2	240.1	301.4	183.4	160.2	175.1	249.0	191.5	211.6	274.6	239.7
	99%	133.8	109.4	128.4	156.0	120.4	126.6	125.8	108.2	136.1	115.4	108.8
	95%	73.2	67.6	69.6	75.6	62.9	64.4	64.5	71.9	74.8	62.9	65.9
	50%	6.4	5.9	6.3	6.0	6.1	6.0	6.6	7.0	6.9	6.2	5.8
7/11	Max	207.2	240.1	301.4	183.4	160.2	175.1	249.0	191.5	211.6	274.6	239.7
	99%	133.4	111.1	148.4	155.8	116.1	120.4	125.8	108.3	136.1	115.1	108.6
	95%	73.0	67.3	71.0	67.9	63.4	64.5	64.7	71.9	76.5	64.0	66.5
	50%	6.2	5.9	6.3	6.1	6.5	5.8	6.0	6.9	6.9	6.2	5.5
7/12	Max	207.2	240.1	301.4	183.4	160.2	175.1	249.0	191.5	211.6	274.6	239.7
	99%	127.3	113.0	137.3	155.6	115.7	120.2	123.7	108.3	136.0	118.2	103.6
	95%	73.2	67.9	69.8	71.1	60.6	62.9	63.5	71.9	77.1	65.8	63.6
	50%	6.5	5.9	6.3	6.2	6.2	5.8	6.0	7.0	7.3	6.3	5.4
7/13	Max	207.2	240.1	301.4	183.4	160.2	175.1	249.0	191.5	211.6	274.6	239.7
	99%	126.9	113.0	137.1	155.5	115.4	119.9	129.8	108.3	137.3	118.0	103.4
	95%	73.1	65.7	69.6	66.9	60.6	63.9	66.0	71.9	78.0	63.7	64.0
	50%	6.0	5.4	6.0	5.9	6.1	5.7	5.9	7.2	7.3	6.2	5.4
7/14	Max	207.2	240.1	301.4	183.4	160.2	175.1	249.0	191.5	211.6	274.6	239.7
	99%	126.5	110.8	135.8	138.0	118.7	117.2	129.7	108.3	136.0	117.7	107.6
	95%	72.9	64.7	70.5	66.4	60.5	60.5	65.6	70.8	76.1	63.8	63.7
	50%	5.8	5.4	6.1	5.9	6.1	5.7	6.0	6.8	7.3	6.2	5.5
7/15	Max	207.2	240.1	301.4	183.4	160.2	175.1	249.0	191.5	211.6	274.6	239.7
	99%	125.9	110.6	134.2	135.5	118.1	115.8	129.1	107.8	135.9	117.3	106.9
	95%	72.7	63.2	71.1	67.2	60.6	59.9	63.8	70.2	75.8	63.7	64.8
	50%	6.1	5.4	6.2	6.0	6.0	5.7	6.0	6.5	7.1	6.0	5.6
7/16	Max	207.2	240.1	301.4	183.4	160.2	175.1	249.0	171.0	211.6	274.6	239.7
	99%	125.3	110.5	133.1	133.8	113.0	115.2	128.6	101.4	135.3	117.0	101.8
	95%	72.5	63.2	70.0	66.7	60.5	61.6	63.6	68.6	73.8	64.9	62.1
	50%	6.4	5.4	6.3	6.0	6.5	5.8	6.6	6.3	6.7	6.2	5.9

续表

日期(月/日)	项目	站点										
		58238	58235	58237	58333	58340	58339	58245	58148	58241	58242	58244
		南京	六合	浦口	江宁	溧水	高淳	扬州	宝应	高邮	仪征	江都
7/17	Max	207.2	240.1	301.4	183.4	160.2	175.1	249.0	171.0	211.6	274.6	239.7
	99%	131.3	112.6	143.7	133.2	112.8	109.5	128.6	101.6	135.4	117.0	101.7
	95%	71.6	65.2	72.0	65.6	60.7	59.3	63.7	68.1	73.8	66.4	62.1
	50%	6.1	5.2	6.3	6.0	6.6	6.0	6.5	6.2	6.5	6.0	5.8
7/18	Max	207.2	240.1	301.4	183.4	160.2	175.1	249.0	171.0	211.6	274.6	209.0
	99%	126.4	110.6	143.5	133.5	112.9	109.4	123.7	96.7	123.6	101.4	97.7
	95%	67.7	63.1	69.2	62.3	60.6	59.2	62.4	65.3	69.8	63.2	60.5
	50%	5.8	5.3	6.2	5.9	6.2	6.0	6.6	6.1	6.2	5.8	5.5
7/19	Max	207.2	240.1	301.4	183.4	160.2	175.1	249.0	171.0	211.6	274.6	209.0
	99%	125.3	110.4	142.8	131.3	105.0	104.1	123.7	99.0	123.2	101.0	97.5
	95%	71.0	59.6	72.8	62.9	56.6	58.4	63.7	65.1	67.8	57.4	61.7
	50%	5.6	5.0	6.1	5.5	5.9	5.5	6.5	5.9	5.9	5.7	5.4
7/20	Max	179.3	155.7	225.4	175.9	160.2	175.1	171.1	171.0	211.6	169.4	144.3
	99%	110.7	108.5	135.9	120.3	111.7	119.5	97.8	98.8	118.2	96.2	88.4
	95%	66.7	58.1	69.3	59.1	52.6	57.4	62.4	64.5	65.5	58.6	59.4
	50%	5.4	4.8	6.0	5.2	5.4	5.0	6.4	5.8	5.6	5.6	5.1
7/21	Max	179.3	155.7	225.4	175.9	160.2	168.1	171.1	171.0	211.6	169.4	144.3
	99%	134.1	98.1	129.8	119.9	111.4	87.9	97.7	96.2	117.2	96.2	86.8
	95%	67.4	57.0	66.7	54.8	49.4	57.3	63.7	63.5	66.6	56.0	59.3
	50%	5.4	5.0	6.1	5.2	5.2	4.8	6.6	5.6	5.7	5.6	5.1
7/22	Max	179.3	155.7	225.4	175.9	160.2	168.1	171.1	171.0	211.6	169.4	144.3
	99%	110.5	98.0	113.0	107.5	111.1	100.8	88.6	94.0	116.9	94.4	80.9
	95%	63.9	53.3	62.5	52.4	48.3	58.5	61.3	59.5	59.0	54.0	57.7
	50%	5.2	4.7	5.8	4.9	5.3	5.0	6.6	5.6	5.5	5.5	5.1
7/23	Max	179.3	155.7	225.4	169.4	160.2	168.1	171.1	171.0	211.6	169.4	144.3
	99%	110.5	97.9	113.0	105.0	110.8	100.3	88.1	101.1	116.5	94.3	80.7
	95%	63.1	53.3	62.2	52.1	47.7	57.5	59.5	63.8	56.8	52.8	57.6
	50%	4.9	4.8	5.7	4.8	5.4	4.8	6.7	5.6	5.5	5.5	5.4
7/24	Max	179.3	155.7	225.4	169.4	160.2	168.1	171.1	171.0	211.6	134.7	144.3
	99%	137.2	95.7	112.2	150.8	110.4	99.5	87.7	99.2	99.8	94.3	82.5
	95%	61.4	53.7	62.1	52.1	48.1	57.4	59.2	64.2	56.8	52.5	58.9
	50%	4.9	4.7	5.6	4.7	5.4	5.0	6.6	5.4	5.4	5.6	5.1
7/25	Max	179.3	155.7	225.4	169.4	154.9	168.1	171.1	171.0	211.6	134.7	144.3
	99%	110.5	94.5	112.8	117.9	104.1	99.5	87.7	98.9	99.5	94.2	81.8
	95%	57.1	52.6	54.7	49.3	49.6	58.1	59.2	62.2	57.9	50.6	57.5
	50%	4.9	4.7	5.2	4.7	5.3	4.5	6.0	5.4	5.3	5.3	5.1
7/26	Max	179.3	155.7	225.4	169.4	154.9	168.1	171.1	171.0	211.6	134.7	144.3
	99%	122.9	90.5	108.8	115.6	103.6	105.9	83.1	98.4	99.1	94.0	78.8
	95%	57.8	52.8	57.6	49.0	51.4	57.2	60.9	63.6	60.3	50.5	59.2
	50%	4.9	4.7	5.5	4.7	5.0	4.5	5.9	5.6	5.2	5.2	5.0

续表

日期（月/日）	项目	站点										
		58238 南京	58235 六合	58237 浦口	58333 江宁	58340 溧水	58339 高淳	58245 扬州	58148 宝应	58241 高邮	58242 仪征	58244 江都
7/27	Max	179.3	155.7	225.4	169.4	154.9	168.1	145.8	171.0	175.3	163.3	110.2
	99%	136.2	90.4	105.8	114.9	103.5	105.7	83.1	100.5	95.2	95.1	78.8
	95%	57.9	51.0	54.3	49.6	52.8	56.9	61.0	63.4	56.1	51.6	57.4
	50%	4.9	4.7	5.5	4.7	4.7	4.4	5.6	5.7	5.1	5.3	5.1
7/28	Max	179.3	155.7	225.4	169.4	154.9	168.1	145.8	171.0	175.3	163.3	110.2
	99%	135.7	90.3	115.6	114.8	101.0	105.6	83.1	100.4	96.7	95.1	78.8
	95%	57.8	51.6	55.0	48.4	51.9	56.7	60.2	63.4	58.0	51.7	56.3
	50%	4.9	4.8	5.3	4.9	4.7	4.4	5.7	5.8	4.8	5.3	5.1
7/29	Max	179.3	155.7	225.4	169.4	154.9	168.1	145.8	171.0	175.3	163.3	110.2
	99%	135.4	99.7	115.4	114.5	101.0	105.5	84.9	100.2	99.5	95.1	94.3
	95%	56.9	53.1	52.0	47.2	49.0	57.3	59.4	59.8	56.3	50.6	56.0
	50%	4.8	4.6	4.7	5.1	4.6	4.5	5.6	5.9	4.7	5.1	5.0
7/30	Max	179.3	155.7	225.4	157.9	129.7	168.1	145.8	171.0	175.3	163.3	110.2
	99%	122.2	99.6	115.3	106.5	94.6	99.0	84.9	100.2	99.6	93.8	95.4
	95%	55.6	52.9	49.7	46.8	47.3	57.4	59.2	60.5	57.8	50.5	56.6
	50%	4.8	4.8	4.6	4.9	4.5	4.5	5.7	5.6	4.7	5.2	5.0
7/31	Max	179.3	155.7	225.4	157.9	129.7	168.1	145.8	171.0	175.3	163.3	110.2
	99%	121.4	91.3	115.0	106.5	93.9	98.8	93.7	97.5	102.5	93.5	95.3
	95%	54.9	52.1	49.2	46.1	47.1	57.3	61.2	57.8	58.9	50.5	57.4
	50%	4.8	4.8	4.4	4.6	4.5	4.5	5.5	5.3	4.7	5.2	5.1
8/1	Max	179.3	129.6	225.4	157.9	129.7	168.1	145.8	171.0	175.3	163.3	112.2
	99%	110.8	99.3	105.5	102.6	93.4	98.3	92.8	97.2	102.2	93.3	97.9
	95%	54.4	54.4	49.1	44.1	46.2	57.6	61.1	58.2	60.3	50.5	57.2
	50%	4.8	4.9	4.6	4.7	4.5	4.7	5.5	5.6	4.7	5.1	5.0
8/2	Max	179.3	129.6	225.4	157.9	129.7	168.1	145.8	171.0	175.3	163.3	112.2
	99%	110.6	99.2	105.5	102.7	93.3	98.3	92.5	99.9	101.8	93.2	97.7
	95%	54.4	51.5	48.3	42.2	46.8	55.8	61.1	58.1	64.3	51.5	59.1
	50%	4.6	4.8	4.5	4.3	4.5	4.4	5.4	5.3	4.7	5.0	5.0
8/3	Max	179.3	129.6	225.4	157.9	129.7	168.1	145.8	171.0	175.3	163.3	112.2
	99%	110.5	98.5	105.4	102.1	93.3	97.9	91.9	98.0	101.3	93.0	97.5
	95%	54.4	50.3	46.2	42.5	44.9	55.8	62.8	57.1	64.8	52.3	58.6
	50%	4.6	5.0	4.7	4.3	4.0	4.3	5.3	5.2	4.6	5.1	4.9
8/4	Max	142.4	129.6	225.4	157.9	129.7	168.1	145.8	171.0	175.3	163.3	112.2
	99%	102.6	90.9	105.4	93.9	94.1	98.6	85.1	98.0	107.0	89.7	95.1
	95%	53.7	50.3	44.9	42.7	45.4	53.1	60.6	57.8	65.1	52.3	56.4
	50%	4.2	4.9	4.7	4.3	3.6	4.1	5.3	5.2	4.4	5.1	5.0
8/5	Max	142.4	129.6	225.4	153.2	129.7	137.1	145.8	171.0	175.3	163.3	112.2
	99%	102.0	92.6	105.3	76.2	100.7	93.2	85.1	95.6	107.0	89.5	95.1
	95%	53.5	54.2	47.2	42.3	46.3	51.7	61.0	58.3	67.4	52.7	54.3
	50%	4.3	4.8	4.8	4.3	3.6	3.9	5.4	5.2	4.0	5.2	5.1

续表

日期(月/日)	项目	站点										
		58238	58235	58237	58333	58340	58339	58245	58148	58241	58242	58244
		南京	六合	浦口	江宁	溧水	高淳	扬州	宝应	高邮	仪征	江都
8/6	Max	142.4	129.6	225.4	153.2	129.7	137.1	140.3	171.0	175.3	163.3	112.2
	99%	102.6	92.8	105.3	76.2	100.9	93.2	81.7	95.6	106.7	87.1	95.2
	95%	52.7	54.4	47.7	43.5	45.9	53.2	59.3	58.3	64.9	50.5	54.0
	50%	4.3	4.8	4.9	4.3	3.6	4.1	5.5	5.1	4.0	5.1	5.1
8/7	Max	142.2	138.6	225.4	153.2	129.7	137.1	194.4	171.0	175.3	200.7	176.3
	99%	94.3	98.9	105.4	76.2	97.2	93.2	84.1	95.5	100.9	87.1	97.7
	95%	50.2	53.0	47.8	43.9	47.3	52.6	57.2	59.3	64.5	50.5	54.0
	50%	4.3	4.8	5.2	4.5	3.6	4.1	5.4	5.0	4.1	5.3	5.1
8/8	Max	142.2	138.6	225.4	153.2	129.7	136.2	194.4	118.6	175.3	200.7	176.3
	99%	94.5	99.1	105.5	76.3	101.1	91.3	84.2	92.3	98.8	92.8	97.8
	95%	51.5	53.3	46.9	45.2	48.1	50.9	57.2	58.3	64.8	52.3	53.9
	50%	4.2	4.9	5.1	4.5	3.9	3.7	5.4	5.0	4.1	5.3	5.1
8/9	Max	142.2	138.6	225.4	153.2	129.7	136.2	194.4	118.6	175.3	200.7	176.3
	99%	94.7	99.1	105.6	76.3	101.2	91.6	84.2	92.0	100.9	93.1	97.9
	95%	52.2	54.3	48.1	43.6	46.5	50.9	57.2	58.7	64.9	52.4	52.0
	50%	4.3	4.9	5.2	4.6	3.9	3.6	5.4	5.0	4.3	5.4	5.0
8/10	Max	142.2	138.6	225.4	153.2	129.7	136.2	194.4	118.6	175.3	200.7	176.3
	99%	105.4	91.0	105.6	76.3	101.2	91.8	84.3	91.8	100.9	93.4	98.0
	95%	51.7	50.0	47.9	43.8	46.5	51.0	55.8	58.5	64.9	50.5	50.9
	50%	4.3	4.8	5.2	4.6	3.7	3.5	5.5	5.1	4.1	5.2	5.1
8/11	Max	142.2	138.6	225.4	153.2	131.4	136.2	194.4	118.6	175.3	200.7	176.3
	99%	106.6	91.2	105.7	76.4	102.1	92.0	84.6	91.9	98.8	94.1	98.3
	95%	50.5	52.1	45.9	45.2	47.4	50.9	55.6	58.3	64.9	50.0	50.8
	50%	4.3	4.8	5.2	4.5	3.6	3.8	5.3	5.1	4.1	5.1	5.0
8/12	Max	142.2	138.6	225.4	153.2	131.4	136.2	194.4	118.6	175.3	200.7	176.3
	99%	107.1	91.1	105.7	76.4	102.1	92.1	84.5	91.9	98.7	94.3	95.5
	95%	50.6	50.6	47.6	45.2	45.0	49.2	53.7	58.3	64.9	50.1	49.9
	50%	4.3	4.8	5.2	4.4	3.7	3.8	5.3	5.1	4.0	5.1	4.9
8/13	Max	142.2	138.6	225.4	153.2	131.4	136.2	194.4	118.6	175.3	200.7	176.3
	99%	107.1	91.1	96.1	76.4	101.8	92.2	84.6	91.8	91.5	94.7	79.0
	95%	49.2	49.9	43.3	43.1	45.5	48.7	52.6	59.1	63.5	50.3	48.9
	50%	4.2	4.7	4.8	4.2	3.6	3.8	5.2	5.1	4.0	5.1	4.7
8/14	Max	142.2	138.6	225.4	153.2	131.4	136.2	194.4	118.6	175.3	200.7	176.3
	99%	107.7	91.1	97.0	76.4	99.5	92.4	84.8	91.7	91.5	95.1	94.4
	95%	49.1	49.9	43.8	43.1	44.6	48.8	53.9	59.6	63.7	50.4	49.9
	50%	4.2	4.7	4.6	3.8	3.6	3.7	5.2	5.1	4.1	5.2	4.6
8/15	Max	142.2	138.6	225.4	153.2	131.4	136.2	194.4	118.6	175.3	200.7	176.3
	99%	92.7	91.2	92.4	76.4	99.4	90.1	84.8	95.1	91.5	95.1	94.4
	95%	47.9	50.0	43.2	44.7	45.9	50.5	54.4	60.5	63.6	50.4	50.2
	50%	4.1	4.7	4.6	3.7	3.6	3.6	5.1	5.1	4.1	5.1	4.6

续表

日期（月/日）	项目	站点										
		58238	58235	58237	58333	58340	58339	58245	58148	58241	58242	58244
		南京	六合	浦口	江宁	溧水	高淳	扬州	宝应	高邮	仪征	江都
8/16	Max	142.2	138.6	153.2	153.2	131.4	136.2	194.4	118.6	175.3	200.7	176.3
	99%	92.6	91.1	92.2	76.3	99.5	90.1	84.7	97.3	91.4	95.1	94.4
	95%	46.8	50.6	43.2	43.9	44.6	50.4	54.9	60.1	64.8	50.5	49.9
	50%	4.1	4.6	4.5	3.8	3.4	3.5	4.8	5.3	4.1	5.1	4.4
8/17	Max	142.2	138.6	153.2	153.2	131.4	136.2	194.4	118.6	175.3	200.7	176.3
	99%	92.7	91.1	89.9	76.4	88.5	90.1	84.7	94.7	91.4	94.1	94.4
	95%	45.8	54.1	43.5	44.3	44.3	50.6	54.9	60.3	65.1	52.2	50.3
	50%	4.2	4.5	4.6	3.8	3.4	3.8	4.7	5.3	4.1	5.1	4.2
8/18	Max	142.2	138.6	153.2	153.2	131.4	136.2	194.4	118.6	175.3	200.7	176.3
	99%	93.0	91.2	90.0	76.4	89.0	88.8	84.9	94.9	90.3	87.6	95.3
	95%	47.6	55.2	45.6	46.2	46.6	51.9	55.0	60.7	65.2	52.6	50.6
	50%	4.2	4.5	4.8	4.4	3.6	3.9	5.0	5.3	4.2	5.1	4.3
8/19	Max	142.2	138.6	153.2	153.2	131.4	136.2	194.4	118.6	175.3	200.7	176.3
	99%	85.5	91.1	83.6	75.8	83.4	88.9	85.1	94.8	90.3	87.5	95.3
	95%	46.6	54.9	43.5	45.2	47.9	52.4	55.0	60.7	64.8	52.3	49.8
	50%	4.2	4.5	4.6	4.3	3.6	3.9	4.7	5.4	4.1	5.1	4.3
8/20	Max	142.2	138.6	153.2	153.2	131.4	136.2	194.4	118.6	175.3	200.7	176.3
	99%	85.5	92.9	83.2	75.8	83.4	82.8	90.7	94.7	90.2	93.2	95.3
	95%	47.6	56.0	43.8	45.4	47.0	50.6	55.2	60.6	64.8	52.9	49.9
	50%	4.4	4.5	4.8	4.4	3.6	3.8	4.5	5.3	4.3	4.9	4.2
8/21	Max	142.2	138.6	153.2	153.2	131.4	136.2	194.4	118.6	175.3	200.7	176.3
	99%	85.1	106.3	91.8	75.8	83.6	88.9	90.7	94.9	90.3	93.2	95.3
	95%	47.4	56.8	46.1	45.2	47.2	50.9	56.3	60.7	64.9	52.6	48.9
	50%	4.3	4.4	4.6	4.4	3.6	3.8	4.5	5.3	4.3	4.9	4.1
8/22	Max	142.2	138.6	115.7	117.7	131.4	136.2	194.4	118.6	175.3	200.7	176.3
	99%	82.4	105.2	91.4	73.0	83.6	88.9	85.2	87.3	91.4	87.4	86.5
	95%	46.6	54.3	45.7	45.0	44.3	50.6	55.2	58.5	64.9	52.2	48.7
	50%	4.2	4.5	4.5	4.4	3.6	3.9	4.5	5.0	4.1	4.7	4.0
8/23	Max	142.2	138.6	115.7	117.7	131.4	136.2	194.4	118.6	175.3	200.7	176.3
	99%	82.2	104.2	90.5	73.0	82.7	88.8	93.3	90.8	95.0	95.1	94.4
	95%	46.6	54.0	46.2	45.2	44.3	49.0	57.3	59.4	64.9	53.4	49.3
	50%	4.2	4.6	4.8	4.4	3.6	4.0	4.7	5.1	4.2	4.8	4.4
8/24	Max	142.2	138.6	115.6	84.8	131.4	117.6	194.4	118.6	175.3	200.7	176.3
	99%	81.2	104.0	76.6	72.3	81.3	88.8	93.8	90.7	88.5	94.0	94.4
	95%	44.2	52.2	44.5	44.7	42.5	49.0	56.7	60.5	62.6	52.7	48.7
	50%	4.1	4.5	4.7	4.4	3.6	4.0	4.8	5.3	4.0	4.6	4.4
8/25	Max	111.4	138.6	115.6	84.8	131.4	117.6	194.4	113.2	130.8	200.7	176.3
	99%	81.1	91.9	74.7	66.5	74.2	89.5	93.7	90.7	98.6	92.6	85.1
	95%	44.0	51.8	43.2	43.1	41.8	50.1	55.3	59.3	63.3	51.8	44.9
	50%	4.2	4.5	4.6	4.4	3.6	4.0	4.7	5.0	4.1	4.6	4.4

续表

日期(月/日)	项目	站点										
		58238	58235	58237	58333	58340	58339	58245	58148	58241	58242	58244
		南京	六合	浦口	江宁	溧水	高淳	扬州	宝应	高邮	仪征	江都
8/26	Max	111.4	138.6	115.6	84.8	131.4	109.2	194.4	113.2	130.8	200.7	176.3
	99%	81.0	91.8	74.7	66.5	74.6	82.0	93.7	87.3	91.2	92.2	95.3
	95%	44.2	54.2	43.2	43.1	41.6	48.7	55.7	58.2	62.1	50.2	48.5
	50%	4.3	4.5	4.6	4.4	3.6	3.8	4.9	5.0	4.1	4.7	4.4
8/27	Max	111.4	138.6	132.8	84.8	131.4	109.2	194.4	113.2	130.8	200.7	176.3
	99%	80.8	85.3	74.6	66.4	74.5	75.4	92.7	87.3	88.3	91.9	94.7
	95%	44.5	52.0	43.2	43.1	41.9	45.8	55.7	58.0	59.6	49.8	48.0
	50%	4.1	4.4	4.6	4.0	3.6	3.7	4.8	4.9	3.9	4.6	4.3
8/28	Max	111.4	138.6	132.8	84.8	131.4	109.2	194.4	113.2	130.8	200.7	176.3
	99%	80.4	85.2	74.6	66.4	74.2	73.8	92.7	86.5	88.3	91.8	94.5
	95%	43.9	52.0	43.2	43.0	41.8	45.2	56.0	56.8	61.3	49.8	47.9
	50%	4.1	4.3	4.5	3.8	3.6	3.7	4.5	5.0	3.9	4.3	4.2
8/29	Max	111.4	138.6	132.8	84.8	131.4	109.2	194.4	113.2	130.8	200.7	176.3
	99%	80.9	86.1	74.6	66.4	75.0	73.8	92.8	86.6	87.4	92.5	95.1
	95%	43.9	51.8	43.2	43.1	41.6	45.2	55.1	56.9	57.4	49.8	48.5
	50%	4.0	4.2	4.6	4.1	3.6	3.7	4.5	5.0	3.9	4.0	4.2
8/30	Max	111.4	138.6	132.8	84.8	131.4	109.2	194.4	113.2	130.8	200.7	176.3
	99%	80.9	86.1	74.6	66.4	75.2	73.8	93.0	84.6	84.4	92.6	81.4
	95%	43.9	51.0	41.9	43.1	41.1	44.9	55.0	55.9	57.0	49.8	44.9
	50%	3.9	4.0	4.5	3.9	3.6	3.6	4.3	4.9	3.7	4.0	4.0
8/31	Max	111.4	138.6	132.8	84.8	131.4	109.2	194.4	113.2	130.8	200.7	176.3
	99%	80.8	86.1	74.6	66.4	78.7	75.5	93.1	84.1	84.4	92.6	75.5
	95%	43.9	51.0	43.2	43.3	41.2	45.4	55.0	55.8	55.8	48.8	45.1
	50%	3.9	3.9	4.3	3.9	3.5	3.7	4.2	4.9	3.6	4.2	4.2
9/1	Max	111.4	138.6	132.8	84.8	131.4	109.2	194.4	113.2	130.8	200.7	176.3
	99%	80.7	86.1	74.6	65.5	78.6	75.7	93.1	82.8	84.2	92.3	75.6
	95%	43.8	51.0	43.2	42.7	41.6	45.6	54.6	54.3	54.8	48.8	46.8
	50%	3.8	3.8	4.2	3.9	3.6	3.7	4.2	5.0	3.7	4.0	4.2
9/2	Max	111.4	138.6	132.8	84.8	131.4	126.9	194.4	113.2	130.8	200.7	176.3
	99%	80.0	85.7	73.2	65.5	78.3	79.1	94.5	82.6	84.5	91.8	94.8
	95%	44.0	51.5	42.1	43.0	42.6	46.1	54.2	54.8	56.5	48.2	48.8
	50%	3.9	3.6	4.2	3.9	3.7	4.0	4.2	4.8	3.6	3.9	4.2
9/3	Max	111.4	138.6	132.8	84.8	131.4	126.9	194.4	113.2	130.8	200.7	176.3
	99%	79.4	81.4	71.2	64.3	73.3	87.7	94.3	82.3	84.2	90.3	93.4
	95%	44.1	49.5	42.8	42.9	41.2	47.7	52.5	51.2	54.5	48.8	46.7
	50%	3.9	3.5	4.0	3.9	3.6	4.2	4.0	4.6	3.5	3.8	3.8
9/4	Max	111.4	138.6	132.8	84.8	131.4	126.9	194.4	113.2	130.8	200.7	176.3
	99%	79.0	81.2	71.1	64.1	77.4	87.5	94.2	81.5	83.9	88.9	91.7
	95%	43.4	50.8	43.2	40.4	41.5	46.3	52.3	54.7	55.2	48.1	48.7
	50%	3.7	3.4	3.9	3.9	3.6	3.9	3.8	4.3	3.1	3.7	3.8

续表

日期（月/日）	项目	站点										
		58238 南京	58235 六合	58237 浦口	58333 江宁	58340 溧水	58339 高淳	58245 扬州	58148 宝应	58241 高邮	58242 仪征	58244 江都
9/5	Max	111.4	121.2	132.8	111.4	131.4	126.9	121.7	113.2	130.8	124.6	171.9
	99%	78.6	79.9	71.0	64.0	77.3	87.4	90.1	83.9	83.7	78.3	91.4
	95%	44.0	50.8	41.9	41.0	41.0	49.2	54.6	55.3	55.0	49.1	48.7
	50%	3.8	3.4	3.4	3.9	3.6	3.9	3.7	4.5	3.0	3.7	3.8
9/6	Max	111.4	121.2	132.8	111.4	131.4	126.9	121.7	113.2	130.8	124.6	171.9
	99%	72.6	79.9	69.7	63.9	71.8	87.3	89.4	83.9	83.5	76.0	90.3
	95%	43.7	50.9	41.5	40.5	41.1	46.4	53.6	56.2	53.9	47.1	48.0
	50%	3.6	3.4	3.4	3.8	3.5	4.0	3.6	4.3	2.9	3.6	3.7
9/7	Max	111.4	121.2	132.8	111.4	131.4	126.9	121.7	113.2	130.8	124.6	171.9
	99%	72.3	79.8	69.6	63.7	71.4	87.0	89.0	83.8	83.3	76.0	89.5
	95%	43.2	47.7	41.2	40.0	40.2	46.4	51.3	53.1	51.2	46.8	44.6
	50%	3.5	3.4	3.3	3.6	3.4	3.8	3.4	4.2	2.8	3.4	3.5
9/8	Max	111.0	121.2	132.8	111.4	131.4	126.9	121.7	113.2	130.8	124.6	171.9
	99%	66.2	79.8	69.6	62.2	71.1	82.5	88.1	83.8	83.0	75.9	88.0
	95%	41.7	49.5	41.1	39.5	39.0	46.1	52.5	50.7	50.5	46.9	45.9
	50%	3.4	3.3	3.2	3.5	3.2	3.7	3.3	4.1	2.9	3.4	3.4
9/9	Max	111.0	121.2	132.8	111.4	83.1	126.9	121.7	113.2	130.8	124.6	171.9
	99%	60.9	78.9	69.6	60.3	65.6	76.6	87.2	84.7	80.8	71.4	86.7
	95%	41.4	44.5	41.0	37.8	38.8	46.3	52.6	50.6	51.1	44.1	44.9
	50%	3.3	3.4	3.1	3.3	3.2	3.7	3.4	3.8	2.8	3.4	3.5
9/10	Max	111.0	121.2	132.8	111.4	83.1	126.9	121.7	113.2	130.8	124.6	171.9
	99%	62.2	78.9	69.5	61.7	65.3	76.4	86.6	87.0	80.1	71.0	85.9
	95%	41.4	45.1	40.9	39.0	37.9	46.2	52.5	50.9	50.4	45.1	45.9
	50%	3.4	3.4	3.2	3.5	3.2	3.5	3.4	3.6	2.9	3.4	3.5
9/11	Max	111.0	121.2	132.8	111.4	83.1	126.9	121.7	113.2	130.8	124.6	171.9
	99%	62.1	78.8	69.4	61.7	65.2	76.3	86.3	86.8	85.0	70.7	85.2
	95%	41.4	45.3	41.4	39.6	37.2	46.1	53.3	50.8	52.3	45.3	47.0
	50%	3.4	3.3	3.2	3.5	2.9	3.3	3.3	3.6	2.8	3.3	3.4
9/12	Max	111.0	121.2	132.8	111.4	83.1	126.9	121.7	113.2	130.8	124.6	171.9
	99%	61.9	80.1	71.7	61.7	64.8	75.8	85.9	83.5	84.8	67.7	81.5
	95%	41.2	46.7	41.5	39.5	37.7	46.4	52.3	50.7	52.0	45.2	45.1
	50%	3.4	3.3	3.3	3.6	3.0	3.5	3.3	4.0	2.8	3.3	3.4
9/13	Max	111.0	121.2	132.8	111.4	83.1	126.9	121.7	113.2	130.8	124.6	171.9
	99%	64.2	80.0	70.3	59.9	64.5	75.5	94.6	83.2	84.6	75.5	95.1
	95%	41.5	45.2	41.2	39.3	36.4	44.6	52.5	45.3	50.4	45.2	46.3
	50%	3.3	3.3	3.2	3.5	3.0	3.4	3.3	3.6	2.8	3.2	3.4
9/14	Max	111.0	121.2	132.8	111.4	83.1	126.9	121.7	113.2	130.8	124.6	171.9
	99%	61.6	79.9	69.2	59.9	64.1	75.4	94.6	83.2	84.7	70.0	94.5
	95%	40.7	45.1	40.7	37.8	35.9	44.5	51.1	45.3	49.5	44.7	45.9
	50%	3.3	3.2	3.2	3.4	3.2	3.3	3.3	3.4	2.8	3.3	3.4

续表

日期(月/日)	项目	站点										
		58238	58235	58237	58333	58340	58339	58245	58148	58241	58242	58244
		南京	六合	浦口	江宁	溧水	高淳	扬州	宝应	高邮	仪征	江都
9/15	Max	113.5	121.2	132.8	111.4	83.1	126.9	121.7	113.2	130.8	124.6	171.9
	99%	63.9	80.8	67.7	59.7	63.8	85.9	94.5	88.1	81.3	69.9	94.0
	95%	41.9	40.4	41.0	36.6	35.2	44.7	50.1	44.8	48.7	43.7	43.2
	50%	3.2	3.0	3.2	3.3	3.1	3.2	3.1	3.2	2.7	3.1	3.2
9/16	Max	113.5	121.2	132.8	111.4	83.1	126.9	121.7	113.2	130.8	124.6	171.9
	99%	63.6	79.7	66.0	59.5	52.7	85.6	92.9	84.8	74.0	69.7	83.8
	95%	38.0	38.9	39.5	34.5	32.8	41.0	49.6	43.6	44.8	40.0	43.3
	50%	3.2	3.2	3.1	3.2	3.0	3.2	3.1	2.7	2.7	3.1	3.2
9/17	Max	113.5	121.2	132.8	111.4	83.1	126.9	121.7	113.2	130.8	124.6	171.9
	99%	63.5	79.6	65.9	61.2	47.5	84.4	82.3	80.9	73.3	69.5	83.6
	95%	38.0	39.2	40.6	34.5	31.4	39.7	46.8	44.4	43.5	40.6	43.0
	50%	2.8	3.2	3.0	3.2	3.0	3.1	3.1	2.7	2.7	3.1	3.2
9/18	Max	113.5	86.9	132.8	111.4	83.1	126.9	121.7	113.2	130.8	96.4	171.9
	99%	63.4	75.3	68.2	61.7	56.2	87.4	72.1	79.4	72.9	67.3	78.7
	95%	36.4	38.4	40.3	34.4	32.4	40.1	45.9	44.0	48.7	38.0	40.8
	50%	2.8	3.2	3.1	3.2	3.0	3.2	3.2	2.9	2.8	3.1	3.2
9/19	Max	113.5	86.9	132.8	111.4	83.1	126.9	121.7	113.2	130.8	96.4	171.9
	99%	63.3	75.3	68.2	61.7	66.5	83.5	72.0	77.9	72.7	67.3	78.8
	95%	37.5	37.9	38.6	34.5	32.1	39.7	45.8	42.9	45.3	39.1	40.9
	50%	3.2	3.0	3.0	3.2	3.0	3.3	3.2	2.7	2.7	3.2	3.2
9/20	Max	113.5	86.9	132.8	111.4	83.1	126.9	121.7	113.2	130.8	96.4	171.9
	99%	63.2	75.3	68.2	61.7	66.5	83.4	70.0	77.7	68.0	67.3	78.4
	95%	37.2	36.5	38.6	34.5	32.9	39.6	45.8	40.9	43.7	36.2	37.7
	50%	3.4	3.0	3.1	3.2	3.0	3.3	3.3	2.7	2.7	3.2	3.4
9/21	Max	113.5	86.9	132.8	111.4	78.1	126.9	121.7	106.5	108.2	79.6	171.9
	99%	63.3	75.4	68.3	61.3	66.8	84.3	65.1	67.8	62.9	65.3	72.2
	95%	37.9	36.6	37.4	34.5	34.2	39.7	42.8	40.6	42.5	36.3	36.6
	50%	3.4	2.9	3.0	3.2	3.0	3.5	3.3	2.6	2.7	3.2	3.2
9/22	Max	113.5	86.9	132.8	111.4	78.1	126.9	121.7	106.5	108.2	79.6	171.9
	99%	63.4	75.3	68.4	57.5	67.2	76.5	65.1	67.8	62.4	59.9	70.3
	95%	38.0	35.0	37.1	34.0	34.3	39.5	36.8	39.8	41.0	35.1	36.2
	50%	3.4	2.9	3.0	3.2	2.9	3.3	3.3	2.4	2.9	3.1	3.2
9/23	Max	113.5	86.9	132.8	111.4	78.1	126.9	118.1	106.5	108.2	79.6	109.4
	99%	63.4	75.3	68.3	57.6	67.2	76.6	64.7	66.9	56.1	55.7	65.1
	95%	37.7	34.3	36.5	33.4	32.1	39.2	33.2	37.3	39.5	34.3	34.2
	50%	3.4	2.9	3.1	3.1	2.9	3.3	3.3	2.6	3.0	3.1	3.2
9/24	Max	113.5	82.4	132.8	111.4	78.1	126.9	118.1	106.5	108.2	79.6	109.4
	99%	63.3	71.5	68.1	57.4	66.5	76.5	64.7	66.8	56.0	55.7	65.1
	95%	36.2	34.3	37.0	33.0	31.9	36.5	33.2	38.4	40.5	32.0	32.5
	50%	3.3	2.8	3.1	2.6	2.9	3.3	3.1	2.7	2.9	3.1	3.2

续表

日期（月/日）	项目	站点										
		58238	58235	58237	58333	58340	58339	58245	58148	58241	58242	58244
		南京	六合	浦口	江宁	溧水	高淳	扬州	宝应	高邮	仪征	江都
9/25	Max	113.5	82.4	80.2	111.4	78.1	126.9	118.1	106.5	108.2	79.6	109.4
	99%	60.7	70.7	62.6	61.7	65.3	76.4	64.5	66.7	55.8	55.6	64.8
	95%	35.1	32.3	35.9	33.1	32.0	37.2	31.7	37.3	40.3	32.2	32.1
	50%	3.3	2.9	3.1	3.0	2.9	3.2	3.1	2.6	3.0	3.1	3.2
9/26	Max	113.5	82.4	80.2	111.4	78.1	126.9	118.1	106.5	108.2	79.6	109.4
	99%	60.6	70.3	62.0	61.7	64.6	76.3	64.5	67.5	54.8	55.6	64.6
	95%	35.3	34.3	36.9	33.1	31.0	37.0	31.8	39.4	39.3	31.0	31.7
	50%	3.3	2.9	3.2	2.9	2.9	3.1	3.1	2.7	3.0	3.1	3.1
9/27	Max	113.5	81.0	80.2	111.4	78.1	126.9	118.1	106.5	108.2	79.6	109.4
	99%	60.4	64.7	61.5	61.6	63.4	76.2	57.2	71.9	54.7	55.5	63.6
	95%	34.7	33.6	35.5	33.0	31.4	36.4	31.4	40.4	38.7	30.1	30.1
	50%	3.2	2.8	3.0	2.5	2.8	3.1	3.0	2.7	3.0	3.1	3.0
9/28	Max	113.5	81.0	80.2	111.4	78.1	126.9	118.1	106.5	108.2	79.6	109.4
	99%	60.3	64.6	61.2	61.6	62.5	76.1	55.5	71.9	54.7	55.5	63.6
	95%	34.6	32.1	34.5	33.0	31.9	38.5	31.6	40.3	38.5	29.5	29.9
	50%	3.3	2.8	3.1	2.5	2.8	3.1	3.1	2.8	2.9	3.2	3.1
9/29	Max	113.5	81.0	80.2	111.4	78.1	126.9	118.1	106.5	108.2	79.6	109.4
	99%	60.2	64.4	61.1	61.6	52.5	75.2	55.0	71.7	54.7	55.5	63.6
	95%	34.5	31.9	34.0	33.0	31.6	36.2	30.6	39.4	37.4	28.5	29.7
	50%	3.2	2.8	3.1	2.5	2.8	3.0	3.1	2.8	2.8	3.0	3.0
9/30	Max	113.5	81.0	80.2	111.4	78.1	126.9	118.1	106.5	108.2	75.6	109.4
	99%	60.1	64.3	60.9	61.6	47.8	75.2	54.3	71.4	55.4	54.7	59.5
	95%	35.8	31.6	34.3	33.0	30.5	35.7	28.7	39.4	36.5	28.9	29.2
	50%	3.2	2.8	3.0	2.5	2.7	2.9	3.1	2.8	2.8	3.0	3.1
10/1	Max	113.5	81.0	80.2	111.4	78.1	99.7	85.8	106.5	108.2	66.9	96.4
	99%	60.1	64.2	60.8	61.6	47.6	64.3	51.2	71.4	55.4	53.1	57.7
	95%	33.8	32.6	33.9	32.6	30.0	35.5	28.7	37.6	36.5	27.8	28.8
	50%	3.2	2.7	3.1	2.5	2.7	2.9	3.1	2.8	2.9	3.0	3.0
10/2	Max	113.5	81.0	80.2	111.4	78.1	99.7	85.8	106.5	108.2	61.7	96.4
	99%	60.1	62.2	58.6	61.6	47.6	53.3	51.3	71.4	55.4	51.7	57.8
	95%	32.5	29.8	31.9	32.6	29.4	34.1	28.5	37.5	36.5	27.3	28.6
	50%	3.1	2.7	3.0	2.5	2.8	3.0	3.0	2.7	2.9	2.9	3.1
10/3	Max	113.5	81.0	80.2	111.4	78.1	99.7	85.8	106.5	108.2	61.7	96.4
	99%	60.0	60.0	58.2	61.6	47.6	52.9	65.0	71.2	54.6	51.7	57.7
	95%	31.7	30.6	32.6	32.5	28.9	33.3	28.7	36.8	35.6	27.1	28.6
	50%	3.2	2.7	3.0	2.5	2.8	3.1	3.1	2.7	3.0	2.9	3.0
10/4	Max	113.5	81.0	80.2	65.4	78.1	99.7	92.7	106.5	112.2	76.4	99.2
	99%	52.9	57.1	53.9	60.4	44.9	49.4	64.4	67.9	54.6	51.6	57.6
	95%	30.2	28.8	30.3	30.7	28.3	32.2	28.6	33.7	34.3	26.1	28.4
	50%	3.0	2.7	2.9	2.4	2.7	3.1	2.9	2.7	3.0	2.9	2.9

续表

日期(月/日)	项目	站点										
		58238	58235	58237	58333	58340	58339	58245	58148	58241	58242	58244
		南京	六合	浦口	江宁	溧水	高淳	扬州	宝应	高邮	仪征	江都
10/5	Max	113.5	81.0	80.2	65.4	78.1	99.7	92.7	106.5	112.2	76.4	99.2
	99%	53.9	57.1	53.7	61.6	47.6	49.2	64.2	67.8	54.6	51.7	59.1
	95%	31.0	30.1	31.6	31.2	28.8	30.5	28.7	33.3	33.5	26.3	28.8
	50%	3.1	2.6	2.6	2.4	2.6	3.0	3.0	2.7	3.0	2.9	2.8
10/6	Max	113.5	81.0	80.2	65.4	78.1	99.7	92.7	106.5	112.2	76.4	99.2
	99%	61.9	57.1	53.7	61.6	47.5	49.2	63.9	67.9	54.6	51.6	63.4
	95%	31.7	30.2	30.1	31.2	27.3	29.4	28.0	33.7	33.6	26.1	29.4
	50%	3.2	2.7	2.8	2.4	2.7	3.1	3.1	2.6	3.0	2.9	3.0
10/7	Max	113.5	81.0	80.2	65.4	78.1	99.7	92.7	106.5	112.2	76.4	99.2
	99%	59.8	57.2	53.7	61.6	47.5	49.2	64.2	67.9	54.6	51.6	57.7
	95%	31.0	30.4	30.1	31.1	27.3	31.4	28.2	36.7	33.7	27.7	28.8
	50%	3.2	2.8	3.1	2.8	2.7	3.2	3.1	2.6	3.1	3.0	3.0
10/8	Max	113.5	81.0	80.2	65.4	78.1	99.7	92.7	106.5	112.2	76.4	99.2
	99%	61.9	57.3	56.8	61.6	47.5	49.2	64.2	67.7	54.6	53.1	57.7
	95%	31.7	31.2	29.9	31.6	27.2	30.5	28.7	33.0	33.1	28.8	28.9
	50%	3.3	2.7	3.2	2.9	2.7	3.1	3.0	2.6	3.0	2.9	2.8
10/9	Max	113.5	81.0	80.2	65.4	78.1	99.7	92.7	89.6	112.2	76.4	99.2
	99%	53.7	57.4	57.0	60.2	47.5	47.0	64.2	58.3	54.6	53.1	57.7
	95%	31.0	27.7	27.2	31.1	27.1	30.5	28.2	30.5	32.7	27.8	28.8
	50%	3.2	2.7	3.0	2.7	2.6	3.1	3.0	2.6	3.1	2.9	2.7
10/10	Max	113.5	81.0	80.2	65.4	78.1	99.7	92.7	89.6	112.2	76.4	99.2
	99%	59.7	57.3	54.6	60.3	45.0	43.6	53.6	57.1	53.6	51.6	48.4
	95%	29.6	29.2	26.3	30.5	27.1	30.6	27.3	26.0	28.2	25.2	28.0
	50%	3.2	2.8	3.0	2.9	2.8	3.2	3.1	2.7	3.1	2.9	2.8
10/11	Max	113.5	81.0	80.2	65.4	78.1	99.7	92.7	89.6	112.2	76.4	99.2
	99%	53.7	57.3	54.7	60.4	45.3	43.7	53.6	57.1	53.7	51.6	48.8
	95%	29.6	29.3	26.3	30.7	27.2	31.1	27.3	25.5	28.2	25.2	28.1
	50%	3.2	2.7	3.0	3.0	2.8	3.2	3.1	2.7	3.1	2.9	2.8
10/12	Max	113.5	81.0	80.2	65.4	78.1	99.7	92.7	89.6	112.2	76.4	99.2
	99%	52.3	57.3	55.1	60.5	45.5	42.7	53.7	57.1	53.8	51.6	49.0
	95%	28.9	29.2	26.4	30.6	26.2	28.6	27.3	25.4	28.2	25.2	28.1
	50%	3.2	2.8	2.9	3.0	2.8	3.1	3.0	2.8	3.0	2.9	2.7
10/13	Max	113.5	81.0	80.2	65.4	78.1	99.7	92.7	89.6	112.2	76.4	99.2
	99%	59.6	57.1	54.7	60.3	45.3	42.1	53.6	57.0	53.2	54.6	48.6
	95%	29.5	27.7	26.1	30.5	27.2	28.7	27.3	25.5	29.7	26.8	28.1
	50%	3.3	2.7	2.7	2.9	2.8	2.8	3.0	2.8	3.0	2.9	2.8
10/14	Max	78.8	67.6	80.2	65.4	78.1	99.7	92.7	72.0	112.2	76.4	99.2
	99%	53.6	55.0	53.0	56.5	45.2	42.1	51.8	52.0	48.7	51.4	57.4
	95%	26.7	26.1	24.9	28.5	27.0	29.3	27.1	25.5	30.3	25.3	27.9
	50%	3.3	2.8	2.9	3.0	2.7	2.8	3.1	2.8	3.0	2.9	2.8

续表

日期（月/日）	项目	站点										
		58238	58235	58237	58333	58340	58339	58245	58148	58241	58242	58244
		南京	六合	浦口	江宁	溧水	高淳	扬州	宝应	高邮	仪征	江都
10/15	Max	78.8	67.6	80.2	65.4	78.1	99.7	92.7	72.0	112.2	76.4	99.2
	99%	53.7	55.0	53.0	56.6	45.3	42.1	51.9	51.6	45.9	51.4	57.5
	95%	26.9	26.1	25.1	28.6	27.1	28.6	27.1	25.1	29.1	25.9	27.9
	50%	3.2	2.7	2.7	3.0	2.6	2.7	3.0	2.8	3.0	2.9	2.7
10/16	Max	78.8	67.6	80.2	65.4	78.1	99.7	92.7	72.0	112.2	76.4	99.2
	99%	52.2	55.1	53.0	56.4	45.2	41.6	51.8	51.4	45.9	51.4	57.4
	95%	25.3	25.1	24.6	28.1	25.6	27.7	24.7	25.0	30.3	24.7	26.3
	50%	3.1	2.6	2.7	2.9	2.6	2.8	3.0	2.7	2.8	2.8	2.6
10/17	Max	65.3	63.3	71.1	65.3	76.2	76.7	92.7	72.0	112.2	76.4	99.2
	99%	49.1	47.9	48.8	55.2	45.3	41.5	51.8	51.5	41.8	51.4	57.3
	95%	24.6	24.0	23.7	25.3	24.0	25.8	23.5	23.5	26.1	23.7	24.8
	50%	3.1	2.7	2.5	3.0	2.6	2.6	3.0	2.7	2.8	2.8	2.7
10/18	Max	65.3	63.3	71.1	65.3	76.2	76.7	92.7	72.0	112.2	76.4	99.2
	99%	52.3	54.9	53.0	55.1	42.5	41.4	53.5	52.6	42.8	51.3	52.5
	95%	26.3	23.8	23.7	26.3	24.8	27.0	23.4	25.0	26.3	24.5	23.6
	50%	3.1	2.7	2.7	3.0	2.6	2.6	3.0	2.8	3.0	2.9	2.9
10/19	Max	65.3	63.3	71.1	65.3	76.2	76.7	92.7	72.0	112.2	76.4	99.2
	99%	52.3	59.5	59.4	55.0	41.4	41.2	53.5	52.2	41.9	51.1	52.0
	95%	25.6	25.4	24.5	26.6	23.5	24.9	23.4	25.2	25.8	25.2	23.4
	50%	3.0	2.7	2.5	2.9	2.5	2.5	2.9	2.6	2.8	2.9	2.7
10/20	Max	59.8	62.1	67.9	65.3	54.7	55.5	92.7	72.0	112.2	76.4	99.2
	99%	48.5	56.6	53.4	53.5	39.1	39.8	53.4	51.9	41.8	50.3	51.7
	95%	24.6	24.2	23.3	25.1	22.8	25.0	22.8	25.3	25.4	24.6	22.3
	50%	2.9	2.5	2.4	2.7	2.5	2.4	2.6	2.7	2.7	2.8	2.5
10/21	Max	59.8	62.1	67.9	65.3	54.7	55.5	92.7	72.0	112.2	76.4	99.2
	99%	48.3	56.7	53.4	53.5	39.0	37.4	53.4	52.1	44.7	50.2	51.6
	95%	24.4	24.4	22.8	25.0	22.5	24.7	22.8	25.0	25.4	24.5	22.9
	50%	3.0	2.6	2.5	3.0	2.5	2.5	2.8	2.8	2.8	2.9	2.6
10/22	Max	59.8	62.1	67.9	65.3	54.7	57.2	92.7	72.0	112.2	76.4	99.2
	99%	51.2	54.2	53.4	53.5	38.9	37.6	52.0	52.0	44.7	49.4	47.4
	95%	24.6	23.4	23.4	25.0	23.0	25.5	22.5	25.2	24.7	24.4	21.8
	50%	2.9	2.6	2.3	2.9	2.5	2.4	2.9	2.8	2.8	2.9	2.5
10/23	Max	59.8	62.1	67.9	66.2	62.9	57.2	92.7	72.0	112.2	76.4	99.2
	99%	51.3	54.5	53.4	54.8	41.1	37.6	52.1	52.3	44.9	49.8	47.5
	95%	25.2	23.4	24.4	25.0	22.5	24.7	22.5	25.4	24.8	24.7	21.9
	50%	3.0	2.5	2.4	3.1	2.6	2.5	2.9	2.6	2.7	2.9	2.6
10/24	Max	59.8	62.1	67.9	66.2	62.9	57.2	92.7	72.0	112.2	76.4	99.2
	99%	51.4	43.7	48.4	54.8	45.0	40.2	52.3	56.6	45.1	50.4	47.6
	95%	26.0	23.5	25.3	24.9	23.9	25.7	23.3	25.3	26.4	24.2	22.2
	50%	3.0	2.7	2.4	3.2	2.6	2.5	3.0	2.6	2.7	2.9	2.8

续表

日期(月/日)	项目	站点										
		58238	58235	58237	58333	58340	58339	58245	58148	58241	58242	58244
		南京	六合	浦口	江宁	溧水	高淳	扬州	宝应	高邮	仪征	江都
10/25	Max	59.8	62.1	67.9	66.2	69.2	57.2	92.7	67.0	112.2	76.4	99.2
	99%	51.6	44.0	48.8	54.9	46.5	40.3	52.4	53.1	45.4	50.9	47.8
	95%	29.2	27.6	26.1	27.1	24.1	27.7	23.5	25.4	28.5	25.5	22.4
	50%	3.1	2.7	2.5	3.2	2.6	2.7	3.0	2.6	2.7	2.9	2.8
10/26	Max	59.8	69.7	71.9	66.2	84.1	66.6	92.7	67.0	112.2	76.4	99.2
	99%	51.8	44.7	49.2	53.6	47.7	42.1	52.6	56.9	53.8	41.4	47.9
	95%	28.5	25.8	25.9	27.0	24.7	28.0	23.9	25.5	26.1	25.0	22.6
	50%	3.2	3.0	2.7	3.3	2.7	2.8	3.1	2.7	2.8	2.9	3.0
10/27	Max	59.8	69.7	71.9	66.2	84.1	66.6	92.7	67.0	112.2	76.4	99.2
	99%	46.3	55.1	49.4	53.6	50.5	43.1	52.8	56.9	55.5	45.1	48.0
	95%	26.9	24.3	25.8	27.5	25.5	28.5	24.3	25.7	28.7	25.3	22.7
	50%	3.2	3.1	2.9	3.4	2.7	2.9	3.2	2.8	3.0	3.0	3.1
10/28	Max	59.8	69.7	71.9	66.2	84.1	66.6	92.7	67.0	112.2	76.4	99.2
	99%	51.9	45.2	49.4	53.6	50.3	43.1	52.8	56.8	55.5	45.1	51.9
	95%	28.8	23.4	25.8	27.5	24.7	28.1	24.3	25.6	29.2	25.2	23.5
	50%	3.2	3.1	2.9	3.5	2.7	2.9	3.2	2.8	3.0	3.0	3.2
10/29	Max	54.3	69.7	71.9	66.2	84.1	66.6	92.7	67.0	112.2	76.4	99.2
	99%	45.9	45.0	49.5	51.9	50.5	43.1	52.8	56.9	55.5	45.1	52.0
	95%	26.6	23.4	25.9	27.0	24.8	27.5	25.5	25.4	26.8	25.7	23.7
	50%	3.2	3.2	2.9	3.5	2.9	2.9	3.2	2.8	3.0	3.0	3.3
10/30	Max	54.3	69.7	71.9	66.2	84.1	66.6	92.7	67.0	112.2	76.4	99.2
	99%	45.9	45.0	49.5	51.9	50.5	42.2	52.8	56.9	55.5	45.1	52.1
	95%	26.1	24.2	25.9	27.0	24.3	27.6	26.8	25.4	29.2	26.1	23.8
	50%	3.3	3.2	2.9	3.5	2.9	2.9	3.3	2.8	3.0	3.1	3.3
10/31	Max	54.3	69.7	71.9	66.2	84.1	66.6	92.7	67.0	112.2	76.4	99.2
	99%	49.0	44.6	49.4	51.8	50.4	42.2	52.8	56.8	55.5	45.1	51.8
	95%	27.5	25.4	26.0	26.9	24.3	27.6	27.4	25.4	29.7	26.1	25.2
	50%	3.3	3.2	2.8	3.5	2.8	2.9	3.3	2.9	3.1	3.1	3.3
11/1	Max	54.3	69.7	71.9	66.2	84.1	66.6	92.7	67.0	112.2	76.4	99.2
	99%	45.9	45.0	49.5	51.8	50.7	42.2	52.8	56.9	55.5	45.1	51.9
	95%	26.5	25.7	26.0	26.8	24.4	27.6	27.6	25.4	29.7	26.1	25.3
	50%	3.2	3.1	2.7	3.4	2.8	2.9	3.2	2.9	3.1	3.0	3.3
11/2	Max	54.3	69.7	71.9	66.2	84.1	66.6	60.5	67.0	61.3	60.2	55.7
	99%	45.9	41.8	49.6	51.9	50.9	42.2	52.5	46.7	53.2	44.5	46.1
	95%	27.0	24.6	27.3	27.5	25.9	28.3	27.1	25.0	29.2	26.1	23.8
	50%	3.3	3.1	2.9	3.7	2.9	2.9	3.3	2.9	3.1	3.1	3.3
11/3	Max	54.3	69.7	71.9	66.2	84.1	66.6	60.5	67.0	61.3	60.2	55.7
	99%	43.9	41.9	46.1	50.6	47.4	42.2	46.1	46.9	53.3	44.5	41.9
	95%	26.7	23.3	26.6	27.0	24.2	28.0	25.0	24.9	28.7	25.9	22.8
	50%	3.3	3.1	2.9	3.7	3.0	2.9	3.2	2.9	3.1	3.1	3.3

续表

日期（月/日）	项目	站点										
		58238	58235	58237	58333	58340	58339	58245	58148	58241	58242	58244
		南京	六合	浦口	江宁	溧水	高淳	扬州	宝应	高邮	仪征	江都
11/4	Max	54.3	69.7	71.9	66.2	84.1	66.6	60.5	67.0	61.3	60.2	55.7
	99%	43.9	41.7	46.2	50.6	47.5	42.2	46.1	46.7	53.0	44.5	48.0
	95%	26.7	24.2	26.7	27.0	24.3	28.1	25.0	25.1	29.1	25.7	23.8
	50%	3.2	3.1	2.8	3.5	2.9	2.9	3.2	2.9	3.3	3.2	3.3
11/5	Max	54.3	69.7	71.9	66.2	84.1	66.6	60.5	67.0	61.3	60.2	55.7
	99%	43.9	41.7	46.2	50.6	47.5	42.2	46.0	40.7	53.2	44.5	47.9
	95%	26.8	23.4	26.7	27.1	24.3	27.7	25.9	25.1	28.5	25.1	25.0
	50%	3.1	3.1	2.7	3.5	2.9	2.9	3.2	3.0	3.1	3.1	3.2
11/6	Max	54.3	69.7	71.9	66.2	84.1	66.6	60.5	67.0	61.3	60.2	55.7
	99%	41.6	35.5	44.6	50.4	47.5	42.2	39.9	40.8	53.3	41.3	45.8
	95%	26.8	23.3	26.1	27.1	24.8	27.7	25.9	25.0	26.7	25.1	24.8
	50%	3.0	3.1	2.6	3.4	2.9	2.9	3.2	3.0	3.1	3.1	3.2
11/7	Max	54.3	69.7	71.9	66.2	84.1	66.6	60.5	67.0	61.3	60.2	55.7
	99%	41.5	43.7	44.6	50.4	47.3	42.0	50.3	40.7	52.7	41.1	45.6
	95%	26.7	26.2	26.0	27.1	25.2	27.5	27.1	25.3	27.9	25.2	24.5
	50%	3.0	3.0	2.6	3.4	3.0	2.9	3.2	3.0	3.1	3.0	3.2
11/8	Max	54.3	69.7	71.9	66.2	84.1	66.6	60.5	67.0	61.3	60.2	55.7
	99%	41.5	43.6	44.6	50.4	47.1	42.0	50.2	40.6	52.5	41.0	45.5
	95%	26.3	23.4	25.9	26.5	24.5	26.9	26.5	25.3	26.4	25.2	23.7
	50%	2.9	3.0	2.6	3.2	2.9	2.9	3.2	2.9	3.1	3.0	3.3
11/9	Max	54.3	69.7	71.9	66.2	84.1	66.6	60.5	67.0	61.3	60.2	55.7
	99%	41.4	43.5	44.5	48.7	46.9	42.0	50.0	40.6	52.1	41.0	45.1
	95%	25.9	23.4	26.2	26.4	24.4	27.1	27.0	25.3	26.3	25.3	25.4
	50%	2.9	3.0	2.6	3.2	2.8	2.9	3.2	2.9	3.2	3.0	3.3
11/10	Max	54.3	69.7	71.9	66.2	84.1	66.6	60.5	67.0	61.3	60.2	55.7
	99%	41.5	43.5	45.4	48.7	46.9	43.1	49.9	40.6	52.0	41.0	45.0
	95%	26.3	24.1	27.0	26.4	24.6	27.6	27.2	25.6	26.3	25.5	25.9
	50%	3.0	3.1	2.7	3.2	2.9	3.0	3.3	3.0	3.2	3.1	3.4
11/11	Max	54.3	69.7	71.9	66.2	84.1	66.6	60.5	67.0	61.3	60.2	55.7
	99%	41.5	43.5	45.4	48.7	46.9	43.0	49.9	40.6	52.3	41.1	45.1
	95%	27.2	25.0	28.5	26.5	24.4	27.3	27.8	25.8	27.5	26.1	26.7
	50%	3.0	3.1	2.9	3.4	3.0	3.3	3.3	3.0	3.4	3.2	3.5
11/12	Max	54.3	69.7	71.9	66.2	84.1	66.6	60.5	67.0	61.3	60.2	55.7
	99%	41.6	43.6	45.4	48.8	47.0	43.1	49.9	40.6	50.7	40.7	45.2
	95%	27.3	25.0	28.7	26.5	24.5	27.3	27.8	25.6	25.9	25.7	26.0
	50%	3.0	3.1	2.9	3.4	3.2	3.3	3.4	3.0	3.4	3.4	3.5
11/13	Max	54.3	69.7	71.9	66.2	84.1	66.6	60.5	67.0	61.3	60.2	55.7
	99%	41.6	43.7	45.5	48.9	47.0	43.1	50.0	40.7	50.8	40.7	45.2
	95%	27.3	25.1	28.8	26.5	24.5	27.3	27.8	25.6	26.0	25.4	26.0
	50%	3.1	3.2	3.0	3.5	3.4	3.3	3.7	3.2	3.7	3.4	3.7

续表

日期(月/日)	项目	站点										
		58238	58235	58237	58333	58340	58339	58245	58148	58241	58242	58244
		南京	六合	浦口	江宁	溧水	高淳	扬州	宝应	高邮	仪征	江都
11/14	Max	54.7	69.7	71.9	66.2	84.1	66.6	60.5	67.0	61.3	63.5	64.1
	99%	43.9	43.7	45.4	50.4	50.6	51.1	52.3	46.3	54.5	41.2	50.9
	95%	27.6	26.3	29.5	26.5	24.6	27.3	28.1	25.8	26.0	25.7	26.0
	50%	3.3	3.3	3.1	3.5	3.4	3.3	3.7	3.4	3.5	3.4	3.6
11/15	Max	54.7	69.7	71.9	66.2	84.1	66.6	60.5	67.0	61.3	63.5	64.1
	99%	41.5	43.3	44.5	48.9	47.1	51.1	52.3	46.0	54.5	41.2	50.7
	95%	27.2	24.7	28.6	26.5	24.5	27.1	28.1	25.8	25.0	25.4	26.8
	50%	3.1	3.1	3.0	3.5	3.2	3.3	3.4	3.2	3.4	3.1	3.5
11/16	Max	54.7	69.7	71.9	66.2	84.1	66.6	60.5	67.0	61.3	63.5	64.1
	99%	41.0	43.2	41.6	48.8	46.9	50.6	49.9	40.7	49.3	40.7	44.9
	95%	27.0	25.0	29.7	26.5	24.2	27.6	28.0	25.2	23.6	25.2	26.5
	50%	3.0	3.1	3.0	3.4	3.2	3.3	3.4	3.2	3.4	3.1	3.5
11/17	Max	54.7	69.7	71.9	66.2	84.1	66.6	60.5	67.0	61.3	63.5	64.1
	99%	41.1	43.2	41.7	48.9	47.0	51.2	49.9	40.6	48.7	40.7	44.8
	95%	27.2	24.9	29.8	26.5	24.3	27.1	28.0	25.1	23.3	25.3	26.5
	50%	3.0	3.0	2.9	3.4	3.2	3.3	3.3	3.3	3.4	3.0	3.4
11/18	Max	54.7	69.7	71.9	66.2	84.1	66.6	60.5	67.0	61.3	63.5	64.1
	99%	41.1	43.1	41.7	48.9	47.0	51.4	50.0	40.5	48.4	40.7	45.0
	95%	27.2	24.9	29.8	26.5	24.3	27.2	28.0	25.4	23.3	25.3	26.6
	50%	3.0	3.0	2.9	3.4	3.3	3.3	3.3	3.4	3.4	3.0	3.5
11/19	Max	54.7	69.7	71.9	66.2	84.1	66.6	60.5	67.0	61.3	63.5	64.1
	99%	40.9	42.2	41.4	48.8	46.8	50.9	44.7	40.4	39.0	44.4	40.7
	95%	26.9	23.1	29.0	26.5	24.2	26.7	27.0	25.3	23.5	25.5	25.7
	50%	3.0	2.8	2.7	3.3	3.2	3.3	3.2	3.2	3.2	3.0	3.4
11/20	Max	54.7	69.7	71.9	66.2	84.1	66.6	60.5	67.0	61.3	63.5	64.1
	99%	43.2	41.4	41.0	45.7	46.5	42.9	44.3	40.3	38.6	44.1	40.4
	95%	26.7	24.1	26.9	24.5	23.7	26.4	27.6	24.3	22.9	24.9	25.9
	50%	3.0	2.7	2.7	3.3	3.2	3.3	3.1	3.1	3.0	2.9	3.3
11/21	Max	54.7	69.7	71.9	57.3	84.1	66.6	60.5	67.0	61.3	63.5	64.1
	99%	42.5	40.7	44.9	42.7	43.8	42.8	43.6	40.1	38.2	43.7	40.0
	95%	26.1	24.8	27.3	24.8	22.5	24.5	27.1	24.7	23.7	25.1	25.7
	50%	3.0	2.8	2.6	3.2	3.2	3.3	3.1	3.2	3.2	2.9	3.4
11/22	Max	54.7	69.7	71.9	57.3	84.1	66.6	60.5	60.5	61.3	63.5	64.1
	99%	36.6	35.7	44.0	32.0	34.9	40.8	43.5	35.8	34.9	43.3	40.0
	95%	23.7	22.3	25.7	23.8	21.8	24.3	24.8	23.3	22.5	24.8	24.7
	50%	3.0	2.8	2.6	3.1	3.2	3.3	3.1	3.2	3.2	2.9	3.4
11/23	Max	54.7	69.7	71.9	57.3	84.1	66.6	60.5	60.5	61.3	63.5	64.1
	99%	36.4	35.3	43.7	29.1	43.2	40.6	42.8	32.7	33.1	41.6	38.1
	95%	23.2	22.1	24.0	22.7	21.6	21.1	24.0	22.5	22.1	22.6	23.7
	50%	3.0	2.8	2.6	3.1	3.2	3.3	3.2	3.5	3.2	3.0	3.4

续表

日期（月/日）	项目	站点										
		58238	58235	58237	58333	58340	58339	58245	58148	58241	58242	58244
		南京	六合	浦口	江宁	溧水	高淳	扬州	宝应	高邮	仪征	江都
11/24	Max	54.7	56.6	55.4	57.3	73.9	64.4	60.3	52.9	55.1	63.5	64.1
	99%	34.7	34.0	39.2	28.6	34.4	31.6	38.2	32.6	33.0	35.5	35.0
	95%	21.8	21.3	22.8	21.0	20.7	18.6	23.3	21.8	21.9	22.1	23.1
	50%	2.9	2.6	2.5	3.1	3.0	3.3	3.1	3.3	3.1	3.0	3.4
11/25	Max	54.7	43.3	55.4	57.3	73.9	64.4	60.3	52.9	53.1	63.5	64.1
	99%	32.4	32.6	34.2	28.0	32.7	30.2	32.7	32.5	31.2	32.6	32.1
	95%	21.5	21.1	22.0	21.0	20.1	18.5	23.1	21.8	21.2	22.1	21.6
	50%	2.8	2.4	2.4	3.0	3.0	3.0	2.9	3.1	3.0	2.7	3.0
11/26	Max	54.7	43.3	55.4	57.3	73.9	64.4	60.3	52.9	53.1	63.5	64.1
	99%	32.4	32.6	34.2	28.0	32.7	30.2	32.7	30.2	31.2	32.5	32.1
	95%	21.5	21.0	21.7	20.9	20.1	18.0	23.1	21.6	21.2	22.0	21.6
	50%	2.9	2.3	2.4	3.0	3.0	3.0	2.9	3.0	3.0	2.8	3.0
11/27	Max	54.7	43.3	46.7	57.3	73.9	64.4	60.3	52.9	53.1	63.5	64.1
	99%	30.3	32.5	33.7	28.0	32.6	30.1	31.4	32.5	31.1	29.5	30.2
	95%	20.5	20.0	21.1	21.6	20.1	18.4	22.9	21.3	21.2	21.4	21.0
	50%	2.8	2.2	2.4	2.9	3.0	3.0	2.7	2.8	2.7	2.7	2.9
11/28	Max	54.7	43.3	46.7	57.3	73.9	64.4	60.3	52.9	53.1	63.5	64.1
	99%	30.3	32.5	33.7	26.9	32.6	29.0	29.7	32.5	31.1	28.3	29.2
	95%	20.5	20.0	21.0	20.8	19.6	17.8	20.6	21.2	20.8	21.2	19.7
	50%	2.8	2.2	2.4	2.7	3.0	3.0	2.7	2.9	2.7	2.7	2.9
11/29	Max	54.7	43.3	46.7	57.3	73.9	64.4	60.3	52.9	53.1	63.5	64.1
	99%	30.3	32.4	32.9	26.8	32.6	28.9	28.6	32.5	28.9	28.3	28.8
	95%	19.4	19.9	20.5	20.6	19.2	17.8	19.9	21.2	20.6	20.2	19.3
	50%	2.8	2.3	2.4	2.7	3.0	3.3	2.6	2.9	2.7	2.6	2.9
11/30	Max	54.7	43.3	46.7	57.3	73.9	64.4	60.3	52.9	53.1	63.5	64.1
	99%	30.3	32.4	32.9	28.5	32.6	30.1	28.6	32.3	28.9	28.3	28.8
	95%	20.4	20.0	21.0	20.7	20.0	19.5	20.5	20.8	20.6	21.4	19.5
	50%	2.6	2.3	2.4	2.8	3.0	3.3	2.7	3.0	2.9	2.7	3.0
12/1	Max	54.7	43.3	46.7	57.3	73.9	64.4	60.3	52.9	53.1	63.5	64.1
	99%	32.6	32.2	32.8	26.6	32.5	28.8	28.5	32.1	28.7	28.1	28.8
	95%	19.5	19.6	20.4	20.5	20.1	17.9	20.1	21.6	20.4	21.4	20.8
	50%	2.4	2.3	2.4	2.5	2.9	3.1	2.7	2.8	2.8	2.6	3.0
12/2	Max	54.7	43.3	46.7	57.3	73.9	64.4	60.3	52.9	53.1	63.5	64.1
	99%	32.3	32.2	32.8	26.5	32.5	32.2	28.5	32.1	28.7	28.1	28.8
	95%	19.1	19.7	20.4	20.5	19.7	17.8	20.0	21.8	20.4	21.4	20.8
	50%	2.5	2.2	2.4	2.5	2.9	3.2	2.7	3.0	2.8	2.6	3.0
12/3	Max	54.7	43.3	46.7	57.3	73.9	64.4	60.3	52.9	53.1	63.5	64.1
	99%	32.7	30.0	32.8	28.5	32.5	32.3	28.5	32.2	28.9	28.1	28.8
	95%	20.1	19.7	21.1	20.6	20.1	18.0	19.9	19.3	19.8	21.4	20.3
	50%	2.5	2.1	2.4	2.6	3.0	3.3	2.7	2.8	2.7	2.6	2.9

续表

日期(月/日)	项目	站点										
		58238	58235	58237	58333	58340	58339	58245	58148	58241	58242	58244
		南京	六合	浦口	江宁	溧水	高淳	扬州	宝应	高邮	仪征	江都
12/4	Max	54.7	43.3	46.7	57.3	73.9	64.4	60.3	52.9	53.1	63.5	64.1
	99%	32.5	29.9	32.7	30.0	31.9	32.1	28.4	32.0	28.6	28.1	28.8
	95%	19.1	19.4	21.1	20.5	19.3	18.0	19.9	19.8	18.0	21.4	19.3
	50%	2.4	2.0	2.4	2.5	2.8	3.3	2.7	2.8	2.7	2.7	2.9
12/5	Max	54.7	43.3	46.7	57.3	73.9	64.4	60.3	52.9	53.1	63.5	64.1
	99%	30.7	26.7	32.6	29.2	29.5	31.9	28.3	29.8	34.1	27.9	28.1
	95%	19.1	18.8	21.0	20.0	19.1	17.2	19.8	18.4	18.3	20.5	19.2
	50%	2.5	2.1	2.4	2.5	2.8	3.3	2.7	2.8	2.7	2.7	2.9
12/6	Max	54.7	43.3	46.7	57.3	73.9	64.4	60.3	52.9	53.1	63.5	64.1
	99%	30.7	26.9	32.7	29.2	29.5	31.9	28.3	29.9	30.8	28.0	28.1
	95%	19.1	18.7	20.5	18.9	19.1	17.2	19.5	18.6	17.9	19.2	19.1
	50%	2.5	2.1	2.4	2.5	2.8	3.3	2.7	2.6	2.7	2.8	3.0
12/7	Max	54.7	43.3	46.7	57.3	73.9	64.4	60.3	52.9	53.1	63.5	64.1
	99%	30.7	27.0	32.7	29.2	29.6	32.0	28.3	29.9	27.3	28.0	28.1
	95%	19.0	18.7	20.6	18.8	18.7	16.6	19.5	18.8	17.6	19.4	19.1
	50%	2.5	2.1	2.4	2.5	2.8	3.3	2.7	2.8	2.6	2.7	2.8
12/8	Max	54.7	43.3	46.7	57.3	73.9	64.4	60.3	52.9	53.1	63.5	64.1
	99%	30.7	27.1	32.8	29.2	29.6	32.8	28.0	29.9	27.4	27.8	28.1
	95%	19.1	18.7	20.3	18.9	19.3	17.6	19.6	18.5	17.6	20.8	19.0
	50%	2.6	2.1	2.4	2.5	2.8	3.3	2.6	2.7	2.5	2.7	2.6
12/9	Max	54.7	43.3	41.0	57.3	73.9	59.6	60.3	52.9	53.1	63.5	64.1
	99%	29.2	23.8	32.1	29.2	28.3	29.6	25.9	29.3	27.3	27.2	25.2
	95%	19.1	18.5	20.3	18.9	19.1	16.5	19.2	18.1	17.3	19.3	18.9
	50%	2.5	2.1	2.2	2.5	2.7	3.1	2.6	2.5	2.4	2.6	2.4
12/10	Max	54.7	43.3	41.0	57.3	73.9	59.6	60.3	52.9	53.1	63.5	64.1
	99%	29.0	23.7	29.4	29.2	28.3	29.5	25.0	31.7	34.1	27.2	24.5
	95%	18.5	18.2	18.4	18.4	17.6	16.1	18.5	16.9	17.6	18.7	18.4
	50%	2.4	2.0	2.1	2.3	2.7	2.9	2.5	2.5	2.2	2.5	2.4
12/11	Max	54.7	43.3	41.0	57.3	73.9	59.6	60.3	52.9	53.1	63.5	64.1
	99%	28.8	23.5	29.1	29.1	28.2	29.5	24.7	31.6	33.7	27.1	24.3
	95%	18.4	18.1	17.8	18.0	17.5	16.1	18.9	16.6	17.5	18.8	18.1
	50%	2.3	2.0	2.0	2.1	2.6	2.8	2.4	2.5	2.0	2.4	2.3
12/12	Max	54.7	43.3	41.0	57.3	73.9	59.6	60.3	52.9	53.1	63.5	64.1
	99%	28.6	23.2	28.7	29.1	28.2	29.4	24.3	31.4	33.2	27.0	28.7
	95%	15.1	16.5	16.2	16.9	16.5	16.0	17.8	17.0	17.2	17.3	18.5
	50%	2.1	1.9	1.9	2.0	2.6	2.8	2.2	2.4	1.9	2.2	2.3
12/13	Max	37.0	35.4	33.9	32.0	35.6	33.8	31.2	39.9	35.9	30.7	29.0
	99%	26.8	22.1	26.2	28.2	27.3	28.2	23.6	27.3	27.0	25.8	27.8
	95%	13.7	14.8	15.5	14.5	16.1	15.7	16.9	15.5	15.3	16.6	17.4
	50%	2.1	1.9	1.9	2.0	2.4	2.8	2.3	2.2	1.9	2.2	2.3

续表

日期(月/日)	项目	站点										
		58238	58235	58237	58333	58340	58339	58245	58148	58241	58242	58244
		南京	六合	浦口	江宁	溧水	高淳	扬州	宝应	高邮	仪征	江都
12/14	Max	37.0	35.4	33.9	32.0	35.6	33.8	31.2	32.2	35.9	30.7	29.0
	99%	26.7	22.1	26.1	28.2	27.3	28.2	23.6	22.4	27.0	25.8	27.8
	95%	14.3	14.7	15.3	14.5	16.0	15.7	17.5	16.1	15.6	16.3	17.3
	50%	2.3	1.9	2.0	2.0	2.5	2.8	2.3	2.4	1.9	2.3	2.3
12/15	Max	37.0	35.4	33.9	32.0	35.6	33.8	31.2	32.2	35.9	29.7	29.0
	99%	26.1	21.6	25.5	26.2	26.2	28.1	23.2	22.4	27.0	24.0	24.1
	95%	14.2	15.3	16.1	14.5	15.7	16.2	16.9	15.5	14.6	16.2	17.3
	50%	2.1	1.9	1.9	2.0	2.6	2.6	2.2	2.4	1.9	2.2	2.2
12/16	Max	37.0	35.4	33.9	32.0	35.6	33.8	31.2	32.2	35.9	29.7	29.0
	99%	26.5	22.1	25.5	26.3	26.2	28.1	23.1	22.5	27.1	25.5	21.8
	95%	14.3	15.7	16.3	14.7	16.1	16.7	17.1	15.0	15.0	16.4	16.3
	50%	2.1	2.0	1.9	2.1	2.6	2.6	2.3	2.5	2.1	2.4	2.3
12/17	Max	37.0	35.4	33.9	32.0	35.6	40.7	31.2	32.2	35.9	29.7	29.0
	99%	27.2	22.3	26.3	26.3	27.7	28.2	23.3	22.5	27.1	25.9	22.1
	95%	14.7	15.8	16.9	14.8	16.5	17.3	17.5	15.3	15.9	16.7	17.2
	50%	2.1	2.0	2.0	2.1	2.7	2.7	2.4	2.4	2.3	2.4	2.4
12/18	Max	37.0	35.4	33.9	32.0	35.6	40.7	31.2	32.2	35.9	29.7	29.0
	99%	27.2	22.3	28.2	26.1	27.7	28.2	24.3	22.5	27.1	25.9	24.1
	95%	15.0	17.6	17.2	14.9	16.6	17.3	18.0	15.5	16.6	17.3	17.3
	50%	2.1	2.0	2.0	2.0	2.6	2.8	2.4	2.4	2.4	2.4	2.4
12/19	Max	37.0	35.4	33.9	32.0	35.6	40.7	31.2	32.2	35.9	29.7	29.0
	99%	27.2	22.3	28.2	26.1	27.8	28.2	24.3	22.5	27.1	25.9	24.1
	95%	15.0	17.7	17.2	14.9	16.2	17.2	17.9	15.7	16.5	17.3	17.3
	50%	2.1	2.1	2.1	2.2	2.7	2.8	2.5	2.4	2.4	2.6	2.4
12/20	Max	37.0	35.4	33.9	32.0	35.6	40.7	31.2	32.2	35.9	29.7	29.0
	99%	27.2	21.7	28.3	26.1	27.9	28.2	24.5	21.7	25.9	25.9	24.2
	95%	14.8	14.2	16.9	14.6	15.6	16.8	17.6	15.2	15.4	16.8	16.9
	50%	2.3	2.1	2.1	2.2	2.6	2.8	2.4	2.4	2.4	2.4	2.3
12/21	Max	37.0	35.4	33.9	32.0	35.6	40.7	31.2	32.2	35.9	29.7	29.0
	99%	27.2	21.7	28.3	26.1	27.9	28.2	24.4	20.5	25.9	25.9	24.1
	95%	14.8	13.7	16.9	14.4	15.6	16.6	17.6	15.0	15.3	16.8	16.8
	50%	2.1	2.0	2.1	2.1	2.6	2.8	2.4	2.2	2.3	2.4	2.3
12/22	Max	37.0	35.4	33.9	32.0	35.6	40.7	31.2	32.2	35.9	29.7	29.0
	99%	27.2	21.7	28.3	26.1	27.9	28.2	24.4	20.4	25.1	25.9	24.1
	95%	15.1	13.7	16.9	14.6	16.0	16.6	17.9	14.7	15.2	16.9	16.8
	50%	2.1	2.0	2.0	2.0	2.6	2.6	2.3	1.9	2.2	2.3	2.2
12/23	Max	37.0	35.4	37.8	32.0	35.6	40.7	39.8	32.2	35.5	43.1	41.1
	99%	27.2	22.8	29.4	26.3	27.9	28.2	27.9	25.4	25.9	27.0	25.3
	95%	15.8	15.8	17.7	17.0	16.6	17.0	19.1	15.5	15.8	19.0	17.9
	50%	2.1	2.0	2.0	2.0	2.6	2.6	2.3	1.9	2.1	2.2	2.3

续表

日期(月/日)	项目	站点										
		58238	58235	58237	58333	58340	58339	58245	58148	58241	58242	58244
		南京	六合	浦口	江宁	溧水	高淳	扬州	宝应	高邮	仪征	江都
12/24	Max	37.0	35.4	37.8	32.0	35.6	40.7	39.8	32.2	35.5	43.1	41.1
	99%	27.1	22.8	28.2	26.1	27.8	28.2	27.6	25.3	25.8	26.0	28.3
	95%	15.1	15.3	17.2	14.9	15.7	16.6	18.5	15.9	15.6	16.6	18.1
	50%	2.1	2.1	2.0	2.1	2.6	2.8	2.4	2.0	2.2	2.3	2.3
12/25	Max	37.0	35.4	37.8	32.0	35.6	40.7	39.8	32.2	35.5	43.1	41.1
	99%	27.1	22.8	28.2	27.9	27.7	28.2	27.6	25.2	25.8	25.9	28.3
	95%	15.5	15.3	17.5	17.2	16.6	16.6	17.6	15.7	15.7	16.6	17.9
	50%	2.1	2.1	2.0	2.0	2.6	2.6	2.3	2.0	2.1	2.2	2.2
12/26	Max	37.0	35.4	37.8	32.0	35.6	40.7	39.8	32.2	35.5	43.1	41.1
	99%	27.1	22.8	28.2	27.9	27.7	28.2	27.6	25.2	25.8	25.9	28.2
	95%	15.4	15.3	17.5	17.2	16.7	16.9	17.6	15.7	15.7	16.5	17.8
	50%	2.1	2.1	2.0	2.0	2.6	2.7	2.4	2.2	2.3	2.3	2.3
12/27	Max	37.0	35.4	37.8	32.0	35.6	40.7	39.8	32.2	35.5	43.1	41.1
	99%	28.8	22.9	29.4	27.9	29.3	32.5	27.6	25.3	27.3	27.6	25.3
	95%	16.5	15.9	17.9	17.2	17.2	17.4	19.0	16.1	16.1	17.7	18.4
	50%	2.1	2.1	2.0	2.0	2.6	2.6	2.4	2.2	2.3	2.3	2.2
12/28	Max	37.0	35.4	37.8	32.0	50.4	40.7	39.8	32.2	35.5	43.1	41.1
	99%	28.8	23.8	29.4	27.0	32.1	32.5	27.6	27.1	27.3	27.6	28.2
	95%	17.7	18.3	19.7	17.4	19.2	18.4	19.2	16.8	16.4	20.1	18.7
	50%	2.1	2.1	2.0	2.0	2.6	2.6	2.4	2.1	2.4	2.3	2.4
12/29	Max	37.0	35.4	37.8	32.0	50.4	40.7	39.8	32.2	35.5	43.1	41.1
	99%	28.0	23.8	29.4	26.2	32.4	28.2	27.6	27.2	27.3	27.7	24.9
	95%	17.4	15.8	18.3	17.1	17.4	17.3	19.3	16.9	15.7	19.7	17.7
	50%	2.1	2.1	2.0	2.1	2.6	2.6	2.4	2.2	2.4	2.3	2.3
12/30	Max	32.5	35.4	37.8	32.0	50.4	40.7	39.8	32.2	35.5	43.1	41.1
	99%	26.7	24.0	28.3	26.2	29.8	24.7	28.0	27.2	27.3	25.8	25.5
	95%	17.0	16.1	18.0	17.1	16.9	17.0	19.3	18.3	15.8	19.7	17.8
	50%	2.2	2.2	2.1	2.2	2.6	2.8	2.4	2.2	2.6	2.6	2.4
12/31	Max	32.5	35.4	37.8	32.0	50.4	40.7	39.8	32.2	35.5	43.1	41.1
	99%	26.7	24.0	28.3	26.2	29.8	24.7	28.0	27.1	27.2	25.7	25.4
	95%	17.4	16.9	19.8	17.1	17.2	17.3	19.7	18.1	16.7	20.2	18.2
	50%	2.3	2.2	2.2	2.3	2.6	2.6	2.5	2.2	2.6	2.6	2.4

第4章 第三组(连云港和镇江)站点雨量阈值

日期(月/日)	项目	站点										
		58044	58036	58040	58041	58046	58047	58048	58252	58247	58341	58344
		连云港	东海	赣榆	西连岛	燕尾港	灌云	灌南	镇江	扬中	丹阳	句容
1/1	Max	27.3	33.2	29.4	29.5	192.0	27.1	25.2	42.6	37.7	42.5	37.7
	99%	23.7	21.1	25.8	26.1	23.5	21.3	23.6	27.3	26.2	29.6	25.4
	95%	15.0	14.4	15.5	19.6	16.6	17.5	14.5	20.5	16.4	18.2	18.1
	50%	1.8	1.8	1.6	2.2	1.9	2.0	1.7	2.6	2.7	2.6	2.3
1/2	Max	27.3	33.2	29.4	29.5	192.0	27.1	25.2	42.6	37.7	42.5	37.7
	99%	23.7	21.0	25.7	26.1	23.5	21.3	23.6	27.4	26.3	29.6	25.4
	95%	14.9	14.3	15.5	19.6	16.7	17.5	14.4	20.1	17.3	18.2	18.5
	50%	1.8	1.8	1.6	2.2	2.0	2.0	1.8	2.5	2.6	2.6	2.4
1/3	Max	27.3	33.2	29.4	29.5	192.0	27.1	25.2	42.6	37.7	42.5	37.7
	99%	23.7	21.0	25.7	26.1	23.5	21.3	23.6	27.7	26.8	29.7	25.4
	95%	14.9	14.3	15.5	19.6	16.1	17.5	14.4	22.2	20.3	18.4	18.9
	50%	1.7	1.8	1.6	2.2	1.9	2.1	1.9	2.7	2.6	2.7	2.4
1/4	Max	27.3	33.2	29.4	29.5	192.0	27.1	28.6	42.6	37.7	42.5	37.7
	99%	23.6	25.0	25.7	26.1	23.5	21.7	23.9	29.1	27.9	30.0	25.7
	95%	14.9	16.3	16.1	19.6	15.1	17.7	15.3	22.7	21.0	18.5	18.7
	50%	1.7	1.9	1.7	2.2	1.9	2.2	1.9	2.7	2.8	2.7	2.4
1/5	Max	27.3	35.4	29.4	37.7	192.0	33.1	34.4	45.0	40.8	42.5	37.7
	99%	23.7	32.8	25.7	29.1	23.5	24.1	24.5	30.4	29.6	32.1	26.6
	95%	15.1	17.1	16.7	19.8	14.4	19.0	15.3	22.8	21.2	18.9	19.0
	50%	1.7	1.9	1.6	2.2	1.7	2.2	1.9	2.8	2.8	2.7	2.5
1/6	Max	27.3	35.4	29.4	37.7	192.0	33.1	34.4	45.0	40.8	42.5	37.7
	99%	23.7	32.7	25.7	29.2	23.5	21.7	24.5	30.3	29.2	32.1	26.6
	95%	14.5	16.6	16.3	19.6	14.5	17.5	14.2	22.2	21.0	18.9	18.5
	50%	1.7	2.0	1.5	2.0	1.9	2.2	1.9	2.7	2.7	2.7	2.5
1/7	Max	27.3	35.4	29.4	37.7	192.0	33.1	34.4	45.0	40.8	42.5	37.7
	99%	23.7	32.9	25.7	29.3	23.5	21.7	24.6	30.4	29.4	34.8	26.8
	95%	14.5	16.9	16.3	19.6	14.6	17.6	14.3	22.8	20.7	19.5	18.7
	50%	1.7	2.0	1.6	2.2	1.8	2.2	1.9	2.8	2.7	2.7	2.6
1/8	Max	27.3	35.4	29.4	37.7	192.0	33.1	34.4	45.0	40.8	42.5	37.7
	99%	22.4	24.9	24.6	26.5	23.6	21.7	24.2	29.7	29.6	34.9	26.8
	95%	14.0	14.3	15.6	19.5	14.3	17.4	13.8	21.7	20.3	18.7	18.5
	50%	1.7	1.9	1.6	2.0	2.0	2.3	2.0	2.8	2.8	2.7	2.6

续表

日期(月/日)	项目	站点										
		58044	58036	58040	58041	58046	58047	58048	58252	58247	58341	58344
		连云港	东海	赣榆	西连岛	燕尾港	灌云	灌南	镇江	扬中	丹阳	句容
1/9	Max	27.3	35.4	29.4	37.7	192.0	33.1	34.4	45.0	40.8	42.5	37.7
	99%	22.5	24.9	24.6	24.1	23.6	21.8	24.3	30.2	30.1	35.2	27.0
	95%	14.1	14.8	15.4	19.1	14.9	17.5	13.4	21.6	18.2	19.1	18.3
	50%	1.7	1.9	1.6	2.0	2.2	2.3	2.0	2.8	2.8	2.7	2.6
1/10	Max	27.3	35.4	29.4	37.7	192.0	33.1	34.4	45.0	40.8	42.5	37.7
	99%	22.6	24.9	24.6	24.3	23.6	21.8	24.4	30.5	30.3	33.1	27.0
	95%	14.3	15.0	15.5	19.4	14.3	17.1	13.6	21.0	18.7	18.6	18.4
	50%	1.7	1.8	1.7	2.0	2.3	2.3	2.1	2.8	2.8	2.7	2.6
1/11	Max	27.3	35.4	29.4	37.7	23.7	33.1	34.4	45.0	40.8	42.5	37.7
	99%	22.6	24.9	24.6	24.2	23.0	21.8	24.3	30.7	30.5	30.3	27.1
	95%	14.3	14.9	15.4	19.3	14.3	17.1	13.5	21.8	19.9	19.4	18.9
	50%	1.7	1.9	1.6	2.0	2.5	2.3	2.2	2.7	2.7	2.5	2.6
1/12	Max	27.3	35.4	29.4	37.7	23.7	33.1	34.4	45.0	40.8	42.5	37.7
	99%	22.5	24.9	24.6	24.1	22.9	21.8	24.3	30.6	30.6	30.3	27.1
	95%	14.1	14.9	15.4	18.6	14.3	17.0	14.3	21.8	20.0	19.4	18.5
	50%	1.7	2.0	1.6	1.9	2.5	2.3	2.2	2.7	2.7	2.6	2.5
1/13	Max	27.3	35.4	29.4	37.7	23.7	33.1	34.4	45.0	40.8	42.5	37.7
	99%	22.5	24.9	24.6	24.1	22.9	21.8	24.2	30.7	30.7	30.4	25.8
	95%	14.1	14.9	15.4	18.4	14.3	17.2	14.8	21.8	20.0	19.4	18.2
	50%	1.7	1.9	1.5	1.9	2.5	2.3	2.2	2.7	2.7	2.6	2.6
1/14	Max	27.3	35.4	29.4	37.7	23.7	33.1	34.4	45.0	40.8	42.5	37.7
	99%	22.5	24.9	24.6	24.0	22.9	22.7	25.3	30.8	30.8	30.4	25.8
	95%	13.4	14.3	15.1	17.6	14.2	15.3	14.2	21.4	19.0	19.1	18.2
	50%	1.7	1.9	1.5	2.0	2.3	2.3	2.4	2.7	2.7	2.7	2.6
1/15	Max	27.3	35.4	29.4	37.7	23.7	33.1	34.4	45.0	40.8	42.5	37.7
	99%	22.4	24.9	25.7	29.4	22.9	22.7	25.3	30.9	30.8	29.7	25.4
	95%	13.2	14.2	16.4	19.7	14.2	17.0	14.7	20.8	17.9	18.8	18.0
	50%	1.8	2.0	1.6	2.0	2.3	2.3	2.3	2.9	2.8	2.8	2.6
1/16	Max	27.3	35.4	25.8	37.7	23.7	33.1	34.4	45.0	40.8	42.5	37.7
	99%	23.7	21.0	24.6	26.5	21.8	22.6	25.3	26.7	31.0	29.7	25.5
	95%	13.9	13.8	15.5	19.3	12.4	17.0	15.3	20.6	17.9	18.9	17.9
	50%	1.8	2.0	1.6	2.0	2.0	2.1	2.4	3.0	2.8	2.8	2.6
1/17	Max	27.3	35.4	25.8	37.7	23.2	33.1	34.4	45.0	40.8	42.5	37.7
	99%	18.7	21.2	24.6	23.9	18.9	22.8	25.3	26.7	31.4	29.7	25.5
	95%	11.4	13.7	15.6	15.5	12.0	15.1	14.8	20.7	18.8	18.6	17.8
	50%	1.7	2.0	1.7	1.9	1.8	2.2	2.4	3.0	2.8	2.8	2.6
1/18	Max	27.3	35.4	25.8	37.7	23.2	33.1	34.4	45.0	40.8	42.5	37.7
	99%	18.7	21.2	24.6	23.9	18.9	22.7	25.3	26.7	31.5	29.7	25.5
	95%	12.1	13.7	15.6	17.7	13.4	15.5	16.0	20.7	18.9	18.7	18.2
	50%	1.8	2.2	1.8	2.0	1.8	2.3	2.4	3.1	2.9	2.8	2.6

续表

日期（月/日）	项目	站点										
		58044	58036	58040	58041	58046	58047	58048	58252	58247	58341	58344
		连云港	东海	赣榆	西连岛	燕尾港	灌云	灌南	镇江	扬中	丹阳	句容
1/19	Max	27.3	35.4	25.8	37.7	23.2	33.1	34.4	45.0	40.8	42.5	37.7
	99%	18.7	21.1	24.6	23.9	18.9	22.8	25.3	26.8	27.4	29.7	25.5
	95%	12.0	13.7	15.3	17.7	13.2	15.7	15.6	20.3	17.9	18.6	17.9
	50%	1.7	2.1	1.6	1.9	1.8	2.2	2.4	3.0	2.8	2.8	2.6
1/20	Max	27.3	35.4	25.8	37.7	23.2	33.1	34.4	45.0	40.8	42.5	37.7
	99%	17.6	21.1	23.1	24.0	18.8	22.9	25.3	26.7	31.6	29.7	25.6
	95%	13.4	13.7	14.7	17.8	14.5	15.7	14.9	20.8	19.0	19.0	17.8
	50%	1.8	2.2	1.7	1.9	1.9	2.4	2.4	3.1	2.9	2.9	2.7
1/21	Max	23.7	35.4	25.8	37.7	19.2	33.1	34.4	45.0	40.8	36.2	33.2
	99%	16.9	20.3	21.7	22.4	18.1	21.5	25.3	26.0	26.2	28.5	25.5
	95%	13.2	13.5	13.8	17.0	13.2	15.1	14.0	19.5	17.8	18.6	17.6
	50%	1.7	2.1	1.6	1.8	1.8	2.3	2.4	3.0	2.9	2.8	2.7
1/22	Max	23.7	35.4	25.8	37.7	19.2	33.1	34.4	45.0	40.8	36.2	33.2
	99%	16.9	19.4	17.0	22.5	18.1	21.5	25.3	26.1	26.2	28.6	25.5
	95%	11.3	12.9	12.2	14.2	12.0	14.6	13.9	20.6	17.9	18.9	17.7
	50%	1.7	2.0	1.6	1.8	1.8	2.3	2.5	3.1	2.9	2.9	2.8
1/23	Max	23.7	35.4	25.8	37.7	19.2	33.1	34.4	45.0	40.8	36.2	33.2
	99%	16.9	19.4	17.0	22.5	18.1	21.6	25.4	26.1	26.2	28.6	25.5
	95%	11.5	12.9	12.7	14.5	13.3	15.0	14.1	20.8	18.2	19.2	17.9
	50%	1.8	2.0	1.6	1.8	1.6	2.4	2.5	3.1	3.0	2.9	2.8
1/24	Max	23.7	35.4	25.8	37.7	19.2	33.1	34.4	45.0	40.8	36.2	33.2
	99%	18.0	19.5	17.0	22.5	18.1	23.3	27.0	26.6	26.2	28.7	25.5
	95%	12.8	13.4	13.3	15.5	13.2	14.7	15.1	21.5	18.9	18.9	17.9
	50%	1.7	2.0	1.5	1.8	1.5	2.1	2.5	3.0	2.8	2.8	2.7
1/25	Max	23.7	35.4	25.8	37.7	19.2	33.1	34.4	45.0	40.8	35.7	31.8
	99%	17.9	19.4	17.0	22.5	17.8	23.3	27.0	26.3	26.2	28.6	25.5
	95%	12.6	12.9	13.2	15.5	11.9	14.3	15.1	20.0	18.6	19.1	17.8
	50%	1.7	2.0	1.5	1.9	1.6	2.3	2.6	3.0	2.8	2.8	2.6
1/26	Max	23.7	35.4	24.6	37.7	18.1	33.1	34.4	45.0	40.8	35.7	31.8
	99%	17.0	17.6	16.7	20.5	16.6	23.5	27.1	26.7	26.2	27.2	25.7
	95%	10.7	13.0	13.3	14.3	11.5	14.1	15.3	19.3	18.0	18.7	17.6
	50%	1.7	2.0	1.5	1.9	1.6	2.3	2.6	3.0	2.8	2.8	2.6
1/27	Max	23.7	35.4	24.6	37.7	18.1	33.1	34.4	45.0	40.8	35.7	31.8
	99%	17.0	17.6	16.7	20.5	16.6	23.5	27.2	27.1	26.2	27.2	25.7
	95%	10.7	12.4	12.5	14.0	12.7	14.4	14.3	19.8	18.7	18.9	17.4
	50%	1.8	2.2	1.6	1.9	1.8	2.3	2.6	3.0	2.8	2.8	2.6
1/28	Max	23.7	35.4	24.6	37.7	21.2	33.1	34.4	47.6	51.2	70.8	46.2
	99%	18.2	17.7	17.0	20.6	18.7	23.5	27.6	27.3	26.6	28.7	25.9
	95%	10.9	12.5	13.4	14.0	14.0	14.8	16.0	19.5	17.8	19.0	17.2
	50%	1.8	2.1	1.7	1.9	1.8	2.4	2.6	2.9	2.8	2.8	2.6

续表

日期(月/日)	项目	站点										
		58044	58036	58040	58041	58046	58047	58048	58252	58247	58341	58344
		连云港	东海	赣榆	西连岛	燕尾港	灌云	灌南	镇江	扬中	丹阳	句容
1/29	Max	23.7	35.4	24.6	37.7	21.2	33.1	34.4	47.6	51.2	70.8	46.2
	99%	18.4	17.8	17.0	20.6	18.7	23.7	27.7	27.3	26.6	28.7	26.0
	95%	11.0	12.6	12.6	14.0	14.1	14.9	15.6	19.1	17.8	19.0	17.3
	50%	1.9	2.1	1.7	2.0	1.8	2.4	2.6	3.0	2.8	2.8	2.6
1/30	Max	23.7	35.4	24.6	37.7	21.2	33.1	34.4	47.6	51.2	70.8	46.2
	99%	18.7	17.8	17.1	20.7	18.8	23.6	27.6	27.3	26.6	28.7	26.0
	95%	12.6	12.9	13.3	14.1	13.0	14.9	16.3	19.6	18.1	19.2	17.5
	50%	1.9	2.3	1.9	2.2	1.9	2.6	2.9	2.9	2.8	2.8	2.6
1/31	Max	23.7	35.4	24.6	37.7	21.2	33.1	34.4	47.6	51.2	70.8	46.2
	99%	19.1	17.9	17.1	20.8	18.9	23.9	27.8	27.3	26.7	28.8	26.0
	95%	13.1	13.0	13.4	14.2	11.7	15.1	15.8	19.7	18.7	18.9	17.8
	50%	1.8	2.2	1.7	1.9	1.8	2.4	2.6	3.0	2.8	2.8	2.7
2/1	Max	23.7	35.4	24.9	37.7	23.9	33.1	34.4	47.6	51.2	70.8	46.2
	99%	21.0	20.1	18.2	23.2	20.8	25.0	27.9	27.3	24.8	28.9	26.0
	95%	13.2	13.4	13.5	14.6	13.1	15.1	16.4	18.2	17.9	18.6	17.7
	50%	2.0	2.3	1.8	2.0	1.8	2.4	2.7	3.0	2.9	2.8	2.7
2/2	Max	24.7	35.4	24.9	37.7	23.9	33.1	34.4	47.6	51.2	70.8	46.2
	99%	22.7	20.2	19.1	23.3	20.9	25.0	26.5	27.3	24.9	27.0	26.0
	95%	13.4	13.2	13.8	14.8	13.3	15.2	15.8	18.3	17.9	18.3	17.8
	50%	2.0	2.3	1.7	2.0	1.9	2.4	2.7	3.0	2.9	2.8	2.8
2/3	Max	24.7	24.7	24.9	27.2	23.9	27.1	28.3	47.6	51.2	70.8	46.2
	99%	21.3	19.7	18.3	21.3	21.0	24.1	26.2	26.8	24.3	24.4	25.4
	95%	13.4	14.1	14.5	15.7	15.2	16.2	16.1	18.7	18.3	18.1	18.0
	50%	2.2	2.3	1.9	2.0	1.9	2.5	2.8	3.0	2.9	2.8	2.8
2/4	Max	24.7	24.7	24.9	27.2	26.8	27.1	28.3	47.6	51.2	70.8	46.2
	99%	21.5	19.7	18.4	23.2	23.7	24.2	26.2	26.9	24.4	25.6	25.5
	95%	13.4	14.5	14.6	16.6	15.6	15.2	16.2	18.7	18.6	18.1	17.9
	50%	2.3	2.4	1.9	2.2	1.9	2.5	2.8	3.1	3.0	2.9	2.8
2/5	Max	24.7	24.7	24.9	27.2	26.8	27.1	28.3	47.6	51.2	70.8	46.2
	99%	21.4	19.7	19.1	23.4	23.7	24.2	26.2	27.4	23.7	24.5	25.6
	95%	13.4	14.7	14.9	17.1	15.8	15.4	16.5	19.1	18.6	18.1	18.2
	50%	2.3	2.5	2.0	2.3	2.3	2.6	2.8	3.0	3.0	2.9	2.8
2/6	Max	24.7	24.7	24.9	42.4	26.8	27.1	28.3	47.6	51.2	70.8	46.2
	99%	21.4	20.2	19.1	24.2	25.1	24.1	26.2	27.6	23.7	24.5	25.8
	95%	13.4	14.8	15.1	17.3	15.8	16.6	16.7	19.4	18.6	18.3	18.4
	50%	2.3	2.4	1.9	2.4	1.9	2.6	2.7	3.0	2.9	2.9	2.8
2/7	Max	24.7	24.7	24.9	42.4	26.8	27.1	28.3	47.6	51.2	70.8	46.2
	99%	22.3	20.3	19.5	24.2	25.2	24.2	26.3	28.2	24.4	24.5	26.2
	95%	13.4	15.2	15.2	17.5	15.9	16.3	16.8	19.6	18.7	18.7	18.7
	50%	2.5	2.5	2.0	2.6	2.2	2.6	2.8	3.0	2.9	2.9	2.8

续表

日期（月/日）	项目	站点										
		58044	58036	58040	58041	58046	58047	58048	58252	58247	58341	58344
		连云港	东海	赣榆	西连岛	燕尾港	灌云	灌南	镇江	扬中	丹阳	句容
2/8	Max	32.4	24.7	24.9	42.4	26.8	27.1	28.3	47.6	51.2	70.8	46.2
	99%	22.7	22.1	19.9	26.0	26.7	24.2	25.5	28.3	25.6	24.5	26.6
	95%	13.5	15.2	15.9	17.9	16.1	16.7	16.5	19.9	18.8	19.0	19.3
	50%	2.5	2.5	2.0	2.6	1.8	2.6	2.8	3.0	2.9	3.0	2.8
2/9	Max	32.4	31.8	24.9	42.4	26.8	27.1	28.3	47.6	51.2	70.8	46.2
	99%	22.7	23.8	19.9	26.2	26.8	25.2	26.0	28.3	25.9	24.5	25.8
	95%	14.4	15.2	16.0	17.6	17.0	17.1	17.1	19.7	18.8	18.8	19.0
	50%	2.5	2.5	2.2	2.8	1.9	2.5	2.8	3.1	3.0	3.1	2.8
2/10	Max	32.4	31.8	26.7	42.4	26.8	29.6	32.5	47.6	51.2	70.8	46.2
	99%	23.0	24.5	22.3	31.1	25.3	26.9	26.3	28.4	25.9	24.5	25.9
	95%	15.1	16.0	16.1	17.9	16.3	17.6	17.4	19.5	18.8	19.0	20.0
	50%	2.3	2.5	2.2	2.7	1.8	2.4	2.7	3.1	2.9	3.0	2.8
2/11	Max	32.4	31.8	26.7	42.4	26.8	29.6	32.5	47.6	51.2	70.8	46.2
	99%	23.1	24.6	22.4	31.5	24.0	24.5	26.4	28.5	25.8	25.1	27.2
	95%	13.8	16.5	16.2	18.0	16.0	17.1	16.6	20.0	18.8	19.4	20.0
	50%	2.3	2.4	2.3	2.6	1.8	2.3	2.6	3.0	2.9	3.1	2.7
2/12	Max	32.4	31.8	26.7	42.4	26.8	29.6	32.5	47.6	51.2	70.8	46.2
	99%	23.0	24.6	22.4	31.5	23.9	22.9	26.4	27.5	25.8	25.2	27.2
	95%	15.1	16.3	16.2	18.0	16.0	16.7	16.4	19.7	18.8	19.4	20.0
	50%	2.3	2.3	2.2	2.4	1.8	2.2	2.5	3.1	2.9	3.1	2.8
2/13	Max	32.4	31.8	26.7	42.4	26.8	29.6	32.5	47.6	51.2	70.8	46.2
	99%	23.1	24.6	23.0	31.7	24.0	22.9	26.4	27.5	25.8	25.2	27.2
	95%	14.8	15.4	16.0	18.0	16.5	16.8	16.4	19.7	18.8	19.4	20.0
	50%	2.3	2.3	2.2	2.4	1.9	2.2	2.6	3.0	2.8	3.0	2.7
2/14	Max	32.4	31.8	26.7	42.4	26.8	29.6	32.5	47.6	51.2	70.8	46.2
	99%	23.1	24.6	23.0	32.0	24.8	23.1	26.4	27.5	25.8	25.2	27.2
	95%	15.2	16.0	16.1	17.6	16.9	17.6	17.0	19.8	19.0	19.3	20.3
	50%	2.3	2.3	2.1	2.5	2.0	2.2	2.6	3.0	2.8	3.1	2.9
2/15	Max	32.4	31.8	26.7	42.4	26.8	29.6	32.5	47.6	51.2	70.8	46.2
	99%	23.1	24.7	23.0	32.2	24.8	23.2	26.4	27.6	25.8	25.2	27.5
	95%	15.5	16.7	16.3	18.0	17.7	17.3	16.6	19.6	18.8	19.4	20.0
	50%	2.5	2.3	2.3	2.8	2.5	2.3	2.6	3.1	2.9	3.2	3.2
2/16	Max	32.4	31.8	26.7	42.4	26.8	29.6	32.5	47.6	51.2	70.8	46.2
	99%	22.5	24.1	23.1	32.5	24.8	23.3	26.5	27.6	26.0	25.3	27.6
	95%	15.1	15.6	16.3	18.3	18.2	16.9	17.4	20.1	18.9	19.4	20.0
	50%	2.5	2.3	2.2	2.8	2.8	2.3	2.6	3.0	2.9	3.4	3.2
2/17	Max	32.4	31.8	26.7	42.4	26.8	29.6	32.5	47.6	51.2	70.8	46.2
	99%	22.5	24.1	21.5	32.7	24.8	23.4	26.5	27.6	26.1	25.3	27.9
	95%	15.2	15.9	16.0	18.4	18.5	17.0	17.6	20.1	18.9	19.3	20.0
	50%	2.5	2.3	2.3	2.8	2.8	2.3	2.6	3.0	2.8	3.4	3.0

续表

日期(月/日)	项目	站点										
		58044	58036	58040	58041	58046	58047	58048	58252	58247	58341	58344
		连云港	东海	赣榆	西连岛	燕尾港	灌云	灌南	镇江	扬中	丹阳	句容
2/18	Max	33.7	38.2	38.5	42.4	26.8	35.9	32.5	47.6	51.2	70.8	46.2
	99%	22.8	24.3	22.4	32.8	24.8	25.4	26.5	28.1	26.7	24.9	28.9
	95%	15.2	15.8	16.2	18.4	18.0	17.7	17.6	19.8	19.4	19.3	20.0
	50%	2.5	2.3	2.3	2.6	2.9	2.3	2.6	3.0	2.9	3.4	3.2
2/19	Max	33.7	38.2	38.5	42.4	26.8	35.9	32.5	47.6	51.2	70.8	46.2
	99%	22.8	24.3	22.4	32.7	24.8	25.4	26.5	28.1	26.7	25.0	29.3
	95%	15.2	16.1	16.3	18.4	18.0	17.7	17.6	20.1	18.8	19.0	20.3
	50%	2.6	2.4	2.5	2.9	2.9	2.3	2.6	3.1	3.0	3.4	3.2
2/20	Max	44.8	38.5	38.5	42.4	26.8	44.7	47.2	47.6	51.2	70.8	46.2
	99%	23.2	24.9	23.2	36.5	24.8	27.0	27.6	28.1	26.7	25.0	29.3
	95%	16.6	16.8	16.5	19.0	18.0	18.1	17.5	20.1	18.8	19.0	20.3
	50%	2.6	2.5	2.4	2.8	2.9	2.3	2.6	3.1	3.0	3.4	3.2
2/21	Max	44.8	38.5	38.5	42.4	32.5	44.7	47.2	47.6	51.2	70.8	46.2
	99%	25.4	25.5	24.9	27.4	25.7	28.1	28.3	29.2	26.7	25.0	29.3
	95%	17.1	17.1	17.6	18.2	18.2	18.4	17.7	20.1	18.8	19.0	20.0
	50%	2.6	2.5	2.4	2.6	2.9	2.3	2.6	3.0	2.9	3.4	3.3
2/22	Max	44.8	38.5	38.5	42.4	32.5	44.7	47.2	47.6	51.2	70.8	46.2
	99%	25.2	25.5	24.9	33.0	25.6	27.8	27.6	31.1	27.7	25.0	29.7
	95%	16.6	17.0	17.5	18.1	19.3	18.3	17.8	20.7	18.8	19.3	20.4
	50%	2.5	2.5	2.5	2.6	3.0	2.4	2.6	3.2	3.0	3.4	3.3
2/23	Max	44.8	38.5	38.5	42.4	32.5	44.7	47.2	47.6	53.1	70.8	46.2
	99%	25.3	25.5	24.9	33.1	26.8	28.0	27.7	32.6	30.5	25.4	31.0
	95%	17.0	17.5	17.7	18.2	19.9	18.4	18.0	20.3	19.1	19.6	20.4
	50%	2.6	2.5	2.5	2.7	3.0	2.3	2.5	3.2	3.1	3.4	3.3
2/24	Max	44.8	38.5	38.5	42.4	32.5	45.1	47.2	47.6	53.1	70.8	46.2
	99%	29.8	26.7	28.7	34.9	26.8	30.7	30.9	32.6	30.5	25.5	31.0
	95%	17.5	18.5	18.8	19.1	21.0	18.8	18.0	21.0	18.8	19.6	20.4
	50%	2.6	2.4	2.5	2.6	3.0	2.4	2.4	3.2	3.1	3.4	3.3
2/25	Max	44.8	38.5	38.5	42.4	32.5	45.1	47.2	47.6	53.1	70.8	46.2
	99%	29.8	26.7	28.6	36.6	26.8	30.7	30.9	32.7	30.7	25.7	31.0
	95%	17.5	18.5	18.8	20.6	21.0	18.8	18.0	20.3	18.8	20.0	20.8
	50%	2.6	2.3	2.4	2.6	3.0	2.3	2.3	3.2	3.1	3.4	3.4
2/26	Max	44.8	38.5	38.5	42.4	32.5	45.1	47.2	65.4	60.3	37.3	37.9
	99%	29.8	26.7	28.6	37.6	26.8	30.7	31.0	32.7	30.6	25.5	29.4
	95%	17.5	18.5	19.3	21.0	21.0	18.8	17.9	20.4	18.8	19.5	20.4
	50%	2.6	2.3	2.4	2.6	3.0	2.3	2.3	3.2	3.1	3.4	3.3
2/27	Max	44.8	38.5	38.5	42.4	32.5	45.1	47.2	65.4	60.3	37.3	37.9
	99%	29.9	26.8	26.7	34.9	26.8	30.8	31.1	32.7	30.7	25.5	28.5
	95%	17.6	18.6	18.8	19.3	21.1	18.9	17.9	20.6	18.8	19.4	20.4
	50%	2.5	2.2	2.3	2.4	2.9	2.3	2.0	3.2	3.1	3.4	3.3

续表

日期（月/日）	项目	站点										
		58044	58036	58040	58041	58046	58047	58048	58252	58247	58341	58344
		连云港	东海	赣榆	西连岛	燕尾港	灌云	灌南	镇江	扬中	丹阳	句容
2/28	Max	44.8	38.5	38.5	42.4	36.7	48.6	48.6	65.4	60.3	37.3	37.9
	99%	32.0	31.1	26.8	35.0	28.9	34.1	37.3	32.8	30.9	25.5	28.5
	95%	19.2	20.3	19.4	20.8	21.2	18.9	18.3	20.2	18.7	19.6	20.4
	50%	2.6	2.2	2.3	2.4	3.0	2.4	2.0	3.4	3.1	3.5	3.3
2/29	Max	44.8	38.5	38.5	42.4	36.7	48.6	48.6	65.4	60.3	37.3	37.9
	99%	33.6	31.0	31.8	37.5	28.5	33.5	36.2	32.6	30.3	25.5	29.3
	95%	20.4	20.3	19.5	21.7	22.4	19.3	18.7	21.0	18.7	19.7	21.6
	50%	2.7	2.3	2.4	2.6	3.1	2.5	2.2	3.4	3.1	3.5	3.3
3/1	Max	44.8	38.5	38.5	42.4	36.7	48.6	48.6	65.4	60.3	37.3	37.9
	99%	32.1	31.1	26.9	35.1	29.2	34.3	37.8	32.8	31.0	25.5	28.5
	95%	19.4	19.6	19.4	21.5	21.3	19.0	18.0	20.7	18.7	19.8	20.4
	50%	2.6	2.2	2.4	2.5	3.0	2.4	2.3	3.4	3.1	3.5	3.3
3/2	Max	44.8	38.5	38.5	42.4	36.7	48.6	48.6	65.4	60.3	37.3	37.9
	99%	32.1	31.1	26.9	35.0	29.0	34.2	37.6	32.7	30.8	25.7	29.4
	95%	17.7	17.9	19.0	20.8	21.3	18.9	18.4	21.2	18.7	20.1	21.6
	50%	2.5	2.1	2.4	2.4	3.0	2.4	2.3	3.5	3.1	3.5	3.3
3/3	Max	44.8	38.5	38.5	42.4	36.7	48.6	48.6	65.4	60.3	37.3	37.9
	99%	32.0	31.1	26.8	35.1	29.0	34.2	37.7	32.7	30.5	26.5	31.0
	95%	17.0	19.7	18.1	20.8	21.3	18.6	18.0	21.1	18.8	21.2	21.8
	50%	2.6	2.1	2.4	2.4	3.0	2.4	2.1	3.5	3.1	3.6	3.3
3/4	Max	44.8	38.5	38.5	42.4	36.7	48.6	48.6	65.4	73.3	37.3	49.9
	99%	32.0	31.1	26.8	35.0	28.9	34.2	37.8	33.0	31.6	30.9	31.8
	95%	17.0	19.3	18.1	20.8	21.2	18.1	18.0	21.3	18.8	21.3	21.9
	50%	2.6	2.2	2.4	2.5	2.9	2.4	2.0	3.4	3.1	3.6	3.3
3/5	Max	44.8	38.5	38.5	42.4	454.8	48.6	48.6	65.4	73.3	73.6	60.9
	99%	32.0	31.1	26.8	35.0	33.4	34.3	37.8	36.5	33.1	32.4	35.4
	95%	18.6	20.0	18.9	21.2	21.5	18.7	18.4	21.2	19.4	23.2	23.5
	50%	2.6	2.2	2.4	2.5	2.9	2.4	2.1	3.4	3.1	3.6	3.3
3/6	Max	44.8	38.5	38.5	42.4	454.8	48.6	48.6	65.4	73.3	73.6	60.9
	99%	32.1	31.1	26.8	35.0	33.6	34.4	38.2	36.7	33.1	33.5	35.5
	95%	19.0	20.1	18.8	20.8	21.6	18.9	18.5	21.0	19.3	22.4	23.2
	50%	2.5	2.1	2.4	2.4	2.8	2.3	2.1	3.5	3.2	3.7	3.4
3/7	Max	44.8	38.5	38.5	39.3	454.8	48.6	48.6	65.4	73.3	73.6	60.9
	99%	32.1	31.1	26.9	33.8	33.8	34.5	38.2	37.4	33.6	33.6	35.5
	95%	20.5	19.8	19.1	20.6	21.3	18.8	19.1	21.3	20.3	23.1	23.3
	50%	2.6	2.1	2.4	2.4	2.8	2.3	2.2	3.6	3.4	3.7	3.4
3/8	Max	44.8	38.5	38.5	39.3	454.8	48.6	48.6	65.4	73.3	73.6	60.9
	99%	32.1	31.1	27.0	33.9	33.9	34.5	38.5	38.0	35.4	33.7	33.4
	95%	20.8	19.8	19.2	20.8	21.3	19.0	19.6	21.3	20.6	23.4	23.2
	50%	2.4	2.0	2.4	2.3	2.7	2.3	2.2	3.5	3.2	3.7	3.3

续表

日期(月/日)	项目	站点										
		58044	58036	58040	58041	58046	58047	58048	58252	58247	58341	58344
		连云港	东海	赣榆	西连岛	燕尾港	灌云	灌南	镇江	扬中	丹阳	句容
3/9	Max	44.8	38.5	38.5	39.3	454.8	48.6	48.6	65.4	73.3	73.6	60.9
	99%	30.2	31.1	27.0	33.8	34.1	34.5	38.5	38.7	39.6	33.7	34.0
	95%	18.1	19.6	18.7	20.1	21.4	18.9	19.1	21.5	20.6	23.5	23.5
	50%	2.4	2.0	2.3	2.3	2.5	2.3	2.1	3.5	3.2	3.7	3.4
3/10	Max	44.8	38.5	38.5	39.3	454.8	48.6	48.6	65.4	73.3	73.6	60.9
	99%	30.3	28.8	27.0	33.9	34.3	34.5	38.5	38.7	39.4	35.0	35.4
	95%	17.4	18.9	18.3	19.5	20.5	18.3	18.6	21.5	20.7	23.6	23.8
	50%	2.2	2.1	2.1	2.3	2.5	2.3	2.2	3.4	3.2	3.7	3.4
3/11	Max	44.8	38.5	38.5	39.3	454.8	48.6	48.6	65.4	73.3	73.6	60.9
	99%	30.3	28.8	26.9	26.1	34.4	34.5	38.6	38.7	39.3	35.2	36.8
	95%	16.9	17.1	16.4	19.1	20.6	18.1	18.2	21.7	20.7	23.6	23.7
	50%	2.3	2.1	2.1	2.3	2.5	2.3	2.2	3.5	3.3	3.7	3.5
3/12	Max	44.8	38.5	38.5	39.3	454.8	48.6	48.6	65.4	73.3	73.6	60.9
	99%	30.3	28.7	26.9	27.0	34.4	34.4	38.7	40.7	38.9	34.9	38.6
	95%	17.9	18.8	18.3	19.4	21.3	18.8	19.0	22.8	21.0	23.6	24.5
	50%	2.2	2.1	2.1	2.3	2.3	2.3	2.3	3.5	3.4	3.7	3.5
3/13	Max	44.8	38.5	38.5	39.3	454.8	48.6	48.6	65.4	73.3	73.6	60.9
	99%	30.4	28.8	26.8	27.2	34.5	34.5	38.7	40.6	38.7	34.9	38.7
	95%	18.3	18.9	18.1	19.5	21.3	19.5	19.6	22.7	20.7	23.6	24.7
	50%	2.2	2.1	2.2	2.3	2.5	2.4	2.4	3.4	3.4	3.6	3.4
3/14	Max	44.8	38.5	38.5	39.3	454.8	48.6	48.6	65.4	73.3	73.6	60.9
	99%	30.4	28.6	26.8	26.9	34.5	34.4	38.7	40.7	38.7	34.9	38.7
	95%	18.0	17.0	16.4	19.1	21.3	19.1	19.6	24.2	21.0	23.9	25.0
	50%	2.2	2.1	2.1	2.4	2.2	2.3	2.3	3.4	3.4	3.7	3.5
3/15	Max	44.8	38.5	38.5	39.3	454.8	48.6	48.6	65.4	73.3	73.6	60.9
	99%	30.3	31.1	27.3	33.7	34.2	34.3	38.6	40.5	38.3	34.9	38.6
	95%	18.1	18.6	18.2	20.1	21.2	18.8	19.7	26.0	23.3	24.7	25.0
	50%	2.1	2.2	2.0	2.3	2.4	2.5	2.3	3.5	3.6	3.7	3.4
3/16	Max	44.8	38.5	38.5	39.3	454.8	48.6	48.6	65.4	73.3	73.6	60.9
	99%	30.3	31.1	27.3	33.7	34.1	34.1	38.4	40.4	38.1	34.8	38.6
	95%	17.4	17.6	17.9	19.8	21.4	18.1	19.6	25.9	23.2	24.7	25.0
	50%	2.1	2.3	2.0	2.3	2.3	2.5	2.3	3.4	3.4	3.5	3.3
3/17	Max	44.8	38.5	38.5	39.3	454.8	48.6	48.6	65.4	73.3	73.6	60.9
	99%	30.4	31.0	28.9	33.7	34.0	34.0	38.3	40.2	38.4	35.2	40.1
	95%	18.9	19.8	18.7	19.7	21.4	19.4	18.9	27.8	23.3	24.8	25.3
	50%	2.0	2.3	2.0	2.3	2.2	2.5	2.3	3.4	3.4	3.5	3.3
3/18	Max	44.8	38.5	38.5	39.3	454.8	48.6	48.6	65.4	73.3	73.6	68.0
	99%	30.5	31.0	28.9	33.7	34.1	34.1	38.3	42.0	43.7	37.1	45.1
	95%	18.6	19.8	18.9	20.6	21.5	19.7	19.6	28.8	27.2	25.9	25.8
	50%	2.1	2.3	2.0	2.4	2.5	2.5	2.4	3.6	3.6	3.5	3.6

续表

日期（月/日）	项目	站点										
		58044	58036	58040	58041	58046	58047	58048	58252	58247	58341	58344
		连云港	东海	赣榆	西连岛	燕尾港	灌云	灌南	镇江	扬中	丹阳	句容
3/19	Max	44.8	38.5	37.6	39.3	454.8	50.0	78.6	65.4	73.3	73.6	68.0
	99%	29.8	28.1	27.2	33.7	36.7	42.9	41.7	42.0	43.3	37.0	44.8
	95%	19.0	21.7	18.7	20.3	22.7	20.0	19.6	28.7	26.4	25.9	25.6
	50%	2.0	2.3	1.9	2.3	2.3	2.5	2.4	3.5	3.4	3.5	3.4
3/20	Max	44.8	38.5	37.6	39.3	454.8	50.0	78.6	65.4	73.3	73.6	68.0
	99%	29.8	28.1	27.2	33.7	36.7	42.9	41.8	43.2	48.4	37.0	44.9
	95%	21.6	21.7	18.7	20.6	22.6	20.8	19.6	29.0	27.2	25.9	25.3
	50%	1.9	2.1	1.8	2.3	2.2	2.3	2.3	3.6	3.4	3.5	3.4
3/21	Max	36.9	31.4	74.5	61.9	454.8	50.0	78.6	65.4	73.3	73.6	68.0
	99%	29.5	26.7	27.2	33.7	36.7	35.6	38.2	43.2	48.4	37.6	45.0
	95%	22.2	19.5	18.9	20.5	24.5	20.7	19.6	29.0	27.2	26.0	26.3
	50%	1.8	2.1	1.8	2.2	2.0	2.2	2.2	3.5	3.4	3.5	3.3
3/22	Max	46.6	56.7	74.5	61.9	454.8	50.0	78.6	65.4	73.3	73.6	68.0
	99%	29.6	28.1	29.1	33.8	36.7	35.7	36.1	43.2	48.4	37.6	45.1
	95%	21.6	19.9	19.0	21.1	24.0	21.9	19.6	28.7	27.7	26.4	26.4
	50%	1.8	2.0	1.8	2.2	2.0	2.4	2.2	3.5	3.4	3.5	3.4
3/23	Max	46.6	56.7	74.5	61.9	454.8	50.0	78.6	65.4	73.3	73.6	68.0
	99%	29.7	28.4	29.3	33.9	36.7	36.4	36.3	43.3	48.5	37.7	45.3
	95%	21.8	19.3	19.1	21.6	24.2	22.3	19.6	28.7	27.7	26.7	26.5
	50%	1.9	2.1	1.8	2.3	2.2	2.3	2.2	3.5	3.4	3.6	3.4
3/24	Max	46.6	65.3	74.5	61.9	454.8	71.8	78.6	65.4	73.3	73.6	68.0
	99%	29.7	31.1	29.3	33.7	37.5	43.2	36.3	43.3	43.4	37.4	45.4
	95%	21.8	19.8	19.6	21.7	24.2	22.7	20.3	28.6	26.8	26.5	26.3
	50%	1.9	2.1	1.8	2.2	2.2	2.3	2.2	3.5	3.4	3.7	3.4
3/25	Max	46.6	65.3	74.5	61.9	454.8	71.8	78.6	65.4	73.3	73.6	68.0
	99%	29.7	28.7	31.9	33.7	37.6	37.1	34.2	43.6	44.2	40.5	46.0
	95%	22.1	19.8	18.9	20.6	22.6	21.6	19.6	28.3	26.6	26.2	26.3
	50%	1.8	2.0	1.8	2.2	2.0	2.0	2.2	3.4	3.3	3.7	3.4
3/26	Max	46.6	65.3	74.5	61.9	454.8	71.8	78.6	65.4	73.3	73.6	68.0
	99%	30.2	28.8	32.5	35.2	37.6	37.4	34.2	43.6	44.2	40.5	46.2
	95%	22.7	20.6	19.4	21.2	23.5	22.5	20.6	28.3	26.6	26.1	26.2
	50%	1.9	2.1	1.8	2.3	2.0	2.0	2.3	3.1	3.2	3.5	3.3
3/27	Max	46.6	65.3	74.5	61.9	454.8	71.8	78.6	58.0	73.3	73.6	68.0
	99%	30.2	29.0	32.6	33.7	37.7	37.7	34.2	41.8	39.0	40.6	46.2
	95%	21.5	19.9	18.8	20.8	23.8	22.7	19.6	26.5	26.4	26.1	26.2
	50%	1.9	2.1	1.8	2.3	2.0	2.0	2.3	3.1	3.1	3.5	3.4
3/28	Max	46.6	65.3	74.5	61.9	454.8	71.8	78.6	58.0	73.3	73.6	68.0
	99%	30.2	31.4	32.6	33.7	37.8	38.1	34.3	41.8	39.1	40.9	46.4
	95%	21.6	20.0	18.8	21.7	24.0	22.7	19.6	27.0	26.3	27.2	26.5
	50%	2.0	2.1	1.8	2.3	2.1	2.1	2.4	3.1	3.1	3.5	3.4

续表

日期（月/日）	项目	站点										
		58044	58036	58040	58041	58046	58047	58048	58252	58247	58341	58344
		连云港	东海	赣榆	西连岛	燕尾港	灌云	灌南	镇江	扬中	丹阳	句容
3/29	Max	46.6	65.3	74.5	61.9	454.8	71.8	78.6	58.0	73.3	73.6	68.0
	99%	29.8	29.4	32.6	29.9	36.8	31.6	34.4	41.8	38.9	40.9	46.6
	95%	20.2	19.9	17.9	20.5	23.2	22.4	18.6	28.4	27.3	27.4	26.6
	50%	2.0	2.0	1.8	2.3	2.2	2.0	2.3	3.0	3.1	3.2	3.2
3/30	Max	46.6	65.3	74.5	61.9	454.8	71.8	78.6	58.0	73.3	73.6	68.0
	99%	29.7	29.3	32.5	29.6	36.7	31.4	34.2	41.8	38.8	40.9	46.7
	95%	21.5	19.8	18.8	20.5	23.2	22.4	19.6	28.4	27.2	27.4	26.6
	50%	2.0	2.1	1.8	2.3	2.3	2.2	2.2	2.9	3.0	3.2	3.1
3/31	Max	50.0	65.3	74.5	61.9	454.8	83.2	78.6	58.0	73.3	73.6	68.0
	99%	31.5	38.3	33.7	36.7	37.7	45.8	36.5	41.8	38.9	40.9	46.8
	95%	21.5	20.0	19.6	20.8	23.8	22.5	21.0	28.5	27.3	27.2	27.0
	50%	2.0	2.1	1.8	2.2	2.2	2.1	2.2	2.9	2.9	3.0	3.0
4/1	Max	50.0	65.3	74.5	61.9	454.8	83.2	78.6	58.0	73.3	73.6	68.0
	99%	31.4	38.3	33.7	36.4	37.7	45.6	36.4	43.8	40.0	47.5	46.9
	95%	22.2	20.0	19.5	20.7	23.7	22.6	21.1	28.7	27.5	27.2	26.6
	50%	1.9	1.9	1.8	2.3	2.2	2.1	2.2	2.9	3.0	3.0	3.0
4/2	Max	50.0	65.3	74.5	61.9	454.8	83.2	78.6	58.0	56.9	73.6	68.0
	99%	31.4	38.7	33.7	39.0	37.6	45.2	39.1	41.8	38.0	47.1	46.6
	95%	23.0	20.4	22.8	21.4	24.4	22.7	21.4	29.0	27.4	27.2	26.6
	50%	1.9	1.9	1.8	2.3	2.2	2.1	2.2	2.9	3.0	3.0	3.0
4/3	Max	50.0	65.3	74.5	61.9	45.4	83.2	78.6	58.0	80.9	71.9	68.0
	99%	31.5	38.7	33.7	39.3	35.5	45.4	39.1	41.8	42.6	41.1	46.7
	95%	21.6	19.9	22.3	20.3	23.6	22.6	21.1	29.2	29.5	27.3	27.5
	50%	2.0	2.2	1.9	2.4	2.2	2.1	2.2	2.9	3.0	3.0	3.0
4/4	Max	50.0	65.3	74.5	61.9	45.4	83.2	78.6	66.6	80.9	71.9	68.0
	99%	31.4	40.4	33.7	39.9	37.6	45.7	39.2	43.5	46.2	41.1	46.9
	95%	22.2	20.4	22.8	21.7	24.4	22.7	21.6	29.9	30.2	27.5	28.8
	50%	2.0	2.2	1.8	2.4	2.3	2.1	2.2	2.9	3.0	3.0	2.8
4/5	Max	50.0	65.3	74.5	61.9	45.4	83.2	78.6	66.6	80.9	71.9	68.0
	99%	31.5	40.4	33.7	40.1	37.6	45.8	39.2	43.4	46.0	41.1	46.9
	95%	21.5	20.4	22.8	20.9	24.4	22.7	21.8	29.2	30.2	27.5	27.9
	50%	2.1	2.3	2.0	2.4	2.3	2.2	2.3	2.9	3.0	3.0	3.0
4/6	Max	67.7	65.3	74.5	61.9	56.7	91.8	78.6	66.6	80.9	71.9	68.0
	99%	37.8	48.1	35.9	42.9	41.7	53.9	43.6	43.4	42.3	41.1	46.9
	95%	21.8	21.2	23.0	21.9	24.7	23.0	22.2	28.7	28.8	26.8	27.5
	50%	2.3	2.4	2.0	2.6	2.4	2.3	2.4	3.1	3.2	3.3	3.1
4/7	Max	67.7	65.3	74.5	61.9	56.7	91.8	78.6	66.6	80.9	71.9	68.0
	99%	42.5	52.0	40.9	46.2	43.9	54.0	44.7	43.3	43.3	41.1	46.8
	95%	23.7	23.7	23.5	23.3	25.1	23.9	22.7	28.6	28.8	27.2	27.1
	50%	2.4	2.4	2.1	2.7	2.5	2.5	2.4	3.1	3.2	3.2	3.0

续表

日期（月/日）	项目	站点										
		58044	58036	58040	58041	58046	58047	58048	58252	58247	58341	58344
		连云港	东海	赣榆	西连岛	燕尾港	灌云	灌南	镇江	扬中	丹阳	句容
4/8	Max	67.7	65.3	74.5	61.9	59.5	91.8	78.6	66.6	80.9	71.9	68.0
	99%	45.4	52.4	41.0	46.3	46.6	57.3	44.7	43.3	43.4	41.1	45.0
	95%	24.5	24.1	23.5	25.1	31.9	25.4	26.9	28.5	27.8	26.8	27.1
	50%	2.5	2.4	2.3	2.7	2.5	2.5	2.4	3.1	3.2	3.2	3.1
4/9	Max	67.7	65.3	74.5	61.9	59.5	91.8	78.6	66.6	80.9	71.9	68.0
	99%	45.5	56.5	46.5	46.8	46.6	57.3	44.7	43.3	43.3	41.1	44.9
	95%	25.3	24.9	26.4	25.9	31.8	25.5	27.7	28.4	27.7	26.4	27.0
	50%	2.6	2.5	2.3	2.7	2.8	2.6	2.5	3.1	3.1	3.1	3.1
4/10	Max	67.7	65.3	74.5	61.9	59.5	91.8	78.6	66.6	80.9	71.9	68.0
	99%	45.5	56.5	46.7	47.1	46.7	57.4	45.0	46.2	46.2	47.1	45.8
	95%	25.4	24.9	27.1	24.6	32.0	25.5	25.6	28.5	28.8	26.8	27.1
	50%	2.7	2.5	2.3	2.7	2.9	2.6	2.5	3.2	3.2	3.2	3.1
4/11	Max	67.7	65.3	82.8	61.9	59.5	91.8	78.6	66.6	80.9	71.9	68.0
	99%	45.7	56.5	50.4	48.8	46.8	57.6	45.5	46.3	46.3	47.2	45.8
	95%	28.8	26.0	27.2	25.9	26.7	25.5	28.5	28.4	28.9	26.9	27.1
	50%	2.8	2.7	2.4	3.0	3.0	2.7	2.5	3.2	3.2	3.3	3.3
4/12	Max	67.7	65.3	82.8	61.9	59.5	91.8	78.6	66.6	80.9	71.9	68.0
	99%	45.8	56.6	50.4	48.8	46.8	57.7	45.6	46.3	46.3	47.2	45.8
	95%	26.8	26.2	27.3	26.1	27.0	25.5	28.6	27.4	28.9	26.6	27.1
	50%	2.9	2.7	2.6	3.0	3.1	2.7	2.6	3.2	3.2	3.4	3.2
4/13	Max	67.7	65.3	82.8	61.9	59.5	91.8	78.6	66.6	80.9	71.9	68.0
	99%	45.8	56.6	50.4	48.8	46.9	57.6	45.6	46.2	46.1	46.9	45.9
	95%	26.8	25.3	27.3	25.3	30.4	25.5	28.6	27.1	26.5	26.2	27.0
	50%	2.9	2.6	2.6	3.0	3.1	2.7	2.6	3.1	3.1	3.3	3.1
4/14	Max	67.7	69.2	82.8	61.9	59.5	91.8	78.6	66.6	80.9	71.9	68.0
	99%	46.0	57.4	50.6	48.8	48.3	57.8	44.7	46.3	46.2	47.8	45.9
	95%	28.0	26.6	27.7	25.5	33.3	25.7	28.1	28.8	28.8	27.5	27.1
	50%	2.9	2.5	2.6	2.7	3.1	2.7	2.6	3.2	3.2	3.4	3.2
4/15	Max	67.7	69.2	82.8	61.9	59.5	91.8	78.6	66.6	80.9	71.9	68.0
	99%	46.2	57.5	50.9	48.9	48.4	58.0	44.7	46.4	46.4	50.2	42.9
	95%	25.8	25.3	27.7	24.2	33.7	25.5	28.5	28.3	28.9	27.6	27.0
	50%	2.9	2.6	2.8	2.7	3.1	2.6	2.5	3.2	3.2	3.5	3.1
4/16	Max	67.7	69.2	82.8	61.9	59.5	91.8	78.6	66.6	80.9	71.9	50.4
	99%	46.3	57.6	51.0	48.9	48.4	58.1	44.8	46.2	44.6	40.8	40.1
	95%	26.9	26.4	27.2	24.4	29.4	25.5	28.7	28.4	26.6	26.2	26.9
	50%	2.9	2.5	2.7	2.7	2.9	2.5	2.4	3.1	3.1	3.4	3.1
4/17	Max	67.7	69.2	82.8	61.9	59.5	91.8	71.6	66.6	80.9	71.9	50.4
	99%	46.4	56.7	51.1	48.9	48.5	48.7	44.8	46.3	46.7	40.8	40.1
	95%	28.1	26.6	28.1	25.1	27.6	25.5	28.2	28.5	28.8	26.7	26.7
	50%	3.0	2.6	2.9	3.1	3.1	2.6	2.5	3.3	3.3	3.4	3.2

续表

日期(月/日)	项目	站点										
		58044	58036	58040	58041	58046	58047	58048	58252	58247	58341	58344
		连云港	东海	赣榆	西连岛	燕尾港	灌云	灌南	镇江	扬中	丹阳	句容
4/18	Max	67.7	69.2	82.8	61.9	59.5	91.8	71.6	66.6	85.6	71.9	50.4
	99%	46.5	56.2	51.1	48.9	48.5	49.1	44.8	45.9	52.8	40.9	40.2
	95%	28.4	26.5	28.0	24.6	27.9	25.5	28.4	28.3	28.9	27.7	26.6
	50%	3.0	2.6	2.9	3.1	3.2	2.6	2.7	3.4	3.4	3.6	3.4
4/19	Max	122.0	90.0	98.9	60.5	125.3	103.7	88.1	72.5	85.6	71.9	61.6
	99%	46.6	56.8	51.2	44.2	54.9	56.8	45.2	48.5	55.9	45.7	44.2
	95%	28.9	28.1	29.4	24.0	33.2	25.5	29.9	28.9	30.4	28.1	27.0
	50%	3.0	2.6	3.0	3.1	3.1	2.6	2.7	3.5	3.4	3.5	3.4
4/20	Max	122.0	90.0	98.9	60.5	125.3	103.7	88.1	72.5	85.6	71.9	66.7
	99%	44.5	56.3	55.0	44.5	59.1	56.8	46.2	50.8	56.4	47.6	45.0
	95%	28.9	29.5	29.5	24.0	31.3	25.6	31.3	29.2	30.3	28.8	27.1
	50%	3.0	2.6	2.9	3.0	3.0	2.6	2.7	3.4	3.2	3.5	3.3
4/21	Max	122.0	90.0	98.9	60.5	125.3	103.7	88.1	72.5	85.6	71.9	66.7
	99%	44.5	56.4	54.8	44.5	59.2	56.9	46.2	50.8	56.3	47.6	45.0
	95%	28.9	29.5	30.4	24.0	31.9	25.6	31.3	29.2	30.2	28.6	27.1
	50%	3.1	2.5	2.9	2.8	2.8	2.6	2.7	3.3	3.2	3.5	3.3
4/22	Max	122.0	90.0	98.9	60.5	125.3	103.7	88.1	72.5	85.6	71.9	66.7
	99%	44.5	49.7	55.0	44.5	59.3	56.3	48.4	50.8	56.3	50.6	45.0
	95%	29.0	29.8	31.3	24.4	32.7	26.7	32.2	29.6	30.3	28.8	27.4
	50%	3.1	2.5	2.9	2.8	2.9	2.6	2.7	3.3	3.2	3.5	3.3
4/23	Max	122.0	90.0	98.9	60.5	125.3	103.7	88.1	72.5	85.6	71.9	66.7
	99%	44.9	51.2	55.1	44.5	59.4	56.3	48.3	50.6	56.0	47.3	44.9
	95%	29.0	31.5	30.9	25.3	33.8	28.1	32.7	29.4	30.5	28.8	27.6
	50%	3.2	2.6	3.0	3.0	3.0	2.7	2.9	3.4	3.2	3.5	3.4
4/24	Max	122.0	90.0	98.9	60.5	125.3	103.7	88.1	79.9	85.6	71.9	66.7
	99%	44.9	51.2	55.0	44.1	59.4	56.3	48.4	51.1	57.8	50.4	45.4
	95%	28.9	31.4	30.6	25.3	33.1	28.0	32.2	30.1	31.0	29.1	29.3
	50%	3.1	2.6	2.9	2.9	2.9	2.6	2.9	3.5	3.3	3.6	3.5
4/25	Max	122.0	90.0	98.9	60.5	125.3	118.9	89.6	79.9	85.6	71.9	66.7
	99%	50.1	51.2	55.0	44.1	59.4	58.5	50.2	51.1	57.8	50.4	45.4
	95%	29.5	34.6	30.9	27.1	33.3	31.7	32.4	30.1	31.1	29.1	29.3
	50%	3.2	2.6	3.1	3.0	3.0	2.6	2.8	3.6	3.5	3.7	3.6
4/26	Max	122.0	90.0	98.9	60.5	125.3	118.9	89.6	83.2	93.1	71.9	66.7
	99%	50.1	51.2	55.2	44.2	59.4	58.5	50.7	57.8	59.7	50.3	45.7
	95%	30.0	34.5	31.7	29.7	34.7	33.4	34.4	31.1	31.4	29.1	29.3
	50%	3.2	2.8	3.1	3.0	3.0	2.7	3.0	3.7	3.6	3.7	3.7
4/27	Max	122.0	90.0	98.9	60.5	125.3	118.9	89.6	83.2	93.1	71.9	66.7
	99%	50.1	50.9	55.1	44.1	61.2	58.5	50.7	57.6	59.7	50.2	45.7
	95%	30.3	35.3	32.2	31.2	35.1	33.4	34.0	31.6	31.4	28.9	29.0
	50%	3.2	2.6	3.1	3.0	2.8	2.7	3.0	3.8	3.7	3.9	3.8

续表

日期（月/日）	项目	站点										
		58044	58036	58040	58041	58046	58047	58048	58252	58247	58341	58344
		连云港	东海	赣榆	西连岛	燕尾港	灌云	灌南	镇江	扬中	丹阳	句容
4/28	Max	122.0	90.0	98.9	60.5	125.3	118.9	89.6	83.2	93.1	71.9	66.7
	99%	50.2	51.2	50.7	44.2	59.6	58.5	50.8	57.7	59.7	50.2	46.2
	95%	30.5	37.5	32.3	31.3	35.4	33.5	34.1	30.6	32.7	30.1	29.3
	50%	3.2	2.9	3.1	3.1	2.9	2.7	3.0	3.9	3.8	4.0	4.0
4/29	Max	122.0	90.0	98.9	60.5	125.3	118.9	89.6	83.2	93.1	71.9	66.7
	99%	47.8	51.5	50.0	42.5	59.7	56.3	50.9	58.2	59.8	50.3	46.3
	95%	29.8	34.9	31.9	31.3	35.0	31.2	33.9	31.2	32.4	30.2	29.5
	50%	3.2	2.8	3.4	3.1	3.0	2.8	3.1	3.9	3.9	4.1	4.1
4/30	Max	122.0	90.0	98.9	66.0	125.3	118.9	89.6	83.2	93.1	71.4	66.7
	99%	47.9	56.3	50.9	44.6	61.7	57.8	57.4	58.3	59.9	49.5	48.6
	95%	30.3	36.0	32.9	32.8	35.9	32.9	33.0	31.6	32.5	30.2	29.7
	50%	3.2	2.9	3.4	3.1	3.3	2.8	3.1	4.0	3.9	4.0	4.0
5/1	Max	122.0	90.0	98.9	66.0	125.3	118.9	89.6	83.2	93.1	71.4	66.7
	99%	51.3	56.7	51.2	44.6	61.9	59.1	60.3	59.0	60.1	50.4	46.6
	95%	30.6	35.9	33.0	31.2	36.3	32.4	33.3	31.6	32.7	30.2	29.4
	50%	3.4	3.0	3.4	3.1	3.2	2.7	3.0	4.0	3.9	4.0	4.1
5/2	Max	122.0	90.0	98.9	66.0	125.3	118.9	89.6	83.2	93.1	71.4	66.7
	99%	51.3	56.6	55.3	44.6	61.9	59.1	60.3	58.9	58.0	50.4	46.4
	95%	30.8	38.3	33.8	32.7	38.6	37.7	34.2	31.3	30.6	29.1	29.5
	50%	3.2	2.7	3.4	3.1	3.2	2.6	2.9	3.8	3.8	3.8	4.0
5/3	Max	122.0	90.0	98.9	66.0	125.3	118.9	89.6	83.2	93.1	71.4	66.7
	99%	51.3	56.6	55.3	45.6	61.9	59.1	60.3	55.4	57.0	51.6	46.2
	95%	33.2	39.5	34.9	34.1	36.3	37.5	34.8	30.0	30.5	29.1	29.1
	50%	3.2	2.7	3.4	3.1	3.2	2.6	2.9	3.7	3.7	3.7	4.0
5/4	Max	122.0	90.0	98.9	66.0	125.3	118.9	89.6	83.2	93.1	71.4	66.7
	99%	51.4	56.7	55.3	45.5	61.9	59.1	60.2	55.4	57.0	51.6	46.1
	95%	33.3	38.5	38.3	34.1	36.6	37.5	34.8	30.1	30.5	29.1	29.0
	50%	3.0	2.5	3.4	3.2	3.2	2.5	2.8	3.6	3.6	3.6	3.8
5/5	Max	122.0	90.0	98.9	66.0	125.3	118.9	89.6	83.2	93.1	71.4	101.4
	99%	48.4	51.4	55.3	44.6	61.7	57.8	56.1	60.8	57.9	52.4	55.3
	95%	32.9	38.4	37.0	33.7	36.0	33.0	32.9	30.7	31.2	30.1	31.6
	50%	3.0	2.5	3.2	3.1	3.1	2.5	2.8	3.6	3.7	3.5	3.8
5/6	Max	122.0	90.0	98.9	66.0	125.3	118.9	89.6	83.2	93.1	71.4	101.4
	99%	48.2	51.0	55.3	44.2	61.6	57.7	55.4	66.4	57.8	53.2	55.3
	95%	32.8	39.1	34.7	31.3	35.0	30.2	34.1	31.6	31.8	30.3	31.5
	50%	3.0	2.5	3.3	3.1	3.1	2.5	2.7	3.6	3.7	3.5	3.8
5/7	Max	122.0	90.0	98.9	66.0	125.3	118.9	89.6	83.2	93.1	71.4	101.4
	99%	47.0	50.9	55.3	44.2	61.7	57.7	55.8	65.9	57.7	53.2	55.2
	95%	32.0	39.0	34.6	31.0	33.9	28.3	31.4	31.9	32.1	31.1	31.5
	50%	3.1	2.5	3.1	3.1	3.0	2.5	2.6	3.6	3.9	3.5	3.8

续表

日期(月/日)	项目	站点										
		58044	58036	58040	58041	58046	58047	58048	58252	58247	58341	58344
		连云港	东海	赣榆	西连岛	燕尾港	灌云	灌南	镇江	扬中	丹阳	句容
5/8	Max	122.0	90.0	98.9	66.0	125.3	118.9	114.2	83.2	93.1	71.4	101.4
	99%	48.0	50.5	66.7	43.7	61.7	59.1	60.1	65.8	57.8	53.2	55.2
	95%	33.1	38.9	35.4	31.0	34.8	28.9	32.4	31.8	32.1	32.1	30.3
	50%	3.0	2.5	3.2	3.0	3.0	2.5	2.6	3.6	3.7	3.6	3.8
5/9	Max	122.0	90.0	98.9	66.0	125.3	118.9	114.2	83.2	93.1	71.4	101.4
	99%	48.0	50.5	66.5	43.7	61.7	60.4	60.1	65.4	56.9	53.1	55.1
	95%	32.9	39.4	35.4	31.0	34.9	29.9	31.4	29.8	30.7	30.2	29.3
	50%	3.0	2.4	3.1	3.0	3.0	2.6	2.9	3.5	3.6	3.5	3.7
5/10	Max	122.0	90.0	98.9	66.0	125.3	118.9	114.2	83.2	93.1	71.4	101.4
	99%	48.0	50.5	55.3	42.2	65.9	63.0	65.7	65.2	56.9	53.1	55.0
	95%	31.3	38.9	34.5	29.5	36.0	32.3	32.2	30.6	30.7	32.8	31.1
	50%	2.9	2.3	3.1	3.0	2.9	2.6	3.0	3.5	3.6	3.5	3.5
5/11	Max	122.0	103.6	135.9	113.2	125.3	118.9	114.2	83.2	93.1	71.4	101.4
	99%	51.0	53.9	55.1	43.7	66.0	63.1	65.9	65.0	56.9	53.1	55.8
	95%	32.0	39.5	34.6	30.9	36.5	32.5	32.3	31.6	31.4	34.5	31.8
	50%	2.9	2.3	3.0	3.0	2.9	2.6	3.0	3.5	3.6	3.4	3.5
5/12	Max	122.0	103.6	135.9	113.2	125.3	118.9	114.2	83.2	93.1	71.4	101.4
	99%	51.0	58.4	56.2	44.2	72.5	63.3	66.4	64.8	56.9	53.6	55.8
	95%	32.2	39.9	35.3	31.1	36.6	33.6	31.6	31.9	31.9	35.5	32.2
	50%	2.7	2.1	3.1	3.0	2.9	2.6	2.9	3.6	3.7	3.5	3.6
5/13	Max	122.0	103.6	135.9	113.2	218.3	118.9	114.2	83.2	93.1	71.4	101.4
	99%	51.0	54.0	60.2	44.2	78.1	63.2	66.0	64.6	56.9	53.6	55.7
	95%	34.1	40.0	35.5	31.9	37.0	33.5	32.5	31.9	32.7	35.1	32.5
	50%	2.7	2.1	3.1	3.0	2.9	2.6	2.8	3.5	3.5	3.4	3.6
5/14	Max	122.0	103.6	135.9	113.2	218.3	118.9	114.2	83.2	93.1	71.4	101.4
	99%	51.0	54.0	60.5	45.5	78.8	63.2	65.7	64.5	56.9	53.5	55.7
	95%	34.8	40.9	35.6	33.5	36.6	33.5	32.7	31.8	32.0	34.3	33.0
	50%	2.7	2.1	3.0	3.0	2.9	2.6	2.9	3.5	3.7	3.5	3.8
5/15	Max	122.0	103.6	135.9	113.2	218.3	118.9	114.2	92.5	116.5	75.3	101.4
	99%	51.0	53.9	60.2	47.2	78.0	63.1	71.3	68.6	60.3	53.9	56.3
	95%	35.4	42.1	36.4	34.1	43.1	34.1	33.1	29.8	32.3	35.3	33.0
	50%	2.6	2.1	3.0	3.0	2.9	2.6	3.0	3.5	3.6	3.5	3.4
5/16	Max	122.0	103.6	135.9	113.2	218.3	118.9	114.2	92.5	116.5	75.3	101.4
	99%	51.0	53.8	60.3	47.2	77.9	62.9	71.2	68.6	63.5	55.1	56.3
	95%	33.8	42.1	36.0	34.2	42.8	33.9	32.3	30.8	33.9	35.7	35.2
	50%	2.7	2.3	2.8	3.0	2.9	2.6	3.0	3.3	3.5	3.5	3.2
5/17	Max	122.0	103.6	135.9	113.2	218.3	118.9	114.2	92.5	116.5	75.3	101.4
	99%	51.0	53.8	60.2	54.3	77.6	62.7	71.0	68.4	59.4	54.9	56.2
	95%	33.4	42.0	36.0	34.6	42.2	33.8	32.2	31.1	31.0	34.9	34.6
	50%	2.6	2.3	2.8	3.0	2.9	2.7	2.9	3.1	3.3	3.3	3.0

续表

日期（月/日）	项目	站点										
		58044	58036	58040	58041	58046	58047	58048	58252	58247	58341	58344
		连云港	东海	赣榆	西连岛	燕尾港	灌云	灌南	镇江	扬中	丹阳	句容
5/18	Max	116.9	103.6	135.9	113.2	218.3	118.9	114.2	92.5	116.5	75.3	101.4
	99%	51.0	53.7	65.2	65.9	72.0	59.7	64.4	61.6	56.0	54.8	56.0
	95%	35.3	42.4	36.8	37.8	40.1	35.5	34.1	29.9	30.9	35.1	33.4
	50%	2.7	2.4	3.1	3.1	3.0	2.8	3.0	3.1	3.3	3.3	3.0
5/19	Max	116.9	103.6	135.9	113.2	218.3	118.9	114.2	152.5	121.1	154.2	173.3
	99%	51.0	53.7	60.1	62.6	71.9	59.8	64.7	71.3	65.2	57.0	56.2
	95%	33.2	42.0	36.4	35.8	37.7	35.6	34.5	31.8	30.9	35.1	35.8
	50%	2.7	2.4	3.1	3.0	3.0	2.7	2.8	3.1	3.6	3.3	3.1
5/20	Max	116.9	103.6	135.9	113.2	218.3	118.9	114.2	152.5	121.1	154.2	173.3
	99%	50.9	53.6	60.0	65.9	88.3	59.7	64.4	70.5	68.4	56.7	56.1
	95%	32.7	41.9	36.4	36.4	41.4	36.2	36.0	32.6	32.0	35.4	36.1
	50%	2.6	2.3	2.9	3.0	3.0	2.6	2.7	3.2	3.5	3.2	3.0
5/21	Max	116.9	103.6	135.9	113.2	218.3	118.9	114.2	152.5	121.1	154.2	173.3
	99%	51.0	66.4	66.8	65.6	87.7	62.4	61.3	70.3	68.3	54.5	56.1
	95%	35.0	42.5	37.2	36.1	38.1	36.6	36.4	32.5	34.4	35.1	35.8
	50%	2.5	2.4	3.1	3.0	2.9	2.6	2.8	3.1	3.6	3.2	3.1
5/22	Max	116.9	103.6	135.9	113.2	218.3	118.9	125.0	152.5	121.1	154.2	173.3
	99%	51.6	65.8	66.7	65.4	87.1	62.4	66.0	69.8	68.0	54.4	56.1
	95%	35.5	42.0	38.6	35.9	37.7	36.6	36.4	32.3	33.2	35.4	36.6
	50%	2.6	2.4	3.1	3.0	2.9	2.7	2.8	3.2	3.8	3.2	3.0
5/23	Max	116.9	103.6	135.9	113.2	218.3	118.9	125.0	152.5	121.1	154.2	173.3
	99%	51.6	65.5	66.7	65.4	87.6	62.4	66.0	76.4	67.6	54.3	56.1
	95%	35.4	42.0	38.6	35.9	38.0	36.6	36.4	32.7	31.1	35.3	36.6
	50%	2.6	2.5	3.4	3.1	2.9	2.8	2.8	3.1	3.7	3.1	3.0
5/24	Max	116.9	103.6	135.9	113.2	218.3	123.7	125.0	152.5	121.1	154.2	173.3
	99%	52.5	67.2	76.9	69.3	91.8	62.4	61.3	82.6	77.3	57.2	56.9
	95%	34.1	41.6	39.1	36.0	39.4	36.0	36.1	34.5	37.1	36.1	39.3
	50%	2.6	2.5	3.3	2.9	2.9	2.9	2.8	3.3	3.8	3.2	3.0
5/25	Max	116.9	103.6	135.9	113.2	218.3	123.7	125.0	152.5	121.1	154.2	173.3
	99%	52.4	67.2	76.5	69.2	91.6	62.3	61.2	76.3	72.1	58.6	61.5
	95%	35.2	41.6	38.7	35.9	37.8	34.7	33.6	34.8	36.7	37.5	39.3
	50%	2.5	2.5	3.4	2.8	3.0	3.0	2.8	3.1	3.5	3.2	3.0
5/26	Max	116.9	103.6	135.9	113.2	218.3	123.7	125.0	152.5	121.1	154.2	173.3
	99%	52.4	67.2	76.2	69.4	87.7	62.3	61.3	76.5	72.1	58.6	61.5
	95%	36.0	41.8	38.7	36.0	38.1	34.8	35.2	35.3	37.0	37.7	39.5
	50%	2.5	2.5	3.5	2.7	3.0	3.0	2.8	3.2	3.6	3.2	3.1
5/27	Max	116.9	103.6	135.9	113.2	218.3	123.7	125.0	152.5	121.1	154.2	173.3
	99%	52.4	67.2	75.6	69.2	75.4	62.3	61.2	67.9	67.7	59.9	61.5
	95%	35.7	41.6	38.6	35.9	36.5	34.7	34.6	35.6	34.8	38.9	39.7
	50%	2.6	2.5	3.5	2.7	2.9	2.9	2.8	3.1	3.5	3.2	3.0

续表

日期(月/日)	项目	站点										
		58044	58036	58040	58041	58046	58047	58048	58252	58247	58341	58344
		连云港	东海	赣榆	西连岛	燕尾港	灌云	灌南	镇江	扬中	丹阳	句容
5/28	Max	116.9	103.6	135.9	113.2	218.3	123.7	125.0	152.5	121.1	154.2	173.3
	99%	52.4	67.2	75.9	69.2	75.2	65.2	64.7	76.4	72.1	65.6	62.0
	95%	35.6	42.4	37.7	34.7	37.1	35.6	36.1	36.6	36.3	39.7	40.1
	50%	2.6	2.5	3.4	2.7	2.9	2.8	2.8	3.1	3.5	3.2	3.0
5/29	Max	116.9	103.6	135.9	113.2	218.3	123.7	125.0	152.5	121.1	154.2	173.3
	99%	54.4	73.0	83.1	81.8	76.1	64.8	64.5	76.1	72.0	65.5	61.9
	95%	37.6	42.4	37.3	35.8	37.2	38.4	39.3	36.5	36.3	39.7	39.6
	50%	2.9	2.5	3.4	2.7	2.9	3.0	2.9	3.1	3.5	3.3	3.1
5/30	Max	116.9	103.6	135.9	113.2	218.3	123.7	125.0	152.5	121.1	154.2	173.3
	99%	54.4	73.3	82.9	81.5	76.1	76.1	64.5	75.6	72.0	74.2	81.4
	95%	37.2	41.8	37.7	36.4	38.3	39.9	36.9	36.4	36.6	41.2	41.0
	50%	2.7	2.5	3.4	2.7	2.9	3.2	3.1	3.1	3.6	3.6	3.1
5/31	Max	116.9	103.6	135.9	113.2	218.3	123.7	125.0	152.5	121.1	165.9	173.3
	99%	55.0	73.8	83.2	82.0	76.1	62.5	64.7	90.3	77.0	79.1	100.8
	95%	36.6	41.1	38.7	35.8	37.0	37.0	37.2	37.2	38.6	42.5	41.2
	50%	3.0	2.5	3.6	2.7	2.7	3.2	3.1	3.3	3.6	3.7	3.4
6/1	Max	116.9	103.6	135.9	113.2	218.3	123.7	125.0	152.5	121.1	165.9	173.3
	99%	63.9	66.8	83.3	82.6	76.1	67.9	65.5	91.2	77.3	79.3	73.3
	95%	35.8	37.2	38.0	31.9	36.3	37.3	38.1	38.5	40.2	42.7	41.2
	50%	3.0	2.5	3.5	2.6	2.7	3.2	3.1	3.5	3.8	3.7	3.4
6/2	Max	116.9	103.6	135.9	113.2	218.3	123.7	125.0	152.5	121.1	165.9	173.3
	99%	63.5	73.8	83.1	82.1	76.1	67.5	73.2	91.7	77.3	79.3	101.2
	95%	36.6	39.3	37.3	31.8	36.5	36.9	40.0	40.9	42.7	42.8	45.4
	50%	3.2	2.7	3.5	2.7	2.6	3.3	3.1	3.5	3.8	3.7	3.4
6/3	Max	116.9	103.6	135.9	113.2	218.3	123.7	125.0	152.5	121.1	165.9	173.3
	99%	63.4	73.8	83.2	81.7	76.1	67.5	73.1	90.0	77.1	85.3	107.3
	95%	36.6	39.3	37.3	35.6	36.8	36.9	39.8	40.3	42.0	42.8	46.6
	50%	3.0	2.8	3.8	3.0	2.7	3.3	3.1	3.5	3.7	3.8	3.4
6/4	Max	116.9	103.6	135.9	113.2	218.3	123.7	125.0	152.5	121.1	165.9	173.3
	99%	64.2	67.7	83.7	90.6	76.1	68.0	73.2	92.1	77.3	89.4	83.2
	95%	38.1	37.4	39.5	36.0	43.6	39.0	40.2	40.9	42.1	44.1	46.7
	50%	3.2	2.9	3.9	3.2	2.9	3.3	3.2	3.5	3.8	3.8	3.8
6/5	Max	116.9	103.6	135.9	113.2	218.3	123.7	125.0	152.5	121.1	165.9	173.3
	99%	67.2	68.1	83.9	90.9	76.1	68.2	73.2	66.5	77.6	79.7	82.6
	95%	41.6	40.6	40.6	36.9	46.2	42.2	42.7	39.9	42.4	45.2	45.9
	50%	3.5	3.3	4.1	3.1	2.9	3.5	3.2	3.6	3.8	3.8	3.9
6/6	Max	116.9	103.6	135.9	113.2	218.3	123.7	125.0	152.5	121.1	165.9	173.3
	99%	65.5	72.0	78.2	91.4	76.1	64.9	68.9	85.4	72.1	82.7	82.7
	95%	41.6	39.4	40.9	37.8	46.2	42.5	40.7	41.1	42.9	48.3	49.0
	50%	3.6	3.3	4.2	3.0	3.0	3.5	3.2	3.9	3.8	3.8	4.0

续表

日期（月/日）	项目	站点										
		58044	58036	58040	58041	58046	58047	58048	58252	58247	58341	58344
		连云港	东海	赣榆	西连岛	燕尾港	灌云	灌南	镇江	扬中	丹阳	句容
6/7	Max	116.9	103.6	135.9	113.2	218.3	123.7	125.0	211.2	178.4	165.9	173.3
	99%	65.2	72.1	78.3	91.4	76.1	65.0	69.0	93.4	79.6	85.0	89.4
	95%	41.4	37.8	41.1	37.8	46.2	38.5	41.3	45.1	49.7	52.5	52.2
	50%	3.7	3.3	4.2	3.2	2.9	3.3	3.1	4.1	4.1	3.9	4.1
6/8	Max	116.9	103.6	135.9	113.2	218.3	123.7	125.0	211.2	178.4	165.9	173.3
	99%	65.2	72.1	78.2	84.8	75.7	62.8	65.6	93.6	82.7	85.0	91.3
	95%	41.6	39.3	42.1	37.9	46.2	37.2	41.4	45.6	53.2	55.3	54.9
	50%	3.8	3.3	4.2	2.9	2.9	3.2	3.0	4.1	4.0	3.9	4.1
6/9	Max	103.3	91.6	113.6	94.5	218.3	123.7	125.0	211.2	178.4	165.9	173.3
	99%	65.2	68.5	73.8	66.9	76.1	65.2	67.0	93.9	83.9	86.7	92.3
	95%	42.7	39.8	42.2	37.5	46.1	41.0	42.8	47.5	51.3	56.4	53.7
	50%	3.7	3.4	4.3	3.2	3.0	3.5	3.1	4.2	4.1	4.1	4.1
6/10	Max	103.3	91.6	113.6	94.5	218.3	123.7	125.0	211.2	287.0	165.9	173.3
	99%	65.2	67.9	69.2	67.0	76.3	69.8	71.2	101.4	97.7	90.0	105.4
	95%	45.1	41.7	42.2	38.3	46.6	43.4	48.1	54.7	55.5	57.1	60.8
	50%	4.0	3.8	4.6	3.2	3.2	3.5	3.2	4.4	4.2	4.4	4.3
6/11	Max	103.3	91.6	113.6	94.5	149.4	133.2	125.0	211.2	287.0	165.9	173.3
	99%	65.8	70.5	69.6	67.1	76.6	75.5	74.8	103.7	98.2	90.1	106.0
	95%	46.9	43.7	42.1	39.2	46.8	43.6	48.8	59.5	56.8	57.9	64.9
	50%	4.0	4.1	4.6	3.3	3.4	3.6	3.3	4.5	4.3	4.6	4.4
6/12	Max	103.3	91.6	113.6	94.3	149.4	133.2	125.0	211.2	287.0	165.9	173.3
	99%	65.8	70.5	69.5	63.3	76.3	75.6	75.0	104.1	98.6	90.2	106.5
	95%	46.6	42.0	42.8	39.1	46.4	43.9	49.5	58.9	58.6	57.9	66.3
	50%	4.0	4.0	4.6	3.2	3.4	3.6	3.3	4.7	4.5	4.7	4.5
6/13	Max	103.3	91.6	113.6	94.3	149.4	133.2	125.0	211.2	287.0	227.5	219.8
	99%	67.4	70.9	79.7	67.2	76.7	75.6	73.9	111.5	99.1	100.7	114.9
	95%	45.5	39.7	43.4	39.6	46.6	44.0	48.5	61.1	58.4	57.9	67.6
	50%	4.0	4.0	4.4	2.9	3.4	3.6	3.3	4.8	4.7	4.9	4.7
6/14	Max	103.3	91.6	113.6	94.3	149.4	133.2	125.0	211.2	287.0	227.5	219.8
	99%	67.4	71.0	79.8	67.3	76.9	75.7	74.5	113.0	119.0	101.2	115.6
	95%	46.8	40.8	43.6	38.7	46.7	45.4	44.2	62.2	60.1	58.2	67.8
	50%	3.8	3.9	4.4	2.9	3.3	3.5	3.2	5.3	5.0	5.1	4.7
6/15	Max	264.4	149.4	146.8	148.0	149.4	212.7	125.0	211.2	287.0	227.5	219.8
	99%	78.0	80.2	87.5	78.4	77.5	81.9	78.2	113.4	119.8	102.1	102.7
	95%	52.9	49.0	50.0	42.5	45.1	46.2	50.8	62.8	59.8	62.3	67.6
	50%	4.0	4.3	4.6	3.2	3.4	3.6	3.3	5.5	4.9	5.5	4.9
6/16	Max	264.4	149.4	146.8	148.0	149.4	212.7	125.0	211.2	287.0	227.5	219.8
	99%	78.3	80.4	87.5	73.8	82.6	82.5	75.7	106.4	120.2	91.6	108.1
	95%	48.1	44.3	47.3	41.9	47.2	46.6	50.8	62.5	60.4	62.8	69.7
	50%	4.1	4.4	4.6	2.9	3.4	3.5	3.3	5.4	5.0	5.2	4.9

续表

日期(月/日)	项目	站点										
		58044	58036	58040	58041	58046	58047	58048	58252	58247	58341	58344
		连云港	东海	赣榆	西连岛	燕尾港	灌云	灌南	镇江	扬中	丹阳	句容
6/17	Max	264.4	149.4	146.8	148.0	149.4	212.7	125.0	211.2	287.0	227.5	219.8
	99%	78.8	80.8	87.5	73.9	82.6	82.7	78.9	99.8	101.3	91.8	106.1
	95%	50.1	45.4	51.0	42.0	47.9	46.1	52.6	62.6	59.6	63.4	70.0
	50%	4.3	4.5	4.7	3.3	3.4	3.6	3.5	5.8	5.1	5.5	5.1
6/18	Max	264.4	149.4	188.9	148.0	149.4	212.7	125.0	211.2	287.0	227.5	219.8
	99%	91.7	86.3	92.1	88.5	89.8	118.3	88.2	99.8	97.9	92.0	106.3
	95%	50.7	48.7	53.3	44.7	48.9	47.4	52.8	62.2	58.9	63.1	68.4
	50%	4.3	4.5	4.7	3.8	3.5	3.9	4.0	5.7	5.1	5.2	5.1
6/19	Max	264.4	149.4	188.9	158.3	149.4	212.7	125.0	262.5	287.0	227.5	219.8
	99%	101.7	81.7	96.0	93.6	91.2	92.6	88.5	103.1	109.3	96.7	110.7
	95%	53.0	48.6	57.2	47.4	48.9	46.7	54.6	64.7	59.2	64.5	70.3
	50%	4.5	4.3	4.6	3.3	3.6	3.8	4.1	6.0	5.2	5.6	5.2
6/20	Max	264.4	149.4	188.9	158.3	149.4	212.7	110.4	262.5	287.0	227.5	219.8
	99%	102.9	82.7	96.2	94.2	93.8	96.3	85.7	105.4	110.9	98.7	112.4
	95%	50.5	49.1	59.8	47.4	49.6	47.0	54.5	64.9	59.0	67.6	72.5
	50%	4.5	4.6	4.7	3.5	3.7	3.9	4.3	6.3	5.2	5.6	5.4
6/21	Max	264.4	149.4	188.9	182.5	149.4	212.7	164.4	262.5	287.0	279.4	219.8
	99%	97.9	83.3	95.0	91.6	101.3	105.1	89.4	112.6	118.4	109.9	120.0
	95%	54.2	52.7	61.7	48.4	53.1	55.9	55.2	64.4	59.3	68.6	73.1
	50%	4.5	4.7	4.8	3.9	4.3	3.9	4.3	6.3	5.4	5.7	5.6
6/22	Max	264.4	149.4	188.9	182.5	149.4	220.7	164.4	262.5	287.0	279.4	219.8
	99%	101.4	83.6	95.1	93.1	105.2	106.4	90.2	112.9	118.9	110.7	120.4
	95%	55.1	52.8	62.3	48.5	56.8	54.0	56.1	65.8	60.0	68.2	74.9
	50%	4.6	4.7	4.9	4.0	4.3	3.6	4.4	6.2	5.2	5.8	5.6
6/23	Max	264.4	149.4	188.9	182.5	149.4	220.7	164.4	262.5	287.0	279.4	219.8
	99%	101.6	84.9	95.2	93.2	105.5	107.3	90.2	133.0	124.9	111.4	120.8
	95%	55.4	55.4	61.2	50.4	58.1	54.1	55.7	63.4	59.5	67.4	73.3
	50%	4.7	4.8	4.9	4.2	4.4	3.9	4.4	6.5	5.4	5.7	5.6
6/24	Max	264.4	149.4	188.9	182.5	160.1	220.7	164.4	262.5	287.0	279.4	219.8
	99%	109.3	87.5	106.5	95.1	132.3	108.8	92.1	133.3	124.9	111.5	126.5
	95%	59.5	59.7	66.5	53.8	61.1	53.9	58.9	66.6	60.2	67.8	74.6
	50%	4.7	4.7	4.9	4.4	4.5	3.9	4.4	6.4	5.5	5.7	5.5
6/25	Max	264.4	149.4	188.9	182.5	160.1	220.7	164.4	262.5	287.0	279.4	219.8
	99%	128.3	89.2	115.4	123.0	134.9	110.6	93.5	138.8	124.9	111.2	126.5
	95%	63.5	60.6	69.6	56.1	58.3	55.4	59.9	72.9	60.8	68.3	75.5
	50%	5.0	4.6	4.9	4.3	4.6	4.1	4.6	6.4	5.4	5.8	5.4
6/26	Max	264.4	149.4	188.9	182.5	160.1	220.7	164.4	262.5	287.0	279.4	219.8
	99%	142.9	99.0	116.5	124.8	140.4	114.9	92.5	138.9	125.3	112.4	127.0
	95%	64.6	61.8	69.8	60.1	62.8	56.6	60.0	73.2	61.8	68.1	75.8
	50%	5.0	4.8	5.0	4.4	4.6	4.2	4.8	6.5	5.4	5.8	5.6

续表

日期（月/日）	项目	站点										
		58044	58036	58040	58041	58046	58047	58048	58252	58247	58341	58344
		连云港	东海	赣榆	西连岛	燕尾港	灌云	灌南	镇江	扬中	丹阳	句容
6/27	Max	264.4	149.4	188.9	182.5	160.1	220.7	164.4	262.5	287.0	279.4	219.8
	99%	145.5	100.5	117.5	126.7	109.4	99.7	92.7	137.4	120.6	94.8	138.8
	95%	65.3	64.0	69.6	60.6	62.0	56.7	59.9	73.1	63.1	67.8	76.8
	50%	4.9	4.8	4.9	4.3	4.7	4.1	4.6	6.5	5.6	5.9	5.6
6/28	Max	264.4	149.4	188.9	182.5	160.1	220.7	164.4	262.5	287.0	279.4	219.8
	99%	128.8	90.2	103.6	128.3	112.0	101.5	92.8	139.5	121.2	102.6	127.8
	95%	64.6	62.0	68.8	60.4	62.7	57.5	60.0	73.7	63.8	68.8	76.4
	50%	4.8	4.8	4.9	4.3	5.0	4.0	4.6	6.4	5.5	5.7	5.6
6/29	Max	264.4	149.4	188.9	182.5	160.1	220.7	164.4	262.5	287.0	279.4	219.8
	99%	129.1	92.9	112.0	128.6	113.4	101.9	93.8	137.7	121.4	102.6	122.4
	95%	65.3	64.0	71.4	60.6	61.6	56.9	60.1	72.9	64.0	67.7	76.5
	50%	4.7	4.8	4.9	4.4	5.4	4.2	4.8	6.4	5.7	5.7	5.4
6/30	Max	264.4	149.4	188.9	182.5	160.1	220.7	164.4	262.5	287.0	279.4	219.8
	99%	129.9	101.2	113.9	120.6	116.0	103.9	93.9	137.8	121.6	102.6	122.8
	95%	67.3	64.3	72.7	62.7	62.9	59.4	60.0	73.2	63.4	67.8	76.8
	50%	5.0	4.8	5.1	4.7	5.4	4.4	4.8	6.5	5.8	5.8	5.5
7/1	Max	264.4	149.4	188.9	182.5	160.1	220.7	164.4	262.5	287.0	279.4	219.8
	99%	130.6	101.3	114.8	121.7	136.5	113.9	94.3	144.0	122.2	103.9	128.3
	95%	67.8	67.4	74.1	67.6	67.5	60.3	60.3	73.7	63.8	68.1	75.8
	50%	5.1	5.0	5.1	4.7	5.4	4.4	4.9	6.4	5.8	5.8	5.6
7/2	Max	264.4	149.4	188.9	182.5	160.1	220.7	164.4	262.5	287.0	279.4	219.8
	99%	131.9	101.6	115.6	123.4	137.4	114.4	95.0	145.0	122.5	102.7	128.4
	95%	67.7	67.3	74.4	67.5	66.4	60.3	61.6	73.5	67.5	68.1	75.6
	50%	5.2	5.2	5.5	4.8	5.7	4.6	5.3	6.5	5.8	6.0	5.7
7/3	Max	264.4	149.4	188.9	182.5	160.1	220.7	164.4	262.5	287.0	279.4	219.8
	99%	132.6	101.7	120.7	124.1	137.8	117.8	95.1	146.4	123.0	102.7	128.6
	95%	70.0	67.2	74.5	65.5	67.7	60.6	60.2	73.4	64.5	67.4	75.4
	50%	5.1	5.0	5.2	4.7	5.6	4.6	5.2	6.5	5.8	6.0	5.7
7/4	Max	264.4	149.4	188.9	182.5	160.1	220.7	164.4	262.5	287.0	279.4	219.8
	99%	133.0	101.8	120.9	131.5	137.6	118.1	95.1	147.0	123.3	102.7	128.6
	95%	70.7	67.8	74.2	66.2	69.2	60.7	60.2	72.9	64.8	65.3	75.5
	50%	5.2	4.8	5.6	4.8	5.7	4.6	5.2	6.5	6.0	6.2	5.8
7/5	Max	264.4	149.4	188.9	182.5	160.1	220.7	164.4	262.5	287.0	279.4	219.8
	99%	133.9	107.8	133.4	132.4	138.4	115.1	94.2	147.0	123.5	102.7	128.7
	95%	78.1	68.6	75.3	72.7	67.3	60.5	60.1	72.6	67.7	67.4	74.6
	50%	5.5	5.2	5.6	5.0	5.8	5.0	5.6	6.5	6.0	6.2	5.7
7/6	Max	264.4	149.4	188.9	182.5	160.1	220.7	164.4	262.5	287.0	279.4	219.8
	99%	134.6	108.5	135.0	133.0	139.2	112.6	94.2	138.5	116.9	102.7	125.3
	95%	76.8	68.9	74.6	72.4	69.1	60.7	61.4	71.3	67.7	63.9	71.9
	50%	5.6	5.5	5.8	5.2	5.8	5.1	5.8	6.3	6.0	6.2	5.5

续表

日期(月/日)	项目	站点										
		58044	58036	58040	58041	58046	58047	58048	58252	58247	58341	58344
		连云港	东海	赣榆	西连岛	燕尾港	灌云	灌南	镇江	扬中	丹阳	句容
7/7	Max	264.4	187.4	188.9	182.5	160.1	220.7	164.9	262.5	287.0	279.4	219.8
	99%	135.6	110.9	137.1	133.5	139.4	112.9	94.5	138.5	116.7	102.7	124.8
	95%	82.0	70.5	75.9	71.8	71.8	61.7	60.5	69.1	66.3	63.6	74.6
	50%	5.9	6.0	6.0	5.5	6.3	5.5	6.0	6.3	6.1	6.2	5.7
7/8	Max	264.4	187.4	188.9	182.5	160.1	220.7	164.9	262.5	287.0	279.4	219.8
	99%	126.2	109.2	123.0	133.6	139.4	113.1	95.4	138.4	116.6	98.4	125.7
	95%	80.9	70.5	75.5	72.9	71.3	61.2	61.9	70.4	67.3	63.7	75.0
	50%	5.8	6.1	5.8	5.4	6.3	5.5	6.3	6.5	6.2	6.2	5.7
7/9	Max	264.4	187.4	188.9	182.5	160.1	220.7	164.9	262.5	277.3	279.4	219.8
	99%	126.2	103.0	126.5	133.6	139.1	112.0	94.5	126.0	114.4	94.9	125.2
	95%	84.4	70.6	77.8	74.1	71.1	62.0	61.9	67.0	62.5	63.7	71.8
	50%	5.9	6.0	5.8	5.5	6.3	5.7	6.5	6.4	6.2	6.1	5.4
7/10	Max	264.4	187.4	188.9	182.5	160.1	220.7	164.9	262.5	277.3	279.4	219.8
	99%	126.5	104.0	126.7	133.9	133.8	111.6	95.4	122.3	114.4	94.8	124.5
	95%	84.9	69.2	81.3	74.5	71.4	62.6	62.1	60.7	61.8	61.3	71.0
	50%	5.9	5.9	5.7	5.5	5.9	5.7	6.7	6.3	6.0	6.0	5.3
7/11	Max	264.4	187.4	188.9	182.5	160.1	220.7	164.9	262.5	277.3	279.4	219.8
	99%	126.7	105.3	127.2	129.1	134.0	111.6	95.8	119.5	114.3	94.6	124.0
	95%	82.8	71.9	81.6	73.1	74.3	64.6	63.2	64.4	60.6	63.7	70.5
	50%	6.2	6.0	6.0	5.7	6.3	6.2	6.8	6.1	6.0	6.0	5.1
7/12	Max	264.4	187.4	188.9	182.5	160.1	220.7	164.9	262.5	277.3	279.4	216.4
	99%	126.8	105.9	127.6	129.2	134.1	111.6	95.8	110.6	114.1	91.6	129.9
	95%	83.3	69.2	78.8	73.5	74.4	64.9	63.5	63.3	60.8	61.2	70.0
	50%	6.2	6.0	5.9	6.0	6.4	6.5	6.9	5.9	6.2	6.0	5.3
7/13	Max	264.4	187.4	188.9	182.5	160.1	220.7	164.9	262.5	277.3	279.4	216.4
	99%	127.0	106.2	127.8	129.3	113.2	111.7	95.8	111.7	108.2	95.9	129.4
	95%	84.0	69.7	80.3	73.7	73.5	65.1	63.6	63.7	59.7	60.8	69.4
	50%	6.2	5.9	5.9	5.9	6.5	6.6	7.0	5.7	5.9	5.8	5.1
7/14	Max	168.9	187.4	188.9	182.5	160.1	220.7	164.9	262.5	277.3	279.4	216.4
	99%	115.4	103.1	123.9	126.6	134.0	109.4	95.8	111.4	112.6	101.9	128.5
	95%	77.7	68.5	75.3	71.8	74.4	63.2	62.8	60.0	60.5	58.4	69.7
	50%	6.0	5.5	5.8	5.7	6.5	6.4	6.8	5.7	6.2	5.7	5.2
7/15	Max	168.9	187.4	202.9	182.5	160.1	220.7	164.9	262.5	277.3	279.4	216.4
	99%	120.5	103.2	127.8	129.3	134.1	111.6	95.8	110.6	114.6	101.0	128.1
	95%	78.3	70.4	77.6	77.5	74.4	65.0	62.8	58.9	60.6	57.9	64.0
	50%	5.9	5.5	5.7	5.7	6.4	6.6	6.7	5.7	6.3	6.0	5.1
7/16	Max	168.9	187.4	202.9	182.5	160.1	220.7	164.9	262.5	277.3	279.4	216.4
	99%	120.4	106.3	127.6	129.2	134.1	111.6	95.8	137.4	114.6	95.4	127.4
	95%	78.2	70.7	77.1	79.8	74.4	63.6	60.2	57.3	60.4	57.6	64.3
	50%	5.9	5.5	5.7	5.7	6.5	6.6	6.7	5.7	6.3	6.0	5.3

续表

日期（月/日）	项目	站点										
		58044	58036	58040	58041	58046	58047	58048	58252	58247	58341	58344
		连云港	东海	赣榆	西连岛	燕尾港	灌云	灌南	镇江	扬中	丹阳	句容
7/17	Max	168.9	187.4	202.9	182.5	160.1	220.7	164.9	262.5	277.3	279.4	314.5
	99%	120.5	106.1	123.8	129.2	134.0	102.1	95.8	136.5	114.5	100.0	135.4
	95%	77.9	69.7	74.4	75.2	73.8	64.6	59.3	59.6	59.8	58.0	67.6
	50%	5.9	5.5	5.6	6.0	6.6	6.7	6.7	5.7	6.4	6.3	5.1
7/18	Max	168.9	187.4	202.9	182.5	160.1	220.7	164.9	215.3	195.2	279.4	314.5
	99%	120.5	109.9	123.8	126.2	134.0	111.6	97.3	116.6	114.5	95.2	127.3
	95%	78.3	69.5	75.0	78.9	74.5	65.7	59.2	54.0	59.3	57.3	63.7
	50%	6.0	5.9	5.8	6.0	6.8	6.7	6.6	5.7	6.3	6.4	5.1
7/19	Max	168.9	187.4	202.9	182.5	160.1	220.7	164.9	215.3	195.2	279.4	314.5
	99%	120.3	109.9	123.7	126.0	133.8	111.6	97.0	115.9	115.2	95.0	126.4
	95%	82.0	70.8	75.5	78.4	74.4	68.7	60.1	54.9	63.5	55.9	60.6
	50%	6.0	5.5	5.8	6.1	6.9	6.6	6.7	5.5	6.3	6.1	5.0
7/20	Max	168.9	187.4	202.9	157.5	160.1	220.7	164.9	182.5	195.2	133.5	314.5
	99%	120.3	109.8	123.4	123.9	130.9	111.6	95.8	109.3	114.3	81.1	121.3
	95%	81.9	69.2	74.5	77.6	74.1	65.6	59.6	53.1	62.3	51.5	61.4
	50%	6.0	5.5	5.8	6.1	6.6	6.7	6.7	5.5	6.0	5.7	4.9
7/21	Max	168.9	187.4	219.9	160.8	161.3	150.9	164.9	182.5	195.2	133.5	314.5
	99%	116.3	113.0	132.1	126.0	130.9	108.4	94.9	109.1	114.3	81.0	121.2
	95%	78.3	70.6	76.0	78.5	73.7	65.6	59.7	54.6	60.7	50.4	59.1
	50%	6.0	5.5	5.7	6.1	6.5	6.7	6.5	5.4	6.1	5.6	4.8
7/22	Max	169.6	187.4	219.9	160.8	175.7	157.2	196.6	182.5	195.2	133.5	314.5
	99%	120.3	114.2	132.1	129.9	133.8	111.6	97.0	107.0	113.0	80.8	117.4
	95%	84.0	70.6	76.0	80.4	74.1	66.1	62.7	53.2	59.7	50.6	60.1
	50%	5.9	5.3	5.7	6.2	6.3	6.3	6.5	5.3	6.0	5.6	4.5
7/23	Max	169.6	187.4	219.9	160.8	175.7	157.2	196.6	182.5	195.2	133.5	314.5
	99%	115.9	114.1	126.9	125.9	130.9	112.1	97.1	105.0	112.9	80.8	104.5
	95%	82.0	68.9	75.7	77.5	73.6	69.4	59.8	53.2	62.3	50.6	58.0
	50%	5.9	5.4	5.7	6.2	6.3	6.4	6.7	5.3	6.0	5.6	4.4
7/24	Max	169.6	187.4	219.9	160.8	175.7	157.2	196.6	161.9	195.2	162.5	314.5
	99%	112.5	112.9	123.2	125.8	130.7	112.1	101.5	101.3	102.1	84.5	117.2
	95%	81.0	69.0	77.3	77.0	74.4	66.7	59.0	52.7	62.0	50.2	56.7
	50%	5.8	5.6	5.7	6.4	6.3	6.4	6.5	5.2	6.0	5.6	4.6
7/25	Max	169.6	187.4	219.9	160.8	175.7	157.2	196.6	161.9	195.2	162.5	314.5
	99%	108.6	111.3	122.8	125.7	124.8	111.5	102.1	98.6	102.0	83.4	102.7
	95%	76.8	69.2	78.3	77.7	72.7	64.8	58.8	52.4	61.7	49.6	54.1
	50%	5.5	5.6	5.6	6.5	6.5	6.4	6.4	5.0	5.9	5.3	4.3
7/26	Max	169.6	187.4	219.9	160.8	175.7	157.2	196.6	161.9	195.2	162.5	314.5
	99%	107.6	111.1	130.0	125.3	123.5	111.5	106.0	96.9	104.4	102.9	119.9
	95%	75.9	69.0	76.6	75.0	71.4	65.9	60.1	52.4	60.4	50.0	55.9
	50%	5.5	5.6	5.6	6.5	6.3	6.3	6.5	4.8	5.6	5.2	4.1

续表

日期(月/日)	项目	站点										
		58044	58036	58040	58041	58046	58047	58048	58252	58247	58341	58344
		连云港	东海	赣榆	西连岛	燕尾港	灌云	灌南	镇江	扬中	丹阳	句容
7/27	Max	189.2	187.4	219.9	160.8	175.7	243.3	200.4	153.0	195.2	162.5	314.5
	99%	108.2	110.9	129.6	125.0	122.7	112.5	110.1	96.9	104.3	98.2	110.1
	95%	76.4	69.1	79.5	78.0	73.3	65.7	65.5	53.1	61.7	50.1	56.7
	50%	5.9	6.0	5.7	6.7	6.5	6.3	6.4	5.1	5.8	5.5	4.1
7/28	Max	189.2	187.4	219.9	160.8	175.7	243.3	200.4	153.0	195.2	162.5	314.5
	99%	109.9	110.6	145.2	125.0	122.6	113.7	110.1	96.8	104.1	89.6	109.6
	95%	76.9	68.7	79.8	76.9	73.2	65.9	63.8	53.1	60.6	49.7	53.6
	50%	5.7	5.8	5.6	6.6	6.0	6.1	6.4	5.1	5.8	5.1	4.2
7/29	Max	189.2	187.4	219.9	160.8	175.7	243.3	200.4	153.0	195.2	162.5	314.5
	99%	107.5	112.5	140.9	120.0	121.6	122.2	110.1	89.5	104.0	89.4	109.2
	95%	72.3	68.9	77.2	75.1	71.2	66.2	63.8	52.4	60.5	50.5	53.6
	50%	5.8	5.7	5.8	6.6	6.5	6.1	6.3	4.9	5.6	4.9	4.2
7/30	Max	189.2	204.5	219.9	160.8	175.7	243.3	200.4	144.5	195.2	162.5	314.5
	99%	108.2	113.5	139.8	120.5	113.6	120.6	105.2	88.2	101.3	83.7	102.0
	95%	72.1	67.1	75.0	68.2	69.8	65.1	59.9	52.4	60.5	53.4	53.6
	50%	5.7	5.6	5.6	6.5	6.3	6.3	6.3	5.1	5.5	5.0	4.3
7/31	Max	189.2	204.5	219.9	160.8	175.7	243.3	200.4	144.5	195.2	162.5	314.5
	99%	109.6	113.4	138.5	120.0	113.4	119.7	104.8	88.2	101.2	82.9	101.9
	95%	74.6	68.9	74.6	66.6	71.3	63.4	58.8	51.0	59.5	52.5	53.0
	50%	5.8	5.6	5.6	6.5	6.0	6.1	5.9	5.1	5.5	5.0	4.3
8/1	Max	189.2	204.5	219.9	165.9	175.7	243.3	200.4	144.5	195.2	162.5	136.5
	99%	112.2	113.4	147.8	124.9	117.8	119.8	104.8	88.3	101.2	79.8	99.3
	95%	75.1	67.4	74.3	68.0	69.5	63.4	64.6	50.5	60.1	51.0	49.1
	50%	5.9	5.6	5.6	6.5	6.3	6.1	6.0	5.1	5.1	4.8	4.3
8/2	Max	189.2	204.5	219.9	165.9	202.5	243.3	200.4	144.5	195.2	162.5	136.5
	99%	112.0	113.4	147.7	124.8	125.0	112.6	110.1	88.3	101.1	79.7	99.1
	95%	75.2	66.8	72.5	66.3	71.1	63.5	66.1	47.8	59.3	51.7	48.4
	50%	5.9	5.6	5.7	6.5	6.0	6.1	6.2	5.2	5.0	4.8	4.1
8/3	Max	189.2	204.5	219.9	165.9	202.5	243.3	200.4	144.5	195.2	162.5	136.5
	99%	111.9	113.3	147.7	124.7	130.4	112.5	110.3	88.3	101.0	79.7	98.9
	95%	74.5	66.7	72.5	69.5	71.2	63.4	68.8	48.1	60.7	52.5	49.9
	50%	5.8	5.6	5.6	6.3	5.8	6.3	6.1	5.2	4.9	4.7	4.0
8/4	Max	189.2	204.5	219.9	165.9	202.5	243.3	200.4	144.5	195.2	162.5	136.5
	99%	111.7	111.9	138.5	119.3	130.0	112.5	110.3	88.1	100.9	79.7	99.0
	95%	71.7	65.3	70.4	65.4	71.2	61.9	66.8	46.8	58.6	51.1	48.1
	50%	5.3	5.3	5.7	6.2	5.4	6.2	6.0	5.1	5.0	4.9	4.0
8/5	Max	189.2	204.5	219.9	165.9	202.5	243.3	200.4	144.5	195.2	162.5	136.5
	99%	116.8	115.8	144.3	118.7	129.9	112.4	110.3	82.4	94.6	79.6	96.0
	95%	72.8	66.8	72.9	66.1	68.7	63.5	66.5	47.4	52.6	50.7	49.5
	50%	5.2	5.2	5.6	6.1	5.5	6.1	5.7	5.2	4.9	4.6	3.9

续表

日期（月/日）	项目	站点										
		58044	58036	58040	58041	58046	58047	58048	58252	58247	58341	58344
		连云港	东海	赣榆	西连岛	燕尾港	灌云	灌南	镇江	扬中	丹阳	句容
8/6	Max	189.2	204.5	219.9	165.9	202.5	243.3	200.4	144.5	195.2	162.5	136.5
	99%	116.4	111.7	144.3	116.0	129.8	112.3	110.3	82.8	95.3	79.7	88.4
	95%	66.1	63.1	73.9	66.6	57.9	63.4	68.0	47.3	54.3	50.4	50.0
	50%	5.3	5.0	5.6	6.1	5.3	5.8	5.5	5.4	5.0	4.7	3.9
8/7	Max	189.2	204.5	219.9	165.9	202.5	243.3	200.4	211.6	195.2	234.3	136.5
	99%	115.8	111.5	144.2	115.9	129.6	111.0	110.2	82.9	88.7	82.4	88.9
	95%	69.2	61.3	74.4	66.3	57.6	63.5	62.8	46.9	51.0	50.3	48.5
	50%	5.3	4.8	5.6	6.1	5.2	5.7	5.1	5.3	4.9	4.9	4.0
8/8	Max	189.2	204.5	219.9	165.9	202.5	243.3	200.4	211.6	195.2	234.3	136.5
	99%	115.6	111.3	144.2	105.5	129.5	110.9	110.2	87.7	88.8	82.5	89.8
	95%	66.9	61.8	74.4	64.7	57.4	61.6	60.5	47.4	51.1	48.0	46.4
	50%	5.1	4.8	5.4	5.9	5.0	5.7	4.9	4.9	4.8	4.8	3.8
8/9	Max	189.2	204.5	219.9	165.9	202.5	243.3	200.4	211.6	195.2	234.3	136.5
	99%	114.6	113.6	144.1	117.3	129.4	110.7	110.2	88.0	88.9	82.5	90.8
	95%	69.6	61.2	74.6	66.7	55.9	60.8	57.2	47.2	51.2	46.6	48.0
	50%	5.1	4.8	5.3	5.7	5.3	5.7	4.4	4.7	4.8	4.8	3.8
8/10	Max	189.2	204.5	219.9	165.9	202.5	243.3	200.4	211.6	195.2	234.3	136.5
	99%	114.1	113.3	144.0	117.2	129.2	110.5	107.5	82.5	88.9	82.8	91.4
	95%	68.5	60.6	70.9	68.1	52.3	60.4	58.6	46.7	53.3	46.2	48.3
	50%	5.2	4.6	5.1	5.6	5.0	5.7	4.5	4.7	4.9	4.6	3.7
8/11	Max	189.2	204.5	219.9	165.9	202.5	243.3	200.4	211.6	195.2	234.3	136.5
	99%	114.1	113.1	144.7	117.2	129.3	110.4	107.1	79.4	97.7	87.0	93.8
	95%	68.6	63.0	74.7	69.0	52.4	58.2	56.1	45.0	56.8	46.3	45.6
	50%	5.4	5.0	5.3	5.5	5.0	5.6	4.5	4.7	4.8	4.6	3.7
8/12	Max	189.2	204.5	219.9	192.0	202.5	243.3	200.4	211.6	195.2	234.3	136.5
	99%	114.0	112.8	144.7	133.0	129.2	110.3	106.9	77.9	112.7	87.3	94.6
	95%	68.7	66.6	76.5	70.4	53.5	61.6	56.3	45.0	50.5	45.9	44.6
	50%	5.1	5.0	5.2	5.6	5.0	5.6	4.4	4.6	4.7	4.3	3.6
8/13	Max	189.2	204.5	219.9	192.0	202.5	243.3	200.4	211.6	195.2	234.3	136.5
	99%	113.4	117.9	144.0	131.9	129.2	110.2	107.0	78.0	113.2	83.6	80.0
	95%	69.9	66.8	75.9	72.6	56.6	62.7	56.3	45.1	50.7	45.4	41.4
	50%	5.6	5.2	5.3	6.1	4.8	5.7	4.5	4.4	4.2	4.2	3.4
8/14	Max	189.2	204.5	219.9	192.0	202.5	243.3	200.4	211.6	195.2	234.3	136.5
	99%	107.6	117.7	144.6	113.1	154.4	107.0	106.6	78.1	93.0	87.5	80.1
	95%	65.5	62.2	75.3	68.9	57.5	60.7	59.2	44.9	50.4	45.8	41.5
	50%	5.4	5.0	5.1	6.1	4.7	5.4	4.5	4.4	4.0	4.1	3.4
8/15	Max	189.2	204.5	219.9	192.0	202.5	243.3	200.4	211.6	195.2	234.3	136.5
	99%	107.7	117.8	144.7	112.9	132.1	107.1	106.5	82.8	93.1	87.8	83.2
	95%	66.6	62.5	78.0	68.1	56.3	61.6	58.8	47.0	55.9	46.1	43.3
	50%	6.0	5.1	5.4	6.4	4.8	5.5	4.8	4.3	3.8	4.0	3.2

续表

日期(月/日)	项目	站点										
		58044	58036	58040	58041	58046	58047	58048	58252	58247	58341	58344
		连云港	东海	赣榆	西连岛	燕尾港	灌云	灌南	镇江	扬中	丹阳	句容
8/16	Max	189.2	204.5	219.9	192.0	377.5	266.8	279.5	211.6	141.4	234.3	136.5
	99%	112.4	115.2	144.6	123.9	161.0	104.6	105.9	83.9	91.8	87.8	83.6
	95%	70.4	66.6	77.8	69.2	57.4	61.5	57.4	47.3	57.1	46.3	44.4
	50%	6.0	4.9	5.4	6.6	5.0	5.2	4.8	4.3	3.6	4.0	3.3
8/17	Max	189.2	204.5	219.9	192.0	377.5	266.8	279.5	211.6	141.4	234.3	136.5
	99%	124.9	115.2	144.6	123.6	161.0	110.0	124.4	84.0	84.7	87.8	80.6
	95%	75.1	67.4	79.2	69.7	60.9	61.7	61.5	48.1	51.8	46.7	48.0
	50%	6.0	5.0	5.3	6.6	4.7	5.2	4.5	4.2	3.6	4.0	3.4
8/18	Max	189.2	204.5	219.9	192.0	377.5	266.8	279.5	211.6	141.4	234.3	136.5
	99%	125.1	115.5	144.7	124.1	161.2	110.1	124.6	84.1	81.1	87.8	80.8
	95%	74.7	67.5	80.3	68.7	60.2	61.4	62.2	48.1	55.1	49.5	48.9
	50%	6.1	5.1	5.6	6.9	4.4	5.2	4.5	4.3	3.8	4.1	3.5
8/19	Max	189.2	204.5	175.4	432.2	377.5	266.8	279.5	211.6	141.4	234.3	136.5
	99%	124.9	110.0	133.5	124.3	135.1	110.1	124.5	86.4	81.9	87.8	80.1
	95%	70.2	66.6	76.4	66.9	55.9	59.7	61.6	49.2	57.9	51.0	47.4
	50%	6.0	4.9	5.6	6.3	4.0	5.1	4.5	4.4	3.7	4.2	3.5
8/20	Max	189.2	204.5	175.4	432.2	377.5	266.8	279.5	211.6	141.4	234.3	136.5
	99%	112.3	107.1	133.7	111.1	135.1	110.0	124.4	89.6	81.9	84.1	80.1
	95%	67.5	67.4	77.8	66.9	55.9	60.5	57.0	50.0	58.1	51.1	48.5
	50%	6.1	4.9	5.6	6.1	4.0	5.1	4.5	4.5	3.8	4.2	3.7
8/21	Max	189.2	204.5	175.4	432.2	377.5	266.8	279.5	211.6	141.4	234.3	136.5
	99%	112.3	107.5	133.4	110.3	143.7	112.9	124.1	89.6	82.0	87.8	80.1
	95%	66.0	67.5	76.4	69.7	58.2	60.3	59.4	48.9	56.6	51.5	47.4
	50%	6.0	4.7	5.6	6.1	3.9	5.0	4.5	4.5	3.7	4.2	3.7
8/22	Max	189.2	204.5	175.4	432.2	377.5	266.8	279.5	211.6	141.4	234.3	110.9
	99%	112.0	101.6	132.3	109.0	154.3	112.9	110.9	86.1	81.9	79.1	80.1
	95%	65.3	67.4	72.3	69.5	59.7	59.7	57.0	48.2	51.3	50.4	47.4
	50%	6.0	4.5	5.2	6.0	3.9	5.0	4.3	4.4	3.7	4.1	3.6
8/23	Max	189.2	204.5	175.4	432.2	377.5	266.8	279.5	211.6	153.2	234.3	110.9
	99%	111.8	96.4	131.7	107.0	196.3	112.9	127.1	89.5	84.8	87.8	80.7
	95%	65.3	64.8	70.8	69.7	58.9	60.4	59.4	49.9	51.0	51.7	50.4
	50%	5.9	4.3	5.2	5.6	3.8	4.6	4.3	4.7	3.8	4.2	3.8
8/24	Max	189.2	204.5	175.4	432.2	377.5	266.8	279.5	211.6	153.2	234.3	101.0
	99%	111.8	96.7	131.8	107.5	197.7	112.9	127.2	89.4	84.8	90.3	80.1
	95%	65.3	65.0	70.9	69.8	62.0	59.5	59.4	49.9	52.3	51.3	49.4
	50%	5.9	4.2	5.2	5.6	3.8	4.9	4.4	4.5	3.8	4.2	3.7
8/25	Max	146.5	204.5	175.4	432.2	377.5	266.8	279.5	211.6	153.2	234.3	101.0
	99%	108.7	98.0	132.2	121.1	196.8	112.3	123.2	89.3	81.8	87.7	80.0
	95%	65.0	65.4	71.0	69.8	64.8	59.7	59.5	48.3	50.1	49.9	47.1
	50%	5.9	4.1	5.2	5.6	3.8	5.0	4.8	4.4	3.7	4.2	3.7

续表

日期（月/日）	项目	站点										
		58044	58036	58040	58041	58046	58047	58048	58252	58247	58341	58344
		连云港	东海	赣榆	西连岛	燕尾港	灌云	灌南	镇江	扬中	丹阳	句容
8/26	Max	146.5	204.5	172.7	432.2	377.5	266.8	279.5	211.6	153.2	234.3	101.0
	99%	104.0	98.1	125.2	121.6	199.2	109.8	122.6	89.4	81.9	87.7	80.1
	95%	63.1	65.4	69.6	69.6	71.7	59.6	58.4	49.2	50.6	49.9	47.3
	50%	6.0	4.2	5.1	5.6	3.9	5.1	4.8	4.3	3.8	4.2	3.7
8/27	Max	146.5	204.5	172.7	432.2	377.5	266.8	279.5	211.6	153.2	234.3	101.0
	99%	103.9	89.6	122.3	120.6	198.7	109.8	121.6	89.3	81.8	87.7	80.0
	95%	63.0	59.3	69.8	67.9	71.4	61.5	57.7	49.0	50.1	46.3	47.3
	50%	5.9	4.1	4.9	5.6	3.7	5.0	4.9	4.3	3.7	4.2	3.4
8/28	Max	146.5	141.7	172.7	432.2	377.5	266.8	279.5	211.6	153.2	234.3	101.0
	99%	101.5	87.8	122.2	109.8	195.4	109.8	120.0	89.3	81.8	87.7	80.0
	95%	61.2	55.8	65.9	68.5	64.8	60.1	56.6	48.9	50.6	46.3	47.3
	50%	5.5	4.0	5.1	5.5	3.7	4.9	4.9	4.0	3.6	4.2	3.4
8/29	Max	146.5	141.7	172.7	432.2	377.5	266.8	279.5	211.6	153.2	234.3	101.0
	99%	101.2	87.8	122.0	108.1	194.3	109.8	103.1	89.4	82.0	87.8	80.1
	95%	61.1	55.9	69.7	68.3	64.3	60.0	56.3	49.2	51.6	45.5	47.3
	50%	5.2	4.0	4.7	5.3	3.3	5.0	5.0	3.9	3.5	4.1	3.4
8/30	Max	146.5	141.7	180.1	432.2	377.5	266.8	279.5	211.6	153.2	234.3	101.0
	99%	101.0	87.8	121.6	97.4	189.6	111.9	118.0	90.7	82.2	87.8	80.1
	95%	61.1	57.5	69.6	68.1	75.0	60.8	60.4	49.9	51.4	46.1	46.9
	50%	5.0	3.9	4.7	5.1	3.0	4.4	4.8	3.8	3.5	4.1	3.2
8/31	Max	146.5	141.7	180.1	432.2	377.5	266.8	279.5	211.6	153.2	234.3	101.0
	99%	100.8	87.8	121.4	97.1	141.8	111.9	117.6	90.7	82.2	89.2	80.1
	95%	55.9	57.0	69.9	69.2	73.2	59.8	60.2	49.9	53.5	45.2	47.3
	50%	5.1	3.9	4.6	5.1	3.0	4.2	4.6	3.7	3.5	3.7	3.3
9/1	Max	146.5	141.7	180.1	432.2	377.5	266.8	279.5	211.6	153.2	234.3	101.0
	99%	100.4	87.7	121.2	95.2	141.7	111.9	117.0	90.7	82.4	87.8	80.1
	95%	60.7	56.4	69.7	68.6	67.0	59.8	57.3	50.0	52.0	45.2	47.3
	50%	5.1	3.8	4.7	5.0	3.0	3.9	4.7	3.6	3.4	3.7	3.4
9/2	Max	146.5	141.7	180.1	432.2	377.5	266.8	279.5	211.6	153.2	234.3	101.0
	99%	100.1	88.0	120.9	95.2	141.5	111.6	115.4	90.7	82.3	96.0	80.1
	95%	59.7	57.2	69.7	68.5	66.5	61.7	60.3	50.8	53.8	46.7	48.2
	50%	5.0	4.0	4.4	5.0	3.1	4.2	4.6	3.6	3.4	3.6	3.2
9/3	Max	139.1	116.4	180.1	432.2	377.5	266.8	279.5	211.6	153.2	234.3	101.0
	99%	95.6	87.7	118.5	95.1	140.9	111.4	113.3	90.6	82.0	95.3	77.1
	95%	55.9	55.7	69.7	66.3	61.8	61.7	59.6	51.3	52.9	45.5	46.8
	50%	4.9	4.0	4.2	4.9	3.2	4.0	4.8	3.5	3.2	3.6	3.0
9/4	Max	139.1	116.4	180.1	432.2	377.5	266.8	279.5	211.6	153.2	234.3	101.0
	99%	95.2	87.7	118.3	100.8	140.6	111.2	102.3	98.5	83.9	94.2	80.6
	95%	57.8	56.0	64.9	68.0	61.5	59.8	56.2	52.0	53.9	46.1	46.4
	50%	4.9	4.0	4.2	4.8	3.2	4.0	4.8	3.3	3.1	3.5	2.9

续表

日期（月/日）	项目	站点										
		58044	58036	58040	58041	58046	58047	58048	58252	58247	58341	58344
		连云港	东海	赣榆	西连岛	燕尾港	灌云	灌南	镇江	扬中	丹阳	句容
9/5	Max	139.1	116.4	180.1	432.2	377.5	266.8	279.5	156.8	153.2	126.0	101.0
	99%	85.9	87.6	113.3	96.2	140.7	110.9	102.2	91.4	91.2	88.8	79.9
	95%	54.8	55.9	62.7	68.0	64.3	59.8	60.1	51.6	54.3	46.5	44.5
	50%	4.8	4.0	4.2	4.8	3.2	4.2	4.9	3.4	3.1	3.2	2.9
9/6	Max	139.1	116.4	180.1	432.2	377.5	266.8	279.5	156.8	153.2	126.0	101.0
	99%	84.4	87.9	123.2	121.8	149.0	113.8	102.1	90.2	90.2	88.6	79.2
	95%	54.8	57.3	64.0	67.9	74.1	61.8	59.7	49.9	51.5	48.5	42.9
	50%	4.8	4.0	4.4	4.9	3.4	3.9	4.9	3.4	3.1	3.2	2.9
9/7	Max	139.1	110.3	180.1	432.2	377.5	266.8	279.5	156.8	153.2	126.0	101.0
	99%	84.1	87.6	123.1	119.5	148.3	113.6	101.9	90.0	89.6	88.5	78.6
	95%	54.8	55.8	63.7	67.9	76.0	63.1	61.0	49.7	52.9	47.3	41.4
	50%	4.8	4.0	4.6	4.9	3.3	3.8	4.9	3.4	3.1	3.2	3.0
9/8	Max	139.1	110.3	180.1	432.2	377.5	266.8	279.5	156.8	153.2	126.0	101.0
	99%	98.3	88.2	122.9	115.1	147.5	113.4	101.6	89.9	89.0	88.3	78.0
	95%	57.2	57.4	63.2	66.3	75.4	61.8	59.4	50.4	48.1	49.7	41.7
	50%	4.6	3.7	4.2	4.9	3.2	3.6	4.8	3.4	3.0	3.1	3.0
9/9	Max	139.1	110.3	180.1	432.2	377.5	266.8	279.5	156.8	153.2	126.0	101.0
	99%	97.5	88.2	121.8	111.3	146.6	113.2	101.5	89.7	82.8	87.9	74.4
	95%	55.0	56.7	62.8	64.2	77.3	64.6	59.1	48.4	50.2	43.2	42.0
	50%	4.6	3.6	4.2	4.9	3.5	3.5	4.5	3.3	2.9	2.9	2.9
9/10	Max	139.1	110.3	180.1	432.2	377.5	266.8	279.5	156.8	153.2	126.0	101.0
	99%	100.0	90.1	121.4	111.6	146.7	115.4	146.0	89.6	81.1	87.7	74.2
	95%	56.4	56.4	62.4	61.7	77.3	61.6	62.4	48.3	47.5	47.7	42.4
	50%	4.7	3.6	4.2	4.8	3.4	3.6	4.6	3.4	2.9	3.2	3.0
9/11	Max	139.1	110.3	180.1	432.2	377.5	266.8	279.5	156.8	153.2	126.0	101.0
	99%	100.0	90.1	121.1	110.5	146.9	115.2	144.6	89.5	79.5	87.7	74.0
	95%	56.4	56.5	62.9	61.7	77.5	57.1	62.0	48.6	49.5	49.8	46.7
	50%	4.5	3.4	4.1	4.6	3.1	3.5	4.4	3.4	2.9	2.9	3.4
9/12	Max	139.1	110.3	180.1	432.2	377.5	266.8	279.5	156.8	153.2	124.1	101.0
	99%	99.7	90.1	121.2	109.9	146.9	124.5	143.1	89.4	79.4	76.9	73.8
	95%	56.0	56.4	62.6	61.7	77.5	61.2	61.5	50.7	49.2	49.4	45.6
	50%	4.4	3.4	3.8	4.5	3.1	3.5	4.5	3.4	2.9	2.8	3.6
9/13	Max	139.1	110.3	180.1	432.2	377.5	266.8	279.5	156.8	153.2	124.1	98.1
	99%	98.0	88.1	116.9	107.3	146.2	124.0	141.3	82.6	76.1	73.5	69.1
	95%	56.6	57.0	58.6	61.9	75.0	57.1	62.2	46.3	45.6	45.5	42.2
	50%	4.3	3.2	3.6	4.1	2.9	3.2	4.1	3.4	2.8	2.8	3.5
9/14	Max	128.1	102.6	180.1	432.2	257.8	145.6	202.1	156.8	153.2	124.1	98.1
	99%	86.7	87.8	108.4	93.5	136.5	120.1	121.1	98.6	74.3	88.9	73.5
	95%	54.0	55.7	57.5	60.0	72.6	51.4	60.9	47.0	46.6	48.0	41.8
	50%	4.3	3.2	3.6	4.1	2.8	3.2	3.9	3.3	2.9	2.9	3.6

续表

日期（月/日）	项目	站点 58044 连云港	58036 东海	58040 赣榆	58041 西连岛	58046 燕尾港	58047 灌云	58048 灌南	58252 镇江	58247 扬中	58341 丹阳	58344 句容
9/15	Max	128.1	102.6	180.1	432.2	257.8	145.6	189.1	156.8	153.2	124.1	98.1
	99%	78.9	87.8	100.6	93.2	117.7	112.4	102.8	98.2	74.1	95.6	71.0
	95%	49.8	55.7	55.4	56.9	61.3	49.9	58.5	44.3	42.3	47.1	39.3
	50%	4.0	3.0	3.5	4.0	2.9	3.1	4.0	3.2	2.8	2.9	3.5
9/16	Max	128.1	102.6	180.1	432.2	257.8	145.6	189.1	156.8	153.2	124.1	98.1
	99%	77.5	85.1	93.9	92.6	115.5	112.1	102.6	96.7	73.5	95.1	69.5
	95%	49.3	52.2	51.9	56.4	59.1	48.8	57.1	43.2	39.7	43.2	35.7
	50%	3.6	3.0	3.2	4.0	3.0	3.0	3.9	3.1	2.8	2.8	3.4
9/17	Max	128.1	102.6	180.1	168.7	257.8	145.6	189.1	156.8	153.2	124.1	98.1
	99%	77.2	84.3	90.3	89.0	113.4	111.8	102.4	81.8	73.2	94.4	67.9
	95%	49.4	52.8	52.3	51.3	61.3	49.9	54.6	41.9	37.9	41.7	34.6
	50%	3.8	3.1	3.2	4.0	3.3	3.0	4.1	3.1	2.8	2.7	3.5
9/18	Max	128.1	102.6	180.1	168.7	257.8	145.6	189.1	156.8	153.2	124.1	98.1
	99%	72.3	78.9	71.4	91.8	105.5	109.9	100.6	77.0	78.7	95.7	73.2
	95%	47.5	51.6	49.0	50.1	59.3	48.8	53.2	41.8	37.9	42.2	35.9
	50%	3.6	3.2	3.2	4.0	3.3	3.0	4.1	3.1	2.8	2.7	3.4
9/19	Max	128.1	102.6	180.1	168.7	257.8	145.6	189.1	156.8	153.2	124.1	98.1
	99%	68.8	78.6	70.1	88.6	101.1	103.1	100.5	76.7	78.6	95.7	73.2
	95%	45.3	49.1	47.8	48.8	59.3	41.5	50.2	41.6	38.3	42.3	35.8
	50%	3.6	3.4	3.2	4.0	3.1	3.0	3.9	3.1	2.8	2.7	3.6
9/20	Max	128.1	102.6	180.1	168.7	257.8	145.6	189.1	156.8	153.2	124.1	98.1
	99%	68.9	78.5	70.1	88.5	101.2	103.0	100.6	76.5	78.6	95.6	67.0
	95%	44.0	50.1	47.8	48.8	59.4	41.1	49.0	41.0	38.3	42.1	34.6
	50%	3.5	3.4	3.2	3.8	3.1	2.9	3.7	3.2	2.8	2.8	3.6
9/21	Max	128.1	102.6	180.1	168.7	151.9	145.6	189.1	156.8	144.5	124.1	80.6
	99%	68.8	78.3	85.9	88.6	98.0	103.0	100.6	69.1	73.2	92.9	59.6
	95%	45.0	49.1	48.2	48.8	58.6	41.1	47.7	39.0	38.8	42.1	34.6
	50%	3.5	3.5	3.2	3.8	3.0	2.9	3.7	3.2	2.8	2.9	3.6
9/22	Max	128.1	102.6	180.1	168.7	151.9	145.6	189.1	156.8	144.5	124.1	80.6
	99%	68.6	78.0	84.6	88.2	96.1	101.8	100.5	69.1	73.0	84.3	59.0
	95%	43.1	46.1	48.2	46.2	56.2	39.9	47.5	35.4	37.9	41.7	31.7
	50%	3.6	3.5	3.2	3.8	3.0	2.9	3.6	3.2	2.8	3.1	3.6
9/23	Max	128.1	102.6	180.1	168.7	151.9	145.6	189.1	98.8	83.9	124.1	76.7
	99%	70.2	74.1	83.1	74.6	95.4	86.5	89.8	64.4	68.6	72.9	58.2
	95%	40.3	42.8	48.2	45.0	49.7	38.2	42.5	35.4	37.9	41.1	31.8
	50%	3.3	3.6	3.1	3.7	2.9	2.8	3.2	3.2	2.8	3.2	3.6
9/24	Max	128.1	102.6	180.1	168.7	151.9	145.6	189.1	98.8	83.9	124.1	76.7
	99%	77.9	80.7	80.7	73.7	97.5	85.2	87.5	64.3	68.9	72.8	58.1
	95%	40.7	44.9	46.9	45.5	50.0	38.2	43.4	34.4	37.7	38.6	32.1
	50%	3.3	3.5	3.2	3.5	3.0	2.8	3.2	3.1	2.7	3.1	3.6

续表

日期(月/日)	项目	站点										
		58044	58036	58040	58041	58046	58047	58048	58252	58247	58341	58344
		连云港	东海	赣榆	西连岛	燕尾港	灌云	灌南	镇江	扬中	丹阳	句容
9/25	Max	128.1	102.6	180.1	168.7	151.9	145.6	189.1	98.8	83.9	124.1	76.7
	99%	77.3	80.4	79.9	73.7	97.3	84.6	85.6	64.3	68.8	72.6	58.1
	95%	37.4	44.0	47.1	45.4	48.4	38.1	41.2	34.7	37.9	41.5	31.9
	50%	3.1	3.6	3.1	3.2	3.0	2.8	3.2	3.2	2.8	3.2	3.6
9/26	Max	128.1	102.6	180.1	168.7	151.9	145.6	189.1	98.8	83.9	124.1	76.7
	99%	76.5	80.1	78.1	73.2	97.2	109.4	101.4	64.2	67.8	70.3	58.1
	95%	39.1	43.2	47.0	47.9	49.9	39.5	44.7	34.0	37.6	38.9	31.2
	50%	3.1	3.6	3.1	3.2	3.0	2.8	3.2	3.2	2.8	3.2	3.6
9/27	Max	128.1	102.6	180.1	168.7	151.9	145.6	189.1	98.8	83.9	124.1	76.7
	99%	75.7	79.9	77.8	73.0	97.2	107.3	97.4	64.2	61.1	70.1	58.0
	95%	34.6	41.5	43.1	43.5	48.6	38.3	41.0	34.8	37.8	39.4	32.0
	50%	3.2	3.6	3.1	3.2	3.0	2.7	3.2	3.2	2.7	3.1	3.6
9/28	Max	128.1	102.6	124.3	168.7	151.9	145.6	189.1	82.5	83.9	124.1	76.7
	99%	65.9	79.1	74.5	65.9	95.4	84.0	84.4	58.9	59.8	67.0	58.0
	95%	33.3	37.5	35.1	42.1	41.9	38.1	40.2	34.1	35.2	39.5	31.7
	50%	3.1	3.5	2.9	3.2	3.0	2.8	3.3	3.2	2.8	3.1	3.5
9/29	Max	128.1	102.6	124.3	168.7	151.9	145.6	189.1	82.5	83.9	124.1	76.7
	99%	65.6	79.0	74.2	65.6	95.3	84.1	84.5	58.5	54.7	62.0	58.0
	95%	33.1	36.4	34.6	41.5	47.9	36.9	39.9	33.3	33.8	39.1	31.7
	50%	3.1	3.4	2.9	3.2	2.9	2.7	2.9	3.2	2.7	3.0	3.3
9/30	Max	128.1	102.6	124.3	168.7	151.9	145.6	189.1	82.5	83.9	98.9	76.7
	99%	71.2	86.2	82.0	69.6	95.2	80.2	84.3	53.0	50.9	54.7	56.2
	95%	34.0	37.3	43.4	48.0	48.5	37.8	40.4	33.2	33.6	37.0	31.2
	50%	3.1	3.5	2.9	3.2	2.9	2.7	2.9	3.2	2.7	2.9	3.3
10/1	Max	128.1	102.6	124.3	168.7	151.9	145.6	189.1	71.0	83.9	98.9	76.7
	99%	71.1	79.0	81.8	69.6	95.2	80.0	84.2	51.7	49.8	51.0	51.4
	95%	33.8	36.4	41.9	46.1	47.6	37.7	39.7	32.4	33.1	34.8	31.5
	50%	3.0	3.2	2.6	3.2	2.4	2.6	2.8	3.2	2.7	3.0	3.6
10/2	Max	128.1	102.6	124.3	168.7	151.9	145.6	189.1	71.0	83.9	98.9	76.7
	99%	75.2	78.5	81.7	71.7	95.1	79.3	84.0	48.9	49.8	51.1	51.5
	95%	34.7	36.7	43.3	47.3	47.0	37.2	39.5	31.6	32.4	33.2	31.6
	50%	3.0	3.1	2.6	3.1	2.4	2.6	2.6	3.1	2.7	2.9	3.6
10/3	Max	128.1	102.6	124.3	168.7	151.9	145.6	189.1	71.0	66.1	98.9	76.7
	99%	74.9	78.1	81.4	71.4	95.0	79.0	84.0	48.7	49.3	51.2	51.3
	95%	33.2	34.0	43.2	48.2	46.5	35.6	37.9	30.6	31.4	32.2	30.5
	50%	2.7	2.9	2.4	3.1	2.3	2.3	2.4	3.1	2.7	2.8	3.6
10/4	Max	128.1	102.6	124.3	168.7	151.9	145.6	189.1	56.4	54.8	98.9	76.7
	99%	74.6	77.8	81.0	70.1	87.2	69.1	77.6	47.5	48.8	49.8	51.1
	95%	33.1	35.3	38.4	46.3	44.5	36.5	34.7	29.9	30.4	32.0	30.4
	50%	2.7	2.8	2.4	3.1	2.4	2.4	2.4	2.9	2.4	2.7	3.3

续表

日期（月/日）	项目	站点										
		58044	58036	58040	58041	58046	58047	58048	58252	58247	58341	58344
		连云港	东海	赣榆	西连岛	燕尾港	灌云	灌南	镇江	扬中	丹阳	句容
10/5	Max	128.1	99.8	115.9	168.7	95.9	145.6	189.1	56.4	54.8	98.9	76.7
	99%	62.5	73.7	70.0	61.9	65.5	56.6	77.2	47.5	48.8	50.6	55.8
	95%	32.9	32.3	31.5	36.2	39.5	30.6	33.0	30.5	31.3	32.2	30.5
	50%	2.4	2.4	2.3	3.0	2.3	2.2	2.4	3.0	2.4	2.8	3.2
10/6	Max	128.1	99.8	115.9	168.7	95.9	145.6	189.1	56.4	54.8	98.9	76.7
	99%	62.1	73.7	70.0	61.8	65.5	56.6	74.1	47.5	48.8	50.5	55.8
	95%	32.9	33.6	32.6	36.7	38.2	30.6	33.7	30.5	30.3	32.2	29.8
	50%	2.5	2.3	2.3	3.0	2.3	2.4	2.4	3.0	2.5	2.9	3.2
10/7	Max	128.1	99.8	115.9	168.7	95.9	145.6	189.1	56.4	54.8	98.9	76.7
	99%	63.1	73.7	70.4	62.4	65.5	56.6	75.7	47.5	48.8	50.7	55.9
	95%	32.9	33.8	32.8	38.1	38.4	34.5	33.2	30.6	30.4	31.8	30.0
	50%	2.7	2.5	2.3	3.0	2.3	2.5	2.4	3.0	2.4	3.0	3.4
10/8	Max	128.1	99.8	115.9	168.7	95.9	145.6	189.1	56.4	54.8	98.9	76.7
	99%	62.5	71.8	70.2	62.2	65.5	55.8	74.9	48.6	46.2	50.6	55.8
	95%	32.7	30.4	31.9	34.0	38.3	30.6	32.3	31.0	29.2	31.8	30.5
	50%	2.5	2.4	2.1	2.8	2.3	2.5	2.4	3.0	2.4	3.0	3.5
10/9	Max	85.0	98.2	102.0	84.2	71.0	110.5	112.9	56.4	54.8	98.9	76.7
	99%	48.2	51.1	62.1	57.9	60.9	49.3	51.5	48.6	46.2	50.7	55.9
	95%	29.7	27.1	34.0	30.0	30.5	28.0	27.6	30.6	28.9	30.2	30.0
	50%	2.4	2.3	2.1	2.8	2.3	2.4	2.4	2.8	2.4	2.8	3.2
10/10	Max	85.0	98.2	102.0	84.2	71.0	110.5	112.9	56.4	54.8	98.9	76.7
	99%	47.8	50.9	61.5	57.8	60.8	49.3	51.4	47.0	45.0	48.9	51.2
	95%	29.4	28.3	32.6	29.6	37.7	27.8	27.6	29.6	28.7	30.9	29.2
	50%	2.3	2.3	2.3	3.0	2.3	2.3	2.4	3.0	2.4	3.2	3.3
10/11	Max	85.0	98.2	102.0	84.2	71.0	110.5	112.9	56.4	54.8	98.9	82.1
	99%	47.9	50.9	61.3	57.9	59.0	45.6	48.0	47.0	45.0	48.9	56.0
	95%	28.0	30.1	32.2	28.7	22.0	27.8	27.5	29.6	29.0	31.0	30.3
	50%	2.3	2.3	2.3	3.0	2.3	2.2	2.1	3.0	2.4	3.3	3.2
10/12	Max	85.0	98.2	102.0	84.2	71.0	110.5	112.9	56.4	54.8	98.9	82.1
	99%	48.2	50.9	61.5	61.4	59.1	49.4	48.1	47.1	45.0	49.2	51.7
	95%	28.4	28.4	32.8	30.1	23.6	28.6	26.5	29.7	29.0	29.3	27.5
	50%	2.3	2.3	2.3	3.0	2.3	2.3	2.2	3.0	2.4	3.2	3.2
10/13	Max	85.0	98.2	102.0	84.2	71.0	110.5	112.9	56.4	54.8	98.9	82.1
	99%	47.7	50.5	61.4	61.2	59.0	49.3	47.9	47.1	45.0	49.2	51.5
	95%	26.3	27.6	31.0	28.7	21.0	28.8	27.5	29.7	28.9	28.7	29.8
	50%	2.3	2.2	2.2	2.9	2.3	2.2	2.1	2.9	2.4	3.0	3.0
10/14	Max	85.0	98.2	102.0	84.2	71.0	66.6	56.1	56.4	54.8	94.8	82.1
	99%	42.4	47.9	55.3	57.7	59.0	45.1	46.3	41.8	45.0	44.6	48.1
	95%	24.4	25.6	26.6	27.8	21.1	28.3	26.6	28.0	29.6	28.5	28.2
	50%	2.3	2.3	2.3	2.8	2.2	2.2	2.0	3.0	2.4	3.0	3.0

续表

日期（月/日）	项目	站点										
		58044	58036	58040	58041	58046	58047	58048	58252	58247	58341	58344
		连云港	东海	赣榆	西连岛	燕尾港	灌云	灌南	镇江	扬中	丹阳	句容
10/15	Max	85.0	98.2	102.0	84.2	71.0	66.6	56.1	56.4	54.8	94.8	82.1
	99%	42.2	40.9	55.1	60.9	59.0	44.8	46.2	41.8	45.0	46.5	48.1
	95%	21.1	23.3	24.9	27.8	18.8	25.8	21.5	28.1	29.6	29.1	28.8
	50%	2.1	2.2	2.1	2.7	2.3	2.2	1.9	3.0	2.4	2.8	2.8
10/16	Max	85.0	98.2	102.0	84.2	71.0	66.6	56.1	56.4	54.8	94.8	82.1
	99%	42.2	40.6	60.8	66.4	56.3	42.2	44.4	41.9	45.0	46.4	48.2
	95%	21.1	22.0	25.3	28.4	18.6	24.5	20.9	27.2	27.9	28.5	28.4
	50%	2.1	2.2	2.1	2.7	2.3	2.2	1.9	2.9	2.4	2.9	2.7
10/17	Max	85.0	98.2	102.0	84.2	71.0	66.6	56.1	56.4	54.8	56.0	82.1
	99%	41.2	40.4	60.5	66.2	56.0	42.1	44.4	41.9	45.0	43.4	47.4
	95%	22.2	22.9	24.8	26.6	18.9	23.7	20.9	26.8	24.8	27.5	27.1
	50%	2.0	2.2	2.2	2.7	2.3	2.1	1.9	2.9	2.4	2.8	2.7
10/18	Max	85.0	98.2	102.0	84.2	71.0	66.6	56.1	56.4	54.8	56.0	82.1
	99%	41.0	37.1	60.4	66.0	52.3	42.1	47.0	45.8	43.5	43.3	47.4
	95%	20.9	21.8	24.4	23.7	18.4	23.5	24.8	26.6	24.7	27.9	27.6
	50%	2.0	2.3	2.1	2.7	2.2	2.2	1.9	3.0	2.5	3.1	2.7
10/19	Max	85.0	98.2	102.0	84.2	71.0	66.6	56.1	56.4	54.8	56.0	82.1
	99%	40.8	37.1	60.2	65.7	52.1	42.1	46.8	48.3	44.9	40.6	47.3
	95%	20.8	21.8	23.4	24.0	18.1	24.4	23.7	26.5	24.5	27.2	27.2
	50%	2.1	2.2	2.1	2.7	2.1	2.2	2.1	2.9	2.4	2.8	2.5
10/20	Max	85.0	98.2	102.0	84.2	71.0	66.6	56.1	56.4	54.8	56.0	82.1
	99%	40.9	37.1	60.2	65.6	52.0	42.0	46.7	46.7	44.8	43.1	47.3
	95%	20.9	21.8	23.4	23.9	18.8	24.2	23.1	24.8	24.0	27.2	26.6
	50%	2.0	2.1	2.1	2.7	2.1	2.1	2.0	2.7	2.4	2.6	2.4
10/21	Max	85.0	98.2	102.0	84.2	71.0	66.6	56.1	56.4	54.8	56.0	82.1
	99%	35.6	37.2	60.5	65.9	52.0	44.0	46.8	46.7	44.8	43.1	53.5
	95%	20.0	21.1	23.7	23.4	17.8	23.4	20.2	24.8	24.2	27.0	26.6
	50%	1.9	2.0	2.1	2.7	2.0	2.1	2.0	2.8	2.4	2.6	2.5
10/22	Max	85.0	98.2	102.0	84.2	100.2	88.4	56.1	56.4	52.6	56.0	82.1
	99%	39.4	40.8	60.7	66.6	55.6	49.4	46.8	45.2	43.3	43.0	53.5
	95%	21.1	21.7	24.8	23.5	18.0	22.9	21.5	24.3	23.0	26.3	27.4
	50%	2.0	2.0	2.1	2.6	2.1	2.1	2.1	2.6	2.4	2.5	2.3
10/23	Max	85.0	98.2	102.0	84.2	100.2	88.4	56.1	56.4	52.6	56.0	82.1
	99%	40.9	41.1	55.1	66.6	57.8	49.5	47.0	45.3	42.6	43.0	47.3
	95%	21.4	22.3	24.9	24.2	18.9	25.1	24.9	24.3	22.7	26.3	27.4
	50%	2.0	2.1	2.1	2.6	2.1	2.1	2.1	2.8	2.4	2.4	2.4
10/24	Max	85.0	98.2	102.0	84.2	100.2	88.4	56.1	62.8	71.7	56.0	82.1
	99%	43.7	41.6	43.9	66.2	57.9	49.5	47.2	46.8	39.9	43.2	46.0
	95%	22.8	22.5	25.0	24.3	18.9	26.9	22.5	26.7	23.7	28.1	26.4
	50%	2.1	2.1	2.2	2.7	2.1	2.1	2.1	2.9	2.4	2.5	2.5

续表

日期（月/日）	项目	站点										
		58044	58036	58040	58041	58046	58047	58048	58252	58247	58341	58344
		连云港	东海	赣榆	西连岛	燕尾港	灌云	灌南	镇江	扬中	丹阳	句容
10/25	Max	85.0	98.2	102.0	84.2	100.2	88.4	56.1	62.8	71.7	56.0	82.1
	99%	43.9	42.0	44.4	61.1	56.0	49.7	45.3	42.5	42.9	40.8	53.5
	95%	22.2	21.9	24.3	24.0	18.6	24.1	21.5	27.0	25.1	28.2	27.5
	50%	2.0	2.2	2.2	2.7	1.9	2.2	2.1	2.9	2.4	2.5	2.5
10/26	Max	85.0	98.2	102.0	84.2	100.2	88.4	56.1	63.8	71.7	65.7	82.1
	99%	44.1	42.4	44.4	61.2	56.2	49.8	45.4	42.7	42.9	43.2	53.7
	95%	23.3	22.8	24.2	24.1	18.0	26.0	24.9	26.4	25.2	28.3	27.1
	50%	1.9	2.2	2.2	2.7	1.9	2.2	2.1	3.0	2.4	2.6	2.7
10/27	Max	85.0	98.2	102.0	84.2	100.2	88.4	56.1	63.8	71.7	65.7	82.1
	99%	40.6	41.9	40.4	52.5	56.1	49.7	45.3	47.4	42.9	43.3	53.7
	95%	23.2	21.9	22.7	24.1	19.0	24.1	24.7	27.1	25.0	27.9	27.7
	50%	1.9	2.2	2.2	2.6	1.8	2.1	2.1	3.0	2.5	2.7	2.8
10/28	Max	85.0	98.2	102.0	84.2	100.2	88.4	56.1	63.8	71.7	65.7	82.1
	99%	40.5	41.8	40.4	52.3	56.0	49.5	45.3	47.3	42.9	43.2	53.7
	95%	23.2	21.8	22.3	24.1	19.0	23.4	24.2	26.4	26.1	27.1	27.6
	50%	1.9	2.1	2.2	2.6	1.8	2.2	2.2	3.0	2.7	3.2	3.0
10/29	Max	85.0	69.7	60.9	84.2	100.2	88.4	53.6	63.8	71.7	65.7	82.1
	99%	38.3	37.4	40.5	50.7	50.6	44.7	42.3	51.5	43.7	43.2	53.5
	95%	24.1	21.8	22.7	25.6	20.3	23.5	24.4	26.7	26.2	26.5	26.0
	50%	2.0	2.2	2.2	2.7	1.8	2.2	2.3	3.0	2.8	3.3	3.0
10/30	Max	85.0	69.7	77.3	84.2	100.2	88.4	53.6	63.8	71.7	65.7	82.1
	99%	36.4	37.4	40.5	51.2	50.7	44.6	42.3	51.5	43.6	43.2	53.5
	95%	24.2	21.4	22.7	25.6	19.0	22.6	21.8	26.6	26.6	26.4	25.6
	50%	2.0	2.4	2.2	2.7	1.8	2.3	2.2	3.2	2.8	3.4	3.1
10/31	Max	42.8	48.4	77.3	81.3	100.2	88.4	53.6	63.8	71.7	65.7	82.1
	99%	34.9	35.2	39.2	42.1	52.7	42.9	43.3	51.4	43.6	43.2	53.5
	95%	23.3	20.1	22.5	25.6	17.8	22.5	22.1	27.9	26.5	26.6	26.5
	50%	2.0	2.2	2.2	2.7	1.8	2.3	2.2	3.2	2.9	3.5	3.2
11/1	Max	42.8	48.4	77.3	81.3	100.2	88.4	53.6	63.8	71.7	65.7	82.1
	99%	34.9	35.1	39.1	42.1	52.3	42.9	43.1	51.5	43.6	43.2	53.5
	95%	23.3	20.4	22.4	25.6	18.7	22.3	23.8	28.2	26.5	26.7	26.7
	50%	2.0	2.3	2.3	2.7	1.9	2.4	2.4	3.2	3.0	3.4	3.0
11/2	Max	42.8	48.4	77.3	81.3	100.2	88.4	53.6	63.8	71.7	65.7	82.1
	99%	34.9	32.9	37.7	42.6	52.2	42.9	43.2	51.5	42.9	41.0	53.5
	95%	23.0	20.2	22.3	25.3	17.9	21.9	21.8	26.9	25.0	26.8	26.1
	50%	2.0	2.4	2.3	2.7	1.9	2.4	2.4	3.2	3.0	3.5	3.2
11/3	Max	42.8	48.4	77.3	81.3	100.2	88.4	53.6	63.8	71.7	65.7	82.1
	99%	34.9	32.8	37.7	42.5	52.5	42.9	43.3	51.5	42.9	40.6	49.3
	95%	23.1	20.2	22.5	25.7	17.9	21.9	23.9	25.8	24.9	26.5	26.0
	50%	2.0	2.4	2.3	2.7	1.9	2.5	2.4	3.2	3.0	3.3	3.2

续表

日期(月/日)	项目	站点										
		58044	58036	58040	58041	58046	58047	58048	58252	58247	58341	58344
		连云港	东海	赣榆	西连岛	燕尾港	灌云	灌南	镇江	扬中	丹阳	句容
11/4	Max	42.8	48.4	77.3	81.3	100.2	88.4	53.6	63.8	71.7	65.7	82.1
	99%	34.8	30.2	30.0	42.0	52.1	42.9	43.2	51.5	42.9	40.6	49.3
	95%	22.9	19.8	22.3	25.2	17.9	21.5	23.8	25.8	24.9	26.6	26.0
	50%	2.0	2.4	2.3	2.8	1.9	2.5	2.3	3.2	2.9	3.2	2.9
11/5	Max	42.8	48.4	77.3	81.3	100.2	88.4	53.6	63.8	71.7	65.7	82.1
	99%	34.8	32.6	29.9	41.9	52.2	43.3	42.0	51.5	43.0	40.6	49.3
	95%	22.8	20.1	22.7	25.2	20.0	22.3	23.9	25.9	24.9	26.6	26.0
	50%	2.1	2.4	2.5	2.8	1.9	2.4	2.2	3.2	3.0	3.2	3.0
11/6	Max	42.8	48.4	77.3	81.3	100.2	88.4	53.6	63.8	71.7	65.7	82.1
	99%	35.6	32.7	29.7	42.0	52.7	45.1	42.0	47.0	42.8	40.6	49.4
	95%	22.8	20.1	22.7	25.2	18.2	23.3	25.7	25.9	24.9	26.5	26.0
	50%	2.2	2.4	2.5	2.8	1.8	2.4	2.3	3.2	2.9	3.2	2.9
11/7	Max	42.8	48.4	77.3	81.3	100.2	88.4	53.6	63.8	71.7	65.7	82.1
	99%	35.6	32.6	29.6	50.6	52.4	44.9	42.0	46.7	42.8	40.5	49.0
	95%	22.7	20.1	22.7	25.5	23.4	25.7	25.3	28.5	24.9	26.5	26.0
	50%	2.2	2.4	2.5	2.8	1.9	2.4	2.3	3.2	2.9	3.3	3.0
11/8	Max	42.8	48.4	77.3	81.3	100.2	88.4	53.6	63.8	71.7	65.7	82.1
	99%	35.5	32.5	29.6	65.7	52.3	44.7	42.0	46.7	42.8	39.9	47.9
	95%	22.6	20.0	22.7	26.8	23.3	25.5	25.0	26.7	24.8	25.6	24.8
	50%	2.3	2.5	2.5	2.8	1.9	2.6	2.3	3.1	2.9	3.2	2.8
11/9	Max	42.8	48.4	77.3	81.3	100.2	88.4	53.6	63.8	71.7	65.7	64.6
	99%	35.5	30.0	29.6	65.4	51.5	44.8	42.0	46.5	42.8	39.9	45.4
	95%	23.1	20.0	22.7	26.7	22.2	24.3	26.4	27.4	23.4	24.5	23.9
	50%	2.3	2.5	2.3	2.8	2.1	2.5	2.5	3.2	3.0	3.2	2.9
11/10	Max	42.8	48.4	77.3	81.3	100.2	88.4	50.2	63.8	71.7	65.7	64.6
	99%	35.5	30.0	29.6	50.0	50.8	43.3	40.7	46.5	42.8	39.9	45.4
	95%	23.3	20.6	22.8	26.6	18.4	22.7	24.5	28.4	24.5	25.5	24.0
	50%	2.4	2.4	2.4	2.8	2.0	2.5	2.3	3.2	3.0	3.2	2.9
11/11	Max	42.8	48.4	77.3	81.3	100.2	88.4	50.2	63.8	71.7	65.7	64.6
	99%	35.5	29.9	38.9	49.8	50.3	43.2	40.7	46.3	42.8	39.9	45.4
	95%	23.2	20.5	23.4	26.5	20.4	22.5	24.5	29.3	25.1	26.4	24.1
	50%	2.4	2.4	2.5	2.8	2.0	2.6	2.4	3.4	3.0	3.3	3.1
11/12	Max	42.8	48.4	77.3	81.3	100.2	88.4	50.2	63.8	71.7	65.7	64.6
	99%	35.5	29.9	29.6	50.2	50.4	43.2	40.7	46.6	42.8	40.0	45.4
	95%	23.3	20.5	22.8	26.7	18.0	22.5	24.7	29.6	25.2	26.5	24.2
	50%	2.4	2.5	2.5	2.8	2.1	2.6	2.3	3.5	3.1	3.5	3.2
11/13	Max	42.8	48.4	77.3	81.3	100.2	88.4	50.2	63.8	71.7	65.7	64.6
	99%	35.5	29.9	29.6	50.2	50.9	43.2	40.7	46.7	42.8	38.8	45.4
	95%	23.9	21.4	23.5	27.1	18.5	24.1	24.6	29.7	24.9	26.2	23.9
	50%	2.6	2.5	2.5	2.8	2.0	2.7	2.5	3.5	3.2	3.6	3.5

续表

日期（月/日）	项目	站点										
		58044	58036	58040	58041	58046	58047	58048	58252	58247	58341	58344
		连云港	东海	赣榆	西连岛	燕尾港	灌云	灌南	镇江	扬中	丹阳	句容
11/14	Max	42.8	48.4	77.3	81.3	100.2	88.4	50.2	79.4	71.7	65.7	70.1
	99%	35.5	30.7	31.2	50.2	51.2	43.2	40.7	52.3	43.4	40.0	48.0
	95%	24.3	21.6	24.3	27.1	21.7	24.1	26.4	31.0	24.9	27.0	24.1
	50%	2.6	2.6	2.5	2.8	2.0	2.8	2.7	3.6	3.3	3.6	3.5
11/15	Max	42.8	48.4	77.3	81.3	100.2	88.4	50.2	79.4	71.7	65.7	70.1
	99%	35.5	30.6	39.0	50.2	51.2	43.2	40.7	52.2	43.4	38.8	45.4
	95%	24.3	21.3	24.7	27.1	21.7	24.6	24.5	29.6	24.9	26.5	23.9
	50%	2.6	2.5	2.5	2.8	2.0	2.7	2.5	3.5	3.1	3.6	3.3
11/16	Max	42.8	48.4	77.3	81.3	100.2	88.4	44.8	79.4	71.7	65.7	70.1
	99%	35.5	30.5	38.6	49.7	50.8	43.2	39.5	52.2	43.3	38.8	44.6
	95%	24.2	20.8	24.6	27.3	21.2	23.9	23.0	29.5	25.0	26.1	23.3
	50%	2.6	2.5	2.5	2.9	2.0	2.7	2.3	3.4	3.1	3.5	3.3
11/17	Max	42.8	48.4	77.3	81.3	100.2	88.4	44.8	79.4	71.7	65.7	70.1
	99%	35.5	35.9	38.3	49.2	50.3	43.1	39.4	52.2	43.3	38.8	44.6
	95%	24.2	21.8	24.6	27.2	23.6	23.4	22.9	29.5	25.6	26.1	23.3
	50%	2.6	2.5	2.5	2.9	2.0	2.7	2.3	3.4	3.0	3.5	3.2
11/18	Max	42.8	48.4	77.3	81.3	100.2	88.4	44.8	79.4	71.7	65.7	70.1
	99%	37.7	35.7	38.1	49.1	50.0	44.2	39.4	52.3	43.3	38.8	44.6
	95%	24.4	21.7	24.5	27.1	26.5	25.5	22.8	29.6	25.6	26.2	23.3
	50%	2.6	2.5	2.5	3.0	2.0	2.6	2.3	3.4	3.0	3.4	3.2
11/19	Max	42.8	48.4	77.3	81.3	100.2	88.4	44.8	79.4	71.7	65.7	70.1
	99%	37.4	35.2	37.6	48.1	49.4	44.1	39.3	52.0	43.2	38.8	44.5
	95%	24.3	22.8	24.4	28.2	27.2	24.8	24.2	29.2	25.5	25.6	23.7
	50%	2.6	2.6	2.5	3.1	2.2	2.7	2.4	3.4	3.0	3.3	3.2
11/20	Max	42.8	44.3	77.3	81.3	57.6	47.8	42.3	79.4	71.7	65.7	70.1
	99%	35.7	31.6	37.0	40.5	45.9	41.4	36.8	54.6	43.0	38.7	43.4
	95%	24.3	21.5	24.4	27.5	21.1	24.2	22.2	27.6	24.9	23.7	22.7
	50%	2.5	2.5	2.3	3.0	2.0	2.6	2.3	3.4	3.0	3.3	3.2
11/21	Max	42.8	44.3	77.3	81.3	56.8	47.8	42.3	79.4	71.7	65.7	70.1
	99%	34.8	29.8	30.3	38.1	37.0	35.3	39.1	55.2	52.3	39.8	53.4
	95%	23.2	20.4	23.7	27.4	20.4	21.3	22.0	27.2	25.0	23.6	22.8
	50%	2.5	2.5	2.4	3.1	2.0	2.7	2.3	3.4	3.0	3.3	3.2
11/22	Max	35.7	44.3	77.3	81.3	192.0	47.8	42.3	79.4	67.8	65.7	70.1
	99%	33.0	29.8	30.2	38.0	45.9	35.3	36.7	54.3	45.3	39.7	53.2
	95%	21.8	20.4	23.3	27.3	20.9	20.8	21.8	25.8	22.8	22.6	22.5
	50%	2.5	2.5	2.2	2.8	2.0	2.5	2.2	3.4	3.0	3.3	3.2
11/23	Max	35.7	44.3	77.3	81.3	192.0	47.8	42.3	79.4	67.8	65.7	70.1
	99%	33.0	29.6	30.2	38.0	45.9	35.3	36.6	54.1	42.4	34.5	42.0
	95%	23.1	21.3	23.3	27.3	25.6	21.2	21.9	24.2	21.9	20.3	21.0
	50%	2.6	2.5	2.2	3.0	2.3	2.5	2.2	3.4	3.0	3.3	3.2

续表

日期(月/日)	项目	站点										
		58044	58036	58040	58041	58046	58047	58048	58252	58247	58341	58344
		连云港	东海	赣榆	西连岛	燕尾港	灌云	灌南	镇江	扬中	丹阳	句容
11/24	Max	35.7	44.3	77.3	81.3	192.0	47.8	42.3	79.4	67.8	62.9	70.1
	99%	32.9	28.4	30.0	38.0	45.9	34.4	36.6	47.4	39.4	32.4	32.7
	95%	22.8	20.4	23.4	27.2	24.4	21.3	21.8	23.9	21.8	19.9	20.5
	50%	2.6	2.5	2.3	3.1	2.3	2.4	2.0	3.4	3.0	3.3	3.2
11/25	Max	35.7	44.3	77.3	81.3	192.0	47.8	42.3	79.4	67.8	62.9	70.1
	99%	32.9	28.4	29.9	36.7	35.4	34.4	36.6	34.1	35.0	32.4	30.8
	95%	20.9	20.3	23.4	25.8	21.4	21.3	20.4	23.5	21.8	19.8	20.4
	50%	2.6	2.5	2.2	2.8	2.4	2.3	2.0	3.3	2.9	3.2	3.0
11/26	Max	35.7	44.3	77.3	81.3	192.0	47.8	42.3	79.4	67.8	62.9	70.1
	99%	32.9	28.2	29.9	36.6	35.5	34.3	36.6	34.1	35.0	32.4	30.8
	95%	21.0	20.2	23.4	25.7	21.4	21.3	20.4	23.8	22.2	20.3	20.5
	50%	2.6	2.6	2.2	2.9	2.5	2.3	2.1	3.4	2.9	3.2	2.9
11/27	Max	35.7	44.3	77.3	81.3	192.0	47.8	42.3	79.4	67.8	62.9	70.1
	99%	29.8	28.2	27.8	34.6	32.8	32.8	35.2	33.7	33.8	32.4	30.7
	95%	19.7	18.6	20.7	24.7	19.4	20.2	21.4	23.3	21.8	20.3	20.8
	50%	2.4	2.4	2.1	2.7	2.3	2.1	1.9	3.3	2.7	3.1	2.9
11/28	Max	35.7	44.3	31.2	37.5	192.0	47.8	42.3	79.4	67.8	62.9	70.1
	99%	26.0	27.9	27.1	33.5	56.7	32.8	35.0	33.7	33.8	32.0	30.7
	95%	18.7	18.1	20.4	24.4	22.0	20.2	21.2	21.6	21.4	20.3	20.7
	50%	2.3	2.3	1.9	2.6	2.3	2.1	1.8	3.3	2.6	3.0	2.8
11/29	Max	35.7	44.3	31.2	37.5	192.0	47.8	42.3	79.4	67.8	62.9	70.1
	99%	26.0	27.8	27.1	33.5	177.4	32.2	29.5	33.7	33.9	32.1	30.7
	95%	16.5	18.9	19.7	23.5	21.8	19.2	20.2	21.6	21.0	19.1	20.4
	50%	2.5	2.5	2.0	2.7	2.3	2.1	1.9	3.2	2.4	2.9	2.8
11/30	Max	35.7	44.3	31.2	37.5	192.0	47.8	42.3	79.4	67.8	62.9	70.1
	99%	26.0	27.7	27.1	33.5	174.7	32.3	29.5	33.7	33.8	32.0	30.7
	95%	18.5	18.8	19.5	23.4	21.7	18.3	19.8	23.4	21.3	20.3	20.8
	50%	2.5	2.5	2.1	2.7	2.3	2.1	2.0	3.2	2.5	3.0	2.9
12/1	Max	35.7	44.3	31.2	37.5	192.0	47.8	42.3	79.4	67.8	62.9	70.1
	99%	26.0	27.2	27.1	33.4	166.5	32.1	29.3	33.6	33.5	34.0	32.3
	95%	18.9	18.0	20.7	23.2	21.2	18.2	20.0	21.6	21.6	20.0	20.5
	50%	2.5	2.5	2.0	2.6	2.2	2.1	1.9	3.1	2.5	2.9	2.8
12/2	Max	35.7	44.3	31.2	37.5	192.0	47.8	42.3	79.4	67.8	62.9	70.1
	99%	25.9	27.1	27.0	33.4	161.0	32.1	29.2	33.6	33.5	33.8	32.2
	95%	17.1	17.8	19.8	23.6	19.2	17.6	20.0	23.2	21.5	20.3	20.8
	50%	2.5	2.5	2.0	2.6	2.4	2.0	2.0	3.3	2.5	3.1	2.9
12/3	Max	35.7	44.3	31.2	37.5	192.0	47.8	42.3	79.4	67.8	62.9	70.1
	99%	25.9	27.1	27.0	33.4	162.4	32.1	29.3	33.6	33.5	33.9	32.3
	95%	17.2	17.9	19.8	22.6	19.3	17.7	20.0	22.3	21.8	20.3	20.7
	50%	2.5	2.6	1.9	2.5	2.4	2.0	2.1	3.3	2.5	3.1	2.9

续表

日期（月/日）	项目	站点 58044 连云港	58036 东海	58040 赣榆	58041 西连岛	58046 燕尾港	58047 灌云	58048 灌南	58252 镇江	58247 扬中	58341 丹阳	58344 句容
12/4	Max	35.7	36.1	31.2	37.5	192.0	47.8	36.7	79.4	67.8	62.9	70.1
	99%	24.7	24.7	26.8	33.4	155.5	27.5	23.4	33.6	33.4	33.7	32.2
	95%	15.0	15.7	16.4	21.8	18.9	17.3	18.4	23.2	21.0	20.2	20.7
	50%	2.4	2.4	1.9	2.5	2.3	2.0	1.9	3.4	2.6	3.0	2.8
12/5	Max	26.3	30.4	27.4	37.5	192.0	31.5	36.7	79.4	67.8	62.9	70.1
	99%	24.2	22.6	25.4	32.3	147.3	25.2	23.0	32.8	32.2	31.6	31.3
	95%	13.5	16.5	15.2	21.6	18.2	15.0	16.9	22.0	21.0	19.5	20.1
	50%	2.2	2.4	1.8	2.5	2.4	2.0	1.9	3.4	2.7	3.0	2.8
12/6	Max	26.3	30.4	27.4	37.5	192.0	31.5	36.7	79.4	67.8	62.9	70.1
	99%	24.2	22.7	25.5	32.3	148.7	25.2	23.0	32.8	32.3	31.6	31.3
	95%	13.7	15.1	15.4	21.6	18.3	15.1	16.9	21.5	18.9	19.6	19.3
	50%	2.1	2.4	1.8	2.5	2.3	1.8	1.9	3.3	2.7	3.0	2.9
12/7	Max	26.3	30.4	27.4	37.5	192.0	31.5	36.7	79.4	67.8	62.9	70.1
	99%	24.2	22.8	25.5	32.4	143.2	25.2	23.0	32.9	32.4	31.7	31.4
	95%	14.5	13.9	15.1	21.0	17.8	15.7	16.9	21.3	19.0	19.7	19.3
	50%	2.1	2.3	1.7	2.3	2.3	1.8	1.9	3.2	2.7	3.0	2.9
12/8	Max	26.3	30.4	27.4	37.5	192.0	31.5	36.7	79.4	67.8	62.9	70.1
	99%	24.2	22.8	25.5	32.4	140.4	25.2	23.0	32.9	32.5	31.7	31.5
	95%	14.5	14.4	15.7	21.6	17.5	16.0	16.8	21.6	19.2	20.3	19.4
	50%	2.1	2.3	1.8	2.4	2.3	1.9	1.9	3.2	2.6	2.8	2.7
12/9	Max	25.8	30.4	26.9	37.5	192.0	31.5	36.7	79.4	67.8	62.9	70.1
	99%	21.4	22.0	24.5	28.1	139.1	25.2	23.0	31.2	30.6	30.7	29.3
	95%	13.5	13.8	15.1	20.6	17.4	15.4	15.5	22.1	18.1	19.6	19.3
	50%	2.1	2.3	1.8	2.3	2.3	2.0	1.9	3.1	2.6	2.7	2.6
12/10	Max	25.8	30.4	26.9	37.5	192.0	31.5	36.7	79.4	67.8	62.9	70.1
	99%	21.3	22.0	24.5	27.8	139.1	25.2	23.3	30.0	28.6	29.9	29.2
	95%	14.6	15.0	17.0	20.1	17.8	16.0	17.0	20.7	17.4	17.2	17.1
	50%	2.0	2.3	1.7	2.2	2.2	1.9	1.8	2.8	2.5	2.6	2.5
12/11	Max	25.8	30.4	26.9	37.5	192.0	31.5	36.7	79.4	67.8	62.9	70.1
	99%	21.1	21.9	24.5	35.8	126.7	25.1	23.3	29.9	28.5	29.8	29.2
	95%	14.5	14.8	16.0	21.7	20.5	15.9	17.6	19.9	18.4	17.2	17.0
	50%	2.0	2.3	1.7	2.1	2.3	1.8	1.8	2.7	2.5	2.6	2.4
12/12	Max	25.8	30.4	26.9	37.5	192.0	31.5	36.7	79.4	67.8	62.9	70.1
	99%	20.2	21.3	20.8	35.0	114.4	24.4	23.3	29.9	28.5	29.7	29.2
	95%	13.4	13.6	14.2	18.5	19.8	16.1	16.8	17.3	17.2	17.2	16.7
	50%	1.9	2.1	1.6	2.1	2.3	1.8	1.7	2.6	2.4	2.6	2.2
12/13	Max	24.3	22.2	24.4	35.8	192.0	30.8	24.3	33.6	30.8	35.9	38.6
	99%	19.2	19.1	20.4	27.1	187.6	24.1	23.0	29.0	28.1	26.8	28.0
	95%	13.4	13.2	13.9	17.1	19.2	14.9	15.4	17.1	16.7	16.4	16.6
	50%	1.8	1.8	1.5	2.1	2.1	1.7	1.6	2.6	2.4	2.6	2.2

续表

日期(月/日)	项目	站点										
		58044	58036	58040	58041	58046	58047	58048	58252	58247	58341	58344
		连云港	东海	赣榆	西连岛	燕尾港	灌云	灌南	镇江	扬中	丹阳	句容
12/14	Max	24.3	22.2	24.4	35.8	192.0	25.0	24.3	33.6	30.8	35.9	38.6
	99%	19.2	17.3	19.5	27.0	187.4	20.9	22.9	29.0	28.1	26.8	28.0
	95%	13.4	12.7	12.4	16.9	16.7	14.6	15.2	18.0	17.3	16.6	16.7
	50%	1.8	1.8	1.4	2.1	2.1	1.8	1.7	2.7	2.5	2.6	2.2
12/15	Max	24.3	22.2	21.5	35.8	192.0	25.0	24.3	33.6	30.8	35.9	38.6
	99%	19.2	17.3	18.5	23.1	187.2	20.9	22.4	28.4	26.1	25.2	26.1
	95%	12.9	12.2	11.9	16.4	16.2	14.4	14.5	17.3	16.9	16.6	16.7
	50%	1.7	1.8	1.6	2.1	2.1	1.7	1.6	2.7	2.5	2.5	2.2
12/16	Max	24.3	22.2	21.5	35.8	192.0	25.0	24.3	33.6	30.8	35.9	38.6
	99%	20.2	20.2	19.1	23.2	187.7	21.0	22.5	28.4	25.0	25.3	26.2
	95%	13.3	12.9	13.5	16.8	16.3	15.8	15.4	16.9	16.7	16.1	16.6
	50%	1.7	1.8	1.6	2.0	2.1	1.8	1.6	2.8	2.6	2.5	2.2
12/17	Max	24.3	22.2	21.5	35.8	192.0	25.0	24.3	33.6	30.8	35.9	38.6
	99%	20.2	20.2	19.1	20.2	188.0	21.0	22.6	28.4	27.7	27.0	27.2
	95%	13.0	13.0	13.5	15.1	16.3	15.8	15.3	17.1	17.0	17.0	16.7
	50%	1.7	1.8	1.6	2.1	2.1	1.9	1.6	2.8	2.6	2.6	2.2
12/18	Max	24.3	25.0	29.4	29.5	192.0	25.0	24.3	33.6	30.8	35.9	38.6
	99%	20.3	20.2	19.3	20.3	188.3	19.7	22.6	28.4	27.7	27.0	27.2
	95%	12.5	12.6	13.2	14.7	16.1	13.7	14.0	17.4	17.0	17.0	16.7
	50%	1.7	1.8	1.7	2.1	2.1	1.9	1.6	2.8	2.6	2.4	2.2
12/19	Max	24.3	25.0	29.4	29.5	192.0	25.0	24.3	33.6	30.8	35.9	38.6
	99%	20.3	20.1	19.2	22.1	188.0	20.5	23.3	28.4	27.7	26.9	27.2
	95%	12.9	12.9	13.8	16.2	16.3	15.7	14.3	17.4	17.2	17.2	16.7
	50%	1.7	1.9	1.6	2.0	2.1	1.8	1.6	2.8	2.6	2.6	2.3
12/20	Max	24.3	25.0	29.4	29.5	192.0	25.0	24.3	33.6	30.8	35.9	38.6
	99%	20.3	20.2	19.1	23.2	187.5	20.5	23.3	28.5	27.7	27.0	27.2
	95%	12.9	12.9	12.8	16.0	16.3	15.7	15.1	17.2	16.4	16.7	16.7
	50%	1.7	1.6	1.6	2.0	2.1	1.7	1.6	2.8	2.6	2.6	2.3
12/21	Max	24.3	25.0	29.4	29.5	192.0	25.0	24.3	33.6	30.8	35.9	38.6
	99%	20.3	20.1	21.5	23.1	99.7	20.4	23.3	28.5	27.7	27.0	27.2
	95%	12.9	12.2	13.9	15.6	16.0	15.5	14.2	17.2	16.4	16.7	16.7
	50%	1.7	1.7	1.6	2.0	2.0	1.7	1.6	2.7	2.6	2.6	2.3
12/22	Max	23.7	25.0	29.4	29.5	192.0	24.1	24.3	33.6	30.8	35.9	38.6
	99%	19.1	17.4	19.1	22.0	101.7	19.7	22.0	28.5	27.7	27.1	27.2
	95%	11.7	12.2	13.9	15.5	15.7	14.8	13.8	17.5	16.4	17.1	16.8
	50%	1.6	1.6	1.6	1.9	1.9	1.7	1.6	2.6	2.4	2.4	2.3
12/23	Max	27.3	33.2	29.4	29.5	192.0	27.1	24.3	42.6	37.7	42.5	38.6
	99%	20.2	18.3	22.9	25.9	100.1	20.4	22.5	29.1	28.1	28.7	28.1
	95%	10.7	12.2	13.8	15.5	14.9	14.8	14.1	18.9	18.0	17.6	17.1
	50%	1.7	1.6	1.6	2.1	2.0	1.8	1.7	2.5	2.4	2.4	2.3

续表

日期（月/日）	项目	站点										
		58044	58036	58040	58041	58046	58047	58048	58252	58247	58341	58344
		连云港	东海	赣榆	西连岛	燕尾港	灌云	灌南	镇江	扬中	丹阳	句容
12/24	Max	27.3	33.2	29.4	29.5	192.0	27.1	24.3	42.6	37.7	42.5	38.6
	99%	23.6	20.0	24.5	25.9	100.1	20.3	22.5	29.0	28.0	28.6	27.9
	95%	13.9	13.5	15.1	17.4	15.2	16.4	14.4	17.8	17.7	17.5	16.8
	50%	1.7	1.8	1.7	2.2	2.1	2.0	1.7	2.6	2.5	2.5	2.3
12/25	Max	27.3	33.2	29.4	29.5	192.0	27.1	24.3	42.6	37.7	42.5	38.6
	99%	23.4	25.0	24.4	25.7	92.2	21.7	22.4	29.0	27.7	28.6	27.9
	95%	13.7	14.3	15.1	17.3	15.1	17.5	15.3	17.4	16.8	17.5	17.0
	50%	1.7	1.8	1.8	2.2	2.2	2.0	1.6	2.5	2.4	2.4	2.2
12/26	Max	27.3	33.2	29.4	29.5	192.0	27.1	24.3	42.6	37.7	42.5	38.6
	99%	23.4	24.9	24.4	25.7	96.9	24.1	22.3	29.0	27.6	28.6	27.9
	95%	13.7	14.3	15.1	17.3	15.1	17.7	15.2	17.3	16.8	17.4	17.2
	50%	1.9	1.9	1.9	2.2	2.2	2.1	1.9	2.6	2.6	2.5	2.2
12/27	Max	27.3	33.2	29.4	29.5	192.0	27.1	24.3	42.6	37.7	42.5	38.6
	99%	23.7	20.1	24.5	25.8	98.5	20.2	22.4	29.9	27.6	30.5	29.2
	95%	13.9	13.9	15.1	17.4	15.6	17.2	14.3	18.8	19.1	17.7	17.8
	50%	1.8	1.9	1.8	2.3	2.2	2.1	1.9	2.6	2.6	2.5	2.3
12/28	Max	27.3	33.2	29.4	29.5	192.0	27.1	24.3	42.6	37.7	42.5	38.6
	99%	23.7	21.1	25.7	26.1	23.4	20.2	22.4	29.9	27.6	31.2	29.2
	95%	14.5	13.9	15.2	19.0	15.6	17.2	16.5	20.2	20.7	18.2	19.0
	50%	1.8	1.8	1.8	2.3	2.2	2.1	1.9	2.6	2.6	2.4	2.2
12/29	Max	27.3	33.2	29.4	29.5	192.0	27.1	24.3	42.6	37.7	42.5	38.6
	99%	20.3	21.2	25.8	26.2	23.5	20.2	22.4	29.1	26.6	31.3	27.9
	95%	14.0	14.0	15.3	19.1	15.8	17.2	14.9	19.7	19.4	17.5	18.5
	50%	1.7	1.7	1.8	2.2	2.2	2.1	1.9	2.6	2.6	2.5	2.2
12/30	Max	27.3	33.2	29.4	29.5	192.0	27.1	25.2	42.6	37.7	42.5	37.7
	99%	20.3	21.3	23.1	26.3	23.5	21.3	23.6	28.5	26.6	29.6	26.2
	95%	14.4	14.7	15.1	19.6	16.7	17.6	15.3	20.5	19.8	18.1	18.0
	50%	1.8	1.8	1.8	2.3	2.1	2.1	1.9	2.7	2.6	2.7	2.3
12/31	Max	27.3	33.2	29.4	29.5	192.0	27.1	25.2	42.6	37.7	42.5	37.7
	99%	20.3	21.2	25.8	26.2	23.5	21.3	23.6	28.5	26.6	29.6	26.2
	95%	14.4	14.6	15.6	19.6	16.6	17.5	15.2	21.4	18.0	18.2	18.6
	50%	1.8	1.8	1.8	2.2	2.1	2.1	1.8	2.6	2.7	2.6	2.3

第5章　第四组(盐城)站点雨量阈值

日期(月/日)	项目	站点							
		58154	58045	58049	58143	58146	58150	58158	58251
		盐城	响水	滨海	阜宁	建湖	射阳	大丰	东台
1/1	Max	31.3	28.8	30.6	26.5	30.0	29.3	36.2	39.3
	99%	26.4	24.1	25.9	23.5	26.3	25.5	25.1	25.2
	95%	17.0	16.5	14.5	16.6	16.8	16.0	17.4	16.4
	50%	2.2	1.9	1.8	2.1	2.2	2.1	2.2	2.5
1/2	Max	31.3	28.8	30.6	26.5	30.0	29.3	36.2	39.3
	99%	26.4	24.0	25.9	23.6	26.3	25.5	25.1	25.0
	95%	17.3	16.5	14.4	16.7	16.9	16.0	18.0	16.4
	50%	2.2	2.0	1.9	2.1	2.2	2.2	2.1	2.5
1/3	Max	31.3	28.8	30.6	26.5	30.0	29.3	36.2	39.3
	99%	26.4	24.1	25.9	23.7	26.3	25.5	25.2	24.7
	95%	17.7	16.6	14.4	16.8	16.9	16.1	18.0	16.4
	50%	2.2	2.0	1.8	2.1	2.1	2.1	2.1	2.5
1/4	Max	31.3	28.8	30.6	26.5	33.9	29.3	36.2	39.3
	99%	26.5	24.2	25.9	24.8	28.3	25.5	25.3	24.7
	95%	17.8	17.4	16.6	17.6	16.8	16.8	18.3	16.7
	50%	2.2	2.0	1.9	2.2	2.1	2.2	2.1	2.5
1/5	Max	31.3	40.3	38.6	34.4	33.9	35.8	36.2	39.3
	99%	27.0	28.4	26.7	25.9	28.4	27.9	26.4	24.7
	95%	18.2	17.4	16.6	17.6	16.8	16.8	18.4	17.5
	50%	2.2	1.9	1.8	2.1	2.0	2.2	2.2	2.5
1/6	Max	31.3	40.3	38.6	34.4	33.9	35.8	36.2	39.3
	99%	27.0	28.4	26.7	25.9	28.3	27.9	26.4	24.7
	95%	17.9	17.4	15.7	16.8	17.0	16.1	18.4	17.5
	50%	2.2	1.9	1.8	2.1	2.1	2.2	2.1	2.4
1/7	Max	31.3	40.3	38.6	34.4	33.9	35.8	36.2	39.3
	99%	27.0	28.6	26.7	25.9	28.4	27.9	26.5	24.7
	95%	18.0	17.6	15.9	17.0	16.8	16.3	18.5	17.9
	50%	2.3	2.0	1.9	2.1	2.1	2.1	2.2	2.4
1/8	Max	31.3	40.3	38.6	34.4	33.9	35.8	36.2	39.3
	99%	27.0	22.5	26.0	25.3	26.4	26.0	23.8	24.7
	95%	17.6	15.4	14.0	15.2	16.5	15.2	18.0	17.0
	50%	2.6	2.1	2.0	2.2	2.2	2.2	2.2	2.4

续表

日期（月/日）	项目	站点							
		58154	58045	58049	58143	58146	58150	58158	58251
		盐城	响水	滨海	阜宁	建湖	射阳	大丰	东台
1/9	Max	31.3	40.3	38.6	34.4	33.9	35.8	36.2	39.3
	99%	27.1	22.6	26.0	25.5	26.4	26.4	24.0	24.7
	95%	16.3	15.7	14.1	15.7	16.8	15.6	18.1	17.1
	50%	2.5	2.2	2.0	2.1	2.2	2.2	2.1	2.4
1/10	Max	31.3	40.3	38.6	34.4	33.9	35.8	36.2	39.3
	99%	27.1	22.6	26.0	25.6	26.4	26.6	24.1	24.7
	95%	16.3	16.0	13.9	14.0	16.4	15.6	18.2	17.1
	50%	2.4	2.3	2.1	2.1	2.2	2.3	2.1	2.5
1/11	Max	31.3	40.3	38.6	34.4	33.9	35.8	36.2	39.3
	99%	27.1	22.6	26.0	25.6	26.4	26.5	24.1	24.7
	95%	17.5	15.9	14.2	14.9	16.4	15.6	18.2	17.2
	50%	2.5	2.3	2.1	2.1	2.2	2.5	2.2	2.4
1/12	Max	31.3	40.3	38.6	34.4	33.9	35.8	36.2	39.3
	99%	27.1	22.6	26.0	25.5	26.4	26.4	24.1	24.7
	95%	17.4	15.7	14.1	15.8	16.8	15.7	18.3	17.2
	50%	2.5	2.2	2.1	2.1	2.2	2.5	2.2	2.4
1/13	Max	31.3	40.3	38.6	34.4	33.9	35.8	36.2	39.3
	99%	27.1	22.6	26.0	25.5	26.4	26.3	24.0	24.7
	95%	17.1	15.6	14.5	15.7	17.2	15.6	18.4	17.5
	50%	2.5	2.2	2.3	2.1	2.3	2.5	2.2	2.4
1/14	Max	31.3	40.3	38.6	34.4	33.9	35.8	36.2	39.3
	99%	27.1	23.6	26.0	25.4	26.4	27.8	24.1	24.7
	95%	17.0	14.8	14.1	15.9	18.0	16.0	18.3	17.2
	50%	2.4	2.3	2.1	2.1	2.3	2.4	2.1	2.4
1/15	Max	31.3	40.3	38.6	34.4	33.9	35.8	36.2	39.3
	99%	27.1	28.6	26.0	25.4	26.4	28.0	24.1	24.6
	95%	18.3	15.2	15.3	17.4	19.0	16.8	18.5	16.4
	50%	2.3	2.3	2.1	2.1	2.3	2.6	2.1	2.3
1/16	Max	31.3	40.3	38.6	34.4	33.9	35.8	36.2	39.3
	99%	27.0	28.5	26.0	25.4	26.4	28.0	23.6	24.6
	95%	18.1	15.3	15.2	17.3	19.1	16.8	18.0	16.4
	50%	2.2	2.3	2.1	2.1	2.3	2.6	2.1	2.3
1/17	Max	31.3	40.3	38.6	34.4	33.9	35.8	36.2	39.3
	99%	25.9	23.6	24.1	25.5	26.4	28.0	23.7	24.6
	95%	16.3	15.2	14.7	16.8	16.8	16.6	17.8	16.4
	50%	2.2	2.3	2.1	2.1	2.4	2.6	2.1	2.3
1/18	Max	31.3	40.3	38.6	34.4	33.9	35.8	36.2	39.3
	99%	24.6	22.5	25.8	25.6	26.4	28.0	23.7	24.6
	95%	16.6	15.2	15.6	16.9	17.2	17.0	18.1	16.4
	50%	2.3	2.3	2.4	2.2	2.5	2.6	2.1	2.3

续表

日期(月/日)	项目	站点							
		58154	58045	58049	58143	58146	58150	58158	58251
		盐城	响水	滨海	阜宁	建湖	射阳	大丰	东台
1/19	Max	31.3	40.3	38.6	34.4	33.9	35.8	36.2	39.3
	99%	24.6	21.7	25.9	25.6	26.4	28.0	23.7	24.6
	95%	16.7	14.8	15.6	16.0	17.2	17.0	18.1	16.4
	50%	2.3	2.3	2.1	2.1	2.5	2.6	2.1	2.3
1/20	Max	31.3	40.3	38.6	34.4	33.9	35.8	36.2	39.3
	99%	24.6	21.7	25.9	25.7	26.5	28.0	23.7	24.6
	95%	17.2	15.3	16.0	16.2	19.0	17.2	18.3	16.6
	50%	2.4	2.4	2.3	2.3	2.7	2.7	2.3	2.5
1/21	Max	27.9	40.3	38.6	34.4	33.9	35.8	35.7	24.7
	99%	22.9	19.7	23.8	23.9	26.0	28.0	22.2	22.9
	95%	15.7	14.9	15.3	14.7	16.9	16.6	17.4	16.4
	50%	2.3	2.3	2.1	2.2	2.6	2.7	2.2	2.5
1/22	Max	27.9	40.3	38.6	34.4	33.9	35.8	35.7	24.7
	99%	22.9	19.8	23.9	24.0	26.1	28.0	23.2	22.9
	95%	16.0	14.5	14.6	15.2	16.9	15.6	17.0	16.3
	50%	2.3	2.3	2.1	2.2	2.5	2.7	2.2	2.5
1/23	Max	27.9	40.3	38.6	34.4	33.9	35.8	35.7	24.7
	99%	22.9	19.8	24.0	24.0	26.1	28.0	23.3	22.9
	95%	16.0	14.5	14.9	15.6	16.9	15.6	17.0	16.3
	50%	2.5	2.3	2.1	2.2	2.7	2.7	2.4	3.0
1/24	Max	28.8	40.3	38.6	34.4	35.6	35.8	35.7	24.7
	99%	23.4	19.8	26.9	26.0	26.1	28.7	22.4	22.9
	95%	15.0	14.6	15.5	13.9	16.2	15.6	16.4	16.4
	50%	2.3	2.2	2.0	2.1	2.6	2.7	2.2	2.5
1/25	Max	28.8	40.3	38.6	34.4	35.6	35.8	35.7	24.7
	99%	23.5	18.4	27.0	26.1	25.3	28.7	22.4	23.4
	95%	15.4	14.2	15.1	13.9	16.1	15.4	15.6	16.4
	50%	2.3	2.2	2.0	2.0	2.6	2.7	2.2	2.5
1/26	Max	28.8	40.3	38.6	34.4	35.6	35.8	35.7	24.7
	99%	22.2	18.7	27.1	26.2	25.1	28.8	21.6	23.4
	95%	13.7	14.8	15.6	13.9	15.8	15.1	15.4	16.0
	50%	2.3	2.2	2.0	2.0	2.6	2.6	2.3	2.5
1/27	Max	28.8	40.3	38.6	34.4	35.6	35.8	35.7	46.0
	99%	22.2	18.8	27.2	26.3	25.3	27.9	22.4	24.2
	95%	15.7	14.8	15.7	13.9	16.2	15.5	15.9	16.4
	50%	2.3	2.3	2.0	2.0	2.5	2.5	2.4	2.5
1/28	Max	28.8	40.3	38.6	34.4	35.6	35.8	35.7	46.0
	99%	22.3	22.1	24.5	24.3	25.1	27.9	22.5	24.7
	95%	16.3	15.2	16.1	14.9	16.2	16.2	17.0	16.5
	50%	2.2	2.3	2.1	2.0	2.6	2.6	2.4	2.4

续表

日期（月/日）	项目	站点							
		58154	58045	58049	58143	58146	58150	58158	58251
		盐城	响水	滨海	阜宁	建湖	射阳	大丰	东台
1/29	Max	28.8	40.3	38.6	34.4	35.6	35.8	35.7	46.0
	99%	22.3	22.1	24.6	23.1	25.1	28.0	22.5	24.7
	95%	16.2	15.2	15.7	13.9	16.2	16.3	16.1	16.3
	50%	2.2	2.4	2.3	2.1	2.6	2.5	2.2	2.5
1/30	Max	28.8	40.3	38.6	34.4	35.6	35.8	35.7	46.0
	99%	22.3	22.1	24.5	24.3	25.1	28.0	22.5	24.7
	95%	16.2	15.2	16.0	15.1	16.2	16.3	17.0	16.5
	50%	2.2	2.4	2.5	2.3	2.6	2.6	2.2	2.5
1/31	Max	28.8	40.3	38.6	34.4	35.6	35.8	35.7	46.0
	99%	22.4	22.3	24.8	20.8	25.2	28.0	22.6	24.7
	95%	16.3	15.3	15.7	13.9	15.9	16.5	16.3	16.4
	50%	2.1	2.3	2.3	2.2	2.6	2.6	2.4	2.5
2/1	Max	28.8	40.3	38.6	34.4	35.6	35.8	35.7	46.0
	99%	23.1	24.5	27.5	23.8	25.3	28.1	23.0	24.7
	95%	17.9	16.1	16.8	16.7	17.8	17.9	16.7	16.6
	50%	2.4	2.3	2.4	2.6	2.9	2.8	2.4	2.6
2/2	Max	28.8	40.3	38.6	34.4	35.6	35.8	35.7	46.0
	99%	23.0	23.5	24.3	23.2	25.3	28.1	23.0	24.7
	95%	16.5	15.2	15.8	15.3	18.3	17.0	16.9	16.6
	50%	2.5	2.4	2.4	2.6	2.9	2.9	2.6	2.7
2/3	Max	28.8	27.5	30.7	31.1	35.6	32.7	33.8	46.0
	99%	23.0	20.8	21.1	21.4	25.2	27.8	25.2	23.5
	95%	17.8	15.6	16.3	16.1	16.1	18.4	16.2	16.5
	50%	2.5	2.4	2.5	2.7	2.9	2.9	2.6	2.7
2/4	Max	28.8	27.5	30.7	31.1	35.6	32.7	33.8	46.0
	99%	23.1	20.9	21.2	21.7	25.2	27.8	25.5	23.7
	95%	18.3	16.2	16.7	16.5	16.9	18.2	17.0	16.5
	50%	2.5	2.4	2.5	2.6	2.9	2.8	2.6	2.8
2/5	Max	28.8	27.5	30.7	31.1	35.6	45.3	33.8	46.0
	99%	23.1	21.2	24.2	21.7	25.5	28.3	25.5	23.7
	95%	18.3	16.5	17.0	16.5	18.1	18.7	17.0	16.5
	50%	2.5	2.4	2.5	2.6	2.9	2.7	2.6	3.0
2/6	Max	28.8	27.5	30.7	31.8	35.6	45.3	33.8	46.0
	99%	23.1	22.0	24.4	23.3	25.5	28.3	25.5	23.6
	95%	19.0	16.6	17.3	16.7	18.7	19.1	17.0	16.5
	50%	2.3	2.4	2.6	2.6	2.9	2.7	2.6	2.9
2/7	Max	28.8	27.5	30.7	31.8	35.6	45.3	33.8	46.0
	99%	23.1	22.0	24.5	23.3	25.5	28.3	25.6	23.7
	95%	18.3	16.7	17.4	16.7	18.1	19.3	17.0	16.5
	50%	2.3	2.4	2.6	2.7	2.9	2.8	2.5	2.7

续表

日期(月/日)	项目	站点							
		58154	58045	58049	58143	58146	58150	58158	58251
		盐城	响水	滨海	阜宁	建湖	射阳	大丰	东台
2/8	Max	28.8	27.5	30.7	31.8	35.6	45.3	33.8	46.0
	99%	23.1	24.2	24.5	23.3	25.5	28.4	22.9	24.9
	95%	18.2	17.1	17.5	16.7	16.2	19.6	16.9	16.5
	50%	2.3	2.4	2.6	2.8	2.9	2.9	2.5	2.8
2/9	Max	28.8	27.5	30.7	32.7	35.6	45.3	33.8	46.0
	99%	23.1	25.3	25.7	25.2	25.6	28.4	22.9	24.9
	95%	18.0	17.4	17.2	16.9	16.6	20.1	16.5	16.5
	50%	2.4	2.4	2.6	2.8	2.9	2.9	2.5	3.0
2/10	Max	28.8	38.1	30.7	32.7	35.6	45.3	33.8	46.0
	99%	22.9	26.0	26.8	26.1	25.6	28.5	23.4	24.3
	95%	18.0	17.2	17.8	17.3	16.8	19.1	16.8	16.5
	50%	2.2	2.4	2.4	2.7	2.9	2.7	2.4	2.9
2/11	Max	28.8	38.1	30.7	32.7	35.6	45.3	33.8	46.0
	99%	22.9	26.0	26.8	26.3	25.6	28.5	23.8	24.6
	95%	17.3	17.5	18.0	17.5	15.8	19.6	15.9	16.3
	50%	2.3	2.3	2.4	2.7	2.8	2.7	2.4	3.0
2/12	Max	28.8	38.1	30.7	32.7	35.6	45.3	33.8	46.0
	99%	22.9	26.0	26.8	26.3	25.7	28.5	23.8	24.8
	95%	17.9	17.5	17.4	16.6	15.4	18.8	15.9	16.5
	50%	2.1	2.3	2.3	2.6	2.6	2.5	2.4	3.0
2/13	Max	28.8	38.1	30.7	32.7	35.6	45.3	33.8	46.0
	99%	22.9	26.0	26.8	26.4	25.7	28.5	23.8	24.6
	95%	16.8	17.5	17.4	16.6	15.3	17.8	15.9	16.6
	50%	2.2	2.3	2.4	2.6	2.6	2.5	2.5	3.0
2/14	Max	28.8	38.1	30.7	32.7	35.6	45.3	33.8	46.0
	99%	22.9	26.4	26.8	28.4	26.2	28.6	24.0	24.8
	95%	16.9	17.5	17.2	16.7	16.0	17.1	15.8	16.7
	50%	2.4	2.3	2.2	2.6	2.7	2.5	2.5	3.0
2/15	Max	28.8	38.1	30.7	32.7	35.6	45.3	33.8	46.0
	99%	22.9	26.4	26.8	28.5	25.3	28.7	24.2	25.0
	95%	16.8	17.8	18.0	17.1	15.2	18.0	15.7	16.5
	50%	2.4	2.3	2.2	2.6	2.9	2.5	2.6	3.2
2/16	Max	28.8	38.1	30.7	32.7	35.6	45.3	33.8	46.0
	99%	22.3	25.9	26.8	28.6	25.3	28.7	24.2	25.0
	95%	16.8	17.4	17.8	16.6	15.7	17.6	15.7	17.0
	50%	2.5	2.3	2.3	2.6	2.9	2.6	2.6	3.2
2/17	Max	80.3	38.1	30.7	32.7	80.7	45.3	45.2	46.0
	99%	23.0	25.9	26.8	28.7	25.8	28.8	25.6	25.3
	95%	16.9	17.5	17.9	17.1	16.2	19.0	15.8	16.5
	50%	2.5	2.3	2.3	2.6	2.9	2.6	2.5	3.0

续表

日期（月/日）	项目	站点							
		58154	58045	58049	58143	58146	58150	58158	58251
		盐城	响水	滨海	阜宁	建湖	射阳	大丰	东台
2/18	Max	80.3	38.1	30.7	32.7	80.7	45.3	45.2	46.0
	99%	23.2	25.9	26.8	28.8	25.8	27.8	25.6	26.6
	95%	17.4	17.5	17.9	17.1	16.1	17.9	15.7	17.0
	50%	2.5	2.1	2.3	2.6	2.9	2.5	2.5	3.0
2/19	Max	80.3	38.1	30.7	32.7	80.7	45.3	45.2	46.0
	99%	23.2	25.9	26.8	28.8	25.8	27.8	25.6	26.6
	95%	17.4	17.6	17.9	17.1	16.1	17.8	15.7	16.3
	50%	2.6	2.2	2.4	2.7	2.9	2.7	2.6	3.0
2/20	Max	80.3	38.1	43.9	43.9	80.7	45.3	45.2	46.0
	99%	23.2	25.9	27.4	31.0	26.3	27.8	25.6	26.6
	95%	17.6	17.6	18.6	18.2	17.5	18.6	16.3	17.8
	50%	2.7	2.2	2.4	2.7	3.1	2.7	2.6	3.0
2/21	Max	80.3	43.2	48.6	49.8	80.7	45.3	45.2	46.8
	99%	23.9	26.0	27.8	31.8	27.0	28.8	25.8	27.3
	95%	17.9	17.9	19.2	18.9	17.8	19.1	16.3	17.8
	50%	2.7	2.3	2.5	2.7	3.1	2.8	2.6	3.0
2/22	Max	80.3	43.2	48.6	49.8	80.7	45.3	45.2	46.8
	99%	25.1	26.0	27.4	31.7	26.3	29.3	25.8	28.7
	95%	18.1	18.1	19.2	19.0	18.3	20.3	16.6	18.2
	50%	2.8	2.3	2.6	2.8	3.2	2.9	2.7	3.1
2/23	Max	80.3	43.2	48.6	49.8	80.7	45.3	45.2	46.8
	99%	26.1	26.5	27.4	31.7	27.0	28.9	28.4	31.1
	95%	18.3	18.5	19.3	19.4	18.6	20.5	16.9	18.9
	50%	2.8	2.3	2.6	2.8	3.2	2.9	2.7	3.2
2/24	Max	80.3	43.2	48.6	49.8	80.7	45.3	45.2	46.8
	99%	27.5	27.5	27.8	32.7	28.7	39.5	28.4	31.1
	95%	19.2	18.7	19.7	19.5	19.3	22.0	17.7	18.9
	50%	2.8	2.1	2.6	2.8	3.2	2.8	2.6	3.1
2/25	Max	80.3	43.2	48.6	49.8	80.7	45.3	45.2	46.8
	99%	27.7	27.5	27.8	32.7	28.8	39.5	27.5	30.1
	95%	18.1	18.7	19.3	19.5	18.2	21.8	16.9	18.7
	50%	2.7	2.1	2.3	2.8	3.1	2.9	2.6	3.1
2/26	Max	80.3	43.2	48.6	49.8	80.7	45.3	45.2	46.8
	99%	27.8	26.5	27.8	28.9	28.8	29.0	27.6	30.1
	95%	18.0	17.9	19.2	19.0	18.5	20.1	16.9	18.8
	50%	2.7	2.0	2.3	2.8	2.9	2.9	2.6	3.1
2/27	Max	80.3	43.2	48.6	49.8	80.7	45.3	45.2	46.8
	99%	27.8	26.5	27.8	29.0	28.8	29.1	27.6	31.2
	95%	18.0	18.0	19.2	19.0	18.5	20.1	17.2	19.0
	50%	2.6	2.0	2.2	2.6	3.0	2.9	2.6	3.1

续表

日期(月/日)	项目	站点							
		58154	58045	58049	58143	58146	58150	58158	58251
		盐城	响水	滨海	阜宁	建湖	射阳	大丰	东台
2/28	Max	80.3	64.5	50.4	49.8	80.7	45.3	52.6	46.8
	99%	29.4	28.8	35.9	32.9	30.7	32.5	31.2	31.2
	95%	19.5	19.2	19.9	19.4	18.6	21.5	19.0	18.9
	50%	2.7	2.1	2.2	2.7	3.1	3.0	2.7	3.2
2/29	Max	80.3	64.5	50.4	49.8	80.7	45.3	52.6	46.8
	99%	29.2	42.1	34.3	36.3	30.1	42.6	30.6	31.9
	95%	19.8	19.6	20.0	19.7	18.8	21.9	19.1	19.0
	50%	2.7	2.2	2.3	2.7	3.1	3.0	2.7	3.2
3/1	Max	80.3	64.5	50.4	49.8	80.7	45.3	52.6	46.8
	99%	29.5	29.2	36.5	33.1	30.9	33.0	31.4	31.2
	95%	19.6	19.2	19.2	19.5	18.6	21.7	18.9	18.9
	50%	2.8	2.3	2.3	2.7	3.2	3.0	2.7	3.2
3/2	Max	80.3	64.5	50.4	49.8	80.7	45.3	52.6	46.8
	99%	29.4	34.1	36.4	32.9	30.8	32.9	31.2	31.3
	95%	19.4	19.2	19.2	19.0	18.3	21.3	19.0	19.0
	50%	2.8	2.4	2.3	2.6	3.2	3.0	2.7	3.2
3/3	Max	80.3	64.5	50.4	49.8	80.7	45.3	52.6	46.8
	99%	29.3	34.1	36.1	32.8	30.5	32.9	31.0	32.0
	95%	19.6	18.7	19.9	19.1	18.2	20.3	19.0	19.1
	50%	2.8	2.3	2.3	2.7	3.2	3.0	2.8	3.2
3/4	Max	80.3	64.5	50.4	49.8	80.7	45.3	52.6	46.8
	99%	29.5	34.1	36.2	33.0	30.5	33.0	31.0	32.0
	95%	19.3	18.3	20.0	19.1	18.2	20.3	17.6	19.0
	50%	2.7	2.2	2.2	2.6	3.0	2.6	2.7	3.1
3/5	Max	80.3	64.5	50.4	49.8	80.7	45.3	52.6	46.8
	99%	29.5	34.0	36.3	33.0	30.5	32.6	30.9	31.9
	95%	19.5	18.7	20.0	19.4	18.6	21.0	19.0	19.4
	50%	2.8	2.2	2.2	2.7	3.2	2.9	2.8	3.2
3/6	Max	80.3	64.5	50.4	49.8	80.7	43.7	52.6	46.8
	99%	29.5	34.1	36.7	33.1	30.7	29.3	31.4	31.9
	95%	19.3	18.5	19.6	20.1	18.7	20.8	19.1	19.9
	50%	2.8	2.2	2.3	2.8	3.2	3.0	2.8	3.2
3/7	Max	80.3	64.5	50.4	49.8	80.7	43.7	52.6	46.8
	99%	29.6	34.4	36.7	33.2	30.9	29.4	31.5	32.0
	95%	19.5	18.5	19.9	20.1	19.0	21.0	19.4	20.9
	50%	2.8	2.2	2.3	2.9	3.2	3.0	2.8	3.2
3/8	Max	80.3	64.5	50.4	49.8	80.7	50.6	52.6	55.6
	99%	32.7	37.9	42.8	36.3	36.0	33.1	33.0	31.3
	95%	19.7	19.0	20.1	20.3	19.8	21.5	19.4	21.0
	50%	2.8	2.1	2.3	2.9	3.2	3.0	2.7	3.2

续表

日期(月/日)	项目	站点							
		58154	58045	58049	58143	58146	58150	58158	58251
		盐城	响水	滨海	阜宁	建湖	射阳	大丰	东台
3/9	Max	80.3	64.5	50.4	49.8	80.7	50.6	52.6	55.6
	99%	32.4	38.0	42.9	36.3	35.6	33.2	33.0	34.8
	95%	19.6	18.2	20.2	20.3	19.7	21.5	20.7	21.6
	50%	2.8	2.0	2.2	2.9	3.3	3.0	2.9	3.2
3/10	Max	80.3	64.5	50.4	49.8	80.7	50.6	52.6	55.6
	99%	32.7	38.0	42.8	36.3	36.0	39.4	33.8	34.8
	95%	19.7	17.9	20.0	19.6	19.9	21.5	20.5	21.6
	50%	2.8	2.0	2.3	2.7	3.2	3.0	2.9	3.2
3/11	Max	80.3	64.5	50.4	49.8	80.7	50.6	52.6	55.6
	99%	32.8	34.8	43.0	36.3	36.1	39.4	33.8	34.8
	95%	19.7	17.6	19.9	19.4	19.8	19.8	20.7	21.6
	50%	2.8	2.0	2.3	2.8	3.3	3.1	3.1	3.4
3/12	Max	80.3	64.5	50.4	49.8	80.7	50.6	52.6	55.6
	99%	32.7	34.8	43.0	36.3	35.9	39.4	33.7	34.8
	95%	19.7	17.9	19.9	19.5	19.7	20.5	20.6	22.0
	50%	2.8	2.0	2.3	2.8	3.2	3.0	3.1	3.2
3/13	Max	80.3	64.5	50.4	49.8	80.7	50.6	52.6	55.6
	99%	32.6	34.7	42.9	36.3	35.5	39.4	33.7	34.7
	95%	19.7	17.9	20.0	19.9	19.9	21.1	20.7	22.0
	50%	2.8	2.1	2.4	2.9	3.4	3.1	3.2	3.2
3/14	Max	80.3	64.5	50.4	49.8	80.7	50.6	52.6	55.6
	99%	32.8	34.7	43.1	36.3	35.8	39.4	33.7	34.8
	95%	19.7	17.8	19.9	19.3	19.7	20.6	20.7	22.0
	50%	2.8	2.1	2.3	2.7	3.2	3.0	3.2	3.2
3/15	Max	80.3	64.5	50.4	49.8	80.7	50.6	52.6	55.6
	99%	35.0	34.3	42.7	36.3	39.9	39.4	34.6	35.9
	95%	20.7	18.4	20.1	19.6	20.1	21.8	22.0	22.4
	50%	2.8	2.1	2.5	2.7	3.1	3.0	3.2	3.2
3/16	Max	80.3	64.5	50.4	49.8	80.7	50.6	52.6	55.6
	99%	35.0	34.0	43.3	36.3	39.9	39.3	34.5	35.9
	95%	20.6	18.3	20.2	19.4	20.0	21.7	21.9	22.3
	50%	2.6	2.2	2.6	2.8	3.0	3.0	3.0	3.2
3/17	Max	80.3	64.5	50.4	49.8	80.7	50.6	57.9	55.6
	99%	35.5	33.9	43.1	36.3	41.5	39.3	36.3	37.7
	95%	20.9	18.3	20.0	19.6	20.2	21.7	22.2	22.6
	50%	2.6	2.2	2.6	2.8	3.1	3.0	3.1	3.2
3/18	Max	54.0	64.5	50.4	49.8	72.1	50.6	57.9	55.6
	99%	34.9	33.9	43.1	36.3	39.9	39.3	34.6	38.9
	95%	20.9	18.3	20.0	19.6	19.8	21.2	23.9	24.5
	50%	2.6	2.3	2.7	2.9	3.2	3.1	3.1	3.2

续表

日期(月/日)	项目	站点							
		58154	58045	58049	58143	58146	58150	58158	58251
		盐城	响水	滨海	阜宁	建湖	射阳	大丰	东台
3/19	Max	54.0	64.5	57.5	49.8	72.1	50.6	57.9	55.6
	99%	34.9	42.2	45.6	39.9	39.9	39.3	34.5	38.8
	95%	20.6	18.6	20.5	20.3	19.5	21.2	23.1	25.1
	50%	2.6	2.4	2.7	2.8	3.0	3.1	3.1	3.2
3/20	Max	54.0	64.5	57.5	49.8	72.1	50.6	57.9	55.6
	99%	34.9	42.2	45.7	36.3	39.9	39.3	34.5	38.8
	95%	20.7	18.6	21.9	20.2	19.6	21.5	23.2	25.1
	50%	2.5	2.3	2.4	2.5	2.8	3.0	2.9	3.2
3/21	Max	54.0	64.5	57.5	49.8	72.1	50.6	57.9	55.6
	99%	34.9	48.7	44.9	36.3	39.9	35.7	34.5	41.3
	95%	20.7	19.1	21.9	20.2	19.1	21.2	23.9	25.8
	50%	2.3	2.3	2.4	2.5	2.6	2.9	2.9	3.2
3/22	Max	54.0	64.5	57.5	41.8	72.1	50.6	57.9	55.6
	99%	32.4	38.0	40.4	36.3	32.5	30.7	33.7	38.9
	95%	20.8	19.0	20.7	20.2	19.6	21.3	23.6	26.1
	50%	2.3	2.3	2.4	2.5	2.7	2.9	2.9	3.2
3/23	Max	54.0	64.5	57.5	41.8	72.1	50.6	63.3	55.6
	99%	32.6	38.4	40.6	32.9	34.1	31.2	34.6	38.9
	95%	19.9	18.8	21.1	20.0	19.3	20.3	24.2	26.2
	50%	2.4	2.3	2.4	2.5	2.7	2.9	2.9	3.2
3/24	Max	54.2	64.5	57.5	41.8	72.1	50.6	63.3	55.6
	99%	35.0	38.3	40.5	32.8	41.8	34.9	34.6	39.1
	95%	19.6	19.1	22.2	20.2	19.7	20.2	24.1	26.2
	50%	2.2	2.3	2.4	2.6	2.6	2.9	2.8	3.2
3/25	Max	54.2	64.5	57.5	41.8	72.1	50.6	63.3	55.6
	99%	34.0	34.2	40.5	30.0	34.6	31.4	34.7	39.1
	95%	19.5	18.8	20.2	19.8	19.5	19.4	23.6	25.8
	50%	2.2	2.2	2.3	2.4	2.4	2.7	2.7	3.1
3/26	Max	54.2	64.5	57.5	41.8	72.1	50.6	63.3	55.6
	99%	33.9	34.1	40.5	30.1	34.1	31.4	34.7	39.1
	95%	19.4	19.3	20.2	19.9	19.7	19.6	23.5	25.7
	50%	2.2	2.3	2.3	2.4	2.6	2.8	2.7	3.0
3/27	Max	54.2	64.5	57.5	41.8	72.1	50.6	63.3	55.6
	99%	33.9	34.2	40.9	30.2	37.2	32.0	34.7	39.1
	95%	19.4	19.3	20.5	20.4	20.3	19.8	23.9	25.3
	50%	2.2	2.3	2.3	2.3	2.6	2.6	2.7	2.9
3/28	Max	54.2	64.5	57.5	41.8	72.1	50.6	63.3	55.6
	99%	34.0	34.4	41.2	30.3	37.5	32.3	34.8	39.1
	95%	19.5	19.4	20.7	20.5	19.8	20.3	24.1	24.8
	50%	2.2	2.3	2.3	2.4	2.7	2.8	2.8	3.0

续表

日期（月/日）	项目	站点							
		58154	58045	58049	58143	58146	58150	58158	58251
		盐城	响水	滨海	阜宁	建湖	射阳	大丰	东台
3/29	Max	54.2	61.0	57.5	41.8	72.1	50.6	63.3	55.6
	99%	31.8	34.4	35.7	27.4	33.1	31.0	33.8	38.9
	95%	19.3	19.1	20.2	20.2	19.8	19.8	23.6	23.8
	50%	2.2	2.2	2.3	2.3	2.6	2.8	2.7	3.0
3/30	Max	54.2	61.0	57.5	41.8	72.1	50.6	63.3	55.6
	99%	31.6	34.3	37.1	27.3	33.0	31.0	33.8	38.8
	95%	19.2	19.1	20.3	20.0	19.8	19.8	23.6	24.2
	50%	2.2	2.2	2.3	2.4	2.5	2.8	2.6	2.8
3/31	Max	54.2	61.0	57.5	41.8	72.1	50.6	63.3	55.6
	99%	31.6	33.3	40.8	29.8	33.1	31.0	34.8	39.1
	95%	19.2	19.1	20.5	20.4	20.4	19.5	23.4	24.8
	50%	2.2	1.9	2.3	2.3	2.3	2.5	2.5	2.7
4/1	Max	54.2	61.0	57.5	41.8	72.1	50.6	63.3	55.6
	99%	31.5	33.1	40.7	29.8	33.1	31.0	34.8	39.1
	95%	19.2	19.1	20.4	19.9	20.4	19.5	23.0	24.8
	50%	2.2	1.8	2.3	2.2	2.2	2.4	2.4	2.7
4/2	Max	55.4	61.0	57.5	47.3	72.1	50.6	63.3	55.6
	99%	33.7	37.8	40.5	29.8	38.5	33.1	37.9	40.6
	95%	20.1	19.2	21.8	20.5	20.7	20.2	23.8	25.2
	50%	2.2	1.8	2.3	2.3	2.2	2.5	2.4	2.6
4/3	Max	55.4	61.0	57.5	47.3	72.1	50.6	63.3	55.6
	99%	36.1	37.8	40.4	39.6	40.0	34.2	42.8	44.4
	95%	20.8	19.1	21.7	20.7	20.6	20.3	23.9	25.8
	50%	2.2	1.9	2.4	2.1	2.2	2.3	2.4	2.5
4/4	Max	55.4	61.0	57.5	47.3	72.1	50.6	63.3	55.6
	99%	36.1	38.1	40.5	39.8	40.0	34.2	42.8	44.4
	95%	20.7	19.3	21.8	20.8	20.1	20.8	24.6	26.0
	50%	2.2	1.8	2.4	2.2	2.3	2.3	2.5	2.5
4/5	Max	55.4	61.0	57.5	47.3	72.1	50.6	63.3	55.6
	99%	36.1	38.1	40.7	39.8	40.0	34.9	42.8	44.4
	95%	20.7	19.2	21.0	20.8	19.8	21.3	24.3	25.8
	50%	2.3	2.0	2.3	2.3	2.4	2.5	2.6	2.5
4/6	Max	68.9	61.0	57.5	47.3	72.1	50.0	63.3	54.2
	99%	44.1	46.2	41.0	31.0	41.3	34.9	47.2	42.3
	95%	22.5	19.8	21.6	21.6	20.0	22.5	24.8	26.0
	50%	2.4	2.2	2.3	2.1	2.6	2.5	2.7	2.7
4/7	Max	68.9	61.0	57.5	53.1	72.1	50.0	63.3	54.2
	99%	44.7	48.7	43.8	32.9	41.5	35.7	47.3	42.4
	95%	23.4	21.1	22.4	23.6	21.2	22.9	24.3	26.3
	50%	2.3	2.4	2.4	2.1	2.6	2.5	2.7	2.8

续表

日期(月/日)	项目	站点							
		58154	58045	58049	58143	58146	58150	58158	58251
		盐城	响水	滨海	阜宁	建湖	射阳	大丰	东台
4/8	Max	88.9	61.0	57.5	63.0	72.1	69.2	73.9	65.6
	99%	52.0	48.9	47.0	40.0	47.7	38.6	53.0	44.5
	95%	24.3	21.5	24.0	25.4	22.8	26.1	24.4	26.3
	50%	2.4	2.4	2.3	2.1	2.4	2.5	2.6	2.8
4/9	Max	88.9	61.0	57.5	63.0	72.1	69.2	73.9	65.6
	99%	52.0	54.1	47.1	40.0	48.3	38.7	53.1	44.6
	95%	25.1	25.5	24.9	25.5	24.2	25.5	24.9	26.3
	50%	2.5	2.5	2.4	2.1	2.3	2.5	2.6	2.7
4/10	Max	88.9	61.0	57.5	71.9	72.1	69.2	73.9	71.3
	99%	51.8	54.1	47.0	41.6	47.9	38.7	53.1	44.6
	95%	25.4	25.5	25.2	26.0	24.1	26.6	25.5	27.3
	50%	2.6	2.6	2.6	2.3	2.6	2.7	2.7	2.8
4/11	Max	88.9	61.0	57.5	71.9	72.1	69.2	73.9	71.3
	99%	52.0	48.9	47.3	41.7	48.9	39.1	53.4	42.5
	95%	25.4	23.8	25.6	26.2	23.0	25.8	25.3	27.1
	50%	2.7	2.7	2.7	2.4	2.6	2.8	2.7	2.8
4/12	Max	88.9	61.0	57.5	71.9	72.1	69.2	73.9	71.3
	99%	51.9	48.9	47.3	41.7	48.5	39.0	53.4	42.5
	95%	25.4	24.1	25.7	26.2	23.7	25.7	25.5	27.4
	50%	2.8	2.9	2.9	2.7	2.7	3.0	2.7	2.8
4/13	Max	88.9	61.0	57.5	71.9	72.1	69.2	73.9	71.3
	99%	51.4	48.9	47.3	41.8	47.9	38.9	52.9	45.2
	95%	24.9	24.1	25.6	25.7	23.4	24.1	24.8	27.2
	50%	2.8	2.9	2.7	2.6	2.6	2.9	2.7	2.7
4/14	Max	88.9	61.0	57.5	71.9	72.1	69.2	73.9	71.3
	99%	51.7	49.1	44.3	41.9	48.7	39.3	53.1	44.6
	95%	25.4	24.6	25.1	26.2	23.8	25.9	25.2	27.7
	50%	3.0	2.9	3.0	2.7	2.6	3.0	2.8	2.9
4/15	Max	88.9	61.0	57.5	71.9	69.6	69.2	73.9	71.3
	99%	52.0	49.3	44.5	42.0	42.8	39.8	47.7	44.7
	95%	25.4	24.9	25.2	26.6	23.9	25.5	25.3	27.9
	50%	2.9	3.0	2.8	2.6	2.6	3.0	2.8	3.0
4/16	Max	88.9	61.0	57.5	71.9	69.6	69.2	73.9	71.3
	99%	52.3	49.4	44.7	42.1	42.9	40.0	48.0	42.7
	95%	25.5	25.0	25.1	26.2	24.1	25.7	24.8	27.0
	50%	2.7	2.8	2.6	2.3	2.5	2.8	2.7	2.9
4/17	Max	88.9	54.4	53.8	71.9	69.6	69.2	73.9	71.3
	99%	54.2	46.6	45.1	42.2	43.0	42.8	41.1	44.4
	95%	25.6	24.0	25.2	26.2	23.7	26.0	24.7	26.5
	50%	2.6	2.9	2.8	2.6	2.6	3.0	2.8	3.2

续表

日期（月/日）	项目	站点							
		58154	58045	58049	58143	58146	58150	58158	58251
		盐城	响水	滨海	阜宁	建湖	射阳	大丰	东台
4/18	Max	88.9	54.4	53.8	71.9	69.6	69.2	73.9	71.3
	99%	54.2	46.7	45.2	42.2	49.3	42.8	44.2	45.8
	95%	25.8	24.1	24.9	26.4	24.0	26.5	25.0	27.4
	50%	2.8	3.0	3.0	2.9	2.9	3.1	2.9	3.2
4/19	Max	88.9	94.0	75.2	71.9	69.6	69.2	73.9	71.3
	99%	54.2	50.3	47.7	45.6	50.0	42.8	49.2	44.5
	95%	26.9	25.7	25.1	26.2	24.5	26.6	25.7	27.0
	50%	3.0	3.2	3.1	2.9	3.0	3.2	3.0	3.2
4/20	Max	88.9	94.0	75.2	71.9	69.6	69.2	73.9	90.5
	99%	54.2	53.7	47.8	47.6	53.8	42.8	49.5	48.6
	95%	26.3	27.1	25.1	26.6	24.6	27.0	25.6	26.3
	50%	2.9	3.1	3.0	2.9	3.0	3.2	2.9	2.9
4/21	Max	88.9	94.0	75.2	71.9	69.6	69.2	73.9	90.5
	99%	54.2	53.7	47.8	47.6	53.8	42.8	46.7	48.4
	95%	27.1	27.2	25.1	26.6	24.3	27.0	25.6	26.3
	50%	2.7	3.0	2.9	2.7	2.9	3.2	2.7	2.8
4/22	Max	88.9	94.0	75.2	86.2	69.6	69.2	73.9	90.5
	99%	54.4	54.2	48.4	50.6	50.6	42.9	49.3	48.5
	95%	27.7	27.7	27.6	26.9	24.8	27.0	25.6	26.3
	50%	2.8	3.1	2.7	2.7	2.8	3.1	2.9	2.9
4/23	Max	88.9	94.0	75.2	86.2	69.6	69.2	73.9	90.5
	99%	54.4	54.2	48.4	50.7	50.2	42.9	48.9	47.9
	95%	27.7	27.7	27.5	27.1	25.5	27.0	27.0	26.4
	50%	3.1	3.2	3.1	2.9	3.1	3.4	3.1	3.0
4/24	Max	88.9	94.0	75.2	86.2	69.6	69.2	73.9	90.5
	99%	54.4	54.2	48.3	50.6	50.2	42.8	48.7	48.5
	95%	27.8	27.7	27.5	27.1	26.0	27.0	26.9	26.5
	50%	3.3	3.2	3.1	2.9	3.1	3.4	3.2	3.2
4/25	Max	88.9	94.0	75.2	86.2	69.6	69.2	73.9	90.5
	99%	54.4	54.2	48.4	50.7	50.6	42.9	49.4	49.2
	95%	27.7	27.7	27.6	26.9	25.5	26.8	25.7	26.4
	50%	3.2	3.2	3.0	2.9	3.1	3.4	3.1	3.3
4/26	Max	117.2	94.0	75.2	86.2	69.6	77.4	78.1	90.5
	99%	55.3	54.2	48.4	51.6	52.9	45.3	55.0	55.3
	95%	29.0	27.8	28.6	27.7	28.3	27.2	27.2	28.0
	50%	3.3	3.2	3.1	3.0	3.2	3.5	3.2	3.4
4/27	Max	117.2	94.0	75.2	86.2	69.6	77.4	78.1	90.5
	99%	55.3	54.2	48.4	52.8	52.9	45.3	55.0	55.3
	95%	29.5	27.7	29.1	29.1	27.5	27.7	27.9	29.3
	50%	3.3	3.2	3.1	2.9	3.2	3.4	3.2	3.4

续表

日期(月/日)	项目	站点							
		58154	58045	58049	58143	58146	58150	58158	58251
		盐城	响水	滨海	阜宁	建湖	射阳	大丰	东台
4/28	Max	117.2	94.0	75.2	86.2	69.6	77.4	78.1	90.5
	99%	68.1	54.2	48.4	52.9	52.9	49.5	57.6	58.4
	95%	32.0	27.7	28.2	28.1	30.8	28.9	31.2	32.8
	50%	3.3	3.2	3.1	2.9	3.4	3.4	3.3	3.5
4/29	Max	117.2	94.0	75.2	86.2	69.6	77.4	78.1	90.5
	99%	54.4	54.3	50.1	53.0	53.0	49.6	57.7	58.7
	95%	31.7	28.0	28.6	29.0	31.8	28.1	31.6	33.6
	50%	3.3	3.3	3.1	3.0	3.4	3.5	3.3	3.4
4/30	Max	117.2	94.0	75.2	86.2	69.6	77.4	78.1	90.5
	99%	54.5	58.3	50.2	53.1	52.4	49.7	57.8	58.8
	95%	32.2	33.3	29.1	29.2	32.0	28.7	32.4	34.5
	50%	3.2	3.3	3.1	2.9	3.3	3.4	3.5	3.6
5/1	Max	117.2	94.0	75.2	86.2	69.6	77.4	78.1	90.5
	99%	54.2	63.6	50.4	52.0	45.2	49.9	59.9	62.0
	95%	32.0	27.9	28.6	28.9	29.5	28.4	31.3	33.2
	50%	3.1	3.2	3.1	2.9	3.3	3.4	3.5	3.5
5/2	Max	117.2	94.0	75.2	86.2	69.6	77.4	78.1	90.5
	99%	54.2	63.6	50.5	50.6	45.2	49.9	57.9	61.9
	95%	31.5	30.3	28.9	28.1	30.8	28.8	31.2	32.5
	50%	3.3	3.2	3.1	3.0	3.3	3.5	3.4	3.4
5/3	Max	117.2	94.0	75.2	86.2	69.6	77.4	78.1	90.5
	99%	54.2	63.4	50.4	50.6	45.6	49.9	57.9	61.8
	95%	32.0	29.1	28.8	28.9	31.7	28.8	31.2	32.7
	50%	3.1	3.2	3.1	2.9	3.2	3.4	3.3	3.3
5/4	Max	117.2	94.0	75.2	86.2	77.2	77.4	78.1	90.5
	99%	63.4	63.4	50.3	52.0	48.3	50.2	59.6	61.9
	95%	32.5	29.1	29.2	29.2	31.9	29.1	31.9	32.7
	50%	3.0	3.2	3.1	2.8	3.1	3.3	3.3	3.2
5/5	Max	117.2	94.0	75.2	86.2	77.2	77.4	78.1	90.5
	99%	54.9	63.3	50.2	53.0	52.4	50.2	59.6	61.7
	95%	31.8	28.2	29.6	29.1	31.5	29.1	31.2	32.7
	50%	2.9	3.2	3.0	2.9	3.1	3.2	3.2	3.2
5/6	Max	117.2	94.0	75.2	86.2	77.2	77.4	78.1	90.5
	99%	68.7	63.1	48.4	51.8	52.1	50.1	59.5	61.6
	95%	32.6	28.0	29.4	29.1	31.1	29.0	30.4	32.3
	50%	2.9	3.2	3.0	2.9	2.9	3.2	3.2	3.1
5/7	Max	117.2	94.0	75.2	86.2	77.2	77.4	78.1	90.5
	99%	65.7	63.1	47.3	50.1	47.6	49.4	57.6	58.4
	95%	32.0	26.8	28.6	27.8	28.5	28.8	29.4	31.2
	50%	2.9	3.2	2.9	2.9	3.0	3.2	3.2	3.1

续表

日期(月/日)	项目	站点							
		58154	58045	58049	58143	58146	58150	58158	58251
		盐城	响水	滨海	阜宁	建湖	射阳	大丰	东台
5/8	Max	117.2	94.0	125.8	86.2	77.2	96.6	78.1	90.5
	99%	65.5	63.0	48.4	51.7	51.5	50.7	57.4	58.2
	95%	32.2	27.6	29.8	29.1	29.2	29.1	30.8	32.5
	50%	2.9	3.2	2.9	2.7	3.1	3.3	3.2	3.0
5/9	Max	117.2	94.0	125.8	86.2	77.2	96.6	78.1	90.5
	99%	65.7	63.0	48.4	50.0	51.5	50.7	57.4	56.5
	95%	32.0	28.0	29.1	28.8	29.2	29.0	29.7	32.4
	50%	2.7	3.2	2.6	2.7	2.9	3.3	3.0	2.9
5/10	Max	117.2	94.0	125.8	86.2	77.2	96.6	78.1	90.5
	99%	65.7	63.2	50.0	51.7	52.9	51.4	57.5	58.1
	95%	32.5	29.2	30.3	27.7	30.1	29.1	32.3	32.7
	50%	2.7	3.2	2.6	2.7	3.1	3.3	3.0	3.1
5/11	Max	117.2	94.0	125.8	86.2	77.2	96.6	78.1	90.5
	99%	63.0	63.3	50.1	51.8	52.9	51.4	57.6	58.3
	95%	32.6	29.4	30.7	27.8	31.0	28.9	31.3	32.5
	50%	2.7	3.3	2.5	2.7	2.9	3.2	2.9	3.1
5/12	Max	117.2	94.0	125.8	86.2	77.2	96.6	78.1	90.5
	99%	55.1	63.5	51.3	51.8	53.0	51.4	57.7	58.3
	95%	32.3	28.6	30.6	29.0	32.0	29.7	32.3	32.5
	50%	2.7	3.4	2.5	2.7	2.9	3.3	3.0	3.1
5/13	Max	117.2	94.0	125.8	86.2	77.2	96.6	78.1	90.5
	99%	55.1	72.1	52.0	51.7	53.0	51.4	57.8	58.3
	95%	31.9	30.8	30.6	27.7	32.0	29.0	33.5	32.7
	50%	2.7	3.2	2.5	2.7	2.9	3.3	2.9	3.1
5/14	Max	117.2	94.0	125.8	86.2	77.2	96.6	78.1	90.5
	99%	63.2	74.8	52.0	51.7	53.0	51.4	57.8	57.9
	95%	32.1	35.5	30.8	28.8	32.0	29.0	35.1	32.5
	50%	2.6	3.3	2.5	2.7	2.7	3.2	2.9	2.9
5/15	Max	117.2	94.0	125.8	170.7	83.3	96.6	78.1	90.5
	99%	65.4	74.7	61.5	66.1	54.1	52.4	57.7	61.0
	95%	32.6	38.7	32.2	29.1	32.4	30.6	35.5	32.9
	50%	2.9	3.4	2.5	3.1	2.9	3.4	3.0	2.8
5/16	Max	117.2	94.0	125.8	170.7	83.3	96.6	78.1	90.5
	99%	65.8	74.6	60.6	66.8	54.0	52.4	57.6	60.9
	95%	32.6	38.0	31.0	29.1	33.7	31.5	35.5	32.9
	50%	2.7	3.4	2.5	2.9	2.8	3.4	2.8	2.7
5/17	Max	117.2	94.0	125.8	170.7	83.3	96.6	78.1	90.5
	99%	65.8	74.6	60.0	65.9	54.0	52.3	54.7	57.4
	95%	32.6	37.8	30.9	29.0	33.3	31.2	35.5	32.6
	50%	2.7	3.3	2.4	2.7	2.7	3.2	2.9	2.7

续表

日期(月/日)	项目	站点							
		58154	58045	58049	58143	58146	58150	58158	58251
		盐城	响水	滨海	阜宁	建湖	射阳	大丰	东台
5/18	Max	117.2	87.2	125.8	170.7	106.4	101.0	78.1	90.5
	99%	68.4	69.0	56.9	73.1	58.1	61.3	57.4	57.3
	95%	34.1	36.9	31.6	29.8	36.2	32.7	35.7	33.3
	50%	2.7	3.4	2.4	2.9	2.7	3.2	2.9	2.7
5/19	Max	117.2	87.2	125.8	170.7	106.4	101.0	78.1	83.2
	99%	68.2	63.3	56.9	73.3	58.0	61.8	57.3	56.0
	95%	33.8	37.1	32.7	29.8	35.3	32.9	34.7	32.9
	50%	2.8	3.3	2.3	2.7	2.7	3.0	2.9	2.8
5/20	Max	117.2	87.2	125.8	170.7	106.4	101.0	165.9	150.7
	99%	77.5	63.1	56.8	73.1	62.9	60.8	63.5	56.8
	95%	35.2	37.6	33.2	29.8	36.0	32.4	36.2	34.4
	50%	2.9	3.4	2.3	2.7	2.7	3.0	3.0	3.0
5/21	Max	117.2	87.2	125.8	170.7	106.4	101.0	165.9	150.7
	99%	75.8	56.8	56.8	69.3	62.7	63.4	63.4	60.5
	95%	34.2	37.4	33.1	29.8	34.0	36.1	36.7	35.0
	50%	3.1	3.4	2.4	2.8	2.7	3.0	3.0	2.9
5/22	Max	117.2	87.2	125.8	170.7	106.4	101.0	165.9	150.7
	99%	75.3	55.8	59.2	69.0	62.6	63.1	63.3	60.4
	95%	34.0	37.3	34.6	29.8	33.7	35.2	36.5	34.8
	50%	2.9	3.4	2.5	2.9	2.7	2.9	3.0	2.9
5/23	Max	117.2	87.2	125.8	170.7	106.4	101.0	165.9	150.7
	99%	75.3	56.0	59.4	69.0	62.4	63.2	63.3	62.9
	95%	34.0	37.3	35.1	31.1	35.3	37.1	36.4	35.3
	50%	2.7	3.4	2.5	2.9	2.6	2.8	3.0	2.8
5/24	Max	117.2	87.2	125.8	170.7	106.4	101.0	165.9	150.7
	99%	75.3	61.4	67.7	69.1	62.4	63.3	66.1	62.8
	95%	34.0	38.0	35.8	31.8	36.8	37.6	37.6	35.1
	50%	2.7	3.4	2.5	2.6	2.6	2.7	3.0	2.8
5/25	Max	97.3	87.2	125.8	170.7	106.4	101.0	165.9	150.7
	99%	65.7	61.3	67.2	72.8	63.6	56.7	63.1	62.8
	95%	32.6	37.9	34.8	32.8	33.8	38.7	37.5	33.2
	50%	2.9	3.5	2.5	2.5	2.6	2.7	3.0	2.9
5/26	Max	97.3	87.2	125.8	170.7	106.4	101.0	165.9	150.7
	99%	65.7	61.3	67.8	69.1	63.7	56.8	63.2	62.8
	95%	32.3	37.9	35.2	32.1	33.6	40.1	36.1	32.8
	50%	2.9	3.5	2.6	2.6	2.6	3.0	3.2	3.0
5/27	Max	97.3	87.2	125.8	170.7	106.4	101.0	165.9	150.7
	99%	64.4	61.3	66.8	68.8	63.5	56.3	66.0	62.9
	95%	32.1	39.2	34.6	34.5	34.5	38.3	37.4	32.1
	50%	3.0	3.5	2.6	2.8	2.7	3.0	3.2	3.0

续表

日期（月/日）	项目	站点							
		58154	58045	58049	58143	58146	58150	58158	58251
		盐城	响水	滨海	阜宁	建湖	射阳	大丰	东台
5/28	Max	97.3	87.2	125.8	170.7	106.4	101.0	165.9	150.7
	99%	64.2	62.6	71.1	68.6	63.4	62.5	65.7	64.4
	95%	32.4	40.6	39.2	36.5	36.3	40.7	37.8	32.6
	50%	3.0	3.5	2.7	2.8	2.7	3.0	3.2	2.9
5/29	Max	97.3	87.2	125.8	170.7	107.7	101.0	165.9	150.7
	99%	64.1	62.6	70.9	71.5	69.3	62.3	65.6	64.4
	95%	33.1	41.0	41.6	39.5	37.3	41.7	38.0	33.8
	50%	3.1	3.7	2.9	3.0	3.0	3.2	3.2	2.8
5/30	Max	97.3	87.2	125.8	170.7	107.7	101.0	165.9	150.7
	99%	64.0	54.0	70.7	71.5	69.5	62.2	64.9	63.9
	95%	32.9	40.0	41.2	39.5	37.5	41.7	37.7	32.8
	50%	3.1	4.0	2.9	3.0	3.0	3.2	3.2	3.1
5/31	Max	104.3	87.2	125.8	170.7	159.8	101.0	165.9	150.7
	99%	65.6	54.1	70.5	71.5	76.3	64.4	64.8	63.8
	95%	34.2	40.9	40.6	40.0	34.8	41.9	37.9	33.3
	50%	3.1	4.0	2.9	3.0	2.9	3.1	3.2	3.1
6/1	Max	104.3	87.2	125.8	170.7	159.8	101.0	165.9	150.7
	99%	65.6	54.7	70.9	71.6	80.3	64.5	65.0	64.0
	95%	33.3	41.0	41.6	40.1	35.1	41.6	38.6	34.3
	50%	3.1	3.7	2.9	3.1	3.0	3.2	3.2	3.1
6/2	Max	104.3	87.2	125.8	170.7	159.8	101.0	165.9	150.7
	99%	62.9	54.7	70.8	71.6	79.6	64.5	67.0	66.5
	95%	34.4	42.2	42.0	40.1	34.3	40.4	39.7	34.8
	50%	3.2	3.6	2.9	3.1	3.0	3.2	3.2	3.3
6/3	Max	104.3	87.2	125.8	170.7	159.8	101.0	165.9	150.7
	99%	66.2	54.9	70.8	73.3	82.5	64.5	70.1	66.5
	95%	35.9	42.4	45.7	40.3	38.9	41.6	41.1	34.9
	50%	3.2	3.6	3.0	3.1	3.1	3.3	3.3	3.4
6/4	Max	104.3	87.2	125.8	170.7	159.8	101.0	165.9	150.7
	99%	64.9	57.4	71.1	73.4	82.5	64.6	70.0	66.4
	95%	36.0	40.8	45.8	40.2	39.1	41.3	41.9	34.9
	50%	3.3	3.7	3.1	3.2	3.2	3.3	3.3	3.8
6/5	Max	104.3	87.2	125.8	170.7	159.8	101.0	165.9	150.7
	99%	66.3	57.2	71.3	75.6	82.6	75.6	75.2	68.7
	95%	38.3	40.8	45.6	44.7	39.8	41.5	45.1	37.0
	50%	3.4	4.1	3.1	3.2	3.3	3.4	3.3	3.9
6/6	Max	104.3	87.2	94.7	170.7	159.8	101.0	165.9	150.7
	99%	66.3	66.2	67.6	75.7	82.7	64.8	75.7	68.8
	95%	38.4	42.8	43.7	40.1	38.1	40.6	44.8	37.7
	50%	3.4	3.9	3.1	3.2	3.1	3.4	3.3	4.0

续表

日期(月/日)	项目	站点							
		58154	58045	58049	58143	58146	58150	58158	58251
		盐城	响水	滨海	阜宁	建湖	射阳	大丰	东台
6/7	Max	104.3	87.2	94.7	170.7	159.8	101.0	165.9	150.7
	99%	66.4	66.6	67.8	75.8	82.8	64.9	76.4	70.4
	95%	38.6	42.9	45.7	40.1	38.4	40.5	45.0	37.7
	50%	3.5	3.6	3.1	3.2	3.2	3.2	3.3	4.2
6/8	Max	104.3	87.2	89.8	170.7	159.8	101.0	165.9	150.7
	99%	66.5	66.8	64.7	75.3	82.9	63.3	76.5	76.7
	95%	38.8	44.0	43.6	39.7	36.8	39.7	46.9	37.8
	50%	3.3	3.5	3.0	3.2	3.2	3.2	3.4	4.1
6/9	Max	104.3	87.2	89.8	170.7	159.8	101.0	165.9	207.1
	99%	76.6	67.3	68.0	76.0	83.0	77.6	75.2	90.4
	95%	40.1	46.2	45.6	45.7	37.2	41.3	47.2	38.9
	50%	3.2	3.5	3.1	3.2	3.3	3.4	3.7	4.4
6/10	Max	104.3	87.2	125.2	184.4	159.8	101.0	165.9	207.1
	99%	77.6	72.2	72.2	87.4	83.5	79.4	76.8	90.9
	95%	43.7	46.2	47.7	50.0	46.5	41.9	50.9	44.7
	50%	3.5	3.4	3.1	3.2	3.5	3.3	3.9	4.5
6/11	Max	104.3	82.3	125.2	184.4	159.8	110.8	165.9	207.1
	99%	87.0	72.3	74.0	89.5	99.5	86.8	79.8	91.0
	95%	46.0	47.5	47.7	51.5	48.7	42.2	51.5	48.0
	50%	3.5	3.8	3.2	3.1	3.5	3.3	3.9	4.6
6/12	Max	133.0	82.3	125.2	184.4	159.8	110.8	165.9	207.1
	99%	88.9	69.7	74.1	89.5	83.5	87.0	82.7	91.3
	95%	47.5	47.4	49.0	52.6	48.9	43.1	52.3	47.2
	50%	3.8	3.7	3.1	3.2	3.8	3.4	4.2	5.2
6/13	Max	133.0	82.3	125.2	184.4	159.8	110.8	165.9	207.1
	99%	79.4	70.4	72.8	74.3	83.7	67.3	83.0	91.3
	95%	45.1	46.3	49.1	49.7	47.9	42.1	52.5	45.3
	50%	3.8	4.0	3.2	3.2	3.8	3.3	4.3	5.4
6/14	Max	133.0	82.3	125.2	184.4	159.8	110.8	165.9	207.1
	99%	79.9	70.9	73.0	74.3	83.7	67.3	83.4	91.4
	95%	46.7	47.2	48.0	51.7	48.3	41.8	52.1	46.2
	50%	4.1	3.8	3.1	3.3	3.9	3.2	4.3	5.6
6/15	Max	133.0	82.3	125.2	184.4	159.8	110.8	165.9	207.1
	99%	80.9	67.3	74.2	74.6	83.8	69.7	83.8	97.4
	95%	46.4	47.1	50.5	53.1	48.9	43.2	52.7	50.3
	50%	4.3	4.0	3.4	3.6	4.1	3.4	4.3	5.7
6/16	Max	133.0	88.5	125.2	184.4	159.8	111.6	165.9	207.1
	99%	79.6	67.7	74.4	74.9	83.6	84.3	96.9	97.9
	95%	47.6	47.6	49.8	53.0	51.0	44.0	52.9	51.1
	50%	4.2	4.0	3.5	3.6	4.1	3.6	4.3	5.7

续表

日期（月/日）	项目	站点 58154 盐城	58045 响水	58049 滨海	58143 阜宁	58146 建湖	58150 射阳	58158 大丰	58251 东台
6/17	Max	137.1	88.5	133.9	184.4	159.8	111.6	201.7	207.1
	99%	91.1	71.9	89.2	75.1	101.1	85.2	106.2	99.2
	95%	52.4	47.7	52.4	55.0	53.6	46.1	58.3	56.0
	50%	4.4	4.3	3.8	3.7	4.4	4.4	4.3	5.4
6/18	Max	137.1	106.8	155.9	184.4	159.8	111.6	201.7	207.1
	99%	87.8	82.1	94.7	82.4	101.4	85.6	102.8	96.1
	95%	54.0	47.8	54.7	55.4	53.9	46.6	56.0	52.1
	50%	4.6	4.3	4.0	4.1	4.5	4.6	4.5	5.4
6/19	Max	137.1	106.8	155.9	184.4	159.8	111.6	201.7	207.1
	99%	87.8	82.1	94.9	83.4	101.6	85.9	103.4	97.4
	95%	54.6	49.3	53.7	54.8	59.1	46.7	57.9	56.8
	50%	4.7	4.3	4.1	4.1	4.6	4.6	4.5	5.7
6/20	Max	137.1	106.8	155.9	184.4	159.8	121.2	201.7	207.1
	99%	103.7	82.1	95.3	87.5	102.7	87.1	99.0	94.5
	95%	57.9	47.9	52.4	55.8	60.7	48.4	60.9	56.8
	50%	5.4	4.4	4.2	4.6	5.0	5.0	4.8	5.8
6/21	Max	137.1	142.6	155.9	184.4	159.8	121.2	201.7	207.1
	99%	104.0	84.4	98.6	88.2	107.2	87.1	104.6	97.7
	95%	63.0	55.1	52.9	56.4	61.1	50.4	63.0	58.4
	50%	6.0	4.5	4.4	4.6	5.2	5.1	5.0	5.9
6/22	Max	137.1	142.6	155.9	184.4	159.8	121.2	201.7	207.1
	99%	104.1	84.7	98.8	89.5	110.2	92.8	109.8	97.7
	95%	64.6	54.2	53.9	57.7	62.3	50.9	64.5	59.7
	50%	6.2	4.8	4.7	4.9	5.7	5.5	5.0	6.0
6/23	Max	137.1	142.6	155.9	184.4	159.8	121.2	201.7	207.1
	99%	95.0	85.1	99.0	88.9	103.2	93.6	110.6	97.7
	95%	64.1	55.0	55.2	56.7	61.3	54.1	64.3	60.2
	50%	6.2	4.8	4.7	5.2	5.9	5.5	5.1	6.0
6/24	Max	137.1	142.6	155.9	184.4	159.8	121.2	201.7	207.1
	99%	95.2	88.0	99.3	89.4	103.5	87.0	111.1	99.1
	95%	65.0	54.4	55.7	57.4	61.4	51.0	64.8	61.5
	50%	6.2	4.7	4.7	5.0	5.9	5.3	5.1	6.0
6/25	Max	137.1	142.6	155.9	184.4	159.8	121.2	201.7	207.1
	99%	101.7	88.3	99.9	82.8	104.7	87.0	116.7	101.1
	95%	65.4	55.8	57.1	58.1	61.5	56.1	65.9	62.4
	50%	6.3	4.8	4.9	5.2	6.0	5.4	5.5	6.2
6/26	Max	137.1	142.6	155.9	184.4	159.8	121.2	201.7	207.1
	99%	102.1	82.5	94.4	83.1	108.6	91.6	116.8	101.3
	95%	65.5	55.7	54.0	60.6	64.5	56.9	66.3	61.8
	50%	6.2	4.8	5.0	5.2	6.1	5.4	5.5	6.4

续表

日期(月/日)	项目	站点							
		58154	58045	58049	58143	58146	58150	58158	58251
		盐城	响水	滨海	阜宁	建湖	射阳	大丰	东台
6/27	Max	137.1	142.6	155.9	184.4	159.8	121.2	201.7	207.1
	99%	102.7	86.5	97.5	86.8	106.9	92.2	127.2	103.4
	95%	65.5	56.2	57.5	60.6	64.2	58.2	68.8	63.3
	50%	6.2	4.7	5.0	5.2	6.1	5.5	5.9	6.7
6/28	Max	137.1	142.6	155.9	184.4	234.4	150.8	201.7	207.1
	99%	103.9	86.9	97.8	96.5	116.0	93.7	124.2	103.7
	95%	65.8	56.0	57.7	61.2	66.6	59.6	69.4	64.0
	50%	6.1	4.4	5.3	5.2	6.3	5.5	6.0	6.7
6/29	Max	137.1	142.6	155.9	184.4	234.4	150.8	201.7	207.1
	99%	102.8	87.0	98.2	101.2	108.3	93.7	124.6	103.9
	95%	65.7	56.5	57.8	61.3	64.3	60.3	69.8	65.1
	50%	6.1	4.5	5.6	5.5	6.4	5.8	6.1	6.8
6/30	Max	137.1	142.6	155.9	184.4	234.4	150.8	201.7	207.1
	99%	103.0	87.2	98.5	101.3	108.8	93.7	125.0	100.4
	95%	65.5	56.3	58.0	63.0	64.6	61.1	69.4	67.1
	50%	6.4	4.7	6.7	5.7	6.8	6.0	6.4	6.8
7/1	Max	137.1	178.7	155.9	184.4	234.4	150.8	201.7	207.1
	99%	103.2	91.0	106.3	105.7	109.6	94.4	125.4	102.2
	95%	65.7	59.5	59.0	64.1	64.3	62.6	69.4	65.7
	50%	6.4	4.8	6.7	5.6	6.8	6.4	6.6	6.8
7/2	Max	137.1	178.7	155.9	184.4	234.4	167.1	201.7	207.1
	99%	95.9	102.4	108.2	108.0	119.7	93.7	125.6	102.4
	95%	65.4	60.5	60.3	64.3	64.6	62.6	69.3	67.1
	50%	6.6	4.8	6.7	5.7	6.7	6.7	6.6	6.6
7/3	Max	137.1	178.7	155.9	184.4	234.4	167.1	201.7	207.1
	99%	96.4	104.8	100.1	105.2	104.3	93.8	126.0	102.5
	95%	65.6	61.8	59.7	64.1	64.2	63.1	69.4	65.6
	50%	6.8	4.7	7.3	5.8	6.8	6.7	6.7	6.7
7/4	Max	137.1	178.7	155.9	184.4	234.4	167.1	201.7	207.1
	99%	96.6	105.2	100.1	106.4	109.1	93.8	126.2	100.9
	95%	65.7	61.6	62.1	64.3	65.9	64.6	69.4	65.2
	50%	6.7	4.6	7.5	6.0	6.9	6.9	6.9	6.7
7/5	Max	137.1	178.7	155.9	184.4	234.4	167.1	201.7	207.1
	99%	101.8	105.8	100.8	108.3	109.2	93.9	126.5	101.0
	95%	65.6	61.7	62.3	65.6	67.0	63.6	69.4	66.1
	50%	6.7	4.8	7.6	6.3	7.1	7.0	6.8	6.6
7/6	Max	137.1	178.7	155.9	188.5	234.4	167.1	201.7	207.1
	99%	101.9	110.4	106.7	111.9	109.3	99.3	126.8	101.1
	95%	66.7	62.8	62.3	64.8	66.8	65.4	69.4	65.4
	50%	6.6	4.9	7.8	6.6	7.1	7.3	6.9	6.3

续表

日期（月/日）	项目	站点							
		58154	58045	58049	58143	58146	58150	58158	58251
		盐城	响水	滨海	阜宁	建湖	射阳	大丰	东台
7/7	Max	137.1	178.7	169.4	188.5	234.4	167.1	201.7	207.1
	99%	101.9	107.0	110.4	116.7	109.3	99.9	126.9	99.2
	95%	66.7	62.8	64.9	66.5	66.9	66.3	69.4	64.3
	50%	6.8	5.2	8.3	7.2	7.4	7.5	7.1	6.7
7/8	Max	137.1	178.7	169.4	188.5	234.4	167.1	201.7	120.2
	99%	101.9	107.1	111.0	116.6	109.4	100.4	126.8	99.1
	95%	67.7	63.0	65.0	66.4	68.0	66.3	69.4	64.8
	50%	6.9	5.4	8.5	7.2	7.5	7.5	7.1	6.8
7/9	Max	137.1	178.7	169.4	188.5	234.4	167.1	201.7	151.9
	99%	103.8	106.8	108.5	110.3	109.3	107.1	126.5	100.9
	95%	67.4	62.8	66.1	67.3	70.2	69.1	68.8	64.0
	50%	7.0	5.7	8.8	7.4	7.4	7.7	6.8	6.6
7/10	Max	137.1	178.7	169.4	188.5	234.4	167.1	201.7	151.9
	99%	104.1	110.7	107.2	108.4	104.8	98.3	126.3	100.7
	95%	67.6	62.6	67.9	66.2	69.1	68.8	68.6	65.0
	50%	7.0	5.7	8.5	7.4	7.2	7.8	7.0	6.9
7/11	Max	137.1	178.7	176.4	188.5	234.4	167.1	201.7	151.9
	99%	103.4	112.5	111.6	111.1	105.0	106.1	126.2	99.2
	95%	67.6	64.8	68.2	66.5	65.3	69.1	67.7	64.7
	50%	6.9	5.8	8.6	7.4	7.3	7.6	6.8	6.6
7/12	Max	137.1	178.7	176.4	188.5	234.4	167.1	201.7	151.9
	99%	107.1	112.6	111.9	117.2	105.1	107.5	125.9	99.0
	95%	69.6	65.0	67.6	67.2	68.0	69.2	68.2	64.6
	50%	7.0	5.8	9.1	7.7	7.5	7.5	6.8	6.6
7/13	Max	137.1	178.7	176.4	188.5	234.4	167.1	201.7	151.9
	99%	107.2	112.7	118.8	117.5	105.3	107.7	125.6	98.6
	95%	69.7	62.8	68.1	68.1	69.5	69.2	69.3	65.4
	50%	7.0	6.1	9.2	7.7	7.1	7.6	7.2	6.7
7/14	Max	137.1	178.7	176.4	188.5	234.4	167.1	201.7	151.9
	99%	107.0	112.6	118.2	117.3	105.1	107.5	125.4	97.6
	95%	69.6	62.8	68.2	68.6	68.1	69.2	69.9	65.6
	50%	7.0	5.8	9.2	7.5	7.1	7.7	7.3	6.8
7/15	Max	137.1	178.7	176.4	188.5	234.4	167.1	201.7	151.9
	99%	106.3	112.6	117.9	110.9	104.6	106.1	119.6	101.8
	95%	69.1	64.0	66.5	65.1	67.6	69.0	68.0	66.6
	50%	7.0	5.5	8.5	7.2	6.9	7.5	7.1	6.7
7/16	Max	134.3	178.7	176.4	188.5	234.4	167.1	168.1	151.9
	99%	103.3	114.2	110.9	110.4	101.5	106.1	115.0	101.6
	95%	66.4	64.7	64.0	67.9	64.3	68.4	67.6	65.4
	50%	6.8	5.6	8.4	7.4	6.9	7.6	7.2	6.7

续表

日期(月/日)	项目	站点							
		58154	58045	58049	58143	58146	58150	58158	58251
		盐城	响水	滨海	阜宁	建湖	射阳	大丰	东台
7/17	Max	134.3	178.7	176.4	188.5	234.4	167.1	168.1	151.9
	99%	103.3	114.2	110.1	110.2	101.8	106.0	114.9	103.4
	95%	67.5	62.9	62.7	64.5	64.2	67.1	67.2	65.6
	50%	6.9	5.6	8.4	7.4	7.0	7.4	7.0	6.3
7/18	Max	134.3	214.8	176.4	209.4	234.4	167.1	168.1	151.9
	99%	103.3	118.8	114.5	116.2	101.8	106.1	114.8	103.3
	95%	66.0	65.2	65.6	66.1	62.4	67.3	66.0	64.2
	50%	6.9	5.7	8.3	7.4	6.9	7.4	6.9	6.2
7/19	Max	167.9	214.8	176.4	209.4	234.4	167.1	168.1	151.9
	99%	97.3	118.8	114.3	115.8	103.9	95.5	126.5	104.0
	95%	63.7	67.6	67.1	65.3	60.8	66.1	66.3	65.4
	50%	6.6	5.7	8.2	7.6	6.4	7.4	6.8	5.9
7/20	Max	167.9	214.8	176.4	209.4	234.4	167.1	168.1	151.9
	99%	103.5	114.2	109.5	115.7	103.7	106.4	125.4	103.0
	95%	62.6	63.7	66.9	64.1	59.3	65.5	63.7	64.2
	50%	6.3	5.6	8.3	7.7	6.4	7.5	6.7	5.6
7/21	Max	167.9	214.8	176.4	209.4	234.4	167.1	168.1	151.9
	99%	103.5	114.1	109.4	115.5	101.6	106.4	123.6	102.8
	95%	61.9	63.6	65.9	64.3	56.7	65.0	63.3	64.0
	50%	6.2	5.5	8.0	7.4	6.3	7.3	6.6	5.5
7/22	Max	167.9	214.8	197.9	209.4	234.4	219.9	168.1	151.9
	99%	103.5	118.5	116.6	121.0	101.6	115.8	123.1	102.8
	95%	62.6	68.4	67.9	64.8	57.5	65.8	63.6	64.1
	50%	5.8	5.5	7.9	7.0	6.0	7.3	6.7	5.2
7/23	Max	167.9	214.8	197.9	209.4	234.4	219.9	168.1	151.9
	99%	103.5	113.9	122.1	142.7	101.5	115.9	131.7	102.7
	95%	62.6	68.3	67.9	66.5	59.2	65.9	63.7	64.1
	50%	5.8	5.5	8.1	6.8	6.0	7.0	6.6	5.5
7/24	Max	167.9	214.8	197.9	209.4	234.4	219.9	168.1	151.9
	99%	102.3	113.8	126.6	142.7	99.5	122.4	107.5	102.5
	95%	62.0	66.8	69.1	67.4	62.6	67.1	63.7	63.8
	50%	5.8	5.3	7.9	7.3	6.0	6.6	6.6	5.1
7/25	Max	167.9	214.8	197.9	209.4	234.4	263.2	168.1	151.9
	99%	102.1	127.0	126.6	142.7	99.2	138.2	110.6	107.9
	95%	59.2	69.9	71.6	68.1	59.3	66.0	65.8	64.0
	50%	5.9	5.4	7.4	6.8	5.9	6.5	6.5	4.9
7/26	Max	167.9	214.8	197.9	209.4	234.4	263.2	164.3	151.9
	99%	101.4	125.9	125.1	143.0	98.5	134.6	104.7	105.0
	95%	60.0	68.3	73.2	68.3	59.0	66.1	63.7	63.4
	50%	5.8	5.2	7.3	6.7	5.9	6.6	6.4	4.6

续表

日期(月/日)	项目	站点							
		58154	58045	58049	58143	58146	58150	58158	58251
		盐城	响水	滨海	阜宁	建湖	射阳	大丰	东台
7/27	Max	167.9	497.8	197.9	209.4	144.1	263.2	168.3	232.1
	99%	98.3	129.9	125.0	142.9	98.2	120.3	100.2	107.7
	95%	58.7	71.6	72.5	68.0	57.9	65.1	63.6	64.9
	50%	5.8	5.5	7.2	6.7	5.9	6.6	6.1	4.5
7/28	Max	167.9	497.8	197.9	209.4	144.1	263.2	198.9	232.1
	99%	101.0	129.9	125.0	142.9	98.2	120.1	99.9	107.6
	95%	61.6	71.5	72.3	68.0	59.3	64.8	65.5	65.4
	50%	5.8	5.3	7.3	6.9	6.0	6.6	6.3	4.5
7/29	Max	167.9	497.8	197.9	209.4	144.1	263.2	198.9	232.1
	99%	100.7	129.7	124.8	142.9	97.8	119.6	99.7	107.4
	95%	60.8	71.2	71.1	65.6	58.3	62.2	67.9	62.3
	50%	5.5	5.3	7.1	6.7	5.8	6.2	5.8	4.5
7/30	Max	167.9	497.8	197.9	209.4	144.1	263.2	198.9	232.1
	99%	100.5	124.0	121.8	142.9	97.6	114.4	99.0	107.3
	95%	60.9	69.0	67.8	60.6	60.7	61.5	69.4	63.0
	50%	5.3	5.4	7.2	6.7	5.7	5.9	5.7	4.5
7/31	Max	167.9	497.8	197.9	209.4	133.7	263.2	198.9	232.1
	99%	100.3	123.3	121.7	142.9	95.3	106.2	105.4	107.1
	95%	60.9	68.4	68.0	59.5	58.8	59.4	69.2	63.4
	50%	5.2	5.4	7.2	6.5	5.6	5.7	5.5	4.5
8/1	Max	167.9	497.8	197.9	209.4	128.4	263.2	198.9	232.1
	99%	100.5	123.3	121.7	142.9	95.3	106.2	105.4	106.7
	95%	59.1	70.5	67.7	59.3	60.4	61.0	69.4	64.0
	50%	5.0	5.7	7.2	6.5	5.7	5.7	5.4	4.6
8/2	Max	167.9	497.8	197.9	209.4	151.4	263.2	198.9	232.1
	99%	100.4	122.9	121.7	142.9	97.3	106.2	105.4	106.8
	95%	59.4	67.8	67.5	60.2	60.4	60.6	69.2	63.6
	50%	4.9	5.8	7.0	6.5	5.5	5.8	5.3	4.4
8/3	Max	167.9	497.8	197.9	209.4	151.4	263.2	198.9	232.1
	99%	100.4	122.7	121.7	141.7	95.3	107.6	105.3	108.8
	95%	59.4	67.6	66.2	59.3	59.3	60.8	68.4	65.1
	50%	5.0	6.1	6.9	6.1	5.3	5.7	5.2	4.4
8/4	Max	167.9	497.8	197.9	209.4	151.4	263.2	202.9	232.1
	99%	97.7	122.2	121.7	141.7	95.3	107.7	112.5	117.4
	95%	56.4	65.0	66.5	59.3	59.0	61.0	68.4	65.6
	50%	5.3	5.6	6.1	5.2	5.2	5.7	5.3	4.3
8/5	Max	167.9	497.8	197.9	209.4	151.4	263.2	202.9	232.1
	99%	100.4	114.3	121.7	136.2	95.3	106.2	130.3	109.0
	95%	60.8	64.0	66.4	58.9	58.1	60.6	70.2	65.8
	50%	5.3	5.4	5.9	4.8	4.9	5.7	5.0	4.2

续表

日期(月/日)	项目	站点							
		58154	58045	58049	58143	58146	58150	58158	58251
		盐城	响水	滨海	阜宁	建湖	射阳	大丰	东台
8/6	Max	167.9	497.8	197.9	209.4	151.4	263.2	202.9	232.1
	99%	103.8	109.9	113.0	136.2	95.3	106.2	130.3	109.2
	95%	61.8	63.1	65.9	56.9	58.1	58.8	70.3	69.9
	50%	5.2	5.1	5.9	4.7	4.9	5.5	4.9	4.0
8/7	Max	167.9	497.8	197.9	209.4	151.4	263.2	334.7	314.3
	99%	106.9	109.5	124.7	135.7	95.3	107.3	159.3	109.1
	95%	60.6	63.0	66.4	56.4	57.9	60.0	70.3	66.0
	50%	5.0	5.0	5.8	4.3	4.8	5.5	4.9	3.9
8/8	Max	167.9	497.8	197.9	209.4	151.4	263.2	334.7	314.3
	99%	106.4	109.6	124.8	136.2	92.2	107.4	160.6	108.8
	95%	56.5	62.7	62.8	57.3	57.2	56.2	70.3	70.5
	50%	4.8	5.0	5.7	4.1	4.7	5.2	5.3	4.0
8/9	Max	167.9	497.8	197.9	209.4	151.4	263.2	334.7	314.3
	99%	114.3	102.0	124.1	135.6	91.8	107.3	159.6	108.8
	95%	61.8	62.9	58.0	58.6	57.9	56.7	70.3	64.0
	50%	4.7	5.0	5.5	4.1	4.9	4.9	5.2	3.6
8/10	Max	167.9	497.8	197.9	209.4	151.4	263.2	334.7	314.3
	99%	114.3	99.6	121.5	124.9	95.9	112.2	161.2	108.8
	95%	63.6	58.9	60.5	59.2	60.5	57.3	70.7	70.6
	50%	4.7	5.0	5.8	4.3	4.9	5.3	5.2	3.8
8/11	Max	167.9	497.8	197.9	209.4	151.4	263.2	334.7	314.3
	99%	101.6	99.6	121.5	119.5	95.9	106.1	123.7	108.8
	95%	61.7	61.1	62.8	59.2	57.5	56.6	70.3	72.3
	50%	5.0	4.6	5.8	4.3	4.8	5.3	5.1	3.9
8/12	Max	167.9	497.8	197.9	209.4	151.4	263.2	334.7	314.3
	99%	101.1	99.6	109.8	119.6	97.0	106.3	123.8	108.8
	95%	58.6	60.4	63.4	58.6	57.5	56.7	69.0	72.3
	50%	5.0	4.6	5.8	4.4	4.7	4.9	4.7	3.8
8/13	Max	167.9	497.8	197.9	209.4	151.4	263.2	334.7	314.3
	99%	101.3	99.6	110.4	119.6	97.1	106.7	124.5	108.8
	95%	60.6	60.4	66.1	58.6	59.0	56.4	69.9	67.8
	50%	4.9	4.4	5.9	4.6	4.6	4.5	4.6	3.8
8/14	Max	167.9	497.8	197.9	209.4	151.4	263.2	334.7	314.3
	99%	102.0	99.6	118.1	119.5	97.1	106.8	125.2	108.8
	95%	60.9	57.9	66.3	59.2	59.0	58.4	68.4	68.5
	50%	4.8	4.6	5.9	4.6	4.6	4.6	4.7	4.0
8/15	Max	167.9	497.8	197.9	209.4	151.4	263.2	334.7	314.3
	99%	102.7	99.6	118.2	119.7	97.2	107.0	125.7	110.5
	95%	57.4	57.7	66.3	60.0	59.4	60.0	68.5	69.2
	50%	5.0	4.6	6.0	4.8	4.6	4.6	4.6	4.0

续表

日期（月/日）	项目	站点							
		58154	58045	58049	58143	58146	58150	58158	58251
		盐城	响水	滨海	阜宁	建湖	射阳	大丰	东台
8/16	Max	167.9	699.7	232.2	159.6	151.4	263.2	334.7	314.3
	99%	102.7	99.6	117.9	115.6	97.1	114.3	126.0	110.6
	95%	59.1	57.3	65.2	61.3	60.0	59.3	68.5	69.5
	50%	4.7	4.2	6.0	4.4	4.6	4.4	4.2	4.1
8/17	Max	163.1	699.7	232.2	191.1	151.4	263.2	334.7	314.3
	99%	97.9	108.6	123.2	119.4	99.1	115.0	117.3	111.2
	95%	57.6	59.3	66.7	61.3	60.7	62.2	67.3	70.5
	50%	4.7	4.2	5.9	4.3	4.6	4.3	4.2	4.1
8/18	Max	163.1	699.7	232.2	191.1	151.4	263.2	334.7	314.3
	99%	103.8	108.6	125.7	121.8	103.9	122.0	127.2	118.1
	95%	60.9	59.7	66.8	62.2	63.1	64.2	68.5	72.8
	50%	5.1	4.2	5.9	4.6	4.8	4.4	4.6	4.4
8/19	Max	163.1	699.7	232.2	191.1	151.4	263.2	334.7	314.3
	99%	103.8	111.5	125.5	121.9	103.9	122.0	127.1	118.1
	95%	60.6	59.5	71.2	61.5	63.8	64.2	68.5	72.9
	50%	5.0	4.1	5.9	4.3	4.8	4.5	4.6	4.4
8/20	Max	163.1	699.7	232.2	191.1	151.4	263.2	334.7	314.3
	99%	103.3	112.5	118.1	119.5	103.9	111.5	126.8	118.1
	95%	59.4	57.6	66.4	61.3	63.1	63.8	68.3	72.9
	50%	4.9	4.1	5.9	4.1	4.7	4.4	4.6	4.1
8/21	Max	163.1	699.7	232.2	191.1	151.4	263.2	334.7	314.3
	99%	103.8	112.4	108.7	117.4	103.9	111.3	116.9	112.4
	95%	58.1	58.3	66.6	62.4	63.0	64.2	65.2	72.9
	50%	4.8	4.1	5.9	4.4	4.7	4.6	4.6	4.0
8/22	Max	163.1	699.7	232.2	191.1	151.4	263.2	334.7	314.3
	99%	99.8	112.4	121.4	115.3	103.9	106.4	117.3	111.9
	95%	56.6	57.4	66.8	62.0	62.8	64.2	63.9	69.7
	50%	4.7	4.2	5.8	4.2	4.7	4.7	4.5	4.0
8/23	Max	163.1	699.7	232.2	191.1	151.4	244.3	334.7	314.3
	99%	112.6	112.3	121.1	114.6	102.6	106.2	126.7	107.1
	95%	56.5	57.2	65.7	61.3	62.2	64.2	61.5	69.5
	50%	4.7	4.2	5.9	4.2	4.7	4.7	4.4	4.2
8/24	Max	163.1	699.7	232.2	191.1	151.4	244.3	334.7	314.3
	99%	112.6	112.3	116.4	114.5	102.6	106.3	127.1	107.0
	95%	56.6	57.2	65.6	60.0	63.8	64.2	64.5	70.1
	50%	4.7	4.6	5.9	4.4	4.7	4.7	4.4	4.3
8/25	Max	163.1	699.7	232.2	191.1	151.4	244.3	334.7	314.3
	99%	114.3	110.8	117.2	114.5	100.7	106.1	110.2	103.3
	95%	59.6	57.6	65.4	61.3	63.9	64.2	64.1	66.7
	50%	4.9	4.7	6.0	4.5	4.9	4.7	4.6	4.4

续表

日期(月/日)	项目	站点							
		58154	58045	58049	58143	58146	58150	58158	58251
		盐城	响水	滨海	阜宁	建湖	射阳	大丰	东台
8/26	Max	163.1	699.7	232.2	191.1	151.4	244.3	334.7	314.3
	99%	114.3	110.9	117.3	114.5	100.6	106.1	98.3	103.2
	95%	57.6	57.2	64.5	58.3	60.9	64.2	56.3	63.0
	50%	4.7	4.8	5.8	4.3	4.7	4.6	4.3	4.2
8/27	Max	163.1	699.7	232.2	191.1	151.4	244.3	334.7	314.3
	99%	114.3	110.9	117.1	114.5	100.5	105.9	97.8	103.0
	95%	58.9	57.2	62.3	58.9	60.8	64.1	55.4	62.9
	50%	4.7	4.8	5.6	4.1	4.7	4.6	4.3	4.1
8/28	Max	163.1	699.7	232.2	191.1	151.4	244.3	334.7	314.3
	99%	114.3	110.5	117.0	114.9	100.4	105.6	97.9	102.9
	95%	59.0	56.4	61.9	61.6	57.0	63.4	55.5	63.9
	50%	4.7	4.3	5.4	4.1	4.7	4.7	4.2	4.0
8/29	Max	163.1	699.7	232.2	191.1	151.4	244.3	334.7	314.3
	99%	114.3	110.5	117.1	114.5	100.4	109.5	96.5	103.1
	95%	58.9	56.4	62.0	60.9	57.1	64.0	55.1	63.0
	50%	4.7	4.2	5.1	4.1	4.5	4.7	4.2	4.0
8/30	Max	163.1	699.7	232.2	191.1	151.4	244.3	334.7	314.3
	99%	114.3	112.2	117.0	114.9	99.2	109.3	96.5	102.9
	95%	59.2	56.4	64.3	62.0	56.2	63.2	55.0	59.8
	50%	4.6	4.0	5.0	4.1	4.2	4.6	4.3	3.7
8/31	Max	163.1	699.7	232.2	191.1	110.8	244.3	334.7	314.3
	99%	114.3	112.2	116.9	114.9	98.6	109.2	96.5	102.9
	95%	59.2	56.3	64.3	62.0	56.0	61.5	55.0	61.5
	50%	4.6	4.0	4.9	4.1	4.0	4.6	4.1	3.8
9/1	Max	163.1	699.7	232.2	191.1	110.8	244.3	334.7	314.3
	99%	114.3	112.2	116.8	114.9	98.6	113.8	96.5	94.7
	95%	57.7	56.4	64.3	61.9	55.7	58.3	55.0	59.8
	50%	4.5	3.8	4.7	4.1	4.1	4.4	4.0	3.7
9/2	Max	163.1	699.7	232.2	191.1	110.8	244.3	334.7	314.3
	99%	119.5	112.2	116.6	114.8	102.0	113.5	93.3	94.7
	95%	60.0	56.3	62.2	62.1	56.1	55.3	54.9	59.7
	50%	4.3	3.8	4.8	4.1	4.0	4.4	3.9	3.6
9/3	Max	163.1	699.7	232.2	191.1	110.8	244.3	334.7	314.3
	99%	119.0	112.1	116.4	114.8	101.7	113.4	89.5	113.2
	95%	56.1	56.4	63.2	61.8	56.8	57.1	54.9	60.6
	50%	4.1	3.8	5.0	4.3	4.0	4.4	3.7	3.6
9/4	Max	163.1	699.7	232.2	191.1	110.8	244.3	334.7	314.3
	99%	113.9	112.0	116.2	114.7	101.4	113.2	89.2	112.3
	95%	55.7	56.4	61.0	62.6	56.3	57.9	54.9	57.5
	50%	3.9	4.0	4.9	4.1	4.0	4.3	3.6	3.5

续表

日期(月/日)	项目	站点							
		58154	58045	58049	58143	58146	58150	58158	58251
		盐城	响水	滨海	阜宁	建湖	射阳	大丰	东台
9/5	Max	161.4	699.7	232.2	191.1	110.8	184.6	186.9	158.7
	99%	111.8	112.0	106.0	113.5	100.9	111.1	97.2	100.3
	95%	58.1	56.3	58.2	62.6	60.7	60.5	55.1	58.1
	50%	3.9	3.9	4.8	4.1	4.0	4.4	3.6	3.6
9/6	Max	161.4	699.7	232.2	191.1	110.8	184.6	186.9	158.7
	99%	111.7	111.9	105.3	113.2	100.6	110.9	96.7	110.2
	95%	59.2	56.5	60.4	62.2	58.5	59.3	55.0	54.2
	50%	4.0	3.9	4.9	4.1	3.9	4.4	3.5	3.5
9/7	Max	150.8	699.7	232.2	191.1	110.8	184.6	186.9	158.7
	99%	105.2	111.9	105.0	113.1	100.4	110.9	96.6	109.2
	95%	56.7	56.4	60.2	61.4	56.3	57.1	54.9	51.9
	50%	3.9	3.5	4.7	3.7	3.9	4.4	3.5	3.4
9/8	Max	150.8	699.7	232.2	191.1	110.8	184.6	186.9	158.7
	99%	89.4	111.8	104.4	98.5	100.0	102.7	91.6	108.6
	95%	54.2	56.8	59.7	55.9	55.8	52.8	54.9	50.0
	50%	3.7	3.3	4.4	3.5	3.7	4.2	3.3	3.3
9/9	Max	150.8	699.7	232.2	191.1	110.8	184.6	186.9	158.7
	99%	86.9	111.7	103.9	98.3	99.7	101.3	91.2	107.3
	95%	53.2	56.3	56.8	56.6	55.6	53.2	54.9	49.9
	50%	3.7	3.3	3.9	3.4	3.7	4.2	3.3	3.2
9/10	Max	150.8	699.7	232.2	191.1	136.5	184.6	186.9	158.7
	99%	99.2	113.9	117.5	98.1	102.5	110.3	90.9	106.3
	95%	53.7	58.3	60.5	56.7	56.1	57.3	54.9	50.0
	50%	3.7	3.3	3.8	3.4	3.8	4.2	3.3	3.3
9/11	Max	150.8	699.7	232.2	191.1	163.8	184.6	186.9	158.7
	99%	99.0	113.6	117.4	98.0	104.7	110.1	87.7	105.6
	95%	54.1	57.9	59.7	56.2	56.1	57.0	54.9	48.1
	50%	3.6	3.4	3.5	3.4	3.6	4.2	3.3	3.2
9/12	Max	150.8	699.7	232.2	191.1	163.8	184.6	186.9	158.7
	99%	98.7	112.7	114.6	100.1	106.0	109.9	87.6	105.0
	95%	54.0	58.5	59.3	56.9	55.9	54.3	54.9	48.1
	50%	3.5	3.3	3.5	3.3	3.5	4.1	3.2	3.2
9/13	Max	150.8	699.7	232.2	191.1	163.8	184.6	186.9	158.7
	99%	111.2	153.4	114.1	96.7	106.3	113.6	87.3	90.5
	95%	54.2	58.2	57.9	56.3	53.7	54.4	54.4	48.2
	50%	3.0	3.2	3.1	3.2	3.4	3.9	3.3	3.0
9/14	Max	150.8	230.2	187.2	191.1	163.8	179.6	186.9	158.7
	99%	110.6	121.7	108.2	97.0	106.3	111.8	87.1	86.1
	95%	53.8	56.3	55.2	53.4	53.2	52.7	54.8	47.6
	50%	3.0	3.2	3.1	3.3	3.4	4.1	3.4	2.9

续表

日期(月/日)	项目	站点							
		58154	58045	58049	58143	58146	58150	58158	58251
		盐城	响水	滨海	阜宁	建湖	射阳	大丰	东台
9/15	Max	150.8	230.2	162.0	121.7	163.8	179.6	186.9	158.7
	99%	109.8	103.0	99.3	88.5	105.2	111.6	87.0	113.7
	95%	52.7	50.5	55.5	48.1	51.0	52.2	50.3	45.7
	50%	3.0	3.0	3.1	3.2	3.4	4.0	3.3	2.9
9/16	Max	133.1	230.2	162.0	108.7	163.8	131.5	186.9	158.7
	99%	101.5	102.4	92.5	81.1	98.4	94.6	89.1	104.8
	95%	49.8	43.9	46.6	45.9	48.5	51.7	49.0	44.3
	50%	2.5	2.9	2.9	3.1	3.3	3.7	3.1	2.8
9/17	Max	133.1	230.2	162.0	108.7	163.8	131.5	186.9	158.7
	99%	101.2	101.9	91.6	79.8	98.2	93.3	88.9	102.9
	95%	51.5	49.9	47.6	43.7	47.6	51.6	48.3	42.2
	50%	2.5	2.9	3.1	3.2	3.2	3.6	3.0	2.8
9/18	Max	133.1	230.2	162.0	108.7	163.8	131.5	186.9	158.7
	99%	101.1	94.6	91.4	79.8	98.0	90.7	88.7	101.7
	95%	51.4	49.7	46.1	43.7	48.7	52.0	48.4	42.3
	50%	2.8	3.0	3.0	3.2	3.4	3.6	2.9	2.9
9/19	Max	133.1	230.2	162.0	108.7	163.8	131.5	186.9	158.7
	99%	100.9	94.5	85.1	76.8	97.9	89.1	88.6	101.4
	95%	51.2	41.6	42.9	40.5	44.4	47.0	49.1	42.1
	50%	2.8	2.9	3.0	3.2	3.3	3.6	2.8	2.9
9/20	Max	133.1	230.2	162.0	108.7	163.8	131.5	186.9	158.7
	99%	100.9	94.5	85.1	76.9	97.9	90.3	88.5	100.5
	95%	49.6	41.6	41.9	40.3	42.9	46.4	48.3	39.9
	50%	2.5	2.8	2.9	3.1	3.2	3.4	2.7	2.8
9/21	Max	119.6	230.2	162.0	108.7	163.8	131.5	103.7	136.1
	99%	96.2	94.4	85.1	71.9	92.4	76.9	85.5	87.9
	95%	49.6	40.6	40.9	39.9	41.7	43.9	48.4	38.9
	50%	2.5	2.8	3.0	3.0	3.1	3.3	2.7	2.7
9/22	Max	119.6	230.2	162.0	108.7	163.8	131.5	103.7	136.1
	99%	96.0	94.2	85.0	71.8	80.1	76.9	79.6	85.5
	95%	47.0	40.2	38.9	39.8	41.2	42.6	46.8	37.3
	50%	2.5	2.7	3.0	2.9	3.1	3.4	2.6	2.8
9/23	Max	119.6	230.2	162.0	108.7	163.8	131.5	103.7	136.1
	99%	87.3	91.6	84.2	66.2	79.2	72.2	75.4	83.2
	95%	43.0	35.2	37.8	38.9	38.0	39.6	46.4	37.3
	50%	2.5	2.7	2.8	2.9	3.1	3.3	2.7	2.8
9/24	Max	111.4	230.2	162.0	108.7	163.8	131.5	103.7	136.1
	99%	79.5	91.5	83.9	65.2	77.4	70.9	75.1	82.9
	95%	40.2	35.2	37.5	39.4	37.1	39.9	42.4	35.6
	50%	2.5	2.4	2.8	2.9	3.0	3.1	2.7	2.7

续表

日期（月/日）	项目	站点							
		58154	58045	58049	58143	58146	58150	58158	58251
		盐城	响水	滨海	阜宁	建湖	射阳	大丰	东台
9/25	Max	111.4	230.2	162.0	108.7	163.8	131.5	103.7	136.1
	99%	79.2	91.4	83.8	62.7	76.1	70.1	74.9	82.5
	95%	41.3	35.6	37.7	37.6	36.8	38.6	45.4	37.3
	50%	2.6	2.5	2.8	2.9	3.0	3.0	2.6	2.7
9/26	Max	111.4	230.2	162.0	108.7	163.8	131.5	103.7	136.1
	99%	75.6	91.3	83.7	63.1	74.5	69.8	78.1	76.4
	95%	39.8	35.2	37.9	40.0	38.8	36.1	44.0	37.7
	50%	2.7	2.6	2.9	3.0	2.9	2.9	2.7	2.9
9/27	Max	111.4	230.2	162.0	108.7	163.8	114.0	103.7	136.1
	99%	74.7	91.2	85.0	63.5	73.2	65.0	77.7	73.2
	95%	40.7	35.6	38.1	39.6	37.7	34.2	45.4	38.7
	50%	2.7	2.6	2.8	2.9	2.8	2.4	2.5	2.8
9/28	Max	111.4	230.2	162.0	108.7	163.8	114.0	103.7	136.1
	99%	74.5	75.1	84.9	62.6	73.3	65.0	77.8	72.9
	95%	40.5	35.6	37.4	37.6	37.8	32.7	45.6	38.4
	50%	2.7	2.5	2.8	2.8	2.8	2.5	2.4	2.9
9/29	Max	111.4	230.2	162.0	108.7	163.8	114.0	103.7	136.1
	99%	73.9	75.1	84.9	63.0	96.7	65.0	77.5	72.7
	95%	37.3	35.6	37.1	37.8	37.5	31.5	42.9	37.5
	50%	2.7	2.4	2.5	2.7	2.7	2.3	2.4	2.8
9/30	Max	111.4	230.2	162.0	108.7	163.8	114.0	103.7	136.1
	99%	91.1	73.6	84.8	63.5	96.1	64.8	76.9	58.8
	95%	41.1	35.3	36.8	38.6	39.6	32.3	45.7	37.4
	50%	2.5	2.5	2.8	2.8	2.6	2.2	2.6	2.7
10/1	Max	102.2	230.2	162.0	108.7	163.8	114.0	103.7	118.8
	99%	83.5	73.0	79.2	63.5	86.3	62.9	67.0	54.2
	95%	39.2	36.3	35.3	37.5	37.2	31.7	43.5	37.0
	50%	2.6	2.5	2.5	2.8	2.8	2.2	2.5	2.7
10/2	Max	102.2	230.2	162.0	108.7	163.8	114.0	103.7	118.8
	99%	83.3	72.2	78.3	63.4	85.6	62.8	66.9	54.3
	95%	37.7	36.0	37.0	36.6	37.0	31.4	42.1	33.1
	50%	2.7	2.4	2.5	2.7	2.7	2.1	2.4	2.4
10/3	Max	102.2	230.2	162.0	108.7	163.8	114.0	103.7	118.8
	99%	83.2	71.8	76.8	63.2	72.2	61.7	66.8	54.1
	95%	35.6	30.9	35.8	33.1	35.8	30.9	39.6	33.0
	50%	2.5	2.2	2.4	2.6	2.6	2.0	2.3	2.4
10/4	Max	102.2	230.2	162.0	108.7	163.8	114.0	99.7	118.8
	99%	80.7	70.6	58.3	61.1	67.5	61.7	66.7	54.1
	95%	36.1	31.3	34.1	32.9	35.0	30.7	38.3	32.6
	50%	2.5	2.3	2.4	2.7	2.6	1.9	2.1	2.4

续表

日期(月/日)	项目	站点							
		58154	58045	58049	58143	58146	58150	58158	58251
		盐城	响水	滨海	阜宁	建湖	射阳	大丰	东台
10/5	Max	102.2	230.2	162.0	108.7	163.8	114.0	99.7	105.6
	99%	78.2	71.6	58.3	61.1	67.3	61.6	66.7	53.4
	95%	35.6	29.3	33.9	32.9	36.0	30.9	36.1	32.0
	50%	2.5	2.2	2.4	2.7	2.6	1.9	2.1	2.5
10/6	Max	102.2	230.2	162.0	108.7	163.8	114.0	99.7	105.6
	99%	78.2	90.1	58.3	61.0	67.5	61.6	66.6	53.4
	95%	35.6	29.4	33.8	32.8	35.0	30.8	36.0	31.4
	50%	2.5	2.4	2.4	2.7	2.5	2.0	2.4	2.6
10/7	Max	102.2	230.2	162.0	108.7	163.8	114.0	99.7	105.6
	99%	82.8	90.9	58.3	61.0	67.6	61.8	66.7	53.4
	95%	36.1	29.4	33.9	32.8	35.8	31.2	35.8	31.4
	50%	2.5	2.5	2.4	2.8	2.6	2.1	2.2	2.7
10/8	Max	102.2	230.2	162.0	108.7	163.8	114.0	99.7	105.6
	99%	82.6	89.7	58.3	60.9	67.2	61.6	66.6	49.8
	95%	35.5	29.4	33.6	32.6	36.0	30.8	33.8	28.5
	50%	2.5	2.5	2.4	2.7	2.5	2.0	2.2	2.6
10/9	Max	96.1	71.6	83.6	81.5	163.8	100.9	99.7	105.6
	99%	77.9	52.7	43.7	57.2	57.7	61.7	66.6	49.9
	95%	34.7	26.6	27.9	30.9	32.3	30.6	35.3	29.0
	50%	2.5	2.4	2.4	2.6	2.4	2.0	2.2	2.5
10/10	Max	96.1	71.6	83.6	81.5	72.9	84.2	99.7	105.6
	99%	73.2	52.7	43.6	57.1	57.1	57.2	69.0	49.8
	95%	34.5	26.3	30.0	30.5	28.0	28.6	28.2	27.7
	50%	2.5	2.4	2.3	2.5	2.4	2.1	2.2	2.6
10/11	Max	96.1	71.6	58.2	63.5	72.9	84.2	99.7	105.6
	99%	73.2	52.2	42.8	50.2	57.1	57.6	76.1	49.9
	95%	34.1	26.3	30.5	30.5	27.7	28.6	28.2	26.6
	50%	2.5	2.2	2.3	2.5	2.4	2.1	2.2	2.6
10/12	Max	96.1	73.9	58.2	63.5	72.9	84.2	99.7	105.6
	99%	73.1	52.7	42.8	50.1	57.1	57.6	75.9	49.9
	95%	33.8	27.1	30.3	29.7	25.8	28.3	27.7	25.8
	50%	2.7	2.4	2.3	2.6	2.6	2.2	2.3	2.5
10/13	Max	96.1	73.9	58.2	63.5	72.9	84.2	99.7	105.6
	99%	73.0	52.7	42.7	49.6	57.0	57.5	75.6	49.7
	95%	33.5	24.8	27.8	29.5	25.7	28.2	27.3	25.2
	50%	2.7	2.2	2.4	2.6	2.5	2.2	2.3	2.5
10/14	Max	96.1	73.9	45.6	63.5	63.9	84.2	99.7	70.0
	99%	72.9	52.7	40.5	43.1	54.5	57.5	74.7	53.3
	95%	31.8	25.7	27.5	30.3	25.1	28.1	26.5	25.9
	50%	2.7	2.2	2.4	2.5	2.5	2.2	2.4	2.3

续表

日期（月/日）	项目	站点							
		58154	58045	58049	58143	58146	58150	58158	58251
		盐城	响水	滨海	阜宁	建湖	射阳	大丰	东台
10/15	Max	96.1	73.9	43.1	63.5	63.9	84.2	99.7	70.0
	99%	72.7	52.7	37.9	43.1	53.4	57.5	74.0	49.4
	95%	31.0	24.6	26.5	28.9	25.9	26.8	24.2	25.1
	50%	2.7	2.1	2.3	2.4	2.4	2.1	2.2	2.3
10/16	Max	96.1	73.9	43.1	63.5	63.9	84.2	99.7	70.0
	99%	72.7	51.8	37.1	43.0	53.2	57.4	74.0	49.5
	95%	30.5	21.0	27.2	28.2	24.6	25.3	25.7	24.9
	50%	2.5	2.2	2.2	2.3	2.4	2.0	2.1	2.3
10/17	Max	96.1	73.9	43.1	63.5	63.9	84.2	99.7	70.0
	99%	72.7	51.6	36.6	42.4	53.2	55.2	61.3	49.4
	95%	30.4	20.1	27.0	28.2	23.4	25.0	25.7	25.1
	50%	2.6	2.2	2.4	2.3	2.3	2.1	2.1	2.3
10/18	Max	96.1	73.9	43.1	76.8	63.9	105.9	99.7	70.0
	99%	72.6	51.5	38.0	48.5	53.0	57.4	61.3	49.6
	95%	32.4	20.1	27.7	29.2	25.6	26.5	28.2	25.9
	50%	2.7	2.2	2.3	2.3	2.4	2.1	2.1	2.3
10/19	Max	96.1	73.9	43.1	76.8	63.9	105.9	99.7	70.0
	99%	72.4	51.3	38.0	47.9	52.3	57.3	61.0	49.6
	95%	33.0	20.2	27.6	29.1	25.0	26.8	30.4	25.3
	50%	2.7	2.2	2.4	2.3	2.4	2.2	2.1	2.3
10/20	Max	96.1	73.9	43.1	76.8	63.9	105.9	99.7	70.0
	99%	72.2	51.3	37.9	47.5	51.8	57.2	57.8	48.7
	95%	31.2	20.2	27.5	30.6	26.1	26.5	28.4	25.6
	50%	2.7	2.1	2.3	2.3	2.4	2.2	2.1	2.3
10/21	Max	96.1	73.9	43.1	76.8	63.9	105.9	99.7	101.0
	99%	72.3	51.3	37.9	47.8	56.5	57.2	57.8	52.3
	95%	30.1	19.3	26.6	28.3	25.8	26.0	28.3	25.6
	50%	2.6	2.0	2.3	2.3	2.5	2.2	2.3	2.5
10/22	Max	96.1	73.9	46.5	76.8	63.9	105.9	99.7	101.0
	99%	72.3	58.5	38.0	42.9	56.6	57.2	57.8	52.1
	95%	30.2	25.3	26.9	28.5	26.1	27.3	28.3	25.5
	50%	2.6	2.0	2.4	2.3	2.5	2.3	2.1	2.4
10/23	Max	96.1	73.9	56.3	76.8	63.9	105.9	99.7	101.0
	99%	72.4	58.9	38.7	43.0	56.7	57.3	57.9	52.4
	95%	26.5	29.3	27.2	27.0	25.0	26.7	28.1	25.3
	50%	2.6	2.0	2.3	2.2	2.3	2.3	2.1	2.3
10/24	Max	96.1	73.9	56.3	76.8	63.9	105.9	99.7	101.0
	99%	72.6	59.4	38.7	48.9	56.7	57.3	59.3	52.7
	95%	32.2	28.5	27.2	29.3	26.0	26.2	29.5	25.4
	50%	2.6	2.0	2.4	2.3	2.4	2.4	2.1	2.3

续表

日期(月/日)	项目	站点							
		58154	58045	58049	58143	58146	58150	58158	58251
		盐城	响水	滨海	阜宁	建湖	射阳	大丰	东台
10/25	Max	96.1	73.9	56.3	76.8	63.9	105.9	92.8	101.0
	99%	66.9	60.0	38.0	41.6	56.8	57.3	58.3	48.9
	95%	31.3	27.5	25.6	28.2	25.2	25.1	28.2	25.5
	50%	2.5	1.9	2.4	2.2	2.4	2.5	2.2	2.3
10/26	Max	96.1	73.9	56.3	76.8	63.9	105.9	92.8	101.0
	99%	67.4	60.4	38.1	42.0	57.7	57.3	58.5	49.2
	95%	31.6	28.3	26.8	27.0	25.9	25.2	28.1	25.6
	50%	2.6	1.9	2.4	2.2	2.6	2.7	2.5	2.4
10/27	Max	96.1	73.9	56.3	76.8	63.9	105.9	92.8	101.0
	99%	70.9	60.1	40.5	42.5	57.7	57.3	59.3	53.4
	95%	33.9	28.9	27.0	28.6	26.1	30.4	30.1	26.0
	50%	2.7	2.0	2.5	2.3	2.7	2.7	2.6	2.5
10/28	Max	96.1	73.9	56.3	76.8	63.9	105.9	92.8	101.0
	99%	70.9	59.8	40.3	42.5	57.7	57.3	59.3	53.2
	95%	31.8	28.7	27.2	30.6	26.1	30.2	30.1	26.0
	50%	2.7	2.1	2.5	2.3	2.7	2.8	2.5	2.5
10/29	Max	96.1	73.9	56.3	76.8	62.1	105.9	92.8	101.0
	99%	66.6	58.4	38.0	42.0	56.9	54.6	59.4	53.2
	95%	30.5	28.8	27.3	26.1	25.9	28.8	30.5	26.0
	50%	2.8	2.2	2.5	2.3	2.7	2.8	2.5	2.6
10/30	Max	96.1	73.9	56.3	76.8	62.1	105.9	92.8	101.0
	99%	61.1	58.6	38.1	42.0	56.9	54.5	59.1	53.2
	95%	30.1	28.3	27.8	26.0	25.3	28.8	29.3	26.0
	50%	2.8	2.2	2.5	2.3	2.6	2.8	2.5	2.6
10/31	Max	96.1	73.9	56.3	76.8	62.1	105.9	92.8	101.0
	99%	61.2	59.2	41.0	42.0	56.9	54.6	59.1	53.0
	95%	29.1	28.3	27.8	26.0	24.8	28.9	30.7	26.4
	50%	2.8	2.2	2.6	2.3	2.5	2.8	2.6	2.7
11/1	Max	96.1	73.9	56.3	76.8	62.1	105.9	92.8	101.0
	99%	61.2	58.6	40.7	42.0	56.9	54.4	59.2	53.0
	95%	29.1	28.3	27.9	27.0	24.8	28.7	31.0	26.5
	50%	2.8	2.2	2.7	2.3	2.6	2.9	2.6	2.7
11/2	Max	96.1	73.9	56.3	76.8	62.1	105.9	63.4	101.0
	99%	56.8	58.8	41.0	42.0	49.0	50.1	52.4	50.2
	95%	26.1	27.5	27.1	25.6	23.4	27.8	28.9	26.7
	50%	3.1	2.2	2.8	2.3	2.8	3.3	2.9	2.9
11/3	Max	96.1	73.9	56.3	76.8	62.1	105.9	63.4	101.0
	99%	57.1	58.8	41.1	42.0	49.6	50.3	52.5	50.2
	95%	26.2	27.5	27.1	25.6	24.3	25.1	29.0	26.7
	50%	3.1	2.3	2.8	2.4	2.7	3.1	2.9	2.9

续表

日期（月/日）	项目	站点							
		58154	58045	58049	58143	58146	58150	58158	58251
		盐城	响水	滨海	阜宁	建湖	射阳	大丰	东台
11/4	Max	96.1	73.9	56.3	76.8	62.1	105.9	63.4	101.0
	99%	56.8	58.3	40.7	42.0	48.9	50.1	52.4	50.2
	95%	26.1	25.1	27.2	25.7	24.0	27.3	28.9	26.7
	50%	3.2	2.2	2.8	2.4	2.8	3.0	2.8	2.9
11/5	Max	70.2	73.9	56.3	76.8	62.1	105.9	63.4	101.0
	99%	50.8	58.2	41.6	42.0	41.4	47.7	52.1	50.2
	95%	26.2	25.0	27.2	25.6	24.0	27.6	29.4	27.7
	50%	3.3	2.2	2.8	2.4	2.8	3.0	2.9	2.7
11/6	Max	70.2	73.9	56.3	76.8	62.1	105.9	63.4	101.0
	99%	50.9	58.5	41.7	42.0	41.4	47.7	52.1	50.2
	95%	26.2	25.2	26.0	25.6	24.8	27.6	29.4	27.8
	50%	3.2	2.2	3.0	2.4	2.8	3.0	2.8	2.7
11/7	Max	70.2	73.9	56.3	76.8	62.1	105.9	63.4	101.0
	99%	50.8	58.3	41.7	42.0	41.4	47.7	51.6	50.1
	95%	25.9	25.1	26.0	25.6	23.9	27.8	28.8	26.3
	50%	3.1	2.2	3.0	2.4	2.8	3.0	2.9	2.9
11/8	Max	70.2	73.9	56.3	76.8	62.1	105.9	63.4	101.0
	99%	50.7	58.5	41.6	42.0	41.4	47.7	51.6	50.2
	95%	25.8	25.2	26.7	26.8	24.8	27.8	28.8	26.3
	50%	2.6	2.2	3.0	2.5	2.8	3.1	2.7	2.7
11/9	Max	70.2	73.9	56.3	76.8	62.1	105.9	63.4	101.0
	99%	50.6	58.2	41.4	42.0	41.4	44.9	51.1	50.1
	95%	25.8	24.1	26.2	25.7	25.3	27.6	28.7	28.3
	50%	2.9	2.2	3.2	2.6	2.8	3.2	2.9	2.9
11/10	Max	70.2	68.3	56.3	76.8	62.1	105.9	63.4	101.0
	99%	50.7	46.8	41.4	42.0	41.4	45.0	51.2	50.1
	95%	25.6	23.6	26.2	25.6	23.8	27.6	28.7	28.3
	50%	2.7	2.2	3.0	2.6	2.8	2.9	2.7	2.9
11/11	Max	70.2	68.3	56.3	76.8	62.1	105.9	63.4	101.0
	99%	50.7	46.6	41.3	42.0	41.4	45.0	51.2	50.1
	95%	25.8	23.5	26.2	25.6	24.8	27.6	28.7	27.3
	50%	2.6	2.2	3.0	2.6	2.8	2.9	2.9	3.0
11/12	Max	70.2	68.3	56.3	76.8	62.1	105.9	63.4	101.0
	99%	50.7	46.7	41.4	42.0	41.4	45.0	51.2	50.2
	95%	25.8	23.5	26.2	25.6	23.8	27.6	28.7	25.5
	50%	2.8	2.2	3.0	2.6	2.9	2.9	2.9	3.0
11/13	Max	70.2	68.3	56.3	76.8	62.1	105.9	63.4	101.0
	99%	50.8	46.7	41.3	42.0	41.4	45.1	51.3	50.2
	95%	25.8	23.5	26.5	25.7	23.3	27.6	28.7	25.5
	50%	3.1	2.2	3.2	2.8	2.9	3.2	3.1	3.3

续表

日期(月/日)	项目	站点							
		58154	58045	58049	58143	58146	58150	58158	58251
		盐城	响水	滨海	阜宁	建湖	射阳	大丰	东台
11/14	Max	70.2	68.3	56.3	76.8	62.1	105.9	69.5	101.0
	99%	56.9	46.7	43.1	42.4	48.7	46.6	55.4	55.7
	95%	25.9	24.1	26.7	26.5	23.4	27.5	28.7	26.5
	50%	3.1	2.3	3.3	2.8	3.0	3.3	3.1	3.3
11/15	Max	70.2	68.3	56.3	76.8	62.1	105.9	69.5	101.0
	99%	56.8	46.7	43.1	42.4	47.9	46.6	55.4	55.6
	95%	25.8	24.5	26.5	25.7	23.8	27.0	28.1	24.7
	50%	3.1	2.3	3.0	2.8	2.9	3.3	3.1	3.3
11/16	Max	70.2	68.3	56.3	61.3	62.1	51.5	69.5	101.0
	99%	56.3	46.7	43.1	39.9	47.2	42.4	50.5	55.4
	95%	24.8	24.5	26.1	24.4	23.6	25.0	27.5	24.0
	50%	3.1	2.3	3.1	2.8	3.0	3.3	3.1	3.1
11/17	Max	70.2	68.3	56.3	61.3	62.1	51.5	69.5	101.0
	99%	56.0	46.5	43.0	39.6	46.9	42.2	50.3	55.4
	95%	25.4	28.1	26.3	25.6	23.5	24.8	27.0	23.3
	50%	3.1	2.5	3.1	2.8	3.1	3.2	3.1	3.0
11/18	Max	70.2	68.3	56.3	61.3	62.1	51.5	69.5	101.0
	99%	56.0	46.4	43.0	39.6	46.8	42.3	50.2	55.5
	95%	25.4	28.0	26.3	25.6	23.3	24.9	27.0	23.4
	50%	3.2	2.5	3.0	2.8	3.1	3.2	3.1	3.0
11/19	Max	70.2	68.3	56.3	61.3	58.6	51.5	69.5	85.5
	99%	55.7	46.2	42.9	39.3	41.1	41.5	49.8	47.7
	95%	25.7	27.5	26.2	25.6	23.3	25.6	26.7	22.9
	50%	2.8	2.7	3.0	2.8	2.9	3.0	2.9	2.7
11/20	Max	70.2	48.1	56.3	61.3	58.6	51.5	69.5	85.5
	99%	55.1	41.1	40.2	38.8	41.1	40.7	48.8	46.8
	95%	24.9	23.5	24.9	25.5	23.1	25.0	24.8	23.1
	50%	2.6	2.3	2.9	2.8	2.8	2.7	2.9	2.7
11/21	Max	70.2	48.1	47.5	61.3	58.6	51.5	69.5	85.5
	99%	51.8	32.3	42.6	38.6	41.1	40.1	48.0	45.0
	95%	25.0	23.3	25.4	23.8	22.6	24.6	27.0	23.4
	50%	2.6	2.5	2.9	2.7	2.8	2.8	2.9	2.7
11/22	Max	70.2	48.1	47.5	50.2	58.6	51.5	69.5	85.5
	99%	39.9	32.3	42.6	37.3	37.4	36.9	41.2	44.3
	95%	23.9	23.2	24.8	21.1	20.9	24.3	25.2	23.2
	50%	2.6	2.4	2.8	2.6	2.9	2.5	2.9	2.7
11/23	Max	70.2	48.1	47.5	50.2	58.6	51.5	69.5	85.5
	99%	37.4	32.3	42.5	37.3	33.3	36.7	41.1	43.4
	95%	23.7	23.4	24.5	21.0	20.9	23.6	24.5	22.5
	50%	2.7	2.8	2.8	2.7	2.9	2.5	2.9	2.7

续表

日期（月/日）	项目	站点							
		58154	58045	58049	58143	58146	58150	58158	58251
		盐城	响水	滨海	阜宁	建湖	射阳	大丰	东台
11/24	Max	70.2	48.1	47.5	50.2	53.1	51.5	69.5	85.5
	99%	33.8	32.3	42.5	38.1	30.8	34.1	37.5	34.0
	95%	23.6	20.5	23.6	21.1	21.0	23.4	24.7	21.5
	50%	2.6	2.4	2.6	2.7	2.9	2.4	2.9	2.8
11/25	Max	68.3	48.1	47.5	50.2	53.1	46.2	69.5	63.1
	99%	29.1	32.3	39.5	37.1	28.3	28.3	33.0	31.6
	95%	21.0	19.1	22.5	20.4	20.8	22.7	20.5	19.9
	50%	2.5	2.3	2.5	2.6	2.8	2.2	2.6	2.6
11/26	Max	68.3	48.1	47.5	50.2	53.1	46.2	69.5	63.1
	99%	29.1	32.3	39.5	37.1	28.3	28.3	33.0	31.6
	95%	21.1	19.2	22.5	20.4	20.8	23.3	20.5	20.3
	50%	2.6	2.4	2.6	2.8	2.9	2.4	2.7	2.7
11/27	Max	68.3	48.1	47.5	50.2	53.1	46.2	69.5	63.1
	99%	27.0	29.5	38.8	37.0	24.6	27.9	31.4	30.9
	95%	20.5	18.8	20.0	19.6	20.6	22.6	20.1	19.8
	50%	2.4	2.2	2.2	2.6	2.7	2.3	2.6	2.4
11/28	Max	68.3	48.1	47.5	50.2	53.1	46.2	69.5	63.1
	99%	26.9	29.4	37.6	36.9	24.4	27.8	31.2	30.9
	95%	20.0	18.7	19.5	19.1	20.5	22.6	20.0	20.0
	50%	2.4	2.1	2.2	2.5	2.7	2.4	2.6	2.5
11/29	Max	68.3	41.2	42.7	50.2	53.1	46.2	69.5	63.1
	99%	26.0	25.0	26.7	34.1	24.2	27.5	29.1	30.0
	95%	20.0	18.2	19.6	18.6	19.6	21.0	20.0	19.8
	50%	2.4	2.2	2.3	2.5	2.8	2.2	2.5	2.4
11/30	Max	68.3	41.2	42.7	50.2	53.1	46.2	69.5	63.1
	99%	26.0	25.0	26.7	34.2	30.4	27.5	29.0	30.0
	95%	19.9	18.2	17.1	18.3	20.7	20.9	19.1	19.7
	50%	2.5	2.2	2.3	2.5	2.9	2.3	2.6	2.6
12/1	Max	68.3	41.2	42.7	50.2	53.1	46.2	69.5	63.1
	99%	28.7	24.7	26.7	33.8	30.2	28.0	28.9	26.7
	95%	20.0	18.8	18.9	18.3	20.5	22.6	19.6	19.6
	50%	2.5	2.1	2.1	2.5	2.8	2.2	2.5	2.5
12/2	Max	68.3	41.2	42.7	50.2	53.1	46.2	69.5	63.1
	99%	28.6	24.5	26.7	33.7	27.4	28.0	28.9	26.7
	95%	20.0	18.5	18.6	18.9	19.7	21.4	19.1	19.6
	50%	2.5	2.1	2.1	2.3	2.9	2.2	2.5	2.5
12/3	Max	68.3	41.2	42.7	50.2	53.1	46.2	69.5	63.1
	99%	28.6	24.5	26.7	33.9	27.5	28.0	28.9	26.8
	95%	20.0	18.5	18.8	18.2	19.8	21.7	19.1	19.5
	50%	2.5	2.1	2.1	2.2	2.7	2.2	2.4	2.5

续表

日期（月/日）	项目	站点							
		58154	58045	58049	58143	58146	58150	58158	58251
		盐城	响水	滨海	阜宁	建湖	射阳	大丰	东台
12/4	Max	68.3	41.2	42.7	50.2	53.1	46.2	69.5	63.1
	99%	26.3	23.4	26.5	26.7	24.1	27.7	27.1	24.4
	95%	16.9	17.7	17.1	18.1	19.6	19.6	18.6	19.4
	50%	2.5	2.1	1.9	2.2	2.7	2.2	2.3	2.6
12/5	Max	68.3	41.2	42.7	50.2	53.1	46.2	69.5	63.1
	99%	26.3	23.3	25.9	24.1	23.8	26.8	27.0	24.2
	95%	16.8	17.3	16.4	17.6	19.4	18.0	18.6	18.8
	50%	2.5	2.1	1.9	2.2	2.7	2.2	2.3	2.6
12/6	Max	68.3	41.2	42.7	50.2	53.1	46.2	69.5	63.1
	99%	26.3	23.3	25.8	24.1	23.8	26.8	27.0	24.3
	95%	16.8	17.3	16.6	17.6	19.4	18.2	18.6	18.8
	50%	2.4	2.1	1.9	2.0	2.7	2.2	2.3	2.6
12/7	Max	68.3	41.2	42.7	50.2	53.1	46.2	69.5	63.1
	99%	26.3	23.3	25.9	24.1	23.8	26.8	27.1	24.4
	95%	16.8	17.5	17.9	18.1	19.2	19.3	18.6	18.9
	50%	2.6	2.3	1.9	2.1	2.7	2.2	2.3	2.6
12/8	Max	68.3	41.2	42.7	50.2	53.1	46.2	69.5	63.1
	99%	26.3	28.5	26.0	24.1	23.8	26.8	27.1	24.4
	95%	16.8	18.7	17.9	18.1	19.2	19.5	18.3	17.7
	50%	2.6	2.3	1.8	2.0	2.6	2.2	2.3	2.6
12/9	Max	68.3	41.2	42.7	50.2	53.1	46.2	69.5	63.1
	99%	26.3	28.3	25.9	24.1	23.8	26.8	27.0	24.4
	95%	16.8	18.0	16.5	18.0	19.2	20.2	17.7	17.7
	50%	2.4	2.1	1.8	1.9	2.6	2.2	2.3	2.4
12/10	Max	68.3	41.2	42.7	50.2	53.1	46.2	69.5	63.1
	99%	26.1	28.4	26.7	25.0	24.1	27.6	29.9	26.2
	95%	16.8	18.6	17.2	18.2	19.1	20.2	18.6	17.9
	50%	2.3	2.1	1.8	1.7	2.4	2.1	2.1	2.3
12/11	Max	68.3	41.2	42.7	50.2	53.1	46.2	69.5	63.1
	99%	26.0	28.1	26.6	24.9	24.0	27.5	28.7	26.0
	95%	16.8	18.5	16.7	18.2	19.2	20.1	18.0	17.7
	50%	2.3	2.1	1.8	1.8	2.4	2.2	2.1	2.4
12/12	Max	68.3	41.2	42.7	50.2	53.1	46.2	69.5	63.1
	99%	25.9	27.9	25.6	24.0	24.0	27.5	28.6	28.0
	95%	15.5	18.3	16.5	18.1	19.2	19.3	17.6	17.3
	50%	2.2	2.1	1.8	1.7	2.3	2.1	1.8	2.2
12/13	Max	28.7	28.5	30.6	25.6	30.0	29.3	29.9	31.3
	99%	24.6	24.3	24.9	23.1	23.8	26.8	26.6	27.9
	95%	14.8	16.5	14.8	17.5	17.3	16.9	16.1	16.8
	50%	2.2	2.0	1.5	1.6	2.0	1.7	1.8	2.1

续表

日期（月/日）	项目	站点							
		58154	58045	58049	58143	58146	58150	58158	58251
		盐城	响水	滨海	阜宁	建湖	射阳	大丰	东台
12/14	Max	28.7	24.3	30.6	25.6	30.0	29.3	29.9	31.3
	99%	24.5	23.7	24.9	23.1	23.5	25.8	26.5	27.9
	95%	15.5	15.7	14.7	17.1	16.5	18.1	14.3	16.7
	50%	2.2	2.0	1.5	1.7	2.0	1.7	1.8	2.1
12/15	Max	28.7	24.3	30.6	25.6	30.0	29.3	29.9	31.3
	99%	24.6	23.6	24.4	21.7	22.3	25.8	23.8	27.6
	95%	14.7	14.8	14.4	14.4	16.2	16.8	13.9	16.7
	50%	2.1	2.0	1.5	1.7	2.0	1.7	1.7	2.1
12/16	Max	28.7	24.3	30.6	25.6	30.0	29.3	29.9	31.3
	99%	24.7	23.8	24.5	21.8	22.5	25.9	23.9	27.8
	95%	14.9	16.8	14.5	15.7	16.2	15.1	15.3	17.0
	50%	2.2	1.9	1.5	1.7	2.0	2.0	1.9	2.2
12/17	Max	28.7	24.3	30.6	25.6	30.0	29.3	29.9	31.3
	99%	24.7	23.9	24.5	21.8	22.5	25.9	23.9	28.0
	95%	14.9	17.1	14.6	15.8	15.6	15.3	16.8	17.1
	50%	2.2	1.9	1.5	1.8	2.0	2.0	2.0	2.3
12/18	Max	26.8	24.3	30.6	25.6	30.0	29.3	29.9	31.3
	99%	23.7	22.2	24.5	21.5	21.1	23.1	26.2	27.9
	95%	14.8	14.6	13.9	13.7	15.5	14.1	15.2	17.1
	50%	2.3	1.8	1.5	1.8	2.1	2.1	2.0	2.5
12/19	Max	26.8	28.8	30.6	25.6	30.0	29.3	29.9	31.3
	99%	23.7	24.3	24.9	22.6	21.1	23.1	26.2	27.9
	95%	14.9	16.0	14.3	14.7	16.3	14.8	16.7	17.1
	50%	2.2	1.8	1.6	1.8	2.1	2.1	2.0	2.6
12/20	Max	26.8	28.8	30.6	25.6	30.0	29.3	29.9	31.3
	99%	23.3	24.3	24.9	22.6	20.6	23.0	23.9	24.9
	95%	14.8	15.3	13.8	13.7	16.1	13.8	14.0	16.9
	50%	2.2	1.8	1.5	1.7	2.0	2.0	2.0	2.4
12/21	Max	26.8	28.8	30.6	25.6	30.0	29.3	26.5	28.0
	99%	22.0	24.3	24.9	22.6	19.5	22.3	22.8	22.8
	95%	14.5	14.4	14.2	13.2	15.4	13.6	13.9	16.2
	50%	2.2	1.8	1.7	1.8	1.9	2.0	2.0	2.5
12/22	Max	26.8	28.8	30.6	25.6	30.0	29.3	26.5	28.0
	99%	21.8	24.2	24.9	20.5	19.2	21.8	22.8	22.7
	95%	14.7	14.2	14.1	12.9	15.0	13.5	13.9	16.1
	50%	2.2	1.7	1.5	1.9	1.9	1.7	1.9	2.4
12/23	Max	31.3	28.8	30.6	26.5	30.0	29.3	36.2	39.3
	99%	24.9	24.1	25.3	22.5	21.9	23.3	25.2	25.2
	95%	15.4	15.4	14.3	13.9	15.8	15.6	16.6	16.6
	50%	2.0	1.8	1.7	1.9	1.9	1.7	1.9	2.3

续表

日期(月/日)	项目	站点							
		58154	58045	58049	58143	58146	58150	58158	58251
		盐城	响水	滨海	阜宁	建湖	射阳	大丰	东台
12/24	Max	31.3	28.8	30.6	26.5	30.0	29.3	36.2	39.3
	99%	24.8	24.1	25.3	22.5	21.6	23.3	25.1	25.2
	95%	15.5	16.6	14.5	17.0	16.2	16.0	16.8	16.3
	50%	2.1	1.9	1.8	1.9	1.9	2.0	2.0	2.4
12/25	Max	31.3	28.8	30.6	26.5	30.0	29.3	36.2	39.3
	99%	24.8	24.0	25.3	22.5	21.5	23.3	25.0	25.2
	95%	15.2	16.5	14.3	16.7	16.2	15.5	15.2	16.2
	50%	2.0	2.0	1.8	1.9	1.9	1.7	1.9	2.3
12/26	Max	31.3	28.8	30.6	26.5	30.0	29.3	36.2	39.3
	99%	24.7	24.0	25.2	22.5	21.4	23.3	25.0	25.2
	95%	15.6	16.5	14.8	17.2	16.7	16.5	17.2	16.2
	50%	2.2	2.2	1.9	2.0	1.9	1.9	2.0	2.4
12/27	Max	31.3	28.8	30.6	26.5	30.0	29.3	36.2	39.3
	99%	24.8	24.0	25.3	22.5	21.6	22.8	25.0	25.2
	95%	15.3	16.5	14.3	17.6	16.2	16.6	17.8	16.6
	50%	2.1	2.3	2.0	2.0	1.9	1.9	2.0	2.4
12/28	Max	31.3	28.8	30.6	26.5	30.0	29.3	36.2	39.3
	99%	26.4	24.0	25.2	22.5	25.1	22.8	25.0	25.2
	95%	15.6	16.5	14.8	16.6	16.2	15.8	17.8	16.7
	50%	2.2	2.3	2.1	2.1	2.0	1.9	2.0	2.4
12/29	Max	31.3	28.8	30.6	26.5	30.0	29.3	36.2	39.3
	99%	26.4	24.1	25.3	22.5	25.2	22.8	25.1	25.2
	95%	15.6	16.5	14.3	16.6	16.4	15.9	17.4	16.3
	50%	2.2	2.2	1.9	2.1	2.0	2.1	2.0	2.4
12/30	Max	31.3	28.8	30.6	26.5	30.0	29.3	36.2	39.3
	99%	26.4	24.1	25.9	23.7	26.3	25.6	25.1	25.2
	95%	17.4	17.0	15.4	17.6	16.8	16.7	18.0	16.4
	50%	2.2	2.1	1.9	2.1	2.0	2.1	2.0	2.5
12/31	Max	31.3	28.8	30.6	26.5	30.0	29.3	36.2	39.3
	99%	26.4	24.1	25.9	23.5	26.3	25.5	25.1	25.2
	95%	16.9	17.0	15.3	17.4	16.8	16.6	17.9	16.4
	50%	2.2	2.1	1.9	2.1	2.0	2.0	2.0	2.4

第 6 章　第五组（南通和无锡）站点雨量阈值

日期（月/日）	项目	站点										
		58259	58254	58255	58264	58265	58268	58269	58360	58354	58346	58351
		南通	海安	如皋	如东	吕泗	通州	启东	海门	无锡	宜兴	江阴
1/1	Max	46.9	37.8	46.9	40.5	41.0	49.3	44.2	48.3	51.1	52.5	49.8
	99%	30.6	24.7	24.5	27.8	34.5	31.4	34.6	34.5	30.1	41.3	29.9
	95%	20.0	18.5	18.3	18.7	19.3	18.3	21.9	19.6	17.4	20.4	17.0
	50%	2.6	2.6	2.4	2.6	2.4	2.7	2.8	2.7	2.8	3.3	2.8
1/2	Max	46.9	37.8	46.9	40.5	41.0	49.3	44.2	48.3	51.1	52.5	49.8
	99%	30.8	24.7	24.5	28.0	34.9	31.5	34.6	34.7	29.3	40.4	30.2
	95%	17.7	18.7	18.5	18.8	18.9	18.3	19.7	18.9	18.6	20.2	17.0
	50%	2.6	2.5	2.4	2.4	2.4	2.7	2.7	2.6	2.7	3.3	2.8
1/3	Max	46.9	37.8	46.9	40.5	41.0	49.3	44.2	48.3	51.1	52.5	49.8
	99%	31.8	24.9	24.8	30.3	36.6	33.1	34.6	34.8	28.0	40.5	31.0
	95%	19.5	18.1	18.2	20.0	19.1	19.8	21.0	19.5	17.4	20.4	17.4
	50%	2.6	2.6	2.4	2.6	2.4	2.7	2.7	2.7	2.8	3.3	2.9
1/4	Max	46.9	37.8	46.9	40.5	41.0	49.3	44.2	48.3	51.1	61.0	49.8
	99%	32.8	24.9	28.2	30.4	36.7	33.2	34.7	35.0	28.7	41.7	33.4
	95%	20.3	18.9	19.7	20.3	20.1	19.9	22.0	21.4	20.2	20.5	17.6
	50%	2.6	2.5	2.4	2.6	2.4	2.7	2.8	2.7	2.8	3.3	2.9
1/5	Max	46.9	37.8	46.9	40.5	41.0	49.3	44.2	48.3	51.1	61.0	49.8
	99%	34.3	29.1	31.3	33.3	37.2	37.0	38.2	36.3	29.9	42.9	34.0
	95%	20.5	19.5	20.6	20.6	20.8	22.5	23.8	22.3	20.6	22.1	19.4
	50%	2.6	2.5	2.4	2.8	2.4	2.8	2.9	2.7	3.0	3.3	3.0
1/6	Max	46.9	37.8	46.9	40.5	40.3	49.3	44.2	48.3	51.1	61.0	49.8
	99%	34.3	29.0	31.3	32.4	36.7	37.0	38.2	36.3	29.7	42.9	34.0
	95%	20.4	19.1	20.3	20.5	20.7	22.4	23.1	22.0	20.3	20.5	19.4
	50%	2.6	2.5	2.4	2.7	2.4	2.7	2.9	2.7	3.0	3.3	2.9
1/7	Max	46.9	37.8	46.9	47.6	40.3	49.3	44.2	48.3	51.1	61.0	49.8
	99%	37.0	29.2	32.6	36.7	36.7	38.3	34.1	36.3	30.3	43.0	38.5
	95%	21.0	19.8	20.1	20.7	21.2	22.8	22.0	22.3	20.2	20.3	19.9
	50%	2.6	2.5	2.4	2.8	2.4	2.8	2.8	2.7	2.9	3.3	2.9
1/8	Max	46.9	37.8	46.9	47.6	40.3	49.3	44.2	48.3	51.1	61.0	49.8
	99%	37.2	29.3	32.7	37.1	31.5	38.4	34.2	31.2	30.7	43.0	38.9
	95%	21.4	18.8	19.6	20.8	20.6	22.9	22.6	21.8	19.8	20.4	18.0
	50%	2.6	2.5	2.4	2.8	2.5	2.8	2.8	2.7	2.8	3.3	2.9

续表

日期(月/日)	项目	站点										
		58259	58254	58255	58264	58265	58268	58269	58360	58354	58346	58351
		南通	海安	如皋	如东	吕泗	通州	启东	海门	无锡	宜兴	江阴
1/9	Max	46.9	37.8	46.9	47.6	40.3	49.3	44.2	48.3	51.1	61.0	49.8
	99%	33.9	29.5	33.0	37.7	32.0	36.4	34.2	31.7	31.2	43.1	33.6
	95%	20.3	19.0	18.9	19.7	20.5	22.0	22.0	21.6	20.1	20.4	17.5
	50%	2.6	2.5	2.4	2.8	2.5	2.8	2.8	2.7	2.8	3.3	2.8
1/10	Max	46.9	37.8	46.9	47.6	40.3	49.3	44.2	48.3	51.1	61.0	49.8
	99%	33.9	29.5	33.0	37.9	32.3	36.4	34.3	31.7	31.4	43.1	33.6
	95%	20.4	19.1	19.0	19.9	20.3	22.2	22.0	21.6	20.2	20.5	17.5
	50%	2.6	2.5	2.4	2.7	2.5	2.8	2.8	2.7	2.9	3.3	2.8
1/11	Max	46.9	37.8	46.9	47.6	40.3	49.3	44.2	48.3	51.1	61.0	49.8
	99%	33.9	29.6	33.1	38.0	32.5	36.4	34.3	31.9	31.6	43.1	33.7
	95%	20.4	18.0	19.0	20.0	20.3	22.3	22.2	20.8	19.7	21.1	18.4
	50%	2.6	2.5	2.3	2.7	2.4	2.6	2.7	2.7	2.9	3.3	2.7
1/12	Max	46.9	37.8	46.9	47.6	40.3	49.3	44.2	48.3	51.1	61.0	49.8
	99%	33.9	29.6	33.1	37.8	32.3	36.4	34.3	31.8	31.8	43.1	33.7
	95%	20.5	17.9	18.6	19.2	20.3	22.3	22.2	20.7	19.8	21.1	18.4
	50%	2.6	2.5	2.4	2.8	2.4	2.7	2.7	2.7	2.8	3.2	2.7
1/13	Max	46.9	37.8	46.9	47.6	40.3	49.3	44.2	48.3	51.1	61.0	49.8
	99%	33.9	29.6	33.2	37.9	32.5	36.5	34.3	32.0	32.0	43.2	33.7
	95%	20.5	17.5	18.7	19.0	19.7	21.7	22.0	20.2	19.2	20.4	17.6
	50%	2.7	2.6	2.4	2.7	2.3	2.7	2.6	2.6	2.9	3.2	2.7
1/14	Max	46.9	37.8	46.9	47.6	40.3	49.3	44.2	48.3	51.1	61.0	49.8
	99%	33.9	29.6	33.2	38.0	32.6	36.5	34.3	32.1	32.1	43.3	33.7
	95%	20.6	17.8	18.8	19.0	20.4	20.9	22.0	20.1	20.0	20.9	18.8
	50%	2.7	2.6	2.4	2.6	2.3	2.6	2.6	2.5	2.9	3.2	2.7
1/15	Max	46.9	37.8	46.9	47.6	40.3	49.3	44.2	45.7	51.1	61.0	49.8
	99%	31.6	28.5	31.4	38.1	31.0	34.3	32.9	30.6	29.1	40.5	29.4
	95%	18.5	16.8	18.3	18.9	19.9	20.0	20.8	19.9	19.5	20.5	17.5
	50%	2.7	2.6	2.4	2.6	2.3	2.6	2.6	2.6	2.9	3.2	2.7
1/16	Max	46.9	37.8	46.9	47.6	40.3	49.3	44.2	45.7	51.1	61.0	49.8
	99%	31.8	28.5	30.6	31.0	31.0	34.5	33.1	30.6	29.1	40.6	29.9
	95%	19.0	16.8	18.0	18.6	20.1	20.3	21.5	19.9	18.4	20.7	17.5
	50%	2.8	2.6	2.4	2.6	2.3	2.6	2.5	2.6	2.8	3.1	2.7
1/17	Max	46.9	37.8	46.9	47.6	40.3	49.3	44.2	45.7	51.1	61.0	49.8
	99%	32.1	29.0	30.7	31.2	31.1	34.8	33.3	30.6	29.1	40.7	30.3
	95%	20.3	17.4	18.3	18.8	19.5	20.9	20.7	19.5	18.5	20.5	17.7
	50%	2.6	2.5	2.3	2.5	2.3	2.4	2.5	2.5	2.8	3.0	2.7
1/18	Max	46.9	37.8	46.9	47.6	40.3	49.3	44.2	45.7	51.1	61.0	49.8
	99%	32.2	29.4	30.7	31.4	31.1	35.0	33.3	30.6	30.8	40.7	30.5
	95%	20.3	17.4	18.3	18.8	19.6	20.4	20.9	19.7	19.1	20.8	17.7
	50%	2.6	2.4	2.3	2.3	2.2	2.4	2.4	2.5	2.9	3.0	2.6

续表

日期（月/日）	项目	站点										
		58259	58254	58255	58264	58265	58268	58269	58360	58354	58346	58351
		南通	海安	如皋	如东	吕泗	通州	启东	海门	无锡	宜兴	江阴
1/19	Max	46.9	37.8	46.9	47.6	40.3	49.3	44.2	45.7	51.1	61.0	49.8
	99%	32.2	29.4	30.7	31.3	31.1	35.0	33.4	30.6	30.8	40.6	30.7
	95%	18.5	16.7	18.2	18.5	19.5	19.9	20.7	19.5	18.5	21.0	17.5
	50%	2.6	2.4	2.3	2.4	2.2	2.4	2.3	2.5	2.9	3.1	2.6
1/20	Max	46.9	37.8	46.9	47.6	40.3	49.3	44.2	45.7	51.1	61.0	49.8
	99%	35.3	29.4	30.7	31.3	31.1	36.9	33.4	32.6	30.8	41.3	35.5
	95%	20.3	17.4	18.2	18.8	20.5	20.9	21.1	19.7	19.8	21.1	17.8
	50%	2.8	2.5	2.4	2.6	2.3	2.6	2.4	2.5	3.0	3.2	2.7
1/21	Max	40.2	34.2	39.4	47.6	40.3	43.7	44.2	40.2	40.9	61.0	42.5
	99%	32.3	25.1	26.0	29.6	30.5	34.9	31.6	30.7	29.2	40.7	30.7
	95%	18.7	16.6	17.9	18.3	19.5	19.9	20.5	19.3	19.1	21.0	17.5
	50%	2.8	2.5	2.5	2.7	2.4	2.7	2.4	2.5	3.0	3.2	2.7
1/22	Max	40.2	34.2	39.4	47.6	40.3	43.7	44.2	40.2	40.9	61.0	42.5
	99%	32.4	25.1	26.4	29.8	30.3	35.0	31.7	30.5	29.3	40.7	31.4
	95%	20.4	17.0	17.6	18.2	19.5	20.0	21.0	19.6	20.2	21.0	18.4
	50%	2.9	2.5	2.5	2.6	2.5	2.7	2.4	2.6	3.0	3.3	2.7
1/23	Max	40.2	34.2	39.4	47.6	40.3	43.7	44.2	40.2	40.9	61.0	42.5
	99%	32.4	25.1	26.4	29.7	30.2	35.0	31.7	30.6	29.3	40.7	31.5
	95%	20.6	17.4	17.9	18.3	20.2	20.5	21.8	20.3	20.8	21.2	19.2
	50%	2.9	2.5	2.5	2.7	2.5	2.8	2.4	2.6	3.0	3.3	2.7
1/24	Max	40.2	34.2	39.4	47.6	40.3	43.7	44.2	40.2	40.9	61.0	42.5
	99%	32.7	25.2	26.9	29.8	30.4	35.3	31.8	30.7	29.3	40.8	32.2
	95%	20.6	17.4	18.2	18.3	20.1	20.8	20.7	20.1	20.4	21.0	19.1
	50%	2.8	2.4	2.4	2.6	2.4	2.6	2.4	2.5	2.9	3.2	2.6
1/25	Max	40.2	34.2	39.4	47.6	40.3	43.7	44.2	40.2	40.4	61.0	42.5
	99%	30.5	24.4	30.6	30.6	30.4	35.4	30.8	30.1	28.8	40.4	28.6
	95%	20.3	17.4	18.0	18.3	19.8	20.2	20.4	19.8	20.2	21.0	19.1
	50%	2.7	2.3	2.4	2.6	2.4	2.6	2.3	2.5	2.8	3.0	2.5
1/26	Max	40.2	34.2	39.4	47.6	40.3	43.7	44.2	40.2	40.4	61.0	42.5
	99%	30.5	24.2	30.6	30.6	30.4	35.2	30.8	30.1	28.7	34.2	28.6
	95%	18.7	16.4	17.5	18.1	19.0	19.3	19.3	18.7	18.6	20.5	17.5
	50%	2.8	2.4	2.5	2.7	2.4	2.7	2.4	2.5	2.8	3.1	2.5
1/27	Max	40.2	41.3	39.4	47.6	40.3	43.7	44.2	40.2	40.4	61.0	42.5
	99%	30.5	24.4	30.6	28.4	29.4	32.4	30.4	30.1	28.7	34.2	28.9
	95%	18.7	16.6	17.4	18.2	19.1	18.3	18.6	18.8	18.2	20.6	18.0
	50%	2.8	2.4	2.4	2.6	2.3	2.6	2.3	2.4	2.8	3.0	2.5
1/28	Max	40.2	46.5	61.3	47.6	40.3	43.7	44.2	40.2	40.4	61.0	42.5
	99%	30.6	25.3	30.8	30.6	29.4	32.5	30.4	30.1	28.7	33.7	31.7
	95%	20.0	16.6	17.2	18.3	19.1	20.3	19.2	19.0	18.7	20.9	19.2
	50%	2.7	2.3	2.4	2.6	2.3	2.6	2.3	2.4	2.7	3.0	2.5

续表

日期（月/日）	项目	站点										
		58259	58254	58255	58264	58265	58268	58269	58360	58354	58346	58351
		南通	海安	如皋	如东	吕泗	通州	启东	海门	无锡	宜兴	江阴
1/29	Max	40.2	46.5	61.3	47.6	40.3	43.7	44.2	40.2	40.4	61.0	42.5
	99%	30.6	25.4	30.9	30.6	28.5	32.6	30.0	29.0	28.6	33.0	31.8
	95%	18.8	16.5	17.3	18.2	18.6	17.9	18.6	18.8	17.8	20.9	19.2
	50%	2.7	2.4	2.4	2.6	2.2	2.5	2.3	2.3	2.6	3.0	2.5
1/30	Max	40.2	46.5	61.3	47.6	40.3	43.7	44.2	40.2	40.4	61.0	42.5
	99%	30.6	25.3	30.9	30.6	28.4	32.5	29.9	29.6	28.2	33.0	32.2
	95%	18.0	16.6	17.5	18.2	19.0	18.0	19.3	18.8	17.6	21.0	20.4
	50%	2.7	2.4	2.2	2.6	2.2	2.4	2.3	2.3	2.5	2.9	2.4
1/31	Max	40.2	46.5	61.3	47.6	40.3	43.7	44.2	40.2	40.4	61.0	42.5
	99%	30.7	25.7	30.9	30.7	28.5	32.7	29.9	29.7	28.2	33.0	32.4
	95%	18.8	16.6	17.7	18.1	19.5	18.2	19.2	18.5	17.8	20.5	20.6
	50%	2.8	2.4	2.4	2.6	2.3	2.6	2.3	2.4	2.6	2.9	2.5
2/1	Max	40.2	46.5	61.3	47.6	40.3	43.7	44.2	40.2	40.4	61.0	42.5
	99%	30.7	24.5	30.6	28.9	27.2	30.1	29.6	28.4	28.2	33.0	32.5
	95%	17.5	17.4	17.8	18.1	18.5	17.9	18.7	17.8	17.6	20.6	17.9
	50%	2.9	2.6	2.5	2.7	2.4	2.7	2.4	2.4	2.6	2.9	2.5
2/2	Max	40.2	46.5	61.3	47.6	40.3	43.7	44.2	40.2	34.4	55.7	42.5
	99%	29.2	24.5	29.0	29.0	25.1	27.2	28.8	26.2	25.6	31.2	30.3
	95%	17.4	16.7	17.7	17.9	18.0	17.4	18.2	17.4	17.3	20.5	17.5
	50%	2.9	2.6	2.6	2.7	2.5	2.8	2.4	2.5	2.6	3.0	2.5
2/3	Max	40.2	46.5	61.3	47.6	29.3	43.7	30.0	34.5	31.5	41.4	39.7
	99%	27.4	24.3	25.7	26.5	23.0	26.0	25.3	26.1	25.6	29.7	29.3
	95%	17.0	16.8	17.4	17.2	16.5	17.3	17.6	17.2	17.3	20.5	17.5
	50%	2.9	2.7	2.6	2.6	2.5	2.8	2.4	2.5	2.6	3.0	2.5
2/4	Max	40.2	46.5	61.3	47.6	29.3	43.7	30.0	34.5	31.6	41.4	39.7
	99%	27.7	24.3	25.8	26.7	23.8	26.0	25.2	23.4	27.6	30.3	29.0
	95%	17.2	16.6	17.5	17.8	17.8	17.4	17.8	17.4	17.7	20.9	17.5
	50%	2.9	2.8	2.6	2.7	2.5	2.8	2.4	2.5	2.6	3.0	2.5
2/5	Max	38.5	46.5	61.3	45.0	29.3	36.8	30.0	34.5	31.6	41.4	37.3
	99%	25.4	24.3	25.8	26.8	23.8	26.0	25.3	25.3	27.6	30.3	28.6
	95%	17.2	16.6	17.4	17.5	17.9	17.4	17.9	17.4	18.0	21.0	18.1
	50%	2.9	2.8	2.7	2.7	2.5	2.8	2.4	2.5	2.7	3.1	2.5
2/6	Max	38.5	46.5	61.3	45.0	29.3	36.8	30.0	34.5	31.6	41.4	37.3
	99%	25.4	24.3	25.8	26.7	23.9	26.0	25.3	25.3	27.7	30.3	28.6
	95%	17.0	16.9	17.1	17.1	17.1	17.4	17.7	17.3	18.0	21.0	18.1
	50%	2.8	2.7	2.7	2.7	2.3	2.7	2.4	2.5	2.6	3.0	2.5
2/7	Max	38.5	46.5	61.3	45.0	29.3	36.8	30.0	34.5	31.6	41.4	37.3
	99%	25.4	24.3	25.8	26.6	23.8	26.0	25.3	25.2	27.6	30.3	28.6
	95%	17.1	17.1	17.4	17.4	17.3	17.4	17.6	17.4	17.9	20.9	18.9
	50%	2.9	2.6	2.7	2.7	2.5	2.8	2.6	2.5	2.6	3.0	2.5

续表

日期（月/日）	项目	站点										
		58259	58254	58255	58264	58265	58268	58269	58360	58354	58346	58351
		南通	海安	如皋	如东	吕泗	通州	启东	海门	无锡	宜兴	江阴
2/8	Max	38.5	46.5	61.3	45.0	29.3	36.8	38.1	34.5	65.3	63.5	37.3
	99%	25.4	24.3	25.8	26.8	23.8	24.4	25.6	25.3	28.0	31.1	28.7
	95%	17.4	17.4	17.6	17.9	18.3	17.4	18.1	17.9	19.7	21.4	19.4
	50%	3.0	2.6	2.6	2.7	2.5	2.8	2.6	2.5	2.6	3.0	2.5
2/9	Max	38.5	46.5	61.3	45.0	29.3	36.8	38.1	34.5	65.3	63.5	37.3
	99%	24.6	24.3	25.9	27.0	25.7	25.3	25.3	26.1	28.0	31.1	28.7
	95%	17.4	17.0	17.6	17.2	18.6	18.0	17.9	17.9	19.6	21.6	19.3
	50%	3.0	2.8	2.7	2.9	2.5	2.8	2.6	2.6	2.7	3.1	2.6
2/10	Max	38.5	46.5	61.3	45.0	29.3	36.8	38.1	36.9	65.3	63.5	37.3
	99%	24.6	24.3	24.2	27.1	24.0	25.3	27.9	26.9	28.5	31.1	28.7
	95%	18.0	17.1	17.4	17.3	18.6	18.9	18.8	18.1	19.9	22.3	19.5
	50%	2.9	2.7	2.6	2.7	2.5	2.7	2.5	2.5	2.7	3.0	2.5
2/11	Max	38.5	46.5	61.3	45.0	29.3	36.8	38.1	36.9	65.3	63.5	37.3
	99%	24.7	24.4	25.3	24.2	24.1	25.4	28.0	27.1	28.5	31.1	28.8
	95%	18.2	17.4	17.6	17.2	19.1	18.8	19.3	18.2	20.4	23.3	21.5
	50%	2.9	2.7	2.6	2.9	2.5	2.8	2.6	2.6	2.7	3.2	2.6
2/12	Max	38.5	46.5	61.3	45.0	29.3	36.8	38.1	36.9	65.3	63.5	37.3
	99%	24.7	24.4	25.3	24.3	24.2	25.4	28.1	27.2	28.5	31.1	28.8
	95%	18.4	17.0	17.6	17.2	19.2	18.4	18.4	18.3	19.9	23.3	21.1
	50%	3.0	2.8	2.6	3.0	2.6	2.8	2.7	2.7	2.9	3.4	2.8
2/13	Max	38.5	46.5	61.3	45.0	29.3	36.8	38.1	36.9	65.3	63.5	37.3
	99%	24.7	24.4	25.3	24.3	24.2	25.4	28.1	27.3	28.5	31.1	28.8
	95%	18.3	17.0	17.6	17.2	19.3	18.5	18.4	18.4	19.9	23.2	21.1
	50%	3.0	2.7	2.7	2.9	2.6	2.8	2.7	2.6	2.8	3.4	2.8
2/14	Max	38.5	46.5	61.3	45.0	29.3	36.8	38.1	36.9	65.3	63.5	37.3
	99%	25.1	24.4	25.3	24.3	24.3	25.4	28.1	27.4	28.8	31.2	28.8
	95%	18.7	17.1	17.6	17.2	18.6	18.9	19.3	18.5	20.6	23.6	21.1
	50%	3.1	2.8	2.8	3.1	2.9	2.9	2.9	2.8	3.0	3.5	3.0
2/15	Max	38.5	52.3	61.3	45.0	29.3	36.8	38.1	36.9	65.3	63.5	37.3
	99%	25.2	24.2	25.4	24.4	24.5	25.4	28.5	27.7	28.8	31.3	28.8
	95%	17.8	16.8	17.2	17.3	18.6	18.2	19.3	18.1	20.1	23.1	21.4
	50%	3.2	2.8	2.8	3.2	3.0	3.0	2.9	3.0	3.1	3.6	3.3
2/16	Max	38.5	52.3	61.3	45.0	29.3	36.8	38.1	36.9	65.3	63.5	37.3
	99%	26.2	24.2	25.4	25.4	27.3	26.0	28.5	28.4	28.8	31.3	28.9
	95%	18.8	16.7	17.5	18.1	19.4	19.2	19.5	18.8	20.7	23.6	20.7
	50%	3.2	2.8	2.8	3.2	3.0	3.2	2.9	3.0	3.1	3.6	3.3
2/17	Max	38.5	52.3	61.3	45.0	29.3	36.8	38.1	36.9	65.3	63.5	37.3
	99%	26.3	24.2	25.5	25.5	27.3	26.0	28.6	28.4	28.2	31.9	28.9
	95%	19.0	16.7	17.4	18.1	19.3	19.4	19.4	19.0	20.5	23.6	20.9
	50%	3.2	2.8	2.8	3.2	3.0	3.2	2.9	3.0	3.1	3.5	3.3

续表

日期(月/日)	项目	站点										
		58259	58254	58255	58264	58265	58268	58269	58360	58354	58346	58351
		南通	海安	如皋	如东	吕泗	通州	启东	海门	无锡	宜兴	江阴
2/18	Max	36.1	52.3	61.3	45.0	29.0	29.4	38.1	36.9	65.3	63.5	32.9
	99%	25.6	24.2	25.6	25.6	27.1	25.8	28.6	27.9	27.5	31.5	28.6
	95%	18.3	17.0	17.6	17.3	19.1	18.9	19.3	18.1	20.6	22.9	20.6
	50%	3.3	2.8	2.8	3.2	3.1	3.2	3.1	3.2	3.2	3.5	3.4
2/19	Max	36.1	52.3	61.3	45.0	29.0	29.4	38.1	36.9	65.3	63.5	32.9
	99%	25.6	24.3	25.6	25.7	27.1	25.8	28.6	27.8	28.0	32.5	28.6
	95%	18.7	17.0	17.7	17.8	19.3	19.0	19.3	18.3	20.9	23.7	20.2
	50%	3.3	2.8	2.8	3.1	3.1	3.1	3.0	3.2	3.2	3.5	3.4
2/20	Max	36.1	52.3	61.3	45.0	29.0	29.4	38.1	36.9	65.3	63.5	32.9
	99%	25.2	24.2	25.5	24.8	27.1	25.4	28.6	27.6	27.5	32.5	28.5
	95%	18.8	17.0	17.6	17.6	18.6	19.0	18.5	18.1	20.6	23.5	20.6
	50%	3.2	2.8	2.8	3.2	3.0	3.1	3.0	3.0	3.1	3.4	3.3
2/21	Max	36.1	52.3	61.3	45.0	29.0	29.4	38.1	36.9	65.3	63.5	32.9
	99%	25.4	24.5	25.5	25.0	27.1	25.0	28.3	25.1	27.5	32.5	27.9
	95%	18.3	17.0	17.7	17.7	18.6	19.0	18.1	18.0	20.0	23.1	19.8
	50%	3.1	2.8	2.8	3.1	3.0	3.0	3.0	3.0	3.2	3.4	3.3
2/22	Max	37.1	52.3	61.3	45.0	29.0	40.7	38.1	36.9	65.3	63.5	32.9
	99%	25.9	25.3	26.4	26.8	27.1	25.4	28.3	25.1	27.5	32.5	29.0
	95%	18.3	17.3	17.8	18.2	18.5	19.0	18.0	17.9	20.0	22.5	20.6
	50%	3.3	3.0	2.9	3.2	3.2	3.2	3.1	3.2	3.3	3.5	3.6
2/23	Max	37.1	52.3	61.3	45.0	31.1	40.7	38.1	36.9	65.3	63.5	32.9
	99%	26.5	28.8	26.9	27.7	27.3	25.9	28.3	27.3	27.6	32.5	29.0
	95%	19.3	18.0	18.1	18.2	18.6	20.0	18.0	18.1	20.3	23.2	20.4
	50%	3.3	3.0	3.0	3.2	3.2	3.3	3.1	3.3	3.4	3.5	3.6
2/24	Max	37.1	52.3	61.3	45.0	31.1	40.7	38.1	36.9	65.3	63.5	32.9
	99%	26.5	28.7	26.9	27.7	27.3	25.9	28.3	27.3	27.6	32.5	29.0
	95%	19.3	18.0	18.2	18.2	18.6	19.9	18.0	18.1	20.7	24.6	20.6
	50%	3.3	3.0	3.0	3.2	3.2	3.3	3.1	3.3	3.4	3.5	3.5
2/25	Max	37.1	52.3	61.3	45.0	31.1	40.7	38.1	36.9	65.3	63.5	32.9
	99%	26.6	26.9	26.5	27.7	27.3	25.9	28.3	27.4	27.6	32.6	28.9
	95%	19.4	17.9	18.1	18.2	18.6	20.0	18.4	18.2	20.5	23.9	20.3
	50%	3.5	3.1	3.1	3.2	3.2	3.3	3.3	3.4	3.5	3.5	3.6
2/26	Max	37.1	52.3	52.4	43.8	31.1	40.7	38.1	36.9	65.3	63.5	30.5
	99%	26.5	27.0	26.5	27.7	27.5	26.4	28.3	28.2	27.6	32.6	28.2
	95%	19.1	17.5	17.9	17.9	18.6	19.1	18.4	18.2	20.8	23.0	20.3
	50%	3.6	3.0	3.1	3.2	3.2	3.4	3.3	3.4	3.7	3.5	3.6
2/27	Max	37.1	52.3	52.4	43.8	31.1	40.7	38.1	36.9	65.3	63.5	30.5
	99%	26.6	27.0	26.5	27.7	27.5	26.5	28.3	28.2	27.6	32.6	25.9
	95%	19.2	17.0	18.0	17.9	18.6	19.2	18.3	18.2	20.8	22.6	20.2
	50%	3.6	3.0	3.2	3.3	3.2	3.4	3.3	3.5	3.7	3.5	3.6

续表

日期（月/日）	项目	站点										
		58259	58254	58255	58264	58265	58268	58269	58360	58354	58346	58351
		南通	海安	如皋	如东	吕泗	通州	启东	海门	无锡	宜兴	江阴
2/28	Max	37.1	52.3	52.4	43.8	45.0	40.7	41.9	36.9	65.3	63.5	30.0
	99%	27.7	29.4	28.7	27.8	27.7	26.5	28.3	25.6	27.0	32.7	26.0
	95%	19.9	17.5	18.3	18.2	18.7	20.0	18.4	18.2	20.7	22.8	20.2
	50%	3.8	3.1	3.3	3.3	3.2	3.5	3.5	3.6	4.0	3.6	3.8
2/29	Max	37.1	52.3	52.4	43.8	45.0	40.7	41.9	36.9	65.3	63.5	30.0
	99%	27.4	28.7	28.0	27.8	27.7	26.2	30.2	27.2	26.8	32.5	28.0
	95%	19.7	17.6	18.3	18.3	18.6	20.0	19.0	18.4	20.5	22.7	20.3
	50%	3.7	3.1	3.2	3.3	3.2	3.5	3.6	3.5	3.9	3.5	3.8
3/1	Max	37.1	52.3	52.4	43.8	45.0	40.7	41.9	36.9	65.3	63.5	30.0
	99%	27.7	29.5	28.7	27.8	27.7	26.5	28.2	25.6	28.0	34.0	26.0
	95%	20.0	17.3	18.0	18.2	18.6	20.0	18.7	18.2	20.7	23.4	19.9
	50%	3.7	3.1	3.3	3.4	3.3	3.5	3.6	3.6	4.0	3.6	3.8
3/2	Max	37.1	52.3	52.4	43.8	45.0	40.7	41.9	36.9	65.3	63.5	30.0
	99%	29.8	29.4	28.5	27.8	27.7	28.4	31.5	27.6	30.1	36.1	28.3
	95%	20.7	17.0	18.2	18.3	18.6	20.5	20.1	19.2	21.0	23.9	20.2
	50%	3.6	3.0	3.4	3.3	3.3	3.4	3.6	3.7	4.1	3.7	3.9
3/3	Max	37.1	52.3	52.4	43.8	45.0	40.7	41.9	36.9	65.3	63.5	33.2
	99%	29.8	29.2	31.1	27.8	27.7	28.3	31.5	27.6	30.0	36.4	29.2
	95%	20.7	17.2	18.2	18.2	18.6	20.5	19.2	19.3	21.3	24.3	21.4
	50%	3.6	3.0	3.3	3.4	3.3	3.5	3.7	3.8	4.2	3.7	3.9
3/4	Max	37.1	61.6	52.4	43.8	45.0	40.7	41.9	36.9	65.3	63.5	33.2
	99%	28.5	33.0	31.2	27.8	27.8	28.3	31.5	28.2	30.0	36.1	29.2
	95%	20.7	17.0	18.2	17.7	18.9	20.4	20.6	19.6	21.0	23.7	21.4
	50%	3.6	3.0	3.2	3.4	3.3	3.5	3.8	3.8	4.1	3.6	3.8
3/5	Max	46.6	61.6	52.4	43.8	45.0	57.8	47.7	47.3	65.3	63.5	48.8
	99%	31.1	35.8	31.6	28.7	30.3	29.5	32.3	31.6	30.3	36.4	29.7
	95%	21.8	18.1	18.3	18.2	19.3	20.7	21.3	20.1	21.0	23.6	21.5
	50%	3.7	3.0	3.2	3.4	3.4	3.5	3.9	4.0	4.2	3.7	3.9
3/6	Max	46.6	61.6	52.4	43.8	45.0	57.8	47.7	47.3	65.3	63.5	48.8
	99%	31.7	35.8	31.6	32.2	31.4	30.8	32.3	31.6	30.3	36.4	29.8
	95%	21.8	18.1	18.3	18.3	19.4	20.8	21.8	20.1	20.8	23.1	21.9
	50%	3.7	3.1	3.3	3.5	3.5	3.5	3.9	4.0	4.1	3.7	3.9
3/7	Max	46.6	61.6	52.4	43.8	45.0	57.8	47.7	47.3	65.3	70.4	62.2
	99%	35.2	35.8	32.9	32.5	31.4	34.9	32.4	32.4	31.4	36.6	29.8
	95%	22.2	18.2	18.7	18.8	19.7	21.0	22.4	20.5	21.1	24.4	23.2
	50%	3.9	3.2	3.5	3.6	3.6	3.8	3.9	4.2	4.4	3.9	4.0
3/8	Max	46.6	61.6	52.4	43.8	45.0	57.8	47.7	47.3	65.3	70.4	62.2
	99%	35.6	37.2	33.7	36.5	31.5	35.2	31.1	31.8	31.6	36.6	29.7
	95%	22.0	19.1	19.7	18.9	20.2	21.2	22.5	20.3	21.7	25.0	22.9
	50%	3.6	3.2	3.5	3.6	3.5	3.6	3.9	4.0	4.2	4.0	3.9

续表

日期(月/日)	项目	站点										
		58259	58254	58255	58264	58265	58268	58269	58360	58354	58346	58351
		南通	海安	如皋	如东	吕泗	通州	启东	海门	无锡	宜兴	江阴
3/9	Max	46.6	61.6	52.4	59.5	45.0	57.8	47.7	47.3	63.2	70.4	62.2
	99%	35.6	37.1	34.8	38.5	31.4	35.0	30.8	32.5	31.7	36.6	29.7
	95%	22.0	19.4	20.0	19.5	20.2	21.2	21.6	20.3	21.9	24.6	22.9
	50%	3.7	3.2	3.5	3.7	3.5	3.7	3.9	4.0	4.3	4.0	3.9
3/10	Max	46.6	61.6	52.4	59.5	45.0	57.8	47.7	47.3	63.2	70.4	62.2
	99%	35.3	38.7	34.7	38.5	31.4	34.7	31.5	32.4	31.6	36.6	29.7
	95%	21.6	19.4	19.9	19.6	20.1	21.2	22.1	19.9	21.2	24.8	22.9
	50%	3.7	3.2	3.6	3.8	3.7	3.8	4.0	4.1	4.4	4.0	3.9
3/11	Max	46.6	61.6	52.4	59.5	45.0	57.8	47.7	47.3	63.2	74.1	62.2
	99%	35.6	38.7	34.7	38.5	31.4	34.7	30.7	32.4	33.5	38.6	29.8
	95%	21.9	19.6	20.2	20.5	20.1	21.2	21.9	19.6	21.2	24.8	22.8
	50%	4.0	3.2	3.8	4.0	3.8	3.9	4.2	4.4	4.4	4.1	4.1
3/12	Max	46.6	61.6	52.4	59.5	45.0	57.8	47.7	47.3	63.2	74.1	62.2
	99%	35.5	38.6	34.1	38.4	31.4	34.3	30.6	32.4	33.4	38.5	30.0
	95%	22.5	20.8	21.5	20.8	20.3	22.1	21.1	18.7	21.0	24.2	22.8
	50%	4.0	3.3	3.9	4.0	3.9	4.0	4.2	4.5	4.5	4.1	4.1
3/13	Max	46.6	61.6	52.4	59.5	45.0	57.8	47.7	47.3	63.2	74.1	62.2
	99%	36.8	38.6	34.1	38.4	31.4	37.8	30.7	33.4	35.0	39.3	32.3
	95%	22.7	20.4	21.5	21.0	20.3	22.4	21.4	18.9	21.0	24.3	23.3
	50%	4.0	3.3	3.8	3.9	3.8	3.8	4.1	4.2	4.4	4.1	3.9
3/14	Max	46.6	61.6	52.4	59.5	45.0	57.8	47.7	47.3	63.2	74.1	62.2
	99%	36.8	38.6	34.1	38.4	31.4	37.8	30.7	33.3	35.0	39.4	30.0
	95%	22.7	20.8	22.0	21.0	20.3	22.4	21.4	18.8	21.0	24.5	22.8
	50%	3.9	3.3	3.7	3.9	3.8	3.8	4.1	4.2	4.2	4.0	3.9
3/15	Max	46.6	61.6	52.4	59.5	45.0	57.8	47.7	47.3	63.2	74.1	62.2
	99%	36.8	38.6	34.1	38.3	31.4	38.2	31.1	33.3	34.4	43.2	32.1
	95%	22.8	21.6	22.3	21.4	20.5	22.8	22.0	19.9	21.2	24.7	23.5
	50%	4.0	3.3	3.8	3.9	3.9	3.8	4.2	4.2	4.3	4.1	4.1
3/16	Max	46.6	61.6	52.4	59.5	45.0	57.8	47.7	47.3	63.2	74.1	62.2
	99%	36.7	36.7	34.1	38.2	31.4	38.2	31.1	33.3	34.3	43.2	32.0
	95%	22.7	21.5	22.3	23.6	20.7	22.7	21.8	19.9	21.1	25.0	23.5
	50%	3.7	3.3	3.7	3.8	3.8	3.7	4.0	4.0	4.3	4.0	4.0
3/17	Max	46.6	61.6	61.6	59.5	45.0	57.8	47.7	47.3	63.2	74.1	62.2
	99%	35.7	38.4	34.5	38.1	31.3	38.1	30.8	33.2	34.2	43.4	32.6
	95%	22.8	21.7	23.9	21.0	20.1	22.5	20.4	19.1	21.2	25.1	23.8
	50%	3.7	3.3	3.8	3.8	3.9	3.7	4.1	4.0	4.3	4.1	3.8
3/18	Max	61.5	61.6	61.6	59.5	55.2	57.8	50.6	47.3	68.8	74.1	62.2
	99%	37.5	40.6	42.3	40.7	35.4	41.2	32.1	33.8	35.3	44.0	36.7
	95%	24.1	22.2	24.9	24.4	21.1	23.1	22.0	20.2	22.4	25.2	24.1
	50%	4.0	3.4	3.8	4.0	3.9	3.8	4.2	4.0	4.4	4.2	4.1

续表

日期（月/日）	项目	站点										
		58259	58254	58255	58264	58265	58268	58269	58360	58354	58346	58351
		南通	海安	如皋	如东	吕泗	通州	启东	海门	无锡	宜兴	江阴
3/19	Max	61.5	61.6	61.6	59.5	55.2	57.8	50.6	47.3	68.8	74.1	62.2
	99%	40.2	40.3	42.1	40.6	35.4	41.1	32.0	33.8	35.3	44.0	36.4
	95%	24.3	22.1	24.8	25.2	20.7	23.0	21.8	20.2	22.4	25.0	24.0
	50%	3.9	3.4	3.8	4.0	3.9	3.8	4.0	3.9	4.3	4.1	3.8
3/20	Max	61.5	61.6	61.6	59.5	55.2	57.8	50.6	47.3	68.8	74.1	62.2
	99%	40.6	40.4	42.1	40.6	35.4	41.1	32.1	33.8	35.3	44.0	36.4
	95%	24.3	22.1	25.3	25.3	20.8	22.9	21.9	20.0	21.7	24.7	24.0
	50%	3.9	3.3	3.7	4.0	3.9	3.8	4.1	3.9	4.3	4.3	3.8
3/21	Max	61.5	61.6	61.6	59.5	55.2	57.8	50.6	47.3	68.8	74.1	62.2
	99%	40.6	40.4	42.3	40.7	35.4	41.2	32.1	33.8	35.3	44.0	36.5
	95%	24.3	22.1	25.3	25.4	20.6	22.9	21.9	20.0	22.4	24.9	23.7
	50%	4.0	3.4	3.6	3.9	3.9	3.8	4.1	3.9	4.4	4.3	3.8
3/22	Max	61.5	61.6	61.6	59.5	55.2	57.8	50.6	47.3	68.8	74.1	62.2
	99%	40.6	40.5	42.4	40.6	35.4	41.2	33.7	33.8	35.3	44.0	38.3
	95%	24.3	22.4	25.5	25.2	20.2	22.9	22.0	20.0	23.2	25.2	24.3
	50%	4.0	3.4	3.5	4.0	3.9	3.8	4.1	4.0	4.4	4.3	3.8
3/23	Max	61.5	61.6	61.6	59.5	55.2	57.8	50.6	47.3	68.8	74.1	62.2
	99%	43.4	40.7	42.6	39.4	35.4	42.9	33.8	34.2	35.5	44.0	38.3
	95%	24.3	22.5	25.4	24.3	21.3	23.0	22.4	20.4	24.3	25.2	23.8
	50%	3.9	3.4	3.6	3.9	3.9	3.8	4.2	3.9	4.3	4.3	3.8
3/24	Max	61.5	61.6	61.6	59.5	55.2	57.8	50.6	47.3	68.8	74.1	62.2
	99%	43.7	39.4	40.8	39.4	39.4	45.3	38.3	36.4	35.9	44.0	38.4
	95%	23.8	22.2	24.4	24.3	21.4	22.8	22.5	20.3	24.2	25.2	24.1
	50%	3.7	3.3	3.4	3.7	3.6	3.7	4.1	3.8	4.2	4.3	3.7
3/25	Max	61.5	61.6	61.6	59.5	55.2	57.8	50.6	47.3	68.8	74.1	62.2
	99%	43.7	39.4	40.9	39.6	40.0	45.5	38.8	36.7	36.0	44.1	38.4
	95%	24.1	21.8	24.5	24.4	21.6	22.9	22.9	20.4	24.5	25.2	23.6
	50%	3.9	3.3	3.4	3.7	3.8	3.7	4.2	3.9	4.3	4.3	3.7
3/26	Max	61.5	61.6	61.6	59.5	55.2	57.8	70.5	47.3	68.8	74.1	62.2
	99%	43.7	39.4	40.9	39.7	41.6	45.6	40.3	36.7	36.3	44.8	38.4
	95%	24.7	22.1	24.5	24.3	21.6	23.7	24.0	21.6	25.1	25.2	23.8
	50%	3.9	3.2	3.3	3.7	3.9	3.7	4.2	3.8	4.2	4.3	3.7
3/27	Max	61.5	61.6	61.6	59.5	55.2	57.8	70.5	47.3	68.8	74.1	62.2
	99%	43.7	38.5	38.9	38.6	41.9	45.6	40.4	36.9	36.9	44.8	38.5
	95%	24.0	21.8	24.4	24.1	21.7	23.1	24.2	22.0	25.0	25.5	23.9
	50%	3.6	3.1	3.2	3.5	3.6	3.6	4.2	3.6	4.0	4.2	3.4
3/28	Max	61.5	61.6	61.6	59.5	55.2	57.8	70.5	47.3	68.8	74.1	62.2
	99%	43.7	38.5	39.1	38.7	42.1	45.7	34.3	34.4	37.0	44.9	34.4
	95%	25.0	22.1	24.4	24.3	21.9	23.8	24.0	21.4	25.3	26.0	23.7
	50%	3.6	3.1	3.1	3.5	3.6	3.6	4.2	3.6	4.0	4.3	3.4

续表

日期(月/日)	项目	站点										
		58259	58254	58255	58264	58265	58268	58269	58360	58354	58346	58351
		南通	海安	如皋	如东	吕泗	通州	启东	海门	无锡	宜兴	江阴
3/29	Max	61.5	61.6	61.6	59.5	55.2	57.8	70.5	47.3	68.8	74.1	62.2
	99%	43.7	37.8	39.1	38.7	38.4	45.7	32.5	34.5	37.6	55.4	35.4
	95%	24.1	21.8	22.9	23.3	21.0	23.0	23.4	21.4	25.7	26.0	23.9
	50%	3.6	3.0	3.0	3.4	3.8	3.6	4.1	3.5	3.9	4.2	3.3
3/30	Max	61.5	61.6	61.6	59.5	55.2	57.8	70.5	47.3	68.8	74.1	62.2
	99%	43.7	37.8	39.1	38.7	38.3	45.7	32.5	34.5	37.6	55.8	35.4
	95%	24.1	22.3	22.9	23.4	21.0	23.0	23.5	20.9	25.3	26.0	23.9
	50%	3.5	3.0	3.0	3.3	3.6	3.5	4.0	3.4	3.7	4.1	3.3
3/31	Max	61.5	61.6	61.6	59.5	55.2	57.8	70.5	47.3	68.8	74.1	62.2
	99%	43.7	37.9	39.3	38.7	39.4	45.7	34.6	34.6	37.6	43.0	35.4
	95%	22.8	22.8	24.1	22.8	20.5	22.0	23.0	20.6	25.3	25.2	23.5
	50%	3.5	3.0	2.9	3.2	3.6	3.4	3.9	3.2	3.7	4.0	3.2
4/1	Max	61.5	61.6	61.6	59.5	55.2	57.8	70.5	47.3	68.8	74.1	62.2
	99%	43.7	37.9	39.3	38.7	39.4	45.8	34.5	34.6	37.6	43.0	35.3
	95%	23.9	22.9	23.3	21.2	21.0	22.1	23.5	21.0	25.1	25.2	22.9
	50%	3.5	2.9	2.9	3.1	3.5	3.4	3.9	3.1	3.6	3.9	3.1
4/2	Max	61.5	49.9	61.6	59.5	55.2	57.8	70.5	47.3	68.8	74.1	62.2
	99%	43.7	36.7	39.1	38.6	39.4	45.6	47.5	37.0	38.6	55.4	40.2
	95%	24.8	23.6	22.6	23.1	20.8	23.1	23.9	20.8	25.0	25.5	23.6
	50%	3.5	2.8	2.9	3.2	3.5	3.3	3.8	3.0	3.6	3.9	3.1
4/3	Max	61.5	49.9	61.6	59.5	55.2	54.1	70.5	44.9	68.8	74.1	78.8
	99%	43.6	37.7	41.0	40.6	37.8	43.4	47.9	34.3	37.5	55.4	40.3
	95%	24.0	24.0	23.9	23.4	20.8	22.9	23.4	21.2	24.8	25.5	24.0
	50%	3.5	2.8	2.9	3.1	3.5	3.4	3.8	3.1	3.6	3.9	3.1
4/4	Max	61.5	49.9	61.6	59.5	55.2	54.1	70.5	44.9	68.8	74.1	78.8
	99%	44.1	37.8	43.0	40.6	39.0	42.7	50.3	37.0	38.6	55.4	40.2
	95%	24.1	24.2	24.4	24.0	20.1	22.9	23.9	22.0	25.2	25.8	24.2
	50%	3.5	2.9	2.9	3.0	3.4	3.3	3.8	3.0	3.5	3.7	3.1
4/5	Max	61.5	49.9	61.6	59.5	55.2	54.1	70.5	44.9	68.8	74.1	78.8
	99%	44.1	38.4	41.5	40.6	39.0	41.3	50.3	36.9	38.5	44.7	38.5
	95%	24.1	24.8	24.3	23.4	21.2	22.6	23.5	22.0	25.2	25.8	23.6
	50%	3.4	2.8	2.8	3.0	3.4	3.2	3.8	3.0	3.4	3.8	3.0
4/6	Max	61.5	49.9	61.6	59.5	55.2	54.1	70.5	44.9	68.8	74.1	78.8
	99%	44.1	37.6	41.5	39.7	39.0	41.9	48.5	37.0	38.4	44.7	38.5
	95%	24.2	24.2	23.9	23.4	20.9	22.7	22.9	22.0	27.1	25.7	23.6
	50%	3.4	2.9	2.9	3.1	3.4	3.3	3.8	3.1	3.6	3.9	3.2
4/7	Max	61.5	49.9	61.6	55.4	55.2	54.1	70.5	44.9	68.8	74.1	78.8
	99%	44.1	38.5	41.0	38.5	39.1	42.0	39.7	37.3	39.7	44.6	38.5
	95%	24.0	24.2	23.2	21.4	21.2	21.7	23.0	22.1	27.5	25.7	24.0
	50%	3.4	3.0	3.0	3.1	3.4	3.3	3.8	3.0	3.7	3.9	3.2

续表

日期（月/日）	项目	站点										
		58259	58254	58255	58264	58265	58268	58269	58360	58354	58346	58351
		南通	海安	如皋	如东	吕泗	通州	启东	海门	无锡	宜兴	江阴
4/8	Max	61.5	49.9	61.6	55.4	55.2	54.1	70.5	44.9	68.8	74.1	78.8
	99%	44.2	37.6	41.0	38.5	39.4	42.0	39.7	37.4	39.7	47.2	38.5
	95%	24.2	24.2	22.7	21.5	22.0	21.9	23.4	22.3	28.1	25.7	24.2
	50%	3.3	2.9	2.9	3.1	3.4	3.2	3.8	3.0	3.7	3.9	3.2
4/9	Max	61.5	49.9	61.6	55.4	55.2	54.1	70.5	44.9	68.8	74.1	78.8
	99%	44.2	37.6	41.0	38.5	39.4	42.0	39.8	37.4	38.3	47.1	38.5
	95%	24.2	24.5	22.7	21.7	22.0	21.9	23.5	22.3	27.7	25.7	24.3
	50%	3.1	2.8	2.9	3.1	3.4	3.2	3.7	2.9	3.7	3.7	3.1
4/10	Max	97.6	49.9	61.6	55.4	65.4	60.1	103.9	57.0	68.8	74.1	78.8
	99%	44.6	38.9	43.2	38.5	41.7	43.1	48.7	39.7	38.4	47.1	40.3
	95%	24.2	24.8	23.4	22.4	22.1	22.0	23.8	22.1	27.7	25.3	24.6
	50%	3.2	2.9	2.9	3.1	3.4	3.2	3.7	2.8	3.6	3.7	3.1
4/11	Max	97.6	49.9	61.6	55.4	65.4	60.1	103.9	57.0	68.8	74.1	78.8
	99%	44.6	39.0	43.2	38.5	41.7	43.1	48.6	39.7	38.4	44.6	40.3
	95%	24.2	24.9	23.8	23.1	22.4	21.9	24.1	22.3	27.7	25.3	24.6
	50%	3.0	2.9	2.9	3.1	3.4	3.2	3.8	3.0	3.6	3.7	3.2
4/12	Max	97.6	49.9	62.3	55.4	65.4	60.1	103.9	57.0	68.8	74.1	78.8
	99%	45.4	39.0	49.4	39.9	41.7	43.1	48.6	39.7	38.3	44.5	40.3
	95%	24.3	25.3	25.0	23.5	22.7	22.9	24.7	23.2	28.5	26.0	24.8
	50%	3.0	2.9	2.9	3.1	3.3	3.1	3.8	2.9	3.7	3.9	3.1
4/13	Max	97.6	49.9	62.3	55.4	65.4	60.1	103.9	57.0	68.8	59.3	78.8
	99%	45.3	38.7	49.0	39.9	41.5	43.0	50.6	39.7	38.2	42.8	40.3
	95%	24.1	24.7	24.1	23.3	22.4	22.4	24.6	22.3	27.6	25.8	24.4
	50%	3.0	2.9	2.7	2.9	3.2	2.9	3.7	2.7	3.6	3.7	3.1
4/14	Max	97.6	49.9	62.3	55.4	65.4	60.1	103.9	57.0	68.8	88.1	78.8
	99%	45.3	41.0	49.2	41.1	41.5	45.1	50.6	39.7	39.9	47.4	40.3
	95%	24.4	25.7	25.7	24.0	23.0	23.0	24.5	22.3	28.8	26.3	26.3
	50%	3.0	3.1	2.9	3.1	3.3	3.0	3.8	2.7	3.6	3.8	3.1
4/15	Max	97.6	49.9	62.3	55.4	65.4	60.1	103.9	57.0	69.5	88.1	78.8
	99%	46.4	39.0	50.1	43.3	41.9	46.0	48.5	39.7	45.9	50.0	38.6
	95%	24.8	25.8	25.3	24.2	23.1	23.7	24.2	23.3	29.2	26.4	25.1
	50%	3.0	3.1	3.0	3.1	3.3	2.9	3.8	2.8	3.7	3.9	3.1
4/16	Max	97.6	47.4	62.3	54.6	65.4	60.1	103.9	57.0	69.5	88.1	78.8
	99%	44.6	37.4	43.7	41.2	39.4	44.7	36.8	36.7	46.1	50.4	37.3
	95%	24.6	25.4	25.6	23.8	23.1	23.5	24.4	22.6	28.8	26.4	26.3
	50%	3.0	3.0	2.9	2.9	3.2	2.9	3.8	2.8	3.7	3.9	3.0
4/17	Max	97.6	47.4	62.3	54.6	65.4	60.1	103.9	57.0	69.5	88.1	78.8
	99%	42.8	37.5	43.8	41.3	39.4	42.2	37.2	36.8	46.1	50.4	38.2
	95%	24.2	25.5	26.1	23.9	23.1	23.0	24.7	22.8	28.9	26.7	26.6
	50%	3.0	3.0	3.0	2.8	3.1	2.9	3.7	2.8	3.7	3.9	3.1

续表

日期(月/日)	项目	站点										
		58259	58254	58255	58264	58265	58268	58269	58360	58354	58346	58351
		南通	海安	如皋	如东	吕泗	通州	启东	海门	无锡	宜兴	江阴
4/18	Max	97.6	47.4	62.3	54.6	65.4	60.1	103.9	57.0	69.5	88.1	78.8
	99%	42.8	39.2	44.0	38.6	39.4	42.2	37.3	36.8	46.3	50.4	38.4
	95%	24.3	25.9	25.9	23.7	23.2	23.0	24.9	22.9	28.8	28.4	26.7
	50%	3.1	3.1	3.0	2.9	3.3	3.0	3.8	3.0	3.8	4.2	3.1
4/19	Max	97.6	47.4	62.3	82.3	65.4	60.1	103.9	57.0	69.5	88.1	78.8
	99%	44.0	39.3	46.2	41.3	39.4	43.4	38.1	37.2	46.4	50.6	41.5
	95%	24.4	27.2	26.5	24.2	23.6	23.5	25.8	23.7	28.8	29.9	28.2
	50%	3.1	3.1	3.1	2.9	3.3	3.0	3.8	2.8	3.8	4.2	3.1
4/20	Max	97.6	64.6	63.5	82.3	65.4	60.1	103.9	61.4	69.5	88.1	84.2
	99%	44.3	40.4	51.8	41.9	39.9	44.8	39.5	39.7	47.9	48.9	48.6
	95%	24.4	26.3	26.7	24.4	25.4	23.8	25.8	24.1	28.9	30.3	28.3
	50%	3.1	3.0	2.9	2.7	3.3	3.0	3.8	2.7	3.7	4.1	3.1
4/21	Max	97.6	64.6	63.5	82.3	65.4	60.1	103.9	61.4	69.5	88.1	84.2
	99%	44.0	41.7	51.9	41.8	39.9	43.5	42.7	37.7	47.9	48.9	48.7
	95%	24.4	26.8	26.9	24.9	24.8	23.8	25.8	23.8	28.3	30.2	28.6
	50%	3.1	2.9	2.8	2.8	3.3	3.0	3.7	2.8	3.7	4.2	3.1
4/22	Max	97.6	64.6	63.5	82.3	65.4	60.1	103.9	61.4	71.6	88.1	84.2
	99%	42.9	43.1	51.8	41.3	39.4	42.3	36.9	35.2	49.2	48.8	48.7
	95%	24.9	27.5	26.9	24.4	24.7	23.9	25.2	23.5	28.2	28.4	28.3
	50%	3.2	3.0	2.8	2.8	3.3	3.0	3.8	2.8	3.8	4.2	3.1
4/23	Max	97.6	64.6	63.5	82.3	65.4	60.1	103.9	61.4	71.6	88.1	84.2
	99%	42.8	43.1	51.7	41.3	39.4	42.2	38.6	35.1	49.0	52.5	48.3
	95%	24.8	28.8	26.9	24.5	24.6	23.8	26.3	23.6	28.7	30.6	29.5
	50%	3.1	3.0	2.8	2.9	3.3	2.9	3.7	2.8	3.8	4.2	3.1
4/24	Max	97.6	71.2	67.9	82.3	65.4	60.1	103.9	61.4	87.8	88.1	84.2
	99%	44.0	44.7	54.9	51.7	39.8	45.2	36.2	35.0	50.9	53.1	51.4
	95%	24.9	29.8	27.5	26.0	25.3	24.1	25.8	22.2	28.9	31.5	29.9
	50%	3.1	3.0	2.8	2.8	3.2	2.9	3.6	2.8	4.0	4.3	3.1
4/25	Max	97.6	71.2	67.9	82.3	65.4	60.1	103.9	61.4	87.8	88.1	84.2
	99%	44.2	44.8	54.9	51.3	41.7	46.4	38.3	36.6	52.6	54.6	51.4
	95%	25.3	29.5	27.5	26.5	26.1	25.1	26.1	22.5	29.0	32.0	30.9
	50%	3.2	3.0	2.9	2.9	3.4	3.0	3.7	2.9	4.1	4.3	3.3
4/26	Max	97.6	71.2	67.9	82.3	65.4	60.1	103.9	61.4	87.8	88.1	84.2
	99%	51.2	46.3	54.7	51.1	42.4	47.4	40.5	36.3	52.6	55.4	56.2
	95%	25.5	29.8	28.2	28.4	26.8	26.3	26.4	24.7	29.5	32.2	32.1
	50%	3.2	3.1	3.1	3.2	3.5	3.2	3.7	3.0	4.2	4.4	3.4
4/27	Max	97.6	71.2	67.9	82.3	65.4	60.1	103.9	61.4	87.8	88.1	84.2
	99%	52.1	47.2	54.7	54.3	42.4	47.3	40.5	36.2	52.5	54.5	56.2
	95%	25.5	30.6	29.4	29.0	26.9	26.3	25.9	24.5	29.4	33.0	31.5
	50%	3.1	3.1	3.1	3.2	3.4	3.1	3.7	2.9	4.2	4.4	3.4

续表

日期（月/日）	项目	站点										
		58259	58254	58255	58264	58265	58268	58269	58360	58354	58346	58351
		南通	海安	如皋	如东	吕泗	通州	启东	海门	无锡	宜兴	江阴
4/28	Max	97.6	71.2	67.9	82.3	65.4	60.1	103.9	61.4	87.8	88.1	84.2
	99%	52.1	47.2	54.7	54.2	45.5	47.3	40.5	36.9	53.4	55.3	56.2
	95%	26.7	30.7	30.2	29.6	27.2	27.6	26.3	24.7	30.5	34.9	32.1
	50%	3.2	3.2	3.2	3.3	3.5	3.1	3.7	3.1	4.3	4.5	3.6
4/29	Max	97.6	71.2	76.0	82.3	65.4	61.9	103.9	61.4	87.8	88.1	84.2
	99%	47.7	48.9	56.2	57.7	47.9	46.5	39.1	40.5	54.6	56.0	56.2
	95%	27.1	31.1	34.4	31.2	29.7	29.2	26.8	26.1	32.6	36.7	32.4
	50%	3.1	3.2	3.3	3.3	3.5	3.2	3.7	3.1	4.4	4.7	3.6
4/30	Max	97.6	71.2	76.0	82.3	65.4	61.9	103.9	61.4	87.8	88.1	84.2
	99%	47.8	49.0	56.2	57.8	49.2	46.5	41.4	41.9	54.6	56.0	56.3
	95%	29.5	32.4	34.5	32.4	29.9	30.7	27.2	26.4	32.9	38.1	33.2
	50%	3.1	3.2	3.3	3.3	3.5	3.2	3.5	3.1	4.5	4.8	3.6
5/1	Max	97.6	71.2	76.0	82.3	65.4	61.9	103.9	61.4	87.8	116.5	84.2
	99%	48.1	50.4	56.3	54.8	49.2	46.5	41.4	40.6	54.7	60.1	54.3
	95%	29.4	31.2	34.6	31.8	30.3	30.6	26.8	26.6	31.4	38.2	32.3
	50%	3.2	3.2	3.3	3.5	3.5	3.3	3.5	3.2	4.5	4.8	3.7
5/2	Max	97.6	71.2	76.0	82.3	65.4	61.9	103.9	61.4	87.8	116.5	84.2
	99%	45.8	50.4	55.3	54.7	49.2	46.5	40.7	40.6	55.9	60.4	51.6
	95%	28.7	30.9	34.4	31.3	29.8	29.8	26.7	26.3	31.3	38.7	32.1
	50%	3.1	3.1	3.2	3.3	3.3	3.2	3.4	3.0	4.3	4.6	3.4
5/3	Max	97.6	71.2	76.0	82.3	65.4	62.6	103.9	72.4	87.8	116.5	84.2
	99%	47.8	50.3	55.1	57.8	49.2	48.0	40.6	40.9	56.2	60.3	53.9
	95%	27.4	31.6	33.7	31.3	28.7	29.6	26.7	26.1	33.2	39.0	32.4
	50%	3.1	3.0	3.2	3.3	3.5	3.3	3.4	3.1	4.3	4.6	3.5
5/4	Max	97.6	71.2	76.0	82.3	65.4	62.6	103.9	72.4	87.8	116.5	84.2
	99%	47.7	50.3	55.0	57.8	49.2	49.2	40.6	40.9	56.2	60.2	54.0
	95%	28.0	31.1	34.4	31.5	29.5	30.3	26.8	26.1	33.1	39.0	32.7
	50%	3.1	3.0	3.2	3.3	3.4	3.3	3.3	3.1	4.2	4.5	3.3
5/5	Max	97.6	71.2	94.4	82.3	65.4	62.6	103.9	80.8	87.8	116.5	86.3
	99%	52.1	52.6	56.2	57.8	49.2	52.3	43.0	45.6	58.5	61.0	56.6
	95%	30.2	31.4	34.5	31.9	30.3	31.3	29.2	26.4	34.4	39.2	33.4
	50%	3.1	3.1	3.2	3.3	3.4	3.3	3.3	3.1	4.2	4.4	3.4
5/6	Max	97.6	71.2	94.4	82.3	65.4	62.6	103.9	80.8	87.8	116.5	86.3
	99%	55.5	52.4	56.1	57.7	49.1	52.1	42.5	45.3	59.6	61.0	56.6
	95%	32.5	31.7	34.7	32.7	30.6	32.3	29.5	28.3	35.1	40.0	33.0
	50%	3.1	3.0	3.1	3.3	3.5	3.2	3.3	3.0	3.9	4.3	3.3
5/7	Max	97.6	71.2	94.4	82.3	65.4	62.6	103.9	80.8	87.8	116.5	86.3
	99%	55.3	56.3	60.6	58.3	49.1	51.9	42.4	45.0	59.5	61.0	56.6
	95%	32.4	33.0	34.9	33.3	30.8	33.6	29.5	27.3	36.3	39.1	32.8
	50%	3.1	3.0	3.1	3.3	3.4	3.2	3.3	3.0	3.9	4.1	3.3

续表

日期(月/日)	项目	站点										
		58259	58254	58255	58264	58265	58268	58269	58360	58354	58346	58351
		南通	海安	如皋	如东	吕泗	通州	启东	海门	无锡	宜兴	江阴
5/8	Max	97.6	71.2	94.4	82.3	65.4	62.6	103.9	80.8	87.8	116.5	86.3
	99%	55.3	56.0	60.4	58.2	49.0	51.7	42.1	44.9	59.5	61.0	56.6
	95%	32.3	33.6	34.8	34.5	31.1	34.2	29.1	28.1	37.2	39.0	32.8
	50%	3.2	3.0	3.0	3.2	3.4	3.1	3.3	3.1	4.0	4.3	3.3
5/9	Max	74.9	71.2	94.4	82.3	65.0	62.6	80.2	80.8	87.8	116.5	86.3
	99%	53.6	55.9	60.1	58.2	48.4	48.9	41.9	43.8	59.5	61.0	56.6
	95%	30.9	32.6	34.5	33.0	30.7	33.8	29.1	27.2	37.2	39.1	32.1
	50%	3.1	2.9	2.9	3.1	3.3	2.9	3.2	3.0	3.8	4.0	3.1
5/10	Max	74.9	71.2	94.4	82.3	65.0	62.6	80.2	80.8	87.8	116.5	86.3
	99%	53.6	56.1	60.1	58.3	49.0	48.9	48.6	43.9	59.5	61.0	56.6
	95%	32.3	34.0	34.6	35.1	30.5	34.2	29.0	26.6	37.2	40.7	32.8
	50%	3.1	3.0	2.9	3.0	3.3	2.9	3.2	3.0	3.9	4.0	3.1
5/11	Max	74.9	71.2	94.4	82.3	65.0	62.6	80.2	80.8	87.8	116.5	86.3
	99%	53.6	56.2	54.5	58.3	49.1	48.9	48.8	43.9	59.5	63.0	56.6
	95%	32.4	33.6	34.4	34.7	30.8	33.9	29.1	28.2	37.6	41.0	32.9
	50%	3.1	2.9	2.9	2.9	3.4	2.9	3.2	3.0	3.8	3.9	3.3
5/12	Max	74.9	74.1	94.4	86.3	65.0	62.6	80.2	80.8	87.8	116.5	86.3
	99%	53.7	59.4	54.6	59.1	52.3	51.7	42.2	45.1	59.5	63.3	56.6
	95%	32.9	33.9	34.5	35.6	31.3	34.2	28.9	28.5	38.3	41.3	33.3
	50%	3.1	2.9	2.9	2.9	3.4	3.1	3.2	3.0	3.8	3.8	3.2
5/13	Max	74.9	74.1	94.4	86.3	65.0	62.6	80.2	80.8	87.8	116.5	86.3
	99%	53.7	59.4	59.1	59.1	52.3	51.8	48.9	49.6	57.8	61.7	56.6
	95%	34.1	34.1	34.4	35.6	31.7	33.6	29.3	28.9	37.5	39.4	32.8
	50%	3.1	2.7	2.7	2.8	3.3	2.9	3.2	3.0	3.7	3.8	3.1
5/14	Max	79.9	74.1	94.4	86.3	65.3	105.0	80.2	80.8	87.8	116.5	86.3
	99%	53.6	59.4	58.2	59.9	57.6	56.3	51.3	50.3	55.9	61.7	56.6
	95%	32.8	34.4	34.3	35.6	31.0	33.5	30.4	29.2	38.3	39.1	35.1
	50%	3.1	2.6	2.7	2.8	3.2	2.9	3.2	3.1	3.7	3.8	3.1
5/15	Max	108.7	152.0	156.2	125.6	111.6	135.6	86.0	85.9	87.8	116.5	86.3
	99%	58.8	60.4	62.6	63.7	59.6	57.8	54.6	52.8	55.8	61.0	57.9
	95%	34.2	34.3	34.2	35.0	31.6	34.3	30.4	29.4	36.5	38.9	33.4
	50%	3.0	2.6	2.7	2.5	3.2	2.7	3.0	3.0	3.5	3.5	3.1
5/16	Max	108.7	152.0	156.2	125.6	111.6	135.6	86.0	85.9	87.8	116.5	86.3
	99%	60.5	60.4	62.6	63.5	60.7	57.7	54.7	55.4	55.7	61.0	56.5
	95%	35.3	35.2	34.9	36.6	37.2	36.4	30.6	30.3	37.2	38.2	34.5
	50%	3.1	2.7	2.7	2.7	3.4	2.8	3.1	3.0	3.5	3.5	3.1
5/17	Max	108.7	152.0	156.2	125.6	111.6	135.6	86.0	85.9	87.8	116.5	86.3
	99%	60.5	60.3	62.2	62.9	60.7	57.7	54.7	62.7	55.6	60.9	67.4
	95%	35.7	34.2	36.1	37.5	38.0	36.9	31.0	31.7	37.2	38.1	36.0
	50%	3.0	2.4	2.6	2.5	3.2	2.6	2.9	2.9	3.4	3.2	3.0

续表

日期（月/日）	项目	站点										
		58259	58254	58255	58264	58265	58268	58269	58360	58354	58346	58351
		南通	海安	如皋	如东	吕泗	通州	启东	海门	无锡	宜兴	江阴
5/18	Max	108.7	152.0	156.2	125.6	111.6	135.6	86.0	85.9	87.8	116.5	86.3
	99%	62.1	60.2	62.2	59.7	60.7	59.0	54.7	68.1	55.5	60.9	66.8
	95%	39.0	34.1	35.0	36.6	39.5	37.2	31.3	32.1	38.4	38.3	34.8
	50%	3.0	2.5	2.7	2.6	3.2	2.7	3.0	3.0	3.4	3.2	3.0
5/19	Max	136.3	152.0	156.2	125.6	157.8	137.0	117.6	136.0	87.8	116.5	164.0
	99%	62.0	60.2	59.6	59.2	63.4	61.0	59.9	71.8	60.2	60.9	66.4
	95%	39.4	34.6	34.6	36.6	39.5	37.3	35.2	32.6	39.8	39.7	34.4
	50%	3.1	3.0	2.9	2.7	3.2	2.6	3.0	3.2	3.4	3.2	3.1
5/20	Max	136.3	152.0	156.2	125.6	157.8	137.0	117.6	136.0	87.8	116.5	164.0
	99%	65.7	62.6	63.7	59.2	65.2	60.9	65.1	71.6	60.1	60.9	65.8
	95%	41.3	34.6	34.5	36.6	40.4	39.2	35.2	36.3	39.9	39.3	36.0
	50%	3.2	3.0	3.0	2.7	3.0	2.7	3.0	3.1	3.3	2.8	3.1
5/21	Max	136.3	152.0	156.2	125.6	157.8	137.0	117.6	136.0	87.8	116.5	164.0
	99%	65.5	62.4	63.6	59.1	65.2	60.8	64.9	71.5	58.8	60.9	65.3
	95%	41.2	34.1	34.4	38.0	40.3	39.0	35.2	36.9	40.0	39.2	35.8
	50%	3.2	3.1	3.2	2.7	3.0	2.7	2.9	3.2	3.3	3.1	3.1
5/22	Max	136.3	152.0	156.2	125.6	157.8	137.0	117.6	136.0	87.8	116.5	164.0
	99%	65.1	61.9	63.0	59.0	65.2	60.5	64.7	71.2	58.8	60.8	64.6
	95%	41.7	34.1	35.8	38.0	41.1	38.5	35.1	36.7	41.0	39.6	35.4
	50%	3.2	3.1	3.3	2.7	3.0	2.8	2.9	3.1	3.3	3.0	3.2
5/23	Max	136.3	152.0	156.2	125.6	157.8	137.0	117.6	136.0	77.0	116.5	164.0
	99%	64.7	60.0	59.2	58.3	65.1	59.4	64.4	71.0	56.9	59.7	63.8
	95%	41.3	34.0	34.3	36.8	40.5	39.2	35.2	36.6	39.9	39.1	35.9
	50%	3.2	3.1	3.0	2.7	3.1	2.7	2.9	3.1	3.1	2.8	3.1
5/24	Max	136.3	152.0	156.2	125.6	157.8	137.0	117.6	136.0	77.0	116.5	164.0
	99%	64.6	60.0	59.2	58.3	65.1	59.9	64.4	73.1	60.2	66.3	70.4
	95%	41.6	34.2	36.3	38.0	39.6	39.9	35.2	37.1	41.3	42.0	36.7
	50%	3.1	3.1	3.2	2.7	3.0	2.7	2.8	3.1	3.1	2.8	3.1
5/25	Max	136.3	152.0	156.2	125.6	157.8	137.0	117.6	136.0	77.0	116.5	164.0
	99%	64.4	59.9	59.2	58.3	65.1	59.7	68.3	73.1	60.2	73.2	57.9
	95%	41.6	34.2	38.7	38.1	39.5	38.0	37.7	37.1	40.1	41.2	34.6
	50%	3.3	3.1	3.2	2.7	3.1	2.8	3.0	3.1	3.1	2.8	3.1
5/26	Max	136.3	152.0	156.2	125.6	157.8	137.0	117.6	136.0	77.0	116.5	164.0
	99%	64.4	58.8	59.2	58.1	65.1	59.7	68.2	73.0	60.1	75.6	58.0
	95%	41.7	33.9	38.7	37.6	41.0	38.9	38.6	38.9	40.5	42.4	34.1
	50%	3.5	3.2	3.3	2.9	3.2	2.9	3.2	3.3	3.3	3.0	3.3
5/27	Max	136.3	152.0	156.2	125.6	157.8	137.0	117.6	136.0	92.5	116.5	164.0
	99%	64.6	58.8	59.1	58.3	65.9	62.1	69.6	73.5	65.7	75.6	67.4
	95%	42.5	36.0	39.2	38.9	41.0	40.4	38.8	39.2	41.9	42.2	36.4
	50%	3.5	3.2	3.3	2.8	3.2	2.9	3.3	3.2	3.4	3.1	3.2

续表

日期(月/日)	项目	站点										
		58259	58254	58255	58264	58265	58268	58269	58360	58354	58346	58351
		南通	海安	如皋	如东	吕泗	通州	启东	海门	无锡	宜兴	江阴
5/28	Max	136.3	152.0	156.2	125.6	157.8	137.0	117.6	136.0	92.5	116.5	164.0
	99%	64.2	66.0	58.9	57.5	65.8	59.6	69.6	73.5	65.6	75.5	66.2
	95%	43.0	36.1	39.3	39.3	40.2	39.4	38.7	39.3	41.2	41.1	35.7
	50%	3.5	3.3	3.2	2.7	3.1	2.9	3.3	3.2	3.3	3.0	3.0
5/29	Max	136.3	152.0	156.2	125.6	157.8	137.0	131.6	136.0	92.5	116.5	164.0
	99%	65.0	68.8	60.7	56.7	65.7	59.6	73.4	73.5	65.6	75.4	66.0
	95%	43.5	36.2	39.5	38.4	40.1	37.6	38.1	39.5	42.2	42.1	35.2
	50%	3.5	3.5	3.3	2.7	3.1	2.9	3.3	3.2	3.1	2.8	3.1
5/30	Max	136.3	152.0	156.2	125.6	157.8	137.0	161.1	136.0	92.5	120.4	164.0
	99%	67.6	68.7	60.6	56.6	67.1	65.0	77.7	73.5	68.3	79.2	68.3
	95%	45.1	36.2	39.4	38.9	41.1	41.5	38.8	39.7	42.9	42.5	38.0
	50%	3.5	3.5	3.4	2.7	3.2	2.9	3.4	3.4	3.2	2.8	3.1
5/31	Max	136.3	152.0	156.2	125.6	157.8	137.0	161.1	136.0	92.5	120.4	164.0
	99%	69.6	68.6	68.3	57.7	72.6	77.0	78.7	74.2	71.3	79.0	74.9
	95%	46.7	37.6	40.3	39.9	41.7	41.9	40.0	43.1	43.7	42.6	45.5
	50%	3.5	3.7	3.4	2.9	3.2	2.9	3.8	3.4	3.5	3.0	3.3
6/1	Max	136.3	152.0	156.2	125.6	157.8	137.0	161.1	136.0	92.5	120.4	164.0
	99%	70.3	68.7	68.7	64.6	73.4	77.5	78.8	74.2	71.3	78.9	73.4
	95%	47.0	38.5	41.0	40.4	42.5	42.7	39.2	43.6	43.7	42.6	43.8
	50%	3.5	3.7	3.5	2.9	3.2	2.9	3.7	3.4	3.5	3.2	3.2
6/2	Max	136.3	152.0	156.2	125.6	157.8	137.0	161.1	136.0	92.5	120.4	164.0
	99%	70.4	68.7	68.8	66.8	73.4	77.6	78.9	74.3	73.0	83.2	73.4
	95%	47.1	38.5	41.6	41.5	43.7	42.9	40.3	44.8	44.6	46.1	46.5
	50%	3.5	3.8	3.5	2.9	3.3	2.9	3.8	3.4	3.7	3.3	3.4
6/3	Max	136.3	152.0	156.2	125.6	157.8	137.0	161.1	136.0	160.7	120.4	164.0
	99%	77.6	68.7	64.3	66.8	72.8	77.2	81.2	74.2	75.6	83.1	73.4
	95%	47.6	38.9	40.8	40.8	44.2	43.1	39.0	43.1	45.3	46.6	46.5
	50%	3.7	3.8	3.4	2.9	3.6	2.9	4.0	3.6	3.5	3.3	3.2
6/4	Max	136.3	152.0	156.2	125.6	157.8	137.0	161.1	136.0	160.7	127.1	164.0
	99%	79.4	68.7	64.3	66.8	73.1	83.5	81.0	76.9	80.4	90.5	77.2
	95%	47.3	38.5	40.8	42.5	45.6	43.8	40.8	43.6	46.1	46.8	46.5
	50%	4.0	3.8	3.5	3.0	3.3	2.8	4.0	3.6	3.5	3.3	3.3
6/5	Max	136.3	152.0	156.2	125.6	157.8	137.0	161.1	136.0	160.7	127.1	164.0
	99%	79.4	66.5	63.9	66.4	74.9	83.5	82.3	81.1	84.7	91.6	77.9
	95%	47.6	39.0	40.6	41.4	46.8	44.4	41.7	45.3	46.6	47.3	47.3
	50%	4.1	3.9	3.5	3.0	3.3	3.0	4.0	3.6	3.6	3.5	3.2
6/6	Max	136.3	152.0	156.2	125.6	157.8	137.0	161.1	136.0	160.7	127.1	164.0
	99%	79.4	73.5	64.8	66.4	75.8	83.5	82.9	81.3	89.4	91.7	78.1
	95%	47.7	40.1	41.6	42.3	45.6	43.7	40.9	43.6	46.7	47.3	47.7
	50%	4.2	3.9	3.5	3.1	3.6	3.0	4.0	3.8	3.5	3.4	3.3

续表

日期（月/日）	项目	站点										
		58259	58254	58255	58264	58265	58268	58269	58360	58354	58346	58351
		南通	海安	如皋	如东	吕泗	通州	启东	海门	无锡	宜兴	江阴
6/7	Max	136.3	152.0	156.2	125.6	157.8	137.0	161.1	170.7	160.7	127.1	164.0
	99%	89.9	74.1	79.7	68.8	84.9	87.4	91.7	89.7	89.6	84.2	93.2
	95%	47.8	40.5	44.8	44.8	49.9	46.1	46.4	47.6	48.7	48.9	49.9
	50%	4.5	4.0	3.8	3.2	3.8	3.2	4.1	4.0	3.9	3.7	3.7
6/8	Max	136.3	152.0	156.2	125.6	157.8	137.0	161.1	170.7	160.7	127.1	164.0
	99%	93.6	77.3	84.2	68.8	85.0	88.1	93.1	90.1	94.6	84.6	94.4
	95%	48.9	41.7	47.4	45.9	50.1	46.3	44.9	46.0	50.4	49.8	50.1
	50%	4.7	4.0	3.8	3.3	3.7	3.3	4.1	4.1	4.1	3.7	4.0
6/9	Max	136.3	152.0	156.2	125.6	159.9	137.0	161.1	170.7	160.7	127.1	164.0
	99%	96.6	77.3	84.3	69.2	86.5	88.6	95.0	94.9	102.3	85.0	95.7
	95%	50.0	42.2	47.6	46.9	49.8	49.5	48.4	52.0	52.3	49.7	50.2
	50%	4.7	4.4	4.1	3.6	3.7	3.3	3.9	4.0	4.1	3.8	3.7
6/10	Max	136.3	152.0	182.0	125.6	159.9	137.0	161.1	170.7	160.7	154.6	164.0
	99%	97.5	88.9	90.3	69.2	101.7	89.8	90.5	91.5	103.8	90.2	98.6
	95%	51.3	44.7	49.0	48.4	50.1	51.1	50.6	52.0	52.0	49.7	50.4
	50%	5.1	4.5	4.5	4.0	4.0	3.6	4.1	4.4	4.5	4.1	4.1
6/11	Max	136.3	152.0	182.0	125.6	159.9	137.0	161.1	170.7	160.7	154.6	164.0
	99%	105.6	89.2	90.4	70.8	106.3	90.6	94.5	103.3	92.8	90.7	81.9
	95%	53.6	46.5	49.3	51.7	53.5	51.3	54.1	52.6	52.3	51.4	50.5
	50%	5.7	4.5	5.0	4.3	4.6	4.0	4.5	4.7	4.6	4.3	4.5
6/12	Max	136.3	152.0	182.0	125.6	159.9	137.0	161.1	170.7	160.7	154.6	164.0
	99%	106.1	89.4	90.5	73.5	105.1	96.7	94.6	106.6	97.9	91.0	84.1
	95%	61.6	46.7	50.7	52.2	54.0	52.0	53.9	59.7	54.5	53.8	51.3
	50%	5.8	4.8	4.9	4.4	4.6	4.2	4.7	4.8	4.7	4.5	4.5
6/13	Max	142.7	144.8	182.0	125.3	164.3	142.2	175.9	201.5	160.7	154.6	241.5
	99%	99.1	89.7	90.6	79.8	111.1	106.6	100.0	124.9	105.9	91.4	103.9
	95%	61.9	46.8	55.6	53.2	56.8	52.2	54.4	58.8	57.6	56.5	51.7
	50%	6.1	4.9	5.1	4.5	4.8	4.4	5.0	5.3	5.1	4.9	4.7
6/14	Max	142.7	144.8	182.0	137.1	164.3	142.2	175.9	201.5	160.7	154.6	241.5
	99%	103.2	90.0	106.4	79.7	111.3	109.0	101.2	125.1	106.3	91.9	119.1
	95%	63.4	53.8	52.8	52.8	54.6	54.3	54.1	57.9	57.6	58.3	53.7
	50%	6.5	5.1	5.2	4.6	4.9	4.6	4.9	5.3	5.3	4.9	4.8
6/15	Max	142.7	144.8	182.0	137.1	164.3	142.2	175.9	201.5	160.7	154.6	241.5
	99%	103.6	90.4	89.9	80.2	111.6	109.0	102.7	125.3	106.7	92.3	124.6
	95%	63.3	55.0	52.3	55.3	56.2	53.3	53.7	60.4	57.6	59.1	56.5
	50%	6.6	5.0	5.3	4.8	5.0	4.8	4.7	5.3	5.3	5.0	4.7
6/16	Max	153.7	144.8	182.0	137.1	164.3	143.9	175.9	201.5	160.7	154.6	241.5
	99%	107.4	90.6	89.9	80.4	113.9	116.3	94.3	127.3	110.0	92.7	124.7
	95%	63.8	55.0	55.4	55.2	58.6	54.4	53.9	60.4	58.0	59.4	57.3
	50%	6.8	5.0	5.2	4.8	5.5	4.8	4.7	5.2	5.3	5.1	4.9

续表

日期（月/日）	项目	站点										
		58259	58254	58255	58264	58265	58268	58269	58360	58354	58346	58351
		南通	海安	如皋	如东	吕泗	通州	启东	海门	无锡	宜兴	江阴
6/17	Max	153.7	144.8	182.0	137.1	164.3	143.9	175.9	201.5	160.7	154.6	241.5
	99%	107.7	96.9	91.8	83.6	112.2	116.2	90.3	101.8	110.1	92.9	125.1
	95%	63.6	55.0	55.7	56.5	57.7	53.4	54.1	60.2	59.8	58.8	57.2
	50%	6.8	5.1	5.2	5.0	5.5	5.0	4.7	5.2	5.5	5.4	4.9
6/18	Max	153.7	144.8	182.0	137.1	164.3	143.9	175.9	201.5	178.2	154.6	241.5
	99%	108.0	97.2	92.4	86.8	112.4	117.2	94.4	124.5	112.4	93.3	129.2
	95%	63.8	55.2	55.9	55.7	56.9	56.4	54.4	60.5	58.5	59.4	56.8
	50%	7.0	5.0	5.1	5.3	5.7	5.1	4.7	5.2	5.5	5.4	4.9
6/19	Max	153.7	144.8	182.0	137.1	164.3	143.9	175.9	201.5	178.2	154.6	241.5
	99%	116.0	92.6	101.1	88.8	112.5	117.7	94.5	124.6	112.6	96.8	129.4
	95%	63.9	55.3	56.2	58.2	58.4	57.4	54.5	60.5	59.2	59.9	57.4
	50%	7.2	5.4	5.1	5.4	5.9	5.1	4.7	5.2	5.8	5.4	5.0
6/20	Max	153.7	144.8	182.0	137.1	164.3	143.9	175.9	201.5	178.2	154.6	241.5
	99%	118.3	95.4	103.8	96.8	113.2	109.3	94.6	124.8	110.9	98.3	130.2
	95%	63.9	56.1	58.7	61.5	58.5	56.9	56.6	61.3	60.7	61.7	57.7
	50%	7.2	5.5	5.2	5.8	6.2	5.2	4.9	5.2	5.9	5.7	5.2
6/21	Max	153.7	144.8	182.0	137.1	164.3	143.9	175.9	201.5	178.2	154.6	241.5
	99%	106.2	99.2	110.0	98.7	113.7	108.9	109.9	125.0	116.5	100.1	126.6
	95%	64.1	57.9	59.6	63.2	58.6	58.6	57.9	62.4	64.7	61.6	60.3
	50%	7.3	5.8	5.5	5.8	6.3	5.3	5.1	5.5	6.1	5.8	5.6
6/22	Max	153.7	144.8	182.0	137.1	202.7	143.9	175.9	201.5	178.2	154.6	241.5
	99%	106.5	99.6	110.1	99.7	110.9	108.9	110.8	125.2	116.5	100.2	126.9
	95%	64.2	61.7	59.3	63.6	58.5	55.9	59.3	60.4	60.7	62.1	59.6
	50%	7.3	5.6	5.3	5.8	6.5	5.3	5.1	5.6	6.1	6.0	5.7
6/23	Max	153.7	144.8	182.0	137.1	202.7	143.9	175.9	201.5	178.2	154.6	241.5
	99%	106.7	102.0	111.7	90.1	111.3	109.0	111.8	125.3	116.6	100.3	127.1
	95%	64.2	62.1	60.3	63.1	58.6	56.8	57.9	60.5	60.8	60.8	60.8
	50%	7.1	5.5	5.2	5.8	6.5	5.2	5.0	5.6	5.8	6.0	5.6
6/24	Max	153.7	144.8	182.0	137.1	202.7	143.9	175.9	201.5	178.2	154.6	241.5
	99%	106.8	102.1	109.2	90.2	111.5	109.0	112.1	125.3	116.6	100.3	127.1
	95%	64.2	63.6	60.1	64.6	57.7	54.8	58.1	60.5	60.8	59.9	64.0
	50%	6.9	5.5	5.2	5.8	6.3	5.0	4.7	5.4	5.8	6.1	5.7
6/25	Max	153.7	144.8	182.0	137.1	202.7	144.0	175.9	201.5	178.2	156.0	241.5
	99%	106.8	102.1	110.3	90.1	111.3	113.9	111.3	125.3	116.5	103.8	126.9
	95%	64.2	64.7	61.7	64.5	58.5	53.9	56.2	60.3	58.1	60.0	62.5
	50%	7.1	5.4	5.1	5.8	6.2	4.7	4.7	5.4	5.7	6.0	5.7
6/26	Max	153.7	144.8	182.0	137.1	202.7	144.0	175.9	201.5	178.2	156.0	241.5
	99%	106.9	102.2	110.4	100.1	111.4	114.5	111.5	125.3	116.6	104.0	127.2
	95%	64.2	64.6	63.5	65.5	58.5	55.7	56.2	60.4	60.4	60.2	60.9
	50%	7.3	5.5	5.3	5.8	6.2	5.0	4.8	5.4	5.8	6.1	5.7

续表

日期（月/日）	项目	站点										
		58259	58254	58255	58264	58265	58268	58269	58360	58354	58346	58351
		南通	海安	如皋	如东	吕泗	通州	启东	海门	无锡	宜兴	江阴
6/27	Max	153.7	144.8	182.0	137.1	202.7	144.0	175.9	201.5	178.2	156.0	241.5
	99%	107.1	103.8	110.6	100.2	113.9	114.9	112.1	127.1	116.6	104.0	127.6
	95%	65.1	64.7	62.2	65.5	60.1	58.1	57.1	60.4	57.7	60.2	63.6
	50%	7.3	5.4	5.3	5.9	6.5	5.1	4.9	5.4	5.9	6.4	5.8
6/28	Max	153.7	144.8	182.0	137.1	202.7	144.0	175.9	201.5	178.2	156.0	241.5
	99%	113.0	102.5	110.9	100.5	113.9	116.4	94.2	127.4	116.6	99.1	128.2
	95%	66.0	64.6	61.7	65.5	59.8	58.9	56.0	62.6	60.1	59.9	61.3
	50%	7.1	5.4	5.2	5.8	6.5	5.0	4.9	5.5	5.8	6.4	5.7
6/29	Max	175.6	144.8	196.8	137.1	202.7	176.6	175.9	201.5	178.2	156.0	241.5
	99%	118.6	103.7	113.4	104.3	113.9	121.9	90.2	115.7	116.7	99.3	128.3
	95%	65.1	66.7	63.5	66.2	61.1	58.9	55.3	60.6	57.7	59.9	63.5
	50%	7.1	5.4	5.2	5.8	6.5	5.0	4.9	5.5	5.4	6.2	5.7
6/30	Max	175.6	174.3	196.8	137.1	202.7	176.6	175.9	201.5	178.2	156.0	241.5
	99%	118.7	105.5	113.7	104.7	113.9	122.0	90.3	116.6	116.7	99.4	128.5
	95%	64.3	67.8	63.2	65.3	60.4	56.8	54.6	60.3	57.7	59.9	62.1
	50%	7.1	5.5	5.2	5.8	6.4	5.0	4.7	5.4	5.5	6.1	5.7
7/1	Max	175.6	174.3	196.8	137.1	202.7	176.6	175.9	201.5	178.2	156.0	241.5
	99%	118.8	106.1	113.9	105.6	113.9	122.2	90.7	117.4	116.7	98.1	128.8
	95%	64.5	67.2	63.7	65.8	60.7	57.6	54.7	56.5	57.6	59.8	64.0
	50%	7.0	5.5	5.2	5.8	6.3	5.1	4.6	5.4	5.6	6.1	5.7
7/2	Max	175.6	174.3	196.8	137.1	202.7	176.6	175.9	201.5	178.2	156.0	241.5
	99%	118.8	106.4	114.1	105.9	113.9	122.2	83.7	117.7	115.3	98.2	126.1
	95%	64.1	67.6	63.7	66.3	60.9	57.8	54.5	56.9	57.3	58.6	62.7
	50%	7.1	5.6	5.4	5.8	6.3	5.3	4.5	5.4	5.7	6.1	5.7
7/3	Max	175.6	174.3	196.8	137.1	202.7	176.6	175.9	201.5	178.2	156.0	241.5
	99%	118.8	106.7	114.3	106.5	113.9	122.3	83.7	118.1	112.1	95.5	124.9
	95%	63.9	68.0	63.6	66.0	61.1	56.4	54.5	55.1	54.6	59.9	59.9
	50%	7.3	5.7	5.5	5.8	6.3	5.4	4.5	5.3	5.8	6.1	6.1
7/4	Max	175.6	174.3	196.8	137.1	202.7	176.6	175.9	201.5	178.2	156.0	241.5
	99%	118.8	107.0	114.4	106.4	113.9	122.2	83.1	117.7	112.0	95.4	124.9
	95%	64.6	70.4	63.6	67.8	61.6	58.9	54.9	54.6	54.6	59.9	59.9
	50%	7.3	5.7	5.7	5.8	6.4	5.4	4.7	5.4	5.9	6.1	6.3
7/5	Max	175.6	174.3	196.8	137.1	202.7	176.6	175.9	201.5	178.2	156.0	241.5
	99%	118.6	107.1	114.5	106.4	113.9	122.0	102.7	116.6	111.9	95.2	124.7
	95%	65.8	66.9	63.3	67.8	62.1	58.9	55.8	58.0	54.7	60.2	60.8
	50%	7.0	5.7	5.5	5.8	6.3	5.3	4.6	5.4	5.9	6.2	6.3
7/6	Max	175.6	174.3	196.8	137.1	202.7	176.6	175.9	201.5	178.2	156.0	241.5
	99%	107.6	103.2	111.5	106.4	114.2	117.2	88.8	100.9	111.9	100.6	124.7
	95%	64.8	66.1	59.8	65.4	60.8	58.3	54.8	52.6	54.5	60.1	59.8
	50%	6.8	5.7	5.4	5.6	6.2	5.3	4.5	5.4	5.9	6.2	6.0

续表

日期(月/日)	项目	站点										
		58259	58254	58255	58264	58265	58268	58269	58360	58354	58346	58351
		南通	海安	如皋	如东	吕泗	通州	启东	海门	无锡	宜兴	江阴
7/7	Max	175.6	174.3	196.8	137.1	202.7	176.6	175.9	201.5	178.2	156.0	241.5
	99%	107.5	103.2	111.3	108.1	114.1	116.7	87.8	115.0	110.6	104.4	124.6
	95%	64.6	64.6	58.7	67.3	59.8	58.9	55.7	53.3	52.1	59.8	59.2
	50%	6.8	5.7	5.6	5.8	6.3	5.3	4.5	5.4	5.8	6.1	6.0
7/8	Max	175.6	174.3	196.8	137.1	202.7	176.6	175.9	201.5	178.2	156.0	241.5
	99%	107.3	103.2	114.3	108.0	114.1	115.8	82.3	110.9	109.8	104.0	124.3
	95%	65.5	64.9	59.6	65.5	60.8	57.0	54.8	52.7	52.1	58.7	59.9
	50%	6.9	5.7	5.6	6.0	6.4	5.7	4.7	5.4	5.9	6.3	6.3
7/9	Max	175.6	174.3	196.8	137.1	202.7	176.6	175.9	201.5	178.2	156.0	241.5
	99%	106.8	103.0	110.7	107.7	113.9	114.3	82.1	99.3	109.6	100.0	124.0
	95%	64.1	64.2	59.2	64.9	59.6	59.0	53.7	52.7	52.2	58.8	59.1
	50%	6.8	5.5	5.2	5.8	6.3	5.4	4.6	5.3	5.9	6.2	6.0
7/10	Max	175.6	174.3	196.8	137.1	202.7	176.6	175.9	201.5	178.2	156.0	241.5
	99%	104.4	105.7	113.5	107.2	113.8	122.1	82.1	90.8	112.8	99.7	120.0
	95%	63.1	65.9	59.7	65.3	57.5	58.9	53.7	53.1	52.2	58.6	59.0
	50%	6.8	5.5	5.2	5.8	5.7	5.3	4.4	5.1	5.8	6.1	5.6
7/11	Max	175.6	174.3	196.8	137.1	202.7	176.6	175.9	201.5	178.2	156.0	241.5
	99%	117.0	105.4	113.3	106.9	126.8	121.1	82.4	90.3	110.2	99.1	119.5
	95%	61.4	65.5	59.7	65.0	56.6	58.8	52.9	50.2	50.3	56.8	57.5
	50%	6.5	5.2	5.1	5.7	5.7	5.3	4.3	5.0	5.8	5.9	5.7
7/12	Max	175.6	174.3	196.8	137.1	202.7	176.6	147.2	134.2	178.2	156.0	221.6
	99%	105.8	104.9	109.9	108.9	109.6	93.6	81.9	84.1	108.4	98.7	123.2
	95%	58.8	64.3	58.7	62.1	55.2	55.5	47.6	50.2	50.1	56.3	57.3
	50%	6.4	5.2	5.0	5.8	5.5	5.1	4.2	5.0	5.7	5.5	5.6
7/13	Max	175.6	174.3	196.8	128.8	202.7	176.6	147.2	134.2	178.2	156.0	221.6
	99%	101.4	104.4	108.6	105.9	106.9	93.1	81.8	89.4	107.8	98.2	117.9
	95%	59.0	64.6	58.8	61.7	55.2	55.5	46.3	50.2	50.3	55.0	55.9
	50%	6.0	4.9	4.9	5.7	5.6	5.0	4.3	5.0	5.4	5.5	5.5
7/14	Max	194.0	174.3	196.8	196.3	202.7	176.6	147.2	134.2	178.2	156.0	221.6
	99%	105.5	108.9	108.0	108.5	106.3	98.8	81.6	91.9	107.5	97.7	107.8
	95%	59.5	64.9	59.0	62.1	55.2	55.5	51.7	50.2	50.5	53.0	56.4
	50%	5.9	5.2	5.2	5.7	5.7	5.0	4.3	5.0	5.6	5.7	5.7
7/15	Max	194.0	174.3	196.8	196.3	202.7	176.6	147.2	134.2	178.2	156.0	221.6
	99%	98.9	109.5	107.3	108.1	99.9	92.8	79.3	87.7	101.0	97.2	107.4
	95%	59.9	66.5	59.8	62.0	53.0	55.6	50.6	50.2	50.1	52.2	55.6
	50%	5.6	5.1	5.3	5.7	5.5	5.0	4.5	4.9	5.5	5.5	5.5
7/16	Max	194.0	174.3	196.8	196.3	202.7	176.6	147.2	134.2	178.2	156.0	221.6
	99%	89.7	109.5	107.0	107.9	99.4	91.2	79.1	81.9	100.6	96.9	102.3
	95%	57.8	64.5	58.6	61.1	52.6	54.8	47.0	50.2	49.3	53.9	55.7
	50%	5.8	5.1	5.3	5.5	5.2	4.9	4.4	5.0	5.4	5.5	5.7

续表

日期（月/日）	项目	站点										
		58259	58254	58255	58264	58265	58268	58269	58360	58354	58346	58351
		南通	海安	如皋	如东	吕泗	通州	启东	海门	无锡	宜兴	江阴
7/17	Max	194.0	174.3	196.8	196.3	202.7	176.6	119.4	133.2	164.6	156.0	221.6
	99%	89.7	109.5	114.7	103.1	96.8	91.0	73.4	79.5	100.1	96.8	104.7
	95%	58.7	64.3	58.8	61.0	52.8	57.7	46.2	48.0	50.2	52.3	57.3
	50%	5.6	4.9	5.2	5.5	4.9	4.7	4.3	5.1	5.6	5.8	5.9
7/18	Max	194.0	174.3	196.8	196.3	202.7	176.6	127.2	133.2	164.6	156.0	221.6
	99%	86.0	109.5	111.3	101.1	109.6	92.7	82.4	79.5	100.0	94.3	104.7
	95%	56.9	64.2	56.9	60.9	55.2	57.9	50.7	49.3	50.2	52.7	58.3
	50%	5.6	4.7	5.1	5.4	5.1	4.8	4.5	5.1	5.4	5.8	5.9
7/19	Max	194.0	174.3	196.8	196.3	202.7	176.6	127.2	133.2	164.6	156.0	221.6
	99%	90.7	109.3	110.6	89.7	114.5	96.0	96.1	79.2	99.4	86.8	100.9
	95%	58.0	63.7	52.1	59.8	51.1	57.2	46.5	49.7	48.1	50.8	55.8
	50%	5.5	4.6	4.9	5.3	4.7	4.7	4.1	5.0	5.2	5.5	5.4
7/20	Max	194.0	174.3	196.8	196.3	202.7	176.6	127.2	133.2	112.7	156.0	221.6
	99%	89.4	107.4	100.5	89.0	115.3	95.1	72.4	77.9	98.4	85.7	98.1
	95%	57.3	63.4	51.7	57.6	50.9	56.3	45.9	50.2	46.6	49.1	53.7
	50%	5.3	4.3	4.8	5.2	4.6	4.6	4.0	4.5	5.0	5.3	4.9
7/21	Max	194.0	174.3	196.8	196.3	199.9	176.6	127.2	133.2	112.7	156.0	221.6
	99%	91.7	107.1	99.9	96.9	112.7	94.1	67.7	80.4	96.5	84.9	98.0
	95%	59.0	59.8	54.1	60.0	50.8	58.4	42.4	50.6	46.5	44.9	53.5
	50%	5.3	4.4	4.9	5.0	4.3	4.6	3.9	4.3	4.9	5.0	5.1
7/22	Max	194.0	174.3	196.8	196.3	199.9	176.6	127.2	133.2	112.7	156.0	221.6
	99%	91.5	104.4	96.2	95.0	112.2	93.3	72.9	80.2	95.6	84.9	92.7
	95%	58.8	59.4	51.9	58.2	52.4	58.0	43.0	50.4	45.3	44.9	51.6
	50%	5.3	4.7	4.9	5.0	4.2	4.6	3.8	4.2	4.8	5.0	5.0
7/23	Max	194.0	174.3	196.8	236.8	199.9	176.6	127.2	133.2	112.7	156.0	221.6
	99%	91.4	106.8	99.7	96.7	111.6	120.9	72.0	82.5	84.4	84.9	92.6
	95%	57.7	59.3	51.8	55.6	53.0	58.8	45.9	52.4	47.8	44.4	51.0
	50%	5.3	4.7	4.7	4.7	4.3	4.7	4.0	4.3	4.6	4.8	4.9
7/24	Max	194.0	174.3	196.8	236.8	199.9	176.6	127.2	133.2	112.7	137.2	221.6
	99%	107.4	106.8	99.8	96.6	111.2	100.8	84.8	82.5	95.6	84.9	98.0
	95%	59.8	56.8	51.9	56.5	50.9	58.7	46.2	52.6	49.3	45.8	52.9
	50%	5.0	4.8	4.8	4.7	4.5	4.7	4.0	4.4	4.7	5.1	4.6
7/25	Max	194.0	174.3	196.8	236.8	199.9	176.6	127.2	133.2	135.8	137.2	221.6
	99%	106.5	109.6	102.4	94.6	110.6	100.8	84.5	82.5	103.1	84.9	97.9
	95%	60.8	56.4	51.7	58.4	53.2	58.0	45.5	52.3	49.4	47.2	52.1
	50%	4.9	4.6	4.7	4.9	4.4	4.7	4.0	4.4	4.6	4.9	4.9
7/26	Max	194.0	174.3	196.8	236.8	199.9	176.6	127.2	132.1	135.8	137.2	221.6
	99%	104.5	106.4	102.4	94.4	104.0	100.7	83.9	79.9	94.8	85.2	105.1
	95%	59.1	54.4	51.9	59.7	48.4	57.9	43.6	48.6	47.8	48.7	53.9
	50%	5.0	4.6	4.6	5.0	4.2	4.7	3.9	4.5	4.4	4.7	4.7

续表

日期(月/日)	项目	站点										
		58259	58254	58255	58264	58265	58268	58269	58360	58354	58346	58351
		南通	海安	如皋	如东	吕泗	通州	启东	海门	无锡	宜兴	江阴
7/27	Max	194.0	174.3	196.8	236.8	199.9	176.6	127.2	132.1	135.8	137.2	221.6
	99%	108.0	109.1	102.4	96.2	100.3	100.8	82.6	79.7	84.4	85.0	105.1
	95%	59.0	57.7	52.7	61.4	48.7	58.4	42.5	48.2	47.8	47.8	53.9
	50%	4.9	4.4	4.5	5.1	4.1	4.8	3.9	4.3	4.6	4.6	5.1
7/28	Max	194.0	174.3	162.3	236.8	199.9	165.2	182.3	132.1	135.8	137.2	151.5
	99%	93.7	106.2	98.2	92.2	99.4	98.1	95.6	79.6	84.3	86.8	98.4
	95%	57.4	58.8	51.7	54.6	47.3	56.8	45.7	48.1	49.4	49.6	49.7
	50%	4.8	4.6	4.7	5.4	4.1	5.0	3.6	4.2	4.6	4.7	4.9
7/29	Max	194.0	147.6	162.3	236.8	199.9	165.2	182.3	132.1	135.8	137.2	151.5
	99%	93.5	105.0	98.0	91.6	99.2	97.7	95.3	79.5	84.1	86.7	98.4
	95%	57.4	54.4	51.5	53.4	47.3	57.9	46.4	48.1	49.1	50.5	53.5
	50%	4.8	4.5	4.5	5.0	4.1	5.0	4.0	4.3	4.7	4.7	5.1
7/30	Max	194.0	147.6	162.3	236.8	199.9	165.2	182.3	132.1	135.8	137.2	151.5
	99%	92.6	104.9	95.5	91.0	115.1	97.4	98.2	79.4	84.1	86.7	96.8
	95%	52.4	54.4	49.4	52.9	47.2	56.1	46.7	48.0	49.7	51.9	53.3
	50%	4.7	4.4	4.5	4.7	4.1	4.7	4.0	4.2	4.7	4.6	5.1
7/31	Max	194.0	147.6	162.3	236.8	199.9	165.2	182.3	132.1	135.8	137.2	151.5
	99%	98.9	104.9	89.2	90.7	115.0	97.3	98.2	79.3	83.8	86.7	96.5
	95%	51.7	59.1	49.3	52.9	47.0	56.0	46.6	50.7	49.7	52.2	53.1
	50%	4.6	4.2	4.2	4.7	4.0	4.5	4.0	4.2	4.6	4.6	5.1
8/1	Max	194.0	147.6	162.3	236.8	199.9	165.2	182.3	132.1	135.8	137.2	151.5
	99%	98.7	104.9	102.2	95.7	115.2	97.1	98.2	79.2	82.4	86.7	91.8
	95%	52.1	59.2	51.0	54.5	47.0	55.6	47.5	50.4	47.9	49.8	53.0
	50%	4.8	4.3	4.3	4.7	4.2	4.7	4.1	4.2	4.5	4.4	5.1
8/2	Max	194.0	147.6	162.3	236.8	199.9	165.2	182.3	132.1	135.8	137.2	151.5
	99%	98.5	108.8	102.2	95.5	114.5	96.6	106.8	79.2	82.4	86.7	91.8
	95%	52.9	60.8	51.0	54.2	47.2	54.8	47.5	52.5	47.9	47.6	53.5
	50%	4.8	4.3	4.2	4.8	4.3	4.6	4.2	4.3	4.5	4.4	4.9
8/3	Max	194.0	147.6	162.3	236.8	199.9	165.2	182.3	132.1	135.8	137.2	151.5
	99%	98.5	108.6	101.8	90.1	114.5	96.6	106.8	76.4	82.4	86.7	91.8
	95%	52.9	59.3	50.5	52.9	46.8	53.6	46.6	52.4	47.7	46.3	53.9
	50%	4.8	4.3	4.1	4.7	4.2	4.6	4.2	4.2	4.4	4.3	5.0
8/4	Max	194.0	147.6	162.3	236.8	199.9	165.2	182.3	132.1	135.8	137.2	151.5
	99%	98.9	108.7	101.8	90.3	114.6	96.6	97.9	76.8	82.5	86.6	91.8
	95%	52.3	59.4	50.5	52.9	47.2	53.7	46.4	52.9	47.8	45.5	53.7
	50%	4.8	4.3	4.1	4.7	4.5	4.6	4.2	4.2	4.4	4.1	4.8
8/5	Max	194.0	147.6	162.3	236.8	199.9	165.2	195.0	164.1	135.8	137.2	151.5
	99%	107.4	108.7	102.4	95.6	114.8	100.4	98.9	80.5	82.6	81.7	92.8
	95%	55.1	60.7	51.3	52.9	48.7	57.0	48.2	56.5	46.5	45.5	54.0
	50%	4.6	4.3	4.2	5.0	4.6	4.6	4.5	4.2	4.4	3.9	4.9

续表

日期（月/日）	项目	站点										
		58259	58254	58255	58264	58265	58268	58269	58360	58354	58346	58351
		南通	海安	如皋	如东	吕泗	通州	启东	海门	无锡	宜兴	江阴
8/6	Max	194.0	147.6	162.3	236.8	199.9	165.2	195.0	164.1	135.8	137.2	151.5
	99%	108.3	108.7	102.5	90.9	98.9	100.5	99.7	80.6	82.7	84.8	92.9
	95%	52.1	59.4	51.4	52.8	48.4	54.1	49.0	53.9	47.7	47.4	54.0
	50%	4.6	4.3	4.4	4.7	4.6	4.7	4.6	4.3	4.5	3.9	4.9
8/7	Max	194.0	148.3	162.3	236.8	169.0	165.2	195.0	164.1	135.8	137.2	151.5
	99%	108.5	109.6	101.8	95.8	99.0	100.5	101.4	82.7	92.5	84.8	91.9
	95%	52.2	60.5	51.6	52.9	48.6	55.9	50.6	55.8	47.7	47.8	53.9
	50%	4.3	4.2	4.1	4.6	4.6	4.2	4.6	4.4	4.4	3.9	4.9
8/8	Max	194.0	148.3	162.3	236.8	169.0	165.2	195.0	164.1	135.8	137.2	151.5
	99%	108.7	108.8	89.2	95.9	98.4	100.6	107.5	82.9	92.9	76.8	91.9
	95%	52.3	61.1	51.3	52.9	48.7	53.3	49.9	54.4	47.7	45.7	53.3
	50%	4.4	4.3	4.1	4.6	4.7	4.5	4.6	4.6	4.4	3.9	4.9
8/9	Max	194.0	148.3	162.3	236.8	169.0	165.2	195.0	164.1	135.8	137.2	151.5
	99%	113.5	98.2	86.1	96.1	100.1	98.0	107.6	83.4	86.3	77.1	85.2
	95%	51.0	54.1	50.5	52.7	48.6	50.3	50.7	52.5	47.7	45.9	52.8
	50%	4.2	4.2	4.1	4.3	4.6	4.1	4.5	4.3	4.4	4.2	4.8
8/10	Max	210.8	148.3	162.3	245.3	169.0	196.3	195.0	164.1	135.8	137.2	151.5
	99%	114.8	101.6	88.1	103.5	100.2	100.6	107.7	95.1	87.0	74.9	85.3
	95%	49.6	56.7	51.5	52.9	48.9	50.2	50.9	52.7	47.6	46.2	52.8
	50%	4.2	4.2	4.1	4.2	4.6	4.0	4.4	4.3	4.2	4.3	4.8
8/11	Max	210.8	148.3	162.3	245.3	169.0	196.3	195.0	164.1	136.8	137.2	151.5
	99%	114.9	101.9	88.2	104.6	101.1	100.7	107.8	95.1	94.9	82.8	92.0
	95%	50.8	58.6	49.7	53.7	49.5	51.4	51.1	52.6	47.8	47.1	53.9
	50%	4.2	4.2	4.1	4.3	4.9	4.2	4.6	4.5	4.4	4.5	4.8
8/12	Max	210.8	148.3	162.3	245.3	169.0	196.3	195.0	164.1	136.8	137.2	151.5
	99%	114.8	102.0	88.2	105.2	101.3	100.8	107.8	95.2	95.0	84.7	91.7
	95%	50.8	54.0	51.3	52.9	49.6	50.8	52.8	52.7	47.7	48.1	53.7
	50%	4.2	4.2	4.1	4.2	4.6	4.0	4.3	4.1	4.3	4.5	4.6
8/13	Max	210.8	148.3	162.3	245.3	169.0	196.3	195.0	164.1	136.8	137.2	151.5
	99%	113.7	99.0	88.3	104.9	101.6	99.0	107.8	95.2	95.1	85.0	92.1
	95%	50.1	44.3	52.1	51.3	49.2	48.5	51.3	52.0	47.7	48.4	53.4
	50%	4.2	4.1	4.0	4.2	4.6	4.1	4.5	4.3	4.2	4.4	4.6
8/14	Max	210.8	148.3	162.3	245.3	169.0	196.3	195.0	164.1	136.8	137.2	151.5
	99%	113.7	99.2	86.4	105.5	101.6	99.2	107.8	85.0	95.1	87.3	92.1
	95%	49.0	50.2	51.4	51.6	49.2	48.6	51.5	48.4	47.7	48.1	53.8
	50%	4.2	4.0	3.9	4.2	4.6	3.9	4.4	4.2	4.1	4.2	4.7
8/15	Max	210.8	148.3	162.3	245.3	169.0	196.3	195.0	164.1	136.8	137.2	151.5
	99%	113.6	99.0	88.3	105.6	101.4	98.9	107.8	85.3	95.0	87.3	93.4
	95%	49.9	53.0	53.7	51.4	49.7	48.7	52.1	48.7	48.0	49.1	57.7
	50%	4.1	3.8	3.9	4.2	4.9	3.9	4.6	4.3	4.2	4.1	4.6

续表

日期(月/日)	项目	站点										
		58259	58254	58255	58264	58265	58268	58269	58360	58354	58346	58351
		南通	海安	如皋	如东	吕泗	通州	启东	海门	无锡	宜兴	江阴
8/16	Max	210.8	148.3	162.3	245.3	169.0	196.3	195.0	164.1	136.8	137.2	151.5
	99%	113.6	102.3	93.4	107.3	90.0	94.0	101.8	81.0	94.9	87.4	93.5
	95%	49.7	54.2	54.4	49.4	49.0	48.7	50.2	47.9	49.7	48.2	55.6
	50%	4.0	3.9	3.9	4.2	4.6	3.9	4.3	4.2	4.2	4.1	4.2
8/17	Max	210.8	148.3	162.3	245.3	169.0	196.3	195.0	164.1	136.8	137.2	151.5
	99%	101.3	104.4	94.3	97.5	90.3	93.0	101.9	94.5	93.7	91.5	93.7
	95%	48.7	55.4	55.0	48.7	49.9	49.8	52.8	49.5	49.7	52.2	55.0
	50%	4.1	3.9	3.9	4.2	5.0	3.9	4.5	4.3	4.5	4.1	4.3
8/18	Max	210.8	148.3	162.3	245.3	169.0	196.3	195.0	164.1	136.8	137.2	151.5
	99%	93.4	104.7	102.3	98.4	90.7	94.2	106.4	94.5	95.0	94.6	94.0
	95%	50.8	55.2	55.9	49.0	50.6	51.9	53.1	48.2	49.7	51.1	55.5
	50%	4.2	4.3	4.1	4.3	5.1	4.0	4.6	4.3	4.5	4.4	4.3
8/19	Max	210.8	148.3	162.3	245.3	169.0	196.3	195.0	164.1	136.8	171.4	151.5
	99%	97.1	104.8	102.3	106.4	91.5	93.1	106.7	94.6	95.1	97.9	94.1
	95%	50.9	57.5	56.3	48.9	51.3	50.9	53.7	50.1	48.9	52.1	55.6
	50%	4.2	4.3	4.1	4.3	4.9	4.1	4.7	4.2	4.5	4.5	4.2
8/20	Max	210.8	148.3	162.3	245.3	169.0	196.3	195.0	164.1	164.1	171.4	151.5
	99%	97.4	104.8	102.3	106.5	91.8	93.3	107.1	94.6	96.7	97.9	94.2
	95%	51.9	57.3	57.0	49.0	51.6	52.4	55.4	49.9	49.7	52.1	55.1
	50%	4.1	3.8	4.1	4.3	5.0	4.0	4.9	4.3	4.6	4.5	4.1
8/21	Max	210.8	148.3	151.1	245.3	169.0	196.3	195.0	164.1	164.1	171.4	151.5
	99%	97.8	104.5	102.3	106.5	92.1	92.7	100.8	89.7	96.7	98.0	94.2
	95%	51.0	55.3	54.7	50.2	52.0	51.9	52.6	49.2	47.9	51.8	55.1
	50%	4.1	3.6	4.2	4.4	5.0	4.0	4.6	4.1	4.5	4.4	4.0
8/22	Max	210.8	148.3	151.1	245.3	169.0	196.3	195.0	164.1	164.1	171.4	157.6
	99%	94.3	104.5	95.7	108.6	92.8	92.7	100.9	90.3	95.2	97.2	94.2
	95%	51.3	54.7	53.8	51.0	50.5	50.8	52.8	48.2	47.7	49.0	56.4
	50%	4.1	3.6	4.2	4.4	5.3	4.0	4.9	3.9	4.5	4.4	4.0
8/23	Max	210.8	184.3	191.6	245.3	182.5	198.0	195.0	164.1	202.9	171.4	219.6
	99%	98.0	102.7	95.5	121.6	98.5	93.4	100.8	94.9	95.1	97.8	97.4
	95%	51.9	54.1	52.9	51.5	52.9	52.1	54.3	49.8	47.7	48.9	59.6
	50%	4.0	3.7	4.2	4.3	5.3	4.0	5.0	3.8	4.5	4.5	4.1
8/24	Max	210.8	184.3	191.6	245.3	182.5	198.0	195.0	164.1	202.9	178.8	219.6
	99%	98.0	102.7	95.1	121.5	98.5	93.3	100.1	94.9	95.0	100.4	94.0
	95%	50.4	54.1	52.3	51.3	49.8	52.8	52.5	49.7	47.7	50.6	55.6
	50%	3.9	3.5	4.2	4.1	5.3	3.8	4.9	3.7	4.5	4.5	4.0
8/25	Max	210.8	184.3	191.6	245.3	182.5	198.0	195.0	164.1	202.9	178.8	219.6
	99%	93.4	87.0	86.5	113.6	103.6	92.4	100.7	89.7	95.0	100.2	93.9
	95%	48.5	53.0	51.3	51.2	49.6	51.1	53.4	48.7	47.7	48.2	53.9
	50%	3.9	3.6	4.2	4.0	5.3	3.7	4.9	3.8	4.3	4.5	3.8

续表

日期（月/日）	项目	站点										
		58259	58254	58255	58264	58265	58268	58269	58360	58354	58346	58351
		南通	海安	如皋	如东	吕泗	通州	启东	海门	无锡	宜兴	江阴
8/26	Max	210.8	184.3	191.6	245.3	182.5	198.0	195.0	164.1	202.9	178.8	219.6
	99%	93.4	87.0	86.4	114.1	104.0	92.4	100.0	89.5	94.9	100.1	93.9
	95%	50.3	51.0	51.4	48.9	51.4	51.1	52.1	48.0	47.7	49.6	53.2
	50%	3.9	3.4	3.9	4.0	5.3	3.7	4.9	3.8	4.2	4.3	3.9
8/27	Max	210.8	184.3	191.6	245.3	182.5	198.0	195.0	164.1	202.9	178.8	219.6
	99%	93.3	87.0	86.3	114.4	103.8	92.4	100.0	89.1	95.0	100.2	90.4
	95%	51.3	48.4	52.4	49.4	51.0	51.1	52.1	49.3	47.3	51.7	52.0
	50%	3.9	3.3	3.9	4.2	5.3	3.7	4.9	3.9	4.2	4.5	3.8
8/28	Max	210.8	184.3	191.6	245.3	182.5	198.0	195.0	164.1	202.9	178.8	219.6
	99%	93.3	91.0	93.4	114.6	104.2	92.4	100.1	94.7	95.9	100.4	96.8
	95%	51.2	51.6	53.0	51.2	55.5	51.8	54.1	49.9	44.5	52.2	53.1
	50%	3.9	3.5	3.8	4.0	5.0	3.7	4.7	3.9	4.0	4.4	3.6
8/29	Max	210.8	184.3	191.6	245.3	182.5	198.0	195.0	164.1	202.9	178.8	219.6
	99%	93.4	92.2	94.5	115.5	104.7	92.5	101.0	94.8	96.0	100.6	97.2
	95%	50.3	48.8	52.7	51.3	56.9	52.2	55.1	50.1	46.0	48.0	54.7
	50%	3.8	3.4	3.8	4.0	5.2	3.8	4.8	3.9	3.8	4.3	3.6
8/30	Max	210.8	184.3	191.6	245.3	182.5	198.0	195.0	164.1	202.9	178.8	219.6
	99%	91.8	92.9	96.2	116.0	98.9	90.4	101.1	94.9	96.0	100.5	100.5
	95%	49.0	48.0	52.0	46.2	53.5	51.4	54.0	48.2	44.3	48.0	53.3
	50%	3.7	3.3	3.7	3.9	5.1	3.8	4.6	3.8	3.8	4.5	3.6
8/31	Max	210.8	184.3	191.6	245.3	182.5	198.0	195.0	164.1	202.9	178.8	219.6
	99%	91.9	92.4	96.2	116.7	106.5	90.6	100.2	94.9	96.0	100.7	100.6
	95%	50.3	50.6	52.0	45.9	53.8	50.8	53.8	47.2	46.1	48.2	51.0
	50%	3.7	3.3	3.7	3.9	4.9	3.8	4.5	3.7	3.9	4.5	3.6
9/1	Max	210.8	184.3	191.6	245.3	182.5	198.0	195.0	164.1	202.9	178.8	219.6
	99%	91.8	92.5	96.4	116.4	110.7	90.6	100.2	94.9	96.8	101.5	100.5
	95%	50.0	51.8	52.5	46.6	56.2	51.1	54.9	47.2	47.7	50.9	50.4
	50%	3.7	3.3	3.7	3.9	5.1	3.9	4.2	3.6	3.9	4.3	3.6
9/2	Max	210.8	184.3	191.6	245.3	182.5	198.0	195.0	164.1	202.9	178.8	219.6
	99%	91.8	104.2	102.9	116.1	111.1	93.9	100.2	100.0	96.8	101.5	100.5
	95%	50.0	52.3	52.9	46.3	55.0	51.2	55.3	48.0	47.2	52.5	50.0
	50%	3.7	3.3	3.7	3.8	4.8	3.9	4.3	3.7	3.8	4.2	3.6
9/3	Max	210.8	184.3	191.6	245.3	182.5	198.0	139.1	160.8	202.9	178.8	219.6
	99%	80.2	104.2	95.2	109.2	105.4	90.6	99.5	89.7	96.7	101.4	100.3
	95%	47.4	52.5	52.2	47.2	52.7	50.2	51.6	46.0	46.5	52.5	48.9
	50%	3.7	3.3	3.7	3.7	4.7	3.9	4.2	3.7	3.9	4.4	3.5
9/4	Max	210.8	184.3	191.6	245.3	182.5	198.0	139.1	160.8	202.9	178.8	219.6
	99%	91.1	104.2	93.4	108.8	123.2	90.2	100.1	88.2	96.6	100.1	100.1
	95%	48.7	52.8	54.2	47.8	56.8	50.9	51.2	47.3	43.8	47.8	47.9
	50%	3.7	3.2	3.6	3.7	4.6	3.8	4.1	3.5	3.7	4.5	3.5

续表

日期(月/日)	项目	站点										
		58259	58254	58255	58264	58265	58268	58269	58360	58354	58346	58351
		南通	海安	如皋	如东	吕泗	通州	启东	海门	无锡	宜兴	江阴
9/5	Max	210.8	184.3	191.6	245.3	182.5	198.0	139.1	160.8	202.9	178.8	219.6
	99%	90.9	104.2	92.1	108.1	123.0	87.4	99.6	84.0	98.1	100.0	106.3
	95%	47.8	52.2	51.3	45.0	56.6	50.8	52.0	46.2	41.9	48.1	48.9
	50%	3.7	3.3	3.6	3.7	4.7	4.0	4.1	3.4	3.7	4.5	3.4
9/6	Max	210.8	184.3	191.6	245.3	182.5	198.0	139.1	160.8	202.9	178.8	219.6
	99%	93.6	104.3	90.2	107.8	122.9	87.2	99.3	83.2	98.0	99.7	105.9
	95%	50.3	51.2	50.8	44.5	54.6	51.5	51.8	45.9	41.8	53.2	48.4
	50%	3.6	3.2	3.6	3.7	4.6	3.9	4.1	3.4	3.6	4.1	3.1
9/7	Max	210.8	184.3	191.6	245.3	182.5	198.0	139.1	160.8	202.9	178.8	219.6
	99%	93.2	104.3	88.4	107.0	115.2	96.6	96.5	81.6	97.7	99.4	104.9
	95%	50.3	49.5	45.7	43.0	52.3	52.5	50.5	44.7	42.0	53.9	50.9
	50%	3.6	3.2	3.5	3.7	4.6	3.8	4.0	3.4	3.5	3.9	3.0
9/8	Max	193.7	184.3	191.6	219.2	182.5	198.0	139.1	160.8	202.9	178.8	219.6
	99%	93.0	99.6	107.2	105.3	115.3	96.6	96.5	72.6	97.3	99.1	104.6
	95%	51.5	49.2	45.9	42.7	53.8	52.5	50.5	43.8	41.7	57.3	50.8
	50%	3.4	3.1	3.5	3.9	4.4	3.8	3.9	3.4	3.5	3.9	2.9
9/9	Max	193.7	184.3	191.6	219.2	182.5	198.0	139.1	160.8	202.9	178.8	219.6
	99%	92.7	96.9	106.7	105.3	114.4	96.0	96.2	71.9	82.7	98.9	95.5
	95%	50.4	49.5	45.6	41.7	52.6	51.1	49.8	42.9	39.9	53.0	48.9
	50%	3.3	3.0	3.4	3.7	4.4	3.5	3.7	3.3	3.4	4.1	2.9
9/10	Max	193.7	184.3	191.6	219.2	182.5	198.0	139.1	160.8	202.9	178.8	219.6
	99%	92.7	94.9	106.3	110.5	114.1	95.5	99.3	71.4	82.5	98.7	94.3
	95%	50.3	48.8	45.5	45.4	52.2	51.8	50.9	42.8	41.6	51.8	48.2
	50%	3.1	3.1	3.5	3.9	4.5	3.5	3.8	3.4	3.4	4.0	2.9
9/11	Max	193.7	184.3	191.6	219.2	182.5	198.0	139.1	160.8	202.9	178.8	219.6
	99%	92.5	92.9	105.8	110.0	113.6	95.1	99.3	78.1	82.3	98.5	88.2
	95%	50.3	49.6	45.3	43.8	52.5	51.2	49.2	43.2	39.8	53.6	46.8
	50%	3.1	2.9	3.4	3.7	4.4	3.3	3.6	3.3	3.3	3.8	2.7
9/12	Max	193.7	184.3	191.6	219.2	182.5	198.0	139.1	160.8	202.9	178.8	219.6
	99%	92.3	91.4	105.6	109.7	113.5	94.6	99.3	77.8	82.1	101.0	88.2
	95%	50.3	48.9	45.2	42.9	52.4	51.1	48.9	43.3	39.8	53.4	46.2
	50%	3.0	3.0	3.5	3.7	4.3	3.3	3.6	3.4	3.2	3.9	2.8
9/13	Max	193.7	184.3	191.6	219.2	182.5	198.0	139.1	160.8	202.9	178.8	219.6
	99%	92.3	82.4	95.9	109.3	113.4	94.5	98.6	77.5	81.7	101.5	83.5
	95%	49.5	47.8	41.6	44.4	51.7	50.2	49.6	43.4	38.0	50.9	42.2
	50%	3.0	3.0	3.3	3.6	4.2	3.3	3.5	3.3	3.2	3.9	2.8
9/14	Max	193.7	184.3	191.6	219.2	182.5	198.0	139.1	160.8	202.9	178.8	219.6
	99%	92.1	73.2	78.1	100.9	113.4	94.4	98.5	77.3	81.6	101.5	83.0
	95%	49.0	47.5	41.3	43.0	50.4	49.8	49.4	43.3	36.8	48.4	41.6
	50%	3.0	2.9	3.3	3.7	4.2	3.3	3.3	3.3	3.2	3.8	2.8

续表

日期（月/日）	项目	站点										
		58259	58254	58255	58264	58265	58268	58269	58360	58354	58346	58351
		南通	海安	如皋	如东	吕泗	通州	启东	海门	无锡	宜兴	江阴
9/15	Max	193.7	184.3	191.6	219.2	182.5	198.0	139.1	160.8	202.9	178.8	219.6
	99%	92.0	72.1	76.3	99.6	113.1	93.7	98.2	71.6	81.2	99.7	82.6
	95%	50.2	46.4	40.8	40.1	48.3	45.6	42.2	42.9	36.5	47.0	41.9
	50%	3.0	2.9	3.2	3.4	3.9	3.3	3.3	3.3	3.1	3.9	2.8
9/16	Max	193.7	184.3	191.6	219.2	182.5	198.0	139.1	160.8	202.9	178.8	219.6
	99%	91.7	71.7	68.4	98.9	112.8	88.5	91.1	71.5	77.7	93.8	82.0
	95%	43.1	46.0	39.7	42.5	47.9	42.4	40.9	41.8	35.0	44.0	39.9
	50%	2.9	2.8	3.0	3.4	3.8	3.3	3.2	3.2	3.1	3.7	2.7
9/17	Max	193.7	184.3	191.6	219.2	182.5	198.0	139.1	160.8	202.9	178.8	219.6
	99%	82.3	72.3	67.6	89.5	112.4	85.2	90.4	68.2	77.6	87.1	81.6
	95%	40.8	44.5	39.0	40.0	47.3	42.2	41.7	39.9	34.1	43.1	39.0
	50%	2.8	2.8	2.8	3.4	3.7	3.3	3.2	3.2	2.9	3.4	2.6
9/18	Max	193.7	184.3	191.6	219.2	182.5	198.0	139.1	160.8	202.9	178.8	219.6
	99%	81.4	72.2	67.2	89.3	112.0	84.8	89.8	67.6	77.4	86.7	88.3
	95%	43.2	43.7	38.2	40.1	47.7	39.7	40.0	40.6	35.0	43.6	41.0
	50%	3.0	2.8	2.8	3.4	3.6	3.3	3.0	3.3	2.9	3.3	2.8
9/19	Max	193.7	184.3	191.6	219.2	182.5	198.0	139.1	160.8	202.9	178.8	219.6
	99%	80.7	72.2	62.8	87.2	112.0	87.1	88.5	67.4	77.4	86.6	88.3
	95%	42.9	43.5	37.3	37.8	47.7	41.9	40.3	40.6	35.0	44.0	40.9
	50%	3.1	2.8	2.9	3.4	3.6	3.4	3.2	3.4	2.9	3.3	2.8
9/20	Max	193.7	184.3	191.6	219.2	182.5	198.0	139.1	160.8	202.9	178.8	219.6
	99%	80.0	73.6	71.2	87.1	111.8	87.1	97.3	71.9	79.6	90.0	81.6
	95%	42.6	43.3	38.2	37.4	46.5	41.0	41.5	40.8	36.6	43.0	39.0
	50%	3.2	2.8	2.8	3.4	3.6	3.4	3.2	3.4	2.9	3.3	2.9
9/21	Max	114.9	153.9	170.3	105.2	158.3	194.5	139.1	118.5	101.6	178.8	113.6
	99%	79.8	72.2	71.2	81.7	89.8	82.9	97.3	65.8	79.8	89.8	79.9
	95%	42.2	42.9	38.1	35.1	41.8	38.8	39.7	40.5	35.4	43.0	39.7
	50%	3.2	2.8	2.8	3.4	3.7	3.5	3.2	3.4	2.9	3.3	2.8
9/22	Max	114.9	153.9	170.3	105.2	158.3	194.5	139.1	118.5	101.6	114.9	113.6
	99%	79.8	71.4	71.1	80.4	89.8	83.1	97.4	65.8	79.8	86.7	80.1
	95%	40.4	39.4	36.0	32.4	41.9	36.8	37.9	39.4	35.4	42.5	39.1
	50%	3.2	2.9	2.8	3.6	3.6	3.5	3.2	3.4	2.9	3.3	2.9
9/23	Max	114.9	153.9	170.3	105.2	127.2	194.5	128.2	118.5	101.6	114.9	113.6
	99%	76.9	71.4	62.6	80.5	87.5	83.2	86.8	65.8	80.4	86.9	80.8
	95%	40.4	40.8	35.6	37.3	41.5	37.4	36.6	40.5	36.3	42.8	40.5
	50%	3.3	2.9	2.9	3.5	3.6	3.5	3.2	3.4	2.9	3.4	2.9
9/24	Max	129.1	153.9	170.3	109.4	169.5	194.5	233.5	123.2	101.6	114.9	113.6
	99%	79.7	71.0	71.1	82.3	89.8	87.1	97.4	66.8	80.3	86.7	80.0
	95%	40.0	42.6	36.9	36.7	41.2	37.4	37.8	40.5	35.5	42.7	39.7
	50%	3.3	2.9	2.9	3.5	3.6	3.5	3.2	3.4	2.9	3.5	2.9

续表

日期（月/日）	项目	站点										
		58259	58254	58255	58264	58265	58268	58269	58360	58354	58346	58351
		南通	海安	如皋	如东	吕泗	通州	启东	海门	无锡	宜兴	江阴
9/25	Max	129.1	153.9	170.3	109.4	169.5	194.5	233.5	123.2	101.6	114.9	124.8
	99%	79.3	66.8	70.5	80.2	89.7	82.3	97.1	77.7	87.2	89.5	81.6
	95%	38.7	42.0	36.3	37.0	42.8	37.8	38.9	39.9	37.6	40.8	41.8
	50%	3.3	2.9	2.8	3.4	3.4	3.5	3.2	3.4	2.9	3.4	2.8
9/26	Max	129.1	153.9	170.3	109.4	169.5	194.5	233.5	123.2	101.6	119.3	124.8
	99%	78.6	65.8	65.2	81.2	72.9	87.0	68.7	70.6	83.9	89.3	79.6
	95%	41.5	39.2	38.6	37.5	41.1	38.9	39.5	40.6	36.1	42.8	41.1
	50%	3.2	2.8	3.0	3.4	3.3	3.4	3.2	3.3	2.9	3.4	2.8
9/27	Max	129.1	153.9	170.3	109.4	169.5	194.5	233.5	123.2	101.6	119.3	124.8
	99%	74.6	65.8	61.2	80.2	108.0	80.4	78.8	66.2	83.2	89.0	73.7
	95%	39.8	38.2	39.0	38.3	42.4	38.8	37.7	39.5	36.2	42.7	41.2
	50%	3.2	2.8	3.0	3.4	3.2	3.3	3.2	3.3	2.9	3.4	2.7
9/28	Max	129.1	153.9	170.3	109.4	169.5	194.5	233.5	123.2	101.6	119.3	124.8
	99%	74.3	65.7	61.2	79.8	83.6	78.7	77.3	66.0	83.1	88.8	70.5
	95%	36.0	40.2	36.5	36.5	41.0	38.9	36.6	40.1	35.3	42.7	38.9
	50%	2.9	2.8	2.9	3.4	3.0	3.0	3.1	3.1	2.8	3.2	2.4
9/29	Max	129.1	153.9	170.3	109.4	169.5	194.5	233.5	123.2	101.6	119.3	124.8
	99%	74.1	64.0	61.2	79.4	71.6	77.4	75.4	65.9	82.8	88.6	70.4
	95%	35.4	36.4	35.7	36.7	39.0	37.7	36.2	39.3	36.1	43.0	38.8
	50%	2.8	2.7	2.7	3.3	2.8	2.8	2.9	2.9	2.6	3.0	2.2
9/30	Max	129.1	153.9	170.3	109.4	169.5	194.5	233.5	123.2	100.9	119.3	124.8
	99%	74.0	58.5	60.3	72.5	71.0	76.5	74.1	65.8	78.4	90.8	70.3
	95%	35.2	34.5	35.5	37.4	36.5	37.3	32.7	39.0	32.8	43.1	38.9
	50%	2.6	2.7	2.8	3.1	2.8	2.6	2.9	2.9	2.5	3.1	2.2
10/1	Max	129.1	88.6	81.3	109.4	169.5	101.8	233.5	123.2	100.9	119.3	124.8
	99%	71.5	57.0	59.1	60.7	71.0	66.0	64.2	60.3	72.2	83.8	70.3
	95%	35.0	34.4	35.0	36.5	36.3	36.2	32.2	38.0	32.4	42.8	38.4
	50%	2.6	2.7	2.8	3.2	2.7	2.6	2.9	2.8	2.6	3.2	2.1
10/2	Max	129.1	88.6	81.3	109.4	169.5	101.8	233.5	123.2	100.9	119.3	124.8
	99%	71.5	57.0	59.1	60.8	71.0	66.0	64.2	60.2	72.2	84.1	70.3
	95%	35.0	33.1	35.1	31.3	35.9	35.4	32.5	32.6	32.4	38.0	36.9
	50%	2.5	2.5	2.7	3.0	2.5	2.5	2.8	2.6	2.5	3.1	2.2
10/3	Max	129.1	88.6	81.3	109.4	169.5	101.8	233.5	123.2	100.9	119.3	124.8
	99%	61.2	48.0	56.6	60.6	61.9	65.6	62.3	59.9	71.9	83.8	70.3
	95%	33.3	32.3	34.3	30.4	35.7	33.3	32.0	32.6	30.4	37.7	35.9
	50%	2.5	2.5	2.7	2.9	2.6	2.4	2.8	2.7	2.5	3.1	2.2
10/4	Max	129.1	88.6	81.3	109.4	169.5	101.8	233.5	123.2	100.9	119.3	124.8
	99%	58.5	47.6	56.4	60.3	52.6	59.2	62.2	59.2	69.2	75.5	70.2
	95%	33.3	32.2	34.6	29.2	33.8	33.9	32.4	32.2	30.2	34.7	36.2
	50%	2.5	2.5	2.7	2.9	2.5	2.4	2.7	2.8	2.5	2.9	2.1

续表

日期（月/日）	项目	站点										
		58259	58254	58255	58264	58265	58268	58269	58360	58354	58346	58351
		南通	海安	如皋	如东	吕泗	通州	启东	海门	无锡	宜兴	江阴
10/5	Max	129.1	88.6	81.3	109.4	169.5	101.8	233.5	123.2	100.9	119.3	124.8
	99%	51.0	47.0	56.4	60.1	52.6	56.8	61.9	58.5	68.3	75.2	70.2
	95%	31.6	31.8	34.6	29.8	34.7	31.5	32.2	31.5	29.5	33.1	36.0
	50%	2.5	2.6	2.7	2.9	2.4	2.4	2.5	2.7	2.5	2.8	2.2
10/6	Max	129.1	88.6	81.3	109.4	169.5	101.8	233.5	123.2	100.9	119.3	124.8
	99%	46.4	47.1	56.4	60.1	52.6	51.7	61.7	58.0	67.8	68.2	70.2
	95%	30.9	31.8	34.2	29.0	30.6	31.1	31.4	31.3	29.4	33.0	35.6
	50%	2.5	2.6	2.7	2.8	2.4	2.4	2.5	2.6	2.5	3.0	2.2
10/7	Max	129.1	88.6	81.3	109.4	169.5	96.5	233.5	123.2	100.9	119.3	124.8
	99%	44.7	47.2	55.3	58.8	49.0	47.1	61.5	55.6	62.0	68.2	63.6
	95%	30.3	31.5	33.1	28.4	29.1	30.5	30.5	30.4	29.3	33.0	31.3
	50%	2.5	2.6	2.8	2.8	2.3	2.4	2.6	2.6	2.5	2.9	2.2
10/8	Max	129.1	88.6	81.3	109.4	169.5	96.5	233.5	123.2	100.9	119.3	124.8
	99%	44.6	47.1	55.3	58.7	47.2	47.0	56.8	55.5	61.9	68.2	63.4
	95%	30.1	31.1	30.4	26.7	28.9	28.9	30.1	29.2	28.2	33.0	30.5
	50%	2.5	2.5	2.7	2.7	2.2	2.4	2.5	2.5	2.5	2.9	2.2
10/9	Max	129.1	88.6	81.3	109.4	169.5	96.5	233.5	123.2	100.9	119.3	124.8
	99%	44.6	47.2	55.3	58.7	47.2	46.9	50.4	55.5	61.7	68.1	63.3
	95%	30.1	31.1	28.9	26.6	29.0	29.0	30.3	30.2	28.0	32.9	30.5
	50%	2.4	2.3	2.6	2.7	2.1	2.3	2.4	2.3	2.5	2.8	2.2
10/10	Max	129.1	88.6	81.3	109.4	169.5	96.5	233.5	123.2	100.9	119.3	124.8
	99%	44.6	47.2	55.3	58.7	46.8	47.0	50.5	55.5	61.7	68.1	63.2
	95%	30.2	29.8	28.9	26.2	28.1	28.8	30.3	30.1	28.9	32.0	27.7
	50%	2.4	2.3	2.6	2.7	2.2	2.3	2.4	2.3	2.5	3.0	2.3
10/11	Max	129.1	88.6	81.3	109.4	169.5	96.5	233.5	123.2	100.9	119.3	124.8
	99%	44.7	47.4	55.3	58.8	46.8	47.1	51.2	54.6	61.8	68.3	63.7
	95%	31.3	30.0	30.2	26.9	28.9	29.1	29.8	30.4	29.0	31.1	28.5
	50%	2.4	2.3	2.6	2.8	2.3	2.2	2.4	2.3	2.6	2.9	2.3
10/12	Max	129.1	88.6	81.3	109.4	169.5	96.5	233.5	123.2	100.9	119.3	124.8
	99%	44.7	47.4	55.4	58.8	46.8	47.3	52.0	54.7	62.0	68.5	64.2
	95%	31.0	30.0	28.9	27.2	28.9	29.1	29.9	29.6	29.1	32.9	29.4
	50%	2.4	2.3	2.7	2.8	2.3	2.2	2.4	2.3	2.6	2.9	2.2
10/13	Max	129.1	88.6	81.3	109.4	169.5	96.5	233.5	123.2	100.9	119.3	124.8
	99%	44.7	47.1	55.3	58.8	46.8	47.1	55.9	54.7	62.0	68.3	64.0
	95%	30.3	29.4	29.0	26.3	28.5	28.9	30.1	29.9	29.5	32.9	27.7
	50%	2.4	2.3	2.7	2.8	2.3	2.2	2.4	2.2	2.6	2.9	2.2
10/14	Max	129.1	88.6	81.3	109.4	169.5	96.5	233.5	123.2	100.9	119.3	124.8
	99%	44.6	57.2	51.9	58.7	46.8	46.9	55.4	54.6	61.8	68.1	63.4
	95%	30.1	30.6	28.9	26.4	28.9	28.8	30.3	28.5	29.0	33.0	26.4
	50%	2.4	2.3	2.6	2.7	2.4	2.2	2.4	2.2	2.5	2.8	2.1

续表

日期(月/日)	项目	站点										
		58259	58254	58255	58264	58265	58268	58269	58360	58354	58346	58351
		南通	海安	如皋	如东	吕泗	通州	启东	海门	无锡	宜兴	江阴
10/15	Max	129.1	88.6	81.3	109.4	169.5	96.5	233.5	123.2	100.9	119.3	124.8
	99%	58.0	56.3	51.7	47.8	46.7	46.7	54.9	54.6	61.9	68.0	63.4
	95%	31.2	28.2	28.8	26.3	28.3	28.9	30.0	27.8	29.0	32.9	27.6
	50%	2.2	2.2	2.5	2.6	2.2	2.1	2.2	2.0	2.5	3.0	2.1
10/16	Max	129.1	88.6	81.3	109.4	169.5	127.6	233.5	123.2	100.9	119.3	124.8
	99%	58.7	56.0	51.7	59.0	46.7	50.3	54.8	55.6	61.9	67.9	62.9
	95%	31.8	28.1	28.8	27.2	28.7	29.1	30.0	28.6	29.2	32.7	27.7
	50%	2.3	2.2	2.4	2.6	2.3	2.1	2.3	2.1	2.5	3.2	2.2
10/17	Max	129.1	88.6	81.3	109.4	169.5	127.6	233.5	123.2	100.9	119.3	124.8
	99%	58.7	55.8	51.6	59.0	47.3	50.1	63.2	55.6	56.2	67.9	63.0
	95%	31.1	27.3	28.9	28.0	28.6	28.5	30.2	28.6	28.0	31.3	27.5
	50%	2.3	2.2	2.5	2.7	2.5	2.1	2.3	2.0	2.5	3.2	2.2
10/18	Max	129.1	88.6	81.3	109.4	169.5	127.6	233.5	123.2	100.9	119.3	124.8
	99%	57.4	55.3	50.7	47.5	46.7	42.5	54.7	55.6	51.1	67.6	60.9
	95%	30.4	27.2	28.7	28.1	28.5	28.2	26.2	28.8	27.9	32.3	27.4
	50%	2.3	2.3	2.5	2.5	2.5	2.1	2.2	1.9	2.5	3.5	2.2
10/19	Max	129.1	66.1	61.3	109.4	169.5	127.6	233.5	123.2	87.3	119.3	124.8
	99%	45.0	44.5	54.8	44.8	47.0	46.0	47.9	40.8	44.9	59.0	54.1
	95%	29.5	26.8	28.8	26.2	28.3	28.2	25.5	27.8	27.2	30.0	26.1
	50%	2.3	2.2	2.4	2.3	2.3	2.1	2.1	1.8	2.4	3.3	2.1
10/20	Max	129.1	66.1	61.3	109.4	169.5	127.6	233.5	123.2	79.8	119.3	124.8
	99%	44.8	44.3	54.6	58.0	47.0	42.1	62.8	37.9	44.0	54.9	42.3
	95%	29.1	26.4	28.7	26.0	27.9	27.4	25.3	24.9	26.9	30.4	25.8
	50%	2.1	2.2	2.3	2.1	2.0	2.0	2.1	1.6	2.3	3.0	1.9
10/21	Max	129.1	66.1	61.3	109.4	169.5	127.6	233.5	123.2	79.8	119.3	124.8
	99%	44.9	44.4	54.6	58.2	47.0	42.1	62.5	55.1	44.0	54.7	42.2
	95%	28.1	26.5	28.7	26.0	27.3	27.8	25.0	26.5	26.3	29.8	24.2
	50%	2.3	2.2	2.5	2.2	2.0	2.0	2.1	1.7	2.3	3.1	1.9
10/22	Max	129.1	57.2	61.3	109.4	169.5	127.6	233.5	123.2	60.9	119.3	124.8
	99%	43.8	41.7	50.3	44.5	46.6	41.4	52.8	39.4	46.0	45.4	60.5
	95%	27.6	26.2	28.7	25.2	27.2	27.3	24.8	24.7	26.8	25.7	25.4
	50%	2.3	2.2	2.4	2.4	2.1	2.0	2.1	1.7	2.3	2.8	2.0
10/23	Max	70.7	57.2	61.3	59.0	54.1	127.6	63.5	69.3	57.1	119.3	124.8
	99%	39.0	41.8	47.9	42.8	46.6	40.4	49.4	37.3	44.8	45.4	42.3
	95%	27.7	25.8	28.0	25.0	25.7	27.4	23.7	24.3	26.8	22.0	25.6
	50%	2.3	2.1	2.4	2.3	2.0	2.0	2.1	1.8	2.4	2.8	2.1
10/24	Max	70.7	57.2	61.3	59.0	54.1	127.6	63.5	69.3	57.1	119.3	76.1
	99%	39.0	41.8	48.5	43.1	46.7	41.5	49.4	35.9	36.8	45.2	36.2
	95%	27.2	26.1	28.7	25.3	27.9	28.1	24.8	24.3	25.1	22.9	23.8
	50%	2.2	2.2	2.4	2.4	2.0	2.0	2.1	1.8	2.4	2.6	2.1

续表

日期（月/日）	项目	站点										
		58259	58254	58255	58264	58265	58268	58269	58360	58354	58346	58351
		南通	海安	如皋	如东	吕泗	通州	启东	海门	无锡	宜兴	江阴
10/25	Max	70.7	56.9	58.8	78.1	78.7	127.6	63.4	69.9	57.1	58.4	61.5
	99%	39.0	44.0	40.7	39.6	46.7	41.6	47.7	36.0	42.7	45.3	38.0
	95%	27.8	24.3	27.4	25.3	27.9	28.3	24.8	25.0	25.6	23.6	24.5
	50%	2.3	2.2	2.3	2.4	2.1	2.1	2.1	1.9	2.5	2.8	2.2
10/26	Max	70.7	46.9	58.8	78.1	78.7	127.6	63.4	69.9	57.1	62.2	66.1
	99%	41.5	44.1	40.8	39.8	41.1	39.5	44.2	37.0	43.5	45.7	39.1
	95%	27.8	24.2	26.7	25.4	24.9	27.8	24.8	25.1	26.6	25.9	24.1
	50%	2.3	2.2	2.4	2.4	2.1	2.1	2.1	2.0	2.5	2.8	2.3
10/27	Max	70.7	46.9	58.8	78.1	78.7	127.6	63.4	69.9	57.1	62.2	66.1
	99%	41.6	44.2	42.5	39.9	41.1	39.7	44.3	37.0	43.5	45.7	39.1
	95%	27.8	24.4	28.3	26.8	25.0	28.0	25.0	25.1	26.9	27.7	24.1
	50%	2.5	2.3	2.5	2.4	2.3	2.2	2.1	2.1	2.7	3.0	2.4
10/28	Max	70.7	46.9	58.8	78.1	78.7	127.6	63.4	69.9	57.1	62.2	66.1
	99%	41.6	44.7	42.5	39.9	41.1	39.6	42.5	37.0	42.7	45.7	38.0
	95%	27.6	25.9	28.8	25.5	24.4	27.9	25.0	24.9	26.9	26.5	23.9
	50%	2.5	2.3	2.6	2.6	2.4	2.3	2.1	2.2	2.7	2.9	2.5
10/29	Max	70.7	46.9	58.8	78.1	78.7	127.6	63.4	69.9	57.1	62.2	66.1
	99%	41.7	42.1	40.8	39.9	41.2	39.7	42.6	37.0	42.7	45.7	38.0
	95%	27.4	24.5	28.8	26.7	25.2	27.6	25.8	26.0	26.5	26.5	24.0
	50%	2.5	2.3	2.6	2.7	2.3	2.3	2.1	2.2	2.9	2.9	2.5
10/30	Max	70.7	46.9	58.8	78.1	78.7	127.6	63.4	69.9	57.1	62.2	66.1
	99%	41.6	42.1	40.8	43.5	41.1	39.6	42.6	37.0	43.5	46.1	38.0
	95%	27.4	24.4	28.9	26.8	24.9	27.6	25.2	25.6	26.6	26.5	23.8
	50%	2.5	2.4	2.6	2.6	2.3	2.3	2.2	2.1	2.8	2.9	2.6
10/31	Max	70.7	46.9	58.8	78.1	78.7	127.6	63.4	69.9	57.1	62.2	66.1
	99%	41.6	44.7	40.8	43.4	41.1	39.7	42.6	37.0	43.5	46.1	38.0
	95%	27.4	25.7	28.9	26.5	27.1	27.6	25.9	25.8	26.6	26.5	23.8
	50%	2.5	2.5	2.8	2.8	2.5	2.3	2.2	2.2	2.9	3.0	2.7
11/1	Max	70.7	46.9	58.8	78.1	78.7	127.6	63.4	69.9	57.1	62.2	66.1
	99%	41.7	42.2	41.0	43.5	46.1	42.1	45.1	37.7	43.5	45.7	38.0
	95%	27.2	25.0	29.0	28.9	28.1	28.1	26.8	26.3	26.6	23.8	24.1
	50%	2.5	2.5	2.7	2.8	2.4	2.2	2.2	2.1	2.9	2.9	2.7
11/2	Max	70.7	46.9	58.8	78.1	78.7	127.6	63.4	69.9	57.1	62.2	66.1
	99%	39.4	40.9	41.1	43.8	46.1	42.3	45.4	37.0	43.6	45.8	38.1
	95%	27.3	25.0	27.7	28.3	27.8	27.6	25.6	25.8	26.2	24.8	24.1
	50%	2.5	2.7	2.8	2.8	2.5	2.3	2.3	2.2	3.0	3.2	2.8
11/3	Max	70.7	46.9	58.8	78.1	78.7	127.6	63.4	69.9	57.1	62.2	66.1
	99%	39.6	40.9	41.1	44.0	46.2	42.4	45.9	37.0	43.7	45.8	38.1
	95%	27.2	24.6	27.4	27.9	27.1	27.4	25.3	25.8	25.4	25.9	24.1
	50%	2.5	2.9	2.8	2.8	2.5	2.3	2.4	2.2	3.1	3.2	2.7

续表

日期（月/日）	项目	站点										
		58259	58254	58255	58264	58265	58268	58269	58360	58354	58346	58351
		南通	海安	如皋	如东	吕泗	通州	启东	海门	无锡	宜兴	江阴
11/4	Max	70.7	46.9	58.8	78.1	78.7	127.6	63.4	69.9	57.1	62.2	66.1
	99%	39.5	40.8	41.1	43.9	46.2	42.3	45.8	37.0	43.7	45.8	38.1
	95%	27.2	24.5	27.4	27.8	27.7	27.4	25.2	25.8	25.3	26.5	24.0
	50%	2.5	2.9	2.7	2.8	2.5	2.4	2.5	2.2	3.1	3.2	2.8
11/5	Max	70.7	46.9	58.8	78.1	78.7	127.6	63.4	69.9	57.1	62.2	66.1
	99%	39.4	40.8	41.8	43.9	46.2	42.3	45.8	37.0	43.7	45.8	38.1
	95%	27.6	25.0	28.9	28.5	27.7	27.6	25.8	25.9	24.9	26.2	24.1
	50%	2.6	3.0	2.7	3.0	2.5	2.5	2.4	2.2	3.3	3.3	2.9
11/6	Max	70.7	46.9	58.8	78.1	78.7	127.6	63.4	69.9	57.1	62.2	66.1
	99%	39.4	40.8	41.8	43.9	46.2	42.3	45.9	37.0	43.7	45.8	38.1
	95%	27.6	25.0	27.5	27.8	27.7	27.4	25.9	26.2	24.9	26.2	24.2
	50%	2.6	2.9	2.7	3.0	2.6	2.5	2.5	2.3	3.3	3.2	2.8
11/7	Max	70.7	46.9	58.8	78.1	78.7	127.6	63.4	69.9	57.1	62.2	66.1
	99%	39.3	44.1	41.7	41.9	46.2	42.3	45.9	36.2	43.6	45.8	38.0
	95%	27.3	24.4	27.5	26.2	27.1	26.7	25.3	25.8	24.8	26.1	24.2
	50%	2.8	2.9	2.7	3.0	2.6	2.6	2.5	2.3	3.4	3.3	2.9
11/8	Max	70.7	46.9	58.8	78.1	78.7	127.6	63.4	69.9	57.1	62.2	66.1
	99%	39.3	44.0	41.7	41.8	46.1	42.1	45.7	36.2	43.6	45.8	38.0
	95%	27.1	24.3	26.0	28.2	27.8	27.3	24.9	25.8	25.0	25.6	24.2
	50%	2.8	2.9	2.7	3.0	2.7	2.6	2.5	2.3	3.4	3.2	2.9
11/9	Max	70.7	46.9	58.8	78.1	78.7	127.6	63.4	69.9	57.1	62.2	66.1
	99%	46.2	43.8	41.1	39.7	45.8	41.9	45.3	34.8	43.4	45.5	38.0
	95%	27.0	25.1	26.0	27.0	26.8	27.3	24.9	25.8	24.8	25.0	24.1
	50%	2.8	3.1	2.8	3.0	2.8	2.6	2.6	2.4	3.6	3.3	3.0
11/10	Max	70.7	46.9	58.8	78.1	78.7	127.6	63.4	69.9	57.1	62.2	66.1
	99%	46.1	43.8	41.1	39.7	45.8	44.2	45.0	34.7	43.4	45.7	38.0
	95%	27.1	25.1	26.8	27.8	26.5	27.4	26.0	26.2	24.8	25.9	24.2
	50%	2.9	3.2	2.9	3.1	2.7	2.6	2.7	2.3	3.8	3.4	3.2
11/11	Max	70.7	46.9	58.8	78.1	78.7	127.6	63.4	69.9	57.1	62.2	66.1
	99%	46.2	43.8	41.1	39.7	45.8	44.2	43.4	34.7	44.4	45.8	38.8
	95%	27.2	25.3	28.2	28.6	27.8	27.6	26.1	27.2	24.8	26.0	24.4
	50%	2.9	3.3	3.1	3.1	2.7	2.7	3.0	2.4	3.8	3.5	3.3
11/12	Max	70.7	46.9	58.8	78.1	78.7	127.6	63.4	69.9	57.1	62.2	66.1
	99%	35.6	43.9	41.2	39.8	45.9	44.2	43.4	34.9	44.5	45.8	38.9
	95%	27.0	25.3	27.5	28.9	27.8	27.8	25.0	26.0	24.8	26.5	24.5
	50%	3.0	3.5	3.1	3.2	2.8	2.8	3.0	2.4	3.8	3.5	3.3
11/13	Max	70.7	46.9	58.8	78.1	78.7	127.6	63.4	69.9	57.1	62.2	66.1
	99%	35.6	43.9	41.3	39.9	45.8	44.2	43.4	34.9	44.5	45.8	38.9
	95%	27.0	25.3	26.1	28.2	27.8	27.3	25.0	26.6	24.8	27.7	24.3
	50%	3.3	3.9	3.1	3.2	2.9	2.9	3.1	2.6	3.9	3.6	3.5

续表

日期(月/日)	项目	站点										
		58259	58254	58255	58264	58265	58268	58269	58360	58354	58346	58351
		南通	海安	如皋	如东	吕泗	通州	启东	海门	无锡	宜兴	江阴
11/14	Max	54.7	68.5	76.8	78.1	78.7	76.6	63.4	69.9	57.1	62.2	66.1
	99%	35.8	44.7	43.8	39.9	47.4	42.2	43.4	34.8	44.5	45.5	41.3
	95%	27.0	25.3	27.4	28.3	28.3	27.6	25.2	26.8	24.8	27.8	24.5
	50%	3.2	3.9	3.4	3.3	2.9	2.9	3.1	2.6	3.8	3.6	3.5
11/15	Max	54.7	68.5	76.8	78.1	78.7	76.6	63.4	69.9	57.1	62.2	66.1
	99%	35.8	44.7	43.8	39.9	42.4	42.2	38.8	34.8	43.5	45.5	39.0
	95%	26.3	25.3	26.1	27.8	25.9	27.3	24.9	25.9	24.6	27.2	24.4
	50%	3.3	3.9	3.3	3.1	2.8	2.9	3.1	2.7	3.8	3.4	3.3
11/16	Max	54.7	68.5	76.8	78.1	78.7	76.6	63.4	69.9	57.1	62.2	66.1
	99%	35.6	44.6	43.5	39.8	42.2	42.1	38.3	34.7	43.4	45.5	38.9
	95%	24.9	25.2	28.8	28.9	27.3	27.8	26.6	25.8	24.5	27.0	24.2
	50%	3.1	3.7	3.3	3.1	2.7	2.8	3.1	2.7	3.8	3.3	3.3
11/17	Max	54.7	68.5	76.8	78.1	78.7	76.6	63.4	69.9	57.1	62.2	66.1
	99%	35.7	44.6	43.5	39.7	42.2	42.1	38.2	34.8	43.5	45.5	38.9
	95%	25.0	25.2	28.8	28.6	27.3	27.5	26.6	25.8	24.5	27.0	24.2
	50%	3.1	3.7	3.3	3.2	2.7	2.8	3.0	2.7	3.7	3.3	3.3
11/18	Max	54.7	68.5	76.8	78.1	78.7	76.6	63.4	69.9	57.1	62.2	66.1
	99%	35.9	44.6	43.5	39.9	42.5	42.3	38.4	34.8	43.5	45.5	39.0
	95%	25.1	25.2	28.8	29.1	24.5	27.4	26.7	25.8	24.6	27.0	24.2
	50%	3.2	3.9	3.3	3.2	2.7	2.8	3.0	2.7	3.8	3.4	3.3
11/19	Max	54.7	68.5	76.8	78.1	78.7	76.6	63.4	69.9	57.1	62.2	66.1
	99%	35.4	44.6	43.1	39.7	42.2	42.2	38.2	34.8	43.4	45.5	38.8
	95%	24.7	25.1	28.2	26.8	27.3	27.2	26.9	25.2	24.5	26.9	24.2
	50%	3.1	3.5	3.2	3.1	2.7	2.8	3.0	2.5	3.8	3.4	3.3
11/20	Max	54.7	68.5	76.8	78.1	78.7	76.6	63.4	69.9	49.1	62.2	66.1
	99%	42.4	44.6	42.6	39.6	41.9	40.6	38.2	34.8	41.7	45.5	38.6
	95%	24.0	25.2	25.9	23.5	24.3	24.6	26.6	23.1	24.0	26.5	23.3
	50%	2.9	3.4	3.1	3.0	2.6	2.7	2.9	2.3	3.6	3.4	3.3
11/21	Max	54.7	68.5	76.8	78.1	78.7	76.6	63.4	69.9	49.1	62.2	66.1
	99%	42.3	44.5	50.5	45.5	39.6	40.1	36.5	32.8	44.3	45.5	40.9
	95%	23.0	25.1	27.2	24.3	23.7	24.3	24.9	23.2	24.1	27.1	23.2
	50%	3.1	3.5	3.1	3.0	2.6	2.7	2.9	2.3	3.8	3.4	3.3
11/22	Max	54.7	68.5	76.8	78.1	78.7	76.6	63.4	69.9	49.1	62.2	66.1
	99%	41.0	44.5	47.6	45.2	50.6	35.1	36.3	32.8	44.2	45.0	40.9
	95%	22.7	25.0	25.8	23.3	23.6	24.0	23.2	22.8	23.7	26.6	22.5
	50%	3.1	3.3	3.2	3.1	2.7	2.7	2.9	2.3	3.7	3.5	3.3
11/23	Max	47.5	68.5	76.8	66.0	53.4	46.8	51.4	50.9	49.1	62.2	66.1
	99%	35.3	38.6	42.1	40.2	41.1	39.6	36.5	32.6	40.9	42.9	34.7
	95%	21.5	24.6	25.6	22.7	22.4	23.0	23.2	22.5	22.2	26.2	20.7
	50%	3.1	3.5	3.1	3.0	2.6	2.6	2.7	2.2	3.6	3.6	3.3

续表

日期（月/日）	项目	站点										
		58259	58254	58255	58264	58265	58268	58269	58360	58354	58346	58351
		南通	海安	如皋	如东	吕泗	通州	启东	海门	无锡	宜兴	江阴
11/24	Max	46.3	68.5	76.8	66.0	53.4	46.7	51.4	47.4	46.3	52.7	44.7
	99%	34.6	33.8	40.3	35.0	40.6	34.8	36.5	32.6	35.7	37.6	32.6
	95%	20.6	24.3	22.4	22.7	22.0	22.0	23.1	21.5	20.1	24.8	20.5
	50%	3.1	3.5	3.1	3.0	2.6	2.7	2.7	2.2	3.5	3.5	3.2
11/25	Max	46.3	68.5	76.8	66.0	53.4	46.7	51.4	47.4	46.3	52.7	44.7
	99%	34.4	28.7	39.0	34.9	40.3	34.7	36.5	32.6	35.6	35.5	32.5
	95%	19.7	23.5	22.1	21.9	21.8	21.5	21.8	20.5	21.5	24.6	20.6
	50%	3.1	3.4	3.1	3.0	2.5	2.6	2.6	2.2	3.3	3.4	3.0
11/26	Max	46.3	68.5	76.8	66.0	53.4	46.7	51.4	47.4	46.3	52.7	44.7
	99%	34.4	28.7	37.2	34.9	40.4	34.7	36.5	32.6	35.7	35.5	32.5
	95%	19.7	23.8	22.7	21.9	22.0	21.2	21.9	20.5	19.7	24.1	21.1
	50%	3.1	3.5	3.1	3.0	2.6	2.6	2.8	2.3	3.2	3.4	3.0
11/27	Max	46.3	68.5	76.8	66.0	53.4	46.7	51.4	47.4	46.3	52.7	44.7
	99%	34.4	28.7	34.4	34.9	40.7	34.7	36.2	32.4	35.7	35.5	32.5
	95%	19.7	22.5	21.8	21.5	21.4	20.9	20.5	19.6	19.7	24.0	20.5
	50%	3.0	3.2	3.0	3.0	2.6	2.6	2.8	2.3	3.2	3.5	3.0
11/28	Max	46.3	68.5	76.8	66.0	53.4	46.7	51.4	47.4	44.4	48.9	44.7
	99%	34.4	28.4	34.4	33.8	40.5	34.7	36.1	32.3	34.0	34.8	30.1
	95%	19.4	23.2	21.3	20.0	21.3	19.6	20.4	19.3	19.9	24.0	20.3
	50%	3.0	3.2	3.0	3.0	2.6	2.6	2.8	2.3	3.2	3.5	2.9
11/29	Max	46.3	68.5	76.8	66.0	53.4	46.7	51.4	47.4	44.4	48.9	44.7
	99%	34.4	28.4	34.4	33.9	40.6	34.6	36.1	32.3	34.0	34.8	30.1
	95%	19.2	22.4	21.3	19.7	20.6	18.7	19.9	19.0	19.9	24.0	20.4
	50%	3.0	3.2	3.0	2.9	2.5	2.6	2.9	2.3	2.9	3.4	2.9
11/30	Max	42.4	68.5	76.8	66.0	51.9	46.7	43.2	35.6	44.4	48.9	44.7
	99%	32.2	28.3	34.0	31.0	31.1	32.7	32.4	30.6	34.0	34.8	30.1
	95%	19.5	22.9	21.5	19.6	20.5	19.3	19.4	18.8	19.9	25.9	19.6
	50%	3.0	3.3	3.0	3.0	2.5	2.7	2.9	2.3	2.9	3.4	2.9
12/1	Max	42.4	68.5	76.8	66.0	51.9	46.7	43.2	35.6	44.4	48.9	44.7
	99%	31.9	28.2	33.9	30.9	31.0	32.5	32.0	30.6	32.3	34.7	32.1
	95%	19.5	22.2	21.7	19.5	20.0	18.2	19.5	19.0	19.7	25.0	20.4
	50%	3.0	3.2	3.0	2.9	2.5	2.7	2.8	2.3	2.9	3.3	2.9
12/2	Max	42.4	68.5	76.8	66.0	51.9	46.7	43.2	35.6	44.4	48.9	44.7
	99%	31.7	28.2	33.9	30.9	31.0	32.4	31.8	30.6	32.0	36.8	31.9
	95%	19.8	22.4	21.6	19.4	19.0	19.3	18.8	18.9	19.8	25.7	19.8
	50%	3.2	3.2	3.0	2.9	2.5	2.7	2.8	2.3	2.9	3.6	3.0
12/3	Max	42.4	68.5	76.8	66.0	51.9	46.7	43.2	35.6	44.4	48.9	44.7
	99%	31.8	28.2	33.9	30.9	31.0	32.4	32.8	30.6	32.2	35.0	32.1
	95%	20.0	22.2	21.7	19.2	19.1	19.5	18.9	18.8	19.7	23.9	20.4
	50%	3.1	3.2	3.0	2.8	2.5	2.7	2.8	2.3	2.9	3.6	3.0

续表

日期（月/日）	项目	站点										
		58259	58254	58255	58264	58265	58268	58269	58360	58354	58346	58351
		南通	海安	如皋	如东	吕泗	通州	启东	海门	无锡	宜兴	江阴
12/4	Max	42.4	68.5	76.8	66.0	51.9	46.7	37.4	35.6	44.4	48.9	44.7
	99%	29.7	27.9	31.4	30.8	30.2	32.0	31.5	29.5	32.5	36.8	29.6
	95%	19.2	22.2	21.2	18.3	18.6	18.2	19.3	18.5	19.9	23.8	19.1
	50%	3.1	3.3	3.0	2.8	2.5	2.7	2.8	2.3	2.9	3.3	2.9
12/5	Max	42.4	68.5	76.8	66.0	51.9	46.7	37.4	35.6	44.4	48.9	44.7
	99%	29.7	27.9	31.2	30.8	30.2	31.8	31.4	29.4	32.3	36.7	29.5
	95%	18.9	22.2	20.7	18.3	18.9	18.1	19.1	18.3	19.8	23.5	18.4
	50%	3.1	3.3	3.1	2.8	2.5	2.7	2.7	2.3	2.9	3.2	3.0
12/6	Max	42.4	68.5	76.8	66.0	51.9	46.7	37.4	35.6	44.4	48.9	44.7
	99%	29.7	27.9	31.3	30.8	30.2	31.9	31.5	29.4	32.5	36.7	29.5
	95%	18.9	22.2	20.8	18.3	18.9	18.1	19.2	17.8	19.8	23.5	18.4
	50%	3.0	3.3	3.0	2.7	2.4	2.7	2.6	2.3	2.8	3.3	2.9
12/7	Max	42.4	68.5	76.8	66.0	51.9	46.7	37.4	35.6	44.4	48.9	44.7
	99%	29.8	27.9	31.3	30.8	30.3	32.0	31.6	29.5	32.8	36.8	29.5
	95%	19.0	22.2	20.8	18.3	18.0	18.1	18.2	17.7	18.3	21.2	18.4
	50%	3.0	3.3	3.1	2.7	2.4	2.7	2.6	2.3	2.8	3.4	2.9
12/8	Max	42.4	68.5	76.8	66.0	51.9	46.7	37.4	35.6	44.4	48.9	44.7
	99%	31.3	26.7	31.4	32.1	30.4	31.6	32.8	31.0	33.1	34.7	31.8
	95%	18.1	20.5	20.0	17.9	17.7	18.0	18.1	17.7	18.6	20.5	18.4
	50%	3.0	3.2	3.0	2.5	2.4	2.7	2.5	2.3	2.7	3.3	2.8
12/9	Max	42.4	68.5	76.8	66.0	51.9	39.9	37.4	35.6	44.4	44.5	44.7
	99%	25.9	26.7	30.1	31.8	30.4	29.6	32.8	30.8	29.9	34.8	31.3
	95%	18.2	20.2	18.5	17.5	18.2	17.8	18.1	17.3	18.4	21.3	18.7
	50%	3.0	3.1	2.9	2.4	2.4	2.5	2.5	2.3	2.7	3.2	2.8
12/10	Max	42.4	68.5	76.8	66.0	51.9	39.9	37.4	35.6	41.6	44.5	44.7
	99%	21.9	24.8	28.3	29.8	28.4	26.8	31.3	26.1	28.4	34.5	28.1
	95%	17.5	20.0	16.7	17.5	17.2	17.5	16.9	17.2	16.0	19.5	17.7
	50%	2.9	2.9	2.7	2.4	2.4	2.5	2.5	2.3	2.7	3.1	2.6
12/11	Max	42.4	68.5	76.8	66.0	51.9	39.9	37.4	35.6	41.6	44.5	44.7
	99%	23.5	24.8	28.1	29.6	28.2	27.7	31.3	26.8	28.3	34.4	27.8
	95%	17.8	20.3	16.9	18.3	18.5	17.7	17.5	17.8	18.2	19.2	17.9
	50%	2.9	2.9	2.6	2.4	2.4	2.6	2.5	2.3	2.6	3.0	2.5
12/12	Max	42.4	68.5	76.8	66.0	51.9	39.9	37.4	35.6	41.6	44.5	44.7
	99%	23.4	24.8	28.0	29.5	28.1	27.6	31.2	24.7	28.3	34.3	27.7
	95%	17.7	19.9	17.9	17.9	17.7	17.7	17.8	17.2	17.1	19.0	17.5
	50%	2.9	2.8	2.6	2.4	2.3	2.6	2.4	2.2	2.6	3.0	2.4
12/13	Max	33.2	29.2	33.7	33.3	41.0	32.3	36.0	32.8	36.0	44.5	33.6
	99%	21.8	24.7	24.5	24.8	25.2	24.6	28.9	23.2	26.5	31.8	25.1
	95%	17.0	15.9	16.2	17.4	17.0	17.5	16.6	17.0	16.2	18.9	17.8
	50%	2.7	2.5	2.5	2.3	2.2	2.5	2.4	2.2	2.5	3.0	2.4

续表

日期（月/日）	项目	站点										
		58259	58254	58255	58264	58265	58268	58269	58360	58354	58346	58351
		南通	海安	如皋	如东	吕泗	通州	启东	海门	无锡	宜兴	江阴
12/14	Max	33.2	29.2	33.7	33.3	41.0	32.3	36.0	32.8	36.0	44.5	33.6
	99%	21.8	24.7	25.0	24.8	25.2	24.6	28.9	23.2	26.4	31.7	25.0
	95%	17.0	17.5	16.6	17.6	17.0	17.1	17.8	17.2	16.6	19.0	17.7
	50%	2.7	2.4	2.5	2.4	2.2	2.5	2.4	2.2	2.6	3.2	2.5
12/15	Max	33.2	26.3	33.7	33.3	41.0	32.3	36.0	32.8	30.3	37.6	33.6
	99%	21.5	23.6	23.0	22.7	24.2	24.4	27.7	23.2	25.5	30.1	23.4
	95%	17.0	18.1	16.6	17.6	17.0	17.5	17.8	17.2	16.6	19.1	17.5
	50%	2.7	2.3	2.5	2.3	2.4	2.5	2.4	2.2	2.6	3.1	2.4
12/16	Max	33.2	26.3	33.7	33.3	41.0	32.3	36.0	32.8	30.3	37.6	33.6
	99%	21.5	23.6	23.0	22.7	24.2	24.4	27.7	23.2	25.5	30.2	23.5
	95%	17.1	18.9	16.6	17.6	17.1	17.2	17.8	17.2	16.4	19.1	17.4
	50%	2.7	2.4	2.6	2.4	2.4	2.5	2.4	2.4	2.6	3.1	2.4
12/17	Max	34.4	28.5	35.7	33.3	41.0	36.3	41.7	48.3	40.1	52.5	33.6
	99%	21.9	24.7	24.1	24.2	25.3	24.8	28.9	24.7	26.5	31.9	25.1
	95%	17.4	19.5	16.6	18.2	17.4	17.4	18.1	17.5	16.6	19.1	17.5
	50%	2.7	2.5	2.6	2.4	2.4	2.7	2.5	2.5	2.7	3.1	2.5
12/18	Max	34.4	28.5	35.7	33.3	41.0	36.3	41.7	48.3	40.1	52.5	33.6
	99%	21.9	24.7	24.1	24.3	25.3	24.8	27.7	24.7	26.5	31.9	25.1
	95%	17.5	19.6	16.5	18.2	17.4	17.4	18.1	17.5	16.7	19.1	17.5
	50%	2.7	2.5	2.5	2.4	2.4	2.7	2.6	2.5	2.7	3.1	2.5
12/19	Max	34.4	28.5	35.7	33.3	41.0	36.3	41.7	48.3	40.1	52.5	33.6
	99%	21.9	24.7	24.1	24.2	25.2	24.8	27.6	24.7	26.5	31.8	25.2
	95%	17.5	19.5	16.5	18.2	17.3	17.4	17.5	17.2	16.4	19.1	17.1
	50%	2.8	2.5	2.6	2.5	2.4	2.8	2.8	2.6	2.7	3.3	2.5
12/20	Max	34.4	28.5	35.7	33.3	41.0	36.3	41.7	48.3	40.1	52.5	33.6
	99%	21.9	24.7	24.2	24.3	25.3	24.8	27.7	24.8	26.6	31.9	25.2
	95%	17.0	18.9	15.9	17.6	16.9	17.4	17.5	17.1	16.0	19.1	17.2
	50%	2.7	2.6	2.5	2.5	2.4	2.7	2.8	2.6	2.7	3.2	2.5
12/21	Max	34.4	28.5	35.7	33.3	41.0	36.3	41.7	48.3	40.1	52.5	33.6
	99%	22.0	24.7	24.2	24.6	25.7	25.1	27.7	24.8	27.9	32.1	25.2
	95%	17.0	19.5	16.6	17.3	16.9	17.3	17.5	17.1	16.5	19.1	16.9
	50%	2.7	2.6	2.5	2.4	2.4	2.8	2.9	2.6	2.7	3.1	2.6
12/22	Max	34.4	28.5	35.7	33.3	41.0	36.3	41.7	48.3	40.1	52.5	33.6
	99%	22.1	24.7	24.2	24.7	25.7	25.1	27.7	24.8	27.9	32.2	25.3
	95%	17.0	19.0	16.1	17.3	16.5	17.3	17.5	17.1	16.5	19.1	17.0
	50%	2.7	2.5	2.5	2.4	2.4	2.6	2.8	2.6	2.6	2.9	2.5
12/23	Max	46.9	37.8	46.9	40.5	41.0	49.3	44.2	48.3	51.1	52.5	49.8
	99%	24.8	24.8	25.4	26.8	27.5	26.1	30.7	25.7	28.9	34.7	29.5
	95%	17.6	19.5	17.0	18.3	17.6	17.6	18.7	17.2	16.8	19.1	17.4
	50%	2.7	2.5	2.4	2.4	2.4	2.7	2.9	2.6	2.5	3.0	2.4

续表

日期（月/日）	项目	站点										
		58259	58254	58255	58264	58265	58268	58269	58360	58354	58346	58351
		南通	海安	如皋	如东	吕泗	通州	启东	海门	无锡	宜兴	江阴
12/24	Max	46.9	37.8	46.9	40.5	41.0	49.3	44.2	48.3	51.1	52.5	49.8
	99%	24.8	24.8	24.1	26.8	29.2	28.5	30.7	28.6	28.8	34.7	29.3
	95%	17.7	18.9	15.9	18.3	17.8	17.8	18.7	17.5	16.5	19.1	17.4
	50%	2.7	2.5	2.5	2.5	2.4	2.7	2.9	2.6	2.7	3.1	2.5
12/25	Max	46.9	37.8	46.9	40.5	41.0	49.3	44.2	48.3	51.1	52.5	49.8
	99%	24.8	24.7	24.1	26.7	29.2	28.4	30.6	28.4	28.8	34.6	27.2
	95%	17.5	18.1	15.3	18.1	17.8	17.8	18.0	17.5	16.3	19.1	17.3
	50%	2.6	2.4	2.4	2.4	2.4	2.7	2.9	2.7	2.6	3.2	2.5
12/26	Max	46.9	37.8	46.9	40.5	41.0	49.3	44.2	48.3	51.1	52.5	49.8
	99%	24.5	24.8	24.1	26.9	29.1	28.2	30.2	28.1	28.8	34.5	26.7
	95%	18.2	19.1	16.5	18.7	17.9	18.0	18.3	17.6	16.2	19.1	17.3
	50%	2.7	2.5	2.5	2.4	2.4	2.8	2.9	2.7	2.7	3.3	2.7
12/27	Max	46.9	37.8	46.9	40.5	41.0	49.3	44.2	48.3	51.1	52.5	49.8
	99%	29.3	24.7	24.1	26.9	29.1	28.3	33.6	31.7	29.9	37.3	33.2
	95%	18.7	18.8	18.1	19.9	18.8	18.0	19.3	18.5	16.6	19.1	17.5
	50%	2.7	2.5	2.5	2.4	2.4	2.8	3.0	2.7	2.7	3.2	2.8
12/28	Max	46.9	37.8	46.9	40.5	41.0	49.3	44.2	48.3	51.1	52.5	49.8
	99%	29.6	24.7	24.7	28.5	29.1	28.5	33.6	31.7	30.0	41.2	33.2
	95%	18.9	19.2	18.1	20.4	19.5	18.5	20.9	19.5	17.2	20.2	19.7
	50%	2.6	2.6	2.4	2.4	2.4	2.7	3.0	2.7	2.7	3.3	2.8
12/29	Max	46.9	37.8	46.9	40.5	41.0	49.3	44.2	48.3	51.1	52.5	49.8
	99%	29.9	24.2	24.5	27.5	30.5	31.2	34.5	31.9	30.0	41.2	33.2
	95%	19.3	18.9	17.1	20.0	19.5	18.6	21.3	19.2	17.1	19.5	19.0
	50%	2.7	2.6	2.4	2.4	2.5	2.8	3.0	2.7	2.8	3.3	2.8
12/30	Max	46.9	37.8	46.9	40.5	41.0	49.3	44.2	48.3	51.1	52.5	49.8
	99%	30.2	24.7	24.5	27.7	30.6	31.3	34.5	32.1	30.1	41.3	29.6
	95%	18.2	19.0	18.8	18.4	19.0	18.3	19.9	18.7	17.1	19.5	17.5
	50%	2.7	2.6	2.4	2.4	2.4	2.8	2.9	2.7	2.8	3.3	2.8
12/31	Max	46.9	37.8	46.9	40.5	41.0	49.3	44.2	48.3	51.1	52.5	49.8
	99%	30.2	24.7	24.5	27.7	34.3	31.3	34.5	34.4	30.1	42.7	29.6
	95%	18.2	18.9	18.8	18.7	19.1	18.8	21.6	19.3	19.0	20.0	17.1
	50%	2.6	2.6	2.4	2.4	2.4	2.7	2.8	2.7	2.8	3.3	2.8

第7章　第六组（淮安和泰州）站点雨量阈值

日期（月/日）	项目	站点										
		58141	58138	58139	58140	58145	58147	58246	58250	58243	58249	58257
		淮安	盱眙	洪泽	涟水	楚州	金湖	泰州	姜堰	兴化	泰兴	靖江
1/1	Max	26.6	33.9	28.2	30.7	29.6	30.6	36.2	33.8	33.4	42.9	48.9
	99%	24.0	25.4	25.2	25.1	23.5	26.2	27.4	23.7	26.1	28.0	28.7
	95%	14.5	17.7	14.7	15.0	15.2	16.8	17.7	17.0	15.9	18.9	19.1
	50%	2.0	2.1	2.0	1.9	2.0	2.6	2.7	2.5	2.5	2.5	2.8
1/2	Max	26.6	33.9	28.2	30.7	29.6	30.6	36.2	33.8	33.4	42.9	48.9
	99%	24.0	25.4	25.3	25.1	23.5	26.2	25.0	23.8	26.2	28.1	28.8
	95%	14.3	18.2	15.3	15.1	15.2	17.7	17.7	17.6	16.4	19.4	19.4
	50%	2.0	2.1	1.9	1.9	2.1	2.5	2.6	2.3	2.5	2.5	2.7
1/3	Max	26.6	33.9	28.2	30.7	29.6	30.6	36.2	33.8	33.4	42.9	48.9
	99%	24.0	25.5	25.4	25.2	23.5	26.2	26.5	25.4	26.2	28.6	29.2
	95%	14.4	18.3	15.4	15.1	15.3	17.7	18.0	17.8	17.1	20.9	19.6
	50%	2.1	2.2	2.0	1.9	2.1	2.6	2.6	2.4	2.5	2.5	2.8
1/4	Max	26.6	33.9	28.2	30.7	29.6	30.6	36.2	33.8	33.4	42.9	48.9
	99%	24.6	25.5	25.5	27.7	23.5	26.2	27.7	27.0	24.3	28.7	31.5
	95%	14.6	17.3	15.0	15.5	15.4	17.9	18.3	18.4	17.0	21.0	19.7
	50%	2.2	2.2	2.1	2.1	2.0	2.6	2.7	2.5	2.5	2.5	2.8
1/5	Max	32.4	33.9	28.2	30.7	29.6	30.6	36.2	35.4	34.1	42.9	48.9
	99%	25.7	26.0	25.6	29.3	24.5	26.4	27.6	28.0	25.0	30.0	33.0
	95%	14.6	17.4	14.9	15.5	15.4	18.2	18.5	19.3	17.2	21.1	20.0
	50%	2.0	2.1	2.0	1.9	1.9	2.5	2.8	2.5	2.5	2.6	2.9
1/6	Max	32.4	33.9	28.2	30.7	29.6	30.6	36.2	35.4	34.1	42.9	48.9
	99%	25.7	25.7	25.5	29.3	24.5	26.4	27.6	28.0	26.3	28.7	33.0
	95%	15.1	17.9	14.8	15.4	16.9	18.2	18.3	18.9	17.7	21.1	20.1
	50%	2.0	2.1	2.1	2.1	2.0	2.5	2.7	2.5	2.4	2.5	2.8
1/7	Max	32.4	33.9	28.2	30.7	29.6	30.6	36.2	35.4	34.1	42.9	48.9
	99%	25.8	25.8	25.6	29.3	24.6	26.4	27.7	28.2	25.1	30.4	33.6
	95%	15.6	17.3	14.9	15.5	15.0	17.9	18.5	19.6	17.5	21.1	20.5
	50%	2.2	2.1	2.1	2.1	2.0	2.5	2.8	2.5	2.4	2.5	2.9
1/8	Max	32.4	27.5	26.4	29.7	29.6	27.7	36.2	35.4	34.1	42.9	48.9
	99%	24.7	24.2	23.7	28.0	23.5	26.3	27.8	28.4	24.6	30.6	33.6
	95%	15.2	16.9	14.5	15.0	14.5	16.9	17.7	18.2	17.4	20.2	20.1
	50%	2.1	2.0	2.0	2.2	2.0	2.5	2.8	2.4	2.3	2.5	2.8

续表

日期（月/日）	项目	站点										
		58141	58138	58139	58140	58145	58147	58246	58250	58243	58249	58257
		淮安	盱眙	洪泽	涟水	楚州	金湖	泰州	姜堰	兴化	泰兴	靖江
1/9	Max	32.4	27.5	26.4	29.7	29.6	27.7	36.2	35.4	34.1	42.9	48.9
	99%	24.7	24.2	23.7	28.2	23.5	26.4	28.0	28.7	24.8	30.9	33.6
	95%	14.3	17.4	14.1	15.0	15.1	17.9	17.8	18.6	17.1	21.0	20.0
	50%	2.2	2.1	2.1	2.2	2.0	2.5	2.9	2.5	2.4	2.5	2.8
1/10	Max	32.4	27.5	26.4	29.7	29.6	27.7	36.2	35.4	34.1	42.9	48.9
	99%	24.8	23.4	23.8	28.4	23.6	24.8	28.1	28.7	24.9	31.1	33.5
	95%	14.4	16.8	14.3	15.1	14.3	16.7	17.9	18.0	17.1	19.8	19.6
	50%	2.1	2.1	2.1	2.2	2.0	2.4	2.9	2.5	2.3	2.5	2.7
1/11	Max	32.4	27.5	26.4	29.7	29.6	27.7	36.2	35.4	34.1	42.9	48.9
	99%	24.8	23.4	23.7	28.4	23.5	24.9	28.2	28.9	25.0	31.2	32.3
	95%	14.4	17.3	14.8	15.1	14.1	17.8	17.7	18.3	17.2	20.5	19.7
	50%	2.2	2.1	2.1	2.3	2.0	2.4	2.8	2.3	2.3	2.5	2.6
1/12	Max	32.4	27.5	26.4	29.7	29.6	27.7	36.2	35.4	34.1	42.9	48.9
	99%	24.8	23.6	23.7	28.3	23.5	24.9	28.2	28.9	26.3	31.2	32.3
	95%	14.4	17.4	14.8	15.1	15.2	17.8	17.7	18.8	17.4	19.9	19.8
	50%	2.2	2.1	2.1	2.2	2.0	2.2	2.8	2.4	2.3	2.5	2.6
1/13	Max	32.4	27.5	26.4	29.7	29.6	27.7	36.2	35.4	34.1	42.9	48.9
	99%	24.7	24.2	23.7	28.1	23.5	24.9	28.2	28.9	26.3	31.3	32.3
	95%	14.2	17.8	14.6	15.1	15.3	18.1	17.7	18.8	17.6	19.9	19.8
	50%	2.3	2.1	2.1	2.3	2.1	2.2	2.8	2.5	2.3	2.5	2.6
1/14	Max	32.4	27.5	26.4	29.7	29.6	27.7	36.2	35.4	34.1	42.9	48.9
	99%	26.0	24.3	23.7	28.1	24.7	24.9	28.3	28.9	26.3	31.3	32.3
	95%	14.6	18.5	15.1	15.0	15.8	18.1	17.7	18.2	17.3	19.9	19.8
	50%	2.3	2.0	2.1	2.3	2.0	2.2	2.9	2.5	2.3	2.5	2.7
1/15	Max	32.4	27.5	26.4	29.7	29.6	27.7	36.2	35.4	34.1	42.9	48.9
	99%	26.0	24.2	23.7	28.1	24.8	24.9	26.9	27.1	26.3	28.7	28.4
	95%	14.9	17.4	15.0	15.3	15.9	17.3	17.7	17.9	17.1	19.6	19.5
	50%	2.3	2.1	2.1	2.2	2.0	2.2	2.9	2.5	2.3	2.6	2.8
1/16	Max	32.4	27.5	26.4	29.7	29.6	27.7	36.2	35.4	34.1	42.9	48.9
	99%	26.0	23.6	23.7	28.1	24.8	22.6	27.0	27.2	25.0	28.7	28.8
	95%	14.9	17.3	14.7	15.0	15.4	17.6	17.2	17.9	17.1	19.8	19.6
	50%	2.2	2.0	2.1	2.2	2.0	2.1	2.9	2.4	2.3	2.6	2.7
1/17	Max	32.4	27.5	26.4	29.7	29.6	27.7	36.2	35.4	34.1	42.9	48.9
	99%	26.1	23.7	23.8	28.3	24.9	22.9	27.1	27.2	25.3	27.9	29.3
	95%	14.7	17.2	14.5	15.0	14.9	16.1	17.4	18.0	16.9	19.1	19.4
	50%	2.3	2.0	2.1	2.2	2.0	2.1	2.8	2.4	2.2	2.6	2.5
1/18	Max	32.4	27.5	26.4	29.7	29.6	27.7	36.2	35.4	34.1	42.9	48.9
	99%	26.1	23.7	23.8	28.2	24.9	23.0	27.1	27.2	25.3	27.9	29.6
	95%	14.8	17.2	15.0	15.1	15.2	16.5	17.5	17.6	17.1	19.2	19.5
	50%	2.3	2.0	2.1	2.3	2.1	2.2	2.9	2.5	2.3	2.7	2.5

续表

日期(月/日)	项目	站点										
		58141	58138	58139	58140	58145	58147	58246	58250	58243	58249	58257
		淮安	盱眙	洪泽	涟水	楚州	金湖	泰州	姜堰	兴化	泰兴	靖江
1/19	Max	32.4	27.5	26.4	29.7	29.6	27.7	36.2	35.4	34.1	42.9	48.9
	99%	26.2	23.7	23.3	28.4	24.9	23.1	27.1	27.2	25.3	27.9	29.8
	95%	14.8	17.2	14.6	15.1	15.2	16.5	17.5	17.6	17.0	18.8	19.4
	50%	2.3	2.1	2.1	2.2	2.1	2.2	2.9	2.4	2.2	2.6	2.5
1/20	Max	32.4	27.5	26.4	29.7	29.6	27.7	36.2	35.4	34.1	42.9	48.9
	99%	26.2	23.7	23.8	28.4	24.9	21.5	27.1	27.2	25.3	27.9	33.5
	95%	15.3	17.4	15.0	15.6	15.2	16.9	17.5	17.7	16.9	19.1	20.0
	50%	2.3	2.2	2.3	2.4	2.3	2.5	3.0	2.5	2.5	2.8	2.6
1/21	Max	32.4	27.5	26.4	29.7	29.6	27.7	35.3	35.4	34.1	37.5	42.2
	99%	26.2	23.0	20.3	27.5	25.0	20.5	23.3	26.4	23.6	26.1	29.9
	95%	14.7	17.3	14.5	15.2	15.0	16.5	17.2	17.6	16.6	18.7	19.4
	50%	2.3	2.1	2.2	2.3	2.2	2.4	2.9	2.4	2.3	2.8	2.6
1/22	Max	32.4	27.5	26.4	29.7	29.6	27.7	35.3	35.4	34.1	37.5	42.2
	99%	26.3	23.8	19.3	28.0	25.1	20.8	23.4	26.5	24.0	26.3	30.3
	95%	14.8	17.1	14.5	15.0	15.2	17.0	17.2	17.6	16.6	18.8	19.4
	50%	2.3	2.1	2.2	2.4	2.2	2.4	2.9	2.4	2.4	2.9	2.6
1/23	Max	32.4	27.5	26.4	29.7	29.6	27.7	35.3	35.4	34.1	37.5	42.2
	99%	26.4	23.8	19.3	28.0	25.1	20.8	23.4	26.5	24.0	26.2	30.2
	95%	14.8	17.1	14.5	15.0	15.2	17.1	17.2	17.6	16.6	19.3	19.7
	50%	2.3	2.1	2.3	2.4	2.3	2.4	2.9	2.4	2.5	3.0	2.6
1/24	Max	37.4	31.2	28.3	30.9	35.6	27.7	35.3	35.4	34.1	37.5	42.2
	99%	29.8	24.9	20.6	29.3	25.2	21.7	23.4	26.8	24.1	26.4	30.8
	95%	14.8	17.4	14.8	15.3	15.2	16.9	17.2	18.0	16.6	19.0	19.9
	50%	2.3	2.1	2.2	2.3	2.1	2.2	2.8	2.4	2.3	2.8	2.5
1/25	Max	37.4	31.2	28.3	30.9	35.6	27.7	35.3	35.4	34.1	37.5	42.2
	99%	29.9	25.0	20.7	29.3	25.3	21.7	23.4	26.8	23.6	25.8	30.0
	95%	14.8	17.3	14.3	15.0	15.2	16.9	17.1	17.6	16.6	18.8	20.4
	50%	2.3	2.1	2.1	2.2	2.1	2.2	2.7	2.4	2.3	2.8	2.5
1/26	Max	37.4	31.2	28.3	30.9	35.6	27.7	35.3	35.4	34.1	37.5	42.2
	99%	25.1	25.0	19.4	29.3	22.3	20.9	23.4	23.6	23.6	25.5	30.1
	95%	14.7	16.3	14.0	15.0	14.2	16.2	16.7	17.1	16.5	18.6	19.4
	50%	2.3	2.1	2.2	2.3	2.1	2.2	2.7	2.4	2.3	2.8	2.5
1/27	Max	37.4	36.8	28.3	30.9	35.6	34.7	51.5	35.4	40.7	37.5	42.2
	99%	25.1	26.4	21.0	29.3	22.4	24.1	27.3	24.7	25.2	25.5	30.1
	95%	14.7	16.6	13.9	15.0	14.7	16.7	17.1	17.6	16.8	18.7	19.4
	50%	2.3	2.1	2.2	2.3	2.1	2.2	2.6	2.3	2.3	2.8	2.6
1/28	Max	37.4	36.8	28.3	30.9	35.6	34.7	51.5	39.5	40.7	58.6	42.2
	99%	21.6	25.6	21.0	28.9	21.7	26.0	22.0	24.8	25.3	25.7	32.9
	95%	14.8	16.9	14.0	15.6	15.0	16.4	16.4	17.6	17.1	18.6	19.4
	50%	2.3	2.1	2.2	2.3	2.1	2.1	2.5	2.3	2.2	2.8	2.5

续表

日期（月/日）	项目	站点										
		58141	58138	58139	58140	58145	58147	58246	58250	58243	58249	58257
		淮安	盱眙	洪泽	涟水	楚州	金湖	泰州	姜堰	兴化	泰兴	靖江
1/29	Max	37.4	36.8	28.3	30.9	35.6	34.7	51.5	39.5	40.7	58.6	42.2
	99%	21.9	25.8	21.3	22.1	21.7	26.0	21.6	24.9	25.4	25.7	32.9
	95%	14.8	17.0	14.2	15.0	15.1	16.2	16.3	17.3	16.5	18.5	19.2
	50%	2.3	2.1	2.2	2.3	2.1	2.1	2.5	2.3	2.2	2.8	2.5
1/30	Max	37.4	36.8	28.3	30.9	35.6	34.7	51.5	39.5	40.7	58.6	42.2
	99%	21.9	25.8	21.2	22.1	21.7	26.0	21.6	24.9	25.8	26.1	32.9
	95%	14.8	17.0	14.2	15.7	15.2	16.7	16.4	17.6	17.4	18.2	19.4
	50%	2.3	2.1	2.2	2.4	2.1	2.1	2.5	2.3	2.2	2.7	2.4
1/31	Max	37.4	36.8	28.3	30.9	35.6	34.7	51.5	39.5	40.7	58.6	42.2
	99%	22.1	25.9	21.4	21.1	21.7	26.1	21.6	25.0	25.8	26.1	33.0
	95%	14.8	16.6	14.0	15.3	14.9	16.5	16.3	17.5	17.0	18.4	19.4
	50%	2.3	2.1	2.2	2.2	2.0	2.2	2.6	2.4	2.3	2.8	2.5
2/1	Max	37.4	36.8	28.3	38.6	35.6	34.7	51.5	39.5	40.7	58.6	42.2
	99%	26.5	26.4	21.7	28.8	23.1	26.1	21.4	23.8	25.8	25.5	33.1
	95%	15.6	17.0	15.1	16.4	15.3	16.6	16.4	17.1	17.3	18.5	18.8
	50%	2.4	2.2	2.4	2.5	2.3	2.3	2.7	2.4	2.4	2.8	2.6
2/2	Max	37.4	41.0	29.1	38.6	35.6	37.9	51.5	39.5	40.7	58.6	42.2
	99%	25.4	27.3	24.2	23.4	22.9	27.4	21.4	23.3	25.8	26.0	30.8
	95%	15.3	17.8	15.0	16.1	15.2	16.6	16.0	17.0	17.3	18.2	18.3
	50%	2.4	2.3	2.4	2.6	2.3	2.3	2.7	2.4	2.5	2.8	2.7
2/3	Max	37.4	41.0	29.1	38.6	35.6	37.9	51.5	39.5	40.7	58.6	42.2
	99%	21.9	26.6	22.5	21.3	21.5	26.2	20.7	21.7	24.5	25.4	27.4
	95%	14.8	17.0	15.0	15.7	15.2	16.5	16.3	17.1	17.1	18.1	17.9
	50%	2.4	2.3	2.5	2.6	2.3	2.4	2.8	2.5	2.6	2.8	2.7
2/4	Max	37.4	41.0	29.1	38.6	35.6	37.9	51.5	39.5	40.7	58.6	42.2
	99%	22.0	26.8	22.9	21.4	21.5	23.8	20.9	21.8	24.6	26.2	31.7
	95%	14.8	17.0	15.0	15.7	15.1	16.3	16.1	17.0	17.1	18.2	18.0
	50%	2.4	2.3	2.5	2.5	2.3	2.4	2.9	2.5	2.6	2.9	2.8
2/5	Max	37.4	41.0	29.1	38.6	35.6	37.9	51.5	39.5	40.7	58.6	41.4
	99%	22.0	25.4	23.0	21.4	21.5	23.8	21.6	22.6	24.6	25.5	27.5
	95%	14.8	17.0	14.9	16.0	15.2	16.7	16.1	17.0	17.4	17.5	18.0
	50%	2.4	2.3	2.5	2.6	2.3	2.5	2.9	2.6	2.6	2.9	2.8
2/6	Max	37.4	41.0	29.1	38.6	35.6	37.9	51.5	39.5	40.7	58.6	41.4
	99%	23.1	26.8	23.0	22.7	21.8	23.7	22.0	22.6	24.6	25.5	27.5
	95%	14.8	17.9	15.0	16.2	15.2	16.9	16.3	17.1	17.9	18.0	18.0
	50%	2.4	2.4	2.5	2.6	2.4	2.5	2.8	2.5	2.6	2.8	2.7
2/7	Max	37.4	41.0	29.1	38.6	35.6	37.9	51.5	39.5	40.7	58.6	41.4
	99%	23.1	25.4	23.1	22.8	21.9	23.8	22.6	23.8	24.6	25.5	27.5
	95%	14.8	17.3	14.9	16.3	15.2	16.9	16.5	17.3	18.4	18.2	18.9
	50%	2.5	2.4	2.5	2.6	2.4	2.5	2.7	2.4	2.5	2.8	2.8

续表

日期(月/日)	项目	站点										
		58141	58138	58139	58140	58145	58147	58246	58250	58243	58249	58257
		淮安	盱眙	洪泽	涟水	楚州	金湖	泰州	姜堰	兴化	泰兴	靖江
2/8	Max	37.4	41.0	29.1	38.6	35.6	37.9	51.5	39.5	40.7	58.6	41.4
	99%	23.2	25.5	23.3	22.9	21.9	23.9	22.6	23.9	24.6	25.5	26.6
	95%	14.8	17.5	14.9	16.4	15.2	17.0	16.8	17.5	18.1	18.2	18.1
	50%	2.6	2.5	2.5	2.8	2.4	2.5	2.8	2.5	2.6	3.0	2.9
2/9	Max	37.4	41.0	29.1	38.6	35.6	37.9	51.5	39.5	40.7	58.6	41.4
	99%	24.1	25.7	23.6	26.2	21.9	24.0	22.7	24.0	24.6	26.3	26.8
	95%	15.9	17.2	15.0	16.4	15.8	16.3	16.8	17.5	18.7	18.3	19.3
	50%	2.5	2.5	2.5	2.6	2.4	2.5	2.9	2.6	2.6	3.0	3.0
2/10	Max	37.4	41.0	29.1	38.6	35.6	37.9	51.5	39.5	40.7	58.6	41.4
	99%	24.9	25.7	23.9	27.1	23.9	24.2	22.7	24.0	24.6	24.9	27.1
	95%	15.0	17.0	14.9	16.6	15.3	16.6	16.7	17.3	18.9	18.3	19.6
	50%	2.5	2.5	2.5	2.6	2.4	2.5	2.9	2.5	2.6	2.8	2.9
2/11	Max	37.4	41.0	29.1	38.6	35.6	37.9	51.5	39.5	40.7	58.6	41.4
	99%	24.9	25.9	24.4	27.5	24.3	24.4	22.8	24.2	24.6	25.7	27.1
	95%	15.7	17.6	15.0	16.4	15.2	16.8	16.8	17.1	17.5	18.3	19.9
	50%	2.5	2.5	2.5	2.6	2.4	2.5	2.9	2.5	2.6	2.8	2.9
2/12	Max	37.4	41.0	29.1	38.6	35.6	37.9	51.5	39.5	40.7	58.6	41.4
	99%	24.3	25.9	24.4	27.6	22.0	24.4	22.8	24.2	24.6	25.7	27.1
	95%	14.8	16.9	14.8	16.2	15.2	16.3	16.7	17.2	17.6	18.6	20.0
	50%	2.4	2.5	2.4	2.2	2.3	2.5	2.9	2.5	2.6	2.9	3.0
2/13	Max	37.4	41.0	29.1	38.6	35.6	37.9	51.5	39.5	40.7	58.6	41.4
	99%	24.9	25.9	25.6	27.6	24.4	24.4	22.8	24.2	24.6	25.7	27.1
	95%	15.9	17.2	15.0	16.4	15.2	16.5	16.7	17.2	17.6	18.6	20.0
	50%	2.4	2.5	2.4	2.4	2.4	2.5	2.8	2.4	2.6	2.8	3.0
2/14	Max	37.4	41.0	29.1	38.6	35.6	37.9	51.5	39.5	40.7	58.6	41.4
	99%	25.1	26.0	25.7	28.7	26.9	24.5	22.8	24.3	24.7	25.7	27.1
	95%	14.8	17.0	15.0	16.8	15.2	16.7	16.7	17.3	17.7	18.3	20.3
	50%	2.5	2.7	2.5	2.3	2.4	2.5	2.8	2.5	2.6	2.8	3.1
2/15	Max	37.4	41.0	29.1	38.6	35.6	37.9	51.5	46.7	40.7	58.6	41.4
	99%	25.1	26.1	24.7	28.7	27.1	24.7	22.9	24.8	24.7	25.8	27.2
	95%	15.6	17.0	15.0	16.5	15.7	16.9	16.3	17.0	17.9	18.3	19.9
	50%	2.4	2.8	2.5	2.3	2.4	2.5	3.0	2.7	2.9	2.9	3.2
2/16	Max	37.4	41.0	29.1	38.6	35.6	37.9	51.5	46.7	40.7	58.6	41.4
	99%	24.4	26.2	24.8	28.7	22.2	24.7	23.5	24.8	24.7	25.9	27.2
	95%	14.9	17.2	15.0	16.7	15.3	16.5	16.5	17.1	17.3	18.7	20.0
	50%	2.4	2.7	2.5	2.2	2.3	2.6	3.0	2.7	2.8	2.9	3.2
2/17	Max	37.4	68.8	85.9	38.6	41.2	44.5	51.5	46.7	40.7	58.6	41.4
	99%	25.0	27.0	25.8	28.7	25.2	26.0	23.6	24.8	25.6	25.9	27.2
	95%	16.2	17.4	15.2	18.3	16.5	16.6	16.7	17.3	17.9	18.7	19.7
	50%	2.4	2.7	2.5	2.3	2.4	2.5	2.9	2.7	2.7	2.8	3.2

续表

日期（月/日）	项目	站点										
		58141	58138	58139	58140	58145	58147	58246	58250	58243	58249	58257
		淮安	盱眙	洪泽	涟水	楚州	金湖	泰州	姜堰	兴化	泰兴	靖江
2/18	Max	37.4	68.8	85.9	38.6	41.2	44.5	51.5	46.7	40.7	58.6	41.4
	99%	25.3	27.3	26.5	28.6	25.2	26.8	23.8	24.6	25.8	27.5	27.2
	95%	16.3	17.8	15.3	17.8	17.2	16.8	16.7	17.1	18.1	18.6	19.6
	50%	2.3	2.7	2.5	2.2	2.4	2.5	2.9	2.7	2.6	2.9	3.2
2/19	Max	37.4	68.8	85.9	38.6	41.2	44.5	51.5	46.7	40.7	58.6	41.4
	99%	25.3	27.3	26.6	25.8	25.2	26.8	23.8	24.6	25.8	27.5	27.2
	95%	16.3	17.6	15.3	16.9	17.2	16.5	17.0	17.4	18.1	18.6	19.7
	50%	2.4	2.8	2.5	2.4	2.4	2.5	3.1	2.9	2.8	3.1	3.4
2/20	Max	37.4	68.8	85.9	42.0	41.2	44.5	51.5	46.7	40.7	58.6	41.4
	99%	27.8	32.4	28.5	30.9	27.3	26.8	24.9	24.6	25.6	27.4	27.2
	95%	17.6	18.1	16.2	18.8	17.4	17.4	17.5	17.5	18.1	18.3	19.7
	50%	2.4	2.8	2.6	2.4	2.6	2.5	3.1	2.9	2.8	3.0	3.3
2/21	Max	48.6	110.9	85.9	48.6	61.5	76.0	51.5	46.7	44.9	58.6	41.4
	99%	33.1	35.4	29.4	28.8	28.3	32.9	25.2	24.7	26.3	27.4	27.2
	95%	18.1	18.3	16.8	18.6	17.6	17.9	17.7	17.7	18.4	18.3	19.7
	50%	2.4	2.8	2.6	2.4	2.6	2.5	3.1	2.9	2.8	3.0	3.4
2/22	Max	48.6	110.9	85.9	48.6	61.5	76.0	51.5	46.7	44.9	58.6	41.4
	99%	27.6	36.6	30.4	28.6	27.3	32.7	27.3	25.0	26.3	27.4	27.2
	95%	18.4	18.5	16.8	18.6	18.1	18.9	18.4	18.1	18.6	18.3	19.9
	50%	2.5	2.8	2.8	2.5	2.7	2.6	3.2	3.1	3.0	3.2	3.5
2/23	Max	48.6	110.9	85.9	48.6	61.5	76.0	51.5	47.0	44.9	58.6	41.4
	99%	28.3	38.4	30.6	28.6	27.3	37.2	28.7	28.1	29.6	28.6	27.2
	95%	18.9	18.5	17.6	18.9	18.4	19.1	18.4	18.2	19.1	18.6	20.3
	50%	2.6	2.9	2.8	2.6	2.7	2.8	3.2	3.2	2.9	3.2	3.5
2/24	Max	48.6	110.9	85.9	48.6	61.5	76.0	51.5	47.0	44.9	58.6	41.4
	99%	33.1	39.2	31.7	28.9	28.3	40.6	28.7	28.0	29.6	28.6	27.2
	95%	19.0	18.6	17.7	18.9	18.6	19.1	18.4	18.2	19.7	19.1	20.3
	50%	2.5	2.8	2.8	2.5	2.6	2.7	3.2	3.1	2.8	3.2	3.5
2/25	Max	48.6	110.9	85.9	48.6	61.5	76.0	34.8	47.0	44.9	58.6	41.4
	99%	33.1	39.2	31.7	29.0	28.3	40.7	28.1	25.8	26.5	29.0	27.2
	95%	19.1	18.5	17.2	18.9	18.4	19.1	18.4	18.2	19.1	19.0	20.2
	50%	2.3	2.7	2.7	2.4	2.5	2.8	3.3	3.2	3.0	3.2	3.5
2/26	Max	48.6	110.9	85.9	48.6	61.5	76.0	34.8	47.0	44.9	42.1	37.0
	99%	33.1	39.2	31.8	29.0	28.4	40.7	27.5	25.9	26.5	29.0	27.2
	95%	18.5	18.4	17.0	18.9	18.4	19.0	18.5	17.7	19.0	19.0	19.8
	50%	2.3	2.7	2.7	2.4	2.4	2.8	3.2	3.2	2.9	3.2	3.5
2/27	Max	48.6	110.9	85.9	48.6	61.5	76.0	34.8	47.0	51.7	42.1	37.0
	99%	33.1	39.2	31.8	29.0	28.3	40.7	27.5	26.0	29.8	29.0	27.2
	95%	18.5	18.4	17.0	18.9	18.4	19.1	18.5	17.8	20.1	19.0	19.9
	50%	2.3	2.7	2.7	2.2	2.4	2.8	3.2	3.2	2.8	3.2	3.5

续表

日期(月/日)	项目	站点										
		58141	58138	58139	58140	58145	58147	58246	58250	58243	58249	58257
		淮安	盱眙	洪泽	涟水	楚州	金湖	泰州	姜堰	兴化	泰兴	靖江
2/28	Max	48.6	110.9	85.9	48.6	61.5	76.0	34.8	47.0	51.7	42.1	37.0
	99%	33.1	39.2	31.8	33.6	29.4	40.8	27.5	28.6	34.5	29.0	27.2
	95%	19.1	18.7	18.4	19.3	18.4	19.1	18.5	17.9	20.1	19.4	20.3
	50%	2.3	2.8	2.8	2.4	2.6	2.8	3.3	3.3	2.9	3.4	3.7
2/29	Max	48.6	110.9	85.9	48.6	61.5	76.0	34.8	47.0	51.7	42.1	37.0
	99%	34.8	39.1	31.5	37.2	31.2	40.1	27.3	27.9	33.5	28.9	27.2
	95%	19.5	19.4	18.6	19.6	18.4	19.2	18.9	18.0	20.7	19.4	20.3
	50%	2.3	2.8	2.8	2.5	2.7	2.8	3.2	3.2	2.9	3.3	3.7
3/1	Max	48.6	110.9	85.9	48.6	61.5	76.0	34.8	47.0	51.7	42.1	37.0
	99%	33.2	39.3	31.9	33.6	29.5	40.9	27.6	28.7	26.6	29.0	27.2
	95%	18.8	18.7	18.1	19.3	17.9	19.0	18.3	17.9	19.0	19.4	20.1
	50%	2.4	2.8	2.8	2.5	2.7	2.8	3.2	3.3	3.1	3.4	3.7
3/2	Max	48.6	110.9	85.9	48.6	61.5	76.0	34.8	47.0	51.7	42.1	37.0
	99%	29.3	39.2	31.9	30.5	29.4	40.8	27.5	28.5	34.4	29.0	27.2
	95%	18.6	18.7	17.4	19.0	17.8	19.0	18.5	17.9	20.0	19.4	20.4
	50%	2.3	2.8	2.8	2.5	2.7	2.9	3.3	3.3	3.2	3.4	3.7
3/3	Max	48.6	110.9	85.9	48.6	61.5	76.0	36.3	47.0	51.7	42.1	37.0
	99%	31.0	38.4	31.7	30.4	31.5	40.1	27.5	28.6	34.2	28.6	27.2
	95%	18.5	18.7	17.5	19.0	17.7	19.2	18.8	18.0	19.9	19.3	20.4
	50%	2.3	2.8	3.0	2.4	2.7	3.0	3.3	3.3	3.0	3.4	3.7
3/4	Max	48.6	110.9	85.9	48.6	61.5	76.0	36.3	49.7	51.7	42.1	37.0
	99%	30.9	38.4	31.7	30.5	31.5	40.2	29.0	30.8	34.4	28.6	27.5
	95%	18.4	19.1	17.7	19.3	18.3	20.0	19.1	17.8	20.0	19.3	20.4
	50%	2.3	2.8	2.7	2.2	2.7	2.8	3.2	3.2	2.9	3.4	3.6
3/5	Max	48.6	110.9	85.9	48.6	61.5	76.0	40.2	49.7	51.7	42.1	59.3
	99%	30.8	38.2	31.7	30.4	31.5	39.8	31.2	31.3	34.0	31.1	30.3
	95%	18.9	21.5	18.4	19.5	18.4	20.3	19.8	18.4	20.9	20.0	21.2
	50%	2.4	2.9	2.8	2.2	3.0	2.9	3.3	3.2	3.2	3.4	3.7
3/6	Max	48.6	110.9	85.9	48.6	61.5	76.0	40.2	49.7	51.7	42.1	59.3
	99%	31.0	38.3	31.8	30.6	31.6	40.0	31.3	31.3	34.4	31.2	31.9
	95%	18.9	20.6	18.4	19.5	19.2	20.4	19.6	18.4	21.0	19.5	21.2
	50%	2.5	2.9	3.0	2.3	3.0	2.9	3.3	3.3	2.9	3.4	3.7
3/7	Max	48.6	110.9	85.9	48.6	61.5	76.0	58.7	54.3	51.7	48.0	59.3
	99%	31.2	39.2	31.9	30.8	31.8	42.8	33.1	31.9	34.5	33.5	33.7
	95%	19.2	21.6	18.9	19.8	19.2	21.5	20.5	18.7	21.8	20.0	21.8
	50%	2.5	2.9	3.0	2.4	3.0	3.0	3.4	3.3	3.2	3.5	3.8
3/8	Max	48.6	110.9	85.9	48.6	61.5	76.0	58.7	57.6	53.9	48.0	59.3
	99%	34.3	42.5	34.5	33.6	33.9	44.3	33.8	36.3	31.1	35.6	33.8
	95%	19.2	21.9	18.6	20.5	19.7	21.4	20.6	19.0	21.7	20.3	22.3
	50%	2.5	2.8	3.0	2.3	2.9	3.0	3.2	3.3	3.2	3.4	3.8

续表

日期（月/日）	项目	站点										
		58141	58138	58139	58140	58145	58147	58246	58250	58243	58249	58257
		淮安	盱眙	洪泽	涟水	楚州	金湖	泰州	姜堰	兴化	泰兴	靖江
3/9	Max	48.6	110.9	85.9	48.6	61.5	76.0	58.7	57.6	53.9	48.0	59.3
	99%	34.3	42.5	34.4	33.6	33.9	44.2	33.8	36.2	36.0	36.8	33.8
	95%	19.2	22.0	19.1	20.4	19.6	21.8	21.7	19.1	22.5	21.1	22.8
	50%	2.4	2.9	3.1	2.2	2.9	3.0	3.2	3.1	3.3	3.5	3.9
3/10	Max	48.6	110.9	85.9	48.6	61.5	76.0	58.7	57.6	53.9	48.0	59.3
	99%	34.2	42.5	34.4	33.6	34.0	44.2	34.7	36.7	35.3	36.8	33.7
	95%	19.0	22.0	19.1	19.8	19.4	22.2	23.1	20.5	21.9	21.1	22.8
	50%	2.5	2.9	3.1	2.2	2.9	3.1	3.2	3.2	3.4	3.5	3.9
3/11	Max	48.6	110.9	85.9	48.6	61.5	76.0	58.7	57.6	53.9	48.0	59.3
	99%	34.3	42.4	34.4	33.6	34.0	44.2	34.6	36.8	36.0	36.8	36.6
	95%	18.1	22.2	20.4	19.4	19.0	22.7	23.1	20.5	22.4	21.6	22.8
	50%	2.5	2.9	3.2	2.2	2.9	3.2	3.3	3.3	3.4	3.6	3.9
3/12	Max	48.6	110.9	85.9	48.6	61.5	76.0	58.7	57.6	53.9	48.0	59.3
	99%	34.2	42.2	34.3	33.6	33.9	44.2	35.4	36.4	36.0	36.2	36.4
	95%	19.5	22.1	20.3	20.4	18.8	22.6	23.2	20.9	22.8	22.2	23.3
	50%	2.4	2.9	3.2	2.2	2.9	3.2	3.3	3.4	3.4	3.6	3.9
3/13	Max	48.6	110.9	85.9	48.6	61.5	76.0	58.7	57.6	53.9	48.0	59.3
	99%	34.2	42.1	34.1	33.6	33.9	44.1	35.3	36.3	36.0	36.2	36.5
	95%	19.6	22.3	20.8	20.5	19.3	22.9	23.6	20.9	22.7	22.3	23.3
	50%	2.5	3.0	3.3	2.2	2.9	3.2	3.3	3.3	3.4	3.6	3.8
3/14	Max	48.6	110.9	85.9	48.6	61.5	76.0	58.7	57.6	53.9	48.0	59.3
	99%	34.2	42.1	34.2	33.6	31.8	44.1	35.4	36.6	36.0	36.2	36.6
	95%	19.4	22.4	19.9	20.3	18.7	22.9	23.6	20.9	22.7	22.6	23.3
	50%	2.5	3.0	3.1	2.2	2.9	3.2	3.2	3.3	3.4	3.6	3.8
3/15	Max	48.6	110.9	85.9	48.6	61.5	76.0	58.7	57.6	53.9	48.0	59.3
	99%	34.1	42.9	33.8	30.4	31.7	44.2	35.3	35.9	37.1	36.2	36.4
	95%	19.3	23.1	20.6	20.0	19.3	23.1	24.4	22.3	23.5	23.0	23.3
	50%	2.5	2.9	3.1	2.2	2.8	3.1	3.3	3.3	3.5	3.8	3.8
3/16	Max	48.6	110.9	85.9	48.6	61.5	76.0	58.7	57.6	53.9	48.0	59.3
	99%	35.0	42.9	33.8	37.7	33.5	44.1	35.3	34.4	37.0	36.1	36.3
	95%	20.6	23.1	20.6	20.6	19.7	23.2	24.4	21.5	23.4	22.8	23.6
	50%	2.5	2.9	3.0	2.3	2.8	3.1	3.2	3.0	3.3	3.7	3.8
3/17	Max	48.6	110.9	85.9	48.6	61.5	76.0	58.7	57.6	53.9	48.0	59.3
	99%	35.0	42.9	33.6	37.3	33.5	44.1	35.2	35.2	37.0	36.1	36.0
	95%	20.8	23.6	22.2	20.6	20.2	23.7	24.8	22.1	23.5	23.7	23.5
	50%	2.6	2.9	3.0	2.4	2.9	3.1	3.2	3.1	3.4	3.7	3.7
3/18	Max	48.6	110.9	64.9	48.6	61.5	76.0	58.7	57.6	53.9	64.4	59.3
	99%	34.9	41.5	32.0	37.3	31.5	43.4	36.7	41.8	38.9	37.5	39.9
	95%	20.1	23.5	20.1	21.0	19.9	24.1	25.5	24.9	24.1	25.1	23.7
	50%	2.8	3.0	3.1	2.5	3.0	3.2	3.3	3.3	3.6	3.8	3.9

续表

日期（月/日）	项目	站点										
		58141	58138	58139	58140	58145	58147	58246	58250	58243	58249	58257
		淮安	盱眙	洪泽	涟水	楚州	金湖	泰州	姜堰	兴化	泰兴	靖江
3/19	Max	48.6	110.9	64.9	63.5	61.5	76.0	58.7	57.6	53.9	64.4	59.3
	99%	43.8	41.4	31.6	41.5	33.5	43.4	36.6	42.5	38.7	37.5	39.8
	95%	19.5	22.7	20.1	20.9	19.9	23.2	26.1	25.6	24.1	24.9	23.9
	50%	2.8	3.0	3.0	2.5	2.9	3.2	3.3	3.1	3.6	3.7	3.8
3/20	Max	48.6	110.9	64.9	63.5	61.5	76.0	58.7	57.6	53.9	64.4	59.3
	99%	44.1	41.3	31.6	41.6	33.5	43.4	36.5	42.5	38.7	37.6	39.9
	95%	19.6	22.7	19.1	21.0	20.5	23.2	26.1	25.6	24.1	26.9	23.7
	50%	2.5	2.9	2.9	2.3	2.7	3.1	3.3	3.1	3.4	3.6	3.7
3/21	Max	48.6	110.9	64.9	63.5	61.5	76.0	58.7	57.6	53.9	64.4	59.3
	99%	43.9	42.8	31.6	37.3	33.5	44.5	36.5	44.4	39.6	37.6	40.0
	95%	19.5	22.5	19.1	20.7	20.0	23.1	26.2	27.1	24.1	26.9	23.8
	50%	2.4	2.9	2.8	2.2	2.6	3.0	3.3	3.2	3.4	3.6	3.7
3/22	Max	47.4	74.7	57.3	63.5	48.7	71.1	58.7	57.6	53.9	64.4	59.3
	99%	31.4	41.4	31.6	33.3	33.5	42.7	36.5	44.4	39.0	37.6	40.0
	95%	19.5	22.4	19.4	20.7	19.6	23.1	26.2	27.1	24.6	26.2	25.0
	50%	2.5	2.9	2.8	2.4	2.7	3.1	3.4	3.2	3.4	3.6	3.8
3/23	Max	47.4	74.7	57.3	63.5	48.7	71.1	58.7	57.6	70.4	64.4	59.3
	99%	31.4	41.4	31.6	33.4	33.5	42.7	36.6	41.8	39.6	37.6	40.1
	95%	19.2	22.4	19.6	20.7	18.5	23.1	26.3	25.6	25.6	26.4	24.5
	50%	2.5	3.0	2.7	2.5	2.7	3.2	3.4	3.2	3.4	3.6	3.7
3/24	Max	47.4	75.8	71.2	63.5	48.7	71.1	58.7	57.6	70.4	64.4	59.3
	99%	29.6	41.6	31.7	34.2	34.3	44.6	36.6	37.4	39.6	37.2	40.3
	95%	19.0	22.4	19.1	20.7	18.5	23.0	26.0	24.4	25.5	25.9	24.7
	50%	2.4	2.9	2.7	2.4	2.6	3.1	3.3	3.2	3.4	3.5	3.7
3/25	Max	47.4	75.8	71.2	63.5	46.4	71.1	58.7	57.6	70.4	64.4	59.3
	99%	29.1	41.4	31.6	33.5	33.5	41.0	36.7	37.8	39.7	37.2	40.7
	95%	18.8	22.4	19.1	20.5	18.1	22.6	25.1	25.2	25.1	26.3	24.2
	50%	2.4	2.9	2.5	2.3	2.5	2.9	3.3	3.0	3.0	3.5	3.7
3/26	Max	47.4	75.8	71.2	63.5	46.4	71.1	58.7	57.6	70.4	64.4	59.3
	99%	29.1	41.3	31.6	30.2	33.5	40.9	36.6	37.7	39.7	37.2	40.7
	95%	19.3	22.6	19.1	20.8	18.7	22.8	25.4	25.1	25.1	25.7	24.2
	50%	2.5	2.9	2.5	2.3	2.6	2.8	3.3	2.9	2.9	3.3	3.6
3/27	Max	47.4	75.8	71.2	63.5	46.4	71.1	58.7	57.6	70.4	64.4	59.3
	99%	29.7	41.4	31.7	30.3	33.5	41.0	36.6	37.8	39.7	37.2	40.8
	95%	19.5	23.1	20.0	20.9	19.5	23.9	25.4	24.7	25.1	25.2	24.4
	50%	2.5	2.9	2.5	2.3	2.6	2.8	3.2	2.9	2.9	3.2	3.5
3/28	Max	47.4	75.8	71.2	63.5	46.4	71.1	58.7	57.6	70.4	64.4	59.3
	99%	29.7	41.5	31.7	30.4	33.5	41.3	36.7	38.0	39.3	37.3	40.9
	95%	20.5	23.8	20.0	21.0	19.2	24.4	25.0	25.3	24.6	26.1	25.2
	50%	2.6	3.0	2.6	2.3	2.7	2.9	3.2	2.9	2.9	3.1	3.4

续表

日期（月/日）	项目	站点 58141 淮安	58138 盱眙	58139 洪泽	58140 涟水	58145 楚州	58147 金湖	58246 泰州	58250 姜堰	58243 兴化	58249 泰兴	58257 靖江
3/29	Max	47.4	75.8	71.2	63.5	46.4	71.1	58.7	57.6	70.4	64.4	59.3
	99%	30.3	41.4	31.7	29.9	33.5	41.2	36.7	38.0	39.3	37.3	40.9
	95%	20.3	23.0	19.1	20.7	19.2	23.3	25.8	25.0	24.6	26.7	24.7
	50%	2.8	2.9	2.6	2.3	2.6	2.9	3.2	2.8	2.7	3.0	3.3
3/30	Max	47.4	75.8	71.2	63.5	46.4	71.1	58.7	57.6	70.4	64.4	59.3
	99%	30.3	41.2	31.7	29.8	33.5	40.9	36.6	37.8	39.2	37.3	41.0
	95%	20.1	23.7	19.1	20.9	19.5	23.8	26.1	25.0	24.4	26.7	24.8
	50%	2.7	2.9	2.6	2.2	2.5	2.8	3.2	2.8	2.4	2.9	3.2
3/31	Max	47.4	75.8	71.2	63.5	46.4	71.1	58.7	57.6	70.4	64.4	59.3
	99%	30.3	41.1	31.7	29.7	33.5	40.8	36.7	38.0	39.7	37.3	41.0
	95%	20.9	23.8	19.4	21.1	19.4	24.4	26.3	25.3	25.1	26.7	23.9
	50%	2.7	2.8	2.5	2.2	2.4	2.8	3.0	2.5	2.4	2.9	3.2
4/1	Max	47.4	75.8	71.2	63.5	46.4	71.1	58.7	57.6	70.4	64.4	59.3
	99%	29.7	42.7	31.7	29.7	31.8	40.9	36.6	38.1	39.7	37.8	41.1
	95%	20.0	23.8	19.3	20.7	19.4	24.4	26.1	25.0	24.3	26.8	23.9
	50%	2.6	2.8	2.5	2.1	2.3	2.7	3.0	2.5	2.3	2.8	3.1
4/2	Max	47.4	75.8	71.2	63.5	46.4	71.1	58.7	57.6	70.4	64.4	59.3
	99%	31.8	46.9	31.7	34.2	34.0	45.3	38.1	35.8	47.1	37.8	45.5
	95%	22.6	23.8	19.8	21.4	19.6	24.6	26.4	25.0	25.8	26.8	23.8
	50%	2.7	2.8	2.6	2.2	2.4	2.8	3.0	2.5	2.3	2.8	3.1
4/3	Max	47.4	75.8	71.2	63.5	46.4	71.1	58.7	57.6	70.4	64.4	62.9
	99%	34.7	49.2	31.6	34.1	33.9	45.5	36.5	35.9	48.5	39.3	45.6
	95%	22.7	23.8	20.1	21.4	19.7	24.7	26.9	25.2	27.0	27.8	24.9
	50%	2.6	2.7	2.6	2.2	2.3	2.8	2.9	2.6	2.3	2.8	3.1
4/4	Max	47.4	75.8	71.2	63.5	46.4	71.1	58.7	57.6	70.4	64.4	62.9
	99%	34.7	49.0	31.6	34.2	34.0	45.4	38.2	37.8	48.2	42.0	43.1
	95%	22.7	24.3	23.0	21.4	19.6	25.9	28.0	25.7	27.0	28.1	25.1
	50%	2.7	2.7	2.6	2.3	2.3	2.8	3.0	2.6	2.5	2.9	3.1
4/5	Max	47.4	75.8	71.2	63.5	46.4	71.1	55.9	57.6	71.2	64.4	62.9
	99%	35.9	44.9	36.9	34.2	35.7	43.8	36.5	37.0	50.6	39.2	40.6
	95%	22.7	24.2	23.6	21.4	18.4	24.6	28.3	25.9	26.9	27.6	24.9
	50%	2.8	2.9	2.7	2.3	2.4	2.9	3.0	2.7	2.6	3.0	3.0
4/6	Max	47.4	75.8	71.2	63.5	45.7	71.1	45.3	51.6	71.2	64.4	62.9
	99%	35.9	43.5	39.0	34.2	35.7	43.8	36.5	37.0	51.1	39.1	40.8
	95%	22.8	24.1	24.7	21.8	18.4	24.6	28.3	25.6	27.9	26.8	24.8
	50%	2.8	3.0	2.7	2.3	2.5	2.9	3.2	2.8	2.8	3.1	3.2
4/7	Max	47.8	75.8	71.2	63.5	45.7	71.1	45.3	51.6	71.2	64.4	87.1
	99%	38.5	43.5	40.1	34.2	36.7	43.8	36.4	37.9	51.1	38.6	43.2
	95%	23.0	25.0	25.8	21.8	22.8	26.5	28.5	25.6	28.8	26.3	25.2
	50%	2.8	2.8	2.7	2.3	2.5	2.9	3.2	3.0	2.8	3.0	3.1

续表

日期(月/日)	项目	站点										
		58141	58138	58139	58140	58145	58147	58246	58250	58243	58249	58257
		淮安	盱眙	洪泽	涟水	楚州	金湖	泰州	姜堰	兴化	泰兴	靖江
4/8	Max	59.3	104.1	78.3	63.5	69.9	104.5	45.3	51.6	73.8	64.4	87.1
	99%	44.8	45.7	40.3	50.5	38.7	45.4	36.2	37.9	55.2	38.4	37.4
	95%	24.1	25.1	25.8	24.0	23.2	26.5	28.2	25.6	29.8	25.9	25.3
	50%	2.7	2.8	2.6	2.4	2.3	2.9	3.2	2.9	2.9	3.0	3.1
4/9	Max	59.3	104.1	78.3	63.5	69.9	104.5	45.3	51.6	73.8	64.4	87.1
	99%	45.0	45.7	40.3	46.6	42.3	45.5	36.2	37.9	55.4	38.4	37.3
	95%	24.8	25.1	26.1	24.0	24.5	26.2	28.3	25.9	30.0	25.9	25.3
	50%	2.8	2.8	2.5	2.5	2.4	2.9	3.2	2.8	2.8	3.0	3.0
4/10	Max	59.3	104.1	78.3	63.5	69.9	104.5	57.3	51.6	73.8	64.4	87.1
	99%	45.0	45.8	40.3	46.7	42.3	45.5	38.1	41.9	57.6	43.9	43.3
	95%	25.3	25.3	26.7	24.3	25.8	27.4	28.3	25.9	30.4	26.7	24.8
	50%	2.8	2.8	2.6	2.6	2.5	2.9	3.2	2.8	2.9	2.9	3.1
4/11	Max	59.3	104.1	78.3	63.5	69.9	104.5	57.3	51.6	73.8	64.4	87.1
	99%	38.8	46.1	40.3	46.7	42.5	45.8	38.1	41.9	57.7	43.9	49.7
	95%	25.1	25.3	26.9	25.3	26.6	25.3	28.4	26.0	29.6	26.2	25.3
	50%	2.9	2.8	2.6	2.7	2.6	2.9	3.2	2.8	2.8	3.0	3.1
4/12	Max	59.3	104.1	78.3	63.5	69.9	104.5	57.3	51.6	73.8	64.4	87.1
	99%	38.8	46.2	40.3	46.8	42.5	45.8	38.1	41.9	57.7	43.9	49.8
	95%	25.5	25.3	27.6	26.3	27.4	25.5	28.4	27.2	30.3	26.2	25.6
	50%	3.0	2.8	2.7	2.7	2.6	2.9	3.2	2.8	2.8	2.9	3.1
4/13	Max	59.3	104.1	78.3	63.5	69.9	104.5	57.3	51.6	73.8	64.4	87.1
	99%	38.8	46.2	40.3	46.7	42.4	45.8	38.1	41.8	57.6	43.9	49.5
	95%	25.6	25.2	27.0	26.3	26.5	24.6	27.6	25.5	30.4	26.0	25.3
	50%	2.8	2.8	2.5	2.6	2.6	2.9	3.2	2.8	2.8	2.8	3.0
4/14	Max	59.3	104.1	78.3	63.5	69.9	104.5	64.3	51.6	73.8	64.4	87.1
	99%	39.0	46.3	40.3	46.9	42.5	45.9	38.8	41.9	57.6	43.9	49.7
	95%	28.2	25.4	27.0	26.7	26.6	25.7	27.8	27.3	31.0	26.7	26.2
	50%	2.9	2.9	2.7	2.6	2.6	3.1	3.3	3.0	2.8	3.0	3.1
4/15	Max	59.3	104.1	78.3	63.5	69.9	104.5	64.3	64.4	73.8	64.4	87.1
	99%	39.2	46.7	40.3	47.0	42.8	46.5	39.4	42.2	57.7	43.9	43.4
	95%	27.3	25.7	26.8	26.4	25.8	27.5	28.1	27.7	30.7	25.9	26.5
	50%	2.9	2.8	2.6	2.5	2.5	3.1	3.2	3.0	2.9	3.0	3.1
4/16	Max	59.3	104.1	78.3	63.5	69.9	104.5	64.3	64.4	73.8	55.4	87.1
	99%	39.4	46.8	40.4	47.1	42.9	46.6	39.3	42.9	57.8	43.3	40.1
	95%	28.1	25.4	26.9	26.6	26.5	24.6	27.6	27.2	30.6	26.0	26.7
	50%	2.6	2.7	2.5	2.3	2.5	2.9	3.2	3.0	2.8	3.0	3.1
4/17	Max	59.3	104.1	90.2	62.2	69.9	104.5	64.3	64.4	73.8	55.4	87.1
	99%	37.0	47.3	42.5	44.4	41.2	51.0	39.3	43.2	51.3	44.0	40.1
	95%	27.8	25.8	27.4	25.9	26.6	27.0	27.8	27.3	29.0	26.8	26.8
	50%	2.7	2.8	2.6	2.5	2.6	3.0	3.3	3.2	2.9	3.1	3.1

续表

日期（月/日）	项目	站点										
		58141	58138	58139	58140	58145	58147	58246	58250	58243	58249	58257
		淮安	盱眙	洪泽	涟水	楚州	金湖	泰州	姜堰	兴化	泰兴	靖江
4/18	Max	59.3	104.1	90.2	62.2	69.9	104.5	65.1	64.4	73.8	55.4	87.1
	99%	37.0	50.9	42.6	44.4	41.2	45.5	39.8	43.5	51.6	44.0	41.1
	95%	27.9	27.3	27.5	26.3	26.0	27.1	28.1	27.9	30.6	26.7	27.1
	50%	2.9	2.8	2.7	2.7	2.8	3.1	3.3	3.2	2.9	3.3	3.2
4/19	Max	59.3	104.1	90.2	62.2	69.9	104.5	65.1	64.4	73.8	66.5	87.1
	99%	37.2	44.2	42.8	44.8	41.3	44.1	39.9	47.0	52.2	44.0	43.8
	95%	27.4	26.0	27.1	26.8	25.7	28.1	27.8	28.0	30.5	27.1	27.0
	50%	3.0	3.0	2.8	2.7	2.8	3.2	3.4	3.2	3.0	3.3	3.3
4/20	Max	59.3	104.1	90.2	62.2	69.9	104.5	65.1	64.4	89.8	66.5	87.1
	99%	39.7	44.3	42.8	47.3	43.3	44.1	39.9	49.2	57.2	44.4	45.9
	95%	28.0	26.9	26.7	28.4	26.9	28.3	28.1	28.8	28.2	27.6	27.3
	50%	3.0	2.9	2.7	2.6	2.8	3.1	3.2	3.0	2.9	3.2	3.2
4/21	Max	59.3	104.1	90.2	62.2	69.9	104.5	65.1	64.4	89.8	66.5	87.1
	99%	39.8	44.3	42.7	47.3	43.3	44.2	39.9	49.1	52.7	44.4	45.9
	95%	28.0	26.9	27.6	27.8	27.0	28.4	27.8	28.7	27.7	27.6	27.9
	50%	2.9	2.9	2.8	2.4	2.8	2.9	3.1	2.8	2.7	3.2	3.2
4/22	Max	104.5	104.1	90.2	121.2	69.9	104.5	65.1	64.4	89.8	66.5	87.1
	99%	42.8	42.4	40.2	49.6	45.2	43.9	39.9	49.2	52.9	44.4	45.9
	95%	28.4	26.2	26.7	28.0	28.0	28.2	27.9	29.3	28.3	28.5	27.8
	50%	3.0	2.9	2.8	2.4	2.8	2.9	3.1	2.8	2.7	3.3	3.2
4/23	Max	104.5	104.1	90.2	121.2	69.9	104.5	65.1	64.4	89.8	66.5	87.1
	99%	42.8	42.3	40.2	49.6	45.2	43.9	39.9	49.1	52.7	46.2	45.8
	95%	28.4	26.8	27.2	28.0	28.0	28.3	27.8	29.1	29.2	27.7	28.3
	50%	3.0	3.0	2.8	2.5	2.8	3.1	3.2	3.0	2.8	3.3	3.2
4/24	Max	104.5	104.1	90.2	121.2	69.9	104.5	65.1	64.4	89.8	80.9	87.1
	99%	42.6	46.6	40.2	49.5	45.2	43.9	42.3	50.4	52.9	47.9	46.3
	95%	28.6	27.4	27.3	27.9	28.0	28.3	28.7	31.6	30.1	29.2	29.3
	50%	3.1	3.0	2.8	2.5	2.8	3.2	3.2	3.2	2.9	3.4	3.2
4/25	Max	104.5	104.1	90.2	121.2	69.9	104.5	65.1	64.4	89.8	80.9	87.1
	99%	45.1	44.4	39.6	50.7	45.2	44.3	42.3	50.4	53.1	47.9	46.3
	95%	28.6	27.0	27.2	28.0	28.8	28.4	29.1	30.7	30.2	29.2	29.1
	50%	3.1	3.0	2.8	2.4	2.9	3.3	3.3	3.4	3.2	3.5	3.3
4/26	Max	104.5	104.1	90.2	121.2	93.0	104.5	65.1	64.4	89.8	80.9	87.1
	99%	49.1	44.4	42.4	50.7	46.9	45.7	42.3	50.4	57.2	52.6	48.6
	95%	30.3	27.3	27.4	30.9	30.1	29.5	30.0	30.7	30.6	30.3	31.1
	50%	3.2	3.2	2.8	2.5	3.0	3.4	3.5	3.5	3.2	3.6	3.6
4/27	Max	104.5	104.1	90.2	121.2	93.0	104.5	65.1	64.4	89.8	80.9	87.1
	99%	49.2	44.4	42.4	49.6	47.0	45.7	43.8	50.4	57.2	52.5	48.5
	95%	30.6	27.3	27.6	30.8	30.2	29.9	30.5	31.3	30.8	30.2	31.1
	50%	3.2	3.2	2.9	2.6	3.0	3.4	3.5	3.4	3.2	3.7	3.7

续表

日期（月/日）	项目	站点										
		58141	58138	58139	58140	58145	58147	58246	58250	58243	58249	58257
		淮安	盱眙	洪泽	涟水	楚州	金湖	泰州	姜堰	兴化	泰兴	靖江
4/28	Max	104.5	104.1	90.2	121.2	93.0	104.5	65.1	64.4	89.8	80.9	87.1
	99%	49.3	44.5	46.2	49.8	47.6	45.8	47.4	50.4	60.6	52.5	52.5
	95%	30.7	27.6	28.4	31.2	31.4	30.0	32.1	31.4	32.9	30.9	31.9
	50%	3.3	3.3	2.9	2.7	3.2	3.5	3.5	3.6	3.3	3.8	3.9
4/29	Max	104.5	104.1	90.2	121.2	93.0	104.5	65.1	64.4	89.8	80.9	87.1
	99%	49.5	46.8	46.4	49.9	47.6	48.1	48.0	51.3	66.1	52.7	55.9
	95%	30.8	27.4	28.5	32.4	30.0	29.0	30.7	31.9	32.4	31.1	33.9
	50%	3.3	3.4	2.9	2.8	3.2	3.5	3.5	3.6	3.3	3.8	3.9
4/30	Max	104.5	104.1	90.2	121.2	93.0	104.5	65.1	64.4	89.8	80.9	87.1
	99%	53.1	46.8	48.2	50.7	48.3	48.8	48.2	51.3	66.1	48.0	55.8
	95%	31.6	27.5	28.6	31.3	31.4	30.6	31.5	32.1	33.3	30.8	35.2
	50%	3.3	3.3	2.8	2.8	3.2	3.4	3.5	3.6	3.3	3.7	3.9
5/1	Max	104.5	104.1	90.2	121.2	93.0	104.5	65.1	73.9	89.8	80.9	87.1
	99%	54.0	45.0	48.2	50.8	48.3	48.9	48.4	53.1	66.1	50.9	55.0
	95%	31.6	27.6	28.5	32.6	29.4	30.8	30.8	32.1	33.4	31.0	34.1
	50%	3.2	3.0	2.7	2.8	3.2	3.4	3.5	3.6	3.5	3.7	3.9
5/2	Max	104.5	104.1	90.2	121.2	93.0	104.5	65.1	73.9	89.8	80.9	87.1
	99%	54.4	48.3	48.9	50.8	48.3	48.8	48.2	52.7	66.1	50.8	49.0
	95%	31.9	28.5	28.7	33.6	32.6	32.4	30.7	31.8	31.3	27.8	32.7
	50%	3.2	3.0	2.7	2.9	3.2	3.3	3.5	3.6	3.2	3.6	3.8
5/3	Max	104.5	104.1	90.2	121.2	106.9	104.5	65.1	73.9	89.8	80.9	87.1
	99%	54.4	48.3	48.9	50.8	52.3	48.8	48.0	52.6	66.1	55.4	54.2
	95%	32.1	28.1	28.7	34.0	33.2	32.3	30.6	31.7	31.3	27.7	35.1
	50%	3.0	2.9	2.7	2.8	3.0	3.2	3.5	3.3	3.2	3.6	3.8
5/4	Max	104.5	104.1	90.2	121.2	106.9	104.5	65.1	73.9	89.8	80.9	87.1
	99%	54.4	53.6	56.4	50.7	52.5	50.9	47.9	52.5	66.1	56.1	54.1
	95%	32.2	28.0	28.7	34.5	33.3	32.5	30.1	31.4	30.9	29.3	35.2
	50%	2.9	2.8	2.5	2.8	2.8	3.1	3.4	3.4	2.9	3.6	3.8
5/5	Max	104.5	104.1	90.2	121.2	106.9	104.5	65.1	73.9	89.8	80.9	87.1
	99%	54.4	53.2	55.7	50.7	59.8	49.9	53.1	55.2	62.0	62.2	62.9
	95%	31.8	28.4	28.3	35.2	33.4	32.3	29.9	30.8	30.4	30.5	36.0
	50%	2.9	3.0	2.6	2.8	2.8	3.1	3.3	3.4	2.8	3.6	3.8
5/6	Max	104.5	104.1	90.2	121.2	106.9	104.5	82.7	73.9	89.8	84.4	82.4
	99%	54.4	52.6	55.1	49.9	59.6	49.8	55.3	55.1	61.2	63.8	62.8
	95%	31.9	28.4	28.5	34.6	33.0	32.2	30.4	32.0	30.0	30.1	35.8
	50%	2.9	3.0	2.6	2.7	2.8	2.9	3.2	3.3	2.7	3.6	3.6
5/7	Max	104.5	75.6	90.2	121.2	106.9	83.5	82.7	73.9	89.8	84.4	82.4
	99%	53.7	56.6	48.7	47.6	52.0	47.9	55.3	58.6	55.9	63.6	64.0
	95%	31.7	28.5	28.0	33.7	30.2	32.1	30.6	31.9	29.9	32.3	35.7
	50%	2.9	3.1	2.7	2.7	2.8	2.9	3.2	3.3	2.7	3.7	3.8

续表

日期（月/日）	项目	站点										
		58141	58138	58139	58140	58145	58147	58246	58250	58243	58249	58257
		淮安	盱眙	洪泽	涟水	楚州	金湖	泰州	姜堰	兴化	泰兴	靖江
5/8	Max	104.5	75.6	90.2	121.2	106.9	83.5	82.7	73.9	89.8	84.4	82.4
	99%	53.7	56.4	48.7	47.0	51.7	49.8	55.3	58.4	55.8	63.7	64.0
	95%	31.2	28.5	27.9	32.8	28.9	32.3	30.5	31.9	29.2	32.3	35.7
	50%	2.9	3.1	2.8	2.8	2.8	2.9	3.1	3.3	2.7	3.6	3.9
5/9	Max	104.5	75.6	90.2	121.2	106.9	83.5	82.7	73.9	89.8	84.4	82.4
	99%	53.6	56.4	48.7	47.0	51.7	49.7	52.1	58.4	52.6	63.6	61.5
	95%	31.1	28.2	27.6	30.3	29.5	32.3	29.2	30.9	27.2	28.9	35.4
	50%	2.9	3.1	2.8	2.7	2.8	2.8	2.9	3.2	2.6	3.6	3.8
5/10	Max	104.5	75.6	90.2	121.2	106.9	83.5	82.7	73.9	89.8	84.4	82.4
	99%	54.4	56.3	59.4	53.7	60.4	50.8	52.1	58.4	54.3	63.5	62.1
	95%	31.1	29.5	28.2	31.0	29.5	32.4	29.1	31.5	30.2	28.6	35.7
	50%	2.8	3.2	2.8	2.7	2.8	2.9	3.1	3.3	2.7	3.4	3.8
5/11	Max	104.5	75.6	90.2	121.2	106.9	83.5	82.7	73.9	89.8	84.4	82.4
	99%	54.4	62.0	59.4	53.7	60.4	51.4	52.2	58.6	54.3	63.5	62.1
	95%	30.6	30.5	28.5	29.1	28.7	32.7	29.3	31.1	30.0	29.6	35.4
	50%	2.8	3.2	2.8	2.7	2.8	2.9	3.1	3.2	2.7	3.4	3.8
5/12	Max	104.5	75.6	90.2	121.2	106.9	83.5	82.7	73.9	89.8	84.4	82.4
	99%	54.4	62.0	59.3	53.7	60.4	51.4	52.3	58.9	54.3	63.5	62.0
	95%	31.4	30.5	28.9	32.4	29.1	33.2	29.7	31.2	30.1	30.6	35.3
	50%	2.9	3.3	2.9	2.8	2.8	3.2	3.2	3.2	2.7	3.5	3.8
5/13	Max	104.5	75.6	90.2	121.2	106.9	83.5	82.7	73.9	89.8	84.4	82.4
	99%	54.4	61.6	59.2	53.7	60.4	51.3	49.9	58.9	54.3	63.5	62.3
	95%	31.4	30.4	31.5	29.0	28.7	32.9	29.7	30.6	30.1	30.6	35.2
	50%	2.9	3.4	2.9	2.9	3.0	3.1	3.0	3.0	2.7	3.3	3.5
5/14	Max	104.5	75.6	90.2	121.2	106.9	83.5	82.7	77.0	89.8	84.4	82.4
	99%	54.4	61.4	59.2	53.7	60.4	51.3	52.4	59.5	54.3	63.5	62.2
	95%	31.7	33.0	32.7	30.4	30.8	33.6	29.1	30.6	29.8	29.6	33.1
	50%	2.9	3.4	2.9	3.1	3.1	3.2	3.0	3.0	2.6	3.3	3.6
5/15	Max	130.0	75.6	90.2	211.5	121.4	83.5	107.2	134.4	89.8	102.5	89.9
	99%	55.1	61.3	59.1	56.7	64.7	56.0	54.9	63.1	57.7	64.3	64.0
	95%	31.6	32.9	33.0	32.7	32.8	34.4	29.6	31.0	30.0	30.0	32.4
	50%	3.0	3.4	3.0	3.2	3.0	3.2	3.0	3.0	2.6	3.3	3.5
5/16	Max	130.0	75.6	70.2	211.5	121.4	83.5	107.2	134.4	89.8	102.5	89.9
	99%	55.1	61.0	55.3	56.7	64.5	55.9	54.9	63.1	57.2	64.3	63.9
	95%	31.9	30.6	32.0	31.9	30.1	33.9	28.9	30.9	30.0	32.5	35.7
	50%	2.8	3.2	2.7	2.8	2.8	3.0	2.8	2.9	2.5	3.2	3.5
5/17	Max	130.0	75.6	70.2	211.5	121.4	83.5	107.2	134.4	89.8	102.5	89.9
	99%	55.0	58.7	54.9	56.5	63.9	55.6	51.7	63.0	55.9	64.2	63.8
	95%	31.9	27.8	31.8	33.3	29.0	33.8	28.5	31.1	30.1	31.8	35.5
	50%	2.7	3.2	2.7	2.7	2.8	2.9	2.4	2.8	2.5	3.0	3.3

续表

日期(月/日)	项目	站点										
		58141	58138	58139	58140	58145	58147	58246	58250	58243	58249	58257
		淮安	盱眙	洪泽	涟水	楚州	金湖	泰州	姜堰	兴化	泰兴	靖江
5/18	Max	130.0	135.7	99.1	211.5	121.4	83.5	107.2	134.4	89.8	102.5	89.9
	99%	59.2	64.0	58.3	62.6	68.6	58.3	51.7	63.0	59.2	63.4	63.8
	95%	32.3	29.5	33.6	35.5	34.0	34.4	28.5	30.2	32.5	28.8	33.2
	50%	2.7	3.1	2.7	2.9	2.8	2.9	2.4	2.8	2.5	3.1	3.4
5/19	Max	130.0	135.7	99.1	211.5	121.4	83.5	107.2	134.4	84.2	134.0	155.4
	99%	59.4	64.0	58.3	62.9	68.6	58.3	53.6	59.1	66.0	64.2	63.7
	95%	31.6	29.5	33.5	33.1	28.9	34.4	28.6	29.9	33.8	30.5	34.2
	50%	2.7	3.0	2.7	2.8	2.6	2.8	2.8	3.2	2.7	3.3	3.5
5/20	Max	130.0	157.4	126.3	211.5	121.4	127.7	107.2	134.4	152.1	134.0	155.4
	99%	59.6	65.9	62.4	62.3	68.2	59.4	54.8	72.7	71.2	64.5	64.4
	95%	32.1	31.8	34.1	33.8	29.7	35.3	29.7	31.2	35.4	32.1	35.8
	50%	2.5	3.0	2.7	2.9	2.5	3.0	2.9	3.3	2.8	3.3	3.5
5/21	Max	130.0	157.4	126.3	211.5	121.4	127.7	107.2	134.4	152.1	134.0	155.4
	99%	59.4	67.9	62.1	56.2	68.0	59.4	54.8	72.2	75.6	64.5	64.4
	95%	32.8	33.9	34.8	32.7	29.6	35.0	29.7	31.1	35.5	30.4	37.4
	50%	2.5	3.1	2.8	2.9	2.5	3.1	3.2	3.5	2.8	3.4	3.6
5/22	Max	130.0	157.4	126.3	211.5	121.4	127.7	107.2	134.4	152.1	134.0	155.4
	99%	58.9	67.8	61.9	56.1	67.8	59.3	54.8	71.7	75.3	64.4	64.4
	95%	32.9	33.3	33.8	36.2	33.4	34.4	29.6	31.0	35.5	32.3	37.7
	50%	2.5	3.2	2.8	2.9	2.6	3.1	3.2	3.5	2.9	3.4	3.6
5/23	Max	130.0	157.4	126.3	211.5	121.4	127.7	107.2	134.4	152.1	134.0	155.4
	99%	58.9	67.7	61.7	56.1	67.6	59.3	55.1	70.9	75.0	64.1	64.3
	95%	33.4	30.8	34.2	33.5	32.8	36.1	29.6	30.2	35.5	30.4	36.6
	50%	2.4	3.2	2.7	2.9	2.6	3.0	3.0	3.3	2.8	3.3	3.6
5/24	Max	130.0	157.4	126.3	211.5	121.4	127.7	107.2	134.4	152.1	134.0	155.4
	99%	56.2	67.6	66.2	55.4	67.6	58.0	55.1	70.6	74.8	64.4	65.7
	95%	32.9	32.8	36.3	34.5	29.8	36.2	30.0	32.3	35.5	34.3	38.7
	50%	2.5	3.3	3.0	3.1	2.8	3.0	3.2	3.3	3.0	3.3	3.6
5/25	Max	130.0	157.4	126.3	211.5	121.4	127.7	107.2	134.4	152.1	134.0	155.4
	99%	56.2	67.7	66.2	55.4	66.0	59.3	55.1	70.5	74.6	64.4	65.7
	95%	32.6	34.9	36.3	33.4	29.2	36.9	29.8	32.3	35.0	33.1	35.9
	50%	2.5	3.2	2.7	2.9	2.8	3.1	3.2	3.2	3.1	3.3	3.5
5/26	Max	130.0	157.4	126.3	211.5	121.4	127.7	107.2	134.4	152.1	134.0	155.4
	99%	56.2	67.8	66.5	55.6	66.0	59.4	55.1	70.3	74.9	64.4	65.9
	95%	32.7	38.2	34.6	33.7	30.7	34.0	30.1	31.5	35.1	32.6	37.0
	50%	2.5	3.3	2.7	2.9	2.8	3.2	3.2	3.4	3.2	3.3	3.6
5/27	Max	130.0	157.4	126.3	211.5	121.4	127.7	107.2	134.4	152.1	134.0	155.4
	99%	56.1	67.8	62.6	55.3	66.0	59.3	57.1	70.5	69.7	64.4	67.6
	95%	32.3	40.1	34.2	34.4	29.8	36.5	30.8	37.9	34.1	32.7	38.3
	50%	2.5	3.3	2.7	2.9	2.5	3.2	3.4	3.4	3.1	3.3	3.5

续表

日期（月/日）	项目	站点										
		58141	58138	58139	58140	58145	58147	58246	58250	58243	58249	58257
		淮安	盱眙	洪泽	涟水	楚州	金湖	泰州	姜堰	兴化	泰兴	靖江
5/28	Max	130.0	157.4	126.3	211.5	121.4	127.7	107.2	134.4	152.1	134.0	155.4
	99%	56.1	65.3	62.4	61.8	66.0	59.2	56.9	69.3	71.0	64.6	67.4
	95%	32.8	40.1	35.8	35.4	30.5	36.7	30.8	37.6	34.5	33.0	37.9
	50%	2.5	3.3	2.7	2.9	2.4	3.2	3.4	3.4	3.3	3.3	3.2
5/29	Max	130.0	157.4	126.3	211.5	121.4	127.7	107.2	134.4	152.1	134.0	155.4
	99%	57.2	65.0	62.2	61.7	67.2	71.1	58.3	69.1	76.6	70.1	67.5
	95%	32.8	42.5	36.2	36.6	31.5	42.9	32.1	37.9	35.0	36.8	37.9
	50%	2.7	3.4	2.9	3.2	2.5	3.5	3.6	3.8	3.3	3.3	3.3
5/30	Max	130.0	157.4	126.3	211.5	121.4	127.7	107.2	134.4	152.1	134.0	155.4
	99%	57.3	64.6	61.8	62.0	67.3	71.0	58.3	64.4	76.5	70.1	67.5
	95%	32.3	42.6	36.2	36.3	31.9	42.9	32.1	37.1	34.4	36.6	40.0
	50%	2.6	3.5	3.1	3.2	2.5	3.5	3.8	3.9	3.6	3.4	3.4
5/31	Max	130.0	157.4	126.3	211.5	121.4	127.7	107.2	134.4	152.1	134.0	155.4
	99%	61.5	65.7	62.3	64.9	72.1	74.5	63.8	68.6	76.5	83.0	69.0
	95%	30.9	42.6	35.6	36.7	29.7	43.4	34.3	39.0	35.5	40.2	40.3
	50%	2.6	3.6	3.0	3.2	2.5	3.5	3.5	3.9	3.7	3.7	3.6
6/1	Max	130.0	157.4	126.3	211.5	121.4	127.7	107.2	134.4	152.1	134.0	155.4
	99%	69.4	66.1	62.6	65.0	67.4	74.6	64.0	68.8	76.5	83.5	69.2
	95%	29.6	43.2	36.3	36.1	29.7	44.1	33.1	41.1	39.1	45.9	39.0
	50%	2.5	3.6	3.0	3.3	2.6	3.5	3.6	4.1	4.1	3.7	3.5
6/2	Max	130.0	157.4	126.3	211.5	121.4	127.7	107.2	134.4	152.1	134.0	155.4
	99%	69.4	62.8	62.5	65.0	67.0	74.6	66.5	68.9	76.5	83.8	69.2
	95%	29.5	43.3	36.0	36.2	29.2	44.7	34.8	41.8	39.8	46.0	38.6
	50%	2.8	4.0	3.2	3.4	3.1	3.8	3.7	4.2	4.4	3.7	3.5
6/3	Max	130.0	157.4	126.3	211.5	121.4	127.7	107.2	134.4	152.1	134.0	155.4
	99%	72.3	62.8	71.7	65.4	72.4	74.5	66.4	68.4	76.5	87.0	69.1
	95%	31.4	42.9	36.0	36.4	29.5	44.7	36.4	41.4	39.8	45.9	38.9
	50%	2.8	3.7	3.1	3.4	3.1	3.9	3.8	4.3	4.5	3.6	3.3
6/4	Max	130.0	157.4	126.3	211.5	121.4	127.7	107.2	134.4	152.1	134.0	155.4
	99%	72.4	64.8	72.1	65.5	77.1	78.1	63.9	68.5	76.5	88.5	73.8
	95%	32.6	43.1	36.2	36.6	29.9	44.9	34.7	41.0	40.8	45.9	39.9
	50%	2.7	3.8	3.0	3.4	3.1	4.0	4.1	4.4	4.7	3.6	3.4
6/5	Max	130.0	157.4	126.3	211.5	121.4	127.7	107.2	134.4	152.1	134.0	155.4
	99%	77.4	66.1	72.2	72.9	78.7	79.7	64.2	62.8	76.6	70.3	75.0
	95%	34.3	45.4	37.2	37.9	36.6	46.2	34.5	40.6	42.8	45.5	40.0
	50%	2.9	3.6	3.0	3.5	3.3	4.0	4.0	4.3	4.7	3.5	3.2
6/6	Max	130.0	157.4	126.3	211.5	121.4	127.7	107.2	134.4	152.1	134.0	155.4
	99%	77.5	66.1	72.5	73.4	78.9	79.7	66.7	71.3	76.6	74.8	75.4
	95%	34.4	43.4	38.0	38.2	37.0	45.0	35.1	41.2	43.0	46.0	40.3
	50%	2.9	3.7	3.2	3.5	3.3	4.0	4.1	4.4	4.7	3.7	3.3

续表

日期(月/日)	项目	58141 淮安	58138 盱眙	58139 洪泽	58140 涟水	58145 楚州	58147 金湖	58246 泰州	58250 姜堰	58243 兴化	58249 泰兴	58257 靖江
6/7	Max	130.0	157.4	126.3	211.5	121.4	127.7	158.5	134.4	152.1	134.0	155.4
	99%	77.6	71.4	73.1	73.3	79.1	79.7	73.6	76.8	76.7	88.7	86.1
	95%	34.5	46.0	37.7	39.8	35.6	46.8	39.0	41.3	43.4	51.6	45.6
	50%	2.9	3.5	3.1	3.6	3.3	4.0	4.4	4.7	4.9	3.8	3.5
6/8	Max	130.0	157.4	126.3	211.5	121.4	137.5	158.5	192.2	152.1	134.0	155.4
	99%	77.6	80.0	74.3	73.4	79.3	83.5	67.1	78.5	84.6	89.9	86.8
	95%	34.5	46.6	36.5	38.2	36.0	47.3	43.1	43.7	43.6	54.0	45.9
	50%	2.9	3.6	3.0	3.6	3.1	4.0	4.2	4.8	4.9	3.9	3.6
6/9	Max	130.0	157.4	126.3	211.5	121.4	137.5	158.5	192.2	152.1	134.0	155.4
	99%	77.6	80.9	74.5	75.3	79.4	83.8	67.6	78.6	85.5	90.0	87.2
	95%	37.4	46.4	39.1	39.9	40.0	48.3	43.1	44.0	43.1	52.9	45.6
	50%	3.0	3.7	3.1	3.6	3.2	4.0	4.1	4.8	5.0	4.1	3.9
6/10	Max	142.6	157.4	126.3	211.5	141.9	137.5	161.3	192.2	152.1	312.2	155.4
	99%	79.6	84.6	83.4	81.3	88.4	87.8	85.3	92.5	97.5	100.4	94.4
	95%	43.1	49.0	41.1	41.6	42.0	48.3	48.5	47.9	50.2	54.2	48.9
	50%	3.2	4.2	3.4	3.9	3.5	4.5	4.2	5.1	5.1	4.3	4.4
6/11	Max	194.2	157.4	130.5	211.5	141.9	137.5	161.3	192.2	152.1	312.2	155.4
	99%	97.4	75.7	95.8	96.0	96.7	88.3	91.1	97.4	98.3	103.4	107.7
	95%	44.9	48.5	41.6	44.6	42.6	49.3	49.3	50.2	52.4	56.9	50.0
	50%	3.0	4.1	3.4	4.0	3.5	4.3	4.4	5.4	5.1	4.8	4.6
6/12	Max	194.2	224.5	130.5	211.5	157.9	161.5	161.3	192.2	152.1	312.2	155.4
	99%	109.2	82.8	96.9	107.8	98.5	88.5	91.4	83.9	92.1	103.5	109.1
	95%	48.3	49.9	40.6	45.0	45.8	49.8	48.7	47.8	52.9	57.2	50.0
	50%	3.1	4.2	3.8	4.0	3.5	4.9	4.6	5.8	5.4	4.9	4.7
6/13	Max	194.2	224.5	130.5	148.6	157.9	161.5	161.3	192.2	152.1	312.2	201.4
	99%	97.9	85.7	97.7	96.3	97.3	85.3	88.3	85.0	92.8	107.4	112.8
	95%	51.0	50.7	40.9	44.4	45.8	48.8	53.7	50.1	52.9	56.9	52.3
	50%	3.1	4.2	3.8	3.8	3.6	4.9	4.7	5.8	5.5	4.9	4.8
6/14	Max	194.2	224.5	130.5	148.6	157.9	161.5	161.3	192.2	152.1	312.2	201.4
	99%	98.1	86.0	98.3	96.5	97.8	85.5	88.3	94.0	93.5	115.3	110.7
	95%	48.1	51.4	44.2	44.7	45.7	49.7	53.9	50.8	52.8	58.8	50.9
	50%	3.3	4.3	3.9	3.9	3.6	5.0	4.9	5.8	5.5	5.2	5.2
6/15	Max	194.2	224.5	130.5	148.6	157.9	161.5	161.3	192.2	189.7	312.2	201.4
	99%	103.5	86.6	87.3	94.8	83.9	86.1	88.3	94.1	103.8	115.6	110.9
	95%	56.8	53.7	44.5	44.6	46.0	50.0	57.5	52.1	58.3	61.5	54.8
	50%	3.7	4.4	4.0	4.1	3.8	4.9	4.9	5.8	5.6	5.2	5.3
6/16	Max	207.9	224.5	130.5	167.0	166.6	161.5	161.3	192.2	189.7	312.2	201.4
	99%	104.1	87.2	94.6	98.0	95.9	88.4	88.3	94.2	103.9	108.7	111.1
	95%	59.6	51.5	51.1	47.9	57.0	51.6	58.6	54.4	60.1	61.0	54.1
	50%	3.7	4.4	3.8	4.0	3.8	5.2	4.9	5.8	5.5	5.3	5.3

续表

日期(月/日)	项目	站点										
		58141	58138	58139	58140	58145	58147	58246	58250	58243	58249	58257
		淮安	盱眙	洪泽	涟水	楚州	金湖	泰州	姜堰	兴化	泰兴	靖江
6/17	Max	207.9	224.5	149.0	167.0	166.6	161.5	161.3	192.2	189.7	312.2	201.4
	99%	114.1	116.4	114.9	105.5	127.7	112.0	88.3	94.3	106.8	107.6	111.3
	95%	63.5	55.2	54.9	50.9	58.9	56.7	59.1	54.6	65.3	62.2	53.7
	50%	3.9	4.4	4.2	4.2	4.2	5.5	4.9	5.8	5.5	5.5	5.6
6/18	Max	207.9	224.5	149.0	167.0	166.6	161.5	161.3	192.2	189.7	312.2	201.4
	99%	114.4	105.1	110.5	113.6	128.5	102.1	88.3	94.4	104.1	107.8	111.5
	95%	63.9	52.3	55.2	54.2	59.3	57.1	58.9	53.2	61.3	60.9	52.6
	50%	4.1	4.6	4.4	4.3	4.4	5.5	4.9	5.5	5.7	5.5	5.5
6/19	Max	207.9	224.5	149.0	167.0	166.6	161.5	163.2	192.2	189.7	312.2	201.4
	99%	118.4	105.3	116.0	122.5	129.3	107.0	88.2	96.9	107.4	110.4	111.7
	95%	69.7	55.4	61.5	54.9	63.8	59.1	58.8	54.6	65.8	61.5	53.5
	50%	4.2	4.8	4.6	4.4	4.5	5.6	4.9	5.8	6.1	5.5	5.5
6/20	Max	207.9	224.5	149.0	167.0	166.6	161.5	163.2	192.2	189.7	312.2	201.4
	99%	119.0	122.4	117.5	123.8	131.0	108.3	90.8	97.4	108.1	111.5	112.2
	95%	69.1	57.7	63.8	54.6	62.6	70.7	60.6	56.8	66.8	61.9	53.6
	50%	4.4	4.9	4.6	4.5	4.7	5.9	4.9	6.0	6.3	5.8	5.7
6/21	Max	207.9	224.5	149.0	167.0	166.6	161.5	163.2	192.2	189.7	312.2	216.6
	99%	119.3	102.1	118.9	125.5	132.3	102.3	97.3	95.0	103.5	115.2	115.8
	95%	72.3	57.5	67.5	58.0	63.3	70.4	61.6	57.2	67.3	62.4	59.8
	50%	4.7	5.4	4.8	4.7	4.8	6.1	5.1	6.0	6.5	5.8	6.2
6/22	Max	207.9	224.5	169.7	167.0	166.6	161.5	163.2	192.2	189.7	312.2	216.6
	99%	119.5	118.0	121.1	125.6	139.8	103.5	97.3	95.2	103.6	115.3	116.1
	95%	71.9	59.8	69.6	59.0	64.7	73.3	64.6	56.8	68.9	61.7	60.6
	50%	4.7	5.4	4.8	4.7	4.8	6.5	5.1	6.0	6.8	5.9	6.2
6/23	Max	207.9	224.5	169.7	167.0	166.6	161.5	163.2	192.2	189.7	312.2	216.6
	99%	119.5	117.9	121.1	125.7	140.2	109.5	109.7	101.2	103.6	115.4	116.3
	95%	71.9	60.8	70.5	59.5	65.1	74.0	66.6	60.0	69.8	61.8	63.1
	50%	5.0	5.6	5.1	4.9	4.8	6.4	5.1	5.8	6.8	5.7	6.0
6/24	Max	207.9	224.5	169.7	167.0	166.6	161.5	163.2	192.2	189.7	312.2	216.6
	99%	119.6	118.1	121.1	125.9	140.5	109.6	109.7	101.3	103.6	115.5	117.5
	95%	72.0	60.9	71.0	59.3	63.8	74.0	66.6	60.2	70.4	62.9	63.6
	50%	4.5	5.5	5.0	4.7	4.8	6.5	4.9	5.7	6.9	5.6	6.2
6/25	Max	207.9	224.5	169.7	167.0	166.6	161.5	163.2	192.2	189.7	312.2	216.6
	99%	120.0	125.0	120.0	126.5	141.0	118.2	109.6	101.4	110.6	117.0	117.4
	95%	72.4	66.5	71.2	60.2	64.4	76.2	67.1	63.6	70.6	64.4	62.9
	50%	4.7	5.7	5.3	5.0	5.0	6.5	4.9	5.6	7.2	5.5	6.2
6/26	Max	207.9	224.5	169.7	167.0	166.6	161.5	163.2	192.2	189.7	312.2	216.6
	99%	120.4	125.4	120.0	120.0	141.6	123.9	110.7	101.9	112.5	117.8	112.9
	95%	71.3	67.4	71.7	60.0	65.8	78.7	67.0	62.8	70.6	64.6	59.8
	50%	5.0	5.7	5.3	4.8	5.3	6.6	5.0	5.6	6.8	5.6	6.4

续表

日期(月/日)	项目	站点										
		58141	58138	58139	58140	58145	58147	58246	58250	58243	58249	58257
		淮安	盱眙	洪泽	涟水	楚州	金湖	泰州	姜堰	兴化	泰兴	靖江
6/27	Max	207.9	224.5	169.7	167.0	166.6	161.5	163.2	192.2	189.7	312.2	216.6
	99%	113.7	125.8	120.1	120.3	127.7	125.4	126.2	110.2	106.9	117.3	113.3
	95%	69.6	68.9	71.7	58.7	63.6	76.8	68.7	64.9	74.0	64.4	58.8
	50%	5.1	5.7	5.3	5.0	5.4	6.4	5.0	5.5	6.8	5.8	6.4
6/28	Max	207.9	224.5	169.7	167.0	166.6	161.5	163.2	192.2	200.6	312.2	216.6
	99%	113.9	126.4	120.1	120.6	128.5	126.5	135.0	114.1	120.1	117.3	114.0
	95%	71.1	69.7	71.1	59.2	63.9	78.5	68.5	64.8	75.8	64.3	58.6
	50%	5.5	5.7	5.3	5.1	5.6	6.9	5.0	5.5	6.8	5.9	5.8
6/29	Max	207.9	224.5	169.7	167.0	166.6	161.5	163.2	192.2	200.6	312.2	216.6
	99%	114.1	126.7	120.1	120.9	129.3	127.6	135.4	114.3	122.4	116.4	116.9
	95%	72.3	69.3	70.9	60.1	65.7	76.5	68.7	62.9	77.7	64.8	56.7
	50%	5.6	5.7	5.6	5.2	5.9	6.9	5.4	5.7	6.9	5.6	5.8
6/30	Max	207.9	224.5	169.7	167.0	166.6	161.5	163.2	192.2	200.6	312.2	216.6
	99%	114.4	127.0	120.1	124.9	130.2	128.9	115.2	121.7	124.4	116.5	116.9
	95%	69.9	69.9	71.0	60.2	65.5	78.4	69.0	65.3	75.8	64.9	59.9
	50%	6.1	5.7	6.1	5.4	6.0	7.3	5.8	6.0	7.0	5.7	6.0
7/1	Max	207.9	224.5	169.7	167.0	166.6	161.5	163.2	192.2	200.6	312.2	216.6
	99%	118.4	127.1	120.1	125.2	131.0	129.9	117.1	112.8	108.7	118.6	117.1
	95%	71.9	70.0	71.0	62.2	65.7	77.8	67.2	65.1	76.0	64.7	62.3
	50%	6.1	5.7	6.1	5.3	6.0	7.1	5.6	6.0	6.9	5.8	5.7
7/2	Max	207.9	224.5	169.7	167.0	166.6	161.5	163.2	192.2	200.6	312.2	216.6
	99%	120.5	127.2	120.2	125.5	139.0	131.2	118.6	113.0	105.9	118.6	117.0
	95%	73.2	70.6	71.0	63.3	66.6	79.3	68.5	65.3	75.8	64.4	62.2
	50%	6.4	5.8	6.1	5.5	6.2	7.3	5.7	5.9	6.9	5.9	6.0
7/3	Max	207.9	224.5	169.7	167.0	166.6	161.5	163.2	192.2	200.6	312.2	216.6
	99%	120.5	127.5	120.2	125.8	139.5	118.1	120.3	113.2	106.1	118.8	115.1
	95%	73.4	70.2	71.0	63.5	65.6	77.9	68.1	65.1	75.9	63.7	56.8
	50%	6.4	5.8	6.1	5.5	6.6	7.3	5.3	5.9	7.0	5.9	6.2
7/4	Max	207.9	224.5	169.7	167.0	166.6	161.5	163.2	192.2	200.6	312.2	216.6
	99%	120.5	132.6	121.0	126.2	140.5	118.1	120.8	113.3	106.2	118.9	115.2
	95%	72.4	74.2	71.9	63.3	63.9	78.4	67.3	65.4	77.5	61.7	57.3
	50%	6.5	5.9	6.2	5.6	6.8	7.4	5.3	5.8	7.5	6.0	6.2
7/5	Max	207.9	224.5	169.7	167.0	166.6	161.5	163.2	192.2	200.6	312.2	216.6
	99%	120.6	124.6	120.0	119.5	141.6	118.2	121.6	113.3	106.3	118.9	115.0
	95%	72.9	72.8	71.7	63.5	65.8	76.1	68.4	65.3	75.7	61.7	59.5
	50%	6.7	6.1	6.5	5.7	6.8	7.4	5.5	5.9	7.2	5.9	6.0
7/6	Max	207.9	224.5	169.7	226.7	166.6	161.5	163.2	192.2	200.6	312.2	216.6
	99%	125.0	128.5	120.0	123.9	127.5	118.3	109.6	111.2	106.6	119.0	115.1
	95%	72.6	75.0	71.8	66.4	66.2	78.2	67.9	65.3	75.8	57.1	52.5
	50%	6.8	6.1	6.6	5.7	6.9	7.3	5.2	5.8	7.2	5.9	5.7

续表

日期（月/日）	项目	站点										
		58141	58138	58139	58140	58145	58147	58246	58250	58243	58249	58257
		淮安	盱眙	洪泽	涟水	楚州	金湖	泰州	姜堰	兴化	泰兴	靖江
7/7	Max	207.9	224.5	169.7	226.7	224.9	161.5	163.2	181.0	200.6	312.2	216.6
	99%	126.7	125.8	120.0	124.2	135.8	116.0	109.0	106.4	106.6	118.9	114.9
	95%	73.5	75.1	72.4	67.2	67.6	76.0	67.1	64.9	77.1	54.6	53.0
	50%	7.3	6.3	6.9	6.4	7.2	7.3	5.5	5.7	7.4	5.9	5.8
7/8	Max	207.9	224.5	169.7	226.7	224.9	161.5	163.2	181.0	200.6	312.2	216.6
	99%	120.8	126.3	120.0	124.5	136.4	116.1	108.6	106.2	109.7	118.8	114.7
	95%	73.7	74.8	72.0	68.1	67.8	76.3	67.5	64.9	79.0	60.2	53.7
	50%	7.3	6.3	6.9	6.6	7.2	7.4	5.8	5.9	7.3	6.2	5.8
7/9	Max	207.9	224.5	169.7	226.7	224.9	161.5	163.2	181.0	200.6	246.0	216.6
	99%	125.5	125.8	120.0	120.8	128.3	116.0	102.4	101.1	110.9	116.7	111.6
	95%	76.7	74.5	72.9	69.5	69.8	75.9	66.8	59.7	79.7	53.7	51.9
	50%	7.4	6.4	7.2	6.5	7.3	7.4	5.6	5.8	7.3	5.9	5.6
7/10	Max	207.9	224.5	169.7	226.7	224.9	161.5	163.2	181.0	200.6	246.0	216.6
	99%	120.7	126.3	117.7	119.6	126.9	116.1	98.0	100.7	110.8	116.6	104.7
	95%	74.3	72.8	73.0	68.3	68.4	74.4	63.6	59.7	80.5	49.6	50.2
	50%	7.4	6.7	7.4	6.6	7.3	7.2	5.6	5.8	7.4	5.6	5.5
7/11	Max	207.9	201.4	169.7	226.7	224.9	153.0	163.2	181.0	200.6	246.0	216.6
	99%	120.2	122.7	117.8	119.6	126.1	107.6	97.8	100.4	110.6	116.5	103.4
	95%	74.2	73.1	71.9	68.4	67.4	73.9	63.3	59.7	79.7	50.3	50.3
	50%	7.4	6.6	7.5	6.5	7.2	6.9	5.5	5.6	7.2	5.4	5.6
7/12	Max	207.9	201.4	169.7	226.7	224.9	153.0	163.2	181.0	200.6	246.0	216.6
	99%	117.4	122.8	117.7	119.7	126.2	118.3	97.5	110.3	110.6	109.6	100.4
	95%	73.1	72.8	73.0	68.7	66.6	78.5	62.3	59.2	80.0	49.4	50.1
	50%	7.4	7.0	8.0	6.4	7.3	7.1	5.5	5.7	7.3	5.4	5.6
7/13	Max	207.9	233.2	169.7	226.7	224.9	153.0	169.4	181.0	200.6	246.0	216.6
	99%	109.5	126.8	117.8	119.7	126.9	120.1	101.4	109.6	110.6	103.8	99.8
	95%	72.2	73.7	71.9	68.9	67.5	79.4	61.4	59.4	79.7	48.6	48.6
	50%	7.4	7.1	8.1	6.1	7.7	7.1	5.5	5.6	7.4	5.2	5.5
7/14	Max	207.9	233.2	169.7	226.7	224.9	153.0	169.4	181.0	200.6	246.0	216.6
	99%	109.9	126.7	117.5	119.7	126.9	120.0	128.6	109.0	110.6	105.8	101.2
	95%	69.7	73.5	71.8	68.0	64.1	79.3	62.4	59.8	79.5	49.1	48.2
	50%	7.2	7.0	8.0	6.1	7.3	7.3	5.7	5.8	7.7	5.4	5.5
7/15	Max	130.5	233.2	169.7	226.7	224.9	153.0	169.4	181.0	200.6	246.0	216.6
	99%	103.2	122.7	115.2	119.2	118.8	119.6	125.7	108.3	110.6	118.8	101.0
	95%	68.5	74.4	70.9	66.5	61.4	78.5	61.0	59.7	74.9	49.4	48.2
	50%	7.0	6.8	7.6	5.9	7.1	6.8	5.8	5.8	7.7	5.5	5.5
7/16	Max	130.5	233.2	169.7	226.7	224.9	151.9	169.4	181.0	200.6	246.0	216.6
	99%	102.6	114.7	111.4	117.0	115.2	104.7	124.2	108.0	110.6	117.7	99.2
	95%	67.9	72.5	65.2	66.5	60.9	73.0	59.7	60.4	73.8	47.5	49.4
	50%	7.0	6.8	7.6	5.9	7.0	6.8	5.8	5.8	7.8	5.3	5.5

续表

日期(月/日)	项目	站点										
		58141	58138	58139	58140	58145	58147	58246	58250	58243	58249	58257
		淮安	盱眙	洪泽	涟水	楚州	金湖	泰州	姜堰	兴化	泰兴	靖江
7/17	Max	130.5	233.2	169.7	226.7	224.9	151.9	169.4	181.0	200.6	246.0	216.6
	99%	102.6	114.5	114.2	114.8	115.2	104.8	122.4	107.7	110.6	116.4	99.1
	95%	67.2	72.7	66.0	66.4	60.6	71.8	59.4	64.2	70.6	48.1	48.3
	50%	7.2	6.5	7.5	6.0	7.2	6.5	5.5	5.8	7.6	5.4	5.6
7/18	Max	130.5	233.2	169.7	226.7	224.9	151.9	169.4	181.0	200.6	195.6	216.6
	99%	102.6	114.5	113.4	116.9	115.2	116.2	121.3	102.7	109.8	115.7	99.0
	95%	66.4	72.2	65.0	67.2	60.9	70.8	59.2	64.1	70.4	48.1	48.2
	50%	7.1	6.4	7.3	6.1	7.2	6.1	5.8	5.8	7.6	5.4	5.6
7/19	Max	130.5	233.2	169.7	226.7	224.9	151.9	169.4	181.0	200.6	195.6	216.6
	99%	102.6	117.4	114.1	116.7	115.1	118.0	119.0	102.5	110.6	114.6	98.7
	95%	66.5	72.0	64.2	67.0	61.7	68.2	57.0	59.4	70.3	46.5	48.3
	50%	7.0	6.4	7.3	6.2	7.1	5.8	5.5	5.5	7.2	5.2	5.5
7/20	Max	130.5	233.2	169.7	226.7	224.9	151.9	169.4	181.0	200.6	143.2	208.0
	99%	103.0	117.4	113.6	114.7	109.0	122.2	102.7	100.6	110.6	104.5	95.5
	95%	66.4	72.4	64.0	66.9	60.8	68.9	55.1	58.9	69.8	46.2	47.5
	50%	6.9	6.2	7.4	6.2	6.8	5.8	5.2	5.5	6.8	5.1	5.4
7/21	Max	130.5	233.2	127.4	226.7	224.9	151.9	169.4	181.0	200.6	143.2	208.0
	99%	108.5	114.2	111.0	114.7	100.7	122.0	102.6	100.5	110.6	104.3	93.6
	95%	66.4	71.1	62.7	66.5	60.6	65.2	55.0	57.9	70.2	47.8	47.2
	50%	6.7	6.3	6.9	6.1	6.7	5.8	5.2	5.6	6.7	5.1	5.4
7/22	Max	130.5	233.2	127.4	226.7	224.9	151.9	169.4	181.0	200.6	143.2	208.0
	99%	103.1	111.6	110.9	116.5	100.7	121.9	88.6	94.6	110.6	104.2	93.5
	95%	66.0	69.8	62.6	66.6	60.6	64.1	54.0	56.1	70.1	46.6	46.7
	50%	6.5	5.9	6.7	6.0	6.7	5.8	5.2	5.6	6.7	5.1	5.5
7/23	Max	130.5	233.2	127.4	226.7	224.9	151.9	169.4	181.0	200.6	143.2	208.0
	99%	103.1	114.4	109.3	116.4	100.7	121.7	88.3	94.6	110.6	104.0	91.8
	95%	66.4	70.1	61.5	67.9	60.8	65.3	53.4	55.9	68.3	46.1	48.1
	50%	6.5	5.8	6.8	6.0	6.7	5.7	5.3	5.6	6.5	5.1	5.5
7/24	Max	130.5	233.2	127.4	226.7	224.9	151.9	169.4	181.0	200.6	143.2	208.0
	99%	109.1	110.8	108.0	116.1	98.3	108.7	81.0	92.1	106.5	95.1	93.4
	95%	66.9	65.2	60.2	66.8	60.2	61.4	51.8	53.8	65.8	46.8	48.2
	50%	6.4	5.7	6.6	5.9	6.3	5.7	5.2	5.6	6.3	5.1	5.4
7/25	Max	130.5	233.2	127.4	226.7	224.9	151.9	169.4	181.0	200.6	143.2	208.0
	99%	109.1	110.1	107.9	115.8	98.2	101.2	81.6	95.2	106.3	90.8	93.3
	95%	66.6	63.4	59.7	68.4	59.9	60.4	51.3	56.5	59.1	46.5	47.6
	50%	6.3	5.8	6.6	6.1	6.3	5.7	5.0	5.5	6.5	5.1	5.5
7/26	Max	138.9	233.2	127.4	226.7	224.9	151.9	169.4	181.0	200.6	143.2	208.0
	99%	118.3	109.3	107.7	115.5	107.5	101.0	80.8	94.9	106.1	90.6	97.5
	95%	66.0	63.6	59.7	68.7	60.6	60.5	51.9	56.8	58.6	45.6	47.7
	50%	6.2	5.8	6.3	6.1	6.1	5.7	4.8	5.4	6.3	4.8	5.5

续表

日期（月/日）	项目	站点										
		58141	58138	58139	58140	58145	58147	58246	58250	58243	58249	58257
		淮安	盱眙	洪泽	涟水	楚州	金湖	泰州	姜堰	兴化	泰兴	靖江
7/27	Max	138.9	233.2	127.4	226.7	224.9	151.9	169.4	181.0	169.0	143.2	208.0
	99%	118.2	113.3	107.6	119.0	106.7	106.6	80.7	110.2	106.0	90.5	94.1
	95%	64.2	63.2	59.7	68.6	60.2	60.5	53.1	59.4	58.1	46.8	47.4
	50%	6.2	5.7	6.6	6.2	6.3	5.2	4.7	5.2	5.9	4.7	5.5
7/28	Max	138.9	233.2	127.4	226.7	224.9	151.9	169.4	181.0	169.0	143.2	137.2
	99%	118.0	113.3	107.6	119.0	106.2	106.2	80.6	100.9	106.0	85.9	88.5
	95%	64.2	63.4	60.5	69.2	59.9	60.5	53.0	58.5	61.9	46.3	45.7
	50%	6.3	5.8	6.6	6.2	6.1	5.2	4.6	5.1	5.9	4.9	5.5
7/29	Max	138.9	233.2	127.4	226.7	224.9	151.9	169.4	136.7	169.0	143.2	137.2
	99%	116.6	113.0	107.4	119.5	97.5	105.4	80.1	100.6	105.9	86.3	87.9
	95%	63.8	62.9	60.9	69.6	59.9	60.7	51.7	56.0	60.7	46.5	47.1
	50%	6.0	5.8	6.2	6.0	6.0	5.1	4.4	4.9	5.2	4.8	5.5
7/30	Max	138.9	233.2	127.4	226.7	224.9	151.9	169.4	136.7	169.0	143.2	137.2
	99%	109.0	113.0	107.3	119.5	97.5	106.5	85.8	100.4	103.2	83.9	73.1
	95%	63.8	63.4	60.9	67.9	60.1	60.7	52.6	56.7	60.0	45.7	46.1
	50%	5.9	5.8	6.1	6.0	6.0	5.1	4.5	4.7	5.1	4.6	5.5
7/31	Max	138.9	233.2	127.4	226.7	224.9	151.9	169.4	136.7	169.0	143.2	137.2
	99%	106.3	112.7	105.1	119.2	91.8	106.1	85.7	100.0	107.2	83.5	67.0
	95%	63.2	62.6	61.0	65.4	59.5	58.4	51.7	56.3	64.1	47.1	45.0
	50%	5.8	5.9	6.1	5.9	5.9	4.9	4.5	4.8	5.0	4.7	5.1
8/1	Max	138.9	233.2	127.4	226.7	224.9	151.9	169.4	136.7	169.0	143.2	137.2
	99%	106.5	112.8	104.8	119.4	91.8	109.2	85.7	99.8	110.6	83.5	67.0
	95%	63.2	62.8	60.8	66.4	59.9	60.6	52.0	56.8	67.7	47.5	43.9
	50%	5.7	5.9	6.1	5.8	5.7	5.2	4.5	4.9	5.0	4.7	4.8
8/2	Max	138.9	233.2	127.4	226.7	224.9	151.9	169.4	136.7	169.0	143.2	137.2
	99%	106.2	112.6	104.6	119.2	91.7	109.1	85.7	99.4	110.6	83.3	66.9
	95%	64.1	61.1	60.3	66.4	59.4	59.0	53.2	58.8	65.6	47.0	46.6
	50%	5.7	5.8	6.1	5.9	5.6	5.2	4.4	4.9	4.9	4.6	4.9
8/3	Max	138.9	233.2	127.4	226.7	224.9	151.9	169.4	136.7	169.0	143.2	137.2
	99%	103.1	108.9	87.7	118.8	88.7	109.0	85.7	99.2	110.6	83.1	66.9
	95%	63.6	59.7	57.8	66.0	58.8	58.3	54.6	57.1	63.3	46.8	46.3
	50%	5.5	5.9	6.0	5.9	5.3	5.0	4.3	4.9	4.7	4.6	5.2
8/4	Max	138.9	233.2	127.4	226.7	224.9	151.9	169.4	136.7	169.0	143.2	137.2
	99%	103.1	108.9	87.4	118.5	86.3	109.0	84.3	99.4	110.6	83.1	65.2
	95%	64.2	59.9	58.6	65.6	58.5	60.6	52.9	56.5	62.1	45.7	45.4
	50%	5.7	5.8	5.7	5.6	5.3	5.2	4.2	4.7	4.7	4.6	5.2
8/5	Max	138.9	233.2	127.4	190.8	224.9	151.9	169.4	136.7	169.0	143.2	137.2
	99%	97.0	103.4	87.3	118.2	86.2	108.9	84.1	99.2	110.6	83.1	65.4
	95%	63.7	59.5	58.4	65.2	58.3	57.6	53.4	57.1	62.1	47.7	46.2
	50%	5.4	5.8	5.6	5.6	5.2	5.1	4.1	4.7	4.5	4.8	4.9

续表

日期（月/日）	项目	站点										
		58141	58138	58139	58140	58145	58147	58246	58250	58243	58249	58257
		淮安	盱眙	洪泽	涟水	楚州	金湖	泰州	姜堰	兴化	泰兴	靖江
8/6	Max	138.9	233.2	127.4	190.8	130.2	151.9	169.4	136.7	169.0	143.2	137.2
	99%	93.6	103.4	87.3	113.1	85.4	108.9	84.4	99.5	110.2	83.3	65.7
	95%	61.0	59.5	57.3	62.5	57.0	53.2	52.0	59.4	59.6	45.3	47.6
	50%	5.1	5.7	5.1	5.4	5.2	5.1	4.1	4.9	4.5	4.7	4.8
8/7	Max	138.9	233.2	127.4	190.8	130.2	151.9	169.4	136.7	169.0	143.2	137.2
	99%	92.4	102.7	85.6	112.5	78.1	108.8	84.4	99.5	106.5	83.5	65.7
	95%	60.2	59.8	55.4	62.0	56.3	51.4	52.0	60.3	56.3	45.0	47.6
	50%	4.9	5.6	5.0	5.0	5.1	5.2	4.1	4.9	4.5	4.6	4.8
8/8	Max	138.9	233.2	127.4	190.8	130.2	151.9	169.4	136.7	169.0	143.2	137.2
	99%	92.5	103.1	82.9	112.5	76.9	108.9	84.5	99.6	101.2	83.5	65.8
	95%	60.1	59.6	53.1	60.8	56.6	50.3	51.5	57.4	57.7	47.4	46.1
	50%	4.7	5.3	4.8	5.0	4.7	4.9	4.2	4.8	4.4	4.7	4.8
8/9	Max	138.9	233.2	127.4	190.8	130.2	151.9	169.4	136.7	169.0	143.2	137.2
	99%	92.3	102.7	82.7	110.4	76.9	108.8	84.6	99.9	100.8	83.5	67.1
	95%	59.4	59.6	52.0	60.4	54.5	54.3	53.3	56.2	55.7	46.2	47.4
	50%	4.7	5.3	4.8	5.0	4.7	4.9	4.1	4.4	4.5	4.8	4.8
8/10	Max	148.5	233.2	127.4	190.8	130.2	151.9	169.4	136.7	169.0	143.2	144.7
	99%	92.3	101.1	85.6	110.4	81.0	108.8	84.6	100.1	100.8	83.6	92.8
	95%	60.1	59.6	52.5	59.9	54.3	56.0	53.9	57.1	56.4	46.4	48.0
	50%	4.7	5.3	4.8	5.0	5.1	5.5	4.1	4.4	4.5	4.9	4.8
8/11	Max	148.5	233.2	127.4	190.8	130.2	151.9	169.4	136.7	169.0	143.2	144.7
	99%	92.2	99.0	85.6	110.3	80.6	102.2	85.9	100.4	100.8	84.0	93.3
	95%	61.1	58.5	54.4	59.4	53.1	54.4	55.0	59.3	58.2	45.3	49.0
	50%	4.8	5.3	4.6	5.3	5.1	5.6	4.1	4.6	4.5	5.0	4.7
8/12	Max	148.5	145.8	127.4	190.8	107.9	128.1	156.9	136.7	169.0	143.2	144.7
	99%	92.1	90.8	86.9	110.2	78.1	98.5	82.4	96.0	100.8	83.9	93.3
	95%	60.9	59.5	56.8	62.2	53.4	53.3	54.9	56.6	58.3	45.6	48.7
	50%	5.0	5.2	4.5	5.6	4.7	5.6	3.8	4.6	4.4	5.0	4.4
8/13	Max	148.5	145.8	127.4	190.8	107.9	128.1	156.9	136.7	169.0	143.2	144.7
	99%	94.2	90.6	86.9	110.2	80.8	98.4	82.1	94.2	100.5	81.0	93.3
	95%	61.3	59.3	56.8	63.0	55.5	52.9	54.0	53.3	55.5	45.1	49.2
	50%	5.1	5.1	4.5	5.6	4.7	5.2	3.7	4.4	4.3	4.8	4.3
8/14	Max	148.5	145.8	151.1	190.8	144.0	195.0	156.9	136.7	169.0	143.2	144.7
	99%	102.9	94.1	94.1	112.8	85.3	103.8	82.1	95.5	98.7	80.0	93.1
	95%	63.5	59.5	57.4	63.9	56.8	54.0	54.8	51.7	53.8	44.8	48.9
	50%	5.1	5.0	4.7	5.6	4.7	5.2	3.6	4.2	4.4	4.5	4.2
8/15	Max	148.5	145.8	151.1	190.8	144.0	195.0	156.9	136.7	169.0	143.2	144.7
	99%	101.5	94.3	101.3	112.0	86.2	103.9	82.1	95.0	98.6	81.0	93.0
	95%	62.6	59.5	57.7	62.7	57.1	54.1	55.0	51.2	56.4	45.4	49.5
	50%	5.5	5.0	4.5	5.8	4.8	5.2	3.5	4.1	4.3	4.5	4.1

续表

日期(月/日)	项目	站点 58141	58138	58139	58140	58145	58147	58246	58250	58243	58249	58257
		淮安	盱眙	洪泽	涟水	楚州	金湖	泰州	姜堰	兴化	泰兴	靖江
8/16	Max	148.5	145.8	151.1	190.8	144.0	195.0	115.1	136.7	169.0	129.6	144.7
	99%	99.3	94.2	101.2	117.3	86.3	102.1	78.5	96.1	97.5	80.1	93.1
	95%	61.4	59.5	58.5	61.8	56.7	53.9	54.8	52.0	54.5	46.2	51.9
	50%	5.2	4.9	4.5	5.4	4.7	5.2	3.3	3.9	4.0	4.3	3.7
8/17	Max	170.9	190.7	193.8	244.8	197.5	195.0	115.1	136.7	169.0	129.6	144.7
	99%	103.0	98.8	101.1	128.8	92.5	96.3	82.1	97.1	96.4	81.0	85.0
	95%	61.4	60.2	58.4	65.8	56.7	53.7	54.8	50.5	55.0	47.6	49.9
	50%	5.1	4.8	4.4	5.3	4.5	5.2	3.3	3.9	4.3	4.3	3.6
8/18	Max	170.9	190.7	193.8	244.8	197.5	195.0	115.5	136.7	169.0	129.6	144.7
	99%	121.1	89.6	101.3	117.8	101.8	98.4	85.4	97.6	97.6	80.4	91.7
	95%	61.5	58.8	58.6	62.9	57.2	54.9	55.0	51.3	60.1	50.6	53.9
	50%	5.2	4.8	4.4	5.3	4.6	5.3	3.7	4.2	4.5	4.6	3.7
8/19	Max	170.9	190.7	193.8	244.8	197.5	195.0	115.5	136.7	169.0	129.6	144.7
	99%	121.3	89.5	101.8	117.8	101.9	98.5	85.4	97.8	97.7	80.5	91.4
	95%	62.8	57.4	59.7	62.9	57.0	55.3	55.0	50.4	60.3	50.7	54.2
	50%	5.1	4.8	4.5	5.3	4.4	5.2	3.7	4.1	4.4	4.6	4.0
8/20	Max	170.9	190.7	193.8	244.8	197.5	195.0	115.5	136.7	169.0	129.6	144.7
	99%	103.0	88.5	101.8	111.1	101.6	98.2	85.4	97.7	97.6	80.4	91.5
	95%	62.0	55.1	58.4	62.7	57.1	53.8	55.1	50.4	57.3	50.6	54.0
	50%	5.1	4.8	4.5	5.4	4.3	5.2	3.7	4.0	4.3	4.6	3.6
8/21	Max	170.9	190.7	193.8	244.8	197.5	195.0	115.5	136.7	169.0	129.6	144.7
	99%	103.0	93.5	101.8	111.0	101.5	98.2	85.3	98.0	97.6	80.4	91.5
	95%	63.7	59.5	59.6	60.5	57.9	54.0	55.1	54.4	58.3	50.6	53.8
	50%	5.2	4.7	4.2	5.4	4.3	5.2	3.8	4.0	4.3	4.4	3.4
8/22	Max	170.9	190.7	193.8	244.8	197.5	195.0	115.5	136.7	169.0	129.6	144.7
	99%	101.3	93.1	100.5	124.0	101.0	98.2	85.3	84.4	96.4	80.3	91.6
	95%	62.4	59.7	57.4	63.5	57.7	53.8	55.2	50.5	58.2	48.9	53.9
	50%	5.1	4.7	4.2	5.4	4.3	5.0	3.9	3.9	4.1	4.5	3.5
8/23	Max	170.9	190.7	193.8	244.8	197.5	195.0	149.6	136.7	169.0	171.0	219.4
	99%	101.2	93.0	100.2	123.8	105.4	106.1	85.2	79.1	97.7	81.3	92.8
	95%	63.0	59.7	55.3	63.0	58.0	55.5	56.7	50.1	57.9	48.9	54.6
	50%	5.1	4.7	4.2	5.0	4.2	4.9	4.0	3.8	4.0	4.4	3.5
8/24	Max	170.9	190.7	193.8	244.8	197.5	195.0	149.6	136.7	169.0	171.0	219.4
	99%	97.6	93.1	99.9	123.9	101.1	106.1	83.4	76.1	96.6	81.2	92.8
	95%	61.4	58.5	59.7	62.2	58.0	56.0	56.7	47.6	56.6	50.5	55.1
	50%	5.1	4.6	4.2	5.2	4.1	4.9	3.9	3.8	4.0	4.3	3.4
8/25	Max	170.9	190.7	193.8	244.8	197.5	195.0	149.6	153.1	123.3	171.0	219.4
	99%	97.6	89.0	101.7	118.5	101.0	103.3	83.2	75.4	93.6	84.6	92.8
	95%	61.9	56.0	61.3	62.1	58.0	55.9	55.7	46.9	56.7	49.0	55.1
	50%	5.2	4.6	4.2	5.4	4.2	4.9	4.0	3.8	4.0	4.4	3.4

续表

日期（月/日）	项目	站点										
		58141	58138	58139	58140	58145	58147	58246	58250	58243	58249	58257
		淮安	盱眙	洪泽	涟水	楚州	金湖	泰州	姜堰	兴化	泰兴	靖江
8/26	Max	170.9	190.7	193.8	244.8	197.5	195.0	149.6	153.1	123.3	171.0	219.4
	99%	97.6	89.0	101.7	118.5	101.2	103.2	83.0	75.4	93.6	81.1	92.8
	95%	61.4	52.1	59.1	61.0	58.1	55.3	55.1	47.5	53.8	48.2	55.1
	50%	5.2	4.4	4.1	5.2	4.2	4.8	3.9	3.8	4.0	4.5	3.4
8/27	Max	170.9	190.7	193.8	244.8	197.5	195.0	149.6	153.1	123.3	171.0	219.4
	99%	97.3	88.9	101.7	118.5	107.9	103.2	82.9	78.6	96.3	81.1	92.8
	95%	61.8	51.1	57.5	60.4	58.9	55.3	55.0	47.6	54.4	48.2	54.0
	50%	5.1	4.1	4.2	5.0	4.2	4.7	3.9	3.8	4.0	4.3	3.3
8/28	Max	170.9	190.7	193.8	244.8	197.5	195.0	149.6	153.1	123.3	171.0	219.4
	99%	96.9	92.8	101.7	118.4	107.7	102.3	82.9	80.8	96.2	81.1	93.9
	95%	65.0	49.3	54.6	61.6	58.2	52.9	55.0	48.5	54.4	48.8	54.7
	50%	5.2	4.0	4.1	5.1	4.2	4.5	3.8	3.8	4.0	4.3	3.3
8/29	Max	170.9	190.7	193.8	244.8	197.5	195.0	149.6	153.1	123.3	171.0	219.4
	99%	96.9	93.1	101.7	118.4	107.7	102.3	83.0	81.0	93.9	81.3	94.3
	95%	65.1	49.4	54.2	62.3	58.2	52.9	53.4	47.3	54.2	48.9	54.1
	50%	5.1	3.8	4.0	4.8	4.2	4.5	3.7	3.8	3.9	4.1	3.3
8/30	Max	170.9	190.7	193.8	244.8	197.5	195.0	149.6	153.1	123.3	171.0	219.4
	99%	96.4	88.4	98.5	118.3	107.5	95.3	83.0	75.7	93.9	81.5	94.7
	95%	61.2	48.1	53.1	59.4	56.9	49.2	51.6	46.1	53.7	48.6	54.6
	50%	5.1	3.7	3.9	4.6	4.3	4.3	3.7	3.6	3.9	3.7	3.2
8/31	Max	170.9	190.7	193.8	244.8	197.5	195.0	149.6	153.1	123.3	171.0	219.4
	99%	96.2	91.3	98.5	118.2	107.4	95.1	83.0	75.9	93.9	81.5	94.9
	95%	59.1	48.4	53.0	59.0	56.9	50.4	51.6	46.4	53.7	48.6	54.7
	50%	5.0	3.7	3.9	4.6	4.2	4.3	3.8	3.8	3.9	3.9	3.2
9/1	Max	170.9	190.7	193.8	244.8	197.5	195.0	149.6	153.1	123.3	171.0	219.4
	99%	96.1	88.2	98.3	118.2	107.4	94.8	87.0	79.0	93.9	81.5	95.0
	95%	59.0	48.2	53.1	60.3	58.0	50.1	53.6	46.9	53.4	48.9	55.5
	50%	5.0	3.6	3.9	4.6	4.2	4.2	3.9	3.8	3.7	4.0	3.1
9/2	Max	170.9	190.7	193.8	244.8	197.5	195.0	149.6	153.1	123.3	171.0	219.4
	99%	95.2	87.9	97.8	118.1	107.1	94.1	86.7	86.4	95.9	80.3	95.0
	95%	56.9	48.0	52.8	61.6	57.4	49.3	54.5	49.7	53.7	48.9	56.6
	50%	4.6	3.5	3.8	4.4	4.1	4.0	3.9	3.8	3.8	3.8	3.1
9/3	Max	170.9	190.7	193.8	244.8	197.5	195.0	149.6	153.1	123.3	171.0	219.4
	99%	94.4	87.4	96.7	113.7	106.8	92.2	92.8	85.8	95.7	77.8	94.3
	95%	56.1	47.5	53.1	58.6	57.9	49.8	54.6	47.6	53.7	48.2	55.3
	50%	4.5	3.6	3.8	4.3	4.0	3.9	3.9	3.6	3.8	3.7	3.3
9/4	Max	170.9	190.7	193.8	244.8	197.5	195.0	149.6	153.1	123.3	171.0	219.4
	99%	93.4	88.0	95.9	110.7	106.5	91.5	92.5	86.6	95.4	83.4	93.6
	95%	58.2	46.5	53.0	61.5	58.2	49.2	55.1	47.6	53.7	48.5	55.4
	50%	4.6	3.5	3.8	4.2	4.0	3.7	3.9	3.5	3.5	3.6	3.1

续表

日期(月/日)	项目	站点										
		58141	58138	58139	58140	58145	58147	58246	58250	58243	58249	58257
		淮安	盱眙	洪泽	涟水	楚州	金湖	泰州	姜堰	兴化	泰兴	靖江
9/5	Max	170.9	190.7	193.8	244.8	197.5	195.0	149.6	153.1	135.4	171.0	219.4
	99%	100.2	90.2	98.6	111.0	106.4	90.7	99.2	88.7	98.6	83.2	93.4
	95%	58.2	45.7	53.0	61.8	58.0	50.5	54.7	46.8	53.9	48.3	57.1
	50%	4.5	3.7	3.8	3.9	4.0	3.8	3.9	3.5	3.7	3.6	3.1
9/6	Max	170.9	190.7	193.8	244.8	197.5	195.0	149.6	153.1	135.4	171.0	219.4
	99%	100.2	89.9	98.3	110.5	106.2	87.6	98.7	88.5	94.8	82.9	102.6
	95%	55.8	48.0	53.1	56.8	58.8	48.6	51.4	46.5	51.4	48.1	58.0
	50%	4.5	3.7	3.8	3.9	4.0	3.7	3.7	3.4	3.5	3.6	3.0
9/7	Max	170.9	190.7	193.8	244.8	197.5	195.0	149.6	153.1	135.4	171.0	219.4
	99%	101.6	89.4	101.8	110.0	106.0	87.6	97.8	88.1	94.6	82.6	97.3
	95%	58.4	49.0	53.2	55.7	58.1	46.5	49.4	46.2	51.0	47.9	57.0
	50%	4.4	3.6	3.8	3.9	3.8	3.6	3.4	3.4	3.5	3.3	2.7
9/8	Max	170.9	190.7	193.8	244.8	197.5	195.0	149.6	153.1	135.4	171.0	219.4
	99%	100.3	87.3	101.8	107.0	101.8	87.5	96.9	87.8	94.3	82.4	89.6
	95%	54.3	44.8	52.7	53.8	57.6	45.6	49.0	46.5	47.6	48.2	56.6
	50%	4.1	3.1	3.7	3.7	3.7	3.3	3.4	3.2	3.2	3.2	2.6
9/9	Max	170.9	190.7	193.8	244.8	197.5	195.0	149.6	153.1	135.4	171.0	219.4
	99%	100.3	93.4	101.7	106.9	101.8	87.5	91.3	87.5	85.8	81.9	84.3
	95%	54.1	47.5	52.4	53.5	57.6	43.9	48.8	45.7	48.6	47.9	55.2
	50%	3.9	3.1	3.6	3.5	3.5	3.0	3.4	3.1	3.1	3.2	2.6
9/10	Max	190.9	190.7	193.8	244.8	197.5	195.0	149.6	153.1	135.4	171.0	219.4
	99%	101.4	93.5	113.3	107.6	105.8	87.5	87.4	87.2	85.3	81.8	84.2
	95%	55.5	48.1	52.5	52.9	55.5	47.0	47.7	45.8	48.0	47.6	55.5
	50%	3.9	3.1	3.5	3.5	3.6	2.9	3.6	3.4	3.0	3.1	2.6
9/11	Max	190.9	190.7	193.8	244.8	197.5	195.0	149.6	153.1	135.4	171.0	219.4
	99%	100.3	104.6	112.8	117.4	143.4	87.5	90.9	89.8	84.7	81.6	84.1
	95%	54.7	49.3	51.6	52.7	56.7	47.9	48.3	46.0	47.2	48.7	54.5
	50%	3.7	3.1	3.3	3.2	3.6	2.9	3.6	3.1	2.8	3.0	2.5
9/12	Max	190.9	190.7	193.8	244.8	197.5	108.3	149.6	153.1	135.4	171.0	219.4
	99%	98.1	104.4	100.3	116.8	113.3	87.5	90.6	89.7	96.2	81.3	87.8
	95%	54.2	47.8	47.6	52.1	54.5	46.3	46.6	45.8	50.9	48.5	55.2
	50%	3.6	3.1	3.2	3.2	3.4	2.8	3.7	3.4	2.8	3.2	2.6
9/13	Max	190.9	190.7	193.8	244.8	197.5	108.3	149.6	153.1	135.4	171.0	219.4
	99%	97.6	103.2	90.4	116.3	112.0	87.0	101.4	95.2	92.7	76.8	86.4
	95%	52.6	45.0	45.1	51.8	45.2	42.7	47.3	44.9	46.2	47.0	53.1
	50%	3.4	3.1	3.2	3.0	3.2	2.7	3.7	3.3	2.8	3.0	2.6
9/14	Max	190.9	190.7	193.8	244.8	197.5	108.3	149.6	153.1	135.4	171.0	219.4
	99%	97.6	103.2	89.2	107.3	101.2	87.0	101.1	94.9	92.5	73.7	85.7
	95%	52.0	45.0	45.0	50.7	43.6	41.7	47.2	44.2	45.4	46.9	51.6
	50%	3.4	3.0	3.2	3.2	3.2	2.6	3.6	3.2	2.8	3.0	2.7

续表

日期(月/日)	项目	站点										
		58141	58138	58139	58140	58145	58147	58246	58250	58243	58249	58257
		淮安	盱眙	洪泽	涟水	楚州	金湖	泰州	姜堰	兴化	泰兴	靖江
9/15	Max	190.9	151.4	192.5	183.0	174.6	108.3	149.6	153.1	135.4	171.0	219.4
	99%	88.9	102.6	88.3	102.6	99.8	87.8	100.6	90.8	90.5	68.9	91.6
	95%	51.5	44.9	44.1	48.7	43.5	40.4	45.8	42.4	43.0	41.5	48.4
	50%	3.6	3.0	3.2	3.2	3.2	2.6	3.4	3.2	2.7	3.0	2.7
9/16	Max	190.9	151.4	192.5	183.0	174.6	108.3	149.6	153.1	135.4	171.0	219.4
	99%	83.6	102.3	87.6	100.7	91.2	85.8	89.1	88.9	77.0	71.2	77.9
	95%	48.4	46.6	42.9	47.7	41.9	40.1	44.8	42.1	41.4	40.3	44.4
	50%	3.5	2.8	3.2	3.0	3.2	2.6	3.3	3.0	2.7	2.9	2.7
9/17	Max	190.9	151.4	192.5	183.0	174.6	108.3	149.6	153.1	135.4	171.0	219.4
	99%	81.0	101.4	79.2	95.0	90.0	85.4	88.7	88.6	76.6	68.3	77.6
	95%	45.4	44.2	43.3	47.2	43.4	39.7	43.9	41.6	40.6	38.5	42.3
	50%	3.7	2.9	3.2	3.0	3.2	2.6	3.0	3.0	2.7	2.8	2.6
9/18	Max	190.9	151.4	192.5	183.0	174.6	108.3	149.6	153.1	135.4	171.0	219.4
	99%	76.8	113.4	79.2	94.0	89.8	85.2	88.3	88.5	76.4	68.2	97.8
	95%	45.2	43.4	42.1	47.0	42.0	39.6	43.3	41.5	41.6	36.9	45.3
	50%	3.9	2.9	3.2	3.0	3.5	2.6	3.2	3.1	2.8	2.9	2.7
9/19	Max	190.9	151.4	192.5	183.0	174.6	108.3	149.6	153.1	135.4	171.0	219.4
	99%	76.9	113.1	79.2	93.8	89.4	84.9	88.2	88.4	76.2	68.3	97.6
	95%	43.5	44.0	39.1	44.6	41.3	39.3	43.8	41.8	41.5	37.7	45.6
	50%	3.6	3.0	3.4	3.0	3.2	2.5	3.3	3.1	2.8	2.9	2.7
9/20	Max	190.9	151.4	192.5	183.0	174.6	108.3	149.6	153.1	135.4	171.0	219.4
	99%	77.0	113.4	79.2	84.0	89.6	84.8	88.2	88.2	72.9	68.2	90.5
	95%	43.5	42.2	37.9	42.1	40.6	36.2	43.8	40.2	39.9	38.6	43.8
	50%	3.4	2.9	3.1	2.9	3.1	2.5	3.1	3.2	2.8	2.9	2.7
9/21	Max	190.9	151.4	192.5	183.0	174.6	101.8	106.0	153.1	135.4	91.7	146.3
	99%	77.2	114.4	70.0	84.0	80.2	78.0	83.9	88.2	71.1	64.6	77.1
	95%	41.0	41.2	37.2	41.4	40.2	35.8	43.3	40.2	39.1	39.4	42.3
	50%	3.0	2.8	2.8	2.8	2.9	2.5	3.2	3.4	2.8	2.9	2.7
9/22	Max	190.9	151.4	192.5	183.0	174.6	101.8	106.0	153.1	135.4	91.7	146.3
	99%	76.9	113.6	69.2	83.7	79.7	73.0	83.9	88.3	71.0	61.9	77.0
	95%	42.1	39.2	36.8	41.1	39.9	34.0	42.3	37.8	37.8	37.5	41.9
	50%	3.0	2.8	2.7	2.8	2.9	2.5	3.4	3.4	3.1	3.1	2.8
9/23	Max	190.9	151.4	192.5	183.0	174.6	101.8	106.0	97.3	135.4	91.7	146.3
	99%	69.3	112.9	59.9	83.5	73.9	72.8	82.3	86.6	65.9	61.7	77.1
	95%	39.5	40.4	34.3	39.5	37.1	34.4	42.3	33.7	33.1	36.8	41.2
	50%	2.9	2.8	2.7	2.7	2.7	2.5	3.5	3.4	2.8	3.2	2.8
9/24	Max	190.9	151.4	192.5	183.0	174.6	101.8	106.0	97.3	135.4	91.7	146.3
	99%	68.1	111.4	59.4	77.1	73.2	72.6	82.1	86.6	65.6	61.4	77.0
	95%	38.5	40.1	33.6	38.5	39.3	33.6	42.1	32.3	33.1	37.9	41.8
	50%	2.9	2.9	2.7	2.7	2.7	2.5	3.5	3.4	2.8	3.1	2.8

续表

日期（月/日）	项目	站点										
		58141	58138	58139	58140	58145	58147	58246	58250	58243	58249	58257
		淮安	盱眙	洪泽	涟水	楚州	金湖	泰州	姜堰	兴化	泰兴	靖江
9/25	Max	190.9	151.4	192.5	183.0	174.6	101.8	106.0	97.3	135.4	91.7	146.3
	99%	65.4	110.4	58.9	76.2	58.6	72.4	81.7	85.1	60.6	61.1	87.2
	95%	39.4	41.9	33.4	37.2	38.1	34.4	42.8	31.2	31.4	37.4	43.4
	50%	3.0	2.8	2.7	2.7	2.8	2.5	3.5	3.4	2.8	3.1	2.9
9/26	Max	190.9	151.4	192.5	183.0	174.6	101.8	106.0	97.3	135.4	83.8	146.3
	99%	64.5	97.0	63.0	75.8	72.1	72.2	81.5	75.2	61.1	59.2	76.7
	95%	39.7	41.2	33.8	38.8	40.4	34.7	41.2	32.4	33.1	37.7	44.7
	50%	3.0	2.9	2.7	2.7	2.7	2.5	3.5	3.4	2.8	3.2	2.9
9/27	Max	190.9	151.4	192.5	183.0	174.6	101.8	106.0	97.3	135.4	71.3	146.3
	99%	82.8	95.6	78.5	74.9	71.4	72.0	81.2	71.0	60.3	58.8	76.5
	95%	39.5	41.6	33.6	37.9	40.3	34.8	40.4	31.5	33.2	38.3	44.5
	50%	2.9	2.8	2.7	2.7	2.7	2.4	3.3	3.4	2.8	3.2	2.9
9/28	Max	190.9	151.4	192.5	183.0	174.6	101.8	106.0	97.3	135.4	71.3	146.3
	99%	82.8	95.7	78.6	65.0	71.4	72.0	81.2	70.0	60.5	58.8	76.4
	95%	38.9	41.7	33.6	37.2	39.9	35.7	40.2	32.6	33.2	40.1	44.7
	50%	2.9	2.9	2.8	2.7	2.7	2.5	3.3	3.4	2.7	3.2	2.8
9/29	Max	190.9	151.4	192.5	183.0	174.6	101.8	106.0	97.3	135.4	71.3	146.3
	99%	82.7	95.3	78.1	65.0	71.3	71.9	73.1	68.8	60.6	58.8	76.3
	95%	38.1	38.9	33.5	37.2	38.1	34.7	37.0	31.3	32.3	37.9	43.7
	50%	2.8	2.9	2.8	2.5	2.7	2.5	3.2	3.3	2.3	3.0	2.6
9/30	Max	190.9	151.4	192.5	183.0	174.6	101.8	106.0	97.3	135.4	71.3	146.3
	99%	82.6	94.6	77.3	85.5	80.6	71.8	67.3	83.9	59.9	54.4	76.2
	95%	38.6	38.0	33.4	37.6	40.6	34.6	33.8	31.2	31.3	36.1	40.0
	50%	2.8	2.9	2.9	2.5	2.7	2.5	3.2	3.1	2.4	2.8	2.6
10/1	Max	190.9	151.4	192.5	183.0	174.6	101.8	106.0	97.3	135.4	71.3	146.3
	99%	82.6	94.3	76.9	79.8	80.5	71.8	60.8	83.9	56.6	52.2	76.2
	95%	37.9	37.8	33.4	37.0	40.6	34.5	29.6	30.6	30.5	35.5	38.4
	50%	2.8	2.9	2.9	2.5	2.7	2.6	3.1	3.1	2.4	2.9	2.7
10/2	Max	190.9	151.4	192.5	183.0	174.6	101.8	106.0	97.3	135.4	71.3	146.3
	99%	82.6	94.1	76.8	79.1	80.2	71.8	61.0	66.3	56.6	52.3	76.2
	95%	38.5	37.8	33.4	37.0	40.5	34.6	28.5	29.2	30.5	35.3	38.0
	50%	2.8	2.8	2.7	2.5	2.7	2.5	3.1	3.1	2.2	2.7	2.6
10/3	Max	190.9	151.4	192.5	183.0	174.6	101.8	106.0	95.4	135.4	71.3	146.3
	99%	82.6	105.7	66.1	51.0	77.0	68.0	56.6	67.3	59.4	54.3	76.2
	95%	37.3	32.4	33.1	32.2	38.2	33.5	27.4	29.0	29.8	36.1	38.2
	50%	2.6	2.9	2.7	2.4	2.7	2.6	2.9	2.9	2.2	2.6	2.6
10/4	Max	190.9	151.4	192.5	183.0	174.6	101.8	106.0	95.4	88.6	71.3	146.3
	99%	76.8	104.0	65.9	49.8	55.7	62.9	66.8	65.9	67.8	52.2	73.9
	95%	36.5	31.6	31.0	35.1	39.5	32.1	28.3	28.5	29.9	35.0	37.7
	50%	2.6	2.8	2.7	2.4	2.7	2.5	2.8	2.9	2.2	2.4	2.5

续表

日期(月/日)	项目	站点										
		58141	58138	58139	58140	58145	58147	58246	58250	58243	58249	58257
		淮安	盱眙	洪泽	涟水	楚州	金湖	泰州	姜堰	兴化	泰兴	靖江
10/5	Max	190.9	151.4	192.5	183.0	174.6	101.8	106.0	95.4	88.6	71.3	146.3
	99%	76.6	103.0	65.8	49.8	55.6	71.4	66.5	65.5	67.8	52.2	73.9
	95%	34.4	31.4	31.0	32.9	38.7	32.9	28.3	27.9	29.9	35.8	38.1
	50%	2.6	2.8	2.7	2.3	2.7	2.6	2.9	2.9	2.2	2.3	2.5
10/6	Max	190.9	151.4	192.5	183.0	174.6	101.8	106.0	95.4	88.6	71.3	146.3
	99%	77.1	71.5	66.1	49.8	55.6	67.7	66.7	65.6	67.7	52.2	73.9
	95%	34.5	31.3	31.1	32.8	39.0	32.3	28.3	28.0	29.9	36.5	37.6
	50%	2.5	2.8	2.6	2.4	2.7	2.6	2.9	2.9	2.2	2.6	2.5
10/7	Max	190.9	151.4	192.5	183.0	174.6	101.8	106.0	95.4	88.6	71.3	146.3
	99%	79.5	71.5	66.1	49.8	64.5	67.7	54.0	65.6	67.9	49.7	73.9
	95%	37.0	31.3	32.3	35.3	39.2	33.0	27.4	28.0	30.6	35.6	36.8
	50%	2.7	2.9	2.7	2.5	2.8	2.7	2.9	2.9	2.2	2.6	2.6
10/8	Max	190.9	151.4	192.5	183.0	174.6	101.8	106.0	95.4	88.6	71.3	146.3
	99%	78.8	103.3	65.8	49.7	63.5	62.3	54.0	65.4	59.3	49.6	73.8
	95%	33.3	31.2	30.7	32.8	36.0	32.2	27.0	26.2	29.9	33.4	36.5
	50%	2.7	2.9	2.7	2.5	2.8	2.7	2.7	2.7	2.2	2.6	2.6
10/9	Max	113.1	151.4	120.3	99.2	107.0	101.8	106.0	95.4	88.6	71.3	146.3
	99%	63.5	65.2	53.2	48.3	55.2	54.6	51.7	65.5	59.2	49.6	73.8
	95%	30.3	30.5	29.0	31.6	31.3	29.3	26.3	26.9	29.8	32.1	35.0
	50%	2.7	2.9	2.8	2.5	2.8	2.8	2.7	2.4	2.2	2.5	2.5
10/10	Max	113.1	151.4	120.3	99.2	107.0	101.8	83.5	84.2	88.6	71.3	146.3
	99%	60.0	52.8	52.9	48.3	55.1	41.6	48.7	59.8	59.1	48.9	73.8
	95%	28.6	29.5	26.7	30.9	30.7	28.4	25.9	25.8	29.2	31.5	32.1
	50%	2.8	3.0	2.9	2.5	2.7	3.0	2.8	2.5	2.3	2.6	2.6
10/11	Max	113.1	151.4	120.3	99.2	107.0	101.8	83.5	84.2	88.6	71.3	123.6
	99%	60.2	52.7	52.9	47.8	55.1	41.6	48.8	60.0	59.2	49.0	70.4
	95%	27.7	29.2	26.7	29.6	30.8	27.8	25.7	25.9	28.8	33.7	30.9
	50%	2.7	2.9	2.7	2.5	2.8	2.8	2.7	2.5	2.2	2.6	2.6
10/12	Max	113.1	151.4	120.3	99.2	107.0	101.8	83.5	84.2	88.6	71.3	123.6
	99%	59.8	52.6	52.9	48.3	55.1	41.7	48.9	60.0	59.3	49.0	70.5
	95%	27.4	29.2	26.1	29.4	30.7	28.0	25.7	25.9	28.1	33.8	30.9
	50%	2.8	3.0	2.8	2.5	2.8	2.9	2.7	2.6	2.3	2.6	2.6
10/13	Max	113.1	151.4	120.3	99.2	107.0	101.8	83.5	84.2	88.6	71.3	123.6
	99%	58.9	52.3	52.6	48.2	55.0	41.6	51.6	59.6	59.1	49.0	70.4
	95%	29.0	29.2	24.9	31.5	30.7	26.7	26.1	25.5	27.7	31.6	30.7
	50%	2.6	3.0	2.6	2.4	2.7	2.8	2.7	2.5	2.3	2.6	2.5
10/14	Max	81.2	138.1	78.3	98.1	80.7	62.8	71.3	67.3	88.6	71.3	123.6
	99%	53.0	47.5	45.2	47.7	53.0	39.8	51.4	53.0	59.0	48.6	54.8
	95%	27.3	27.1	23.6	30.1	30.7	27.8	25.9	26.0	27.3	29.5	30.3
	50%	2.6	3.0	2.5	2.4	2.7	2.8	2.9	2.4	2.2	2.6	2.5

续表

日期(月/日)	项目	站点										
		58141	58138	58139	58140	58145	58147	58246	58250	58243	58249	58257
		淮安	盱眙	洪泽	涟水	楚州	金湖	泰州	姜堰	兴化	泰兴	靖江
10/15	Max	81.2	138.1	78.3	98.1	80.7	62.8	71.3	67.3	88.6	58.4	123.6
	99%	53.0	44.4	45.1	47.7	52.9	39.8	51.4	52.9	56.9	47.5	70.2
	95%	26.6	26.2	23.4	27.2	27.8	26.0	25.4	25.6	28.3	28.9	30.6
	50%	2.4	2.9	2.4	2.4	2.5	2.6	2.7	2.3	2.2	2.4	2.4
10/16	Max	81.2	138.1	78.3	98.1	80.7	62.8	71.3	67.3	88.6	58.4	123.6
	99%	53.0	44.4	45.1	47.6	48.7	39.8	51.4	52.9	56.9	47.5	70.1
	95%	25.0	24.9	23.6	27.1	26.1	24.4	25.4	25.2	29.1	28.1	30.0
	50%	2.1	2.7	2.3	2.3	2.3	2.6	2.7	2.2	2.1	2.6	2.5
10/17	Max	81.2	53.4	78.3	98.1	80.7	56.6	71.3	67.3	88.6	58.4	123.6
	99%	53.0	40.4	39.9	47.3	48.3	39.0	51.4	52.9	55.1	47.5	70.2
	95%	25.1	24.1	23.4	27.0	25.8	23.0	24.0	24.4	27.0	28.0	29.6
	50%	2.1	2.7	2.3	2.4	2.5	2.6	2.7	2.2	2.1	2.6	2.4
10/18	Max	81.2	53.4	78.3	98.1	80.7	56.6	71.3	67.3	88.6	58.4	123.6
	99%	52.9	43.7	41.3	47.2	48.2	41.4	46.1	48.8	54.7	47.4	54.5
	95%	26.5	24.8	25.0	27.7	26.0	25.4	23.0	24.2	28.4	28.0	29.3
	50%	2.2	2.7	2.3	2.4	2.5	2.7	2.7	2.4	2.2	2.7	2.5
10/19	Max	81.2	53.4	78.3	98.1	80.7	56.6	71.3	67.3	88.6	58.4	123.6
	99%	52.9	43.6	41.2	47.2	47.5	41.3	45.4	48.6	54.3	48.9	69.0
	95%	27.1	25.1	24.7	30.2	29.3	23.7	21.9	23.7	27.5	28.0	28.9
	50%	2.3	2.6	2.3	2.4	2.4	2.6	2.7	2.2	2.2	2.6	2.4
10/20	Max	81.2	53.4	78.3	98.1	80.7	56.6	71.3	67.3	88.6	58.4	123.6
	99%	52.9	43.4	41.2	47.2	46.9	41.2	45.3	48.4	54.0	48.2	68.1
	95%	27.1	24.6	25.2	28.9	30.3	28.4	21.8	24.3	27.2	26.4	27.7
	50%	2.4	2.6	2.3	2.5	2.5	2.6	2.6	2.2	2.1	2.6	2.3
10/21	Max	81.2	53.4	78.3	98.1	80.7	56.6	71.3	67.3	88.6	58.4	123.6
	99%	52.9	43.4	41.2	47.2	47.2	41.2	45.3	48.3	55.7	48.2	68.5
	95%	25.6	23.9	24.0	27.4	26.2	22.0	22.3	24.2	24.4	26.4	27.0
	50%	2.4	2.9	2.6	2.4	2.5	2.7	2.7	2.3	2.1	2.6	2.3
10/22	Max	81.2	53.4	78.3	98.1	80.7	56.6	67.0	66.3	88.6	58.4	123.6
	99%	52.9	43.4	41.2	47.2	47.1	41.2	42.5	44.1	55.7	44.4	67.8
	95%	23.9	24.1	23.7	27.6	26.2	20.9	21.7	24.0	24.4	27.4	25.2
	50%	2.5	2.7	2.7	2.4	2.5	2.6	2.5	2.3	2.1	2.6	2.3
10/23	Max	81.2	53.4	78.3	98.1	80.7	56.6	67.0	66.3	88.6	58.4	123.6
	99%	56.7	43.7	41.2	47.8	47.5	41.4	42.6	44.4	55.8	44.6	52.2
	95%	24.0	23.5	24.2	26.6	26.2	21.3	21.3	23.7	24.0	26.2	25.5
	50%	2.4	2.6	2.7	2.4	2.4	2.3	2.5	2.2	2.1	2.6	2.2
10/24	Max	81.2	53.4	78.3	98.1	80.7	56.6	67.0	66.3	88.6	58.4	80.5
	99%	53.2	45.4	51.6	48.5	48.7	42.0	42.8	44.7	55.9	48.3	46.7
	95%	23.8	25.0	26.0	27.1	26.0	24.7	22.4	24.6	28.4	28.1	24.5
	50%	2.4	2.6	2.7	2.5	2.5	2.6	2.6	2.3	2.2	2.7	2.3

续表

日期(月/日)	项目	站点										
		58141	58138	58139	58140	58145	58147	58246	58250	58243	58249	58257
		淮安	盱眙	洪泽	涟水	楚州	金湖	泰州	姜堰	兴化	泰兴	靖江
10/25	Max	73.3	53.4	78.3	98.1	67.0	56.6	67.0	66.3	88.6	58.4	80.5
	99%	52.9	44.1	47.8	48.0	44.2	42.0	48.3	45.1	53.4	45.8	41.2
	95%	22.6	25.0	25.8	25.3	25.7	23.4	22.0	24.9	28.4	28.1	24.8
	50%	2.4	2.7	2.6	2.4	2.3	2.6	2.5	2.2	2.1	2.6	2.3
10/26	Max	73.3	63.2	78.3	98.1	67.0	63.7	54.0	54.9	88.6	60.9	80.5
	99%	53.0	47.6	50.1	48.1	44.9	44.5	48.5	41.0	56.1	45.8	41.6
	95%	23.2	24.8	25.0	26.8	25.9	23.3	22.3	24.4	27.9	28.0	24.4
	50%	2.5	2.9	2.7	2.5	2.5	2.8	2.7	2.4	2.2	2.8	2.4
10/27	Max	73.3	63.2	78.3	98.1	67.0	63.7	54.0	54.9	88.6	60.9	80.5
	99%	53.0	48.6	50.1	48.1	44.9	44.9	49.6	43.3	56.1	41.3	41.8
	95%	23.9	25.7	25.8	26.7	26.2	23.9	24.1	25.7	29.2	27.4	24.5
	50%	2.5	2.9	2.7	2.6	2.6	2.7	2.8	2.4	2.4	3.0	2.5
10/28	Max	73.3	63.2	78.3	98.1	67.0	63.7	54.0	54.9	88.6	60.9	80.5
	99%	52.9	48.6	50.1	48.0	44.9	44.9	49.5	43.3	56.0	48.5	41.6
	95%	23.8	25.6	25.8	26.7	26.1	23.3	24.0	25.7	29.1	28.1	23.9
	50%	2.6	2.9	2.8	2.6	2.7	2.7	2.8	2.5	2.4	3.0	2.6
10/29	Max	73.3	63.2	78.3	98.1	67.0	63.7	54.0	54.9	88.6	60.9	80.5
	99%	53.0	48.0	48.0	48.0	45.0	44.9	49.5	43.4	54.0	48.6	41.6
	95%	23.6	24.3	25.0	26.7	25.8	23.2	24.3	25.8	29.1	28.2	23.9
	50%	2.6	2.9	2.8	2.6	2.7	2.8	2.8	2.5	2.5	3.2	2.7
10/30	Max	73.3	63.2	78.3	98.1	67.0	63.7	54.0	54.9	88.6	60.9	80.5
	99%	53.0	47.9	48.0	48.0	45.0	44.9	49.5	43.4	54.0	48.5	41.5
	95%	23.6	25.1	25.0	25.3	25.8	23.1	24.3	26.1	29.1	28.3	23.5
	50%	2.7	2.9	2.8	2.6	2.6	2.8	2.9	2.5	2.4	3.2	2.9
10/31	Max	73.3	63.2	78.3	98.1	67.0	63.7	54.0	54.9	88.6	60.9	80.5
	99%	50.3	47.9	48.0	48.1	45.0	44.9	49.5	43.3	54.0	48.4	41.4
	95%	23.6	25.1	25.1	25.7	25.7	23.1	24.9	27.0	29.1	28.3	23.5
	50%	2.7	2.9	2.8	2.6	2.7	2.8	2.9	2.7	2.6	3.5	3.0
11/1	Max	73.3	63.2	78.3	98.1	67.0	63.7	54.0	54.9	88.6	60.9	80.5
	99%	50.0	48.0	48.0	48.0	44.9	44.9	49.5	43.3	54.0	45.5	41.7
	95%	23.5	24.2	25.1	25.2	25.5	23.1	25.1	26.7	29.4	28.2	23.6
	50%	2.9	2.8	2.7	2.7	2.7	2.8	3.0	2.7	2.6	3.4	2.9
11/2	Max	73.3	63.2	59.2	98.1	67.0	63.7	54.0	54.9	57.0	60.9	80.5
	99%	49.0	44.1	44.4	46.5	44.1	44.4	49.3	41.2	52.2	40.4	42.1
	95%	22.9	23.6	23.8	23.7	25.1	22.5	24.4	26.1	28.5	26.0	24.6
	50%	2.9	2.9	2.8	2.8	2.8	2.9	3.0	2.8	2.7	3.5	3.0
11/3	Max	73.3	63.2	59.2	98.1	67.0	63.7	54.0	54.9	57.0	60.9	80.5
	99%	49.0	44.3	44.5	46.5	44.2	44.4	49.4	41.3	52.3	38.2	38.4
	95%	22.9	23.2	23.9	23.7	22.8	22.5	24.5	25.9	28.5	25.1	23.5
	50%	2.9	2.9	2.8	2.6	2.6	2.9	3.0	2.8	2.7	3.4	3.0

续表

日期(月/日)	项目	站点										
		58141	58138	58139	58140	58145	58147	58246	58250	58243	58249	58257
		淮安	盱眙	洪泽	涟水	楚州	金湖	泰州	姜堰	兴化	泰兴	靖江
11/4	Max	73.3	63.2	59.2	98.1	67.0	63.7	54.0	54.9	57.0	60.9	80.5
	99%	48.6	44.2	44.4	46.4	44.1	44.4	49.2	41.3	52.2	38.2	38.3
	95%	22.9	23.9	24.4	23.6	25.1	22.9	24.4	25.9	28.4	25.2	23.4
	50%	2.9	2.9	2.9	2.6	2.8	2.9	3.1	2.8	2.8	3.4	3.0
11/5	Max	62.4	63.2	59.2	98.1	51.4	63.7	54.0	54.9	57.0	60.9	80.5
	99%	42.4	44.3	43.8	45.3	44.2	44.4	49.2	41.3	52.2	38.2	38.2
	95%	23.0	23.9	24.4	22.9	22.7	22.9	24.9	26.1	28.4	26.3	24.6
	50%	2.9	2.9	3.1	2.6	2.8	2.9	3.0	2.8	2.8	3.4	2.9
11/6	Max	62.4	63.2	59.2	98.1	51.4	63.7	54.0	54.9	57.0	60.9	80.5
	99%	42.5	44.3	43.9	45.3	44.2	44.4	48.6	39.2	52.2	38.2	38.3
	95%	23.2	23.9	24.4	22.9	23.1	22.9	24.9	25.9	28.3	26.3	24.6
	50%	2.9	2.9	3.1	2.6	2.8	2.9	3.0	2.8	2.8	3.4	2.9
11/7	Max	62.4	63.2	59.2	98.1	51.4	63.7	54.0	54.9	57.0	60.9	80.5
	99%	42.4	44.3	43.8	45.3	44.2	44.4	48.4	39.1	52.1	38.2	38.2
	95%	23.2	23.3	24.4	21.7	22.4	22.5	24.8	25.8	29.2	26.1	24.8
	50%	2.8	2.8	2.8	2.6	2.5	2.8	3.0	2.9	2.9	3.4	3.0
11/8	Max	62.4	63.2	59.2	98.1	51.4	63.7	54.0	54.9	57.0	60.9	80.5
	99%	42.3	44.3	43.7	45.3	44.1	44.3	48.2	39.0	52.0	41.3	38.2
	95%	23.0	22.5	24.3	22.7	22.5	22.0	24.4	25.8	28.4	25.9	24.8
	50%	2.8	2.7	2.8	2.6	2.6	2.8	3.0	2.8	2.8	3.4	3.0
11/9	Max	62.4	63.2	59.2	98.1	51.4	63.7	54.0	54.9	57.0	60.9	80.5
	99%	42.2	44.2	43.5	45.3	44.1	44.1	47.7	39.0	51.9	41.3	38.0
	95%	22.8	23.1	24.3	22.2	22.3	21.9	26.4	26.1	28.3	24.9	23.7
	50%	2.9	2.8	2.8	2.8	2.8	2.9	3.0	2.9	2.8	3.4	3.0
11/10	Max	62.4	63.2	59.2	75.8	51.4	63.7	54.0	54.9	57.0	60.9	80.5
	99%	40.2	44.2	43.6	42.9	44.1	44.1	47.7	39.0	51.9	41.3	38.0
	95%	22.9	23.6	24.3	21.4	22.5	21.9	26.5	26.9	28.3	24.9	24.3
	50%	2.9	2.8	2.8	2.8	2.8	2.9	3.2	2.9	2.8	3.4	3.1
11/11	Max	62.4	63.2	59.2	75.8	51.4	63.7	54.0	54.9	57.0	60.9	80.5
	99%	40.2	44.2	43.5	42.8	44.1	44.1	47.6	39.0	51.9	41.3	41.2
	95%	23.0	24.2	24.7	22.1	22.8	22.2	28.2	26.9	28.3	25.7	25.2
	50%	2.9	2.8	2.9	2.8	2.8	3.0	3.3	3.0	2.9	3.5	3.2
11/12	Max	62.4	63.2	59.2	75.8	51.4	63.7	54.0	54.9	56.4	60.9	80.5
	99%	40.2	44.1	43.6	42.9	44.1	44.1	48.1	36.9	49.1	38.2	41.2
	95%	23.0	23.5	24.7	22.3	22.8	21.9	26.0	25.7	27.9	24.8	24.6
	50%	2.9	2.8	2.9	2.8	2.8	3.0	3.3	3.0	2.9	3.6	3.2
11/13	Max	62.4	63.2	59.2	75.8	51.4	63.7	54.0	54.9	56.4	60.9	67.6
	99%	40.2	44.1	43.6	42.8	44.1	44.2	48.3	36.9	49.2	38.2	38.3
	95%	23.1	23.5	24.7	23.5	24.5	21.9	26.1	25.7	28.0	24.8	24.0
	50%	3.0	3.0	3.2	2.9	2.9	3.1	3.5	3.5	3.1	3.7	3.3

续表

日期(月/日)	项目	站点										
		58141	58138	58139	58140	58145	58147	58246	58250	58243	58249	58257
		淮安	盱眙	洪泽	涟水	楚州	金湖	泰州	姜堰	兴化	泰兴	靖江
11/14	Max	62.4	63.2	59.2	75.8	51.4	63.7	64.8	61.4	63.2	74.3	67.6
	99%	41.9	47.3	46.1	45.3	44.9	44.8	50.0	42.9	52.0	40.5	41.2
	95%	23.9	24.3	24.6	24.7	25.0	23.0	26.5	25.9	28.1	26.4	24.7
	50%	3.1	3.3	3.4	3.1	3.0	3.2	3.5	3.5	3.0	3.8	3.4
11/15	Max	62.4	63.2	59.2	75.8	51.4	63.7	64.8	61.4	63.2	74.3	67.6
	99%	41.8	47.3	46.1	45.3	44.9	44.8	50.0	42.9	52.0	40.5	38.5
	95%	23.9	25.7	24.6	23.7	24.2	22.9	26.5	25.9	27.7	25.3	24.1
	50%	3.0	3.1	3.0	3.1	2.8	3.1	3.4	3.4	3.0	3.7	3.3
11/16	Max	62.4	63.2	59.2	75.8	51.4	63.7	64.8	61.4	63.2	74.3	67.6
	99%	41.7	45.3	46.0	45.3	44.9	40.4	50.0	42.4	51.9	40.4	38.2
	95%	23.5	24.2	24.6	23.6	22.6	22.1	26.5	25.4	26.4	24.5	24.5
	50%	3.0	3.2	3.1	3.0	2.8	3.2	3.3	3.3	3.0	3.6	3.3
11/17	Max	62.4	63.2	59.2	75.8	51.4	63.7	64.8	61.4	63.2	74.3	67.6
	99%	41.4	44.3	46.0	45.3	44.8	39.9	50.0	42.6	51.8	40.4	38.2
	95%	23.2	24.2	24.5	23.5	22.5	21.9	26.5	25.5	27.6	24.5	24.5
	50%	3.1	3.3	3.2	3.1	2.9	3.3	3.2	3.1	3.0	3.6	3.2
11/18	Max	62.4	63.2	59.2	75.8	51.4	63.7	64.8	61.4	63.2	74.3	67.6
	99%	41.3	43.9	45.9	45.3	44.8	39.8	50.1	42.9	51.7	40.4	38.2
	95%	23.2	23.3	24.2	21.6	22.9	21.9	26.6	25.5	27.7	24.5	24.5
	50%	3.0	3.3	3.4	3.0	2.9	3.2	3.1	3.0	3.0	3.6	3.2
11/19	Max	62.4	63.2	59.2	75.8	51.4	63.7	64.8	61.4	63.2	74.3	67.6
	99%	41.0	43.7	45.9	45.2	44.7	39.4	50.0	42.4	45.6	40.4	38.0
	95%	23.9	24.2	24.1	23.7	22.7	22.1	26.1	25.4	26.9	24.4	23.9
	50%	3.0	2.9	3.2	3.1	2.8	3.0	3.0	2.9	2.9	3.5	3.2
11/20	Max	62.4	63.2	59.2	75.8	51.4	63.7	64.8	61.4	63.2	74.3	67.6
	99%	40.7	42.8	45.8	45.2	44.7	39.2	50.0	41.8	44.6	45.8	36.7
	95%	23.4	23.1	24.3	23.6	22.5	21.9	26.4	25.1	24.7	24.3	21.7
	50%	2.9	2.9	3.0	3.0	2.8	2.9	3.0	2.8	2.9	3.5	3.0
11/21	Max	53.4	63.2	59.2	54.0	51.4	63.7	64.8	61.4	63.2	74.3	67.6
	99%	44.6	41.9	45.8	45.4	44.6	38.6	50.0	41.0	43.8	45.4	41.2
	95%	23.9	22.9	24.2	23.7	22.8	22.2	25.6	24.6	27.7	23.5	22.6
	50%	2.9	2.9	3.0	2.9	2.8	3.0	3.0	2.9	2.9	3.4	3.1
11/22	Max	46.0	63.2	50.7	54.0	51.4	63.7	64.8	61.4	63.2	74.3	67.6
	99%	39.8	33.9	34.4	44.8	33.4	33.3	49.9	40.9	38.0	40.8	41.2
	95%	22.8	22.7	20.4	21.2	20.4	20.9	24.8	25.4	25.0	22.1	21.1
	50%	2.8	2.9	2.9	2.6	2.8	3.1	3.0	2.9	3.0	3.4	3.0
11/23	Max	46.0	63.2	50.7	54.0	51.4	63.7	64.8	61.4	63.2	74.3	67.6
	99%	39.8	33.5	41.1	44.4	31.2	31.6	38.9	32.3	36.4	37.0	36.2
	95%	22.9	22.5	22.2	21.7	20.8	19.4	24.0	23.5	24.5	21.9	20.5
	50%	2.8	2.9	3.0	2.6	2.8	3.1	3.1	2.9	3.0	3.4	2.9

续表

日期（月/日）	项目	站点										
		58141	58138	58139	58140	58145	58147	58246	58250	58243	58249	58257
		淮安	盱眙	洪泽	涟水	楚州	金湖	泰州	姜堰	兴化	泰兴	靖江
11/24	Max	46.0	53.9	45.7	54.0	51.4	53.6	64.8	61.4	63.2	74.3	52.1
	99%	32.9	31.0	35.5	44.0	30.6	29.1	34.3	30.8	35.5	33.9	32.6
	95%	22.6	22.2	20.8	21.1	19.9	19.0	23.0	23.1	23.9	21.3	20.4
	50%	2.7	2.9	3.0	2.5	2.7	3.1	3.1	3.0	3.0	3.2	2.9
11/25	Max	46.0	47.9	45.7	54.0	51.4	53.6	64.8	61.4	63.2	74.3	52.1
	99%	31.9	30.6	35.5	33.8	30.6	27.9	30.9	30.5	32.7	29.9	32.5
	95%	19.6	21.5	19.9	19.5	18.4	19.0	21.8	21.9	21.7	21.2	20.4
	50%	2.4	2.8	2.7	2.4	2.5	3.0	2.9	2.8	2.8	3.0	2.8
11/26	Max	46.0	47.9	45.7	54.0	51.4	53.6	64.8	61.4	63.2	74.3	52.1
	99%	32.0	30.6	35.5	33.8	30.6	27.9	30.9	30.5	32.7	31.0	32.5
	95%	19.7	21.6	19.9	19.5	18.4	19.0	22.1	23.1	22.1	21.7	20.7
	50%	2.4	2.8	2.7	2.5	2.4	2.9	3.0	2.8	2.9	3.1	2.8
11/27	Max	46.0	47.9	45.7	54.0	51.4	53.6	64.8	61.4	63.2	74.3	52.1
	99%	31.9	30.6	35.4	33.8	36.8	27.9	30.2	30.5	30.1	29.9	32.5
	95%	18.6	21.5	19.6	19.1	18.4	19.0	21.2	21.7	21.9	20.8	20.4
	50%	2.2	2.6	2.5	2.3	2.2	2.8	2.8	2.8	2.6	3.0	2.7
11/28	Max	46.0	47.9	45.7	54.0	51.4	53.6	64.8	61.4	63.2	74.3	52.1
	99%	31.8	30.6	35.2	33.8	36.7	27.9	30.0	30.4	30.1	29.5	32.1
	95%	18.5	21.5	19.3	19.1	18.3	18.9	21.0	20.9	21.9	20.7	20.4
	50%	2.2	2.5	2.5	2.3	2.2	2.8	2.8	2.8	2.6	3.0	2.7
11/29	Max	46.0	47.9	45.7	54.0	51.4	53.6	64.8	61.4	63.2	74.3	52.1
	99%	29.0	30.6	35.1	31.3	36.7	27.9	29.6	30.3	30.0	29.5	32.2
	95%	18.1	21.4	19.3	19.0	18.0	18.9	20.8	20.1	21.2	20.4	20.4
	50%	2.2	2.5	2.5	2.3	2.2	2.8	2.8	2.6	2.6	2.8	2.7
11/30	Max	46.0	47.9	45.7	54.0	51.4	53.6	64.8	61.4	63.2	74.3	52.1
	99%	29.1	30.6	35.0	31.3	36.6	27.9	29.5	30.3	29.9	29.5	32.1
	95%	18.1	21.4	19.3	19.0	18.0	18.9	21.0	20.3	21.1	21.4	20.4
	50%	2.2	2.6	2.7	2.3	2.3	2.8	2.8	2.8	2.7	3.0	2.7
12/1	Max	46.0	47.9	45.7	54.0	51.4	53.6	64.8	61.4	63.2	74.3	52.1
	99%	28.8	30.6	34.6	30.5	36.0	28.4	29.3	30.3	32.4	29.4	32.5
	95%	18.6	21.2	19.6	19.2	17.2	18.8	21.1	20.1	20.8	20.8	20.3
	50%	2.1	2.4	2.5	2.3	2.1	2.7	2.8	2.7	2.6	2.9	2.6
12/2	Max	46.0	47.9	45.7	54.0	51.4	53.6	64.8	61.4	63.2	74.3	52.1
	99%	28.8	30.6	34.7	30.4	35.9	31.5	29.3	30.3	34.0	29.4	32.4
	95%	18.6	21.1	19.6	19.2	17.1	19.0	20.9	20.1	21.6	20.7	20.4
	50%	2.1	2.6	2.6	2.3	2.2	2.7	2.7	2.7	2.7	3.1	2.7
12/3	Max	46.0	47.9	45.7	54.0	51.4	53.6	64.8	61.4	63.2	74.3	52.1
	99%	28.8	29.1	34.7	30.7	35.9	27.8	29.4	30.3	29.9	29.4	32.4
	95%	18.5	21.1	19.4	18.8	17.1	18.8	20.7	20.1	20.7	20.8	20.7
	50%	2.1	2.6	2.5	2.3	2.1	2.7	2.7	2.8	2.4	3.1	2.7

续表

日期（月/日）	项目	站点										
		58141	58138	58139	58140	58145	58147	58246	58250	58243	58249	58257
		淮安	盱眙	洪泽	涟水	楚州	金湖	泰州	姜堰	兴化	泰兴	靖江
12/4	Max	46.0	47.9	45.7	54.0	48.7	53.6	64.8	61.4	63.2	74.3	52.1
	99%	26.5	31.7	34.2	25.5	30.7	27.7	29.2	29.8	32.4	29.2	32.4
	95%	17.6	21.4	19.3	17.2	16.7	18.5	19.9	20.0	20.8	20.7	19.6
	50%	2.1	2.4	2.5	2.3	2.1	2.6	2.8	2.8	2.4	3.1	2.7
12/5	Max	46.0	47.9	45.7	54.0	48.7	53.6	64.8	61.4	63.2	74.3	52.1
	99%	26.1	29.0	28.4	25.1	29.9	26.1	28.4	29.8	32.2	29.2	30.3
	95%	16.6	20.0	18.7	17.1	15.4	17.9	19.5	19.6	19.9	20.3	18.8
	50%	2.0	2.3	2.3	2.2	2.0	2.5	2.8	2.8	2.4	3.1	2.7
12/6	Max	46.0	47.9	45.7	54.0	48.7	53.6	64.8	61.4	63.2	74.3	52.1
	99%	26.2	29.0	28.6	25.1	30.0	26.2	28.4	29.8	32.3	29.2	30.3
	95%	16.7	20.7	18.8	16.8	16.5	17.9	18.5	19.7	19.9	20.4	18.8
	50%	1.9	2.4	2.3	2.1	2.0	2.5	2.8	2.8	2.4	3.1	2.7
12/7	Max	46.0	47.9	45.7	54.0	48.7	53.6	64.8	61.4	63.2	74.3	52.1
	99%	26.2	29.0	28.8	25.1	30.1	26.2	28.4	29.8	28.2	29.2	30.4
	95%	16.7	20.0	18.9	16.8	16.7	17.7	18.6	19.7	19.2	20.0	18.9
	50%	1.9	2.4	2.5	2.2	2.0	2.5	2.8	2.8	2.4	2.8	2.6
12/8	Max	46.0	47.9	45.7	54.0	48.7	53.6	64.8	61.4	63.2	74.3	52.1
	99%	26.2	27.4	29.0	25.1	30.0	23.9	28.2	27.2	27.6	30.4	31.1
	95%	16.1	20.1	19.0	16.5	16.6	17.2	18.3	19.2	18.0	19.3	19.5
	50%	1.8	2.4	2.5	2.0	1.8	2.3	2.6	2.8	2.4	2.8	2.6
12/9	Max	46.0	47.9	45.7	54.0	48.7	53.6	64.8	61.4	63.2	74.3	52.1
	99%	25.2	25.8	24.8	25.1	28.1	26.2	28.2	24.6	32.4	29.8	29.6
	95%	15.3	18.8	18.3	16.4	15.2	17.2	18.1	19.0	17.9	20.0	19.4
	50%	1.8	2.3	2.1	2.0	1.8	2.3	2.5	2.5	2.3	2.8	2.6
12/10	Max	46.0	47.9	45.7	54.0	48.7	53.6	64.8	61.4	63.2	74.3	52.1
	99%	26.2	31.3	27.3	25.5	28.4	27.7	24.3	24.5	32.3	28.0	27.3
	95%	15.2	18.3	18.0	16.4	15.0	16.9	18.0	18.9	16.9	18.9	18.2
	50%	1.8	2.3	2.1	1.9	1.7	2.1	2.3	2.4	2.0	2.6	2.5
12/11	Max	46.0	47.9	45.7	54.0	48.7	53.6	64.8	61.4	63.2	74.3	52.1
	99%	26.1	31.1	27.2	25.5	28.4	27.6	24.2	24.3	31.9	27.9	27.0
	95%	14.7	18.2	17.9	16.4	15.0	16.8	18.1	18.0	16.7	19.1	19.6
	50%	1.8	2.2	2.0	1.8	1.7	2.0	2.3	2.4	2.2	2.6	2.5
12/12	Max	46.0	47.9	45.7	54.0	48.7	53.6	64.8	61.4	63.2	74.3	52.1
	99%	25.1	30.6	26.8	24.2	28.3	27.5	24.1	30.2	31.7	27.7	26.8
	95%	15.0	17.8	17.6	16.3	15.0	17.1	18.0	17.9	16.3	18.9	18.9
	50%	1.7	2.1	1.9	1.7	1.6	1.9	2.2	2.4	1.9	2.6	2.5
12/13	Max	26.6	33.9	30.1	30.7	30.6	30.6	28.5	30.5	34.0	32.8	31.8
	99%	24.0	25.5	23.8	22.6	25.8	25.8	23.9	26.6	27.6	24.8	25.1
	95%	14.7	17.3	17.1	14.6	15.0	16.6	17.4	17.2	15.2	16.1	17.9
	50%	1.6	2.0	1.8	1.4	1.5	1.9	2.1	2.3	1.7	2.5	2.5

续表

日期(月/日)	项目	站点										
		58141	58138	58139	58140	58145	58147	58246	58250	58243	58249	58257
		淮安	盱眙	洪泽	涟水	楚州	金湖	泰州	姜堰	兴化	泰兴	靖江
12/14	Max	26.6	33.9	30.1	30.7	30.6	30.6	28.5	30.5	34.0	32.8	31.8
	99%	23.9	23.9	21.9	22.6	25.8	25.6	23.9	26.5	27.6	24.7	25.0
	95%	14.5	17.1	15.8	14.6	14.5	15.6	17.3	17.2	16.3	17.9	18.2
	50%	1.7	2.1	1.9	1.5	1.5	2.0	2.2	2.4	1.8	2.5	2.5
12/15	Max	26.6	33.9	30.1	30.7	30.6	30.6	28.1	30.3	34.0	32.8	31.8
	99%	20.9	22.7	21.3	22.1	22.8	25.7	22.0	24.2	25.1	24.7	24.7
	95%	14.2	14.0	13.5	13.8	13.8	14.6	17.3	17.1	14.2	16.1	18.3
	50%	1.7	1.9	1.8	1.4	1.5	1.9	2.1	2.3	1.7	2.5	2.5
12/16	Max	26.6	33.9	30.1	30.7	30.6	30.6	28.1	30.3	34.0	32.8	31.8
	99%	21.3	22.7	21.5	22.2	22.8	25.9	22.0	24.2	25.1	24.8	24.7
	95%	13.9	14.0	14.0	14.7	13.3	14.3	17.4	17.1	14.7	16.2	17.9
	50%	1.7	2.0	1.9	1.5	1.7	2.0	2.3	2.4	1.9	2.5	2.5
12/17	Max	26.6	33.9	30.1	30.7	30.6	30.6	29.2	30.7	34.0	32.8	32.2
	99%	21.4	22.7	21.7	22.2	22.8	26.0	23.9	26.7	25.1	26.7	25.1
	95%	14.0	15.1	15.6	14.6	13.6	14.9	17.6	17.3	15.6	15.7	18.6
	50%	1.7	2.0	1.9	1.5	1.7	2.1	2.3	2.5	1.9	2.5	2.5
12/18	Max	26.6	33.9	30.1	30.7	30.6	30.6	29.2	30.7	34.0	32.8	32.2
	99%	21.1	22.7	21.6	21.6	22.8	26.1	23.9	23.6	26.4	26.6	25.1
	95%	13.6	14.9	14.4	13.6	13.6	14.8	18.0	17.0	15.6	15.6	18.5
	50%	1.8	2.0	1.9	1.5	1.7	2.1	2.3	2.5	2.1	2.5	2.5
12/19	Max	26.6	33.9	30.1	30.7	30.6	30.6	29.2	30.7	34.0	32.8	32.2
	99%	23.5	22.7	22.2	22.7	22.8	26.1	23.9	23.6	26.3	26.6	25.1
	95%	13.9	15.9	15.2	14.7	13.9	15.2	17.9	17.0	16.1	16.2	18.5
	50%	1.7	2.2	1.9	1.6	1.7	2.3	2.5	2.6	2.2	2.5	2.6
12/20	Max	26.6	33.9	30.1	30.7	30.6	30.6	29.2	30.7	32.4	32.8	32.2
	99%	23.5	22.6	22.2	22.7	22.8	26.1	22.0	23.6	25.1	26.6	25.2
	95%	13.5	13.5	13.4	14.0	13.6	14.2	17.4	16.8	15.4	15.5	17.9
	50%	1.7	2.0	1.9	1.5	1.5	2.3	2.4	2.5	2.0	2.5	2.6
12/21	Max	26.6	33.9	30.1	30.7	30.6	30.6	29.2	30.7	32.4	32.8	32.2
	99%	23.5	22.6	22.1	22.7	22.8	26.0	22.0	23.6	24.9	26.6	25.1
	95%	14.1	12.7	13.1	13.9	13.3	13.4	17.2	16.8	15.3	15.7	19.0
	50%	1.7	1.9	1.9	1.6	1.4	2.0	2.4	2.5	1.9	2.5	2.6
12/22	Max	26.6	33.9	28.2	30.7	27.9	30.6	29.2	30.7	26.4	32.8	32.2
	99%	20.9	22.5	21.0	20.6	22.5	26.1	22.0	23.6	22.7	26.7	25.1
	95%	13.7	12.6	13.1	13.5	13.2	13.4	17.2	16.8	15.3	15.7	18.6
	50%	1.5	1.7	1.7	1.5	1.4	1.9	2.3	2.3	1.7	2.5	2.5
12/23	Max	26.6	33.9	28.2	30.7	27.9	30.6	36.2	33.8	33.4	42.9	48.9
	99%	23.9	24.1	22.8	22.5	22.5	26.3	25.0	25.1	26.2	29.4	27.5
	95%	14.2	13.6	13.1	14.3	13.5	14.9	17.5	17.0	15.9	17.9	19.5
	50%	1.6	1.7	1.7	1.5	1.4	1.9	2.3	2.2	1.7	2.5	2.4

续表

日期（月/日）	项目	站点										
		58141	58138	58139	58140	58145	58147	58246	58250	58243	58249	58257
		淮安	盱眙	洪泽	涟水	楚州	金湖	泰州	姜堰	兴化	泰兴	靖江
12/24	Max	26.6	33.9	28.2	30.7	27.9	30.6	36.2	33.8	33.4	42.9	48.9
	99%	23.9	24.0	22.7	22.3	22.4	26.2	28.1	24.2	26.1	29.4	27.5
	95%	14.1	15.4	13.1	14.2	14.0	14.8	17.7	16.8	15.8	18.6	19.2
	50%	1.7	1.9	1.8	1.6	1.4	2.0	2.3	2.2	1.7	2.5	2.5
12/25	Max	26.6	33.9	28.2	30.7	27.9	30.6	36.2	33.8	33.4	42.9	48.9
	99%	23.9	24.0	22.7	22.2	22.3	26.2	26.4	23.6	26.1	26.6	26.7
	95%	14.3	14.5	13.5	15.0	13.6	14.6	17.5	16.3	15.4	17.7	18.9
	50%	1.7	1.9	1.7	1.5	1.4	2.0	2.3	2.2	1.7	2.5	2.5
12/26	Max	26.6	33.9	28.2	30.7	27.9	30.6	36.2	33.8	33.4	42.9	48.9
	99%	23.9	24.0	22.6	22.1	22.3	26.2	26.3	25.0	26.0	26.4	26.4
	95%	14.3	14.7	13.6	15.2	13.9	14.6	17.5	17.0	16.2	17.4	18.8
	50%	1.8	2.0	1.9	1.9	1.6	2.3	2.4	2.3	1.9	2.5	2.7
12/27	Max	26.6	33.9	28.2	30.7	27.9	30.6	36.2	33.8	33.4	42.9	48.9
	99%	23.9	24.0	22.7	22.7	22.3	26.2	26.4	23.6	26.1	28.7	30.8
	95%	13.9	16.1	13.7	14.9	14.7	15.5	17.9	17.0	15.7	19.0	19.1
	50%	1.7	1.9	1.9	1.8	1.6	2.1	2.4	2.3	2.1	2.5	2.7
12/28	Max	26.6	33.9	28.2	30.7	27.9	30.6	36.2	33.8	33.4	42.9	48.9
	99%	23.9	24.0	23.3	22.7	23.1	26.2	26.4	23.6	26.1	28.7	30.8
	95%	14.5	16.8	15.3	15.0	15.2	16.7	17.9	17.1	15.7	20.9	20.0
	50%	1.7	2.1	1.9	1.7	1.7	2.2	2.5	2.5	2.3	2.5	2.7
12/29	Max	26.6	33.9	28.2	30.7	27.9	30.6	36.2	33.8	33.4	42.9	48.9
	99%	23.9	24.0	23.3	22.7	23.1	26.2	25.0	22.3	26.1	28.0	30.8
	95%	14.3	16.8	14.7	15.0	15.2	16.8	17.7	17.0	15.5	17.9	19.6
	50%	1.8	2.1	1.9	1.7	1.7	2.2	2.6	2.6	2.3	2.5	2.8
12/30	Max	26.6	33.9	28.2	30.7	29.6	30.6	36.2	33.8	33.4	42.9	48.9
	99%	24.0	25.4	25.3	25.2	23.5	26.2	25.0	23.8	26.2	28.0	28.5
	95%	14.5	17.9	15.4	15.4	16.6	17.3	17.7	17.1	15.9	18.9	19.2
	50%	1.9	2.1	1.9	1.8	1.7	2.3	2.6	2.5	2.3	2.5	2.8
12/31	Max	26.6	33.9	28.2	30.7	29.6	30.6	36.2	33.8	33.4	42.9	48.9
	99%	24.0	25.3	25.1	25.1	23.5	26.2	27.4	23.7	26.1	28.0	28.5
	95%	14.7	18.1	15.7	15.3	16.3	17.6	18.0	17.4	16.3	19.3	19.2
	50%	1.8	1.9	2.0	1.8	1.7	2.3	2.6	2.5	2.3	2.5	2.8

第 8 章　第七组(苏州和常州)站点雨量阈值

日期(月/日)	项目	站点									
		58349	58352	58353	58356	58358	58359	58377	58343	58342	58345
		苏州	常熟	张家港	昆山	东山	吴江	太仓	常州	金坛	溧阳
1/1	Max	45.3	44.2	56.8	39.3	41.0	37.7	38.8	53.1	43.4	48.2
	99%	32.4	33.7	29.5	32.6	31.1	30.7	31.6	32.8	31.4	26.0
	95%	21.4	19.5	20.3	19.4	20.6	20.6	19.5	17.2	17.5	18.4
	50%	2.9	3.0	3.3	2.7	2.7	2.9	2.5	2.6	2.9	2.6
1/2	Max	45.3	44.2	56.8	39.3	41.0	37.7	38.8	53.1	43.4	48.2
	99%	31.8	34.0	29.6	31.7	31.1	30.8	31.7	32.8	31.5	26.3
	95%	19.5	19.1	19.9	19.2	20.6	20.6	19.4	17.2	17.5	18.4
	50%	2.9	3.0	3.3	2.7	2.8	2.9	2.5	2.6	2.9	2.7
1/3	Max	45.3	44.2	56.8	39.3	41.0	37.7	38.8	53.1	43.4	48.2
	99%	31.9	34.3	29.7	31.8	31.1	30.9	31.9	32.8	31.7	26.7
	95%	21.0	20.7	20.2	19.5	20.5	20.5	19.6	18.2	18.0	18.6
	50%	3.0	3.1	3.3	2.8	3.0	3.0	2.6	2.8	2.9	3.1
1/4	Max	47.5	44.2	56.8	39.3	42.9	37.7	38.8	53.1	43.4	48.2
	99%	32.3	31.5	30.8	31.9	32.3	32.1	35.0	35.4	37.2	32.5
	95%	21.5	20.9	22.3	19.8	21.2	21.0	19.7	19.1	19.9	18.7
	50%	3.0	3.2	3.3	2.9	2.9	3.0	2.7	2.7	2.9	3.1
1/5	Max	47.8	44.2	56.8	45.4	45.6	48.2	46.8	53.1	43.4	48.2
	99%	32.9	32.5	33.8	35.9	33.6	34.8	35.3	36.1	37.5	35.4
	95%	22.0	22.0	22.4	21.0	21.5	21.2	22.2	20.2	20.6	19.5
	50%	3.1	3.3	3.3	3.1	3.1	3.1	2.9	2.7	2.9	2.9
1/6	Max	47.8	44.2	56.8	45.4	45.6	48.2	46.8	53.1	43.4	48.2
	99%	32.9	32.5	33.6	35.9	33.6	34.1	35.2	36.1	37.5	35.4
	95%	22.0	21.0	21.7	19.8	21.4	21.2	20.2	20.1	20.6	19.0
	50%	3.0	3.2	3.3	3.0	3.1	3.1	2.9	2.8	2.9	2.9
1/7	Max	47.8	44.2	56.8	45.4	45.6	48.2	46.8	53.1	43.4	48.2
	99%	32.9	32.7	35.6	35.9	33.7	34.6	35.2	36.1	37.9	35.4
	95%	21.9	21.0	22.1	19.7	21.0	21.1	19.8	20.7	20.9	19.1
	50%	3.0	3.1	3.3	3.1	3.1	3.2	3.0	2.9	2.9	3.2
1/8	Max	47.8	44.2	56.8	45.4	45.6	48.2	46.8	53.1	43.4	48.2
	99%	32.9	32.8	35.8	35.9	33.7	34.8	35.2	36.1	34.8	35.5
	95%	22.0	20.9	22.2	20.0	21.4	21.2	20.8	20.8	20.6	18.9
	50%	3.0	3.1	3.3	3.1	3.1	3.2	3.1	2.9	2.9	3.2

续表

日期（月/日）	项目	站点									
		58349	58352	58353	58356	58358	58359	58377	58343	58342	58345
		苏州	常熟	张家港	昆山	东山	吴江	太仓	常州	金坛	溧阳
1/9	Max	47.8	44.2	56.8	45.4	45.6	48.2	46.8	53.1	43.4	48.2
	99%	33.0	33.0	36.4	36.0	33.8	35.3	35.2	34.5	35.0	35.5
	95%	21.2	20.9	20.8	19.6	21.2	21.3	19.7	18.0	20.9	19.0
	50%	3.0	3.0	3.3	2.9	3.1	3.2	2.9	2.9	2.9	3.2
1/10	Max	47.8	44.2	56.8	45.4	45.6	48.2	46.8	53.1	43.4	48.2
	99%	33.0	33.1	36.6	36.0	33.8	35.5	35.2	34.6	35.0	35.6
	95%	21.4	20.9	20.9	19.6	21.2	21.2	19.8	18.3	20.4	18.7
	50%	3.0	3.0	3.3	2.9	3.1	3.2	3.0	2.9	2.9	3.1
1/11	Max	47.8	44.2	56.8	45.4	45.6	48.2	46.8	53.1	43.4	48.2
	99%	33.1	33.2	36.9	36.0	33.8	35.5	35.2	34.7	35.1	35.6
	95%	21.9	20.9	21.7	19.8	21.4	21.2	20.7	20.4	20.7	19.4
	50%	3.0	3.0	3.1	2.9	3.2	3.3	3.0	2.9	2.9	3.0
1/12	Max	47.8	44.2	56.8	45.4	45.6	48.2	46.8	53.1	43.4	48.2
	99%	33.1	33.1	36.9	36.0	33.8	35.5	35.2	34.7	35.2	35.6
	95%	21.4	20.9	21.7	19.6	21.4	21.2	20.5	20.3	20.7	19.5
	50%	2.9	3.0	3.1	2.8	3.1	3.2	3.0	2.9	2.9	3.0
1/13	Max	47.8	44.2	56.8	45.4	45.6	48.2	46.8	53.1	43.4	48.2
	99%	33.1	33.2	36.9	36.0	33.9	35.9	35.2	34.7	35.2	35.7
	95%	20.6	19.6	21.1	19.4	21.4	21.2	19.5	17.3	20.5	18.8
	50%	3.0	3.0	3.1	2.9	3.1	3.1	3.0	2.9	2.9	3.0
1/14	Max	47.8	44.2	56.8	45.4	45.6	48.2	46.8	53.1	43.4	48.2
	99%	33.1	33.3	36.9	36.0	33.9	36.3	35.2	34.7	35.2	35.7
	95%	20.7	19.7	21.1	19.4	21.3	21.2	19.3	17.3	20.7	18.6
	50%	3.0	3.0	3.2	2.9	3.1	3.1	3.0	2.9	2.9	3.0
1/15	Max	47.8	44.2	56.8	45.4	45.6	48.2	46.8	53.1	43.4	45.2
	99%	33.0	31.8	37.0	34.6	31.3	32.6	35.0	33.2	33.4	34.4
	95%	20.7	19.5	20.0	19.5	20.7	20.6	19.4	17.3	19.8	18.5
	50%	3.0	3.0	3.3	2.9	3.1	3.1	3.0	2.9	2.9	3.1
1/16	Max	47.8	44.2	56.8	45.4	45.6	48.2	46.8	53.1	43.4	45.2
	99%	33.0	31.9	37.4	34.9	31.4	32.6	35.1	33.3	33.6	34.9
	95%	20.8	19.5	20.0	19.6	21.0	20.7	19.5	17.4	20.5	18.7
	50%	3.0	3.0	3.3	2.9	3.1	3.1	2.9	3.0	2.9	2.9
1/17	Max	47.8	44.2	56.8	45.4	45.6	48.2	46.8	53.1	43.4	45.2
	99%	33.0	32.0	37.7	35.1	31.6	32.7	35.1	33.4	33.8	29.1
	95%	20.5	19.3	20.0	19.4	20.6	21.0	19.0	17.4	20.5	18.6
	50%	3.0	3.0	3.2	2.9	3.1	3.1	2.9	3.0	2.9	2.9
1/18	Max	47.8	44.2	56.8	45.4	45.6	48.2	46.8	53.1	43.4	45.2
	99%	33.0	32.0	37.9	35.1	31.6	32.7	35.1	33.4	33.7	29.1
	95%	20.6	19.4	20.3	19.4	21.1	21.2	19.4	19.4	20.7	18.8
	50%	3.0	3.0	3.3	2.9	3.1	3.2	2.8	3.0	2.9	3.0

续表

日期（月/日）	项目	站点									
		58349	58352	58353	58356	58358	58359	58377	58343	58342	58345
		苏州	常熟	张家港	昆山	东山	吴江	太仓	常州	金坛	溧阳
1/19	Max	47.8	44.2	56.8	45.4	45.6	48.2	46.8	53.1	43.4	45.2
	99%	33.0	32.0	37.9	35.1	31.6	32.7	35.1	33.4	33.8	30.4
	95%	20.5	19.3	20.0	18.2	20.6	21.1	19.1	17.4	20.5	18.8
	50%	3.0	3.0	3.2	2.9	3.1	3.2	2.8	3.1	2.9	3.1
1/20	Max	47.8	44.2	56.8	45.4	45.6	48.2	46.8	53.1	43.4	45.2
	99%	33.0	32.0	38.0	35.0	33.3	32.7	35.1	33.4	33.7	35.8
	95%	21.7	19.7	21.1	19.8	21.0	21.2	19.5	20.4	20.8	19.9
	50%	3.1	3.1	3.3	3.0	3.2	3.2	2.9	3.2	3.1	3.2
1/21	Max	47.8	41.4	43.9	45.4	45.6	48.2	46.8	41.2	41.2	45.2
	99%	33.0	31.3	37.0	31.7	33.3	32.7	34.6	31.5	32.4	29.1
	95%	20.6	19.3	20.0	19.6	21.0	21.1	19.3	17.3	20.4	18.6
	50%	3.2	3.1	3.3	3.1	3.1	3.2	3.0	3.2	3.1	3.2
1/22	Max	47.8	41.4	43.9	45.4	45.6	48.2	46.8	41.2	41.2	45.2
	99%	33.0	31.4	30.3	31.7	33.4	30.7	35.0	31.6	32.4	29.6
	95%	21.3	20.3	20.2	19.7	21.2	21.0	20.7	19.9	20.0	19.1
	50%	3.2	3.0	3.3	2.9	3.1	3.1	3.0	3.2	3.1	3.2
1/23	Max	47.8	41.4	43.9	45.4	45.6	48.2	46.8	41.2	41.2	45.2
	99%	33.0	31.4	30.3	31.7	33.4	31.3	35.0	31.6	32.4	29.6
	95%	22.0	21.0	21.5	21.9	21.4	21.1	22.1	20.6	20.5	19.1
	50%	3.2	3.0	3.3	2.9	3.1	3.2	2.9	3.2	3.0	3.2
1/24	Max	47.8	41.4	43.9	45.4	45.6	48.2	46.8	41.2	41.2	45.2
	99%	33.0	31.4	30.6	31.7	33.5	31.4	31.3	31.9	32.4	29.7
	95%	22.0	20.6	22.3	22.6	21.5	21.2	20.9	20.7	20.6	19.0
	50%	3.2	3.0	3.1	2.9	3.1	3.2	2.9	3.1	2.9	3.1
1/25	Max	47.8	38.9	39.8	45.4	45.6	48.2	46.8	41.2	41.2	45.2
	99%	32.1	31.1	29.4	30.3	32.3	30.8	31.0	30.4	32.4	29.2
	95%	21.0	20.0	22.0	20.0	21.0	20.4	20.0	20.5	19.9	18.8
	50%	3.0	3.0	3.0	2.7	3.0	3.1	2.8	3.0	2.8	3.1
1/26	Max	47.8	38.9	39.8	45.4	45.6	48.2	46.8	41.2	41.2	45.2
	99%	31.8	30.9	27.9	30.3	31.4	29.6	30.5	28.3	31.6	27.3
	95%	20.5	18.9	19.9	19.4	20.6	20.1	18.9	17.4	17.6	18.5
	50%	3.1	2.9	3.0	2.7	2.9	3.0	2.8	3.1	2.8	3.1
1/27	Max	47.8	38.9	39.8	45.4	45.6	48.2	46.8	41.2	41.2	45.2
	99%	31.8	30.9	27.9	30.3	31.3	29.6	30.5	28.4	31.6	27.3
	95%	20.5	18.5	20.0	19.3	20.6	20.1	18.3	17.3	18.0	18.7
	50%	3.1	2.8	3.0	2.8	3.0	3.0	2.8	3.1	2.8	3.1
1/28	Max	47.8	38.9	39.8	45.4	45.6	48.2	46.8	54.5	49.1	45.2
	99%	31.8	31.0	28.0	30.3	31.8	31.4	30.5	30.1	32.7	29.2
	95%	20.5	18.9	20.3	19.5	20.6	20.1	18.2	17.3	18.0	18.7
	50%	3.0	2.8	3.0	2.7	3.0	3.0	2.8	2.8	2.8	3.1

续表

日期（月/日）	项目	站点									
		58349	58352	58353	58356	58358	58359	58377	58343	58342	58345
		苏州	常熟	张家港	昆山	东山	吴江	太仓	常州	金坛	溧阳
1/29	Max	47.8	38.9	39.8	45.4	45.6	48.2	46.8	54.5	49.1	45.2
	99%	31.5	28.4	28.0	30.3	31.3	29.6	30.2	30.1	32.7	29.2
	95%	19.4	18.3	20.0	19.3	19.6	19.9	17.6	17.3	18.0	18.6
	50%	3.0	2.8	3.0	2.7	2.9	2.8	2.8	2.8	2.8	3.1
1/30	Max	47.8	38.9	39.8	45.4	45.6	48.2	46.8	54.5	49.1	45.2
	99%	29.2	28.6	30.6	30.3	31.8	29.9	28.9	30.5	32.8	29.7
	95%	19.7	18.5	20.3	19.6	19.6	20.0	17.8	18.1	18.1	18.5
	50%	2.9	2.6	2.9	2.6	2.9	2.7	2.7	2.8	2.7	3.0
1/31	Max	47.8	38.9	39.8	45.4	45.6	48.2	46.8	54.5	49.1	45.2
	99%	29.3	28.6	30.7	28.5	31.8	29.9	29.1	30.6	27.6	29.7
	95%	19.8	19.0	20.1	19.3	19.6	19.9	19.1	18.8	17.5	19.0
	50%	2.9	2.8	3.0	2.7	3.0	2.8	2.7	2.9	2.7	3.0
2/1	Max	47.8	38.9	39.8	45.4	45.6	48.2	46.8	54.5	49.1	45.2
	99%	29.5	27.1	30.8	28.4	31.8	30.0	28.4	30.6	27.8	29.7
	95%	19.5	18.3	19.5	19.1	19.5	19.8	17.9	16.9	17.4	19.0
	50%	2.9	2.7	3.0	2.7	2.9	2.9	2.7	2.9	2.7	2.9
2/2	Max	47.8	38.9	38.0	45.4	45.6	48.2	46.8	54.5	49.1	39.9
	99%	29.6	25.1	27.8	28.5	31.7	30.0	28.1	30.2	27.3	27.9
	95%	19.1	16.9	18.8	18.2	19.1	19.8	17.7	16.9	17.4	18.4
	50%	2.9	2.8	3.1	2.7	3.0	2.9	2.7	3.1	2.7	3.0
2/3	Max	33.8	28.6	37.1	31.7	35.5	34.1	32.0	54.5	49.1	41.8
	99%	28.7	25.0	26.5	28.3	31.2	29.8	26.8	29.6	26.1	28.5
	95%	18.8	16.9	18.4	18.1	19.2	19.7	17.8	17.3	17.4	18.5
	50%	2.9	2.7	3.1	2.7	3.0	2.9	2.7	3.1	2.7	3.1
2/4	Max	34.3	35.3	37.4	35.8	41.5	41.9	33.4	54.5	49.1	41.8
	99%	30.0	25.4	29.4	28.4	32.0	30.1	27.0	27.5	26.3	28.7
	95%	19.4	17.0	18.3	18.6	19.6	20.0	17.9	17.2	17.1	19.0
	50%	2.9	2.8	3.1	2.8	3.0	2.9	2.7	3.1	2.8	3.1
2/5	Max	34.3	35.3	37.4	35.8	41.5	41.9	33.4	54.5	49.1	41.8
	99%	30.1	25.4	28.5	28.4	32.0	30.1	27.0	27.1	24.9	27.2
	95%	19.5	17.3	18.3	18.8	19.7	20.2	18.7	17.2	17.4	18.7
	50%	3.0	2.8	3.1	2.9	3.1	3.0	2.7	3.1	2.8	3.1
2/6	Max	34.3	35.3	37.4	35.8	41.5	41.9	33.4	54.5	49.1	41.8
	99%	30.1	25.4	28.5	28.5	32.0	30.2	27.1	27.1	24.9	27.2
	95%	19.1	17.0	18.4	19.0	19.6	20.0	18.8	17.5	17.5	19.0
	50%	3.0	2.8	3.0	2.8	3.1	2.9	2.7	2.9	2.7	3.0
2/7	Max	34.3	35.3	37.4	35.8	41.5	41.9	33.4	54.5	49.1	41.8
	99%	30.0	25.3	28.5	28.4	32.0	30.1	27.1	27.1	24.8	27.2
	95%	19.4	18.1	19.5	18.9	19.6	20.1	17.9	17.6	17.5	19.1
	50%	3.1	3.0	3.1	2.9	3.1	3.0	2.7	3.0	2.7	3.1

续表

日期（月/日）	项目	站点									
		58349	58352	58353	58356	58358	58359	58377	58343	58342	58345
		苏州	常熟	张家港	昆山	东山	吴江	太仓	常州	金坛	溧阳
2/8	Max	34.3	56.3	37.4	35.8	41.5	41.9	33.4	54.5	49.1	45.3
	99%	30.1	27.0	29.3	28.5	32.0	30.2	28.0	27.5	25.0	28.9
	95%	19.1	18.7	19.2	19.0	19.9	20.0	17.9	18.2	18.7	19.6
	50%	3.1	3.0	3.1	3.0	3.2	3.0	2.7	3.1	2.8	3.1
2/9	Max	34.3	56.3	37.4	35.8	41.5	41.9	33.4	54.5	49.1	45.3
	99%	28.9	27.0	29.3	28.3	32.0	30.2	27.2	27.5	26.3	29.1
	95%	19.1	18.7	19.7	19.1	19.9	20.0	18.4	18.9	18.7	19.6
	50%	3.2	3.1	3.3	3.1	3.3	3.0	2.8	3.1	2.8	3.3
2/10	Max	34.3	56.3	37.4	35.8	41.5	41.9	33.4	54.5	49.1	45.3
	99%	29.1	27.0	29.4	28.3	32.2	30.3	27.3	27.5	27.8	29.2
	95%	19.4	18.8	19.8	19.3	19.9	20.0	19.6	19.7	20.3	19.7
	50%	3.2	3.0	3.1	3.0	3.3	3.0	2.7	2.9	2.8	3.3
2/11	Max	34.3	56.3	37.4	35.8	41.5	41.9	33.4	54.5	49.1	45.3
	99%	30.2	27.8	29.4	28.6	32.2	30.7	27.4	27.6	27.9	29.4
	95%	19.8	19.5	20.4	19.5	20.6	20.3	19.8	20.7	20.6	20.4
	50%	3.2	3.1	3.1	3.0	3.4	3.2	2.9	3.0	2.8	3.3
2/12	Max	34.3	56.3	37.4	35.8	41.5	41.9	33.4	54.5	49.1	45.3
	99%	30.3	27.9	29.5	28.6	32.2	30.7	27.4	27.6	27.9	30.1
	95%	19.9	20.1	20.6	19.4	20.8	20.6	19.6	20.3	19.2	20.5
	50%	3.2	3.2	3.1	3.1	3.4	3.2	3.0	3.2	2.9	3.4
2/13	Max	34.3	56.3	37.4	35.8	41.5	41.9	33.4	54.5	49.1	45.3
	99%	30.3	28.0	29.5	28.6	32.2	30.7	27.4	27.6	27.9	27.5
	95%	19.9	19.5	20.4	19.4	20.9	20.7	19.6	20.3	19.2	20.1
	50%	3.3	3.2	3.1	3.0	3.4	3.2	3.0	3.2	2.9	3.4
2/14	Max	34.3	56.3	37.4	35.8	41.5	41.9	33.4	54.5	49.1	45.3
	99%	31.3	27.9	29.5	28.6	32.2	30.7	27.4	28.4	29.1	30.1
	95%	20.8	20.9	20.5	20.0	21.0	21.3	20.3	20.5	19.9	20.6
	50%	3.4	3.3	3.3	3.2	3.5	3.3	3.1	3.2	3.0	3.5
2/15	Max	34.3	56.3	37.4	35.8	41.5	41.9	33.4	54.5	49.1	45.3
	99%	31.4	28.2	29.6	28.7	31.8	29.8	26.5	28.6	29.3	29.6
	95%	20.7	20.6	20.7	19.9	20.9	21.1	20.3	20.3	20.5	20.6
	50%	3.5	3.4	3.4	3.2	3.6	3.3	3.2	3.3	3.2	3.5
2/16	Max	34.3	56.3	37.4	35.9	41.5	41.9	36.7	54.5	49.1	45.3
	99%	29.1	28.9	30.0	30.3	31.9	30.4	26.5	28.6	29.4	30.2
	95%	20.7	20.9	21.0	20.1	21.0	21.3	20.5	20.4	19.8	20.5
	50%	3.4	3.5	3.4	3.2	3.6	3.3	3.3	3.3	3.2	3.4
2/17	Max	51.9	56.3	37.4	43.2	41.5	41.9	39.7	54.5	49.1	45.3
	99%	30.9	29.0	29.0	28.9	32.1	30.9	27.2	28.8	29.6	30.2
	95%	20.8	20.8	20.8	20.1	21.5	21.2	20.8	20.3	20.5	20.8
	50%	3.3	3.4	3.4	3.1	3.5	3.2	3.1	3.3	3.1	3.4

续表

日期(月/日)	项目	站点									
		58349	58352	58353	58356	58358	58359	58377	58343	58342	58345
		苏州	常熟	张家港	昆山	东山	吴江	太仓	常州	金坛	溧阳
2/18	Max	51.9	56.3	37.4	43.2	41.5	41.9	39.7	54.5	49.1	45.3
	99%	29.5	29.0	28.4	28.4	31.9	30.9	26.6	27.8	27.0	29.7
	95%	20.7	20.6	20.4	20.1	20.9	21.3	20.5	19.5	19.6	21.0
	50%	3.4	3.5	3.4	3.2	3.5	3.2	3.2	3.4	3.0	3.5
2/19	Max	51.9	56.3	37.4	43.2	41.5	41.9	39.7	54.5	49.1	45.3
	99%	31.2	29.0	28.4	29.1	32.2	31.7	27.3	27.8	27.1	30.2
	95%	21.1	20.9	20.9	20.2	21.2	21.5	20.7	20.4	20.4	21.3
	50%	3.4	3.5	3.4	3.1	3.5	3.3	3.1	3.4	3.0	3.5
2/20	Max	51.9	56.3	37.4	43.2	41.5	41.9	39.7	54.5	49.1	45.3
	99%	31.1	29.1	28.4	28.9	32.1	31.7	27.2	27.7	27.5	30.2
	95%	21.2	20.6	20.4	20.1	20.9	21.5	20.3	20.1	20.3	21.3
	50%	3.4	3.4	3.4	3.2	3.5	3.2	3.1	3.3	2.9	3.5
2/21	Max	51.9	56.3	37.4	43.2	41.5	41.9	39.7	54.5	49.1	45.3
	99%	29.5	29.1	28.4	28.4	32.2	31.3	26.6	26.7	27.5	30.2
	95%	20.7	20.2	20.1	19.8	21.0	21.5	19.8	19.6	19.9	20.9
	50%	3.4	3.5	3.2	3.2	3.5	3.2	3.2	3.3	3.0	3.5
2/22	Max	51.9	56.3	37.4	43.2	41.5	41.9	39.7	54.5	49.1	45.3
	99%	29.5	29.1	29.1	28.4	32.2	31.3	26.6	26.7	27.5	30.2
	95%	20.9	20.4	20.4	19.6	20.9	21.5	19.6	20.6	20.7	21.4
	50%	3.5	3.7	3.5	3.3	3.6	3.3	3.4	3.5	3.3	3.6
2/23	Max	51.9	56.3	37.4	43.2	41.5	41.9	39.7	54.5	49.1	45.3
	99%	31.2	29.0	29.1	29.1	32.2	31.3	27.2	25.8	27.5	30.2
	95%	21.1	20.3	20.4	19.8	21.4	21.8	20.0	20.7	20.8	21.4
	50%	3.6	3.7	3.7	3.5	3.7	3.4	3.5	3.6	3.5	3.7
2/24	Max	51.9	56.3	37.4	43.2	41.5	41.9	39.7	54.5	49.1	45.3
	99%	31.2	29.0	29.1	29.1	32.2	31.3	27.2	26.0	27.5	30.2
	95%	21.1	20.5	20.4	19.8	22.0	22.1	20.0	20.7	21.6	21.5
	50%	3.7	3.7	3.6	3.5	3.7	3.4	3.5	3.6	3.5	3.7
2/25	Max	51.9	56.3	37.4	43.2	41.5	41.9	39.7	54.5	49.1	45.3
	99%	31.3	29.0	29.2	29.3	32.2	32.3	27.3	26.0	27.5	30.3
	95%	21.2	20.7	20.6	19.8	23.5	21.9	20.5	20.7	21.7	21.5
	50%	3.7	3.8	3.7	3.6	3.7	3.4	3.5	3.6	3.5	3.7
2/26	Max	51.9	56.3	37.4	43.2	41.5	41.9	39.7	33.9	42.1	45.3
	99%	31.3	29.0	29.7	29.4	32.2	31.4	27.4	25.8	27.1	29.4
	95%	21.2	20.4	20.6	19.7	21.4	21.6	20.2	20.7	20.9	20.9
	50%	3.8	3.8	3.8	3.7	3.7	3.4	3.5	3.6	3.5	3.7
2/27	Max	51.9	56.3	37.4	43.2	41.5	41.9	39.7	33.9	42.1	45.3
	99%	31.5	29.0	29.8	29.6	32.2	31.6	27.5	25.8	27.1	29.5
	95%	21.2	20.2	20.7	19.8	21.4	22.1	19.7	20.7	20.8	20.9
	50%	3.8	3.8	3.7	3.7	3.7	3.4	3.6	3.6	3.5	3.7

续表

日期(月/日)	项目	站点									
		58349	58352	58353	58356	58358	58359	58377	58343	58342	58345
		苏州	常熟	张家港	昆山	东山	吴江	太仓	常州	金坛	溧阳
2/28	Max	51.9	56.3	37.4	43.2	41.5	41.9	39.7	33.9	42.1	45.3
	99%	32.5	29.0	29.3	29.8	32.3	31.8	27.7	25.3	27.1	27.7
	95%	20.9	20.2	19.9	19.3	21.3	21.6	19.8	20.7	21.4	21.0
	50%	3.9	4.0	3.8	3.8	3.8	3.5	3.6	3.7	3.6	3.7
2/29	Max	51.9	56.3	37.4	43.2	41.5	41.9	39.7	33.9	42.1	45.3
	99%	32.4	29.1	29.1	29.0	32.3	31.3	27.2	26.0	27.0	27.6
	95%	21.2	20.4	20.7	19.8	21.5	22.6	20.0	20.9	21.7	20.9
	50%	3.8	3.9	3.8	3.8	3.8	3.5	3.7	3.7	3.6	3.8
3/1	Max	51.9	56.3	37.4	43.2	41.5	43.1	39.7	33.9	42.1	45.3
	99%	32.5	29.0	29.3	29.8	32.3	32.3	27.7	25.8	27.6	29.7
	95%	21.1	20.2	19.8	19.7	21.6	22.8	19.7	20.7	21.8	21.1
	50%	4.0	4.0	3.9	3.9	3.9	3.6	3.7	3.7	3.7	3.8
3/2	Max	51.9	56.3	37.4	47.6	41.5	43.1	48.9	33.9	42.1	45.8
	99%	33.4	29.0	29.6	31.5	35.0	33.8	32.0	26.1	28.5	31.1
	95%	21.2	20.5	20.4	19.8	22.7	23.3	20.0	21.3	21.9	21.6
	50%	4.0	4.0	3.9	3.8	3.9	3.6	3.7	3.7	3.8	3.8
3/3	Max	51.9	56.3	37.4	47.6	41.5	43.1	48.9	33.9	42.1	45.8
	99%	32.7	29.0	29.6	31.4	34.7	33.6	31.9	26.8	29.7	31.8
	95%	21.3	20.4	21.1	20.5	23.9	23.7	19.9	21.4	21.8	21.6
	50%	4.1	4.0	3.9	3.9	3.9	3.7	3.9	3.7	3.9	3.9
3/4	Max	51.9	56.3	37.4	47.6	41.5	43.1	48.9	33.9	42.1	45.8
	99%	32.6	29.0	29.6	31.4	34.2	32.7	31.9	26.7	29.9	31.7
	95%	21.3	20.4	20.7	20.0	23.1	23.4	19.9	21.3	21.7	21.6
	50%	4.1	4.0	3.9	4.0	3.9	3.7	4.0	3.7	3.8	3.9
3/5	Max	51.9	56.3	39.4	47.6	40.4	43.1	48.9	48.6	43.4	45.8
	99%	32.6	29.0	29.6	31.4	31.8	32.7	31.9	27.2	33.0	32.3
	95%	21.2	20.9	22.2	19.8	22.4	22.9	19.7	21.0	22.4	22.0
	50%	4.2	4.2	4.0	4.1	3.9	3.8	4.0	3.8	3.9	3.9
3/6	Max	51.9	56.3	39.4	47.6	40.4	43.1	48.9	48.6	43.4	45.8
	99%	32.7	29.0	30.0	31.4	31.9	32.8	31.9	27.9	33.5	32.4
	95%	21.1	20.4	21.1	19.8	22.4	23.2	19.4	21.2	22.0	22.1
	50%	4.1	4.1	4.0	4.1	3.9	3.7	4.0	3.9	3.9	3.9
3/7	Max	51.9	56.3	39.4	47.6	40.4	43.1	48.9	65.8	63.2	50.8
	99%	33.3	29.8	30.6	31.9	32.2	32.8	32.8	29.9	34.1	36.4
	95%	21.2	20.7	21.6	20.0	23.5	23.2	19.7	21.7	22.4	22.3
	50%	4.1	4.2	4.0	4.2	4.0	3.8	4.2	4.0	4.1	4.0
3/8	Max	51.9	56.3	39.4	47.6	40.4	43.1	48.9	65.8	63.2	50.8
	99%	33.4	29.8	30.6	32.0	32.3	32.8	32.8	29.9	34.1	37.0
	95%	21.7	20.9	22.9	20.6	22.5	23.1	19.9	21.5	22.3	22.3
	50%	4.1	4.0	4.0	4.2	4.0	3.8	4.2	4.0	3.9	3.9

续表

日期(月/日)	项目	站点									
		58349	58352	58353	58356	58358	58359	58377	58343	58342	58345
		苏州	常熟	张家港	昆山	东山	吴江	太仓	常州	金坛	溧阳
3/9	Max	51.9	43.1	39.4	47.6	40.4	43.1	48.9	65.8	63.2	50.8
	99%	33.4	29.8	30.6	32.1	32.3	32.9	32.8	30.6	34.1	32.6
	95%	21.9	20.4	22.7	20.2	22.5	23.1	20.2	21.8	22.3	22.3
	50%	4.2	4.0	4.2	4.2	3.9	3.7	4.2	4.0	4.0	4.0
3/10	Max	51.9	43.1	39.4	47.6	40.4	43.1	48.9	65.8	63.2	50.8
	99%	33.4	29.8	30.6	32.0	34.3	32.9	32.8	30.6	34.1	32.6
	95%	22.2	20.9	21.3	21.4	23.4	23.5	20.9	21.5	22.3	22.8
	50%	4.2	4.0	4.2	4.3	3.9	3.7	4.2	4.2	4.0	4.0
3/11	Max	56.3	43.1	39.4	47.6	100.5	70.0	48.9	65.8	63.2	50.8
	99%	33.8	30.0	30.8	33.7	34.3	34.7	33.1	31.5	34.6	36.6
	95%	22.1	20.6	22.4	21.0	23.4	23.4	21.3	21.4	22.0	23.0
	50%	4.5	4.2	4.3	4.6	4.1	4.1	4.5	4.3	4.2	4.2
3/12	Max	56.3	43.1	39.4	47.6	100.5	70.0	48.9	65.8	63.2	50.8
	99%	33.8	30.0	30.8	31.8	34.4	34.6	33.1	31.5	34.5	36.8
	95%	21.9	20.4	21.6	20.3	23.1	23.2	20.5	21.4	22.0	23.2
	50%	4.4	4.2	4.6	4.6	4.0	4.0	4.4	4.3	4.2	4.3
3/13	Max	56.3	48.1	46.5	47.6	100.5	70.0	48.9	65.8	63.2	54.7
	99%	34.7	31.1	31.3	33.5	34.4	34.7	33.1	32.1	34.6	40.8
	95%	22.1	20.4	22.4	21.3	24.0	23.5	20.0	21.5	22.1	23.0
	50%	4.2	4.1	4.3	4.4	4.0	4.0	4.2	4.2	4.0	4.3
3/14	Max	56.3	48.1	46.5	47.6	100.5	70.0	48.9	65.8	63.2	54.7
	99%	34.7	31.1	31.2	33.5	32.4	34.9	33.1	32.1	34.6	40.9
	95%	22.1	20.4	22.3	21.1	23.9	23.6	20.0	21.7	22.3	23.0
	50%	4.2	4.2	4.3	4.3	4.0	3.8	4.2	4.2	4.0	4.1
3/15	Max	56.3	48.1	46.5	47.6	100.5	70.0	48.9	65.8	63.2	54.7
	99%	38.2	31.4	31.2	33.5	35.0	35.5	33.9	31.5	34.1	37.3
	95%	22.1	20.4	22.8	21.4	24.7	23.9	20.8	22.5	22.4	23.3
	50%	4.2	4.2	4.4	4.4	3.9	3.9	4.2	4.3	4.1	4.3
3/16	Max	56.3	48.1	46.5	47.6	100.5	70.0	48.9	65.8	63.2	54.7
	99%	38.2	31.4	31.1	33.5	35.0	35.4	33.9	31.4	34.1	37.2
	95%	22.1	20.4	22.6	21.4	24.7	24.5	20.5	22.3	22.7	23.3
	50%	4.2	4.1	4.3	4.4	3.9	3.9	4.2	4.3	4.1	4.2
3/17	Max	56.3	48.1	46.5	47.6	100.5	70.0	48.9	65.8	63.2	54.7
	99%	38.0	31.4	31.1	33.0	35.0	35.4	33.5	32.8	34.4	40.0
	95%	22.1	20.4	22.5	21.6	24.5	24.6	20.0	22.9	22.6	23.9
	50%	4.4	4.1	4.2	4.6	3.9	4.1	4.3	4.3	4.0	4.2
3/18	Max	71.4	52.5	46.5	113.1	100.5	70.0	103.4	65.8	63.2	59.2
	99%	37.9	32.3	33.3	33.0	35.0	35.8	33.4	34.5	35.3	43.2
	95%	22.4	21.2	23.5	21.6	24.7	24.7	21.2	23.2	23.0	24.9
	50%	4.6	4.1	4.4	4.6	4.1	4.3	4.5	4.4	4.2	4.3

续表

日期(月/日)	项目	站点									
		58349	58352	58353	58356	58358	58359	58377	58343	58342	58345
		苏州	常熟	张家港	昆山	东山	吴江	太仓	常州	金坛	溧阳
3/19	Max	71.4	52.5	46.5	113.1	100.5	70.0	103.4	65.8	63.2	59.2
	99%	37.8	32.3	33.3	33.0	35.0	35.8	33.4	34.4	35.9	43.2
	95%	22.1	20.5	24.2	21.4	25.1	24.6	20.0	23.1	23.7	24.3
	50%	4.5	4.0	4.3	4.6	4.1	4.2	4.5	4.3	4.2	4.0
3/20	Max	71.4	52.5	46.5	113.1	100.5	70.0	103.4	65.8	63.2	59.2
	99%	37.8	32.3	33.3	33.0	34.8	35.8	33.4	34.4	35.9	41.0
	95%	22.0	20.4	24.0	21.4	25.1	24.6	20.0	23.6	23.5	23.7
	50%	4.6	4.0	4.2	4.6	4.2	4.2	4.5	4.4	4.2	4.3
3/21	Max	71.4	52.5	46.5	113.1	100.5	70.0	103.4	65.8	63.2	59.2
	99%	37.8	32.3	33.3	33.0	34.8	35.8	33.4	34.6	37.3	41.0
	95%	22.0	20.5	24.2	21.4	25.1	24.6	20.0	23.6	23.5	23.7
	50%	4.6	4.1	4.2	4.6	4.2	4.3	4.5	4.4	4.2	4.5
3/22	Max	71.4	52.5	46.5	113.1	100.5	70.0	103.4	65.8	63.2	59.2
	99%	37.8	33.6	33.3	33.0	34.2	35.8	33.4	34.6	37.3	40.8
	95%	22.6	22.2	24.7	21.7	25.1	24.6	21.5	23.7	23.7	24.3
	50%	4.6	4.2	4.3	4.6	4.2	4.4	4.6	4.4	4.2	4.4
3/23	Max	71.4	52.5	46.5	113.1	100.5	70.0	103.4	65.8	63.2	59.2
	99%	39.0	34.7	34.0	33.3	34.8	36.6	33.9	34.6	35.9	41.1
	95%	22.8	23.5	24.5	22.7	25.1	24.7	22.0	23.6	23.6	24.4
	50%	4.7	4.1	4.3	4.6	4.3	4.4	4.5	4.4	4.2	4.3
3/24	Max	71.4	52.5	46.5	113.1	100.5	70.0	103.4	69.0	67.6	59.2
	99%	39.2	36.7	35.8	37.5	35.6	40.0	37.9	35.6	36.0	41.4
	95%	23.2	23.9	24.7	23.1	25.5	24.8	22.1	23.7	23.2	25.3
	50%	4.5	4.1	4.2	4.5	4.3	4.3	4.5	4.3	4.2	4.1
3/25	Max	71.4	52.5	51.5	113.1	100.5	70.0	103.4	69.0	67.6	59.2
	99%	39.2	36.9	38.0	37.5	35.7	40.4	38.0	36.1	36.2	45.1
	95%	22.9	24.0	24.5	23.4	25.5	25.0	22.6	23.8	23.6	24.8
	50%	4.4	4.2	4.2	4.6	4.3	4.4	4.5	4.3	4.0	4.1
3/26	Max	71.4	52.5	51.5	113.1	100.5	70.0	103.4	69.0	67.6	59.2
	99%	41.3	40.8	38.0	38.4	39.7	42.4	38.0	35.7	37.4	45.0
	95%	23.3	24.6	24.5	24.1	25.7	25.8	22.6	23.9	24.2	25.3
	50%	4.4	4.1	4.0	4.4	4.3	4.4	4.5	4.1	4.0	4.1
3/27	Max	71.4	52.5	51.5	113.1	100.5	70.0	103.4	69.0	67.6	59.2
	99%	43.3	40.8	38.0	41.2	36.0	42.5	39.3	34.8	37.4	45.1
	95%	23.3	24.2	24.8	23.9	25.6	25.5	23.3	24.0	24.4	25.8
	50%	4.3	4.0	3.7	4.4	4.3	4.3	4.4	4.1	4.0	4.1
3/28	Max	71.4	52.5	51.5	113.1	100.5	70.0	103.4	69.0	67.6	59.2
	99%	43.3	40.9	38.5	41.4	36.0	42.5	39.3	35.8	37.7	45.1
	95%	23.5	24.5	25.3	24.0	25.6	25.6	23.4	24.2	24.8	27.6
	50%	4.2	4.0	3.7	4.4	4.3	4.4	4.4	4.1	4.0	4.1

续表

日期（月/日）	项目	站点									
		58349	58352	58353	58356	58358	58359	58377	58343	58342	58345
		苏州	常熟	张家港	昆山	东山	吴江	太仓	常州	金坛	溧阳
3/29	Max	71.4	52.5	51.5	113.1	100.5	70.0	103.4	69.0	67.6	59.2
	99%	46.3	40.8	38.5	45.0	38.0	42.5	39.3	35.8	38.0	45.6
	95%	23.5	24.5	25.2	24.0	25.7	25.6	23.4	24.6	25.2	28.2
	50%	4.2	3.9	3.6	4.2	4.3	4.3	4.4	3.8	3.8	4.1
3/30	Max	71.4	52.5	51.5	113.1	100.5	70.0	103.4	69.0	67.6	59.2
	99%	46.6	40.9	38.5	45.1	38.1	41.7	39.4	35.8	38.0	45.6
	95%	23.7	24.6	25.2	24.1	25.6	25.2	23.4	24.2	24.8	28.2
	50%	4.0	3.8	3.6	4.1	4.3	4.1	4.2	3.7	3.8	4.0
3/31	Max	71.4	52.5	51.5	113.1	100.5	70.0	103.4	69.0	67.6	59.2
	99%	46.3	40.8	38.5	41.5	38.0	41.2	38.3	35.8	38.1	45.1
	95%	23.1	24.4	24.5	23.8	24.9	24.6	23.3	24.0	24.8	27.8
	50%	4.0	3.6	3.5	4.1	4.2	4.1	4.2	3.7	3.5	3.8
4/1	Max	71.4	52.5	51.5	113.1	100.5	70.0	103.4	69.0	67.6	59.2
	99%	46.4	40.9	38.5	41.5	39.9	41.4	38.3	36.4	39.1	45.2
	95%	23.2	24.9	24.5	23.8	24.9	24.6	23.4	24.1	25.2	27.3
	50%	4.0	3.6	3.4	4.0	4.2	4.1	4.1	3.6	3.5	3.8
4/2	Max	71.4	52.5	55.9	113.1	100.5	70.0	103.4	69.0	83.9	60.6
	99%	46.1	40.8	39.2	41.1	39.8	41.0	38.3	39.0	40.6	45.6
	95%	23.2	25.5	24.4	23.7	24.8	24.5	23.2	24.0	25.4	27.1
	50%	3.9	3.5	3.4	3.9	4.1	4.0	3.9	3.5	3.4	3.6
4/3	Max	71.4	52.5	56.1	113.1	100.5	70.0	103.4	98.6	88.5	72.7
	99%	46.0	39.9	39.3	40.9	39.7	41.0	38.3	39.7	43.7	47.5
	95%	23.3	25.0	25.4	23.8	25.1	24.5	23.2	24.7	25.4	27.2
	50%	3.9	3.5	3.5	3.9	4.1	4.0	3.9	3.6	3.4	3.8
4/4	Max	71.4	52.5	56.1	113.1	100.5	70.0	103.4	98.6	88.5	72.7
	99%	49.0	40.8	40.7	43.6	41.9	42.5	39.2	41.8	45.4	47.5
	95%	24.0	25.0	26.6	24.1	25.5	24.6	23.5	24.7	26.3	27.6
	50%	3.8	3.5	3.5	3.8	4.1	3.9	3.9	3.3	3.4	3.6
4/5	Max	71.4	52.5	56.1	113.1	100.5	70.0	103.4	98.6	88.5	72.7
	99%	48.9	39.8	40.7	43.6	41.9	42.4	38.3	39.7	42.4	45.2
	95%	23.2	24.7	25.2	24.1	25.1	24.5	23.7	25.0	26.0	26.6
	50%	3.9	3.6	3.5	3.8	4.1	4.0	3.9	3.3	3.4	3.8
4/6	Max	71.4	52.5	56.1	113.1	100.5	70.0	103.4	98.6	88.5	72.7
	99%	48.9	39.8	40.8	43.6	41.9	42.4	38.3	39.7	42.4	45.2
	95%	23.2	24.7	24.5	24.2	25.4	24.7	23.5	25.1	26.0	26.6
	50%	3.8	3.7	3.5	3.7	4.1	4.0	3.9	3.6	3.6	3.8
4/7	Max	71.4	79.5	56.1	113.1	100.5	70.0	103.4	98.6	88.5	72.7
	99%	48.9	40.8	41.1	43.6	41.9	42.3	38.3	39.7	45.4	45.2
	95%	23.2	25.0	24.4	24.3	25.3	24.6	23.9	25.6	26.2	28.2
	50%	3.9	3.8	3.4	3.8	4.2	4.0	3.9	3.6	3.6	3.8

续表

日期（月/日）	项目	站点									
		58349	58352	58353	58356	58358	58359	58377	58343	58342	58345
		苏州	常熟	张家港	昆山	东山	吴江	太仓	常州	金坛	溧阳
4/8	Max	71.4	79.5	56.1	113.1	100.5	70.0	103.4	98.6	88.5	72.7
	99%	48.9	41.4	41.1	43.7	41.9	42.4	38.3	42.0	50.8	45.2
	95%	23.4	25.5	24.4	24.4	24.9	24.5	24.7	26.0	26.3	28.4
	50%	3.9	3.7	3.4	3.6	4.0	3.9	3.9	3.6	3.6	3.8
4/9	Max	71.4	79.5	56.1	113.1	77.8	61.8	103.4	98.6	88.5	72.7
	99%	43.8	41.3	40.9	43.3	41.5	41.0	37.8	42.7	53.8	44.8
	95%	23.2	25.0	24.4	24.4	24.4	24.5	24.8	26.3	26.3	28.4
	50%	3.7	3.6	3.3	3.3	4.0	3.8	3.5	3.6	3.6	3.7
4/10	Max	71.4	79.5	56.1	113.1	77.8	61.8	103.4	98.6	88.5	72.7
	99%	44.0	41.4	40.8	43.3	41.5	41.0	37.8	42.8	53.9	44.8
	95%	23.2	24.9	26.7	24.4	24.2	24.5	24.9	26.4	26.2	28.3
	50%	3.7	3.5	3.2	3.3	4.0	3.8	3.5	3.6	3.5	3.7
4/11	Max	71.4	79.5	56.1	113.1	77.8	61.8	103.4	98.6	88.5	72.7
	99%	43.6	40.8	39.2	43.3	41.5	41.0	37.8	42.8	53.9	44.9
	95%	23.2	25.0	24.5	24.3	23.6	24.5	24.6	26.0	26.2	28.0
	50%	3.7	3.5	3.3	3.3	4.0	3.8	3.5	3.4	3.5	3.8
4/12	Max	71.4	79.5	63.0	113.1	77.8	61.8	103.4	98.6	88.5	72.7
	99%	43.0	40.8	40.7	43.3	41.4	40.8	37.8	42.8	53.9	44.8
	95%	23.3	25.0	27.1	24.4	23.6	24.4	25.0	26.0	26.4	28.4
	50%	3.6	3.6	3.2	3.4	4.0	3.9	3.7	3.2	3.6	3.8
4/13	Max	71.4	79.5	63.0	113.1	97.5	85.6	103.4	98.6	88.5	72.7
	99%	47.8	40.8	40.2	44.6	41.4	40.6	38.2	42.7	53.9	44.8
	95%	23.9	25.0	24.4	24.4	23.4	24.0	25.1	26.0	26.4	28.2
	50%	3.6	3.4	3.1	3.3	3.9	3.8	3.5	3.1	3.3	3.6
4/14	Max	78.0	79.5	63.0	113.1	97.5	98.2	103.4	98.6	88.5	99.1
	99%	48.6	41.3	40.2	46.2	41.8	42.2	40.0	44.1	55.1	48.9
	95%	24.2	26.1	27.2	25.1	23.5	23.9	25.4	27.7	26.7	30.0
	50%	3.7	3.6	3.1	3.5	4.0	3.8	3.7	3.1	3.3	3.6
4/15	Max	78.0	79.5	63.0	113.1	97.5	98.2	103.4	98.6	88.5	99.1
	99%	48.8	41.3	40.4	46.2	43.3	42.3	40.4	47.0	56.2	51.4
	95%	24.0	26.1	27.2	25.3	23.6	23.8	25.4	27.8	26.7	30.1
	50%	3.7	3.6	3.2	3.4	4.0	3.9	3.7	3.1	3.3	3.6
4/16	Max	78.0	79.5	63.0	75.7	97.5	98.2	70.7	98.6	88.5	99.1
	99%	48.9	40.8	40.1	45.6	47.7	43.5	40.7	47.1	56.3	51.6
	95%	24.3	26.0	27.7	25.7	23.6	24.1	25.4	28.0	26.8	30.0
	50%	3.7	3.6	3.3	3.7	4.0	3.9	3.7	3.1	3.3	3.6
4/17	Max	78.0	79.5	63.0	75.7	97.5	98.2	70.7	98.6	88.5	99.1
	99%	49.0	40.8	40.2	45.6	47.7	43.5	40.8	47.1	56.3	51.7
	95%	25.3	26.0	28.2	25.9	23.6	24.5	25.5	28.4	26.7	30.0
	50%	3.7	3.7	3.4	3.6	4.0	3.9	3.7	3.2	3.4	3.6

续表

日期(月/日)	项目	站点									
		58349	58352	58353	58356	58358	58359	58377	58343	58342	58345
		苏州	常熟	张家港	昆山	东山	吴江	太仓	常州	金坛	溧阳
4/18	Max	78.0	79.5	63.0	75.7	97.5	98.2	70.7	98.6	88.5	99.1
	99%	49.0	40.8	41.8	45.6	47.7	43.6	40.9	47.1	56.4	51.9
	95%	24.3	25.7	28.2	25.9	23.3	24.5	25.6	28.0	26.9	29.9
	50%	3.7	3.9	3.5	3.8	4.1	3.9	3.8	3.5	3.6	3.8
4/19	Max	78.0	79.5	63.0	75.7	97.5	98.2	70.7	98.6	88.5	99.1
	99%	49.2	40.8	41.9	45.7	47.8	43.6	41.3	47.2	59.0	52.0
	95%	24.1	26.2	28.3	25.6	23.3	24.5	25.5	28.2	29.4	30.2
	50%	3.7	3.9	3.6	3.7	4.1	3.9	3.7	3.6	3.6	3.8
4/20	Max	78.0	79.5	67.1	75.7	97.5	98.2	70.7	98.6	88.5	99.1
	99%	49.3	41.8	49.3	46.3	49.1	46.3	41.6	50.5	60.2	55.0
	95%	24.2	25.7	28.3	25.4	23.6	24.5	25.7	28.9	27.8	30.8
	50%	3.7	3.7	3.5	3.7	4.1	3.9	3.7	3.6	3.5	3.8
4/21	Max	78.0	79.5	67.1	75.7	97.5	98.2	70.7	98.6	88.5	99.1
	99%	49.3	41.8	49.4	45.8	49.1	46.3	41.5	50.6	60.2	55.0
	95%	24.5	25.0	28.2	25.3	24.3	24.5	25.7	29.1	27.6	30.8
	50%	3.7	3.6	3.5	3.8	4.1	3.9	3.7	3.5	3.6	3.8
4/22	Max	78.0	79.5	67.1	75.7	97.5	98.2	70.7	98.6	88.5	99.1
	99%	47.9	40.8	49.4	44.5	49.0	46.6	38.1	47.3	59.1	55.0
	95%	24.4	24.3	27.2	24.5	23.7	24.3	25.6	28.9	27.5	30.7
	50%	3.7	3.6	3.6	3.8	4.1	3.9	3.7	3.5	3.5	3.8
4/23	Max	78.0	79.5	67.1	75.7	97.5	98.2	70.7	98.6	88.5	99.1
	99%	47.8	40.8	45.6	44.4	48.9	46.6	38.1	47.2	58.8	54.6
	95%	24.5	24.8	27.2	24.9	23.9	24.8	25.6	28.6	27.8	30.1
	50%	3.6	3.5	3.5	3.7	4.0	3.8	3.5	3.5	3.6	4.0
4/24	Max	78.0	79.5	71.8	75.7	97.5	98.2	70.7	98.6	88.5	99.1
	99%	44.5	40.0	49.3	44.3	52.7	46.2	40.5	51.9	60.2	57.2
	95%	24.6	24.6	27.7	24.8	24.8	24.5	25.7	29.1	28.5	30.3
	50%	3.7	3.6	3.7	3.7	4.0	3.8	3.5	3.6	3.6	3.8
4/25	Max	78.0	79.5	71.8	75.7	97.5	98.2	70.7	98.6	88.5	99.1
	99%	42.8	39.9	49.3	43.6	55.0	46.1	38.1	51.9	60.2	57.1
	95%	24.6	25.4	28.3	25.0	25.2	24.9	25.6	29.1	28.5	31.4
	50%	3.8	3.8	3.8	3.8	4.1	3.9	3.6	3.7	3.5	3.9
4/26	Max	78.0	79.5	71.8	75.7	97.5	98.2	70.7	98.6	88.5	99.1
	99%	45.6	41.2	49.2	44.2	54.9	46.5	43.6	52.9	60.1	59.8
	95%	26.8	25.9	28.3	26.6	25.3	26.7	25.9	30.2	29.8	31.1
	50%	3.8	3.9	3.8	3.8	4.0	3.9	3.5	3.8	3.7	4.0
4/27	Max	78.0	79.5	71.8	75.7	97.5	98.2	70.7	98.6	88.5	99.1
	99%	42.6	41.3	51.7	43.6	54.9	46.5	43.5	52.9	58.4	59.8
	95%	27.8	25.9	29.5	26.5	25.2	26.4	25.7	30.1	29.7	30.3
	50%	3.7	4.0	3.8	3.8	4.1	3.9	3.7	4.0	3.8	3.7

续表

日期（月/日）	项目	站点									
		58349	58352	58353	58356	58358	58359	58377	58343	58342	58345
		苏州	常熟	张家港	昆山	东山	吴江	太仓	常州	金坛	溧阳
4/28	Max	78.0	79.5	71.8	75.7	97.5	98.2	70.7	98.6	88.5	99.1
	99%	42.4	41.2	51.6	43.6	55.4	47.9	43.5	55.5	60.3	59.7
	95%	28.3	26.4	29.3	26.7	25.4	26.6	26.8	30.8	30.4	31.2
	50%	3.9	4.0	3.9	3.9	4.2	4.0	3.7	4.1	3.7	3.8
4/29	Max	78.0	79.5	71.8	75.7	97.5	98.2	70.7	98.6	88.5	99.1
	99%	45.6	42.3	52.0	44.2	55.5	51.3	45.6	62.1	60.3	61.2
	95%	28.3	27.9	31.8	27.7	28.6	27.7	27.4	31.5	33.3	34.0
	50%	3.9	4.1	4.0	3.8	4.0	3.9	3.7	4.1	3.8	3.8
4/30	Max	78.0	79.5	71.8	75.7	97.5	98.2	70.7	98.6	88.5	99.1
	99%	45.9	43.7	52.1	44.2	55.5	51.8	45.8	62.3	58.9	61.2
	95%	29.0	29.2	33.6	27.8	29.9	28.5	27.6	31.6	33.2	35.0
	50%	4.0	4.1	4.0	3.9	4.2	4.0	3.7	4.1	3.7	4.1
5/1	Max	78.0	79.5	71.8	75.7	97.5	98.2	70.7	98.6	90.2	127.8
	99%	48.7	44.1	49.4	49.9	55.5	51.8	46.2	57.0	59.3	66.5
	95%	29.6	28.3	31.7	27.8	30.6	29.5	27.7	30.9	33.5	34.6
	50%	4.1	4.2	4.2	3.9	4.2	4.0	3.8	4.1	3.8	4.1
5/2	Max	78.0	79.5	71.8	75.7	97.5	98.2	70.7	90.6	90.2	127.8
	99%	48.7	44.1	46.9	50.1	55.5	51.8	46.3	53.0	56.3	65.5
	95%	29.6	28.4	29.6	28.0	30.8	29.5	28.2	30.5	33.2	34.5
	50%	4.0	4.0	3.8	3.8	4.0	4.0	3.7	3.8	3.7	3.8
5/3	Max	78.0	79.5	71.8	75.7	97.5	98.2	70.7	90.6	90.2	127.8
	99%	47.6	43.9	44.2	50.3	56.3	52.1	44.1	56.1	58.9	65.3
	95%	30.2	28.9	29.3	28.3	31.7	31.0	28.7	31.0	33.2	35.1
	50%	4.1	4.0	3.8	3.9	4.1	4.0	3.8	3.8	3.7	3.8
5/4	Max	78.0	79.5	71.8	75.7	97.5	98.2	70.7	90.6	90.2	127.8
	99%	47.6	43.8	44.2	50.2	56.3	52.1	44.1	56.1	58.9	65.1
	95%	30.2	29.1	30.5	28.3	31.6	31.0	29.1	30.9	33.2	35.7
	50%	4.0	3.9	3.5	3.9	4.0	4.0	3.8	3.7	3.5	3.7
5/5	Max	81.7	79.5	71.8	77.5	97.5	98.2	70.7	106.6	129.8	127.8
	99%	48.6	47.2	50.5	56.1	57.3	53.0	46.4	65.8	63.1	65.2
	95%	31.2	29.6	33.0	28.5	32.5	31.1	29.2	31.4	33.7	36.8
	50%	4.1	3.9	3.7	4.0	4.0	4.0	3.8	3.7	3.5	3.7
5/6	Max	81.7	70.7	71.8	77.5	97.5	98.2	70.7	106.6	129.8	127.8
	99%	51.9	46.3	50.0	56.0	57.2	52.9	46.1	65.7	62.9	64.9
	95%	33.0	29.7	32.2	29.7	32.8	31.5	30.0	31.3	33.9	35.9
	50%	4.1	3.8	3.5	4.1	4.0	4.0	3.9	3.5	3.4	3.6
5/7	Max	81.7	70.7	71.8	77.5	97.5	98.2	70.7	106.6	129.8	127.8
	99%	51.6	47.1	49.7	55.8	57.2	52.8	45.8	65.6	62.6	64.8
	95%	33.3	29.6	33.7	29.4	32.9	31.7	30.0	31.6	33.4	35.2
	50%	4.0	3.8	3.8	4.1	4.0	4.0	3.9	3.5	3.4	3.5

续表

日期(月/日)	项目	站点									
		58349	58352	58353	58356	58358	58359	58377	58343	58342	58345
		苏州	常熟	张家港	昆山	东山	吴江	太仓	常州	金坛	溧阳
5/8	Max	81.7	70.7	71.8	77.5	97.5	98.2	70.7	106.6	129.8	127.8
	99%	51.7	47.1	49.8	55.7	58.2	52.8	45.8	65.5	62.5	64.7
	95%	34.4	29.7	33.7	30.1	33.0	32.0	30.3	31.5	33.2	35.8
	50%	3.9	3.9	3.8	4.1	4.1	4.2	4.0	3.6	3.5	3.6
5/9	Max	81.7	70.7	71.8	77.5	97.5	98.2	70.7	106.6	129.8	127.8
	99%	51.4	47.1	49.8	55.6	58.2	54.8	45.7	65.5	62.4	64.7
	95%	34.6	29.9	33.4	30.6	34.2	32.7	30.2	31.5	33.1	35.8
	50%	4.0	3.9	3.8	4.2	4.0	4.1	4.0	3.5	3.4	3.5
5/10	Max	81.7	70.7	71.8	77.5	97.5	98.2	70.7	106.6	129.8	127.8
	99%	51.2	47.1	49.7	55.5	58.9	54.7	45.6	65.5	62.3	64.5
	95%	34.5	30.1	34.2	31.3	35.3	34.1	30.4	32.4	33.5	35.2
	50%	4.1	4.0	3.9	4.2	4.0	4.1	4.0	3.5	3.4	3.5
5/11	Max	81.7	70.7	71.8	77.5	97.5	98.2	70.7	106.6	129.8	127.8
	99%	51.1	47.1	46.1	55.5	58.9	54.7	45.7	65.4	64.3	64.5
	95%	34.5	29.8	33.8	31.6	35.5	35.6	30.1	32.8	34.0	36.0
	50%	4.1	3.7	3.9	4.1	3.9	4.0	4.0	3.5	3.4	3.5
5/12	Max	81.7	70.7	71.8	77.5	80.4	98.2	70.7	106.6	129.8	127.8
	99%	55.1	47.1	46.2	55.6	58.8	53.4	45.8	65.5	64.2	64.2
	95%	34.5	30.1	33.8	31.3	35.5	35.6	30.1	33.1	34.0	36.3
	50%	4.0	3.7	3.8	4.1	3.9	4.0	3.9	3.5	3.5	3.5
5/13	Max	81.7	70.7	71.8	77.5	80.4	73.4	66.6	106.6	129.8	127.8
	99%	51.8	47.1	47.9	53.0	58.1	52.7	45.7	65.4	64.1	61.8
	95%	34.6	30.1	33.8	31.3	35.4	35.7	30.0	32.6	33.6	35.2
	50%	3.8	3.7	3.8	3.9	3.8	4.0	3.8	3.5	3.5	3.5
5/14	Max	81.7	70.7	76.9	77.5	80.4	73.4	66.6	106.6	129.8	127.8
	99%	51.9	47.7	50.0	53.1	58.1	52.7	48.8	60.1	65.1	61.8
	95%	34.6	32.3	34.2	31.5	35.3	35.5	30.8	32.3	33.5	35.0
	50%	3.7	3.6	3.8	3.7	3.7	3.8	3.7	3.5	3.4	3.5
5/15	Max	81.7	70.7	76.9	77.5	80.4	73.4	66.6	106.6	129.8	127.8
	99%	50.1	49.2	54.2	53.0	56.0	52.6	48.0	65.2	65.4	58.9
	95%	34.6	31.6	33.5	31.7	32.8	34.1	31.3	33.0	33.3	32.5
	50%	3.5	3.1	3.5	3.3	3.5	3.5	3.5	3.4	3.4	3.4
5/16	Max	81.7	71.3	76.9	77.5	80.4	73.4	66.6	106.6	129.8	127.8
	99%	50.0	54.2	56.3	52.9	57.5	53.4	48.0	65.9	65.4	58.7
	95%	35.5	34.0	33.8	33.8	35.3	33.8	31.4	35.2	33.9	34.3
	50%	3.5	3.3	3.4	3.3	3.5	3.5	3.5	3.4	3.4	3.3
5/17	Max	81.7	71.3	76.9	77.5	80.4	73.4	66.6	106.6	129.8	127.8
	99%	49.9	54.2	56.1	52.7	57.3	53.4	48.8	65.8	65.4	58.2
	95%	35.8	36.0	32.4	34.6	35.5	34.6	32.2	34.5	33.3	34.6
	50%	3.5	3.1	3.2	3.3	3.3	3.4	3.3	3.2	3.1	3.2

续表

日期（月/日）	项目	站点									
		58349	58352	58353	58356	58358	58359	58377	58343	58342	58345
		苏州	常熟	张家港	昆山	东山	吴江	太仓	常州	金坛	溧阳
5/18	Max	81.7	71.3	76.9	77.5	80.4	73.4	66.6	106.6	129.8	127.8
	99%	49.9	54.1	56.0	52.6	57.3	53.4	48.8	65.8	65.4	58.1
	95%	35.8	36.4	34.3	34.5	35.5	35.5	31.7	34.4	33.0	33.8
	50%	3.4	3.1	3.2	3.3	3.2	3.4	3.3	3.2	3.1	3.1
5/19	Max	81.7	71.3	174.0	77.5	80.4	73.4	85.1	126.3	129.8	127.8
	99%	49.9	54.5	68.8	52.2	57.3	53.4	49.2	65.8	65.3	55.8
	95%	35.8	36.3	36.5	34.5	35.8	34.4	32.5	35.4	33.3	33.7
	50%	3.4	3.1	3.4	3.3	3.2	3.4	3.3	3.2	3.1	3.1
5/20	Max	81.7	71.3	174.0	77.5	80.4	73.4	193.7	126.3	129.8	127.8
	99%	54.8	61.0	70.9	52.2	57.0	53.4	50.1	65.7	65.3	62.1
	95%	36.0	37.8	38.0	34.0	36.1	35.4	32.5	35.5	33.4	34.2
	50%	3.4	3.2	3.5	3.3	3.1	3.4	3.2	3.2	3.1	3.1
5/21	Max	81.7	71.3	174.0	77.5	80.4	73.4	193.7	126.3	129.8	127.8
	99%	54.8	60.8	70.8	55.0	57.0	53.4	50.1	67.7	65.3	61.7
	95%	36.1	37.8	38.1	34.7	36.1	35.2	32.6	35.5	33.3	34.9
	50%	3.4	3.1	3.8	3.2	3.2	3.4	3.2	3.2	3.0	3.1
5/22	Max	81.7	71.3	174.0	77.5	80.4	73.4	193.7	126.3	129.8	127.8
	99%	54.7	60.4	70.8	54.9	56.8	53.4	52.7	67.4	65.3	61.4
	95%	38.5	38.0	38.0	34.8	36.6	35.5	34.8	35.7	33.8	35.7
	50%	3.4	3.3	4.0	3.3	3.2	3.4	3.3	3.2	3.0	3.0
5/23	Max	81.7	71.3	174.0	77.5	80.4	73.4	193.7	126.3	129.8	127.8
	99%	54.4	60.0	69.9	54.7	56.6	56.1	60.3	65.6	64.6	57.1
	95%	38.1	37.9	38.1	34.8	36.1	35.3	34.6	35.5	33.4	34.1
	50%	3.3	3.0	3.8	3.3	3.0	3.3	3.3	3.2	2.9	2.9
5/24	Max	108.1	82.0	174.0	88.4	80.4	73.4	193.7	126.3	129.8	127.8
	99%	56.2	63.9	69.9	57.5	58.9	56.9	66.1	67.1	65.2	62.6
	95%	40.6	39.2	38.3	35.8	38.2	36.0	37.2	36.1	36.5	37.6
	50%	3.3	3.0	3.7	3.3	2.9	3.1	3.2	3.1	2.9	2.8
5/25	Max	108.1	82.0	174.0	88.4	84.3	82.6	193.7	126.3	129.8	127.8
	99%	60.8	64.0	69.9	57.5	59.6	61.8	65.8	67.2	65.2	61.3
	95%	40.6	39.0	38.1	35.6	38.1	36.0	35.5	37.0	36.8	38.2
	50%	3.4	3.0	3.7	3.3	3.0	3.1	3.5	3.1	2.9	2.9
5/26	Max	108.1	82.0	174.0	88.4	84.3	82.6	193.7	126.3	129.8	127.8
	99%	60.7	63.9	69.9	58.3	61.9	65.7	65.7	67.3	65.2	62.6
	95%	41.3	39.2	38.0	38.8	39.1	36.8	37.5	37.3	37.1	39.6
	50%	3.4	3.1	4.1	3.3	2.9	3.2	3.4	3.2	2.9	2.9
5/27	Max	108.1	82.0	174.0	88.4	84.3	82.6	193.7	126.3	129.8	127.8
	99%	64.2	71.2	70.0	59.9	63.8	65.8	73.0	65.6	64.6	64.6
	95%	42.3	39.3	38.1	39.1	39.8	37.7	38.1	39.0	41.4	43.0
	50%	3.4	3.3	4.1	3.6	3.1	3.2	3.5	3.1	3.0	3.0

续表

日期(月/日)	项目	站点									
		58349	58352	58353	58356	58358	58359	58377	58343	58342	58345
		苏州	常熟	张家港	昆山	东山	吴江	太仓	常州	金坛	溧阳
5/28	Max	108.1	82.0	174.0	88.4	84.3	82.6	193.7	126.3	129.8	127.8
	99%	61.7	71.1	69.9	58.4	63.7	65.7	72.5	65.6	64.5	62.6
	95%	41.7	39.8	38.3	40.3	38.5	36.2	38.0	38.6	41.3	40.3
	50%	3.4	3.3	3.8	3.5	3.2	3.2	3.5	3.1	2.9	2.9
5/29	Max	108.1	82.0	174.0	105.5	84.3	82.6	193.7	126.3	129.8	127.8
	99%	64.0	71.5	69.9	65.4	67.5	66.0	74.1	67.1	64.5	62.6
	95%	42.3	39.8	38.3	43.5	38.5	36.1	38.3	39.1	42.7	41.2
	50%	3.3	3.3	4.1	3.3	2.8	3.1	3.3	3.1	3.0	2.9
5/30	Max	108.1	86.3	174.0	105.5	84.3	90.5	193.7	126.3	129.8	132.4
	99%	67.3	72.6	70.7	70.3	67.4	68.3	74.1	68.4	65.2	63.8
	95%	42.2	40.6	41.3	43.1	38.4	35.9	39.1	40.3	43.2	43.5
	50%	3.5	3.4	4.1	3.4	3.0	3.2	3.4	3.1	3.0	2.9
5/31	Max	108.1	86.3	174.0	105.5	94.1	90.5	193.7	126.3	129.8	132.4
	99%	69.3	76.0	72.5	70.3	69.1	68.1	74.0	70.1	68.1	70.0
	95%	43.3	45.9	43.8	43.8	38.3	36.4	41.4	41.7	44.5	43.0
	50%	3.6	3.5	4.2	3.6	3.1	3.4	3.5	3.2	3.1	3.0
6/1	Max	108.1	86.3	174.0	105.5	94.1	90.5	193.7	126.3	129.8	132.4
	99%	69.3	78.1	74.2	70.4	69.2	69.6	74.1	69.9	69.1	69.4
	95%	43.3	46.0	47.1	44.1	38.2	36.2	40.4	42.8	45.2	44.4
	50%	3.7	3.5	4.3	3.7	3.2	3.4	3.3	3.2	3.1	3.3
6/2	Max	108.1	86.3	174.0	105.5	94.1	90.5	193.7	126.3	129.8	132.4
	99%	69.4	78.1	74.2	70.4	69.2	69.6	74.1	71.9	68.9	82.1
	95%	44.0	46.5	47.7	44.1	39.0	37.8	41.9	44.4	45.9	45.9
	50%	3.7	3.7	4.8	3.7	3.4	3.4	3.3	3.4	3.1	3.4
6/3	Max	108.1	151.8	174.0	169.3	94.1	90.5	193.7	139.4	136.1	132.4
	99%	72.0	79.9	75.3	74.4	69.2	68.4	83.3	71.8	68.5	82.1
	95%	45.0	47.3	47.6	44.4	38.4	38.0	41.8	43.5	45.7	47.4
	50%	3.6	3.7	4.8	3.7	3.3	3.3	3.2	3.2	3.1	3.7
6/4	Max	108.1	151.8	174.0	169.3	94.1	90.5	193.7	139.4	180.3	132.4
	99%	72.2	81.4	76.6	77.0	69.4	68.4	88.7	72.8	75.8	84.0
	95%	45.1	48.4	48.1	44.4	39.7	40.1	42.6	44.4	47.1	48.4
	50%	3.6	3.5	4.7	3.5	3.3	3.2	3.0	3.5	3.1	3.9
6/5	Max	108.1	151.8	174.0	169.3	94.1	90.5	193.7	139.4	180.3	132.4
	99%	80.1	81.6	81.1	79.7	69.0	69.8	89.1	73.6	76.1	86.6
	95%	45.0	49.1	47.9	44.9	42.4	41.5	43.7	43.8	50.4	49.8
	50%	3.7	3.5	4.7	3.7	3.4	3.3	3.0	3.4	3.1	3.9
6/6	Max	108.1	151.8	174.0	169.3	94.1	90.5	193.7	139.4	180.3	132.4
	99%	80.5	81.6	81.3	79.8	69.2	66.1	74.4	73.7	84.3	86.7
	95%	45.0	49.1	48.9	44.4	42.7	41.1	42.5	44.0	51.1	49.9
	50%	3.7	3.7	4.7	3.7	3.3	3.3	3.0	3.5	3.1	3.8

续表

日期(月/日)	项目	站点									
		58349	58352	58353	58356	58358	58359	58377	58343	58342	58345
		苏州	常熟	张家港	昆山	东山	吴江	太仓	常州	金坛	溧阳
6/7	Max	108.1	151.8	174.0	169.3	94.1	98.5	193.7	139.4	180.3	132.4
	99%	81.6	82.0	95.5	80.1	69.5	69.8	75.3	81.2	101.8	86.8
	95%	45.8	50.0	49.1	45.8	42.8	42.7	44.5	48.5	52.0	50.5
	50%	3.7	3.9	4.8	3.7	3.4	3.4	3.0	3.7	3.2	4.3
6/8	Max	108.1	151.8	174.0	169.3	94.1	98.5	193.7	139.4	180.3	132.4
	99%	70.2	85.9	99.3	77.6	70.6	70.4	76.7	81.9	110.5	87.8
	95%	47.4	51.4	53.7	46.2	45.4	44.1	45.0	51.0	53.1	54.2
	50%	3.8	4.0	4.8	4.1	3.5	3.5	3.2	4.1	3.3	4.4
6/9	Max	108.1	151.8	174.0	169.3	94.1	98.5	193.7	139.4	180.3	132.4
	99%	70.6	86.3	99.6	77.8	71.1	70.7	86.4	82.0	111.3	87.8
	95%	47.7	52.7	55.2	46.3	42.9	44.3	45.5	47.8	53.0	52.0
	50%	3.8	4.0	4.6	4.0	3.5	3.4	3.3	3.9	3.3	4.2
6/10	Max	152.3	151.8	174.0	169.3	94.1	98.5	193.7	139.4	180.3	132.4
	99%	77.9	87.6	95.2	80.9	78.7	71.2	93.4	82.3	112.7	87.9
	95%	47.6	54.4	55.1	46.2	43.2	44.6	45.5	49.2	56.1	54.5
	50%	4.1	4.2	4.8	4.4	3.7	3.7	3.6	4.4	3.9	4.6
6/11	Max	152.3	151.8	174.0	169.3	94.1	98.5	193.7	139.4	180.3	132.4
	99%	82.4	93.0	96.5	84.0	78.9	71.4	98.3	103.2	113.8	87.9
	95%	48.7	54.8	57.2	50.1	47.8	45.0	47.2	55.1	56.3	54.8
	50%	4.5	4.7	5.3	4.5	4.0	4.0	3.7	4.5	4.1	4.7
6/12	Max	152.3	151.8	174.0	169.3	94.1	98.5	193.7	139.4	180.3	132.4
	99%	82.5	98.6	100.1	84.3	80.7	75.4	98.4	83.6	132.8	87.7
	95%	50.2	55.0	59.1	50.0	50.0	48.5	47.7	55.5	58.6	55.4
	50%	4.9	5.0	5.6	4.8	4.3	4.5	3.9	4.8	4.6	5.0
6/13	Max	152.3	170.2	235.7	169.3	109.6	98.5	193.7	243.6	274.6	132.4
	99%	85.3	99.7	109.1	87.3	81.8	78.5	98.8	104.8	116.9	87.7
	95%	51.4	59.1	58.6	53.3	52.8	51.6	50.4	58.1	61.3	56.7
	50%	5.3	5.3	5.6	5.1	4.7	4.9	4.2	4.8	4.7	5.6
6/14	Max	152.3	170.2	235.7	169.3	111.7	98.5	193.7	243.6	274.6	132.4
	99%	85.7	99.9	110.7	87.7	81.3	76.9	97.3	111.2	118.2	87.8
	95%	51.6	57.2	59.9	54.4	51.9	54.4	50.7	55.8	62.7	56.6
	50%	5.2	5.3	5.7	5.1	4.7	4.9	4.5	5.0	4.8	5.7
6/15	Max	152.3	170.2	235.7	169.3	111.7	98.5	193.7	243.6	274.6	132.4
	99%	86.1	100.1	134.1	87.9	81.4	77.0	98.8	112.0	120.2	87.8
	95%	52.1	59.5	60.4	55.1	51.0	54.5	52.0	58.4	61.9	56.5
	50%	5.0	5.7	5.6	5.2	4.6	4.9	4.4	5.0	5.0	5.7
6/16	Max	154.3	170.2	235.7	169.3	118.5	133.0	193.7	243.6	274.6	132.4
	99%	83.3	100.9	140.0	93.3	84.0	78.8	100.2	116.3	126.8	90.6
	95%	51.8	60.0	61.7	55.5	52.7	54.6	51.4	58.2	62.5	58.5
	50%	5.3	5.7	5.7	5.2	4.7	5.2	4.3	5.1	5.1	5.8

续表

日期(月/日)	项目	站点									
		58349	58352	58353	58356	58358	58359	58377	58343	58342	58345
		苏州	常熟	张家港	昆山	东山	吴江	太仓	常州	金坛	溧阳
6/17	Max	154.3	170.2	235.7	169.3	118.5	133.0	193.7	243.6	274.6	132.4
	99%	83.4	101.0	133.1	97.6	84.0	78.9	100.5	114.4	130.1	97.9
	95%	52.1	61.4	61.4	56.2	52.6	54.4	52.4	58.4	61.8	57.9
	50%	4.9	5.8	5.6	5.2	4.7	5.1	4.4	5.0	5.2	6.0
6/18	Max	154.3	173.3	235.7	169.3	118.5	133.0	173.5	243.6	274.6	132.4
	99%	83.7	100.3	119.5	98.0	84.4	79.0	100.8	116.5	131.7	98.8
	95%	52.1	61.6	60.6	56.2	53.3	56.0	52.8	58.5	64.7	59.9
	50%	5.3	5.7	5.4	5.3	4.8	5.2	4.5	5.2	5.2	5.8
6/19	Max	154.3	173.3	235.7	169.3	118.5	133.0	173.5	243.6	274.6	132.4
	99%	83.9	101.1	123.3	94.3	84.4	79.1	105.2	116.6	132.2	100.7
	95%	52.1	62.4	61.3	56.8	53.6	54.4	52.6	58.3	64.5	59.3
	50%	5.1	5.8	5.6	5.1	4.7	5.1	4.2	5.4	5.2	5.8
6/20	Max	154.3	173.3	235.7	169.3	118.5	133.0	173.5	243.6	274.6	132.4
	99%	84.3	101.4	125.6	95.0	84.4	81.5	105.6	117.1	135.1	100.9
	95%	53.7	65.8	61.6	57.6	53.9	56.2	54.6	59.8	67.1	61.4
	50%	5.5	5.8	5.8	5.3	4.8	5.2	4.4	5.8	5.5	6.1
6/21	Max	154.3	173.3	235.7	169.3	118.5	133.0	173.5	243.6	274.6	132.4
	99%	84.8	103.3	127.5	98.3	84.4	84.7	105.9	116.9	133.7	99.7
	95%	54.2	66.6	64.9	57.6	55.5	58.0	54.6	62.7	68.4	63.1
	50%	5.5	6.0	6.1	5.3	4.8	5.2	4.5	6.2	5.9	6.6
6/22	Max	154.3	173.3	235.7	169.3	118.5	133.0	173.5	243.6	274.6	132.4
	99%	81.9	103.6	128.9	98.3	85.2	84.8	106.1	116.9	131.3	101.2
	95%	53.2	66.1	64.7	56.2	57.9	58.0	55.4	62.9	68.1	64.8
	50%	5.6	6.1	6.0	5.4	5.0	5.4	4.6	6.1	5.9	6.6
6/23	Max	154.3	173.3	235.7	169.3	118.5	133.0	173.5	243.6	274.6	132.4
	99%	81.9	103.7	129.1	98.3	85.3	84.9	106.3	116.9	132.4	101.3
	95%	53.0	65.8	62.1	56.2	57.7	57.9	55.5	63.1	69.0	65.5
	50%	5.6	6.0	5.9	5.2	4.9	5.4	4.5	6.0	5.9	6.5
6/24	Max	154.3	173.3	235.7	169.3	118.5	133.0	173.5	243.6	274.6	132.4
	99%	81.9	103.7	129.5	98.4	85.3	84.9	106.3	116.9	132.3	101.3
	95%	52.8	65.8	64.8	56.1	53.9	56.3	55.5	65.4	69.6	65.5
	50%	5.4	5.8	5.9	5.1	4.8	5.4	4.4	6.0	6.0	6.5
6/25	Max	154.3	173.3	235.7	169.3	118.5	133.0	173.5	243.6	274.6	132.4
	99%	81.9	103.7	129.0	98.3	85.2	84.7	106.2	116.9	132.3	101.3
	95%	52.1	62.8	61.9	53.6	53.2	56.2	55.1	65.1	69.6	65.1
	50%	5.3	5.7	5.7	5.0	4.7	5.2	4.1	6.0	5.9	6.3
6/26	Max	154.3	173.3	235.7	169.3	118.5	133.0	173.5	243.6	274.6	132.4
	99%	81.9	103.7	129.3	98.4	85.2	84.7	106.2	116.9	134.0	101.4
	95%	52.1	62.8	62.4	53.7	53.6	56.2	55.5	64.1	69.8	65.3
	50%	5.5	5.8	5.9	5.1	4.8	5.3	4.1	6.4	6.0	6.4

续表

日期（月/日）	项目	站点									
		58349	58352	58353	58356	58358	58359	58377	58343	58342	58345
		苏州	常熟	张家港	昆山	东山	吴江	太仓	常州	金坛	溧阳
6/27	Max	154.3	173.3	235.7	169.3	118.5	133.0	173.5	243.6	274.6	132.4
	99%	81.6	103.8	139.4	98.4	85.1	84.8	111.3	117.0	134.2	101.5
	95%	50.5	62.4	67.1	53.1	52.9	55.6	55.2	64.5	70.8	65.0
	50%	5.6	6.0	5.9	5.2	5.0	5.4	4.4	6.7	6.1	6.4
6/28	Max	154.3	173.3	235.7	169.3	118.5	133.0	173.5	243.6	274.6	132.4
	99%	79.8	104.0	140.3	98.4	85.2	83.2	104.5	117.0	134.3	100.4
	95%	50.2	62.6	64.7	51.8	53.3	55.3	53.4	65.5	68.5	64.7
	50%	5.5	6.0	5.9	5.2	4.9	5.4	4.7	6.6	6.0	6.5
6/29	Max	154.3	173.3	235.7	169.3	118.5	133.0	173.5	243.6	274.6	152.6
	99%	80.0	104.3	145.6	98.5	84.4	79.6	104.5	117.0	134.4	101.7
	95%	48.4	61.1	64.9	51.8	52.5	54.4	52.4	63.3	68.5	62.1
	50%	5.2	5.8	5.9	5.1	4.9	5.4	4.6	6.0	6.0	6.3
6/30	Max	154.3	173.3	235.7	169.3	118.5	133.0	173.5	243.6	274.6	152.6
	99%	80.1	104.3	145.9	98.4	85.3	79.6	104.5	117.0	134.4	101.7
	95%	47.9	60.7	63.6	51.2	52.8	54.3	51.5	66.7	69.4	62.3
	50%	5.1	5.8	5.8	5.1	4.8	5.3	4.7	6.0	6.1	6.0
7/1	Max	154.3	173.3	235.7	169.3	118.5	133.0	173.5	243.6	274.6	152.6
	99%	80.1	102.4	134.5	98.5	84.4	79.6	104.6	117.0	134.5	100.6
	95%	47.7	60.1	64.4	51.8	52.5	53.3	54.3	67.2	70.2	62.4
	50%	5.1	5.7	5.4	5.1	4.7	5.2	4.5	5.8	5.9	5.8
7/2	Max	154.3	173.3	235.7	164.9	118.5	133.0	164.0	243.6	274.6	152.6
	99%	75.4	101.1	122.8	97.1	85.3	79.5	99.6	116.5	133.0	100.6
	95%	46.9	57.3	64.4	51.8	53.3	52.6	52.0	66.1	69.6	61.4
	50%	4.9	5.8	5.4	5.0	4.8	5.2	4.3	5.8	6.0	5.7
7/3	Max	154.3	173.3	235.7	164.9	118.5	133.0	164.0	243.6	274.6	152.6
	99%	75.4	101.1	118.4	97.1	85.3	79.5	94.0	114.7	131.7	100.7
	95%	47.3	57.5	64.5	51.5	52.8	49.9	50.5	63.4	68.0	61.2
	50%	4.9	5.8	5.7	5.1	4.7	5.2	4.5	5.8	6.0	5.8
7/4	Max	154.3	173.3	235.7	164.9	118.5	133.0	164.0	243.6	274.6	152.6
	99%	75.3	101.1	118.3	97.0	85.3	79.5	93.6	114.6	131.7	100.7
	95%	47.8	57.3	64.5	50.2	53.1	49.9	50.1	62.6	66.1	59.9
	50%	4.9	5.8	5.9	5.2	4.8	5.3	4.2	6.0	6.2	5.9
7/5	Max	154.3	173.3	235.7	164.9	118.5	133.0	164.0	243.6	274.6	152.6
	99%	75.2	102.3	118.2	96.6	85.2	79.4	106.2	114.3	130.1	100.5
	95%	47.7	58.3	64.3	50.1	52.6	50.1	50.6	63.8	67.8	59.1
	50%	5.1	5.8	5.8	5.1	4.8	5.3	4.1	6.0	6.2	6.1
7/6	Max	154.3	173.3	235.7	164.9	118.5	133.0	164.0	243.6	274.6	152.6
	99%	75.0	102.4	106.6	98.1	85.1	78.4	106.1	111.2	126.5	101.6
	95%	47.6	59.1	61.7	51.3	52.3	48.6	50.4	60.5	65.5	57.8
	50%	5.0	5.3	5.8	5.0	4.8	5.2	4.0	5.8	6.0	5.8

续表

日期(月/日)	项目	站点									
		58349	58352	58353	58356	58358	58359	58377	58343	58342	58345
		苏州	常熟	张家港	昆山	东山	吴江	太仓	常州	金坛	溧阳
7/7	Max	154.3	173.3	235.7	164.9	118.5	133.0	164.0	243.6	274.6	152.6
	99%	74.9	102.1	121.5	98.0	83.5	77.4	105.8	111.1	126.4	100.4
	95%	45.5	58.5	61.6	49.4	48.6	47.6	50.6	60.1	63.3	56.8
	50%	4.9	5.2	5.6	5.0	4.8	5.2	4.0	5.7	6.0	5.7
7/8	Max	154.3	173.3	235.7	164.9	130.6	133.0	164.0	243.6	274.6	152.6
	99%	75.8	101.6	121.1	95.4	84.8	77.9	103.5	110.8	126.3	100.1
	95%	48.2	59.9	61.7	49.6	49.2	47.6	51.1	60.3	64.6	56.5
	50%	4.9	5.4	5.9	5.1	4.9	5.4	4.0	5.8	6.2	5.8
7/9	Max	154.3	173.3	235.7	164.9	130.6	133.0	164.0	243.6	274.6	152.6
	99%	72.1	101.4	120.5	86.9	85.3	77.8	101.3	110.5	126.2	99.8
	95%	47.8	59.5	62.7	49.2	48.9	47.2	52.4	60.3	58.1	56.5
	50%	4.9	5.2	5.7	5.0	4.8	5.5	3.9	5.6	6.0	5.8
7/10	Max	154.3	173.3	235.7	164.9	130.6	133.0	164.0	243.6	274.6	152.6
	99%	70.5	99.1	118.1	78.9	85.3	77.8	95.4	110.3	126.1	99.7
	95%	44.7	56.1	62.0	46.8	48.9	47.3	50.1	60.1	60.7	56.8
	50%	4.7	5.0	5.8	5.0	4.8	5.2	3.9	5.3	5.6	5.6
7/11	Max	154.3	173.3	235.7	164.9	130.6	133.0	164.0	243.6	274.6	152.6
	99%	74.2	95.8	117.2	96.5	91.3	78.7	94.0	104.3	124.0	99.0
	95%	44.2	56.2	63.4	48.0	48.4	46.7	51.4	60.3	57.0	55.8
	50%	4.4	5.0	5.6	4.9	4.7	5.2	3.9	5.1	5.4	5.4
7/12	Max	154.3	173.3	184.1	164.9	130.6	133.0	164.0	167.5	159.6	152.6
	99%	70.3	88.9	108.8	77.9	85.4	77.7	100.5	101.6	125.7	100.9
	95%	43.6	53.2	60.8	44.5	47.4	45.6	48.9	60.3	54.4	56.3
	50%	4.3	4.8	5.6	4.9	4.5	5.1	3.8	5.1	5.5	5.1
7/13	Max	154.3	173.3	184.1	164.9	130.6	133.0	164.0	167.5	159.6	152.6
	99%	71.0	97.8	108.2	77.7	82.0	74.8	98.6	102.8	125.5	100.7
	95%	43.8	53.3	61.5	44.3	47.7	43.8	48.7	60.5	55.5	55.2
	50%	4.7	4.8	5.4	4.9	4.6	5.0	3.8	5.1	5.2	5.1
7/14	Max	154.3	173.3	184.1	164.9	130.6	133.0	164.0	167.5	159.6	152.6
	99%	70.9	96.8	105.5	77.6	80.6	73.7	91.3	102.6	125.3	100.5
	95%	43.9	51.7	59.9	44.4	47.9	45.7	49.1	60.1	55.3	54.6
	50%	4.8	4.7	5.4	4.9	4.8	5.2	4.0	5.1	5.2	5.1
7/15	Max	130.2	173.3	184.1	164.9	130.6	108.7	151.9	167.5	159.6	152.6
	99%	70.1	89.1	99.1	71.9	72.8	67.2	88.3	101.0	125.0	99.3
	95%	43.8	52.1	62.1	44.3	47.1	44.3	49.1	60.2	55.4	54.8
	50%	4.9	4.8	5.2	4.9	4.7	5.2	4.0	5.1	5.2	5.0
7/16	Max	130.2	173.3	184.1	164.9	130.6	108.7	151.9	167.5	159.6	152.6
	99%	69.4	89.1	95.9	69.8	72.4	69.0	88.1	92.0	123.0	95.0
	95%	43.8	51.5	59.7	44.4	47.2	46.6	49.2	59.4	55.3	55.0
	50%	4.9	4.7	5.3	4.9	4.8	5.2	4.1	5.3	5.2	5.1

续表

日期（月/日）	项目	站点									
		58349	58352	58353	58356	58358	58359	58377	58343	58342	58345
		苏州	常熟	张家港	昆山	东山	吴江	太仓	常州	金坛	溧阳
7/17	Max	130.2	172.3	184.1	128.6	130.6	108.7	151.9	172.1	199.2	152.6
	99%	69.3	86.9	98.0	64.6	73.7	71.2	85.9	91.9	122.9	94.9
	95%	43.6	49.7	60.2	43.6	47.3	46.3	48.2	59.3	55.2	53.3
	50%	4.8	4.7	5.3	4.9	4.8	4.9	4.0	5.3	5.2	5.2
7/18	Max	130.2	172.3	184.1	204.9	135.5	113.7	226.5	176.2	199.2	152.6
	99%	71.7	84.1	95.9	78.3	84.7	71.9	87.8	96.9	122.8	89.1
	95%	45.7	47.6	59.7	44.5	48.5	46.8	49.5	60.0	54.7	53.2
	50%	4.8	4.7	5.2	4.9	4.9	5.1	4.1	5.1	5.2	5.2
7/19	Max	130.2	172.3	184.1	204.9	135.5	113.7	226.5	176.2	199.2	152.6
	99%	74.3	73.3	95.8	110.1	83.8	72.5	92.9	91.3	117.0	86.8
	95%	44.2	44.9	56.4	43.7	48.1	46.2	49.1	58.3	51.0	50.4
	50%	4.4	4.4	4.9	4.6	4.7	4.8	4.0	4.7	5.0	4.9
7/20	Max	130.2	102.4	184.1	204.9	135.5	113.7	226.5	176.2	199.2	152.6
	99%	72.9	68.8	92.5	89.8	82.8	70.2	101.8	87.1	88.7	82.6
	95%	43.8	39.7	54.4	43.5	46.6	45.6	49.1	54.3	49.4	46.9
	50%	4.3	4.1	4.6	4.4	4.6	4.5	3.8	4.4	4.7	4.7
7/21	Max	130.2	85.0	184.1	204.9	135.5	133.7	226.5	176.2	199.2	152.6
	99%	73.1	68.4	91.4	86.0	82.2	69.6	101.6	86.7	86.4	81.5
	95%	40.9	39.0	54.7	43.4	44.7	43.0	47.1	53.5	49.7	44.0
	50%	4.3	3.8	4.6	4.3	4.6	4.4	3.8	4.1	4.6	4.7
7/22	Max	130.2	85.0	184.1	204.9	135.5	133.7	226.5	176.2	199.2	152.6
	99%	73.1	72.2	90.4	83.5	81.4	69.1	101.5	86.2	83.9	81.5
	95%	41.5	39.6	55.1	43.3	45.3	42.9	45.9	55.4	46.3	43.9
	50%	4.0	3.7	4.3	4.3	4.6	4.3	3.8	4.4	4.2	4.6
7/23	Max	130.2	99.7	184.1	204.9	135.5	133.7	226.5	176.2	199.2	152.6
	99%	73.1	72.2	90.1	89.3	81.0	69.0	108.1	79.5	86.3	84.6
	95%	42.6	40.5	54.8	43.6	47.1	43.9	49.2	55.4	47.3	43.9
	50%	4.3	3.8	4.3	4.4	4.9	4.4	3.8	4.4	4.2	4.5
7/24	Max	130.2	99.7	184.1	204.9	135.5	133.7	226.5	176.2	199.2	152.6
	99%	74.4	72.8	90.0	100.0	80.9	69.0	108.8	85.2	86.1	84.4
	95%	44.0	41.0	56.0	44.1	47.1	45.7	50.3	55.6	46.8	44.0
	50%	4.3	3.9	4.3	4.4	5.0	4.4	4.0	4.4	4.2	4.7
7/25	Max	130.2	133.4	184.1	204.9	135.5	133.7	226.5	176.2	199.2	152.6
	99%	76.0	75.5	89.2	108.8	85.9	71.8	113.7	82.2	85.9	86.1
	95%	46.4	40.9	57.0	44.2	46.0	45.6	49.8	57.4	46.3	44.0
	50%	4.1	3.8	4.3	4.5	4.9	4.4	4.1	4.0	4.0	4.3
7/26	Max	130.2	133.4	184.1	204.9	135.5	133.7	226.5	176.2	199.2	152.6
	99%	76.0	81.3	82.1	99.6	88.3	71.8	108.0	85.2	87.1	86.0
	95%	47.0	43.8	56.4	43.5	47.0	45.6	49.5	57.2	46.6	43.9
	50%	3.9	3.7	3.9	4.3	4.6	4.3	4.0	3.9	4.0	4.2

续表

日期(月/日)	项目	站点									
		58349	58352	58353	58356	58358	58359	58377	58343	58342	58345
		苏州	常熟	张家港	昆山	东山	吴江	太仓	常州	金坛	溧阳
7/27	Max	130.2	133.4	184.1	204.9	135.5	133.7	226.5	176.2	199.2	152.6
	99%	76.0	83.9	80.8	99.2	87.9	71.8	107.5	86.3	87.0	85.9
	95%	52.5	43.1	54.9	44.3	47.9	45.1	51.5	57.9	47.4	43.9
	50%	3.9	3.5	3.9	4.1	4.7	4.1	3.8	4.1	4.0	4.0
7/28	Max	130.2	133.4	112.0	204.9	135.5	133.7	226.5	176.2	199.2	139.4
	99%	79.4	83.8	79.7	99.0	87.5	71.8	107.1	85.1	84.5	83.7
	95%	53.7	45.6	54.6	44.3	46.9	46.4	51.8	54.5	46.2	43.1
	50%	4.0	3.5	4.0	4.1	4.7	4.0	3.8	4.1	4.0	4.0
7/29	Max	130.2	133.4	112.0	204.9	135.5	133.7	226.5	176.2	199.2	139.4
	99%	79.2	83.7	79.6	98.7	87.2	71.8	106.8	92.6	84.4	83.5
	95%	53.6	45.6	55.0	44.2	47.4	46.3	51.7	54.1	45.2	42.7
	50%	4.0	3.5	4.3	4.1	4.8	4.0	3.9	4.2	4.0	4.0
7/30	Max	130.2	133.4	154.9	204.9	135.5	133.7	226.5	176.2	199.2	139.4
	99%	78.9	83.7	80.7	98.7	92.7	71.8	106.3	86.0	79.2	76.5
	95%	53.5	46.6	55.0	43.9	48.0	46.3	50.8	54.0	46.1	42.8
	50%	4.0	3.6	4.2	4.0	5.0	3.7	4.0	4.4	4.2	4.2
7/31	Max	130.2	133.4	154.9	204.9	135.5	133.7	226.5	176.2	199.2	139.4
	99%	78.1	83.6	80.9	98.4	91.0	71.8	105.9	86.0	79.0	75.9
	95%	53.9	47.9	55.0	43.3	47.4	46.0	51.9	52.8	46.1	43.9
	50%	4.0	3.5	4.3	3.8	5.0	3.7	4.1	4.5	4.2	4.3
8/1	Max	130.2	133.4	154.9	204.9	135.5	133.7	226.5	176.2	185.8	139.4
	99%	78.3	83.6	79.4	98.4	91.1	71.8	106.0	84.1	78.9	66.7
	95%	52.6	46.7	54.5	43.7	47.5	47.0	54.5	51.6	46.1	43.9
	50%	4.3	3.7	4.3	3.9	4.9	3.7	4.1	4.4	4.0	4.3
8/2	Max	130.2	133.4	154.9	204.9	135.5	133.7	226.5	176.2	185.8	139.4
	99%	78.3	83.6	94.5	98.3	91.0	71.8	106.1	83.9	78.4	66.6
	95%	53.4	46.4	54.4	43.7	47.4	47.0	54.6	52.6	45.8	42.5
	50%	4.3	3.7	4.3	4.3	4.6	3.6	4.3	4.2	3.9	4.1
8/3	Max	130.2	133.4	154.9	204.9	135.5	133.7	226.5	176.2	185.8	139.4
	99%	76.0	84.4	94.5	98.2	95.1	71.8	105.8	83.7	78.2	66.5
	95%	48.0	46.5	54.0	45.3	48.2	46.6	54.8	52.5	46.2	42.2
	50%	4.2	3.5	4.1	4.2	4.5	3.6	4.3	4.1	3.6	3.9
8/4	Max	130.2	133.4	154.9	204.9	135.5	133.7	226.5	176.2	185.8	139.4
	99%	77.4	84.5	94.8	98.6	91.1	71.8	106.8	84.1	78.5	66.8
	95%	53.7	48.3	54.5	46.1	47.6	47.1	55.0	49.0	43.8	42.3
	50%	4.1	3.5	4.3	4.3	4.5	3.6	4.4	4.1	3.4	3.8
8/5	Max	130.2	133.4	154.9	204.9	135.5	133.7	226.5	196.2	185.8	138.3
	99%	78.1	84.5	95.9	94.7	92.9	72.0	107.1	85.9	78.4	64.8
	95%	53.3	48.4	54.7	46.5	49.2	48.1	55.4	53.1	47.2	42.4
	50%	4.3	3.7	4.3	4.3	4.9	3.9	4.7	4.2	3.6	3.8

续表

日期（月/日）	项目	站点									
		58349	58352	58353	58356	58358	58359	58377	58343	58342	58345
		苏州	常熟	张家港	昆山	东山	吴江	太仓	常州	金坛	溧阳
8/6	Max	130.2	133.4	154.9	204.9	135.5	133.7	226.5	196.2	185.8	138.3
	99%	79.4	84.6	79.6	95.3	93.1	72.1	107.9	85.9	84.1	68.5
	95%	52.7	48.7	53.3	45.9	49.2	47.6	55.2	52.7	44.4	42.7
	50%	4.5	3.7	4.3	4.5	5.2	4.2	4.9	4.3	3.8	3.9
8/7	Max	130.2	147.1	154.9	204.9	135.5	133.7	226.5	196.2	218.5	144.5
	99%	73.1	99.8	77.5	95.7	91.4	71.8	108.1	84.9	86.8	73.3
	95%	51.4	50.0	51.1	46.7	50.3	48.0	56.4	52.8	46.5	44.8
	50%	4.5	3.7	4.3	4.5	5.2	4.2	4.9	4.4	3.9	4.2
8/8	Max	130.2	147.1	154.9	204.9	135.5	180.0	226.5	196.2	218.5	144.5
	99%	80.4	99.8	77.5	108.3	88.4	72.2	113.8	84.9	86.9	74.1
	95%	52.9	50.0	51.2	46.8	50.5	47.2	56.5	50.6	46.8	43.8
	50%	4.4	3.9	4.4	4.5	5.3	4.2	5.0	4.4	3.7	4.0
8/9	Max	148.6	147.1	154.9	204.9	135.5	180.0	226.5	196.2	218.5	144.5
	99%	94.3	99.8	77.6	110.4	91.8	72.3	114.2	84.9	87.0	75.0
	95%	52.8	49.7	50.0	47.0	50.7	47.4	56.4	49.2	47.0	43.9
	50%	4.4	3.7	4.3	4.0	5.2	4.0	4.7	4.4	4.0	3.8
8/10	Max	148.6	147.1	154.9	204.9	135.5	180.0	226.5	196.2	218.5	144.5
	99%	95.2	99.8	77.6	115.0	91.9	72.4	140.4	85.0	87.0	66.0
	95%	52.9	49.3	50.0	46.8	51.8	45.9	56.5	50.7	46.0	43.8
	50%	4.5	3.7	4.3	4.0	4.7	3.6	4.7	4.5	4.0	3.8
8/11	Max	148.6	147.1	154.9	204.9	135.5	180.0	226.5	196.2	218.5	147.2
	99%	96.6	99.8	86.6	117.0	92.2	72.5	144.8	89.0	98.2	66.2
	95%	52.6	49.8	51.0	47.0	50.4	44.9	56.4	51.2	46.8	43.7
	50%	4.5	4.0	4.3	3.9	4.6	3.6	4.7	4.4	3.6	4.0
8/12	Max	148.6	147.1	154.9	204.9	135.5	180.0	226.5	196.2	218.5	147.2
	99%	84.7	99.8	86.9	118.0	92.3	72.5	148.1	85.1	99.9	66.4
	95%	51.8	49.0	50.3	47.0	50.5	43.5	56.5	48.8	46.0	43.3
	50%	4.0	4.0	4.2	3.5	4.5	3.5	4.5	4.3	3.9	4.0
8/13	Max	148.6	147.1	154.9	204.9	135.5	180.0	226.5	196.2	218.5	147.2
	99%	73.0	99.8	80.8	119.1	92.5	75.5	115.3	85.1	100.8	68.9
	95%	50.2	49.1	50.5	46.7	50.7	45.2	56.5	50.5	45.8	43.8
	50%	3.9	4.0	4.2	3.6	4.1	3.5	4.6	4.3	3.6	4.0
8/14	Max	148.6	147.1	154.9	204.9	135.5	180.0	226.5	196.2	218.5	147.2
	99%	73.0	99.8	76.0	119.0	92.6	75.5	151.0	85.2	101.3	68.9
	95%	50.2	49.1	49.9	46.4	51.0	44.4	56.3	50.7	45.8	42.4
	50%	3.8	3.7	4.2	3.5	4.2	3.3	4.5	4.1	3.5	3.8
8/15	Max	148.6	147.1	154.9	204.9	135.5	180.0	226.5	196.2	218.5	147.2
	99%	85.7	99.8	76.1	126.6	91.0	75.5	131.7	85.2	101.6	68.9
	95%	51.0	49.6	51.0	46.7	50.6	40.2	56.5	51.1	44.1	43.6
	50%	3.9	3.8	3.9	3.5	4.1	3.5	4.4	4.0	3.4	3.8

续表

日期(月/日)	项目	站点									
		58349	58352	58353	58356	58358	58359	58377	58343	58342	58345
		苏州	常熟	张家港	昆山	东山	吴江	太仓	常州	金坛	溧阳
8/16	Max	148.6	147.1	154.9	180.6	114.4	180.0	194.2	196.2	218.5	147.2
	99%	72.6	99.8	76.1	108.1	80.1	74.1	115.3	83.7	102.5	68.2
	95%	46.7	49.3	50.8	46.3	49.4	38.1	55.3	51.1	43.3	42.3
	50%	3.7	3.7	3.8	3.5	3.9	3.3	4.4	3.9	3.3	3.6
8/17	Max	148.6	147.1	154.9	180.6	145.4	180.0	194.2	196.2	218.5	147.2
	99%	74.5	99.8	76.1	103.6	87.4	74.2	99.8	83.8	103.1	68.2
	95%	46.8	49.6	51.7	46.9	50.1	40.1	55.3	51.3	45.7	43.7
	50%	3.8	3.8	4.1	3.6	4.1	3.5	4.3	4.0	3.3	3.8
8/18	Max	148.6	147.1	154.9	180.6	145.4	180.0	194.2	196.2	218.5	147.2
	99%	75.6	85.2	76.2	93.1	87.6	74.3	94.6	85.3	85.3	68.9
	95%	46.8	49.6	51.9	47.0	50.5	40.1	56.1	51.2	45.8	47.0
	50%	3.8	4.0	4.1	3.8	4.1	3.6	4.5	4.2	3.4	3.8
8/19	Max	148.6	147.1	154.9	180.6	145.4	180.0	194.2	196.2	218.5	147.2
	99%	75.4	91.1	76.3	93.4	84.6	72.1	95.1	85.4	86.6	68.3
	95%	46.1	50.2	52.1	46.6	51.1	40.2	56.5	51.3	46.5	45.9
	50%	3.8	4.2	4.2	3.6	4.0	3.5	4.4	4.2	3.5	3.7
8/20	Max	148.6	147.1	154.9	180.6	145.4	180.0	194.2	196.2	218.5	147.2
	99%	79.4	91.6	76.5	94.1	85.1	72.3	99.6	85.4	87.1	68.4
	95%	46.7	50.8	53.1	47.1	50.7	40.1	57.8	52.4	46.7	46.4
	50%	4.0	4.4	4.4	3.8	4.1	3.6	4.5	4.0	3.6	3.8
8/21	Max	177.0	147.1	154.9	180.6	145.4	180.0	194.2	196.2	218.5	147.2
	99%	87.9	85.9	76.4	102.9	85.3	72.3	99.6	85.4	86.6	68.4
	95%	46.8	50.9	53.6	47.1	50.2	40.1	57.8	51.3	47.4	46.4
	50%	4.0	4.3	4.5	3.6	4.1	3.6	4.3	4.0	3.6	3.6
8/22	Max	177.0	147.1	154.9	180.6	145.4	180.0	194.2	196.2	218.5	147.2
	99%	80.5	85.5	74.0	94.5	85.8	72.8	92.0	81.0	87.1	68.4
	95%	46.0	49.2	53.1	46.6	51.0	39.1	57.4	51.3	46.7	46.1
	50%	4.0	4.4	4.5	3.7	3.8	3.6	4.3	4.0	3.5	3.6
8/23	Max	343.1	298.0	154.9	180.6	208.3	333.5	194.2	196.2	218.5	147.2
	99%	88.2	92.6	72.7	104.6	85.8	74.5	100.1	84.2	86.7	68.4
	95%	46.8	49.5	51.7	47.0	52.1	40.3	57.4	51.3	47.4	45.0
	50%	4.2	4.4	4.5	3.7	4.1	3.7	4.1	4.1	3.7	3.6
8/24	Max	343.1	298.0	154.9	180.6	208.3	333.5	194.2	196.2	218.5	147.2
	99%	87.7	85.5	72.6	104.4	81.2	74.5	99.9	80.7	87.5	69.0
	95%	46.4	49.2	51.6	48.9	52.0	40.2	57.4	51.0	47.4	46.0
	50%	4.0	4.3	4.5	3.7	3.8	3.6	4.0	4.1	3.6	3.7
8/25	Max	343.1	298.0	154.9	180.6	208.3	333.5	194.2	196.2	218.5	147.2
	99%	87.1	82.2	72.5	104.1	81.1	74.4	99.7	76.4	86.2	71.7
	95%	45.4	49.4	51.5	47.1	51.8	40.8	56.9	50.7	47.4	44.1
	50%	3.8	4.4	4.5	3.6	3.8	3.6	4.0	4.0	3.5	3.6

续表

日期(月/日)	项目	站点									
		58349	58352	58353	58356	58358	58359	58377	58343	58342	58345
		苏州	常熟	张家港	昆山	东山	吴江	太仓	常州	金坛	溧阳
8/26	Max	343.1	298.0	154.9	180.6	208.3	333.5	194.2	196.2	218.5	147.2
	99%	81.0	82.3	72.5	104.0	81.3	74.4	99.6	76.3	87.3	71.7
	95%	42.5	49.5	50.2	47.0	52.5	41.5	56.9	50.7	47.4	44.1
	50%	3.7	4.3	4.5	3.7	3.7	3.6	4.0	4.0	3.5	3.7
8/27	Max	343.1	298.0	154.9	180.6	208.3	333.5	194.2	196.2	218.5	147.2
	99%	80.6	82.6	72.6	104.3	81.4	74.5	99.8	76.2	86.9	71.7
	95%	45.4	49.5	50.5	48.7	52.3	41.6	57.0	47.9	47.4	44.0
	50%	3.8	4.4	4.5	3.7	3.6	3.6	4.0	4.0	3.5	3.7
8/28	Max	343.1	298.0	131.3	180.6	208.3	333.5	194.2	196.2	218.5	147.2
	99%	92.0	92.5	72.6	104.2	81.6	74.5	99.9	80.3	86.9	75.4
	95%	46.0	49.2	49.8	50.7	51.5	43.1	57.4	46.4	46.4	44.0
	50%	3.8	4.4	4.5	3.9	3.5	3.7	4.0	3.9	3.5	3.6
8/29	Max	343.1	298.0	131.3	180.6	208.3	333.5	194.2	196.2	218.5	147.2
	99%	92.0	102.3	79.7	109.4	81.8	79.6	103.6	80.5	88.7	75.5
	95%	48.8	48.9	51.0	49.7	51.8	43.0	57.4	48.7	47.2	46.1
	50%	3.8	4.4	4.4	3.9	3.5	3.7	4.0	3.8	3.5	3.6
8/30	Max	343.1	298.0	131.3	180.6	208.3	333.5	194.2	196.2	218.5	147.2
	99%	94.8	103.0	79.7	109.5	81.8	80.1	103.8	80.8	83.1	75.5
	95%	50.1	48.4	51.0	52.3	51.8	41.8	57.4	46.2	44.8	45.7
	50%	3.8	4.2	4.4	4.0	3.5	3.8	4.0	3.7	3.5	3.6
8/31	Max	343.1	298.0	131.3	180.6	208.3	333.5	194.2	196.2	218.5	147.2
	99%	95.1	94.8	80.1	112.2	87.1	80.9	103.9	81.0	83.4	75.5
	95%	49.3	45.7	50.2	55.3	52.5	41.9	57.0	46.4	44.1	43.7
	50%	3.8	4.1	4.2	3.9	3.6	3.8	4.0	3.8	3.5	3.7
9/1	Max	343.1	298.0	131.3	180.6	208.3	333.5	194.2	196.2	218.5	147.2
	99%	95.2	90.7	80.3	112.2	87.2	86.3	104.0	80.9	83.4	76.7
	95%	44.6	48.8	50.3	51.2	52.2	42.0	57.3	47.4	44.2	44.8
	50%	3.8	4.1	4.2	3.8	3.5	3.7	3.7	3.9	3.6	3.7
9/2	Max	343.1	298.0	131.3	180.6	208.3	333.5	194.2	196.2	218.5	147.2
	99%	94.5	90.7	80.3	112.1	90.2	87.3	103.8	80.8	83.3	81.4
	95%	45.4	48.6	49.6	50.0	51.6	42.3	55.8	49.6	44.0	46.0
	50%	3.8	4.1	4.0	3.7	3.5	3.7	3.7	3.9	3.6	3.8
9/3	Max	343.1	298.0	131.3	180.6	208.3	333.5	194.2	165.0	218.5	147.2
	99%	93.5	90.6	73.2	111.8	86.0	85.0	103.5	71.9	83.1	80.8
	95%	45.9	45.0	49.0	51.2	50.6	42.0	55.0	49.2	44.6	44.9
	50%	3.7	3.9	3.9	3.7	3.2	3.5	3.6	3.8	3.6	3.7
9/4	Max	343.1	298.0	131.3	180.6	208.3	333.5	194.2	165.0	218.5	147.2
	99%	92.7	90.5	73.1	111.6	85.4	84.8	103.3	71.5	80.9	80.0
	95%	45.0	46.9	49.2	52.2	50.4	45.2	55.4	46.9	43.5	43.6
	50%	3.6	3.7	3.9	3.4	3.1	3.4	3.5	3.7	3.6	3.7

续表

日期(月/日)	项目	站点									
		58349	58352	58353	58356	58358	58359	58377	58343	58342	58345
		苏州	常熟	张家港	昆山	东山	吴江	太仓	常州	金坛	溧阳
9/5	Max	343.1	298.0	131.3	180.6	208.3	333.5	194.2	165.0	126.1	147.2
	99%	100.0	76.1	73.1	111.5	85.3	84.7	103.2	79.8	79.8	78.2
	95%	42.8	43.8	49.0	49.9	46.3	45.9	54.2	46.5	37.7	43.7
	50%	3.7	3.8	3.9	3.6	3.0	3.4	3.5	3.6	3.3	3.6
9/6	Max	343.1	298.0	131.3	168.4	208.3	333.5	161.0	165.0	126.1	147.2
	99%	98.8	75.9	73.0	108.7	84.7	76.4	99.1	79.4	80.7	77.8
	95%	42.8	43.7	49.1	49.8	50.1	45.9	55.0	46.2	38.2	42.8
	50%	3.8	3.7	3.8	3.7	2.9	3.4	3.5	3.5	3.3	3.5
9/7	Max	343.1	298.0	131.3	168.4	208.3	333.5	161.0	165.0	126.1	147.2
	99%	92.1	89.6	73.0	113.6	78.9	86.5	98.4	79.0	80.5	77.4
	95%	43.0	44.5	49.4	50.0	46.2	47.7	51.1	48.1	43.4	45.6
	50%	3.8	3.8	3.7	3.9	2.8	3.4	3.5	3.5	3.3	3.5
9/8	Max	343.1	298.0	131.3	168.4	208.3	333.5	161.0	165.0	126.1	147.2
	99%	92.1	88.8	72.9	113.4	78.7	86.4	102.7	74.7	80.2	83.8
	95%	42.9	44.2	49.3	49.6	45.9	47.5	53.5	46.2	45.1	46.2
	50%	3.8	3.6	3.5	3.8	2.8	3.4	3.5	3.4	3.2	3.3
9/9	Max	343.1	298.0	131.3	168.4	208.3	333.5	161.0	165.0	116.8	128.4
	99%	92.1	88.4	68.2	113.2	89.5	86.3	102.3	70.2	78.1	79.5
	95%	43.2	47.3	45.3	50.1	47.6	51.2	52.3	45.8	38.2	44.5
	50%	3.8	3.5	3.5	3.8	2.8	3.4	3.5	3.5	3.2	3.4
9/10	Max	343.1	298.0	131.3	168.4	208.3	333.5	161.0	165.0	116.8	128.4
	99%	92.1	87.8	68.8	113.2	89.2	86.3	102.0	70.0	78.0	79.4
	95%	44.4	46.5	46.0	50.1	47.2	51.0	51.2	45.7	41.0	45.5
	50%	3.8	3.4	3.5	3.8	2.9	3.4	3.4	3.5	3.1	3.2
9/11	Max	343.1	298.0	131.3	168.4	208.3	333.5	161.0	165.0	116.8	128.4
	99%	92.1	87.4	71.2	113.0	88.7	86.3	101.7	69.9	77.9	79.3
	95%	42.9	44.4	44.4	48.9	46.5	49.7	53.0	44.8	39.1	43.2
	50%	3.8	3.1	3.5	3.7	3.0	3.4	3.2	3.5	3.1	3.2
9/12	Max	343.1	298.0	131.3	168.4	208.3	333.5	161.0	165.0	116.8	128.4
	99%	92.0	86.7	71.0	112.8	88.2	86.2	101.4	69.6	77.8	79.0
	95%	42.7	44.1	40.7	49.8	45.7	50.0	52.3	45.8	41.2	44.5
	50%	3.8	3.2	3.8	3.8	3.0	3.5	3.2	3.6	3.1	3.4
9/13	Max	343.1	298.0	131.3	168.4	208.3	333.5	161.0	165.0	116.8	128.4
	99%	92.0	85.8	70.8	104.2	87.4	86.1	92.3	67.0	71.0	78.7
	95%	43.8	44.5	39.4	49.1	46.5	53.1	43.5	45.9	38.3	43.6
	50%	3.8	3.2	3.8	3.5	3.0	3.4	3.2	3.6	2.9	3.4
9/14	Max	343.1	298.0	131.3	168.4	208.3	333.5	161.0	165.0	116.8	128.4
	99%	92.0	85.6	70.6	103.3	86.9	86.1	91.9	66.9	70.0	78.5
	95%	42.8	43.7	37.0	48.1	45.7	50.2	49.2	43.8	40.3	43.4
	50%	3.8	3.2	3.9	3.6	3.0	3.4	3.2	3.8	3.1	3.5

续表

日期(月/日)	项目	站点									
		58349	58352	58353	58356	58358	58359	58377	58343	58342	58345
		苏州	常熟	张家港	昆山	东山	吴江	太仓	常州	金坛	溧阳
9/15	Max	343.1	298.0	131.3	168.4	208.3	333.5	161.0	165.0	116.8	128.4
	99%	80.1	84.6	70.4	93.6	76.0	78.9	91.4	66.8	69.2	78.2
	95%	42.5	43.5	35.0	47.0	43.0	49.5	41.5	42.5	37.8	42.9
	50%	3.7	3.1	3.8	3.4	3.0	3.3	3.1	3.6	3.1	3.5
9/16	Max	343.1	298.0	131.3	168.4	208.3	333.5	161.0	165.0	116.8	128.4
	99%	79.6	84.0	67.8	93.5	76.0	78.9	91.1	68.8	68.8	78.0
	95%	41.7	43.2	34.8	41.9	42.3	49.5	41.1	40.7	36.1	41.7
	50%	3.7	3.1	3.5	3.4	3.0	3.3	3.2	3.6	3.1	3.5
9/17	Max	343.1	298.0	131.3	168.4	208.3	333.5	161.0	165.0	116.8	128.4
	99%	78.9	79.8	66.4	93.0	71.0	78.1	90.5	68.7	77.0	77.9
	95%	40.9	41.0	34.2	41.7	41.4	49.7	40.5	39.3	35.5	38.7
	50%	3.5	3.1	3.5	3.3	3.0	3.2	3.0	3.5	2.9	3.5
9/18	Max	343.1	298.0	131.3	168.4	208.3	333.5	161.0	165.0	116.8	128.4
	99%	78.6	79.7	67.1	92.0	71.0	78.0	85.4	71.9	77.3	80.7
	95%	40.9	43.2	34.8	42.0	40.1	49.7	38.3	39.8	36.5	35.9
	50%	3.5	3.0	3.5	3.1	2.8	3.0	2.9	3.6	3.0	3.6
9/19	Max	343.1	298.0	131.3	158.4	208.3	333.5	161.0	165.0	116.8	128.4
	99%	77.7	70.2	68.3	90.2	71.2	78.6	81.2	72.0	76.2	80.7
	95%	40.3	42.9	31.0	41.5	39.7	49.3	38.6	40.7	36.6	38.0
	50%	3.5	3.1	3.3	3.2	2.7	3.1	2.9	3.6	2.9	3.6
9/20	Max	343.1	298.0	131.3	158.4	208.3	333.5	161.0	165.0	116.8	128.4
	99%	91.0	71.6	68.3	90.2	65.7	78.4	81.1	69.6	76.5	80.5
	95%	40.9	43.3	31.0	40.9	39.4	48.8	38.2	39.0	37.0	42.1
	50%	3.5	3.1	3.2	3.2	2.8	3.1	3.1	3.6	3.0	3.7
9/21	Max	99.5	125.8	131.3	122.6	118.8	89.9	108.4	93.2	116.8	128.4
	99%	72.9	68.9	68.3	71.3	65.7	72.2	72.5	68.4	72.2	78.3
	95%	39.1	42.7	33.2	38.8	38.2	47.2	37.5	39.5	37.1	42.1
	50%	3.5	3.1	3.2	3.2	2.8	3.2	3.2	3.6	3.1	3.9
9/22	Max	99.5	125.8	131.3	122.6	118.8	89.9	108.4	93.2	82.6	128.4
	99%	78.3	68.9	68.3	71.4	63.0	72.0	72.5	68.4	70.7	78.4
	95%	40.0	42.2	31.0	38.3	37.2	47.0	36.7	38.3	36.5	35.4
	50%	3.6	3.2	3.2	3.2	2.8	3.3	3.2	3.6	3.1	3.8
9/23	Max	137.8	125.8	131.3	122.6	128.0	115.6	108.4	93.2	82.6	110.1
	99%	73.2	69.5	68.4	77.4	68.6	75.1	79.7	66.5	70.8	76.8
	95%	39.8	42.4	31.6	38.9	38.2	48.3	37.2	38.4	36.8	35.4
	50%	3.7	3.1	3.3	3.2	2.9	3.4	3.2	3.6	3.1	4.0
9/24	Max	137.8	125.8	131.3	162.6	128.0	146.1	135.2	93.2	82.6	110.1
	99%	78.4	71.6	70.4	91.7	88.7	84.9	81.1	66.8	70.0	76.8
	95%	40.4	42.3	34.7	44.5	38.1	49.2	39.2	40.2	36.4	35.2
	50%	3.8	3.1	3.2	3.2	2.8	3.4	3.2	3.6	3.0	4.0

续表

日期(月/日)	项目	站点									
		58349	58352	58353	58356	58358	58359	58377	58343	58342	58345
		苏州	常熟	张家港	昆山	东山	吴江	太仓	常州	金坛	溧阳
9/25	Max	137.8	125.8	131.3	162.6	128.0	146.1	135.2	93.2	82.6	110.1
	99%	90.6	85.0	73.6	91.1	88.4	84.7	80.5	66.7	69.3	76.6
	95%	41.1	43.2	34.8	39.2	38.4	49.7	41.3	40.5	36.8	35.3
	50%	3.7	3.1	3.2	3.0	2.9	3.5	3.1	3.5	2.9	3.9
9/26	Max	137.8	114.8	92.6	162.6	128.0	146.1	135.2	90.1	78.6	110.1
	99%	77.2	77.3	73.1	99.2	91.4	85.7	79.6	66.7	61.0	73.0
	95%	40.3	43.2	35.0	37.7	38.3	48.9	37.0	40.8	36.5	35.2
	50%	3.7	3.0	3.2	3.0	2.7	3.3	2.9	3.3	2.9	3.9
9/27	Max	137.8	99.3	92.6	162.6	128.0	146.1	135.2	90.1	78.6	110.1
	99%	72.4	70.3	76.2	95.3	91.2	85.5	79.8	66.7	60.1	77.9
	95%	39.7	42.5	35.2	37.2	38.0	48.7	37.3	40.4	37.3	34.9
	50%	3.5	2.9	2.8	2.9	2.6	3.1	2.9	3.1	2.7	3.6
9/28	Max	137.8	99.3	92.6	162.6	128.0	146.1	135.2	90.1	78.6	110.1
	99%	68.1	67.9	76.1	86.2	89.9	85.4	77.4	66.7	59.7	77.8
	95%	39.5	41.8	34.8	35.2	38.3	48.8	35.4	40.8	37.1	34.7
	50%	3.3	2.9	2.6	2.8	2.3	3.0	2.7	3.0	2.7	3.5
9/29	Max	137.8	99.3	92.6	162.6	128.0	146.1	135.2	90.1	78.6	110.1
	99%	67.3	70.0	75.3	75.4	80.4	85.3	76.1	66.1	59.1	77.6
	95%	39.8	41.6	34.8	35.2	38.0	46.4	35.3	39.9	37.3	35.7
	50%	3.1	2.9	2.6	2.8	2.3	2.7	2.5	2.8	2.7	3.3
9/30	Max	137.8	99.3	92.6	162.6	128.0	146.1	135.2	90.1	78.6	104.7
	99%	66.7	69.8	74.7	75.0	78.7	80.9	75.2	66.1	58.7	75.4
	95%	40.3	41.4	34.8	35.2	36.9	46.2	35.4	37.9	37.5	34.9
	50%	3.1	2.7	2.6	2.7	2.3	2.7	2.5	2.7	2.6	3.3
10/1	Max	137.8	99.3	92.6	162.6	128.0	146.1	135.2	90.1	78.6	104.7
	99%	63.2	69.8	74.5	75.0	63.2	73.0	66.6	66.1	58.7	69.2
	95%	40.0	38.9	34.8	34.9	35.6	45.8	35.3	35.8	37.0	34.2
	50%	3.1	2.8	2.6	2.7	2.3	2.7	2.5	2.6	2.4	3.2
10/2	Max	137.8	99.3	92.6	162.6	128.0	146.1	135.2	90.1	78.6	104.7
	99%	63.1	69.8	74.3	75.0	63.2	73.0	66.6	66.1	58.7	69.1
	95%	40.0	36.4	34.6	34.4	35.6	44.6	33.3	35.1	35.5	33.6
	50%	3.0	2.5	2.6	2.6	2.3	2.7	2.3	2.6	2.4	3.2
10/3	Max	137.8	99.3	92.6	162.6	128.0	146.1	135.2	90.1	78.6	104.7
	99%	63.1	69.8	74.0	69.2	63.1	73.0	62.4	66.0	58.4	68.8
	95%	37.1	33.4	31.5	33.4	35.6	42.8	32.9	32.9	35.0	32.5
	50%	3.3	2.6	2.6	2.7	2.5	2.9	2.4	2.6	2.4	3.2
10/4	Max	137.8	99.3	92.6	162.6	128.0	146.1	135.2	90.1	78.6	104.7
	99%	63.1	69.8	73.6	69.1	63.0	68.4	61.3	66.0	58.2	59.8
	95%	35.7	33.8	30.9	34.5	34.6	38.6	32.7	34.8	34.8	32.4
	50%	3.0	2.4	2.6	2.5	2.7	2.7	2.2	2.6	2.4	3.1

续表

日期（月/日）	项目	站点									
		58349	58352	58353	58356	58358	58359	58377	58343	58342	58345
		苏州	常熟	张家港	昆山	东山	吴江	太仓	常州	金坛	溧阳
10/5	Max	137.8	99.3	92.6	162.6	128.0	146.1	135.2	90.1	78.6	104.7
	99%	55.5	69.6	73.3	68.9	62.9	68.4	60.9	66.0	58.1	59.6
	95%	34.0	33.1	29.1	33.5	32.6	34.7	31.8	35.2	35.4	31.8
	50%	2.8	2.4	2.6	2.5	2.8	2.7	2.2	2.5	2.3	3.1
10/6	Max	137.8	99.3	92.6	162.6	128.0	146.1	135.2	90.1	77.1	104.7
	99%	55.4	69.6	73.1	68.6	60.8	65.3	60.7	66.0	52.8	59.3
	95%	33.8	33.3	27.8	31.5	32.5	34.8	29.8	34.7	31.4	28.8
	50%	2.9	2.4	2.6	2.4	2.7	2.7	2.2	2.5	2.3	3.2
10/7	Max	137.8	99.3	92.6	162.6	128.0	146.1	135.2	90.1	77.1	104.7
	99%	51.7	67.1	73.3	68.6	60.8	65.2	60.5	64.3	51.3	53.8
	95%	33.4	33.2	27.9	31.0	32.4	33.0	32.0	32.8	31.3	28.2
	50%	2.9	2.5	2.6	2.5	2.8	2.7	2.3	2.6	2.4	3.3
10/8	Max	137.8	99.3	92.6	162.6	128.0	146.1	135.2	90.1	77.1	104.7
	99%	49.6	67.0	73.0	68.4	54.7	64.4	60.3	64.2	51.3	53.6
	95%	33.4	32.0	27.8	31.3	30.6	31.8	28.7	31.9	30.9	27.8
	50%	2.7	2.4	2.6	2.5	2.8	2.7	2.3	2.6	2.4	3.2
10/9	Max	137.8	99.3	92.6	162.6	128.0	146.1	135.2	90.1	77.1	104.7
	99%	49.4	67.0	73.0	68.3	54.5	64.4	60.2	64.2	51.4	53.6
	95%	33.4	32.0	28.4	31.3	30.5	31.8	29.7	32.2	28.7	27.8
	50%	2.7	2.4	2.6	2.3	2.8	2.7	2.2	2.5	2.3	3.1
10/10	Max	137.8	99.3	92.6	162.6	128.0	146.1	135.2	90.1	77.1	104.7
	99%	49.5	67.0	72.9	68.3	54.2	64.2	60.1	64.2	51.3	53.5
	95%	33.4	32.0	31.6	30.5	31.0	30.9	27.4	29.7	28.5	27.5
	50%	2.7	2.4	2.6	2.3	3.0	2.7	2.3	2.7	2.5	3.2
10/11	Max	137.8	99.3	92.6	162.6	128.0	146.1	135.2	90.1	77.1	104.7
	99%	49.9	67.1	73.3	68.5	54.6	63.4	60.3	64.3	51.4	54.0
	95%	33.2	32.3	30.0	29.7	32.1	31.3	31.2	29.7	29.2	27.6
	50%	2.8	2.3	2.5	2.3	3.0	2.7	2.3	2.7	2.7	3.2
10/12	Max	137.8	99.3	92.6	162.6	128.0	146.1	135.2	90.1	77.1	104.7
	99%	50.6	67.3	73.8	68.6	54.8	63.8	60.6	64.4	51.4	54.5
	95%	33.3	30.4	30.7	29.7	32.7	32.1	27.7	29.9	28.7	26.0
	50%	2.7	2.4	2.5	2.5	3.1	2.7	2.3	2.6	2.7	3.1
10/13	Max	137.8	99.3	92.6	162.6	128.0	146.1	135.2	90.1	77.1	104.7
	99%	58.7	67.3	73.5	68.5	54.5	63.7	60.5	64.4	51.4	50.6
	95%	33.6	30.6	30.2	30.1	32.8	32.0	32.0	29.6	28.7	24.7
	50%	2.8	2.3	2.5	2.5	3.1	2.7	2.3	2.6	2.7	3.1
10/14	Max	137.8	99.3	92.6	162.6	128.0	146.1	135.2	90.1	77.1	104.7
	99%	58.4	67.1	72.9	68.3	54.3	63.3	60.2	64.2	51.4	50.6
	95%	33.9	31.1	33.0	30.8	32.8	30.7	30.6	30.1	28.2	24.6
	50%	2.9	2.1	2.5	2.5	3.0	2.7	2.3	2.6	2.5	2.9

续表

日期(月/日)	项目	站点									
		58349	58352	58353	58356	58358	58359	58377	58343	58342	58345
		苏州	常熟	张家港	昆山	东山	吴江	太仓	常州	金坛	溧阳
10/15	Max	137.8	99.3	92.6	162.6	128.0	146.1	135.2	90.1	77.1	104.7
	99%	58.2	67.1	73.0	68.2	54.0	62.0	60.1	64.3	51.4	50.6
	95%	33.8	31.1	31.8	29.8	32.7	30.4	27.5	29.7	28.0	24.7
	50%	2.8	2.1	2.2	2.3	3.0	2.7	2.2	2.5	2.4	2.9
10/16	Max	137.8	99.3	92.6	162.6	128.0	146.1	135.2	90.1	77.1	104.7
	99%	58.1	67.1	72.9	68.2	54.0	62.0	60.1	64.2	51.4	54.0
	95%	33.3	32.4	33.0	29.6	32.6	29.9	27.3	30.1	26.6	24.7
	50%	2.8	2.1	2.3	2.5	3.0	2.8	2.3	2.7	2.5	3.0
10/17	Max	137.8	99.3	92.6	162.6	128.0	146.1	135.2	90.1	72.3	78.0
	99%	58.0	67.2	65.6	68.1	53.7	61.4	59.7	50.5	49.5	50.6
	95%	33.3	30.4	31.6	29.8	32.8	30.5	28.5	28.1	24.8	24.6
	50%	2.7	2.1	2.3	2.5	3.0	2.8	2.3	2.7	2.5	2.9
10/18	Max	137.8	99.3	92.6	162.6	128.0	146.1	135.2	90.1	72.3	78.0
	99%	57.7	67.1	45.8	68.0	53.4	60.9	59.4	49.8	49.5	50.6
	95%	33.3	30.7	32.4	29.6	32.9	30.4	27.8	27.8	25.4	24.6
	50%	2.7	2.1	2.3	2.5	3.0	2.8	2.2	2.9	2.7	2.9
10/19	Max	137.8	99.3	92.6	162.6	128.0	146.1	135.2	90.1	70.9	72.8
	99%	71.2	49.1	44.7	78.9	42.6	60.0	56.1	46.1	43.0	45.7
	95%	31.0	27.2	32.1	28.4	29.6	29.4	26.9	26.6	24.7	23.9
	50%	2.6	2.0	2.3	2.4	2.8	2.7	2.3	2.9	2.5	2.6
10/20	Max	137.8	99.3	92.6	162.6	128.0	146.1	135.2	90.1	55.3	61.7
	99%	61.6	46.4	42.3	77.6	41.7	68.2	45.6	47.7	36.9	40.7
	95%	29.1	26.5	31.6	27.1	29.1	29.1	26.2	25.0	24.6	23.7
	50%	2.5	1.9	2.1	2.3	2.5	2.4	2.0	2.6	2.4	2.3
10/21	Max	137.8	99.3	92.6	162.6	128.0	146.1	135.2	90.1	55.3	61.7
	99%	61.6	46.5	42.1	77.3	41.7	68.3	45.2	63.4	36.8	40.5
	95%	26.7	26.4	31.5	27.1	29.1	29.3	26.1	26.2	23.9	23.8
	50%	2.6	2.0	2.1	2.3	2.7	2.5	2.1	2.7	2.5	2.5
10/22	Max	125.5	85.4	92.6	162.6	96.0	146.1	135.2	90.1	55.3	61.7
	99%	56.5	41.7	36.7	58.5	41.6	58.8	44.9	63.3	39.3	36.9
	95%	25.1	25.5	27.6	25.2	28.9	27.1	25.5	26.4	24.3	23.3
	50%	2.5	2.0	2.1	2.3	2.6	2.4	2.1	2.6	2.4	2.4
10/23	Max	62.1	80.8	90.0	79.8	41.7	59.9	63.0	90.1	55.3	61.7
	99%	40.8	38.2	36.4	41.4	37.0	40.6	39.6	47.7	46.4	34.7
	95%	22.9	24.5	25.7	24.8	26.9	25.1	25.3	24.5	24.5	22.8
	50%	2.5	2.0	2.2	2.3	2.6	2.4	2.1	2.6	2.5	2.4
10/24	Max	62.1	80.8	90.0	79.8	41.7	59.9	63.0	90.1	55.3	61.7
	99%	40.8	38.4	35.7	41.4	38.0	40.6	39.6	37.5	46.4	37.8
	95%	24.7	25.0	25.2	25.0	28.6	27.4	25.5	24.1	24.8	23.3
	50%	2.4	2.0	2.2	2.3	2.7	2.5	2.1	2.7	2.5	2.6

续表

日期（月/日）	项目	站点									
		58349	58352	58353	58356	58358	58359	58377	58343	58342	58345
		苏州	常熟	张家港	昆山	东山	吴江	太仓	常州	金坛	溧阳
10/25	Max	62.1	80.8	47.7	61.8	50.8	48.7	58.5	77.9	58.6	61.7
	99%	45.9	38.8	35.8	41.7	36.9	37.5	39.6	47.8	49.0	39.2
	95%	25.0	25.3	24.9	25.0	27.7	26.7	25.8	25.2	25.7	23.6
	50%	2.5	2.0	2.3	2.3	2.8	2.5	2.3	2.8	2.6	2.6
10/26	Max	62.1	80.8	61.3	61.8	50.8	48.7	58.5	77.9	73.3	76.8
	99%	40.5	42.6	36.2	37.3	36.0	37.4	39.6	48.5	50.8	43.9
	95%	24.7	25.5	24.7	25.0	29.0	27.8	26.3	25.5	26.0	24.9
	50%	2.6	2.1	2.5	2.3	2.9	2.6	2.2	2.9	2.6	2.6
10/27	Max	62.1	80.8	61.3	61.8	50.8	48.7	58.5	77.9	73.3	76.8
	99%	40.5	42.7	36.2	37.4	36.0	37.4	39.6	48.5	50.8	44.0
	95%	24.7	25.5	24.7	25.0	28.8	25.2	26.1	25.7	26.7	26.1
	50%	2.7	2.2	2.7	2.5	2.9	2.6	2.3	3.0	2.8	2.8
10/28	Max	62.1	74.1	61.3	55.8	50.8	48.7	55.4	77.9	73.3	76.8
	99%	38.9	38.8	35.8	36.5	36.0	37.4	39.2	47.8	49.2	43.9
	95%	23.4	25.5	24.0	24.8	28.9	25.9	25.5	24.4	26.1	25.4
	50%	2.6	2.2	2.8	2.3	2.9	2.6	2.3	3.0	2.8	2.8
10/29	Max	62.1	74.1	61.3	55.8	50.8	48.7	55.4	77.9	73.3	76.8
	99%	38.9	38.9	35.8	36.5	36.0	37.4	39.2	47.8	49.2	43.9
	95%	23.4	25.4	24.0	24.8	28.9	25.8	25.5	24.3	25.2	24.9
	50%	2.7	2.2	2.8	2.4	2.9	2.6	2.3	3.1	3.0	2.9
10/30	Max	62.1	74.1	61.3	55.8	50.8	48.7	55.4	77.9	73.3	76.8
	99%	40.9	42.2	35.8	39.0	36.9	38.1	39.1	47.8	49.2	41.8
	95%	23.9	25.4	23.9	25.0	29.0	27.4	25.5	24.2	25.1	24.8
	50%	2.7	2.1	2.8	2.5	2.9	2.6	2.3	3.2	3.0	2.9
10/31	Max	62.1	74.1	61.3	55.8	50.8	48.7	55.4	77.9	73.3	76.8
	99%	39.7	42.2	35.8	37.3	36.9	38.2	39.1	47.8	49.1	41.8
	95%	23.4	25.4	23.9	24.5	28.9	25.1	25.6	24.2	25.0	24.9
	50%	2.7	2.2	2.8	2.6	3.0	2.7	2.4	3.2	3.1	2.9
11/1	Max	62.1	74.1	61.3	55.8	50.8	48.7	55.4	77.9	73.3	76.8
	99%	41.4	44.6	35.8	36.6	36.9	38.2	39.6	47.8	49.2	41.9
	95%	24.1	25.6	24.7	24.9	28.9	25.3	26.3	24.4	25.2	24.1
	50%	2.7	2.2	2.8	2.5	2.9	2.7	2.4	3.2	3.0	2.9
11/2	Max	62.1	74.1	61.3	55.8	50.8	48.7	55.4	77.9	73.3	76.8
	99%	41.7	42.3	35.8	36.2	36.9	38.3	38.8	47.8	49.4	41.9
	95%	24.5	25.7	24.9	25.1	28.9	26.0	26.7	26.0	26.5	26.2
	50%	2.8	2.3	2.9	2.7	3.0	2.8	2.5	3.2	3.2	3.1
11/3	Max	62.1	74.1	61.3	55.8	50.8	48.7	55.4	77.9	73.3	76.8
	99%	42.2	42.5	35.1	36.3	36.9	38.4	38.9	47.9	47.4	42.0
	95%	23.9	25.7	24.7	24.8	29.4	25.9	26.3	24.3	24.4	25.0
	50%	2.8	2.3	3.0	2.7	3.0	2.9	2.5	3.2	3.2	3.0

续表

日期(月/日)	项目	站点									
		58349	58352	58353	58356	58358	58359	58377	58343	58342	58345
		苏州	常熟	张家港	昆山	东山	吴江	太仓	常州	金坛	溧阳
11/4	Max	62.1	74.1	61.3	55.8	50.8	48.7	55.4	77.9	73.3	76.8
	99%	42.3	42.5	35.1	36.3	36.9	38.4	38.9	47.8	47.4	42.1
	95%	23.9	25.7	24.8	24.8	29.5	25.1	26.3	24.3	24.4	25.2
	50%	2.8	2.3	2.9	2.7	3.0	2.9	2.5	3.2	3.1	3.0
11/5	Max	62.1	74.1	61.3	55.8	50.8	48.7	55.4	77.9	73.3	76.8
	99%	42.4	42.5	35.8	36.3	36.9	38.5	38.9	47.9	47.4	42.1
	95%	23.6	25.8	24.9	25.0	29.0	24.8	26.3	24.2	24.5	24.9
	50%	2.7	2.3	3.0	2.7	3.0	2.8	2.4	3.2	3.1	3.0
11/6	Max	62.1	74.1	61.3	55.8	50.8	48.7	55.4	77.9	73.3	76.8
	99%	42.3	42.5	35.8	36.3	37.6	38.5	38.9	47.9	47.4	42.1
	95%	23.9	25.9	25.6	25.0	29.5	25.3	26.3	24.8	25.3	24.9
	50%	2.8	2.3	3.0	2.9	3.1	2.9	2.4	3.0	3.0	3.0
11/7	Max	62.1	74.1	61.3	55.8	50.8	48.7	55.4	77.9	73.3	76.8
	99%	42.1	42.4	35.8	36.3	37.6	38.5	38.8	47.8	47.3	42.1
	95%	23.9	25.8	24.9	25.0	29.5	25.2	25.5	24.5	25.2	24.9
	50%	3.0	2.5	3.3	3.0	3.1	2.9	2.5	3.1	3.2	3.0
11/8	Max	62.1	74.1	61.3	55.8	50.8	48.7	55.4	77.9	73.3	76.8
	99%	42.0	42.4	35.8	36.2	37.6	38.4	38.8	47.8	47.2	42.1
	95%	23.3	25.6	24.7	24.7	28.9	24.7	26.2	24.1	25.2	24.9
	50%	2.8	2.5	3.4	2.9	3.0	2.8	2.5	3.0	3.1	2.9
11/9	Max	62.1	74.1	61.3	55.8	50.8	48.7	72.1	77.9	73.3	76.8
	99%	39.9	42.2	35.8	36.5	37.5	37.2	39.7	47.8	47.1	42.0
	95%	24.2	25.7	23.1	24.6	29.0	26.0	25.8	23.9	23.5	24.9
	50%	2.8	2.8	3.6	3.0	3.0	2.9	2.6	3.0	3.1	3.0
11/10	Max	62.1	74.1	61.3	55.8	50.8	48.7	72.1	77.9	73.3	76.8
	99%	39.9	43.1	36.7	36.5	37.5	37.2	39.7	47.8	47.0	44.5
	95%	24.2	25.7	24.6	24.2	28.2	24.7	25.5	24.3	23.6	24.9
	50%	2.8	2.8	3.6	3.0	3.0	2.9	2.7	3.2	3.1	3.2
11/11	Max	51.8	74.1	61.3	55.8	50.8	48.7	72.1	77.9	73.3	76.8
	99%	38.7	42.8	36.7	36.5	37.0	37.3	39.9	47.8	47.1	44.5
	95%	24.5	25.9	24.5	24.6	27.8	24.7	25.4	25.4	25.0	26.4
	50%	3.0	2.9	3.7	3.1	3.0	2.9	2.7	3.5	3.4	3.4
11/12	Max	51.8	74.1	61.3	55.8	50.8	48.7	72.1	77.9	73.3	76.8
	99%	38.7	42.8	36.8	36.7	37.1	37.3	40.1	47.8	47.1	44.8
	95%	23.9	25.7	24.1	24.7	27.9	24.7	25.4	24.3	25.1	26.6
	50%	3.1	3.0	3.7	3.1	3.1	3.0	2.8	3.4	3.6	3.5
11/13	Max	51.8	74.1	61.3	55.8	50.8	48.7	72.1	77.9	73.3	76.8
	99%	38.8	42.8	36.8	36.7	37.1	37.3	40.0	47.8	47.1	44.8
	95%	24.0	25.9	24.1	24.6	27.9	24.6	25.4	25.5	25.0	27.1
	50%	3.1	3.1	4.1	3.2	3.1	2.9	2.8	3.5	3.8	3.6

续表

日期(月/日)	项目	站点									
		58349	58352	58353	58356	58358	58359	58377	58343	58342	58345
		苏州	常熟	张家港	昆山	东山	吴江	太仓	常州	金坛	溧阳
11/14	Max	51.8	74.1	61.3	55.8	50.8	48.7	72.1	77.9	73.3	76.8
	99%	38.8	42.8	37.8	36.7	37.1	37.3	41.7	48.5	49.2	44.6
	95%	24.0	25.6	24.6	24.9	27.9	24.6	25.5	25.7	25.7	26.6
	50%	3.1	3.1	4.1	3.2	3.1	3.0	2.8	3.5	3.8	3.6
11/15	Max	48.6	74.1	61.3	55.8	50.8	48.7	72.1	77.9	73.3	76.8
	99%	37.7	42.8	37.8	34.8	37.1	34.8	39.2	48.5	47.7	44.4
	95%	23.4	24.9	24.2	23.5	26.6	21.5	25.2	24.1	25.0	26.0
	50%	3.1	3.1	3.9	3.2	3.1	3.0	2.8	3.5	3.6	3.4
11/16	Max	48.6	74.1	61.3	55.8	50.8	48.7	72.1	77.9	73.3	76.8
	99%	38.7	42.8	37.8	36.0	36.9	36.0	39.3	48.4	47.4	44.0
	95%	23.9	25.3	23.2	23.8	27.2	22.7	23.9	25.2	24.3	24.9
	50%	3.1	3.1	3.9	3.3	3.1	3.1	2.9	3.4	3.6	3.4
11/17	Max	48.6	74.1	61.3	55.8	50.8	48.7	72.1	77.9	73.3	76.8
	99%	38.8	42.8	37.8	36.1	36.9	36.1	39.4	48.5	47.6	44.2
	95%	23.7	25.4	23.2	23.9	27.0	21.3	24.3	25.4	24.4	24.9
	50%	3.0	3.1	3.9	3.2	3.1	2.9	2.8	3.3	3.5	3.4
11/18	Max	48.6	74.1	61.3	55.8	50.8	48.7	72.1	77.9	73.3	76.8
	99%	38.8	42.8	37.8	36.1	36.9	36.1	39.3	48.5	47.6	44.1
	95%	23.7	24.9	23.4	23.9	27.2	22.7	24.2	25.7	24.4	24.9
	50%	3.1	3.1	3.9	3.4	3.3	3.2	2.9	3.3	3.5	3.5
11/19	Max	48.6	74.1	61.3	55.8	50.8	48.7	72.1	71.4	73.3	76.8
	99%	38.7	42.8	37.8	36.0	36.7	35.8	39.3	47.8	47.4	44.0
	95%	23.9	25.3	23.3	23.8	27.1	22.6	23.8	24.4	24.3	24.8
	50%	3.1	3.1	3.9	3.2	3.3	3.1	2.8	3.3	3.4	3.6
11/20	Max	48.6	74.1	61.3	55.8	50.8	48.7	72.1	71.4	73.3	76.8
	99%	38.7	42.8	37.8	35.9	36.7	35.8	39.2	39.9	41.2	43.7
	95%	23.9	23.5	22.2	23.3	26.7	22.1	21.8	22.2	22.9	24.9
	50%	3.1	3.0	3.8	3.2	3.2	3.0	2.8	3.3	3.3	3.6
11/21	Max	48.6	74.1	61.3	55.8	50.8	48.2	72.1	71.4	73.3	76.8
	99%	38.7	44.1	37.7	37.7	36.2	34.8	38.4	47.7	39.9	43.4
	95%	23.7	23.8	22.4	23.3	24.9	21.3	22.0	22.3	22.2	24.6
	50%	3.1	3.1	4.0	3.2	3.2	3.0	2.8	3.3	3.3	3.5
11/22	Max	48.6	74.1	61.3	55.8	50.8	48.2	72.1	71.4	73.3	76.8
	99%	38.7	44.1	37.7	37.6	35.4	34.7	38.3	47.8	36.8	39.1
	95%	22.2	23.0	22.2	21.6	24.8	21.1	21.7	22.1	21.6	21.8
	50%	3.2	3.1	3.9	3.4	3.2	3.0	2.8	3.2	3.3	3.6
11/23	Max	48.6	50.3	61.3	43.4	41.2	45.2	72.1	71.4	73.3	76.8
	99%	38.9	42.9	35.3	35.6	33.8	34.6	37.2	37.9	36.5	33.6
	95%	22.8	22.7	21.9	20.4	24.2	20.5	21.3	21.2	21.0	20.4
	50%	3.2	3.1	3.9	3.4	3.2	3.1	2.9	3.3	3.2	3.6

续表

日期(月/日)	项目	站点									
		58349	58352	58353	58356	58358	58359	58377	58343	58342	58345
		苏州	常熟	张家港	昆山	东山	吴江	太仓	常州	金坛	溧阳
11/24	Max	48.6	50.3	51.4	43.4	41.2	45.2	72.1	56.7	59.4	63.4
	99%	36.9	42.1	32.9	35.6	33.2	31.1	38.7	36.5	33.1	31.7
	95%	21.2	21.1	21.4	20.4	22.3	20.3	21.3	21.2	19.7	18.4
	50%	3.1	3.0	3.7	3.4	3.1	3.0	2.8	3.2	3.2	3.4
11/25	Max	48.6	50.3	51.4	43.4	41.2	45.2	72.1	56.7	59.4	63.4
	99%	36.7	41.7	32.9	35.4	37.5	34.7	38.7	36.4	33.1	31.1
	95%	21.0	20.4	21.1	19.9	22.3	20.3	20.7	20.4	19.5	17.9
	50%	3.1	3.0	3.6	3.4	3.1	3.0	2.8	3.0	3.0	3.1
11/26	Max	48.6	50.3	51.4	43.4	41.2	45.2	72.1	56.7	59.4	63.4
	99%	36.8	41.9	32.9	35.5	35.3	30.9	38.7	36.5	33.1	31.1
	95%	21.0	20.4	21.5	20.1	20.7	19.9	21.2	20.8	20.5	17.8
	50%	3.2	3.0	3.3	3.5	3.3	3.0	2.9	3.1	3.1	3.3
11/27	Max	48.6	50.3	51.4	43.4	41.2	45.2	72.1	56.7	59.4	63.4
	99%	36.8	41.9	32.9	35.5	37.5	31.0	38.7	36.4	33.1	31.1
	95%	21.0	20.4	21.5	20.1	22.3	19.9	21.1	20.4	19.1	17.4
	50%	3.3	3.1	3.3	3.4	3.5	3.0	2.9	2.9	3.1	3.4
11/28	Max	47.8	50.3	51.4	43.4	38.8	41.3	72.1	56.7	59.4	63.4
	99%	33.9	37.1	32.5	34.4	35.5	34.5	38.6	35.4	33.1	30.5
	95%	20.8	20.5	21.1	19.9	22.3	20.3	20.7	20.0	18.5	17.2
	50%	3.2	3.1	3.3	3.3	3.4	3.0	2.9	2.9	3.0	3.1
11/29	Max	47.8	50.3	51.4	43.4	38.8	41.3	72.1	56.7	59.4	63.4
	99%	33.9	37.1	32.5	34.5	35.5	34.4	38.6	35.5	33.0	30.5
	95%	20.8	20.4	21.1	19.7	23.2	20.6	20.1	20.0	18.9	17.2
	50%	3.1	3.0	3.3	3.2	3.3	2.9	2.9	2.8	3.0	3.1
11/30	Max	46.2	42.9	51.4	43.4	38.8	41.3	72.1	56.7	59.4	63.4
	99%	33.2	36.3	31.3	31.9	35.5	34.2	36.1	30.5	33.0	30.4
	95%	19.8	20.3	21.6	19.5	21.6	20.1	19.5	20.0	20.6	19.4
	50%	3.1	3.1	3.3	3.2	3.3	2.8	2.9	2.8	3.0	3.0
12/1	Max	46.2	42.9	51.4	43.4	38.8	41.3	72.1	56.7	59.4	63.4
	99%	33.9	35.9	31.2	32.4	35.5	33.2	35.5	33.5	35.1	30.4
	95%	19.6	19.7	21.1	19.5	20.6	19.9	19.6	20.0	20.5	18.4
	50%	3.0	3.0	3.3	3.2	3.0	2.8	2.9	2.7	2.8	3.0
12/2	Max	46.2	42.9	51.4	43.4	38.8	41.3	72.1	56.7	59.4	63.4
	99%	33.9	35.9	37.5	32.3	35.5	33.0	35.1	33.3	34.7	30.3
	95%	19.8	19.3	21.6	19.5	20.6	19.7	19.3	20.4	20.7	17.2
	50%	3.1	3.0	3.3	3.2	2.9	2.7	2.9	2.8	3.0	3.1
12/3	Max	46.2	42.9	51.4	43.4	38.8	41.3	72.1	56.7	59.4	63.4
	99%	33.9	36.0	31.2	32.8	35.5	33.5	35.8	33.4	34.9	30.3
	95%	19.7	19.4	21.1	19.5	19.5	18.5	19.4	20.1	21.5	17.8
	50%	3.1	3.0	3.3	3.1	2.8	2.7	2.9	3.0	3.1	3.3

续表

日期（月/日）	项目	站点									
		58349	58352	58353	58356	58358	58359	58377	58343	58342	58345
		苏州	常熟	张家港	昆山	东山	吴江	太仓	常州	金坛	溧阳
12/4	Max	46.2	42.9	51.4	43.4	38.8	41.3	72.1	56.7	59.4	63.4
	99%	33.9	35.9	31.9	32.8	35.5	33.4	35.8	33.3	34.8	30.3
	95%	19.8	19.3	21.3	19.6	19.4	19.8	19.8	20.5	20.7	17.1
	50%	3.1	3.0	3.2	3.1	2.8	2.7	2.9	2.8	3.0	3.1
12/5	Max	46.2	42.9	51.4	43.4	38.8	41.3	72.1	56.7	59.4	63.4
	99%	33.9	35.7	31.9	32.8	34.3	33.3	35.7	33.2	34.5	31.2
	95%	19.9	19.3	20.8	19.2	19.1	19.3	19.3	20.0	20.5	17.6
	50%	3.0	3.0	3.3	3.0	2.7	2.5	2.7	2.9	3.0	3.0
12/6	Max	46.2	42.9	51.4	43.4	38.8	41.3	72.1	56.7	59.4	63.4
	99%	33.9	35.8	31.9	32.8	34.3	33.3	35.9	33.2	34.5	31.2
	95%	19.7	19.3	20.9	18.6	19.1	19.4	18.5	20.0	20.5	17.5
	50%	2.9	2.9	3.2	3.0	2.8	2.5	2.6	3.0	3.1	3.1
12/7	Max	46.2	42.9	51.4	43.4	38.8	41.3	72.1	56.7	59.4	63.4
	99%	33.9	35.9	31.9	32.8	34.5	33.5	36.1	33.3	34.6	31.2
	95%	19.6	18.9	21.1	18.0	18.9	18.5	18.8	20.0	20.5	17.1
	50%	2.9	2.9	3.2	2.9	2.7	2.5	2.5	2.8	2.9	3.1
12/8	Max	46.2	42.9	51.4	37.8	37.5	41.3	40.8	56.7	59.4	63.4
	99%	30.6	34.7	31.0	32.6	29.7	28.9	35.0	34.0	34.8	31.1
	95%	19.7	18.6	20.1	18.1	19.2	18.7	17.6	19.9	20.7	17.3
	50%	2.9	2.9	3.2	2.9	2.8	2.6	2.5	2.8	2.8	3.1
12/9	Max	46.2	42.9	51.4	37.8	37.5	41.3	40.8	56.7	59.4	45.4
	99%	30.6	30.2	31.2	32.6	29.6	28.9	34.9	32.1	31.2	31.2
	95%	19.6	18.5	21.0	18.4	19.4	19.8	17.8	20.0	20.5	18.1
	50%	2.9	2.8	3.3	2.9	2.8	2.7	2.5	2.7	2.8	2.9
12/10	Max	46.2	37.1	51.4	37.8	37.5	41.3	40.8	56.7	59.4	45.4
	99%	28.8	29.3	31.2	32.2	27.6	27.6	32.3	29.9	29.3	29.0
	95%	18.3	17.7	19.5	17.6	19.1	19.3	17.1	17.7	17.8	16.0
	50%	2.9	2.7	3.2	2.8	2.8	2.6	2.5	2.4	2.7	2.7
12/11	Max	46.2	37.1	51.4	37.8	37.5	41.3	40.8	56.7	59.4	45.4
	99%	28.8	29.2	31.2	32.1	27.7	27.6	32.3	29.7	29.3	29.0
	95%	19.0	18.8	19.8	17.8	18.7	19.2	17.7	19.1	17.8	16.6
	50%	2.8	2.7	3.3	2.7	2.7	2.5	2.5	2.4	2.6	2.5
12/12	Max	46.2	37.1	51.4	37.8	37.5	41.3	40.8	56.7	59.4	45.4
	99%	28.7	29.2	31.2	32.1	27.6	27.5	32.3	29.5	29.3	28.9
	95%	18.9	18.4	19.2	17.1	19.0	17.6	17.1	17.2	17.5	16.0
	50%	2.8	2.6	3.2	2.4	2.7	2.6	2.4	2.3	2.6	2.4
12/13	Max	46.2	36.9	31.9	37.8	37.5	41.3	38.7	34.8	37.3	32.7
	99%	28.0	27.5	30.3	29.7	27.7	27.6	29.7	26.7	28.8	28.1
	95%	17.8	17.5	18.0	17.1	17.9	17.3	16.8	16.5	17.5	15.5
	50%	2.8	2.7	3.1	2.4	2.7	2.6	2.4	2.3	2.6	2.4

续表

日期（月/日）	项目	站点									
		58349	58352	58353	58356	58358	58359	58377	58343	58342	58345
		苏州	常熟	张家港	昆山	东山	吴江	太仓	常州	金坛	溧阳
12/14	Max	46.2	36.9	31.9	37.8	37.5	41.3	38.7	34.8	37.3	32.7
	99%	28.0	27.5	30.2	29.5	27.7	27.6	29.7	26.8	28.8	28.0
	95%	18.0	18.1	18.2	17.6	18.2	18.4	17.1	17.2	17.5	16.0
	50%	2.9	2.7	3.2	2.8	2.7	2.6	2.5	2.3	2.6	2.5
12/15	Max	35.2	30.3	31.2	32.6	37.5	33.6	35.5	34.8	37.3	31.5
	99%	27.3	26.5	25.9	25.5	26.8	26.3	25.2	24.1	27.8	26.9
	95%	18.1	17.7	18.2	18.1	18.4	19.0	17.2	17.0	17.5	16.8
	50%	2.8	2.6	3.1	2.6	2.6	2.6	2.3	2.3	2.5	2.5
12/16	Max	35.2	30.3	31.2	32.6	37.5	33.6	35.5	34.8	37.3	31.5
	99%	27.3	26.5	25.9	25.5	26.8	26.3	25.2	23.5	27.9	26.9
	95%	18.0	17.6	18.3	17.6	19.0	19.4	18.0	17.0	16.7	16.2
	50%	2.9	2.6	3.1	2.7	2.7	2.8	2.5	2.4	2.6	2.5
12/17	Max	45.3	41.3	31.2	39.3	37.5	37.7	35.5	35.8	39.9	48.2
	99%	28.0	27.6	30.2	29.8	27.7	27.7	30.0	24.7	28.8	28.0
	95%	18.1	17.7	18.8	18.1	19.4	20.1	17.8	17.2	17.3	16.8
	50%	2.9	2.7	3.2	2.7	2.6	2.6	2.4	2.5	2.7	2.7
12/18	Max	45.3	41.3	31.2	39.3	37.5	37.7	35.5	35.8	39.9	48.2
	99%	28.0	27.6	30.2	29.8	27.7	27.7	30.0	24.7	28.8	28.1
	95%	18.1	17.8	18.8	18.1	19.4	19.5	17.8	17.2	17.4	16.8
	50%	2.8	2.6	3.1	2.7	2.6	2.5	2.4	2.4	2.6	2.6
12/19	Max	45.3	41.3	31.2	39.3	37.5	37.7	35.5	35.8	39.9	48.2
	99%	28.0	27.6	30.3	29.8	27.7	27.7	29.8	24.7	28.8	28.1
	95%	18.0	17.6	18.9	17.7	19.4	19.4	18.0	17.2	17.3	16.8
	50%	2.9	2.8	3.2	2.8	2.7	2.6	2.5	2.5	2.7	2.7
12/20	Max	45.3	41.3	31.2	39.3	37.5	37.7	35.5	35.8	39.9	48.2
	99%	28.1	27.6	30.5	30.2	27.8	27.7	30.1	24.8	28.8	28.1
	95%	18.1	17.6	19.0	17.9	19.6	19.2	17.6	17.2	17.4	16.9
	50%	2.9	2.7	3.1	2.8	2.6	2.5	2.5	2.5	2.7	2.7
12/21	Max	45.3	41.3	31.2	39.3	37.5	37.7	35.5	35.8	39.9	48.2
	99%	28.1	27.7	26.0	30.3	27.8	27.6	30.3	24.8	28.8	28.1
	95%	18.8	17.9	18.5	18.2	19.6	19.3	17.9	17.0	16.9	16.9
	50%	2.9	2.7	3.1	2.8	2.7	2.5	2.5	2.5	2.7	2.7
12/22	Max	45.3	41.3	31.2	39.3	37.5	37.7	35.5	35.8	39.9	48.2
	99%	28.2	27.8	25.1	30.8	25.9	27.8	30.7	24.8	28.8	28.2
	95%	18.3	18.0	18.1	17.7	19.5	20.0	18.2	17.1	17.4	16.9
	50%	2.6	2.5	3.0	2.4	2.6	2.5	2.3	2.4	2.6	2.5
12/23	Max	45.3	44.2	56.8	39.3	37.5	37.7	35.5	53.1	43.4	48.2
	99%	30.8	29.5	26.1	32.4	25.9	27.8	32.6	29.6	29.3	28.9
	95%	19.0	18.4	19.1	18.1	19.5	20.5	18.5	17.2	17.5	17.1
	50%	2.6	2.6	3.1	2.4	2.7	2.6	2.3	2.4	2.6	2.5

续表

日期（月/日）	项目	站点									
		58349	58352	58353	58356	58358	58359	58377	58343	58342	58345
		苏州	常熟	张家港	昆山	东山	吴江	太仓	常州	金坛	溧阳
12/24	Max	45.3	44.2	56.8	39.3	33.2	37.7	35.5	53.1	43.4	48.2
	99%	30.8	29.5	26.1	32.4	24.7	27.8	32.7	29.5	29.3	28.9
	95%	18.3	18.2	18.6	18.0	19.4	20.0	18.5	17.2	17.5	17.0
	50%	2.7	2.6	3.1	2.4	2.7	2.6	2.3	2.5	2.7	2.7
12/25	Max	45.3	44.2	56.8	39.3	33.2	37.7	35.5	53.1	43.4	48.2
	99%	30.8	29.4	31.0	32.4	24.7	27.8	32.6	28.6	29.3	28.9
	95%	18.3	17.7	19.6	17.7	19.4	19.4	18.2	17.2	17.4	16.9
	50%	2.6	2.7	3.1	2.4	2.7	2.5	2.2	2.4	2.6	2.6
12/26	Max	45.3	44.2	56.8	39.3	33.2	37.7	35.5	53.1	43.4	48.2
	99%	30.8	29.3	31.0	32.4	24.7	27.7	32.5	28.1	29.3	28.9
	95%	18.3	17.8	19.3	17.6	19.4	19.4	18.4	17.2	17.3	17.0
	50%	2.6	2.6	3.3	2.3	2.6	2.4	2.2	2.5	2.7	2.6
12/27	Max	45.3	44.2	56.8	39.3	41.0	37.7	37.0	53.1	43.4	48.2
	99%	32.1	30.2	31.2	32.6	25.9	29.0	34.8	33.8	33.1	31.2
	95%	19.0	18.3	20.1	18.1	19.4	20.1	18.9	17.2	17.3	17.7
	50%	2.7	2.8	3.3	2.4	2.6	2.5	2.2	2.5	2.7	2.6
12/28	Max	45.3	44.2	56.8	39.3	41.0	37.7	37.0	53.1	43.4	48.2
	99%	32.4	30.3	31.2	32.6	27.9	30.6	34.8	33.9	34.7	34.8
	95%	19.5	19.3	21.0	18.9	19.7	20.5	19.5	19.5	20.6	18.5
	50%	2.8	2.8	3.3	2.5	2.7	2.6	2.3	2.4	2.7	2.6
12/29	Max	45.3	44.2	56.8	39.3	41.0	37.7	37.0	53.1	43.4	48.2
	99%	32.4	30.3	30.6	32.6	28.0	29.1	31.0	33.9	35.0	34.9
	95%	19.4	19.3	20.1	19.0	19.4	19.6	19.0	17.7	17.5	17.9
	50%	2.9	2.9	3.3	2.7	2.7	2.6	2.3	2.5	2.8	2.7
12/30	Max	45.3	44.2	56.8	39.3	41.0	37.7	37.0	53.1	43.4	48.2
	99%	32.3	30.3	29.4	32.6	28.1	29.1	31.1	32.8	31.3	35.1
	95%	19.8	19.3	19.8	19.1	19.7	20.3	19.1	17.3	17.5	17.2
	50%	2.9	2.9	3.3	2.7	2.7	2.6	2.3	2.6	2.9	2.7
12/31	Max	45.3	44.2	56.8	39.3	41.0	37.7	38.8	53.1	43.4	48.2
	99%	32.3	33.5	29.5	35.8	30.3	29.4	32.8	32.8	31.3	35.1
	95%	21.2	20.8	20.3	19.7	19.8	20.5	19.5	17.3	17.5	18.5
	50%	2.9	2.9	3.3	2.7	2.7	2.9	2.3	2.6	2.9	2.7

第 9 章　各组站点旬雨量阈值

第一组(徐州和宿迁)11 站旬雨量阈值

日期(月/旬)	项目	站点										
		58027	58012	58013	58026	58028	58035	58130	58131	58038	58132	58135
		徐州	丰县	沛县	邳州	铜山	新沂	睢宁	宿迁	沭阳	泗阳	泗洪
1/上	Max	27.9	19.8	19.1	28.7	21.6	26.7	23.1	28.3	28.5	28.2	28.9
	99%	24.2	18.2	19.0	26.9	20.2	26.2	22.8	28.1	28.1	27.6	27.5
	95%	17.8	14.2	17.4	18.8	18.5	16.9	16.7	22.2	20.3	21.6	21.3
	50%	1.8	1.6	1.6	1.6	1.3	1.7	1.6	1.7	2.2	1.7	1.3
1/中	Max	22.6	32.0	37.3	21.9	20.5	22.9	24.3	24.6	27.7	36.3	32.9
	99%	21.4	22.7	27.5	21.2	16.9	22.4	23.2	23.9	26.6	34.6	32.5
	95%	13.9	11.6	13.5	12.5	9.5	13.3	15.7	16.8	18.5	19.8	16.0
	50%	1.8	2.1	1.2	1.3	1.6	1.4	1.8	1.9	1.9	2.0	1.5
1/下	Max	29.2	25.4	14.7	27.9	31.2	19.9	20.1	22.2	25.4	25.8	20.4
	99%	29.2	21.8	14.3	25.9	29.1	18.7	19.8	22.0	24.6	16.0	17.3
	95%	12.2	12.1	12.9	11.5	15.6	11.3	13.9	13.5	13.9	14.9	12.6
	50%	2.2	2.1	1.5	2.1	1.0	2.4	1.6	2.0	2.6	1.8	1.6
2/上	Max	15.6	13.6	13.6	16.3	13.3	18.2	29.3	27.2	30.5	34.4	34.0
	99%	15.6	12.9	13.2	16.3	12.5	18.2	28.8	18.1	29.8	17.7	16.8
	95%	11.0	9.1	10.4	10.7	11.4	12.7	13.3	13.0	15.2	16.4	15.4
	50%	2.0	2.1	1.6	2.5	1.5	2.6	3.0	2.2	3.2	2.2	2.0
2/中	Max	26.7	20.9	16.8	30.6	20.0	27.4	36.2	29.0	29.6	25.8	26.7
	99%	22.1	20.7	16.5	20.8	19.7	23.0	24.5	25.0	23.6	21.9	22.3
	95%	15.3	14.0	14.1	16.4	15.8	15.4	15.3	14.6	15.9	16.3	15.7
	50%	1.5	2.1	1.9	2.2	1.3	2.7	1.9	1.8	2.6	2.5	2.3
2/下	Max	24.5	36.8	34.0	27.7	27.2	25.8	25.6	39.6	26.7	32.3	42.9
	99%	24.3	36.1	33.7	27.5	22.0	25.8	23.0	26.5	25.5	24.5	26.6
	95%	19.0	23.9	16.9	17.8	15.0	18.0	16.7	17.7	19.6	13.7	16.5
	50%	2.0	2.0	1.9	1.7	1.1	1.6	1.8	1.8	1.7	1.7	1.8
3/上	Max	43.6	45.5	38.3	40.0	41.0	43.5	51.7	58.2	52.9	64.5	63.3
	99%	26.4	44.3	37.9	29.2	36.2	33.7	37.3	31.8	35.0	48.5	48.2
	95%	20.6	29.0	27.7	22.8	17.0	22.6	26.9	22.4	22.3	25.8	28.6
	50%	3.0	3.8	3.7	2.7	3.1	2.9	3.3	2.9	3.3	2.9	3.0
3/中	Max	34.3	17.3	25.5	35.4	35.0	34.2	68.8	66.3	63.5	20.3	36.0
	99%	23.7	17.3	25.4	21.2	25.9	29.2	30.7	26.7	25.7	19.2	22.1
	95%	15.0	13.6	13.0	16.7	13.1	14.3	17.3	16.8	17.3	15.5	17.6
	50%	2.8	1.8	1.9	2.5	1.9	2.0	2.7	2.5	2.8	2.5	2.9

续表

日期(月/旬)	项目	站点										
		58027	58012	58013	58026	58028	58035	58130	58131	58038	58132	58135
		徐州	丰县	沛县	邳州	铜山	新沂	睢宁	宿迁	沭阳	泗阳	泗洪
3/下	Max	40.7	48.2	39.2	31.7	27.8	35.2	74.1	54.3	35.8	44.4	52.6
	99%	32.3	46.4	19.8	25.5	27.0	23.3	37.0	33.1	29.8	28.1	26.7
	95%	19.4	17.7	12.8	18.3	18.9	20.3	23.8	20.5	20.6	22.8	21.8
	50%	2.5	2.0	1.7	2.8	3.6	2.2	2.2	2.8	2.1	2.1	2.2
4/上	Max	37.9	32.1	51.0	57.2	33.0	63.8	65.8	58.7	57.0	89.5	46.4
	99%	27.3	26.6	30.5	34.0	32.1	44.4	47.7	38.3	43.4	32.2	29.7
	95%	21.1	21.6	22.7	22.3	22.2	22.0	19.5	20.5	20.7	22.4	20.5
	50%	2.4	2.1	1.8	2.5	2.4	1.8	2.1	1.8	2.3	2.9	2.6
4/中	Max	43.7	55.3	38.2	61.7	56.3	57.5	105.5	127.1	143.1	59.1	87.8
	99%	34.1	48.6	30.1	34.8	52.9	40.9	70.7	70.7	53.9	46.4	43.0
	95%	25.4	23.3	22.6	27.4	23.0	25.6	28.2	37.8	27.0	26.7	29.1
	50%	2.4	2.8	2.9	2.7	2.3	2.1	3.0	3.1	3.8	3.6	3.3
4/下	Max	105.6	80.4	79.0	107.7	99.0	93.6	92.1	67.8	51.4	49.2	45.4
	99%	53.6	47.5	50.9	72.2	95.5	84.5	68.7	57.2	49.6	45.7	43.0
	95%	35.5	35.3	37.9	44.0	34.5	35.0	36.0	36.1	35.5	29.7	29.1
	50%	2.0	2.2	2.9	1.8	1.9	1.6	1.9	1.8	2.2	1.6	2.0
5/上	Max	76.2	80.6	68.3	98.5	93.0	77.9	69.9	144.2	84.9	75.2	58.2
	99%	57.6	57.5	54.0	70.8	88.1	57.1	59.9	55.9	75.6	67.2	53.0
	95%	37.9	36.4	26.8	32.1	34.8	34.7	38.0	30.4	34.7	29.7	26.0
	50%	2.9	2.8	2.8	3.3	2.0	3.0	3.4	3.8	2.9	4.2	3.7
5/中	Max	117.6	74.6	70.6	89.1	111.9	78.8	66.5	74.0	72.1	73.9	85.6
	99%	87.6	63.5	62.3	65.9	103.0	64.3	59.8	65.0	64.0	61.1	54.4
	95%	42.7	43.2	48.5	37.1	45.4	42.3	27.3	33.9	33.0	34.9	34.8
	50%	3.0	2.7	2.6	3.0	1.9	2.7	1.9	1.7	2.6	3.5	3.1
5/下	Max	127.9	83.8	80.5	91.8	110.2	86.1	229.7	201.8	110.9	175.0	107.7
	99%	79.3	40.9	51.4	69.3	101.6	79.4	92.7	100.5	90.8	81.6	64.4
	95%	31.9	30.8	26.4	40.9	53.4	35.5	36.5	39.5	36.6	27.9	38.3
	50%	2.4	1.7	1.9	2.2	1.8	2.1	2.8	3.6	2.9	2.3	2.1
6/上	Max	75.4	68.4	68.9	183.4	99.0	265.7	70.1	70.6	284.7	110.0	136.2
	99%	59.3	51.1	59.5	61.2	91.6	54.8	60.5	54.2	57.8	62.7	101.6
	95%	38.1	36.8	39.0	38.0	38.6	33.0	32.8	30.6	36.8	41.8	30.6
	50%	3.9	3.3	2.8	4.4	3.5	3.4	2.6	3.3	3.4	4.5	3.1
6/中	Max	94.4	72.5	84.1	95.5	102.0	74.8	140.0	140.1	91.9	130.6	104.8
	99%	87.9	54.1	82.1	89.5	99.1	69.4	86.2	97.7	80.0	93.1	83.7
	95%	65.2	44.1	46.6	45.7	44.3	46.4	68.9	49.7	49.3	52.1	37.2
	50%	4.4	3.0	3.6	4.8	4.1	3.7	2.9	4.0	3.7	4.3	3.6
6/下	Max	131.0	174.3	155.7	159.3	91.4	126.7	122.5	135.8	111.6	149.4	183.8
	99%	91.2	128.7	110.0	116.9	89.2	86.1	117.8	97.1	104.4	135.8	101.1
	95%	64.1	65.5	61.9	57.5	60.4	54.9	66.1	70.0	52.6	59.7	66.1
	50%	5.6	3.8	3.3	5.4	3.4	3.8	6.0	4.8	5.0	5.8	5.0

续表

日期（月/旬）	项目	站点										
		58027	58012	58013	58026	58028	58035	58130	58131	58038	58132	58135
		徐州	丰县	沛县	邳州	铜山	新沂	睢宁	宿迁	沭阳	泗阳	泗洪
7/上	Max	148.0	267.9	241.5	310.2	229.5	176.5	143.6	122.0	128.3	179.7	185.5
	99%	117.7	81.4	75.9	123.8	94.2	150.4	128.3	100.9	124.1	102.1	106.5
	95%	65.4	50.4	54.4	76.2	69.0	78.7	77.6	73.7	64.3	71.9	84.5
	50%	5.3	4.2	4.9	5.2	4.0	6.4	5.0	5.4	5.9	5.4	6.4
7/中	Max	315.4	189.0	116.9	134.2	128.0	127.6	146.2	253.9	139.7	189.6	198.1
	99%	105.0	112.1	88.1	119.9	110.1	122.4	114.7	125.9	109.9	141.4	120.7
	95%	72.8	66.6	56.6	75.8	63.9	68.4	79.6	78.9	78.9	67.1	52.6
	50%	6.7	6.9	7.8	6.2	9.1	6.4	7.8	7.4	6.7	7.2	6.7
7/下	Max	225.5	202.0	96.0	166.6	313.9	110.2	208.3	174.5	137.6	131.2	181.9
	99%	130.7	95.5	72.4	125.4	116.8	103.4	108.8	165.2	102.8	109.3	87.9
	95%	58.7	61.9	51.0	64.9	66.5	60.3	62.4	62.1	60.7	64.0	54.7
	50%	6.8	5.3	7.5	6.9	5.6	7.1	7.8	7.8	6.7	5.9	6.7
8/上	Max	107.2	161.2	340.7	160.3	103.6	170.5	180.4	150.8	199.0	163.1	113.5
	99%	91.7	85.6	194.3	112.1	72.3	82.8	69.9	100.7	126.3	98.8	64.0
	95%	48.9	62.3	77.5	51.6	56.0	56.0	42.3	55.8	71.9	62.1	44.7
	50%	5.7	5.4	5.5	6.5	4.9	7.0	4.7	4.8	5.3	4.2	5.1
8/中	Max	107.7	102.5	174.2	172.0	116.2	172.5	233.5	243.7	118.8	136.4	207.5
	99%	81.1	95.8	148.3	107.6	84.2	99.3	105.9	108.8	90.5	84.4	83.1
	95%	48.6	45.1	49.1	61.4	54.8	61.2	58.8	51.5	64.8	50.3	46.6
	50%	4.3	4.4	5.6	4.9	5.0	5.0	3.6	4.2	4.8	4.0	3.9
8/下	Max	180.0	108.4	113.0	102.0	95.4	94.1	173.9	139.6	128.2	154.8	164.4
	99%	91.1	95.0	108.4	94.5	93.6	76.7	135.5	125.7	92.4	83.3	92.1
	95%	49.6	66.9	68.5	66.9	51.0	57.9	50.6	65.9	57.0	53.5	51.4
	50%	4.7	4.0	5.0	5.0	3.2	5.2	4.8	5.9	5.9	5.0	3.2
9/上	Max	133.2	97.1	200.8	102.0	144.3	100.3	83.9	190.9	150.0	122.7	148.8
	99%	114.8	79.9	106.1	99.7	95.5	90.6	77.8	130.4	144.3	106.6	127.5
	95%	40.9	44.4	54.5	47.0	55.2	54.9	51.7	60.0	50.3	47.0	46.6
	50%	4.8	4.1	4.3	3.0	4.3	3.2	4.1	4.5	3.2	4.7	3.7
9/中	Max	82.5	65.0	66.7	81.7	51.0	90.9	117.1	155.7	161.7	79.7	73.4
	99%	58.4	61.7	65.6	72.7	50.6	80.1	87.0	85.1	103.1	74.8	67.7
	95%	37.6	45.2	44.2	43.0	36.0	43.8	53.5	49.8	46.5	50.5	45.7
	50%	5.3	4.2	5.6	3.4	3.9	4.3	3.5	3.4	3.0	3.9	3.4
9/下	Max	93.3	112.9	97.2	87.0	91.3	84.8	128.7	113.1	143.0	132.9	138.5
	99%	68.0	54.6	55.7	64.4	83.2	75.4	87.4	106.7	94.8	100.4	83.5
	95%	30.4	29.9	32.6	32.8	23.8	34.5	32.8	31.6	31.0	33.7	39.3
	50%	2.7	2.5	2.6	2.5	2.6	2.7	3.0	2.7	2.2	3.4	3.1
10/上	Max	46.0	54.5	50.3	47.8	42.5	51.8	45.1	50.5	56.4	61.9	42.8
	99%	37.2	45.9	31.6	34.5	41.8	30.1	41.2	35.2	40.5	31.1	40.7
	95%	30.0	20.8	21.2	23.1	29.3	21.5	28.6	26.1	28.8	24.3	28.5
	50%	4.5	3.4	3.1	3.1	3.5	2.1	2.8	3.4	2.9	3.5	2.7

续表

日期(月/旬)	项目	站点										
		58027	58012	58013	58026	58028	58035	58130	58131	58038	58132	58135
		徐州	丰县	沛县	邳州	铜山	新沂	睢宁	宿迁	沭阳	泗阳	泗洪
10/中	Max	51.4	67.8	115.5	89.7	72.6	99.6	70.5	71.6	48.2	52.4	67.7
	99%	44.2	40.8	44.7	48.1	64.7	45.5	52.0	57.2	39.5	37.2	46.0
	95%	25.2	26.3	26.6	27.3	30.5	26.1	28.7	25.1	25.2	23.8	24.8
	50%	2.1	2.9	2.7	2.5	2.7	1.7	2.4	2.1	1.8	2.1	2.8
10/下	Max	83.5	46.7	46.0	48.5	36.1	36.4	40.1	45.5	77.4	76.8	58.0
	99%	35.1	45.8	45.8	30.1	30.0	29.1	30.1	32.7	44.7	41.3	27.5
	95%	18.0	18.3	17.5	25.2	21.4	19.5	18.7	18.0	15.0	17.3	15.5
	50%	2.3	2.3	2.5	2.5	2.8	2.1	1.9	2.0	2.5	2.0	2.5
11/上	Max	28.4	31.0	42.3	76.1	24.9	52.1	31.9	31.8	39.3	51.8	46.3
	99%	24.9	26.0	22.9	24.0	24.3	31.1	24.1	26.2	30.7	35.5	31.5
	95%	19.6	17.8	15.4	16.3	17.2	19.2	19.8	21.1	24.1	25.1	25.0
	50%	2.8	1.8	1.8	2.9	2.2	3.0	3.1	3.2	2.8	3.8	2.7
11/中	Max	51.2	68.8	61.8	55.4	46.8	42.7	28.6	28.6	29.4	35.8	33.4
	99%	27.5	66.8	57.9	55.2	30.8	33.0	23.5	26.6	27.1	29.3	27.2
	95%	17.9	20.4	20.2	24.2	15.0	21.0	18.3	20.7	22.2	24.4	21.4
	50%	2.0	1.7	2.2	2.3	1.6	1.6	3.1	2.6	3.0	3.2	2.8
11/下	Max	31.9	63.0	31.7	27.7	27.7	33.9	29.9	37.5	37.3	41.6	41.2
	99%	31.6	55.9	30.4	27.6	23.8	33.6	29.8	37.2	36.5	41.0	32.6
	95%	24.2	19.6	16.7	25.7	20.7	17.3	19.3	20.7	17.4	22.4	19.3
	50%	2.7	2.1	2.2	2.7	2.0	1.9	2.4	2.7	2.6	3.3	2.1
12/上	Max	20.6	17.3	22.5	21.9	15.1	23.2	27.3	23.1	23.9	24.2	25.8
	99%	20.0	16.6	21.1	21.1	14.7	22.7	26.5	22.8	23.4	23.6	25.7
	95%	13.3	11.9	14.4	14.9	12.5	17.0	20.4	18.1	15.6	15.2	15.9
	50%	3.3	2.3	2.3	2.3	2.9	1.8	2.1	1.8	2.2	1.6	1.6
12/中	Max	20.1	17.8	31.2	18.4	13.1	19.3	19.9	18.4	14.4	16.6	25.0
	99%	18.3	16.4	26.4	17.2	13.1	18.1	19.0	18.1	14.3	16.4	24.2
	95%	11.4	10.2	10.5	8.7	12.8	12.8	11.2	10.3	11.7	11.2	9.8
	50%	2.3	1.6	1.6	1.3	1.7	1.0	1.5	1.1	1.4	1.5	1.1
12/下	Max	16.9	13.0	15.0	21.4	13.0	16.0	21.2	34.0	25.3	36.1	25.7
	99%	16.3	12.7	14.7	20.7	12.8	15.9	21.1	32.8	25.0	35.2	13.5
	95%	10.7	10.1	11.0	9.9	11.5	12.6	11.8	12.2	12.6	15.0	12.0
	50%	2.1	1.8	1.7	1.8	1.6	1.9	1.6	1.5	1.4	1.9	1.8

第二组(南京和扬州)11 站旬雨量阈值

日期(月/旬)	项目	站点										
		58238	58235	58237	58333	58340	58339	58245	58148	58241	58242	58244
		南京	六合	浦口	江宁	溧水	高淳	扬州	宝应	高邮	仪征	江都
1/上	Max	32.5	33.6	37.8	29.0	34.7	36.9	39.8	29.0	35.5	43.1	41.1
	99%	23.9	23.8	29.9	25.7	22.0	22.4	27.7	28.4	35.1	25.2	25.0
	95%	16.9	15.8	17.4	15.8	13.4	15.1	19.3	20.8	23.2	18.0	19.0
	50%	2.3	2.3	2.1	2.4	2.1	1.9	2.4	2.3	2.5	2.1	2.2
1/中	Max	32.7	39.9	36.2	34.9	50.4	39.7	42.8	28.0	33.8	44.7	45.4
	99%	28.3	27.7	23.6	25.1	33.7	35.2	28.0	23.4	21.0	27.3	30.3
	95%	19.5	20.9	20.9	17.6	22.9	21.2	22.3	17.9	19.5	21.2	18.8
	50%	2.6	2.3	2.9	2.9	3.9	3.6	3.1	2.4	3.0	2.7	2.9
1/下	Max	21.8	20.5	21.6	25.9	39.4	36.4	20.0	30.4	29.3	19.6	20.7
	99%	18.7	18.5	19.7	20.1	27.2	22.1	19.4	18.9	19.9	19.0	18.3
	95%	11.9	12.8	12.4	12.1	17.9	17.0	13.0	14.3	15.8	12.9	13.1
	50%	2.5	2.6	2.5	3.0	2.8	2.4	2.5	2.3	2.2	2.8	2.1
2/上	Max	33.9	33.1	30.0	33.1	27.9	37.8	32.0	34.1	47.5	26.9	29.3
	99%	26.8	23.2	26.9	25.3	26.7	28.9	24.3	24.4	22.9	23.0	24.0
	95%	16.6	17.3	17.4	15.5	16.9	18.1	19.0	18.5	17.3	18.3	18.4
	50%	2.6	2.8	2.5	2.5	2.8	2.9	2.7	3.2	2.7	2.5	2.7
2/中	Max	36.4	31.1	35.4	31.7	82.6	38.2	32.3	26.5	29.3	31.5	34.1
	99%	30.9	25.9	25.1	21.9	25.2	27.4	29.9	25.3	26.4	28.2	27.1
	95%	19.5	17.9	18.8	18.5	19.2	18.0	19.0	16.8	19.8	18.1	20.2
	50%	3.4	3.0	3.3	3.1	2.9	3.8	3.1	2.4	2.8	3.1	3.1
2/下	Max	32.2	31.8	32.2	31.2	40.6	52.7	28.4	24.4	25.9	35.6	24.1
	99%	28.7	18.5	24.9	26.5	32.0	51.1	22.9	18.7	21.2	23.4	20.8
	95%	21.0	15.7	20.6	23.0	21.1	24.8	16.3	14.3	13.2	16.4	14.9
	50%	3.9	3.2	3.4	3.1	3.4	4.3	2.2	2.3	2.1	2.7	2.7
3/上	Max	33.8	49.8	60.1	35.1	35.0	59.6	38.5	73.3	47.1	35.2	48.0
	99%	31.4	40.6	43.6	30.6	26.4	28.0	37.4	56.6	36.9	34.1	36.0
	95%	22.6	21.2	24.3	21.5	19.7	22.2	25.6	23.0	20.4	23.0	22.8
	50%	2.5	3.2	3.0	2.7	2.9	2.7	3.6	3.3	3.4	3.2	3.5
3/中	Max	64.3	53.9	35.8	54.0	50.2	42.5	39.4	32.8	29.0	40.7	49.9
	99%	35.5	49.5	34.3	39.9	37.5	35.3	36.6	29.1	25.2	37.7	36.5
	95%	26.8	21.6	25.0	22.0	27.6	24.4	21.0	19.7	18.9	23.7	20.0
	50%	4.0	3.6	4.7	3.8	4.0	4.8	4.1	3.1	3.6	3.8	3.8
3/下	Max	40.2	64.1	52.4	42.4	57.8	60.9	52.6	50.8	48.6	57.2	56.7
	99%	36.0	40.7	43.2	36.5	44.4	46.7	41.7	35.4	39.0	36.7	40.4
	95%	25.7	28.9	29.9	28.0	25.4	25.3	27.0	21.3	26.1	27.4	27.1
	50%	3.1	3.1	3.1	3.2	4.8	4.2	2.9	2.5	3.6	2.8	2.6
4/上	Max	70.5	48.2	55.7	44.8	56.9	73.3	50.4	76.9	59.6	53.8	50.9
	99%	48.1	46.3	45.2	41.7	42.4	54.0	34.2	49.0	46.2	43.3	33.7
	95%	26.2	25.6	23.9	25.4	27.1	29.2	23.4	17.6	23.3	22.8	21.6
	50%	3.3	3.0	2.7	2.8	3.5	4.5	3.4	2.7	2.5	3.2	2.9

续表

日期（月/旬）	项目	站点										
		58238	58235	58237	58333	58340	58339	58245	58148	58241	58242	58244
		南京	六合	浦口	江宁	溧水	高淳	扬州	宝应	高邮	仪征	江都
4/中	Max	51.8	71.4	72.5	51.8	105.0	101.7	58.4	60.4	58.6	64.2	62.1
	99%	50.7	67.1	40.5	49.2	75.0	47.2	53.8	47.6	47.0	61.2	51.6
	95%	30.8	31.0	30.9	35.6	28.8	26.0	37.0	24.1	33.8	32.8	32.5
	50%	3.4	3.6	3.4	3.0	3.5	3.8	4.0	3.1	3.0	4.2	3.9
4/下	Max	51.1	59.7	61.1	73.9	65.1	97.3	48.8	102.1	66.5	44.7	81.8
	99%	42.0	39.9	37.9	52.0	48.6	65.3	46.1	52.9	46.3	43.1	59.1
	95%	31.0	26.4	28.0	27.5	31.2	39.1	27.4	26.2	27.9	28.9	26.8
	50%	3.6	2.9	3.9	4.0	4.1	4.2	3.8	2.9	3.5	3.5	2.8
5/上	Max	98.0	66.2	77.5	73.0	91.2	116.0	61.6	86.5	81.5	59.2	63.5
	99%	63.5	59.1	74.3	62.3	56.6	79.8	54.0	68.2	76.2	58.6	54.5
	95%	32.0	33.0	35.8	32.9	31.2	35.8	30.8	36.2	30.1	30.4	31.4
	50%	4.3	3.4	3.9	4.3	4.3	5.3	3.4	3.6	3.2	3.5	4.0
5/中	Max	140.5	87.2	132.1	145.0	104.6	92.3	72.8	78.2	65.1	121.7	79.0
	99%	65.4	64.1	85.2	69.3	74.0	67.9	70.8	54.9	54.4	79.6	75.5
	95%	38.2	38.1	40.0	36.7	41.1	46.8	31.2	37.6	36.1	31.3	36.1
	50%	3.8	3.0	3.4	3.0	2.8	3.5	3.0	3.0	2.6	3.0	3.3
5/下	Max	74.1	77.8	57.9	61.3	61.1	89.8	59.1	50.1	99.1	122.1	58.2
	99%	58.3	48.4	50.7	47.7	51.8	51.2	48.7	46.8	61.9	60.9	48.1
	95%	34.1	25.3	31.1	34.8	25.7	31.0	25.8	31.6	30.6	29.0	29.4
	50%	3.1	3.3	3.5	3.1	2.7	3.0	2.9	2.8	3.3	3.2	3.3
6/上	Max	135.0	105.0	171.4	105.9	75.0	99.0	60.7	108.9	115.7	69.1	115.3
	99%	107.5	74.9	121.6	75.1	68.1	75.9	58.8	91.6	51.2	62.2	64.3
	95%	44.2	49.6	52.7	40.6	48.6	51.8	39.3	44.8	42.4	41.7	36.8
	50%	5.7	4.8	4.9	4.9	4.5	4.8	4.0	5.5	6.9	3.2	4.3
6/中	Max	134.7	123.8	171.4	144.9	187.5	218.1	116.0	132.1	109.1	116.9	89.0
	99%	128.1	106.9	130.0	118.9	102.6	122.3	87.2	83.1	78.1	100.8	82.5
	95%	70.1	56.9	64.8	58.3	59.1	52.8	47.1	46.0	62.3	47.4	46.3
	50%	4.2	3.6	4.0	5.4	4.5	5.6	3.7	3.6	5.3	5.0	4.8
6/下	Max	204.1	204.3	161.0	195.2	155.7	143.5	181.7	128.9	170.7	259.6	167.0
	99%	131.1	126.7	130.7	111.1	111.1	117.7	136.5	94.5	103.7	154.8	151.2
	95%	74.3	66.6	67.9	68.2	71.5	70.9	70.9	65.4	60.6	73.7	69.6
	50%	7.3	6.3	6.6	6.2	8.1	5.6	6.7	5.8	4.8	6.3	6.7
7/上	Max	207.2	240.1	301.4	183.4	160.2	175.1	249.0	191.5	164.7	274.6	239.7
	99%	132.3	111.3	162.6	127.9	129.4	117.2	124.9	132.2	143.0	155.1	130.6
	95%	83.3	78.8	80.2	88.9	73.5	69.2	68.5	90.6	92.1	73.8	73.9
	50%	7.8	6.6	6.8	8.0	6.7	6.1	6.0	9.4	8.7	8.0	6.4
7/中	Max	179.3	137.7	187.6	169.4	154.9	168.1	171.1	132.7	211.6	134.7	144.3
	99%	109.9	106.0	117.4	157.8	90.1	89.5	134.1	99.5	94.8	110.0	97.9
	95%	59.5	53.1	73.8	54.0	52.8	62.2	55.3	69.2	53.2	50.9	61.7
	50%	5.6	5.5	6.3	5.1	6.6	5.0	6.6	5.6	7.7	5.5	4.8

续表

日期（月/旬）	项目	站点										
		58238	58235	58237	58333	58340	58339	58245	58148	58241	58242	58244
		南京	六合	浦口	江宁	溧水	高淳	扬州	宝应	高邮	仪征	江都
7/下	Max	150.0	155.7	177.6	119.5	129.7	137.1	145.8	171.0	170.7	94.0	98.4
	99%	137.8	90.0	105.6	83.3	111.6	103.8	77.2	74.8	112.5	81.3	71.0
	95%	61.0	56.4	58.5	44.4	56.5	52.7	65.1	57.1	59.2	48.6	53.8
	50%	5.6	4.1	4.8	4.7	5.9	5.7	6.1	5.1	4.1	5.1	6.4
8/上	Max	142.2	115.6	225.4	153.2	116.7	136.2	140.3	118.6	175.3	163.3	110.2
	99%	139.9	85.9	117.4	112.7	101.8	105.6	81.6	100.1	90.3	99.7	95.8
	95%	70.3	49.9	46.0	46.1	51.1	52.6	56.9	58.2	63.2	53.6	61.7
	50%	4.0	4.7	4.3	4.4	3.2	3.6	5.2	5.9	4.7	5.3	4.1
8/中	Max	75.4	119.3	115.6	76.4	102.0	117.6	93.8	109.5	107.0	86.6	112.2
	99%	54.0	77.4	68.1	73.1	55.0	82.5	70.5	92.3	89.8	64.0	56.5
	95%	41.8	47.1	38.6	41.3	36.1	42.3	54.1	59.0	65.0	47.3	43.9
	50%	4.1	6.1	5.2	3.9	3.0	3.4	5.3	4.9	4.1	5.5	5.1
8/下	Max	111.4	138.6	95.9	84.8	131.4	90.1	194.4	87.3	116.6	200.7	176.3
	99%	83.1	77.3	77.0	72.0	68.4	66.7	70.3	78.0	82.8	93.5	74.2
	95%	42.9	55.8	47.9	46.1	44.3	45.2	50.0	61.9	64.2	52.1	48.6
	50%	4.3	3.9	4.3	3.7	3.6	4.4	4.2	5.5	3.6	4.0	4.0
9/上	Max	75.1	121.2	132.8	66.5	83.1	109.2	121.7	113.2	130.8	124.6	171.9
	99%	69.6	87.8	70.9	62.9	73.1	91.7	117.1	100.9	102.9	92.5	116.4
	95%	43.4	49.5	45.5	41.8	38.3	51.7	58.4	44.6	54.8	49.3	51.8
	50%	3.6	3.6	4.0	4.7	4.0	3.9	4.1	5.2	3.7	3.6	4.0
9/中	Max	111.0	82.4	70.4	111.4	77.7	126.9	118.1	102.3	108.2	79.6	109.4
	99%	59.3	78.7	66.0	54.8	65.5	87.5	79.3	64.9	72.0	72.7	91.6
	95%	38.8	34.4	38.5	34.4	32.2	38.7	44.6	36.3	48.8	34.3	41.3
	50%	2.8	3.0	3.1	3.6	3.0	3.0	3.2	2.4	2.4	3.4	3.4
9/下	Max	113.5	81.0	66.5	61.7	47.2	75.3	73.4	106.5	68.1	61.7	73.6
	99%	55.9	54.3	53.2	57.5	37.9	46.1	57.3	77.0	54.4	55.0	53.1
	95%	29.2	26.2	35.5	30.1	28.7	30.6	25.7	42.9	38.5	24.3	27.2
	50%	2.7	2.6	2.3	2.1	2.6	3.0	2.5	2.0	2.8	2.6	2.6
10/上	Max	78.8	67.6	80.2	65.4	78.1	99.7	65.1	72.0	67.8	53.0	65.8
	99%	58.4	62.5	53.4	53.1	75.3	70.6	46.4	42.4	46.5	48.4	52.2
	95%	28.3	24.2	26.1	33.0	31.9	34.1	29.7	28.5	34.3	27.4	30.7
	50%	4.0	3.1	4.1	3.5	3.5	3.5	3.9	3.7	4.0	3.7	3.5
10/中	Max	59.8	59.6	67.9	65.3	54.7	50.7	92.7	57.8	112.2	76.4	99.2
	99%	52.7	50.0	53.1	55.0	36.8	37.4	36.5	49.0	36.7	44.1	36.6
	95%	30.2	30.8	29.2	23.6	21.7	21.0	24.1	22.0	24.5	23.5	23.4
	50%	2.9	2.2	2.1	2.6	2.2	2.2	2.9	2.3	1.9	2.3	2.3
10/下	Max	49.1	56.8	67.6	55.7	53.6	42.3	52.8	58.5	46.3	55.6	48.0
	99%	41.1	32.0	39.2	51.0	37.9	40.6	29.8	30.7	41.1	40.7	33.3
	95%	20.4	21.3	21.4	24.2	22.6	25.7	21.2	18.9	25.6	21.9	18.8
	50%	3.3	3.2	2.5	3.4	3.0	2.5	2.6	2.8	3.0	3.4	2.6

续表

日期(月/旬)	项目	站点										
		58238	58235	58237	58333	58340	58339	58245	58148	58241	58242	58244
		南京	六合	浦口	江宁	溧水	高淳	扬州	宝应	高邮	仪征	江都
11/上	Max	54.3	69.7	71.9	66.2	84.1	66.6	60.5	67.0	61.3	60.2	55.7
	99%	49.0	59.6	53.4	50.1	66.2	56.5	53.6	54.1	57.6	49.3	52.5
	95%	34.3	33.1	31.9	34.3	38.3	33.0	33.6	34.8	33.7	35.4	31.2
	50%	3.7	3.8	4.1	4.7	2.8	3.2	3.9	3.4	3.4	3.7	4.0
11/中	Max	34.9	34.4	55.4	30.0	34.5	40.0	39.3	32.6	32.5	36.4	37.9
	99%	31.5	30.0	32.5	28.1	32.4	30.7	34.9	26.8	28.8	33.9	33.4
	95%	22.0	21.6	22.0	22.0	20.0	21.7	24.1	18.6	22.2	20.8	21.7
	50%	2.9	2.7	2.3	3.0	2.9	2.9	2.8	2.9	3.3	2.5	2.8
11/下	Max	54.7	43.3	46.7	57.3	73.9	64.4	60.3	52.9	53.1	63.5	64.1
	99%	32.2	34.0	35.5	26.7	33.6	43.0	29.3	29.2	24.6	28.8	29.2
	95%	23.5	22.7	23.8	22.8	23.6	26.4	25.1	21.9	20.6	24.0	24.4
	50%	3.4	3.1	3.4	3.5	4.2	4.4	4.0	3.7	3.4	3.4	3.8
12/上	Max	26.0	25.9	33.9	26.3	22.8	23.5	28.3	30.2	35.9	26.9	28.0
	99%	21.4	21.6	19.7	26.3	17.5	18.7	23.2	29.4	27.3	23.3	21.9
	95%	12.8	16.6	12.0	14.3	12.9	13.7	17.0	16.2	17.2	15.7	17.2
	50%	2.1	1.5	1.7	2.1	2.3	2.0	1.9	3.0	2.1	2.0	2.6
12/中	Max	37.0	22.8	32.1	32.0	35.6	33.0	24.0	19.2	18.8	28.1	24.1
	99%	28.4	19.7	24.7	31.9	27.4	28.1	20.7	18.9	18.7	20.5	24.0
	95%	15.1	13.6	17.3	17.2	16.6	16.6	16.0	13.8	13.5	16.1	17.4
	50%	2.0	2.1	1.9	1.9	2.7	3.4	2.3	1.5	1.7	2.4	2.1
12/下	Max	30.5	35.4	29.3	27.0	33.6	40.7	31.2	32.2	26.0	29.7	29.0
	99%	26.5	22.3	24.2	25.7	23.1	29.0	24.2	18.5	22.3	26.0	22.7
	95%	14.3	13.8	17.2	14.6	16.5	17.2	16.8	14.4	14.8	20.0	16.7
	50%	2.1	2.2	2.2	2.0	2.8	2.3	2.3	2.5	2.5	2.5	2.2

第三组(连云港和镇江)11站旬雨量阈值

日期(月/旬)	项目	站点										
		58044	58036	58040	58041	58046	58047	58048	58252	58247	58341	58344
		连云港	东海	赣榆	西连岛	燕尾港	灌云	灌南	镇江	扬中	丹阳	句容
1/上	Max	27.3	33.2	29.4	29.5	23.7	27.1	23.7	42.6	37.7	42.5	37.7
	99%	26.1	30.4	27.6	28.3	23.5	25.3	23.7	27.6	24.3	24.3	21.3
	95%	16.4	17.6	17.5	21.0	21.4	19.1	15.8	19.9	16.6	15.8	18.3
	50%	2.6	2.5	2.6	3.2	3.3	2.6	2.1	2.2	2.2	2.5	2.4
1/中	Max	23.7	35.4	25.8	37.7	19.2	33.1	34.4	45.0	40.8	35.3	31.8
	99%	23.2	31.4	25.4	32.9	18.8	30.2	33.2	28.5	31.8	29.8	25.6
	95%	11.8	12.4	12.6	18.3	14.2	16.2	16.4	24.0	21.6	21.4	20.0
	50%	1.2	1.8	0.7	1.6	1.3	1.6	2.2	2.9	2.9	3.0	3.3
1/下	Max	13.2	14.7	17.5	24.4	16.8	25.2	25.5	23.4	27.4	35.7	26.1
	99%	12.9	14.7	17.0	23.1	14.8	24.9	25.4	22.2	21.1	23.9	21.5
	95%	9.0	12.3	10.6	11.2	10.3	13.3	14.2	14.3	13.3	12.8	11.6
	50%	1.7	1.9	1.9	1.8	1.8	2.1	2.4	3.2	2.9	2.8	2.5

续表

日期（月/旬）	项目	站点										
		58044	58036	58040	58041	58046	58047	58048	58252	58247	58341	58344
		连云港	东海	赣榆	西连岛	燕尾港	灌云	灌南	镇江	扬中	丹阳	句容
2/上	Max	22.8	19.3	16.0	22.2	15.9	27.1	28.3	27.7	26.3	29.3	29.8
	99%	22.0	19.0	15.9	21.8	15.9	26.3	27.8	27.3	23.4	26.1	25.9
	95%	13.4	12.4	12.9	15.8	15.0	15.0	16.2	20.1	18.8	19.8	18.1
	50%	2.9	2.7	2.0	3.3	3.0	3.3	3.2	2.7	2.7	2.9	2.7
2/中	Max	24.7	24.7	24.9	42.4	26.8	24.5	26.6	47.6	51.2	70.8	46.2
	99%	19.9	20.4	19.4	24.1	26.4	20.1	25.3	31.9	28.7	25.6	24.5
	95%	15.0	16.6	17.7	17.6	20.5	18.5	18.0	20.9	18.8	19.4	20.0
	50%	2.3	2.5	2.0	2.4	1.8	2.3	2.6	3.1	3.0	3.1	3.3
2/下	Max	32.4	31.8	26.7	37.6	26.8	29.6	32.5	33.0	28.2	35.2	36.4
	99%	31.1	31.4	26.1	37.0	26.1	21.5	26.3	25.2	26.7	25.4	33.6
	95%	18.8	17.7	17.7	18.5	17.2	14.6	14.4	18.6	18.6	18.9	21.4
	50%	1.8	1.9	2.5	2.3	2.0	1.8	1.6	3.2	2.5	3.8	3.5
3/上	Max	44.8	38.5	38.5	36.6	32.5	45.1	47.2	42.1	53.1	37.3	37.9
	99%	44.7	31.3	38.5	36.6	31.0	36.3	39.8	40.9	39.5	33.1	31.7
	95%	22.6	23.4	22.7	22.9	21.9	20.3	21.5	21.4	18.6	19.9	21.4
	50%	3.5	3.3	3.0	3.0	4.2	3.4	2.9	3.5	3.5	3.2	3.2
3/中	Max	36.9	31.4	32.0	39.3	454.8	48.6	48.6	65.4	73.3	73.6	60.9
	99%	25.0	25.6	24.3	25.4	396.3	28.5	26.5	32.6	59.8	32.6	35.5
	95%	16.4	19.9	17.8	20.2	21.5	18.1	16.3	20.8	20.7	24.9	23.6
	50%	2.1	1.9	1.9	2.2	2.0	2.4	2.2	4.0	4.0	4.1	4.2
3/下	Max	30.1	31.3	31.9	33.7	25.6	29.8	37.0	41.9	51.3	48.0	48.4
	99%	26.8	25.3	26.6	27.0	25.6	24.4	27.5	36.6	40.4	33.2	39.1
	95%	18.1	17.1	18.6	20.0	13.5	17.4	19.7	30.6	32.5	26.0	29.0
	50%	1.7	1.9	1.6	2.3	1.5	1.6	2.0	2.8	3.1	3.1	3.1
4/上	Max	46.6	65.3	74.5	61.9	45.4	71.8	78.6	58.0	56.9	69.8	68.0
	99%	30.8	32.6	35.2	43.9	43.8	43.3	32.7	49.9	49.9	60.6	39.7
	95%	25.1	22.0	20.6	20.6	31.7	25.4	21.1	24.2	24.3	26.2	24.7
	50%	2.3	2.1	1.8	2.3	3.2	2.4	2.5	2.9	2.7	3.2	3.0
4/中	Max	67.7	57.6	51.5	48.9	56.7	91.8	71.6	66.6	80.9	71.9	50.4
	99%	46.1	47.1	35.3	40.5	56.0	66.7	44.3	41.7	58.5	37.0	43.1
	95%	22.0	24.8	23.7	23.5	32.2	24.1	25.0	29.2	30.9	28.6	28.0
	50%	3.9	3.1	2.9	3.2	2.6	2.7	2.7	3.5	3.8	3.6	2.9
4/下	Max	55.4	69.2	82.8	60.5	59.5	56.3	47.2	61.2	58.1	52.4	45.9
	99%	40.8	53.4	51.2	46.5	59.3	46.3	45.2	51.7	55.3	45.5	37.3
	95%	31.8	30.6	32.5	26.5	34.1	27.7	31.6	31.2	29.5	27.0	26.5
	50%	2.8	2.3	3.3	3.0	3.3	2.7	2.6	3.4	3.6	3.7	3.8
5/上	Max	122.0	90.0	98.9	44.5	125.3	118.9	89.6	83.2	93.1	71.4	66.7
	99%	52.7	50.0	53.7	41.1	50.3	85.0	80.9	60.2	62.9	52.9	48.6
	95%	29.1	39.0	33.3	29.4	35.9	40.2	37.5	32.6	37.7	30.7	31.6
	50%	3.3	2.3	3.0	3.1	3.0	2.5	3.4	3.9	3.6	3.6	4.1

续表

日期(月/旬)	项目	站点										
		58044	58036	58040	58041	58046	58047	58048	58252	58247	58341	58344
		连云港	东海	赣榆	西连岛	燕尾港	灌云	灌南	镇江	扬中	丹阳	句容
5/中	Max	52.5	66.9	66.8	66.0	92.0	64.6	60.9	76.6	67.6	58.6	101.4
	99%	47.2	52.2	55.2	49.9	65.4	53.5	52.4	69.3	56.8	54.1	56.0
	95%	38.2	42.8	45.6	36.4	36.5	27.8	28.6	29.3	34.5	35.2	35.7
	50%	3.1	2.7	3.5	3.3	3.2	2.4	2.1	3.4	3.9	3.0	2.8
5/下	Max	116.9	103.6	135.9	113.2	218.3	93.4	114.2	92.5	116.5	75.3	61.9
	99%	49.8	64.3	71.9	73.6	72.0	76.9	73.4	55.6	67.0	63.7	60.3
	95%	31.0	40.5	36.1	31.0	48.5	35.0	31.9	28.8	30.9	35.6	33.4
	50%	1.9	2.0	2.6	2.6	2.8	2.9	3.4	2.8	3.4	3.5	3.0
6/上	Max	103.3	91.6	113.6	84.8	101.6	123.7	125.0	152.5	121.1	154.2	173.3
	99%	56.1	66.9	68.0	61.5	100.5	65.0	59.5	104.3	94.2	78.0	114.0
	95%	33.3	41.5	39.7	35.3	35.6	32.7	42.8	41.4	41.8	41.2	44.6
	50%	4.0	4.7	5.1	2.6	3.0	4.2	3.0	3.6	3.8	4.4	4.0
6/中	Max	67.3	81.3	94.9	94.3	75.9	75.2	78.2	141.5	95.2	165.9	160.6
	99%	65.3	75.6	77.0	76.3	69.2	65.9	71.9	86.7	70.5	125.9	115.0
	95%	47.6	38.5	45.4	41.9	49.0	44.1	49.0	53.7	55.5	57.0	64.4
	50%	4.9	4.0	3.9	4.3	2.9	3.3	3.0	5.3	4.2	3.8	4.4
6/下	Max	264.4	149.4	146.8	148.0	149.4	212.7	110.4	211.2	287.0	227.5	219.8
	99%	189.7	101.2	94.8	94.5	89.4	133.0	83.6	127.8	149.8	99.2	115.0
	95%	58.1	55.9	64.3	49.2	49.4	54.0	58.9	78.8	69.1	69.4	75.6
	50%	3.5	5.3	5.4	3.0	4.5	3.6	4.6	6.9	5.8	7.2	6.5
7/上	Max	168.9	139.3	188.9	182.5	160.1	220.7	164.4	262.5	277.3	279.4	216.4
	99%	147.6	104.7	137.3	142.1	141.6	115.5	94.8	168.2	121.6	106.0	142.8
	95%	92.6	67.7	77.9	73.6	74.5	68.6	66.6	68.0	55.1	63.8	77.6
	50%	6.2	5.0	5.8	5.2	6.3	6.5	6.9	7.3	5.9	5.7	5.7
7/中	Max	126.1	115.1	157.5	156.0	140.3	150.9	117.4	161.9	126.7	133.5	155.9
	99%	113.4	104.4	119.2	126.4	128.3	107.5	98.9	137.4	109.1	99.1	124.7
	95%	78.4	70.8	81.6	80.0	70.0	60.9	54.3	56.2	66.7	55.7	58.1
	50%	6.2	5.6	5.6	6.8	7.3	5.8	5.7	5.7	6.4	6.0	5.0
7/下	Max	133.3	187.4	202.9	157.5	92.6	130.4	164.9	117.7	115.7	115.0	314.5
	99%	109.2	103.4	124.7	119.9	80.3	99.1	98.1	87.9	78.1	79.3	78.9
	95%	67.1	64.4	63.1	64.3	72.3	64.7	57.3	51.7	49.5	50.1	54.9
	50%	5.0	5.5	5.6	5.8	5.4	7.1	6.7	5.3	7.4	6.8	4.7
8/上	Max	189.2	168.2	219.9	160.8	175.7	243.3	200.4	144.5	195.2	162.5	136.5
	99%	107.4	120.2	120.6	104.8	142.2	131.5	129.4	79.2	135.8	98.5	110.1
	95%	83.9	64.6	80.1	75.1	58.3	72.6	81.7	45.7	63.9	45.9	56.7
	50%	5.2	6.1	5.4	7.6	6.4	5.6	5.6	4.0	3.7	3.5	3.0
8/中	Max	146.5	204.5	175.4	165.9	202.5	112.8	141.9	70.9	70.2	84.0	80.0
	99%	114.5	88.5	144.1	101.4	142.5	92.6	88.0	50.6	64.8	68.9	76.9
	95%	64.5	64.9	68.6	64.3	48.6	47.5	52.1	42.3	44.8	51.4	42.8
	50%	6.4	4.4	5.7	5.6	4.6	5.8	4.1	6.1	5.0	5.0	4.9

续表

日期（月/旬）	项目	站点										
		58044	58036	58040	58041	58046	58047	58048	58252	58247	58341	58344
		连云港	东海	赣榆	西连岛	燕尾港	灌云	灌南	镇江	扬中	丹阳	句容
8/下	Max	139.1	116.4	172.7	192.0	377.5	266.8	279.5	211.6	141.4	234.3	101.0
	99%	99.2	77.2	120.5	127.0	138.3	111.3	94.8	89.9	92.5	87.6	81.8
	95%	73.9	61.4	79.7	75.1	73.3	72.5	55.8	53.2	57.9	45.7	47.4
	50%	5.9	4.9	5.2	6.7	3.1	5.1	4.5	3.3	3.5	3.5	2.4
9/上	Max	104.3	90.4	125.6	432.2	257.8	115.0	147.0	156.8	153.2	116.2	98.1
	99%	78.4	87.9	115.2	119.8	156.5	109.4	103.0	136.0	139.5	107.3	85.3
	95%	50.7	55.7	62.1	64.6	73.7	42.0	60.5	51.1	49.8	50.3	46.8
	50%	5.5	2.6	4.3	5.1	2.8	3.9	5.3	3.9	3.5	3.7	3.6
9/中	Max	114.6	102.6	180.1	145.2	151.9	133.8	178.5	98.8	83.9	124.1	73.6
	99%	80.5	82.0	90.3	78.7	98.2	111.5	92.5	81.8	80.5	85.6	58.4
	95%	49.2	55.8	52.2	50.8	68.3	61.4	57.3	42.0	44.5	52.9	32.7
	50%	3.9	3.7	3.7	3.6	3.7	3.0	4.3	2.9	2.8	2.7	3.0
9/下	Max	128.1	99.8	115.9	168.7	95.9	145.6	189.1	55.9	49.7	98.9	59.6
	99%	63.7	76.5	71.1	62.3	93.8	79.6	104.1	49.0	43.8	54.1	58.0
	95%	34.6	49.6	37.3	48.1	47.5	34.4	51.5	29.1	28.9	32.5	33.8
	50%	2.6	2.9	2.9	3.2	1.9	2.3	2.6	2.3	2.2	2.5	3.6
10/上	Max	41.3	49.1	49.1	57.7	71.0	49.9	49.0	52.3	54.8	94.8	76.7
	99%	37.5	34.4	43.0	45.3	70.6	40.0	41.8	42.0	49.6	47.1	49.2
	95%	23.9	22.6	24.4	28.2	26.4	30.9	26.0	33.3	38.2	37.5	30.9
	50%	3.1	3.6	2.6	3.1	3.1	2.8	2.7	4.2	3.8	3.9	4.0
10/中	Max	85.0	98.2	102.0	84.2	58.1	55.1	56.1	56.4	52.6	56.0	60.5
	99%	53.8	50.7	62.0	83.6	57.5	43.7	39.3	43.3	41.1	44.3	48.4
	95%	25.3	27.4	29.0	33.2	23.1	26.4	21.7	29.2	21.9	27.9	22.9
	50%	1.7	1.3	1.3	2.3	1.9	1.7	1.4	2.1	2.1	1.9	2.0
10/下	Max	33.3	36.8	40.3	66.6	42.7	66.6	53.6	51.4	43.4	55.6	82.1
	99%	24.3	28.0	22.6	31.3	41.0	33.2	39.0	34.4	31.5	42.0	50.8
	95%	17.7	19.2	19.7	19.2	16.1	20.8	16.2	21.4	20.0	22.7	25.3
	50%	2.0	2.4	2.5	2.8	1.7	2.2	1.8	3.0	2.6	2.7	2.8
11/上	Max	42.8	48.4	39.1	66.2	100.2	88.4	50.2	63.8	71.7	65.7	64.6
	99%	38.2	30.2	27.9	40.8	99.4	45.5	41.4	59.1	54.7	42.1	53.7
	95%	24.9	21.8	22.8	27.0	26.7	26.9	27.6	37.6	33.2	32.0	39.6
	50%	2.4	2.7	2.5	2.8	1.9	2.9	3.1	3.9	3.0	4.4	3.6
11/中	Max	35.7	44.3	77.3	81.3	56.8	47.8	42.3	51.8	52.7	34.8	31.1
	99%	35.7	26.2	76.7	78.9	53.2	44.2	36.9	33.6	31.7	29.7	26.5
	95%	28.4	19.8	25.5	28.1	21.8	25.7	27.0	23.7	21.9	20.0	20.4
	50%	2.6	2.1	2.5	3.1	2.1	2.7	1.9	3.2	3.0	3.0	2.9
11/下	Max	26.3	30.4	27.4	37.5	45.9	31.5	36.7	79.4	67.8	62.9	70.1
	99%	26.2	29.7	27.3	36.9	41.7	31.4	22.8	34.5	36.8	34.3	36.3
	95%	15.8	17.9	21.6	24.6	16.3	17.0	19.6	24.7	22.6	23.9	22.2
	50%	2.7	2.9	2.6	3.6	2.0	2.6	2.4	4.2	3.8	3.9	3.7

续表

日期(月/旬)	项目	站点										
		58044	58036	58040	58041	58046	58047	58048	58252	58247	58341	58344
		连云港	东海	赣榆	西连岛	燕尾港	灌云	灌南	镇江	扬中	丹阳	句容
12/上	Max	24.3	22.2	21.5	35.8	192.0	25.0	23.4	28.0	30.8	26.0	27.3
	99%	23.5	22.0	21.4	32.5	132.8	24.9	23.4	25.8	24.2	20.9	20.5
	95%	14.9	16.2	13.9	18.9	17.5	18.4	18.0	14.9	16.7	13.5	13.4
	50%	1.9	2.5	1.4	2.4	3.2	1.9	1.8	2.7	2.0	2.5	2.1
12/中	Max	12.8	14.3	15.1	17.3	182.9	14.9	16.7	33.6	30.5	35.9	38.6
	99%	11.9	14.0	13.9	15.2	89.1	14.8	16.3	28.9	24.6	25.3	29.1
	95%	8.6	9.6	10.6	11.9	14.3	9.7	9.8	17.2	17.9	16.1	16.8
	50%	1.7	1.4	1.5	1.8	2.1	1.2	1.6	2.8	2.5	2.7	2.4
12/下	Max	20.3	20.0	19.1	22.1	192.0	24.1	24.3	29.7	28.3	33.1	27.1
	99%	20.3	19.5	18.8	21.7	113.3	23.3	24.2	27.1	24.0	24.6	23.8
	95%	11.7	11.5	12.7	15.0	15.7	18.5	17.0	17.3	17.8	17.8	16.4
	50%	1.6	1.6	1.7	1.8	1.7	2.1	1.5	2.6	2.8	1.9	2.1

第四组(盐城)8站旬雨量阈值

日期(月/旬)	项目	站点							
		58154	58045	58049	58143	58146	58150	58158	58251
		盐城	响水	滨海	阜宁	建湖	射阳	大丰	东台
1/上	Max	31.3	28.8	26.2	26.5	29.5	27.7	36.2	39.3
	99%	30.7	26.4	26.1	25.3	28.5	27.0	35.6	22.5
	95%	19.8	17.0	18.6	19.3	17.3	17.1	19.1	16.5
	50%	2.0	2.9	2.9	2.3	1.8	1.6	2.0	2.3
1/中	Max	27.9	40.3	38.6	34.4	33.9	35.8	35.7	24.7
	99%	24.6	34.8	36.8	33.2	33.6	34.7	21.7	23.3
	95%	16.4	14.4	13.2	14.4	18.8	15.3	19.4	18.0
	50%	2.5	1.6	1.3	1.9	2.3	2.8	2.1	3.1
1/下	Max	21.9	15.2	20.8	19.5	25.1	32.7	21.8	24.5
	99%	21.0	15.1	16.0	17.7	21.0	21.8	18.8	19.8
	95%	13.1	11.3	13.5	13.7	15.7	16.3	14.6	14.1
	50%	2.3	2.3	2.1	2.0	2.8	2.7	2.1	2.3
2/上	Max	28.8	21.7	30.7	31.1	35.6	28.8	33.8	46.0
	99%	21.9	21.1	30.7	20.5	22.7	24.4	23.6	20.6
	95%	19.7	16.3	17.1	14.4	17.9	16.0	16.2	15.9
	50%	2.6	2.8	3.0	2.3	2.9	2.7	2.9	3.1
2/中	Max	25.7	27.5	27.6	31.8	26.6	45.3	28.6	29.0
	99%	23.3	22.4	24.9	24.9	25.9	27.9	24.5	27.2
	95%	21.1	18.7	19.3	18.7	17.6	23.4	17.3	18.5
	50%	2.5	2.3	2.6	2.8	2.9	2.8	2.6	3.2
2/下	Max	21.6	38.1	27.9	32.7	33.5	31.9	25.5	26.1
	99%	16.6	37.8	23.4	26.1	23.1	24.4	15.9	20.5
	95%	13.2	17.5	14.1	16.5	13.6	15.2	12.9	15.0
	50%	2.1	1.4	1.6	2.2	2.3	2.2	2.1	3.0

续表

日期(月/旬)	项目	站点							
		58154	58045	58049	58143	58146	58150	58158	58251
		盐城	响水	滨海	阜宁	建湖	射阳	大丰	东台
3/上	Max	80.3	43.2	48.6	49.8	80.7	43.7	45.2	46.8
	99%	41.5	43.1	39.3	41.1	42.1	40.7	35.0	33.2
	95%	24.0	19.4	19.4	20.1	20.4	23.8	20.6	20.3
	50%	4.0	2.4	3.0	3.1	3.9	3.4	3.5	3.1
3/中	Max	53.0	64.5	50.4	36.3	48.5	42.9	52.6	42.1
	99%	28.3	24.7	29.0	34.5	23.3	27.6	31.4	33.8
	95%	19.5	18.0	22.5	20.7	18.8	19.6	20.5	22.3
	50%	2.5	2.5	2.3	2.9	2.8	3.0	3.5	3.9
3/下	Max	48.1	37.9	46.6	41.8	72.1	50.6	57.9	55.6
	99%	35.2	21.6	31.7	24.7	46.8	37.5	46.5	38.9
	95%	19.4	14.3	19.7	17.3	19.9	18.7	24.5	24.4
	50%	1.6	1.7	2.4	2.0	2.2	2.4	2.7	2.8
4/上	Max	54.2	61.0	57.5	39.9	67.3	34.8	63.3	49.4
	99%	30.3	60.0	31.9	29.8	33.6	30.6	32.1	43.1
	95%	18.7	22.9	22.5	20.5	19.5	19.7	24.1	27.9
	50%	2.2	2.7	2.3	2.2	2.1	2.3	2.3	2.3
4/中	Max	68.9	54.1	47.4	47.3	57.5	50.0	60.9	54.2
	99%	54.9	47.4	40.2	42.1	49.9	41.6	52.4	44.2
	95%	25.6	27.6	25.5	26.4	28.7	26.7	25.5	26.1
	50%	3.7	2.4	2.6	2.8	3.1	3.6	2.9	3.4
4/下	Max	88.9	54.4	53.8	71.9	69.6	69.2	73.9	71.3
	99%	48.5	39.1	49.8	59.8	40.8	45.9	38.4	63.8
	95%	26.0	23.6	22.9	28.5	24.5	26.7	25.0	32.6
	50%	3.1	3.3	3.1	2.3	2.5	2.9	3.4	3.6
5/上	Max	117.2	94.0	75.2	86.2	54.3	77.4	78.1	90.5
	99%	66.4	77.4	59.6	51.6	52.8	41.5	72.1	46.3
	95%	31.3	36.0	29.9	27.8	28.9	26.9	34.6	26.6
	50%	3.1	3.4	3.3	3.9	3.8	4.1	3.0	3.2
5/中	Max	91.9	64.7	50.7	74.4	77.2	51.5	63.5	63.0
	99%	76.2	53.2	43.0	45.2	47.1	50.6	61.2	62.2
	95%	35.2	25.1	30.1	29.1	37.5	37.4	35.6	38.2
	50%	2.9	3.0	2.4	2.4	2.5	2.6	3.0	2.4
5/下	Max	65.4	87.2	125.8	170.7	83.3	96.6	48.5	83.2
	99%	53.4	56.9	93.0	73.1	62.9	80.1	44.6	59.5
	95%	32.0	35.0	32.7	26.0	29.6	29.4	34.3	34.3
	50%	2.3	3.5	2.0	2.9	2.4	3.1	2.6	2.7
6/上	Max	97.3	61.4	86.3	95.7	106.4	101.0	165.9	150.7
	99%	75.9	50.3	67.8	79.7	69.9	55.5	74.2	67.3
	95%	30.2	37.6	47.1	54.0	34.5	41.1	53.0	32.2
	50%	3.8	4.0	3.5	3.2	3.5	3.3	4.4	4.9

续表

日期(月/旬)	项目	站点							
		58154	58045	58049	58143	58146	58150	58158	58251
		盐城	响水	滨海	阜宁	建湖	射阳	大丰	东台
6/中	Max	104.3	75.5	69.4	89.5	159.8	101.0	117.2	103.9
	99%	79.1	58.6	64.6	75.1	100.2	75.9	82.1	82.8
	95%	51.5	47.6	48.3	41.5	50.6	49.3	50.8	49.8
	50%	4.5	3.6	3.2	3.4	3.9	3.5	3.1	5.6
6/下	Max	133.0	88.5	125.2	184.4	132.2	111.6	124.1	207.1
	99%	79.6	82.2	95.0	91.8	84.0	88.9	101.0	105.5
	95%	63.2	47.5	56.3	58.5	54.8	47.6	65.6	62.5
	50%	4.7	4.5	4.0	4.8	6.0	4.3	5.0	5.8
7/上	Max	137.1	142.6	155.9	108.1	157.2	121.2	201.7	105.0
	99%	119.1	92.4	113.3	83.6	123.1	94.1	153.0	100.2
	95%	76.0	62.7	59.5	64.5	76.0	62.5	73.7	72.9
	50%	9.6	5.6	9.4	6.5	8.1	9.3	8.0	7.6
7/中	Max	132.5	178.7	126.6	188.5	234.4	167.1	168.1	120.2
	99%	90.9	111.0	112.8	135.5	102.6	133.3	132.1	96.1
	95%	52.3	77.9	68.5	68.7	60.5	68.7	63.1	64.4
	50%	5.8	4.5	9.6	8.2	7.6	7.8	7.3	6.3
7/下	Max	134.3	149.4	176.4	157.3	133.7	145.8	105.2	151.9
	99%	104.2	113.2	117.9	109.1	92.1	99.2	80.8	90.5
	95%	63.5	64.0	67.5	55.0	62.5	63.8	59.7	64.1
	50%	6.3	6.4	6.5	6.1	5.5	5.7	5.8	4.7
8/上	Max	167.9	497.8	197.9	209.4	128.4	263.2	168.3	232.1
	99%	99.5	211.0	139.9	143.4	95.9	128.9	164.2	117.6
	95%	59.6	69.1	81.5	69.7	57.4	53.7	76.5	74.3
	50%	5.2	4.2	5.0	5.2	4.6	5.2	4.7	3.0
8/中	Max	149.9	108.5	101.5	114.5	151.4	109.1	202.9	138.0
	99%	91.1	92.9	92.3	69.0	75.3	80.3	107.0	94.2
	95%	53.5	53.9	57.1	48.8	54.7	62.5	70.5	67.8
	50%	5.2	5.1	6.2	4.1	4.8	5.4	4.9	4.4
8/下	Max	163.1	699.7	232.2	191.1	106.3	244.3	334.7	314.3
	99%	97.7	169.8	147.7	116.2	99.1	112.1	92.4	97.6
	95%	59.3	60.0	66.6	71.7	64.8	63.6	58.5	60.5
	50%	3.9	4.4	6.0	4.4	4.1	3.3	3.6	5.1
9/上	Max	150.8	155.0	124.0	121.7	110.8	179.6	186.9	158.7
	99%	131.2	94.1	112.1	114.9	105.9	113.6	164.5	123.0
	95%	61.0	55.3	64.4	65.4	66.2	58.0	55.1	61.5
	50%	4.8	4.2	4.1	4.4	5.7	6.5	4.8	3.6
9/中	Max	111.4	122.1	109.5	89.6	106.8	131.5	103.7	136.1
	99%	92.8	80.1	93.6	69.3	92.7	93.9	85.4	110.6
	95%	51.6	50.3	40.9	40.6	44.3	43.4	53.8	44.9
	50%	2.3	2.5	3.1	2.9	3.1	3.8	2.6	2.4

续表

日期(月/旬)	项目	站点							
		58154	58045	58049	58143	58146	58150	58158	58251
		盐城	响水	滨海	阜宁	建湖	射阳	大丰	东台
9/下	Max	102.2	230.2	162.0	108.7	163.8	114.0	69.0	105.6
	99%	73.5	91.9	84.2	69.2	99.0	83.5	65.6	69.5
	95%	34.6	37.1	40.3	38.2	36.7	39.3	39.6	32.9
	50%	2.1	1.9	2.1	2.6	2.6	2.1	2.4	2.7
10/上	Max	73.8	71.6	42.3	63.5	49.7	62.3	99.7	70.0
	99%	53.0	71.4	38.8	48.9	44.9	44.0	78.2	48.0
	95%	34.5	24.6	27.9	31.1	30.9	28.5	29.3	37.1
	50%	3.4	3.1	3.6	3.5	3.1	2.3	2.8	3.4
10/中	Max	83.7	52.7	43.1	53.3	63.9	84.2	92.8	53.7
	99%	72.6	52.4	34.3	32.3	57.6	52.8	59.9	45.7
	95%	36.5	29.4	22.4	29.3	22.1	25.4	21.7	24.4
	50%	1.9	1.8	1.7	2.0	1.9	1.7	1.6	1.6
10/下	Max	96.1	73.9	37.7	40.8	56.0	61.8	45.5	44.3
	99%	36.6	47.5	32.7	37.2	33.1	46.1	39.4	29.8
	95%	19.0	18.6	21.9	20.4	17.7	21.0	24.0	23.2
	50%	2.9	1.9	2.1	2.1	2.8	2.4	2.4	2.3
11/上	Max	70.2	68.3	56.3	76.8	62.1	105.9	63.4	101.0
	99%	60.1	63.1	44.7	50.1	54.9	49.4	57.7	70.4
	95%	40.6	29.6	28.8	31.1	37.6	35.9	35.4	32.7
	50%	4.0	3.0	3.7	2.7	3.7	4.4	3.7	3.2
11/中	Max	39.4	48.1	47.5	38.1	36.5	36.4	39.6	35.2
	99%	30.9	45.7	35.2	31.3	30.9	29.9	32.8	32.2
	95%	21.8	21.3	25.3	26.4	17.4	24.1	22.9	21.4
	50%	2.3	2.2	3.0	2.8	2.6	2.1	2.6	3.0
11/下	Max	68.3	41.2	42.7	50.2	53.1	46.2	69.5	63.1
	99%	24.2	39.2	26.6	24.5	23.7	23.9	28.0	24.4
	95%	20.9	17.6	19.5	18.8	20.6	21.2	20.0	20.0
	50%	2.9	2.3	2.6	2.8	3.0	2.7	4.0	3.4
12/上	Max	28.7	23.9	24.2	24.2	23.8	27.8	29.9	31.3
	99%	26.4	22.5	24.1	23.8	23.8	27.8	21.4	22.0
	95%	15.5	17.2	16.3	15.9	20.4	20.1	17.9	17.2
	50%	2.4	2.4	1.2	1.3	2.9	2.2	1.6	1.9
12/中	Max	20.5	19.1	16.6	18.2	17.6	23.4	24.0	22.8
	99%	19.9	18.3	16.6	18.2	17.3	22.8	23.8	22.4
	95%	13.5	13.6	12.4	10.6	14.9	11.1	13.9	15.2
	50%	2.0	1.5	1.5	1.5	1.7	1.6	1.7	2.4
12/下	Max	23.6	24.3	30.6	25.6	30.0	29.3	22.9	28.0
	99%	19.5	23.8	30.2	25.6	19.1	29.2	17.2	20.7
	95%	14.8	17.4	14.4	16.0	12.7	18.0	13.4	16.0
	50%	2.2	1.7	1.8	2.2	2.0	2.2	2.1	2.4

第五组(南通和无锡)11 站点旬雨量阈值

日期(月/旬)	项目	站点										
		58259	58254	58255	58264	58265	58268	58269	58360	58354	58346	58351
		南通	海安	如皋	如东	吕泗	通州	启东	海门	无锡	宜兴	江阴
1/上	Max	46.9	37.8	46.9	40.5	30.9	49.3	44.2	45.7	51.1	45.3	49.8
	99%	25.9	24.2	23.4	24.7	28.6	26.8	26.1	31.4	32.0	34.6	26.0
	95%	17.5	14.6	15.2	20.7	19.0	15.8	19.1	16.8	15.8	16.3	14.6
	50%	2.8	2.6	2.4	2.6	2.2	2.7	3.2	2.9	2.7	3.0	2.8
1/中	Max	37.6	34.2	39.4	38.5	40.3	41.7	44.2	40.2	40.4	61.0	42.5
	99%	32.5	31.0	31.2	35.5	38.7	37.9	37.0	34.1	32.8	53.0	31.5
	95%	24.0	21.5	20.9	21.6	27.2	25.7	26.2	23.2	24.2	33.0	22.4
	50%	2.4	2.4	2.4	2.9	2.4	2.6	2.6	2.5	4.1	4.3	3.0
1/下	Max	40.2	24.4	33.3	47.6	27.1	43.7	28.8	22.3	23.4	26.7	39.7
	99%	21.1	17.9	18.5	18.7	20.9	20.8	23.8	20.1	21.2	22.2	21.7
	95%	14.7	14.6	14.8	15.6	15.3	14.1	14.8	13.9	16.4	18.5	14.7
	50%	2.8	2.4	2.2	2.2	2.2	2.2	1.9	2.5	2.6	2.6	2.5
2/上	Max	38.5	41.3	30.6	30.4	29.3	36.8	30.0	34.5	31.5	41.4	37.3
	99%	27.8	23.9	26.0	26.2	24.2	26.4	28.0	28.7	28.8	31.8	28.8
	95%	18.8	17.5	17.0	18.3	19.8	17.4	18.0	17.4	16.3	21.4	22.8
	50%	2.9	2.4	2.7	2.9	2.5	2.9	2.4	2.3	2.5	3.4	2.5
2/中	Max	30.2	46.5	61.3	45.0	27.3	27.4	28.7	28.7	31.6	39.1	32.9
	99%	27.6	26.1	26.9	27.8	26.8	26.0	27.6	23.3	26.9	30.5	29.3
	95%	17.6	17.2	18.9	17.8	18.6	19.9	19.4	17.8	19.9	25.6	18.8
	50%	3.2	3.2	2.8	3.2	2.7	2.9	2.9	2.7	2.7	3.3	2.7
2/下	Max	25.7	23.1	35.3	23.2	27.9	25.3	38.1	36.9	65.3	63.5	25.4
	99%	24.0	21.0	20.7	20.1	25.9	22.6	33.4	28.2	33.5	36.0	24.9
	95%	19.1	15.5	16.6	15.1	19.3	17.6	19.7	19.8	21.6	25.0	21.5
	50%	3.6	2.8	3.0	3.1	3.3	3.3	3.4	3.6	4.3	4.6	3.9
3/上	Max	37.1	52.3	46.9	43.6	31.1	40.7	30.8	28.2	32.8	36.2	29.7
	99%	35.1	45.9	34.2	38.6	28.7	34.6	28.3	27.3	25.8	33.2	28.9
	95%	21.1	20.5	19.0	20.8	18.6	21.1	17.6	17.6	19.3	19.4	20.3
	50%	3.3	3.2	3.4	3.4	3.5	3.5	3.3	3.9	3.8	3.2	3.5
3/中	Max	46.6	61.6	52.4	43.8	45.0	57.8	47.7	47.3	63.2	44.3	48.8
	99%	32.0	39.9	33.3	38.9	36.0	31.7	33.0	32.7	30.6	37.4	30.4
	95%	24.7	17.9	21.1	19.2	22.6	24.2	25.2	21.6	19.9	23.8	23.7
	50%	4.6	3.6	4.3	4.1	4.2	4.0	5.0	4.9	4.7	4.4	4.2
3/下	Max	43.2	49.5	61.6	59.5	30.5	44.2	39.2	36.9	46.7	74.1	62.2
	99%	33.4	46.1	48.2	40.3	24.1	30.2	26.0	31.5	35.9	63.9	32.4
	95%	20.9	26.6	25.6	27.7	17.1	20.1	19.3	18.1	22.6	27.0	24.7
	50%	3.6	2.9	3.6	3.8	3.9	3.8	3.7	3.6	4.1	4.4	3.8
4/上	Max	61.5	49.9	53.5	55.4	55.2	54.1	70.5	44.9	68.8	57.5	40.3
	99%	44.6	42.4	51.8	46.6	39.6	46.1	35.5	35.0	37.5	39.8	33.3
	95%	22.0	21.3	21.8	21.0	19.8	20.6	23.7	23.5	25.6	25.9	21.3
	50%	3.0	2.9	2.7	3.1	3.2	3.2	4.1	2.7	3.2	4.0	2.9

续表

日期（月/旬）	项目	站点										
		58259	58254	58255	58264	58265	58268	58269	58360	58354	58346	58351
		南通	海安	如皋	如东	吕泗	通州	启东	海门	无锡	宜兴	江阴
4/中	Max	51.2	46.8	59.0	41.4	42.7	43.2	55.8	44.7	47.5	59.3	78.8
	99%	36.5	38.0	39.8	37.8	39.4	34.1	49.2	39.7	37.5	38.3	36.5
	95%	24.5	25.2	23.5	22.0	23.1	23.4	25.5	24.3	27.4	22.6	24.5
	50%	3.4	2.7	2.7	2.2	3.4	2.9	3.8	2.7	3.2	3.4	3.2
4/下	Max	97.6	47.4	62.3	54.6	65.4	60.1	103.9	57.0	69.5	88.1	52.4
	99%	55.4	45.1	56.2	51.6	45.4	49.1	33.1	29.5	53.2	52.7	37.2
	95%	25.3	29.6	34.5	28.6	26.7	25.2	24.7	22.5	34.2	35.0	30.5
	50%	3.0	4.0	3.4	3.2	3.1	2.8	3.3	2.9	4.8	4.7	3.3
5/上	Max	63.3	71.2	67.9	82.3	48.5	59.5	54.7	61.4	87.8	65.4	84.2
	99%	52.4	49.6	49.5	58.6	48.1	47.5	38.3	35.6	54.0	55.8	70.4
	95%	30.1	32.0	28.2	33.6	30.2	29.6	28.9	26.7	25.7	35.4	39.4
	50%	3.4	2.9	3.0	3.2	3.6	3.3	3.7	3.2	5.0	4.9	3.6
5/中	Max	74.9	60.7	94.4	66.6	65.0	62.6	80.2	80.8	77.0	116.5	86.3
	99%	45.6	59.8	45.8	57.5	58.7	45.9	49.9	50.6	57.9	61.9	43.1
	95%	37.6	34.3	35.8	32.0	40.3	37.2	31.0	30.3	39.9	42.7	31.7
	50%	3.0	2.4	2.9	3.5	3.5	3.2	2.7	3.0	3.3	3.5	3.3
5/下	Max	108.7	152.0	156.2	125.6	111.6	135.6	86.0	85.9	52.6	91.9	74.0
	99%	77.6	73.4	74.8	85.6	85.2	104.5	69.2	63.0	47.0	50.2	54.0
	95%	36.6	34.7	33.9	39.0	39.8	35.3	35.2	31.8	34.3	34.4	30.1
	50%	2.4	2.5	2.3	2.0	2.3	2.1	2.8	2.7	2.8	1.9	2.6
6/上	Max	136.3	78.9	74.1	64.3	157.8	137.0	117.6	136.0	92.5	96.5	164.0
	99%	67.0	62.9	58.4	57.3	86.4	75.0	76.3	74.7	73.6	91.7	79.8
	95%	49.6	40.2	40.4	41.0	46.4	49.0	44.9	43.9	44.2	49.8	41.3
	50%	5.8	4.7	5.5	4.0	4.1	4.6	4.7	5.2	4.5	3.7	4.1
6/中	Max	102.5	103.9	90.8	89.1	105.1	108.8	161.1	124.3	160.7	127.1	145.7
	99%	79.3	76.5	88.8	72.9	68.4	83.5	94.3	83.5	104.6	90.7	101.8
	95%	45.2	40.9	48.0	44.5	52.7	46.1	39.9	50.0	58.6	53.6	48.4
	50%	4.6	4.5	4.3	4.0	4.4	3.3	4.5	4.5	4.8	4.5	3.6
6/下	Max	153.7	144.8	182.0	137.1	164.3	143.9	175.9	201.5	142.4	154.6	241.5
	99%	135.5	100.0	114.6	89.5	158.4	138.9	92.7	131.5	110.9	90.8	125.7
	95%	80.2	66.6	67.2	65.4	79.0	72.8	54.6	70.7	57.7	64.4	64.9
	50%	8.7	5.7	5.5	6.9	6.7	6.2	4.9	5.9	7.0	7.1	7.1
7/上	Max	136.2	114.4	130.2	128.8	202.7	144.0	147.2	134.2	178.2	156.0	162.9
	99%	105.3	106.5	115.5	116.5	95.0	89.0	102.7	97.7	124.7	110.8	128.3
	95%	54.6	72.8	63.4	79.4	52.6	51.0	58.9	47.1	56.1	61.0	60.0
	50%	6.7	7.0	6.6	6.1	6.4	4.5	4.7	5.4	5.4	6.5	6.5
7/中	Max	175.6	174.3	196.8	114.3	130.1	176.6	114.0	133.2	109.5	126.5	221.6
	99%	90.7	113.1	100.6	86.8	94.2	92.4	63.8	83.2	85.5	93.5	91.7
	95%	61.9	53.1	49.8	56.7	59.9	55.5	42.7	45.8	47.8	47.3	51.4
	50%	5.0	4.9	5.1	4.0	4.7	4.8	4.0	5.1	5.7	5.5	4.6

续表

日期（月/旬）	项目	站点										
		58259	58254	58255	58264	58265	58268	58269	58360	58354	58346	58351
		南通	海安	如皋	如东	吕泗	通州	启东	海门	无锡	宜兴	江阴
7/下	Max	194.0	118.1	120.7	196.3	199.9	165.2	98.2	78.7	112.7	84.9	125.9
	99%	77.9	106.1	88.0	106.1	122.6	77.4	65.9	75.3	80.2	55.6	98.5
	95%	58.8	65.0	52.0	58.1	47.0	63.1	39.4	58.6	44.6	39.5	53.7
	50%	5.8	4.4	4.4	6.0	4.2	5.3	4.0	4.1	5.3	4.8	5.4
8/上	Max	122.5	147.6	162.3	236.8	141.1	122.5	127.2	132.1	135.8	137.2	151.5
	99%	114.7	105.0	102.7	116.7	112.7	117.7	107.8	102.7	109.7	97.3	129.1
	95%	60.2	55.2	56.3	58.9	54.9	56.7	55.3	52.7	56.7	66.6	54.1
	50%	3.1	4.0	4.1	4.5	4.1	3.6	4.5	4.4	2.7	3.6	5.5
8/中	Max	124.1	86.9	102.0	125.9	169.0	148.8	195.0	164.1	93.5	107.1	95.6
	99%	87.0	72.0	58.7	68.5	93.2	85.8	90.1	76.3	69.4	63.2	72.9
	95%	52.9	51.6	44.7	45.9	48.5	42.3	49.1	52.2	43.8	44.0	52.8
	50%	4.2	4.4	4.5	4.6	5.5	4.2	5.0	4.7	4.9	3.9	4.2
8/下	Max	210.8	148.3	151.1	245.3	128.5	196.3	111.5	134.6	136.8	101.5	120.7
	99%	72.9	104.5	87.0	106.8	98.0	76.3	100.3	102.0	96.8	94.8	100.6
	95%	46.0	55.4	59.7	43.4	57.9	49.7	52.4	49.7	49.8	59.6	56.2
	50%	4.5	3.6	3.8	3.9	5.2	3.7	4.2	3.6	4.5	4.8	4.2
9/上	Max	193.7	184.3	191.6	219.2	182.5	198.0	139.1	160.8	202.9	178.8	219.6
	99%	91.0	124.8	67.8	136.7	156.6	87.3	124.1	67.8	163.2	110.4	156.2
	95%	51.9	51.4	42.6	54.4	51.9	56.8	47.4	46.7	41.2	57.8	46.2
	50%	2.9	3.2	4.2	3.7	4.8	3.6	5.3	3.6	3.4	4.8	2.8
9/中	Max	100.1	153.9	170.3	90.8	127.2	194.5	128.2	118.5	101.6	114.9	113.6
	99%	77.0	99.1	86.1	76.7	110.7	82.5	99.3	63.3	79.6	88.8	105.7
	95%	50.6	50.0	39.1	33.6	54.0	42.4	43.8	40.7	38.2	41.9	41.9
	50%	3.5	3.0	2.7	3.6	4.1	4.1	3.2	3.4	3.3	3.8	2.8
9/下	Max	114.9	63.3	61.1	105.2	86.2	101.8	60.9	71.7	77.1	76.3	81.5
	99%	45.3	45.4	54.6	58.5	52.6	52.7	54.6	59.7	39.8	58.4	53.3
	95%	27.3	36.8	34.9	36.0	36.9	30.3	28.9	29.8	25.2	29.3	25.9
	50%	2.5	2.6	2.8	3.1	2.5	2.1	3.0	2.8	2.5	2.4	2.2
10/上	Max	129.1	88.6	81.3	109.4	169.5	96.5	233.5	123.2	100.9	119.3	124.8
	99%	63.2	61.0	60.0	90.0	63.9	78.3	91.7	84.6	88.7	101.2	78.9
	95%	42.9	31.2	37.2	38.7	36.4	37.9	32.5	41.1	48.7	47.0	54.1
	50%	4.0	3.3	3.6	3.6	3.0	3.8	3.4	3.9	2.9	3.7	3.0
10/中	Max	35.1	56.9	55.9	44.7	46.7	40.5	47.7	39.5	54.9	58.4	61.5
	99%	32.8	35.6	39.9	35.7	40.9	32.9	40.7	27.7	30.6	44.0	30.0
	95%	22.8	22.0	22.5	22.1	18.3	27.2	22.2	23.0	20.0	21.6	25.6
	50%	1.9	1.4	2.0	1.9	2.0	2.0	1.8	1.6	2.1	2.2	1.9
10/下	Max	70.7	42.1	41.6	59.0	54.1	127.6	63.2	69.3	44.8	52.7	42.1
	99%	38.8	39.9	40.1	44.8	45.9	37.5	45.5	37.1	39.9	45.8	34.0
	95%	26.9	21.2	26.1	24.3	25.8	26.0	24.8	23.4	25.8	22.7	23.2
	50%	2.2	2.0	2.4	2.5	2.0	1.8	2.1	1.8	2.8	3.6	2.2

续表

日期(月/旬)	项目	站点										
		58259	58254	58255	58264	58265	58268	58269	58360	58354	58346	58351
		南通	海安	如皋	如东	吕泗	通州	启东	海门	无锡	宜兴	江阴
11/上	Max	54.7	46.9	58.8	78.1	78.7	76.6	63.4	69.9	57.1	62.2	66.1
	99%	44.4	45.7	54.1	43.2	43.3	45.6	46.9	44.2	48.8	45.8	47.8
	95%	28.7	26.7	31.0	33.6	28.1	30.7	27.1	28.5	27.4	30.0	28.8
	50%	2.9	3.4	3.1	2.7	2.7	3.0	2.6	2.4	3.2	2.9	3.7
11/中	Max	46.3	40.4	42.5	50.9	53.4	44.4	51.4	47.4	46.3	52.7	35.0
	99%	32.1	26.5	39.9	37.5	45.8	32.2	40.2	33.4	31.5	36.8	31.6
	95%	22.8	24.5	22.9	24.2	26.5	24.4	25.9	25.8	18.4	24.5	24.1
	50%	2.6	3.3	3.1	3.1	2.7	2.6	3.1	2.6	3.8	3.4	2.8
11/下	Max	42.4	68.5	76.8	66.0	51.9	46.7	37.4	35.6	44.4	48.9	44.7
	99%	35.2	29.6	34.4	33.7	31.9	36.4	33.8	32.5	37.6	39.9	33.1
	95%	21.9	25.9	27.1	21.1	21.9	25.6	20.3	20.3	22.8	29.6	20.5
	50%	4.1	4.8	4.2	3.7	3.0	3.3	3.8	3.0	4.1	4.2	4.2
12/上	Max	19.2	26.3	33.7	19.6	25.9	19.5	29.3	22.9	25.3	29.3	26.8
	99%	17.2	23.6	21.2	18.4	19.0	17.2	21.3	19.6	21.8	22.6	19.1
	95%	15.7	15.7	15.5	16.9	15.9	15.5	16.3	13.6	15.2	16.4	15.0
	50%	2.8	2.9	2.5	2.3	1.7	2.2	1.9	1.4	2.5	2.3	1.8
12/中	Max	22.1	24.8	27.7	29.1	26.7	25.0	32.5	23.5	30.3	37.6	33.6
	99%	21.4	22.2	22.8	22.2	23.0	21.2	25.4	20.6	26.3	29.3	23.0
	95%	19.5	20.0	16.0	17.9	18.7	18.1	17.9	17.7	16.2	19.5	18.3
	50%	2.8	2.5	2.9	2.3	2.4	2.8	2.9	2.8	2.9	3.4	2.6
12/下	Max	34.4	28.5	35.7	33.3	41.0	36.3	41.7	48.3	40.1	52.5	33.6
	99%	29.1	22.2	22.2	24.1	29.0	28.8	29.4	28.7	26.2	32.3	25.8
	95%	16.8	18.0	16.4	18.8	17.9	17.3	20.8	17.1	16.4	19.3	17.0
	50%	2.6	2.3	2.3	2.5	2.5	2.8	3.1	2.6	2.5	3.5	2.5

第六组(淮安和泰州)11 站旬雨量阈值

日期(月/旬)	项目	站点										
		58141	58138	58139	58140	58145	58147	58246	58250	58243	58249	58257
		淮安	盱眙	洪泽	涟水	楚州	金湖	泰州	姜堰	兴化	泰兴	靖江
1/上	Max	24.2	24.2	26.4	26.1	23.3	26.4	36.2	33.8	33.4	42.9	48.9
	99%	24.1	24.1	25.8	25.7	23.0	26.4	22.3	20.6	33.1	24.3	25.3
	95%	18.5	17.6	15.6	20.6	17.6	18.6	16.1	15.1	20.7	15.0	14.1
	50%	1.8	2.2	2.1	1.8	1.7	2.7	2.6	2.1	2.5	2.5	2.8
1/中	Max	32.4	27.5	26.4	29.7	29.6	27.7	35.3	35.4	34.1	37.5	34.4
	99%	31.9	23.7	23.3	29.7	29.3	21.4	28.0	28.0	20.2	28.1	30.5
	95%	16.8	17.5	14.1	15.9	16.8	18.4	21.3	21.0	18.7	24.9	22.7
	50%	2.3	2.4	2.0	2.2	2.2	2.4	3.0	2.7	2.4	2.8	2.9
1/下	Max	29.9	24.3	19.2	22.1	25.3	20.5	19.4	22.1	29.4	35.1	42.2
	99%	15.6	21.2	15.4	15.7	15.4	19.0	19.1	19.6	20.5	20.6	21.3
	95%	13.8	16.5	11.3	13.2	14.2	14.3	13.6	13.9	14.2	12.8	15.1
	50%	2.3	1.7	2.1	2.3	2.2	2.1	2.8	2.4	2.0	2.6	2.4

续表

日期（月/旬）	项目	站点										
		58141	58138	58139	58140	58145	58147	58246	58250	58243	58249	58257
		淮安	盱眙	洪泽	涟水	楚州	金湖	泰州	姜堰	兴化	泰兴	靖江
2/上	Max	37.4	36.8	28.3	30.9	35.6	34.7	51.5	30.3	40.7	25.6	37.7
	99%	19.2	27.9	20.8	20.5	18.5	26.5	21.5	22.6	24.0	23.9	29.5
	95%	14.8	16.4	15.1	17.1	15.1	17.2	16.7	17.6	16.9	18.2	20.2
	50%	2.7	3.0	3.1	2.8	2.9	2.8	2.4	2.2	3.3	3.1	2.7
2/中	Max	33.0	41.0	29.1	38.6	25.0	37.9	32.8	39.5	25.8	58.6	41.4
	99%	23.1	26.6	23.1	25.8	21.7	25.0	26.9	24.5	24.7	33.5	35.2
	95%	16.0	18.2	16.1	17.6	16.3	17.8	17.6	18.1	21.1	18.9	20.1
	50%	2.4	2.8	2.5	2.4	2.4	2.8	3.3	3.1	2.8	2.8	3.3
2/下	Max	27.2	18.7	26.0	33.7	34.9	22.2	25.2	25.3	26.4	40.9	27.1
	99%	25.0	18.6	19.9	26.3	27.4	19.5	20.6	18.6	20.5	26.8	26.5
	95%	12.1	16.3	13.7	12.5	13.1	15.4	15.8	15.1	13.2	18.1	20.7
	50%	2.6	2.5	2.2	2.2	2.4	2.3	3.2	3.0	2.5	2.7	3.7
3/上	Max	48.6	110.9	85.9	48.6	61.5	76.0	34.8	47.0	44.9	42.1	37.0
	99%	38.2	58.1	48.3	39.1	43.5	44.9	34.2	42.0	35.7	28.4	27.0
	95%	21.8	27.2	30.3	20.6	21.7	23.5	23.7	19.5	23.4	20.9	20.4
	50%	2.4	3.0	3.4	2.5	3.0	3.3	3.1	3.3	3.5	3.6	3.5
3/中	Max	30.6	30.4	27.9	33.6	33.5	36.4	40.2	49.7	51.7	37.1	59.3
	99%	24.7	28.8	25.6	28.4	27.1	28.4	36.0	42.0	33.2	34.0	34.2
	95%	14.4	22.1	17.9	15.4	16.3	20.7	19.5	18.6	23.4	21.6	23.4
	50%	2.5	3.3	3.1	2.4	3.6	3.2	3.8	3.7	3.9	4.0	4.6
3/下	Max	45.0	74.7	57.3	42.6	46.4	62.7	58.7	57.6	53.9	48.0	53.0
	99%	28.2	57.8	31.7	29.2	32.5	47.0	55.6	53.6	39.2	37.3	30.6
	95%	21.5	23.5	19.9	21.2	19.6	23.6	29.1	29.0	25.0	29.0	26.1
	50%	2.4	2.4	2.5	2.0	2.2	2.8	2.9	2.8	3.2	3.7	3.3
4/上	Max	47.4	75.8	71.2	63.5	44.3	71.1	45.3	42.5	70.4	64.4	53.6
	99%	30.5	43.8	42.4	32.8	37.0	44.6	37.1	36.9	46.7	35.5	32.6
	95%	19.9	23.9	22.2	21.5	19.7	26.1	24.1	24.1	25.4	23.6	20.4
	50%	2.3	3.1	2.2	2.5	2.2	2.6	3.1	2.5	2.2	2.4	2.8
4/中	Max	45.2	63.2	47.1	62.2	45.7	52.3	42.8	51.6	71.2	48.0	62.9
	99%	37.1	46.1	39.4	36.5	36.6	45.8	39.8	45.6	63.0	33.5	35.4
	95%	27.4	31.1	26.1	24.7	20.7	27.2	28.6	27.7	34.2	25.9	25.2
	50%	3.5	3.4	3.7	2.7	3.5	3.6	3.1	3.2	3.3	3.5	3.2
4/下	Max	59.3	104.1	78.3	50.8	69.9	104.5	64.3	64.4	73.8	55.4	87.1
	99%	44.9	38.6	38.5	49.5	47.6	44.3	53.8	55.1	55.0	46.2	40.8
	95%	30.8	25.3	27.1	34.0	29.9	24.0	27.8	32.3	30.4	27.7	34.8
	50%	2.3	2.7	2.3	2.2	2.4	2.7	3.5	4.1	3.5	3.7	3.5
5/上	Max	104.5	64.8	90.2	121.2	93.0	83.5	65.1	63.7	89.8	80.9	69.2
	99%	62.6	54.8	47.3	54.6	50.5	52.8	42.0	62.5	47.3	62.4	48.8
	95%	28.9	30.8	27.8	31.5	34.6	32.8	28.4	31.8	26.5	32.1	38.1
	50%	3.9	4.4	3.5	2.8	4.0	3.7	3.5	3.6	2.7	3.4	3.9

续表

日期（月/旬）	项目	站点										
		58141	58138	58139	58140	58145	58147	58246	58250	58243	58249	58257
		淮安	盱眙	洪泽	涟水	楚州	金湖	泰州	姜堰	兴化	泰兴	靖江
5/中	Max	67.3	75.6	69.8	67.4	106.9	56.0	82.7	73.9	84.2	84.4	82.4
	99%	53.6	68.1	61.4	46.4	64.1	50.5	57.1	62.8	70.2	65.6	64.6
	95%	35.6	36.2	32.0	36.4	29.8	32.7	31.3	30.5	35.5	32.2	35.2
	50%	2.6	2.8	2.6	3.5	2.2	2.2	2.3	2.6	2.4	3.1	3.8
5/下	Max	130.0	62.8	70.2	211.5	121.4	60.7	107.2	134.4	77.0	102.5	89.9
	99%	53.3	49.0	57.0	70.7	65.8	59.4	53.7	76.0	51.0	61.9	58.8
	95%	25.5	24.6	37.3	26.6	26.2	35.3	25.6	29.2	26.6	27.7	31.1
	50%	2.2	3.0	2.6	2.6	2.5	3.2	2.7	2.8	2.6	2.9	2.8
6/上	Max	98.5	157.4	126.3	146.9	98.6	127.7	86.7	76.5	152.1	134.0	155.4
	99%	62.4	110.9	87.7	47.2	62.1	73.6	59.4	53.9	89.3	81.6	80.2
	95%	28.7	43.0	32.1	35.3	29.6	40.9	33.0	41.2	45.7	46.0	46.9
	50%	4.2	4.3	3.8	3.3	3.6	5.2	4.9	5.9	5.1	4.9	4.7
6/中	Max	95.6	82.6	105.6	94.6	98.4	88.5	104.5	93.8	118.3	117.2	150.2
	99%	79.7	66.2	75.3	76.5	89.3	87.0	71.6	72.9	80.0	89.2	143.2
	95%	52.9	46.8	40.6	45.4	45.1	48.4	48.8	45.6	60.1	60.8	40.4
	50%	2.9	4.0	3.2	4.3	3.2	4.0	3.9	4.7	6.3	3.5	3.4
6/下	Max	207.9	224.5	130.5	167.0	166.6	161.5	161.3	192.2	189.7	312.2	201.4
	99%	145.0	114.1	110.1	126.5	143.0	110.9	107.1	119.3	114.7	117.1	125.6
	95%	74.5	62.8	69.6	61.8	69.2	55.3	73.1	65.2	66.9	69.6	69.3
	50%	5.3	4.9	5.2	4.7	5.4	5.5	5.1	6.0	6.0	6.4	7.6
7/上	Max	126.7	201.4	169.7	137.1	154.9	153.0	163.2	141.4	166.7	246.0	216.6
	99%	100.5	133.8	140.3	121.5	126.2	137.4	132.9	108.0	118.0	125.7	109.7
	95%	70.2	91.7	98.6	61.4	64.9	91.0	69.2	70.4	81.0	57.2	51.6
	50%	6.3	8.3	8.3	5.4	6.8	9.8	6.3	5.7	8.4	5.9	6.0
7/中	Max	130.5	194.2	121.0	226.7	152.5	101.5	139.7	181.0	200.6	125.4	208.0
	99%	116.2	102.6	110.5	113.8	113.4	93.6	94.5	111.7	102.0	104.6	105.9
	95%	67.7	78.7	54.9	68.4	61.2	61.2	52.1	52.6	64.1	45.9	47.5
	50%	8.2	5.9	7.1	7.2	7.5	6.6	4.9	6.0	7.8	5.4	4.1
7/下	Max	129.1	233.2	115.1	119.8	224.9	151.9	169.4	101.3	113.9	119.9	93.3
	99%	98.8	98.3	93.6	115.0	112.9	100.4	80.0	78.3	110.6	73.4	61.5
	95%	65.7	60.6	65.2	66.5	59.9	61.3	55.0	57.7	60.1	48.0	44.6
	50%	5.4	5.7	7.7	5.0	5.9	4.1	6.4	5.3	5.6	5.4	7.1
8/上	Max	138.9	145.8	127.4	190.8	92.5	128.1	156.9	136.7	169.0	143.2	137.2
	99%	105.1	111.4	72.6	133.4	85.2	110.2	85.0	121.6	117.2	85.7	89.0
	95%	59.1	57.6	56.1	67.6	61.3	49.0	50.5	59.9	71.1	58.5	47.8
	50%	4.7	5.9	4.3	6.5	5.3	5.8	2.9	4.0	4.0	4.0	4.2
8/中	Max	91.9	107.5	103.9	129.8	70.3	108.6	82.2	103.3	117.0	129.6	64.8
	99%	84.8	85.5	87.1	102.4	61.2	95.3	67.3	71.2	76.6	71.4	62.7
	95%	60.1	59.5	56.1	56.5	48.7	52.7	49.1	45.6	50.5	39.2	43.0
	50%	5.8	5.3	5.1	5.8	4.7	5.2	4.1	4.6	4.5	4.9	3.5

续表

日期（月/旬）	项目	站点										
		58141	58138	58139	58140	58145	58147	58246	58250	58243	58249	58257
		淮安	盱眙	洪泽	涟水	楚州	金湖	泰州	姜堰	兴化	泰兴	靖江
8/下	Max	170.9	190.7	193.8	244.8	197.5	195.0	115.1	114.9	107.6	103.2	144.7
	99%	105.2	90.5	101.5	124.7	122.3	97.7	84.3	77.1	94.8	76.7	104.3
	95%	66.4	65.6	64.5	70.9	71.8	55.5	55.7	48.2	60.5	49.2	56.2
	50%	4.6	4.3	4.4	4.6	4.0	5.0	3.4	3.8	4.2	4.1	3.4
9/上	Max	123.1	72.0	120.9	118.7	160.2	108.3	149.6	153.1	123.3	171.0	219.4
	99%	90.7	66.3	110.1	107.3	100.4	104.5	113.6	129.6	120.1	90.2	91.3
	95%	54.4	44.3	48.4	52.6	56.2	44.4	48.0	44.7	52.6	53.2	56.1
	50%	5.0	3.6	3.7	5.0	3.7	3.5	3.9	3.0	3.3	3.4	2.9
9/中	Max	100.3	128.4	97.8	101.2	101.3	95.1	105.6	97.3	135.4	91.7	103.8
	99%	67.8	109.3	68.1	83.8	74.5	75.4	88.7	88.8	91.1	80.0	76.9
	95%	45.5	48.1	37.0	51.0	40.4	33.5	46.3	44.8	41.2	40.3	44.5
	50%	3.5	3.0	2.8	2.8	3.8	2.3	4.1	3.6	2.7	3.2	3.1
9/下	Max	190.9	151.4	192.5	183.0	174.6	101.8	106.0	95.4	70.1	71.3	146.3
	99%	95.6	115.5	82.4	72.9	77.5	76.8	66.0	60.5	51.5	60.3	82.1
	95%	39.7	38.6	37.5	35.8	41.2	39.3	26.4	32.7	30.7	35.9	34.6
	50%	2.6	2.0	2.8	2.4	2.7	2.4	2.6	3.0	2.2	2.6	2.5
10/上	Max	81.2	138.1	67.1	48.4	80.7	62.8	71.3	67.3	83.9	52.6	123.6
	99%	53.8	40.9	40.3	46.1	52.7	35.8	53.4	56.9	53.7	49.0	83.2
	95%	31.7	31.0	25.0	29.5	31.3	28.4	35.5	27.6	30.4	38.8	45.7
	50%	3.0	3.1	2.7	3.2	3.0	2.7	4.0	3.6	4.4	3.6	4.2
10/中	Max	52.8	53.4	78.3	49.9	56.0	56.6	67.0	66.3	88.6	58.4	52.8
	99%	47.3	43.1	39.8	45.9	43.8	35.3	44.9	47.4	48.7	46.7	40.2
	95%	21.0	21.9	19.1	31.8	25.9	20.7	20.9	21.6	23.1	22.5	26.6
	50%	1.6	3.0	2.3	1.6	2.0	2.7	2.0	1.8	1.6	1.9	2.0
10/下	Max	73.3	37.4	42.0	98.1	67.0	42.0	45.9	41.5	57.0	34.7	80.5
	99%	44.0	28.5	28.8	43.0	39.3	39.3	35.6	34.3	42.9	31.6	35.7
	95%	20.1	23.5	20.8	21.6	19.8	19.7	20.0	22.9	23.7	21.5	20.1
	50%	2.4	2.5	2.7	2.5	2.5	2.8	2.8	2.0	2.4	2.9	2.6
11/上	Max	62.4	63.2	59.2	75.8	47.3	63.7	54.0	54.9	56.4	60.9	67.6
	99%	47.1	51.2	50.0	46.5	44.8	45.7	50.2	46.6	53.3	48.8	48.9
	95%	25.2	32.3	32.5	27.4	30.4	29.8	30.7	29.1	33.2	34.1	27.4
	50%	4.2	3.3	3.4	3.4	3.6	2.8	3.7	3.7	3.3	4.8	3.3
11/中	Max	32.9	37.7	35.8	45.2	51.4	31.7	37.0	33.4	36.9	37.5	32.9
	99%	27.2	30.6	30.9	32.8	28.2	29.2	30.0	30.4	30.9	29.5	30.2
	95%	22.6	20.4	19.5	19.3	18.4	18.5	23.1	25.6	20.2	22.7	22.2
	50%	2.8	3.0	3.5	2.4	2.8	3.0	3.0	2.8	3.0	2.9	2.9
11/下	Max	46.0	47.9	45.7	54.0	48.7	53.6	64.8	61.4	63.2	74.3	52.1
	99%	45.7	29.4	25.1	53.1	28.7	23.9	33.5	30.6	27.7	31.2	38.2
	95%	23.4	23.8	21.3	23.2	18.1	19.1	22.2	19.5	23.8	21.6	21.0
	50%	2.8	3.1	2.6	3.1	2.8	3.6	3.5	3.5	3.0	3.8	4.2

续表

日期（月/旬）	项目	站点										
		58141	58138	58139	58140	58145	58147	58246	58250	58243	58249	58257
		淮安	盱眙	洪泽	涟水	楚州	金湖	泰州	姜堰	兴化	泰兴	靖江
12/上	Max	24.9	22.7	30.1	23.0	30.6	27.8	28.1	30.3	34.0	31.3	25.8
	99%	24.8	22.7	29.5	22.9	30.0	23.5	23.9	23.7	34.0	21.3	20.1
	95%	15.5	18.7	18.3	16.6	14.8	14.8	18.0	18.4	19.1	14.1	16.5
	50%	1.8	2.3	2.5	1.4	2.0	1.9	2.2	2.3	2.1	2.3	2.1
12/中	Max	17.0	22.5	19.2	17.4	21.2	22.4	21.9	24.2	21.6	28.9	31.8
	99%	16.8	22.5	19.1	17.3	20.8	22.1	21.9	24.0	21.4	22.7	24.4
	95%	11.7	12.9	12.5	10.7	11.4	13.1	17.9	16.7	15.4	14.9	18.4
	50%	1.5	1.9	1.5	1.2	1.3	1.7	2.1	2.5	1.3	2.6	2.6
12/下	Max	26.6	33.9	28.2	30.7	27.9	30.6	29.2	30.7	25.0	32.8	32.2
	99%	14.7	22.0	17.7	30.4	15.9	18.1	20.4	20.7	20.1	25.2	26.4
	95%	13.4	10.7	12.9	13.9	12.9	13.1	17.3	16.3	14.1	16.5	19.4
	50%	2.1	1.7	1.9	2.3	1.7	2.6	2.4	2.3	2.3	2.5	2.3

第七组（苏州和常州）10 站旬雨量阈值

日期（月/旬）	项目	站点									
		58349	58352	58353	58356	58358	58359	58377	58343	58342	58345
		苏州	常熟	张家港	昆山	东山	吴江	太仓	常州	金坛	溧阳
1/上	Max	39.0	44.2	56.8	37.2	41.0	37.7	37.0	53.1	43.4	44.0
	99%	28.8	31.1	23.3	28.9	22.7	25.2	28.2	25.1	25.8	30.0
	95%	18.0	17.5	16.6	16.2	16.9	18.5	18.8	13.3	13.5	15.2
	50%	2.6	2.6	3.2	2.3	2.8	2.5	2.0	2.4	2.5	2.1
1/中	Max	47.8	38.9	39.8	45.4	45.6	48.2	46.8	41.2	41.2	45.2
	99%	43.3	33.7	33.6	39.1	42.0	39.9	37.7	34.6	33.8	38.8
	95%	26.3	25.5	23.7	26.2	25.8	26.0	27.8	24.4	24.1	23.4
	50%	3.8	3.6	3.3	3.6	3.5	3.5	3.6	3.2	3.2	3.6
1/下	Max	33.2	24.0	32.9	29.9	28.1	29.1	30.2	34.4	36.1	30.4
	99%	25.1	19.5	21.4	28.0	21.9	27.6	24.6	21.6	22.6	21.9
	95%	16.8	15.4	15.3	15.0	18.2	18.4	15.1	14.9	14.5	16.1
	50%	2.6	2.1	3.1	2.5	2.7	2.7	2.5	3.1	2.8	2.8
2/上	Max	32.1	28.5	37.1	31.6	33.9	31.3	32.0	30.6	32.8	38.8
	99%	30.8	26.7	26.6	29.7	30.4	28.4	28.5	28.3	30.3	28.8
	95%	19.3	17.6	21.5	19.7	19.6	20.0	19.2	20.0	17.9	17.1
	50%	3.1	2.8	2.6	2.6	3.0	2.7	2.5	2.7	2.7	3.0
2/中	Max	34.3	35.3	37.4	35.8	41.5	41.9	33.4	54.5	49.1	41.8
	99%	28.0	25.1	31.8	28.4	32.2	31.2	25.7	26.3	24.6	28.1
	95%	21.0	20.4	20.4	19.5	21.7	23.6	21.5	19.0	20.8	20.7
	50%	3.1	3.1	3.5	3.2	3.5	3.0	3.4	3.3	3.0	3.5
2/下	Max	33.1	56.3	29.6	35.1	35.5	32.3	31.3	33.9	42.1	45.3
	99%	30.4	29.1	28.3	27.3	30.5	29.5	26.7	27.5	29.2	43.9
	95%	22.5	22.3	20.8	21.7	24.2	24.3	20.7	22.3	22.1	21.6
	50%	4.6	4.1	3.7	3.6	4.7	4.7	4.2	3.7	3.9	3.7

续表

日期（月/旬）	项目	站点									
		58349	58352	58353	58356	58358	58359	58377	58343	58342	58345
		苏州	常熟	张家港	昆山	东山	吴江	太仓	常州	金坛	溧阳
3/上	Max	51.9	30.2	31.8	43.2	40.4	40.7	39.7	26.0	35.3	41.9
	99%	29.5	29.0	29.4	31.4	32.1	30.9	28.7	23.6	25.4	27.3
	95%	21.2	20.2	19.7	19.8	21.3	18.8	18.8	20.7	22.0	21.5
	50%	3.7	3.9	3.8	3.8	3.5	3.2	3.5	3.7	3.5	3.7
3/中	Max	43.4	41.1	39.4	47.6	35.7	43.1	48.9	48.6	43.4	45.8
	99%	32.7	27.3	34.5	31.1	31.3	35.7	32.8	31.5	34.7	32.2
	95%	20.0	20.4	24.3	18.7	21.8	23.6	19.2	22.5	22.4	25.0
	50%	4.4	4.8	4.7	5.0	4.2	4.3	4.8	5.1	4.5	5.0
3/下	Max	56.3	48.1	46.5	43.7	100.5	70.0	40.2	65.8	63.2	54.7
	99%	39.2	36.6	37.8	33.6	34.8	32.9	33.9	35.0	30.0	45.5
	95%	23.2	20.9	24.1	23.4	27.6	26.0	22.5	23.7	21.3	24.4
	50%	4.6	3.9	4.8	4.1	4.2	4.5	4.1	4.3	4.0	4.3
4/上	Max	71.4	52.5	51.5	113.1	49.2	61.8	103.4	69.0	67.6	59.2
	99%	53.1	41.7	43.3	47.0	41.7	43.0	42.9	34.6	37.4	37.5
	95%	26.3	27.2	27.5	27.3	24.5	26.1	25.7	24.2	26.1	28.2
	50%	3.9	3.8	2.6	3.9	4.5	4.3	4.2	2.9	3.7	3.8
4/中	Max	49.8	50.2	56.1	49.0	77.8	44.0	51.2	98.6	88.5	72.7
	99%	36.1	33.8	55.1	30.6	37.5	33.9	32.9	45.1	60.1	45.6
	95%	20.1	20.7	24.0	22.7	21.0	20.3	22.4	26.0	26.2	26.9
	50%	3.2	3.1	3.7	3.0	3.6	3.4	3.1	3.3	3.3	3.4
4/下	Max	78.0	79.5	63.0	75.7	97.5	98.2	70.7	78.0	61.6	99.1
	99%	41.5	40.9	40.9	43.3	61.1	47.4	39.8	47.7	55.1	55.8
	95%	27.5	27.3	28.7	27.9	23.6	25.2	27.2	30.9	30.1	36.4
	50%	4.2	4.4	3.4	4.0	4.2	4.0	3.8	3.4	3.1	3.7
5/上	Max	55.1	65.0	71.8	59.7	55.6	67.6	50.5	90.6	88.4	71.5
	99%	42.3	39.7	65.8	46.1	53.2	47.2	43.5	51.6	47.1	57.8
	95%	29.3	25.5	29.8	27.5	30.7	31.3	29.5	30.5	33.7	30.3
	50%	4.1	4.1	3.9	4.1	5.1	4.3	3.5	4.4	4.3	5.2
5/中	Max	81.7	70.7	70.3	77.5	63.8	73.4	66.6	106.6	129.8	127.8
	99%	58.5	47.7	55.4	52.0	57.2	54.4	44.7	65.7	69.3	63.7
	95%	35.8	35.1	32.0	35.0	36.1	37.7	31.3	34.9	33.8	41.9
	50%	4.5	3.2	3.2	4.3	3.4	3.5	4.4	3.3	2.9	2.8
5/下	Max	55.1	71.3	76.9	56.9	80.4	65.1	61.4	65.9	64.1	57.7
	99%	43.6	55.0	66.3	50.4	59.0	52.1	49.3	55.4	58.9	47.0
	95%	39.5	38.3	32.1	35.0	37.6	33.5	32.4	32.2	31.7	29.9
	50%	2.5	2.6	3.4	2.2	2.1	2.3	2.0	2.8	2.9	2.9
6/上	Max	108.1	82.0	174.0	88.4	84.3	82.6	193.7	126.3	78.7	102.6
	99%	88.8	81.7	72.3	83.6	60.2	69.9	98.0	79.9	72.0	82.9
	95%	50.5	44.3	47.6	46.3	38.8	41.5	47.9	47.3	51.3	51.9
	50%	4.5	4.2	6.3	5.0	3.9	4.2	4.4	4.0	3.2	3.8

续表

日期(月/旬)	项目	站点									
		58349	58352	58353	58356	58358	58359	58377	58343	58342	58345
		苏州	常熟	张家港	昆山	东山	吴江	太仓	常州	金坛	溧阳
6/中	Max	102.9	151.8	146.1	169.3	94.1	90.5	173.5	139.4	180.3	132.4
	99%	82.1	86.4	132.5	80.8	69.3	70.5	79.9	75.8	151.1	92.7
	95%	46.0	61.9	55.4	44.9	44.1	43.1	42.6	46.6	62.6	58.7
	50%	4.3	4.6	4.8	4.3	4.4	4.1	3.5	4.2	3.5	5.4
6/下	Max	154.3	170.2	235.7	146.0	118.5	133.0	164.0	243.6	274.6	128.9
	99%	82.3	102.6	144.8	94.2	85.6	80.6	107.9	116.9	134.9	80.5
	95%	53.9	61.3	69.5	61.2	62.0	61.0	57.7	60.6	68.1	57.9
	50%	5.9	7.4	6.2	6.4	5.4	5.8	5.0	7.4	6.6	7.9
7/上	Max	81.1	173.3	171.0	164.9	94.2	108.7	140.9	167.5	159.6	132.4
	99%	71.0	127.9	105.6	89.5	76.5	81.4	90.8	132.3	131.7	106.5
	95%	48.1	71.1	60.1	49.0	51.5	47.9	55.7	71.2	76.3	73.0
	50%	5.0	4.6	6.0	4.6	4.4	4.4	3.9	7.3	6.5	5.2
7/中	Max	76.2	85.0	184.1	128.6	85.4	66.7	151.9	129.3	125.9	152.6
	99%	54.4	65.2	83.6	65.6	65.9	48.4	56.6	72.9	80.7	81.8
	95%	37.1	35.7	57.5	42.4	38.2	35.2	39.2	56.0	45.0	48.5
	50%	4.4	4.7	4.7	4.7	4.6	5.2	3.8	4.2	4.6	4.9
7/下	Max	130.2	72.3	112.0	63.8	130.6	78.0	100.8	172.1	199.2	86.3
	99%	88.0	70.5	97.8	59.5	99.0	71.9	88.4	79.4	87.3	81.4
	95%	39.9	46.1	56.0	42.9	46.9	47.2	51.1	57.4	56.8	42.3
	50%	4.3	4.6	5.0	4.9	5.5	5.2	4.5	4.8	4.8	5.2
8/上	Max	126.4	133.4	79.4	204.9	135.5	133.7	226.5	176.2	185.8	138.3
	99%	109.1	121.6	76.7	143.3	108.1	111.2	176.8	158.9	123.0	92.9
	95%	61.0	55.1	50.1	63.5	49.9	49.1	90.9	63.5	41.5	46.1
	50%	3.7	2.7	2.7	3.2	4.1	2.8	4.1	3.8	3.0	2.8
8/中	Max	85.8	108.1	154.9	91.3	99.3	88.5	87.9	196.2	119.4	75.3
	99%	58.5	74.2	102.7	69.4	69.8	68.4	70.2	68.0	63.8	64.4
	95%	41.0	47.9	44.8	43.9	48.2	39.7	51.0	45.4	42.5	41.2
	50%	4.9	4.4	4.4	5.2	5.3	4.4	5.6	4.7	3.5	4.3
8/下	Max	148.6	147.1	100.2	180.6	145.4	180.0	194.2	134.9	218.5	147.2
	99%	105.7	72.7	72.2	115.1	86.2	108.1	118.7	75.6	83.3	68.6
	95%	50.8	45.6	50.4	62.8	51.2	40.2	63.3	50.2	49.3	43.6
	50%	3.1	4.0	3.8	2.6	2.7	3.1	3.4	3.2	3.6	3.8
9/上	Max	343.1	298.0	98.0	168.4	208.3	333.5	161.0	165.0	116.8	128.4
	99%	167.8	134.8	70.4	154.8	74.1	109.8	156.2	88.6	110.7	75.7
	95%	41.4	49.4	47.9	48.5	46.1	39.9	57.4	50.7	46.9	43.1
	50%	3.7	4.5	4.8	3.5	3.5	3.4	2.9	4.1	3.6	3.4
9/中	Max	99.5	125.8	131.3	122.6	118.8	89.9	108.4	93.2	82.6	110.1
	99%	91.9	57.3	85.6	97.2	79.2	75.9	84.5	66.4	55.4	80.1
	95%	47.9	43.8	34.8	53.0	48.9	58.9	51.5	41.8	29.2	38.2
	50%	4.4	3.3	3.1	5.0	3.0	3.8	4.6	3.6	3.3	4.0

续表

日期（月/旬）	项目	站点									
		58349	58352	58353	58356	58358	58359	58377	58343	58342	58345
		苏州	常熟	张家港	昆山	东山	吴江	太仓	常州	金坛	溧阳
9/下	Max	54.8	79.5	49.5	54.9	63.9	85.7	57.2	72.4	78.6	76.4
	99%	47.7	54.1	35.0	44.0	53.3	63.4	51.4	50.8	58.9	55.7
	95%	31.8	30.0	22.7	30.8	24.2	45.2	29.3	29.4	41.9	32.9
	50%	2.4	2.4	2.6	2.1	2.2	2.3	2.2	2.9	2.0	3.2
10/上	Max	137.8	99.3	92.6	162.6	128.0	146.1	135.2	90.1	77.1	104.7
	99%	107.4	77.0	82.0	109.0	94.3	113.5	86.1	74.4	71.8	76.8
	95%	40.2	42.8	42.6	45.3	38.1	47.3	50.6	44.8	31.4	35.1
	50%	3.6	3.5	3.9	2.6	3.3	3.9	2.3	2.8	3.1	4.0
10/中	Max	57.5	80.8	37.0	61.8	40.0	46.2	58.5	63.9	55.3	50.7
	99%	37.3	38.3	33.8	37.8	33.0	35.7	39.3	35.9	43.3	30.1
	95%	26.9	21.5	25.1	23.6	23.8	24.9	25.4	20.0	24.7	19.7
	50%	2.7	1.8	2.0	2.5	2.9	2.4	2.2	1.9	2.0	2.0
10/下	Max	62.1	49.4	34.7	45.5	41.7	40.7	43.8	31.9	48.5	61.7
	99%	46.4	40.2	33.1	36.4	37.0	38.1	38.6	31.7	31.4	37.8
	95%	24.9	25.9	24.2	26.7	31.0	29.0	27.5	23.6	23.0	22.8
	50%	2.5	1.9	2.0	2.2	2.8	2.5	2.1	3.3	3.0	2.9
11/上	Max	46.0	74.1	61.3	55.8	50.8	48.7	55.4	77.9	73.3	76.8
	99%	38.8	43.7	38.4	38.2	37.8	43.5	40.0	61.7	55.5	49.1
	95%	22.6	27.4	25.8	24.6	27.9	26.7	26.1	33.2	37.3	31.7
	50%	2.6	2.9	4.3	2.9	2.9	2.6	2.5	3.4	4.0	3.0
11/中	Max	48.6	50.3	37.6	41.6	41.2	45.2	49.3	38.1	33.2	33.4
	99%	40.5	38.0	32.9	35.2	36.2	30.6	37.3	31.5	31.2	28.2
	95%	23.2	23.3	20.9	20.5	27.2	20.3	21.5	19.6	20.1	20.3
	50%	3.6	3.0	3.5	3.9	3.8	3.6	3.0	2.7	2.8	3.0
11/下	Max	46.2	42.9	51.4	43.4	38.8	41.3	72.1	56.7	59.4	63.4
	99%	34.9	38.5	32.7	35.1	35.4	34.8	39.3	37.6	37.5	37.8
	95%	24.1	21.1	23.4	21.3	24.3	20.8	21.9	22.1	22.7	27.5
	50%	3.2	3.4	4.3	3.4	2.8	2.7	3.1	4.5	4.9	4.4
12/上	Max	27.0	22.8	26.0	23.0	37.5	26.8	24.5	25.6	21.5	24.9
	99%	19.9	22.2	21.8	19.8	23.9	21.9	20.8	21.3	20.5	17.4
	95%	15.8	16.6	14.6	14.8	16.6	15.8	13.5	14.6	16.2	12.4
	50%	2.7	1.9	2.2	2.9	2.3	2.7	2.5	2.0	2.0	1.8
12/中	Max	35.2	30.0	31.2	32.5	29.9	29.1	32.7	34.8	37.3	29.0
	99%	27.7	25.0	30.3	28.0	26.3	26.0	27.2	23.4	27.5	27.5
	95%	19.4	17.3	19.9	17.4	20.1	18.4	17.1	15.8	20.4	17.9
	50%	2.9	3.0	3.2	2.7	2.8	2.3	2.3	2.8	2.7	2.7
12/下	Max	45.3	41.3	31.0	39.3	33.2	37.7	35.5	35.8	39.9	48.2
	99%	28.4	28.2	26.0	27.9	26.0	27.8	30.1	26.1	29.2	28.2
	95%	17.9	17.7	21.5	19.4	19.8	20.5	19.6	18.3	17.1	16.9
	50%	2.7	2.7	3.4	2.4	2.5	2.9	2.2	2.4	2.8	3.3

第10章　逐旬日雨量阈值分布图

站点说明：旬降水量不同分位值分布图中仅显示了江苏70个国家基本气象站(考虑资料的时效性和代表性)，去掉了表中的徐州的铜山站、连云港的燕尾港、南京的江宁站，考虑实用性仅做了最大值和95%分位值的降水量分布图。为显示更加清晰，图中相关数据只显示降水量的整数部分。

10.1　逐旬日雨量(mm)最大值分布图

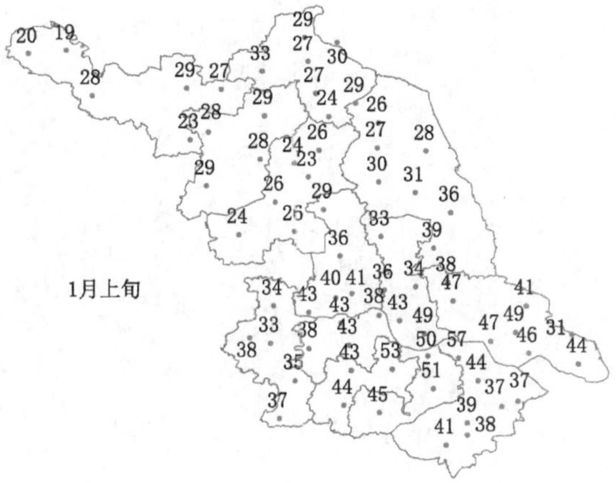

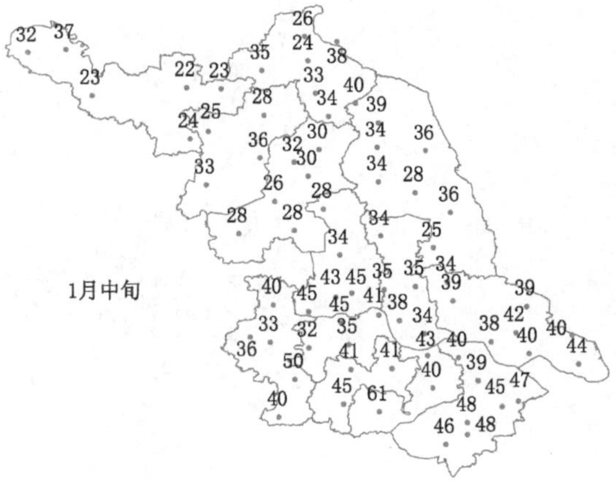

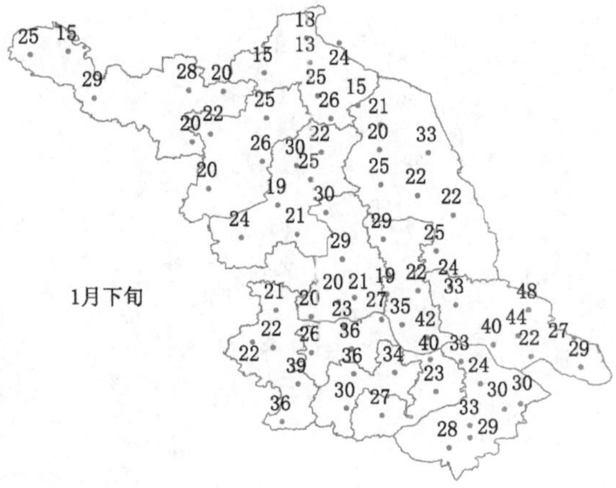

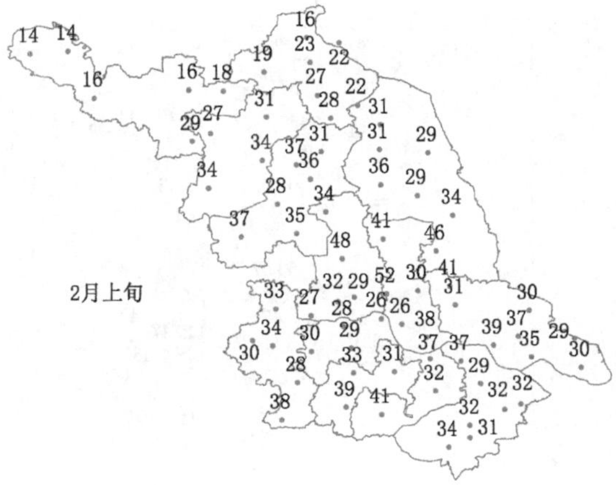

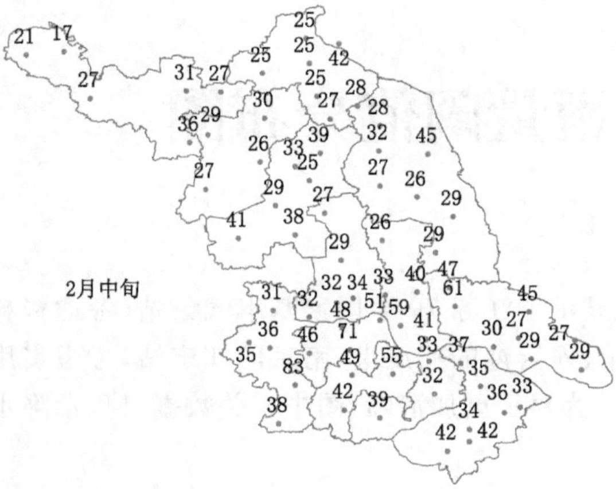

2月中旬

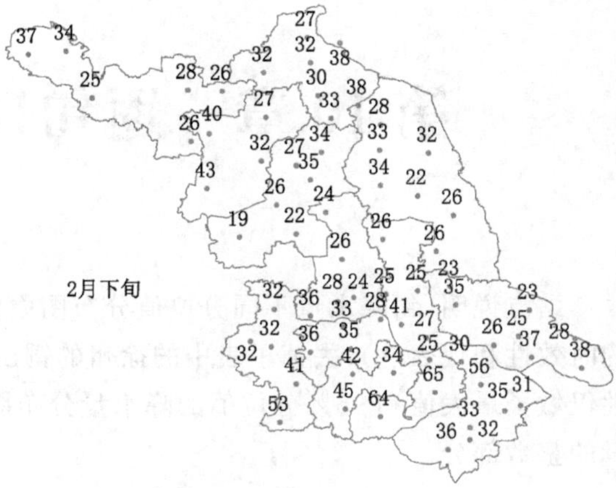

2月下旬

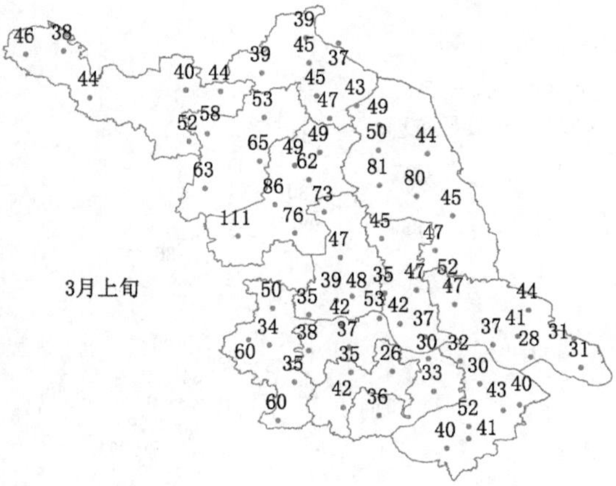

3月上旬

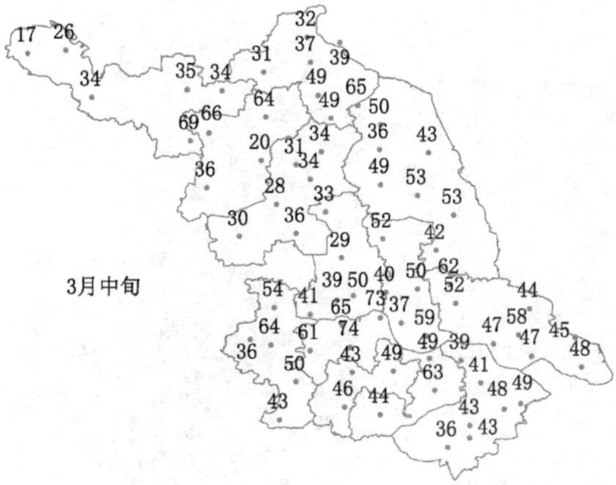

3月中旬

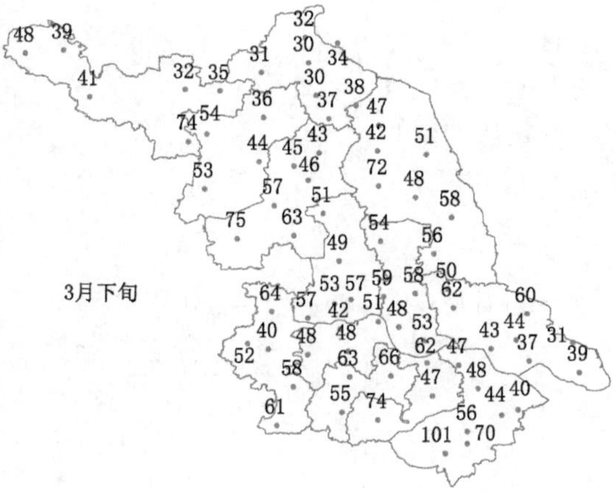

3月下旬

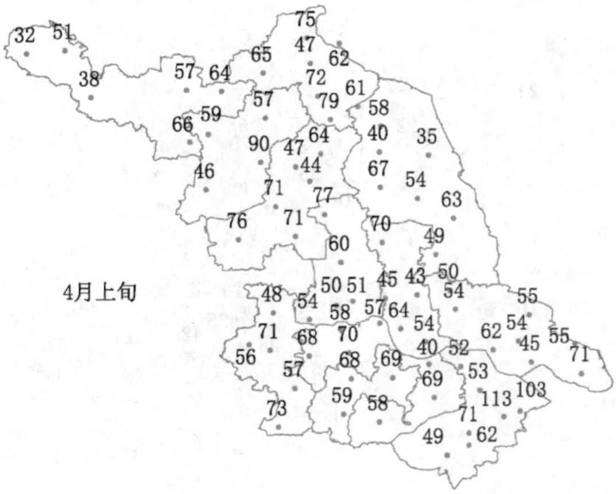

4月上旬

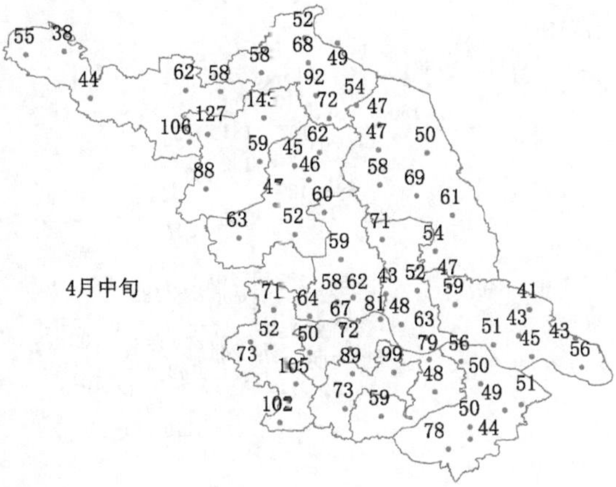
4月中旬

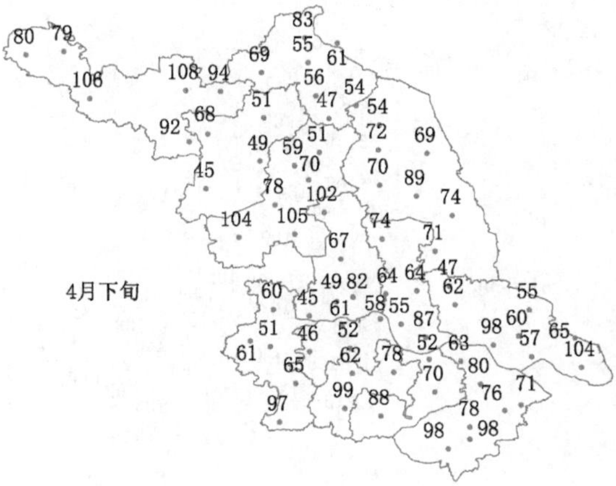
4月下旬

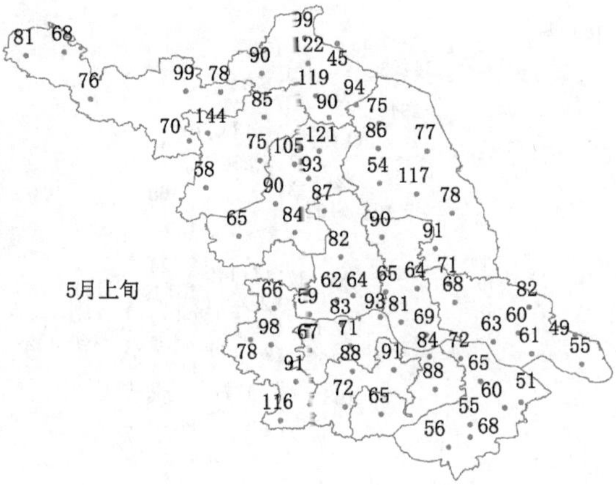
5月上旬

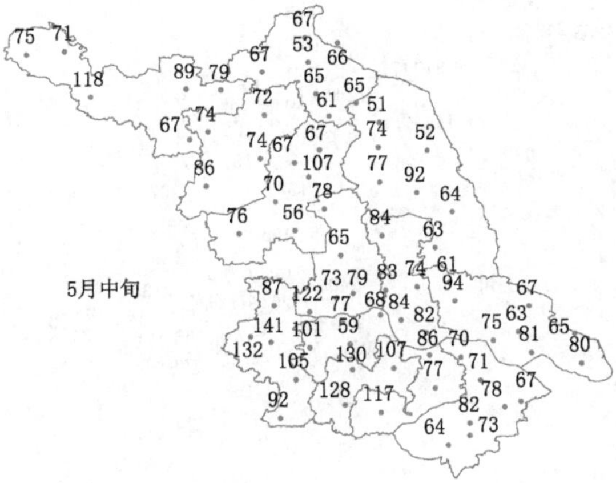
5月中旬

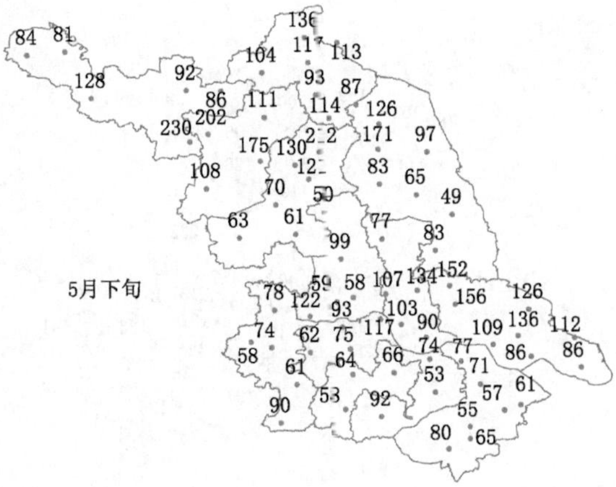
5月下旬

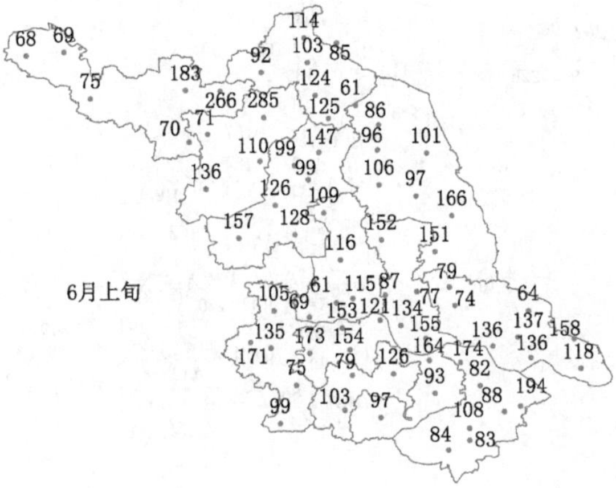
6月上旬

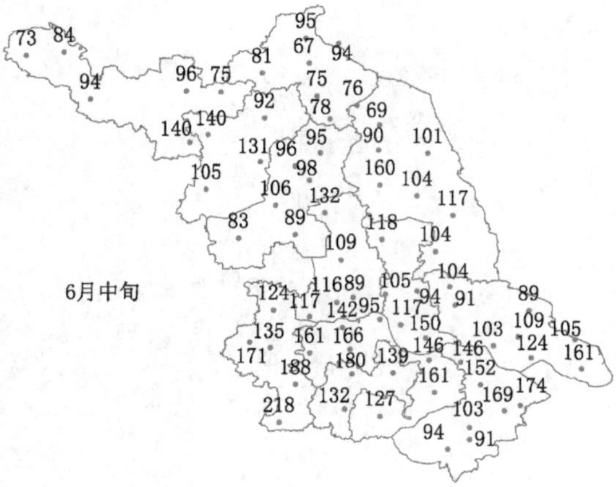

6月中旬

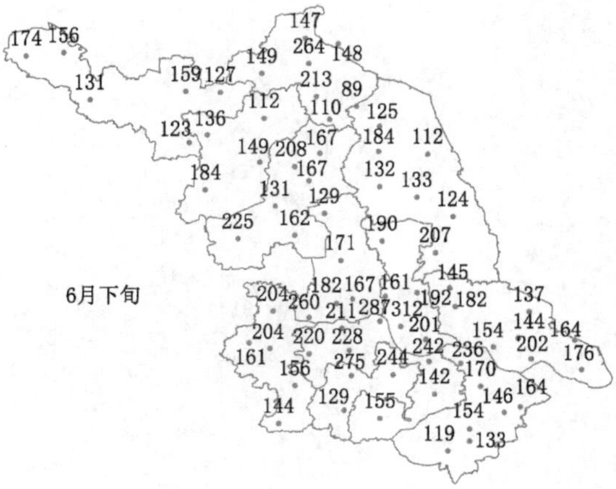

6月下旬

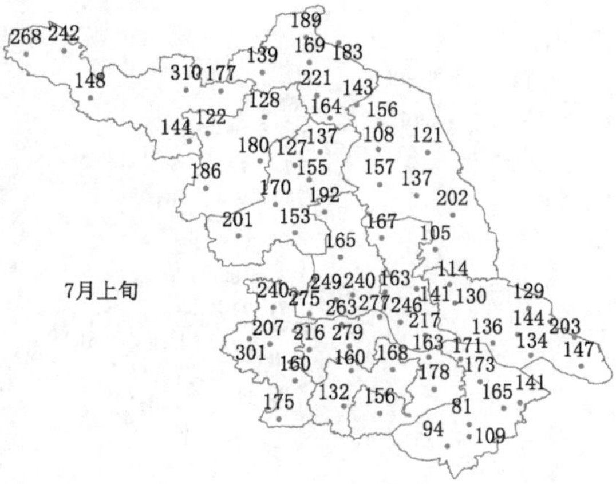

7月上旬

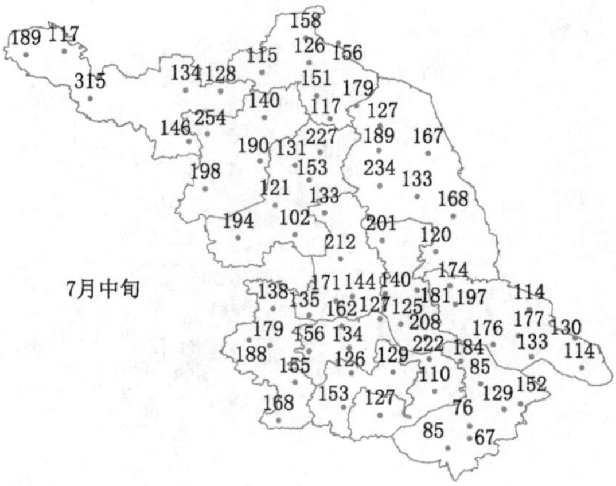

7月中旬

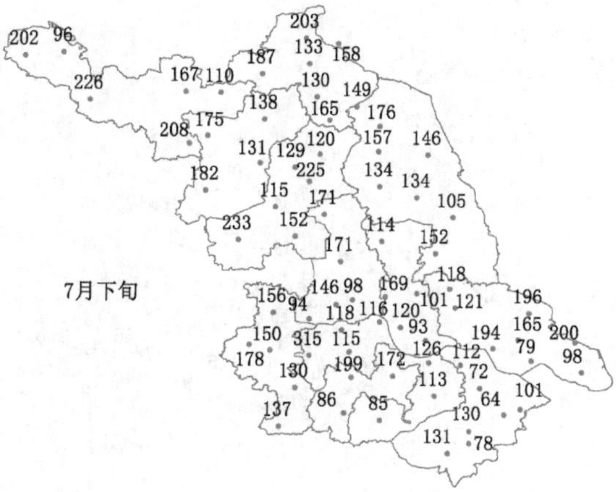

7月下旬

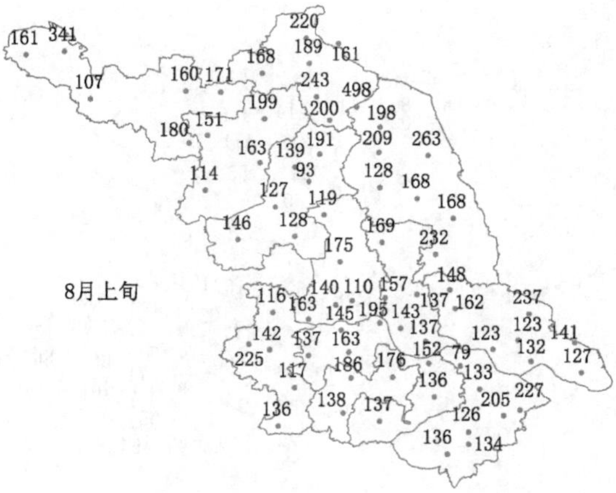

8月上旬

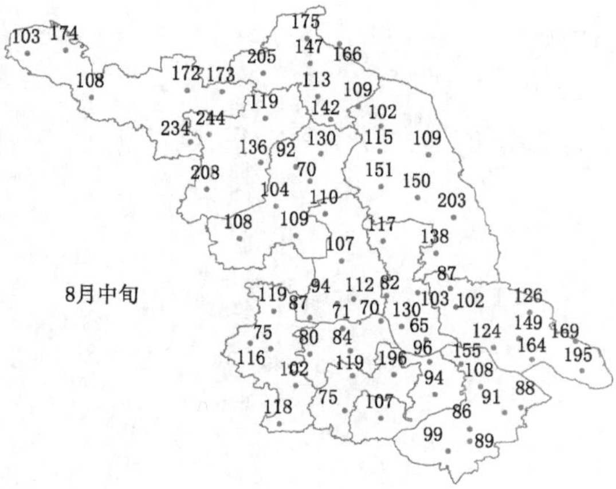

8月中旬

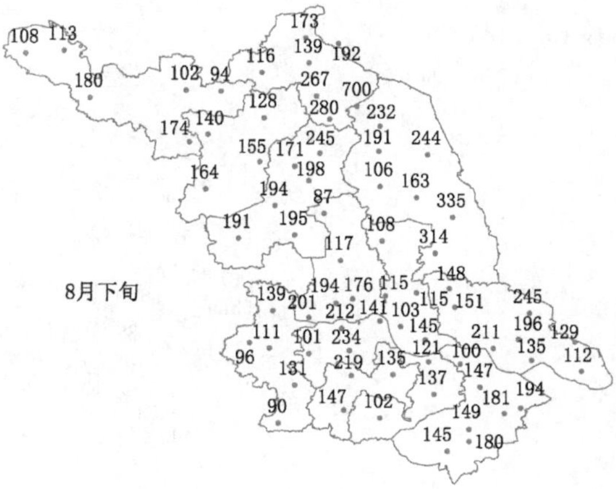

8月下旬

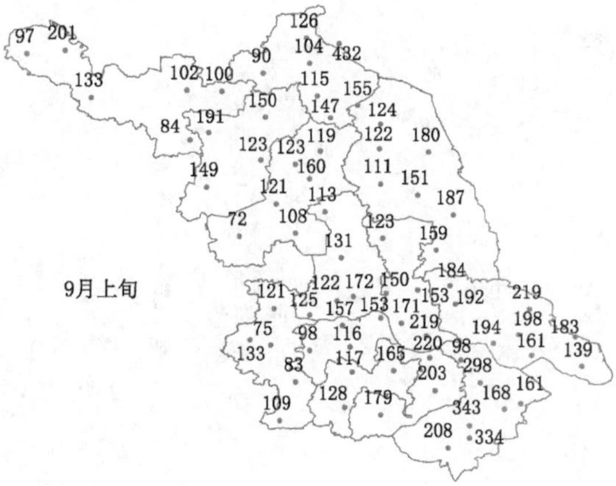

9月上旬

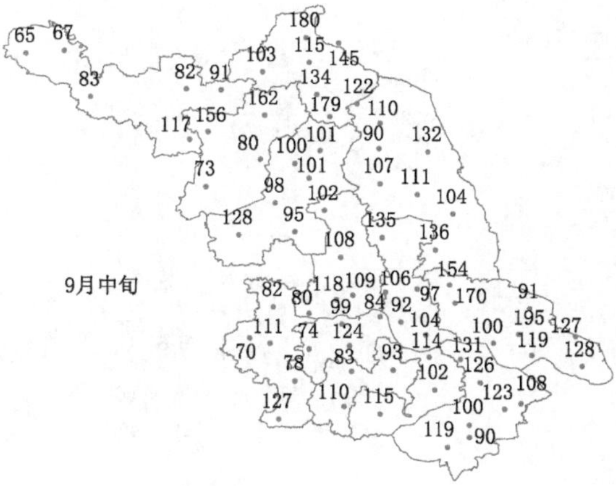

9月中旬

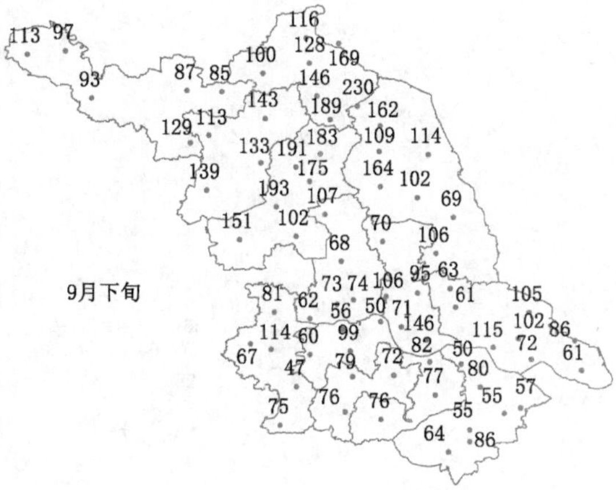

9月下旬

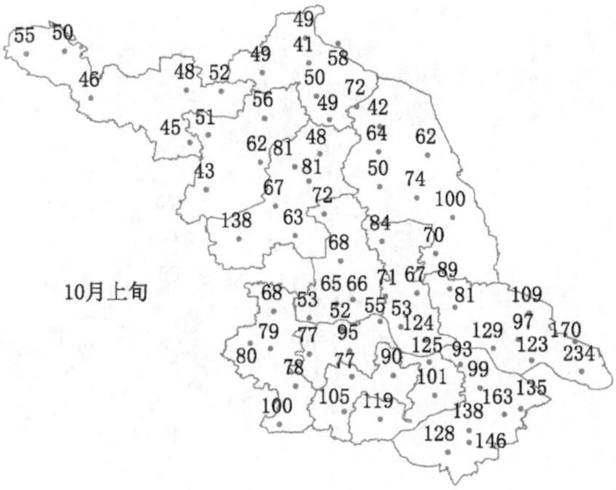

10月上旬

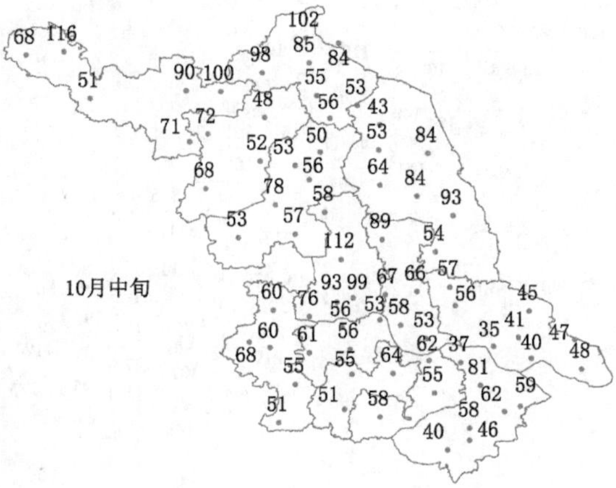

10月中旬

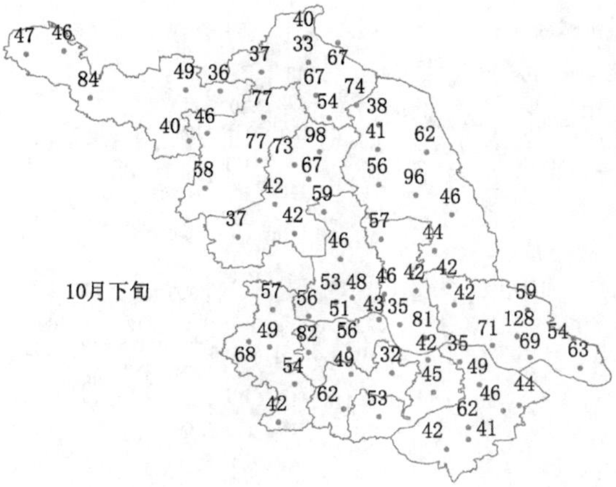

10月下旬

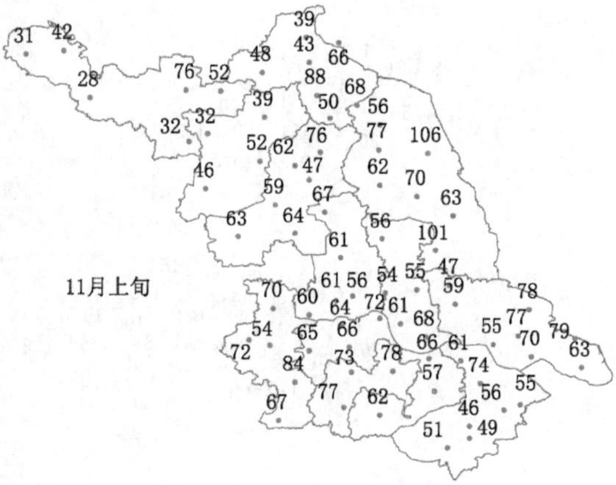

11月上旬

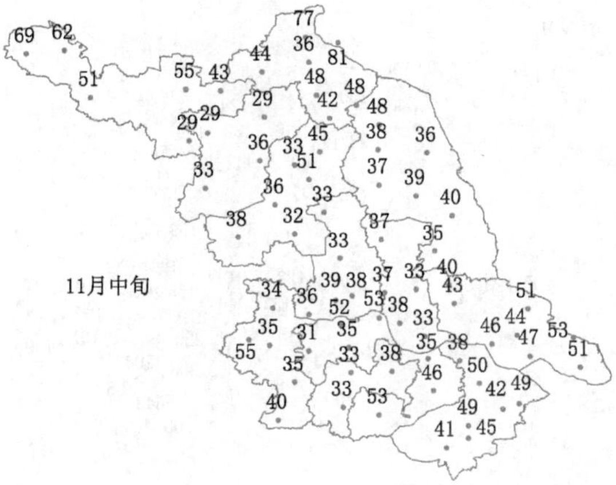

11月中旬

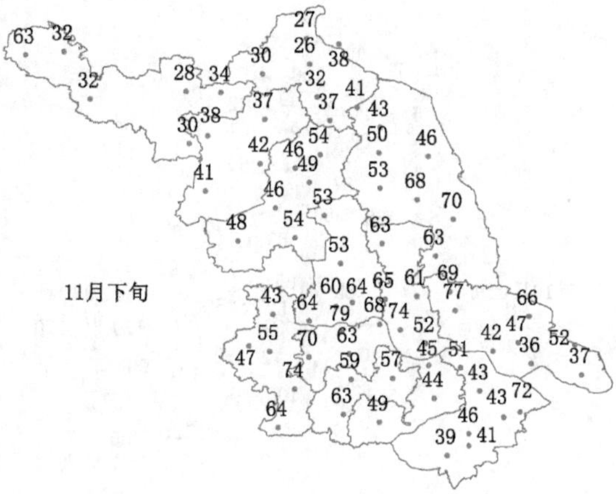

11月下旬

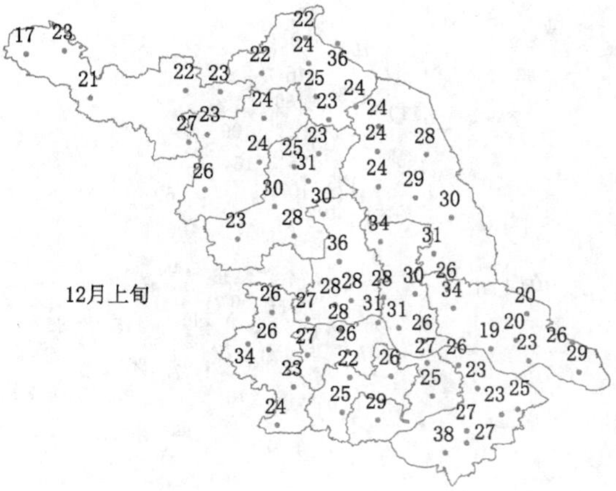

12月上旬

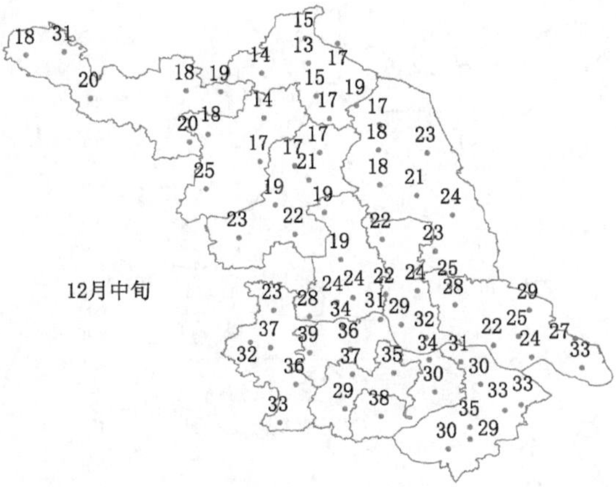
12月中旬

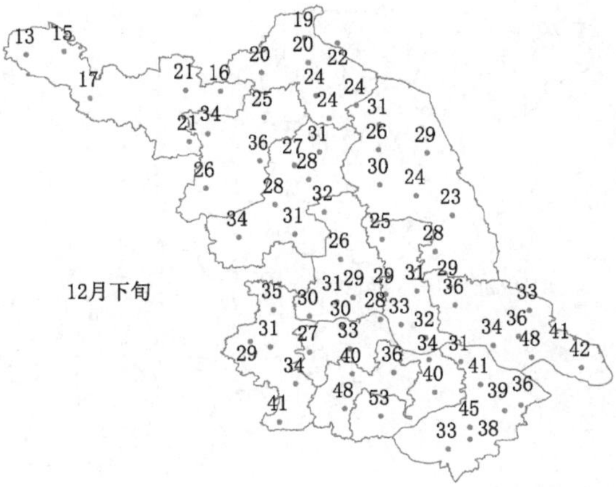
12月下旬

10.2　逐旬日雨量(mm)95%分位值分布图

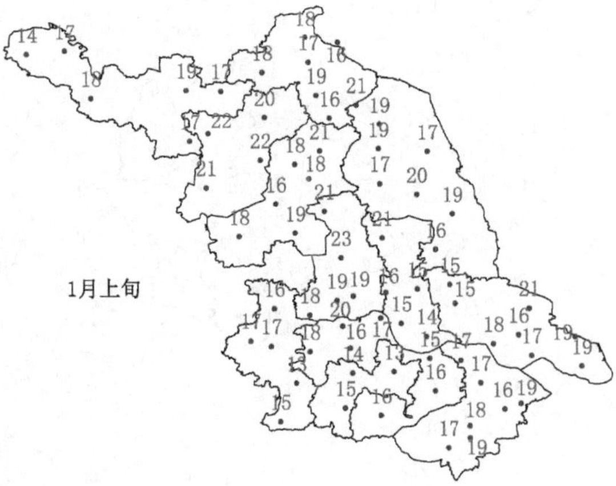
1月上旬

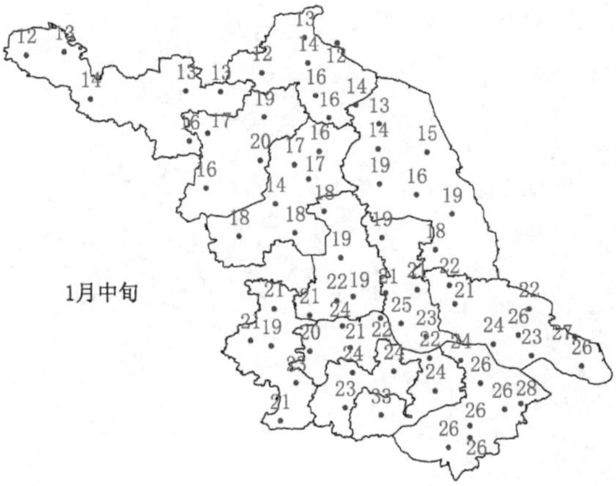
1月中旬

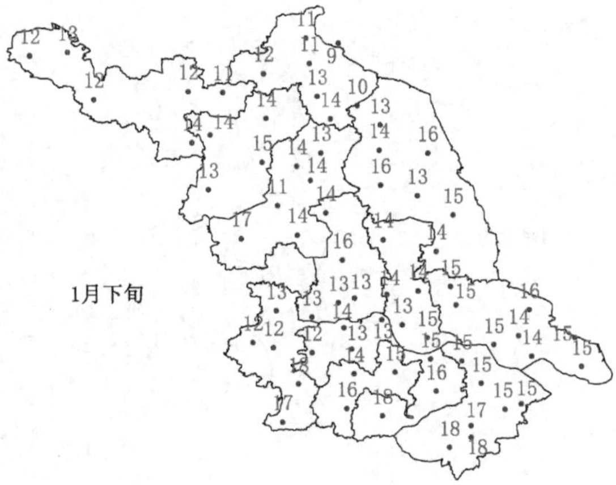
1月下旬

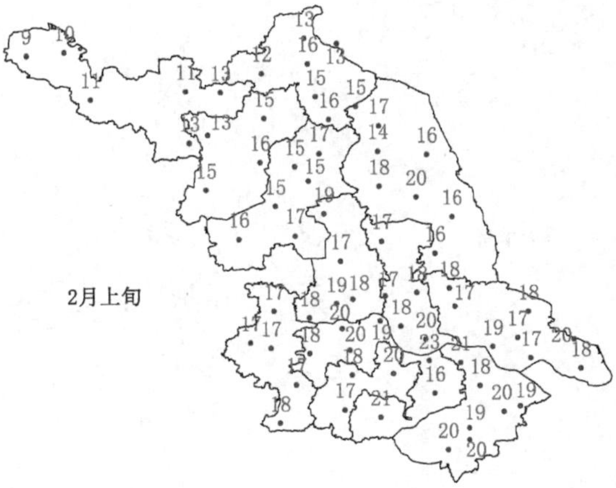
2月上旬

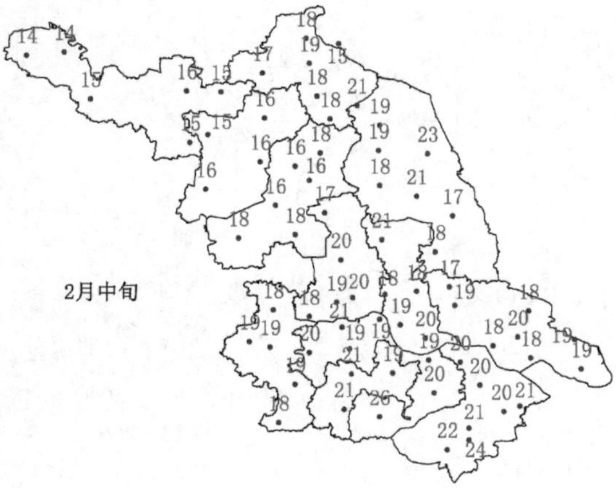
2月中旬

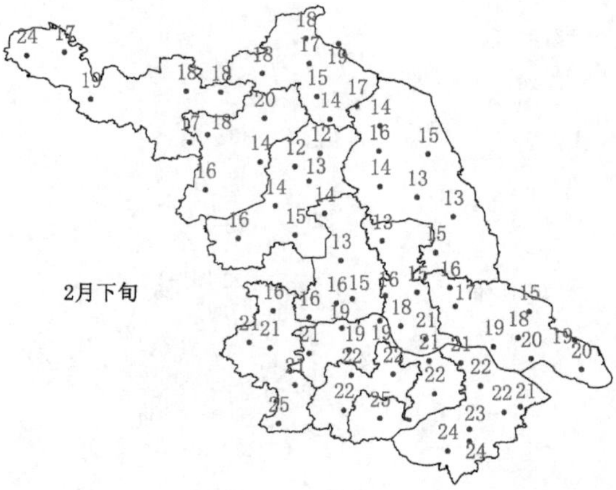
2月下旬

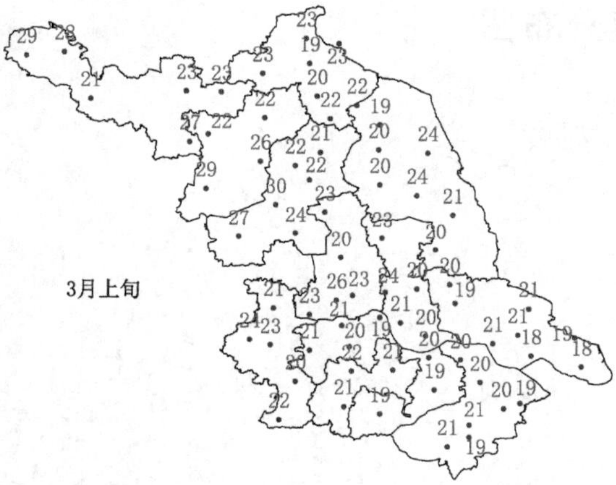
3月上旬

3月中旬

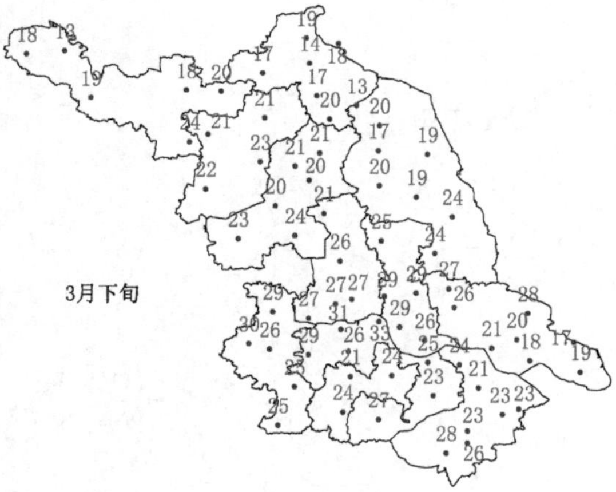
3月下旬

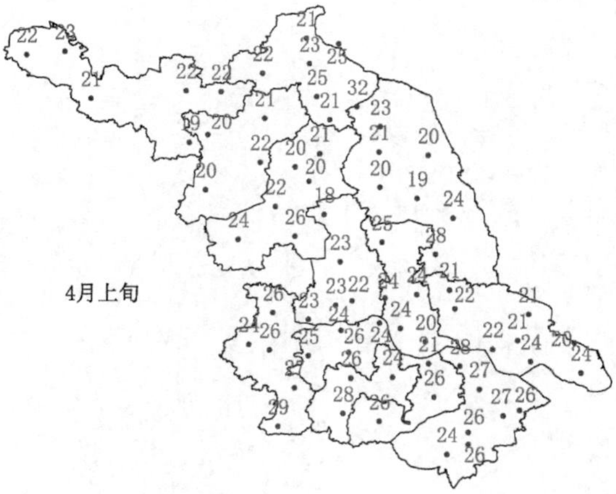
4月上旬

4月中旬

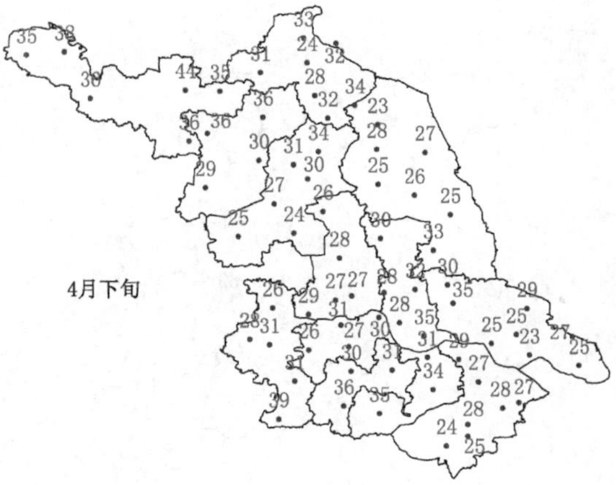

4月下旬

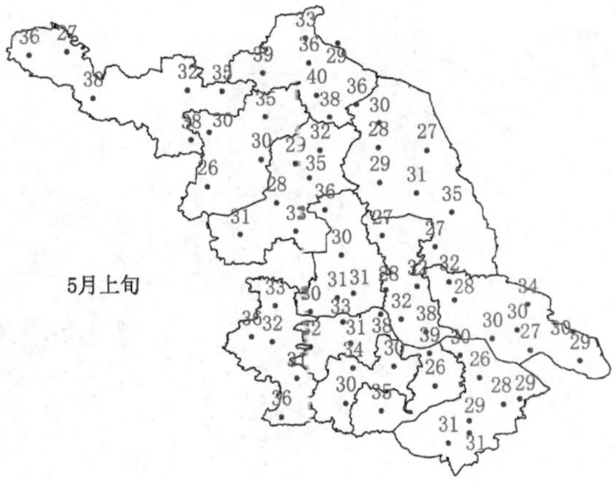

5月上旬

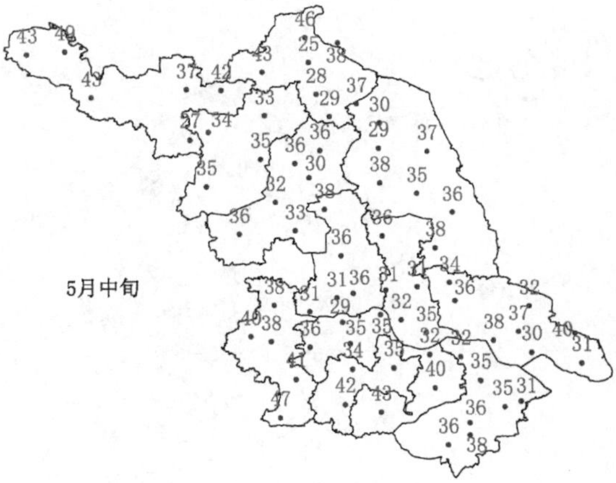

5月中旬

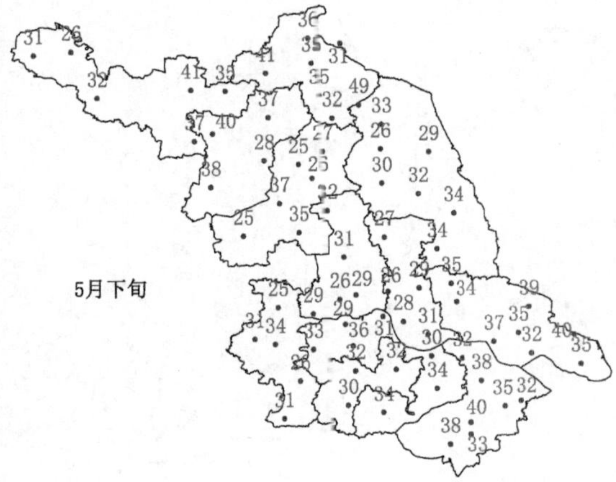

5月下旬

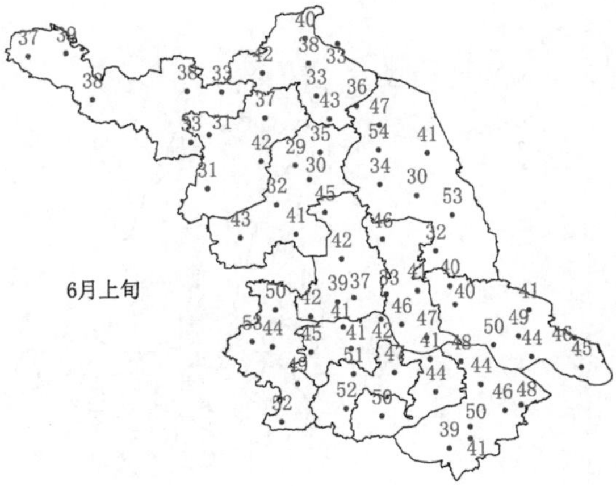

6月上旬

6月中旬

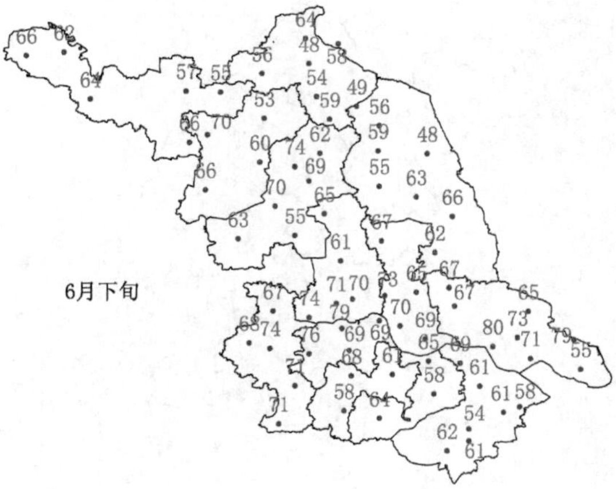

6月下旬

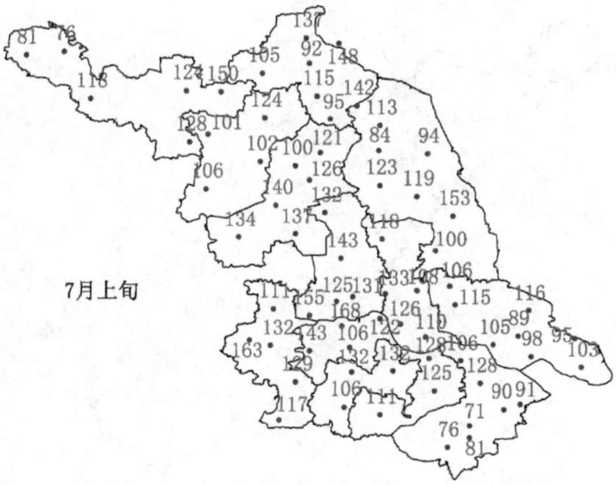

7月上旬

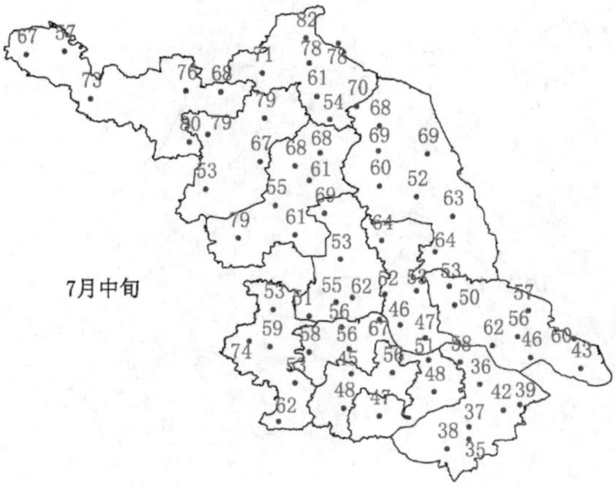

7月中旬

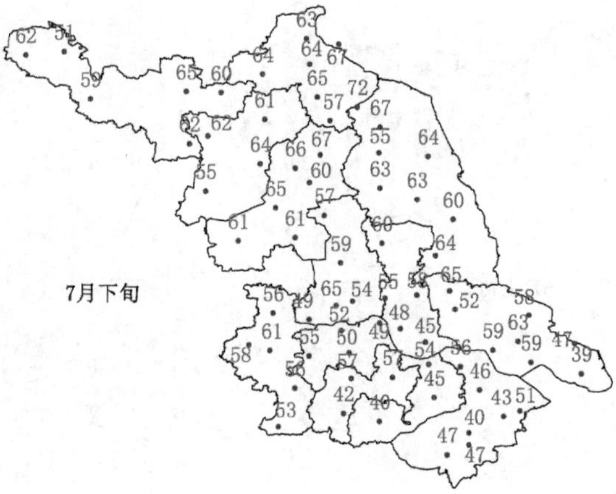

7月下旬

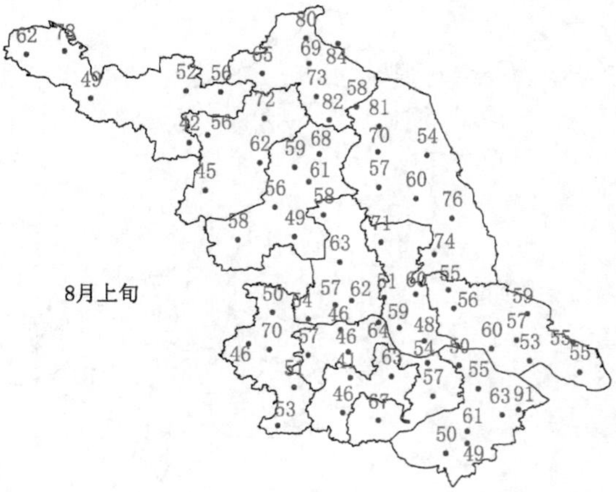

8月上旬

8月中旬

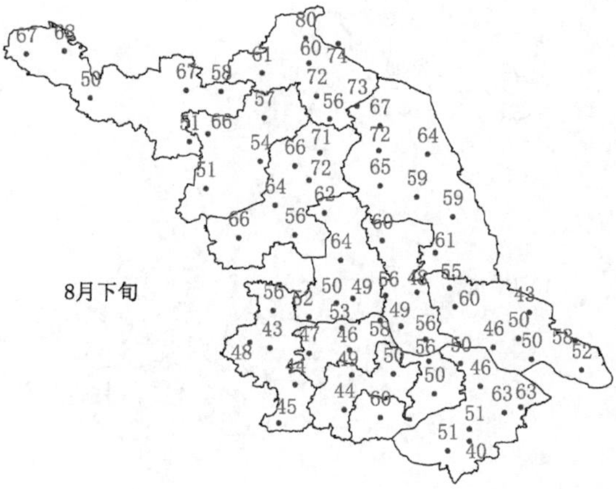
8月下旬

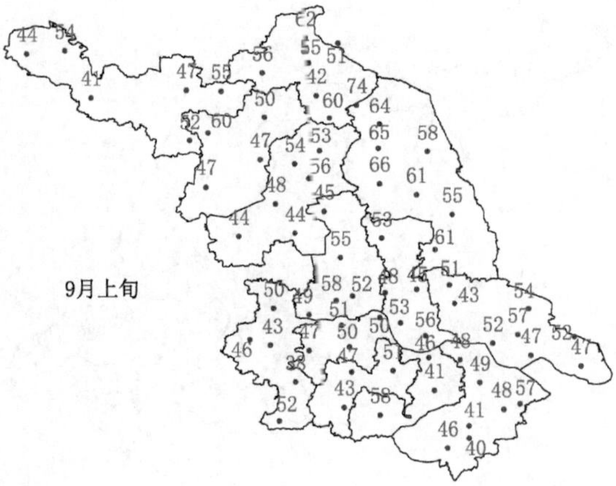
9月上旬

9月中旬

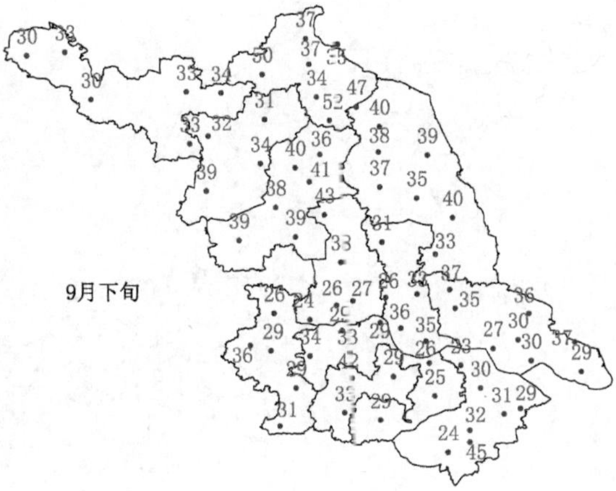
9月下旬

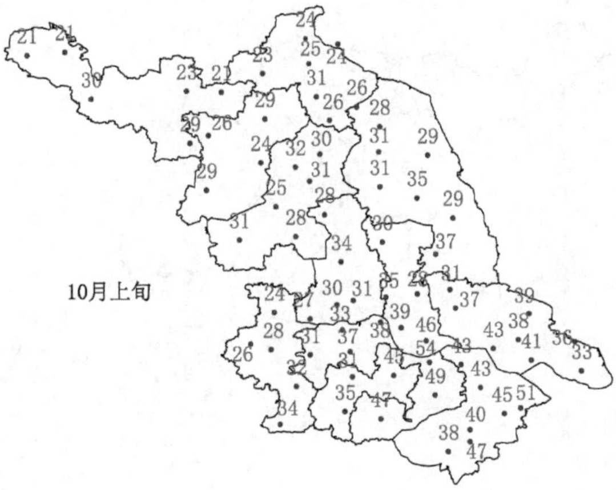
10月上旬

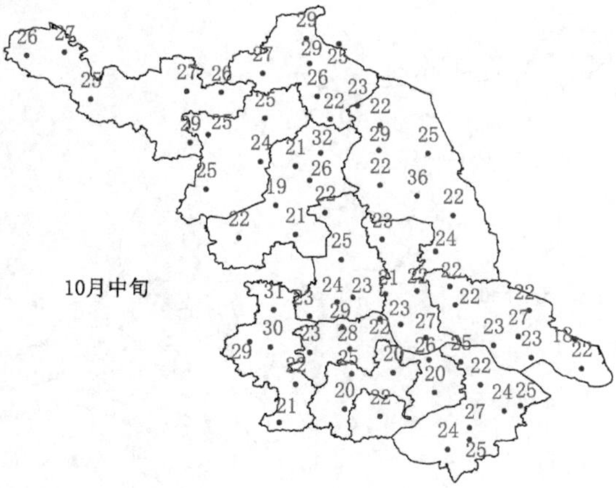

10月中旬

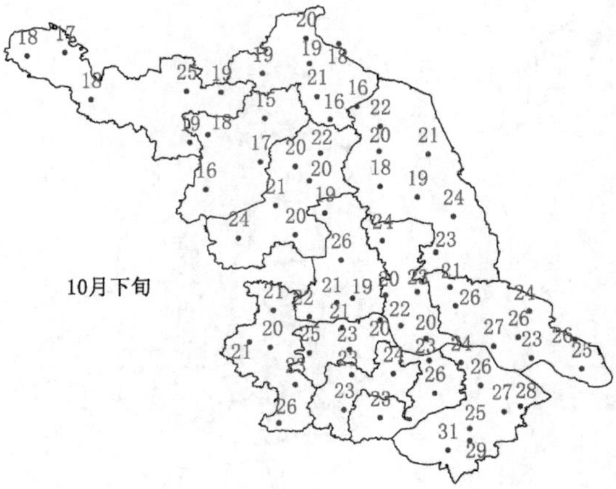

10月下旬

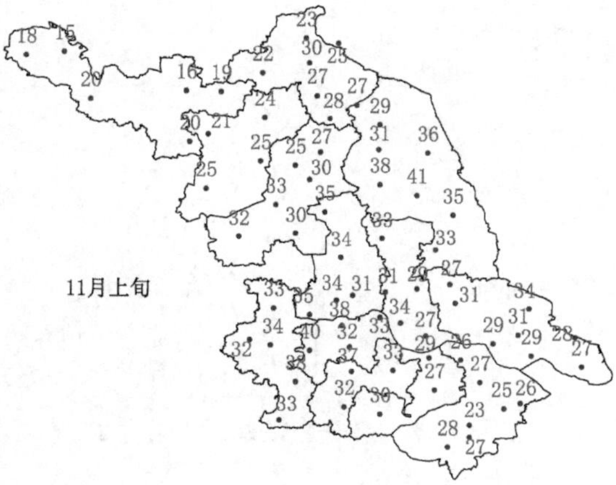

11月上旬

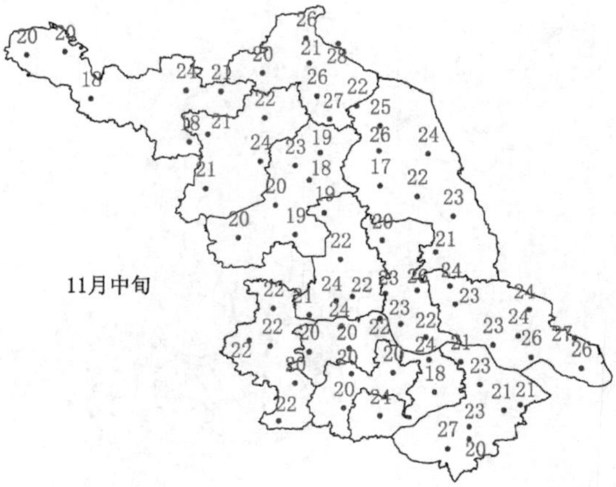

11月中旬

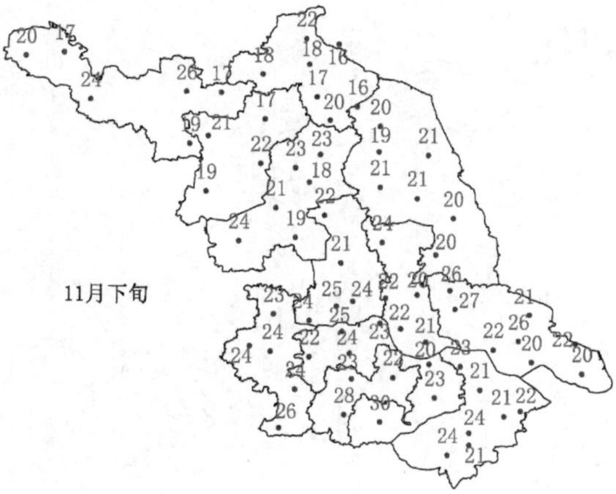

11月下旬

12月上旬

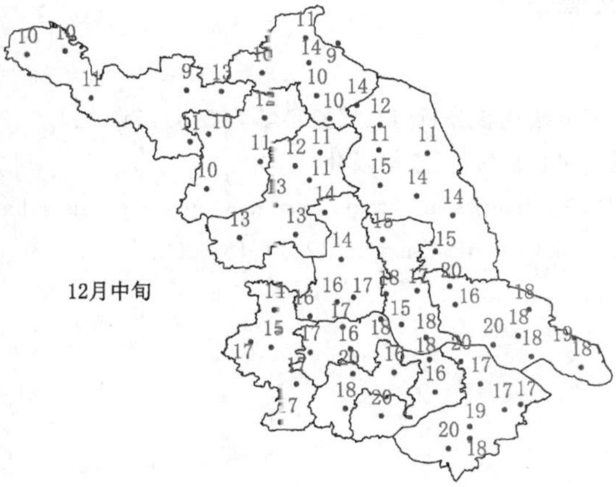

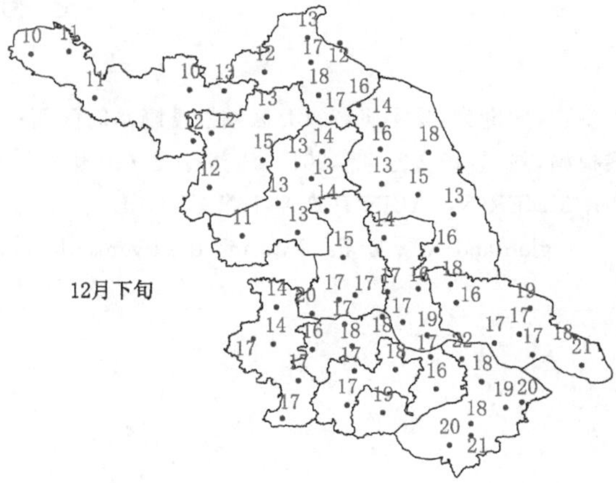

10.3　结论

通过江苏不同站点不同季节日降水量不同分位值分析发现：

(1)不同季节日降水量不同分位值的量级差异较大，6—7 月最大值和不同分位值明显高于其他月份，而地区间差异相对较小。

(2)所有站点任何季节日降水量均是弱降水出现频率较大，降水量级越大出现频次越少，大部分日降水量处于小雨量级范围。较高降水分位值区间内，每增加一个分位值，降水量级差异明显高于较低降水分位值区间内降水量级变化。

(3)逐旬日雨量最大值和 95%分位值分布显示 1—4 月和 9—12 月呈现自南向北逐渐减小趋势，沿江和苏南地区明显大于淮北地区。5—8 月南北差异出现明显变化，大部分时段呈现北部明显大于沿江和苏南地区。这说明在春末—夏季的降水过程中，江苏的北部地区可能更容易出现极端或剧烈降水。

参考文献

罗梦森,熊世为,梁宇飞,2013. 区域极端降水时间阈值计算方法比较分析[J]. 气象科学, 33(5):549-554.
濮梅娟,刘聪,杨金彪,等,2017. 江苏省天气预报技术手册[M]. 北京:气象出版社:1-30.
PLUMMER N,SALINGER M J,NICHOLLS N,et al, 1999. Changes in climate extremes over the Australian region and New Zealand during the twentieth century[J]. Climatic Change, 42(1):183-202.